普通高等院校“十二五”规划教材

全国高校教材学术著作出版审定委员会审定

理论物理导论

（上册）

田成林　江遴汉　编著

国防工业出版社

·北京·

内 容 简 介

本书系统阐述了理论物理学的基本概念、基本原理和基本方法。全书体系完整、结构新颖，叙述清楚、分析透彻，内容精炼、逻辑严密，物理图像清晰、物理概念准确。

全书分为上下两册，共20章。上册包括经典力学、经典电动力学、狭义相对论三部分内容。其中经典力学2章、经典电动力学4章、狭义相对论2章。下册包括量子力学、统计力学两部分内容。其中量子力学6章、统计力学6章。为方便教学，各章均附有一定数量的习题。

本书可作为高等院校理工科非物理专业本科生和研究生或物理专业本科生理论物理课程的教材或参考书，亦可供从事理论物理教学或研究的工作人员参阅。

本书适合两学期讲授。建议上、下册各讲授80学时。

图书在版编目（CIP）数据

理论物理导论：全2册/田成林，江遴汉编著.
—北京：国防工业出版社，2016.7 重印
ISBN 978-7-118-09110-6

Ⅰ.①理… Ⅱ.①田… ②江… Ⅲ. ①理论物理学
Ⅳ.①O41

中国版本图书馆 CIP 数据核字（2013）第317576号

※

国防工业出版社 出版发行
（北京市海淀区紫竹院南路23号 邮政编码100048）
北京京华虎彩印刷有限公司印刷
新华书店经售
*
开本 787×1092 1/16 **印张** 18¼ **字数** 430千字
2016年7月第1版第2次印刷 **印数** 1001—2000册 **定价** 92.00元（上下册）

（本书如有印装错误，我社负责调换）

国防书店：（010）88540777 发行邮购：（010）88540776
发行传真：（010）88540755 发行业务：（010）88540717

前 言

理论物理是物理学的重要分支学科，是现代科学的重要组成部分。它的创立充盈着深刻的哲学思辨，引领人类真正看清了物质结构与物质运动的本来面目，催生出了 19 世纪的机器时代和 20 世纪的信息时代，革命性地改变了人们的生活方式与价值观。有理由相信，理论物理依旧是今后技术革命与技术创新最重要的思想源泉。正因如此，当今，理论物理受到人们越来越多的重视，成为诸如材料科学、信息科学、理论化学、生物学及光电技术、电子工程、自动控制等科学技术领域高层次研究人员不可或缺的知识基础。

本书是理工科非物理专业高年级本科生及研究生学习理论物理的一本教材，书中涉及理论物理学较全面的基础知识，如果本书能够引起读者对理论物理学的兴趣，抑或能够激发出读者对奇妙物质世界探求的冲动，我们将感到无比欣慰。

考虑到读者的知识结构和学时限制，本书在素材的选择、组织和处理等方面，既注重合理把握内容的知识水准，充分体现导论的基础性定位，又顾及它的易读性，在不失理论物理"味道"的前提下，尽量避免冗长的数学推演和晦涩难懂的文字表述。基于以上考虑，本书具有下述三个特点：

一是内容丰富，体系完整。书中涵盖了物理专业本科生水平的经典力学、经典电动力学、狭义相对论、量子力学和统计力学的所有基本内容，每部分内容各自独立且在结构上又相互联系。通过对本书的研读，能使读者较全面地掌握理论物理学的基本知识，为进一步深造打下坚实基础。

二是逻辑严密，结构紧凑。本书在不破坏理论框架的严谨性和完整性前提下，对内容做了合理压缩，舍弃了不必要的重复和繁枝缛节，以阐述基本原理为统领，以建立物理思想为主线，以解决典型问题为突破点，以形成物理图像、掌握处理问题方法为目的，循序渐进、逐步展开，构建起重点突出、线条清晰、逻辑严密、结构严谨的内容体系。

三是深入浅出，通俗易懂。理论物理概念抽象，推演技术难度大，常给初学者带来理解和应用方面的极大困难。本书力求叙述上形象生动、通俗易懂，推演中简洁明了、线条清晰，尽量避免物理本质淹没于繁复的数学推导之中的现象。即使那些多数读者并不熟悉，但理论表述无法回避的数学，本书在处理这类内容时，本着数学是物理学的工具的态度，将注意力集中于数学知识的使用上，重点则放在物理规律的阐述上。如偏微分方程解的唯一性定理，严格的数学证明较为繁琐，但从物理上看，在一定边界条件下，任何物理场的空间分布必然是唯一的。这样，在学习物理内容的同时，就能使读者自然掌握并应用这些数学知识，而不至于带来额外的负担。因此，那些听起来令人却步的数学，不会成为研读本书的障碍。

本书分上下两册。上册包括经典力学、经典电动力学和狭义相对论三部分内容。考虑到牛顿力学在理工科学生的公共物理课程中已经做过介绍，本书的经典力学部分只介绍拉格朗日力学和哈密顿力学。这部分内容是进一步学习后续内容的基础。在经典电动力学部分，为求避免重复，把运动电荷的辐射问题放在狭义相对论部分统一介绍。下册包括量子力学和统计力学两部分内容。量子力学部分系统介绍了量子力学的基本原理、重要推论及典型应用，由于篇幅所限，舍去了散射问题。统计力学部分包含可逆过程热力学理论和统计力学两部分内容，其中，在热力学中，介绍了热力学第一、第二和第三定律，导出了热力学基本微分方程和一些常用的重要关系，关于不可逆过程热力学及相变问题未做介绍。在统计力学中，详细介绍了平衡态统计的基本原理和三大分布，以及它们的典型应用。此外，对涨落问题和非平衡态问题做了扼要介绍。本书充分反映了理论物理学的特点与精髓，编排上浸淫了作者数十年的教学经验与体会。全书内容按 160 学时设定，上、下册各 80 讲授学时。

本书是以我们多年来为国防科学技术大学指挥类应用物理专业本科生、其它非物理专业高年级本科生及研究生讲授“理论物理导论”和相关课程的讲义、教案为基础整理编撰而成。其中，经典力学和量子力学部分的讲义由田成林提供，经典电动力学和狭义相对论部分的讲义由李承祖提供，统计力学部分的讲义由田成林、程香爱提供。江遴汉整理编写了本书的上册，田成林编写了本书的下册，并对全书进行了审定。在此我们对李承祖教授和程香爱教授表示衷心感谢。刘永录老师对书稿进行了详细校对，提出许多宝贵意见；全国高校教材学术著作审定委员会二编室慕云主任为本书出版做了大量协调联络工作，作者对他们一并表示感谢。

囿于作者学识有限，错误和疏漏在所难免，敬请读者批评指正。

作者

2013 年 5 月

目　录

第一篇　分析力学

第二篇　经典电动力学

第三篇 狭义相对论

第一篇 分析力学

引 言

世界是物质的，物质是运动的，运动是有规律的。自然界最简单、最基本的物质运动形式是机械运动——物体的相对位置随时间的变化。研究机械运动规律的学科称为经典力学。其它更复杂、更高级的运动形态都包含有机械运动的形态。所以经典力学是其它工程学科的基础。

经典力学是一门古老的学科，其理论体系的形成过程是：在大量观察和实验事实的基础之上，引入一些合理的假设或原理，经过严格的数学推演，从而形成严格的理论体系。在经典力学理论中，物体的运动规律用严格的数学方程式表达。因此，定量规律和科学的预见性是这一理论的突出特点。或者说，经典力学是一门精确的、决定论的科学。

在经典力学的发展历程中，形成了两种理论表述形式。一种形式称为牛顿（Newton）力学，另一种形式称为分析力学。

牛顿力学的主要特征就是矢量性，侧重于用“力”和“加速度”表述问题。其最大优点是形象、直观，并且物理意义明确。其缺点是不便于处理复杂的力学问题。

随着18、19世纪世界工业革命的快速发展，在工程技术中遇到许多迫切需要解决的力学问题。应用牛顿力学求解这类问题时，不可避免地需要求解大量的、联立的微分方程组，而要精确地解出这些方程组的解析解，是异常困难的，几乎是不可能的。为了克服上述困难，拉格朗日和哈密顿等人应用分析数学的方法，建立起了分析力学。分析力学更侧重于用“能量”、“动能”、“势函数”表述问题，具有更广泛的意义。分析力学又分为两种等价的表述形式。一种形式称为拉格朗日力学，另一种形式称为哈密顿力学。分析力学的优点是：①弥补了牛顿力学的不足；②理论的数学表述更为抽象、概括和优美，特别适用于理论分析；③分析方法容易移植到其它分支学科（如统计力学和电动力学）。分析力学的缺点是：①由于其理论的高度抽象性，使得所推出的结论，在一定程度上，缺乏直观和明确的物理含义；②用分析力学的方法求解简单问题，有时稍嫌复杂。应该指出，就其物理内涵而言，牛顿力学、拉格朗日力学和哈密顿力学是完全等价的，其差别仅仅在于其数学表述的不同。考虑到本书的读者在此之前已经学习过大学物理或基础物理，对牛顿力学已经初步掌握，并且已经具备了数学分析等知识基础，所以，本书只介绍分析力学理论。

还应该强调的是，任何物理理论都有一定的局限性，都是在一定范围内和特定条件下的相对真理。经典力学也具有一定的局限性，也只在一定的领域内才成立。在物理学的术语中，用“作用量”和“速度”来区分运动领域，作用量＝动量×空间间隔。或者作用量＝能量×时间间隔。作用量>>普朗克常数 h（$\approx 6.63\times10^{-34}$J•s）的领域称为宏观领域。作用量与 h 相差不很大的领域称为微观领域。速度<<真空光速 c（$\approx 3.0\times10^{8}$m/s）的领域称为低速运动领域。速度与 c 相接近的领域称为高速运动领域。经典力学只适用于宏观低速运动领域，也就是我们日常生活中能够感知的运动领域。微观领域用量子力学理论。高速运动领域用狭义相对论理论。这两部分内容将在本书的后半部分加以介绍。

此外，分析力学研究的系统是线性系统，即描述系统的微分方程是线性方程，方程中只含有各阶导数的一次幂。如果研究的系统是非线性系统，则需要用微分方程的定性理论进行分析，这是非线性力学的任务。

分析力学的任务是：（1）应用解析数学方法，熟练推演系统的运动规律；

（2）为学习后续课程打牢坚实的理论基础。

第1章　拉格朗日力学

力学中运动方程可以用不同形式表示，本章将讨论拉格朗日形式及其简单应用。

1.1　约束　广义坐标

一、关于约束与自由度的讨论

1. 自由度

自由度的定义是：**描述物体运动所需要的独立的空间坐标变量的数目。**

例如：描述单个质点的运动需要三个坐标，在直角坐标系中表示为(x,y,z)。当质点完全自由时，x、y、z彼此独立。此时，我们说该质点有三个自由度；如果系统是由n个完全自由的质点组成的自由系统，则描述该系统的**位形**需要$3n$个彼此独立的坐标：(x_1,y_1,z_1)，…，(x_i,y_i,z_i)，…，(x_n,y_n,z_n)。所以，由n个完全自由的质点组成的自由系统有$3n$个自由度；对于单个自由刚体，描述其质心位置需要三个坐标(x_c,y_c,z_c)，描述其转轴方向需要两个坐标(θ,φ)，描述其绕轴自转需要一个坐标ψ，所以，单个自由刚体有六个自由度。

2. 约束

实际中所遇到的力学系统一般都不是自由系统，总是要受到各种各样的限制，这些限制又称为约束。

（1）**约束的定义：限制力学系统自由运动的条件称为约束**。受到约束的系统称为**约束系统**。今后如果无特别声明，所涉及的力学系统都是指约束系统。

（2）**约束方程**：约束的数学表达式称为约束方程。

例如：单个质点被限制在曲面上运动，其约束方程为

$$f(x,y,z)=0 \tag{1.1.1}$$

单个质点被限制在曲线上运动，其约束方程为

$$\begin{cases} f_1(x,y,z)=0 \\ f_2(x,y,z)=0 \end{cases} \tag{1.1.2}$$

一般地，由n个质点组成的力学系统，如果有k个约束，其约束方程表示为

$$f_\beta(x_1,y_1,z_1;\cdots;x_n,y_n,z_n;\dot{x}_1,\dot{y}_1,\dot{z}_1;\cdots;\dot{x}_n,\dot{y}_n,\dot{z}_n;t)=0 \quad (\beta=1,2,\cdots,k)$$

其中上面带点的符号表示该坐标对时间的全微商，也就是与该坐标相关联的分速度。如：$\dot{x}_1=\mathrm{d}x_1/\mathrm{d}t=v_{1x}$。将上述的$3n$个坐标重新用下标编排，上式改写为

$$f_\beta(x_1,x_2,\cdots,x_{3n};\dot{x}_1,\dot{x}_2,\cdots,\dot{x}_{3n};t)=0 \quad (\beta=1,2,\cdots,k) \tag{1.1.3}$$

为了简捷起见，通常又把上式缩写为

$$f_\beta(x;\dot{x};t)=0 \quad (\beta=1,2,\cdots,k) \tag{1.1.4}$$

在实际问题中，约束是多种多样的。可以根据约束的性质，对其进行适当分类。

（3）**约束的分类。**

① **几何约束与运动约束。**

如果约束方程中只含有坐标变量，则这类约束称为几何约束，其约束方程表示为

$$f_\beta(x_1,x_2,\cdots,x_{3n};t)=0 \quad (\beta=1,2,\cdots,k) \tag{1.1.5}$$

几何约束达到的效果不但限制了系统的几何位形，而且能够从约束方程组消去坐标变量，从而减少描述系统的坐标数目，使得剩余的坐标都是相互独立的。所以，几何约束又称为**完整约束**。

如果约束方程中不但含有坐标变量，而且含有坐标变量对时间的全微商，则这类约束称为运动约束，也称为**微分约束**，其约束方程表示为式（1.1.3）。如果此式中所有的全微商可以积分为坐标变量，则此式可化为几何约束，也就是完整约束。如果此式中的全微商不能解出为坐标变量的关系，则不能达到消元的目的，描述系统的实际坐标之间彼此不完全独立。所以，这类约束又称为**不完整约束**。在实际物理问题中，很少遇到不完整约束问题，故以后不再讨论。

② **稳定约束与不稳定约束。**

若约束方程中不显含时间t，则称这类约束为稳定约束；反之，称为不稳定约束。

③ **不可解约束与可解约束。**

如果力学系统在运动过程中始终不能脱离约束，则称这类约束为不可解约束，其约束方程通常写为等式。例如：单个质点限制在固定的曲面上运动，其约束为$f(x,y,z)=0$。

如果力学系统在运动过程中可以脱离约束，则称这类约束为可解约束，其约束方程通常写为不等式。例如：质点在运动过程中可能离开曲面，其约束可写为$f(x,y,z)\leqslant 0$或$f(x,y,z)\geqslant 0$。此时，不能通过约束关系式达到消元的目的，所以，**可解约束是不完整约束**。当然，其逆否命题也成立：**完整约束一定是不可解约束**。

我们再次以单个质点的运动为例，简单阐述一下约束的概念。质点固定于长度为l的刚性杆的一端，刚性杆绕另一端o点转动。若o点固定于坐标原点，则

$$x^2+y^2+z^2-l^2=0$$

此约束是稳定的不可解约束，当然也是完整约束。若o点沿x轴正向以速度v_0作匀速直线运动，则

$$(x-v_0t)^2+y^2+z^2-l^2=0$$

此约束是不稳定不可解完整约束。若将上式中的刚性杆改为不可伸长的柔软轻绳，则

$$(x-v_0t)^2+y^2+z^2-l^2\leqslant 0$$

此约束是不稳定的可解约束，当然也是不完整约束。

3. 自由度与约束的关系

由于约束限制了坐标的独立性，一个约束方程减少一个独立性，所以自由度与约束的关系是：

自由度＝自由系统的坐标数－约束方程的个数

对于由n个质点组成的系统，如果有k个约束方程，则系统的自由度$s=3n-k$。

对于单个刚体，如果有k个约束方程，则刚体的自由度$s=6-k$。例如：定点转动刚体的自由度＝6–3＝3；平动刚体的自由度＝6–3＝3；定轴转动刚体的自由度＝6–3–2＝1；平面平行运动刚体的自由度＝6–2–1＝3；等等。

对于受到完整约束的系统（称为**完整系**），实际所需坐标数＝系统的自由度。

对于受到不完整约束的系统（称为**非完整系**），实际所需坐标数>系统的自由度。

二、广义坐标

为了描述系统的位形，可以选择质点或物体的具体坐标。但是，为了使问题的表述更简捷，也可以更一般地选择其它变量。为此，我们定义广义坐标为：**完全描述系统位形所必需的数目最少的变量**。

对于**完整系**，广义坐标数＝独立变量数＝系统的自由度。

对于**非完整系**，广义坐标数>独立变量数＝系统的自由度。

例如：对于由n个质点组成的系统，如果有k个完整约束方程，有r个不完整约束方程，则系统的广义坐标数＝$3n-k=3n-(k+r)+r=s+r>s$。若$r=0$，则上述系统是完整系，此时，广义坐标数＝自由度s。选择s个广义坐标为$q_\alpha(\alpha=1,2,\cdots,s)$，把质点坐标表示为广义坐标的函数

$$x_i=x_i(q_1,q_2,\cdots,q_s;t)\quad(i=1,2,\cdots,3n)\tag{1.1.6}$$

上式又称为坐标变换方程。

关于广义坐标，还要强调以下几点。

（1）一般来说，广义坐标是描述整个系统的一组抽象数，不是具体质点的坐标。它们一般与所有质点的坐标都有关，这一点可以从坐标变换方程式（1.1.6）看出。

（2）广义坐标不一定具有长度量纲，而是具有广泛意义的独立变量。它可以是角度、面积或体积，也可以是动量、角动量或能量等。

（3）广义坐标一般不构成矢量，所以无需构建坐标架，但有时要规定其“正负”。

（4）用广义坐标建立的运动方程有优点也有缺点。其优点有二：第一是解决了约束系统变量不独立的问题；第二是方程个数<牛顿力学的联立方程数。其缺点是有时所得结论不很直观，物理意义不很明确。

如上所述，广义坐标的引入，解决了受约束系统坐标不独立的问题。原则上说，约束方程越多，系统自由度越少，广义坐标个数越少，问题就越容易求解。但是，从约束方程出发，利用消元法消去不独立的变量，常常并非易事。另外，约束越多，约束力就越多，而约束力是被动的未知力，因此，如果用牛顿力学列方程，得到的牛顿方程并不简单。为了解决以上问题，拉格朗日给出了虚位移、虚功和理想约束的概念，使得力学方程中不出现约束力，从而大大地简化了动力学问题的求解。在解决动力学问题之前，先要解决静力学问题，这就要用到下一节的虚功原理。

1.2 虚功原理

在介绍理想约束和虚功原理之前，先要介绍虚位移和虚功的概念。

一、虚位移

如图 1.2.1 所示，设质点约束在曲面S上运动，t时刻位于曲面上某一点，该时刻运

动趋势是：在切平面内沿任意方向运动都是可能的。由此，给出虚位移的定义。

1. 虚位移的定义

在一定的约束条件下，**质点在t时刻瞬时设想将要发生的位移，记为$\delta \boldsymbol{r}$**。

为了理解虚位移的概念，我们也给出在牛顿力学中学习过的**实位移的定义：**

在一定的约束条件下，**质点在t到$t+\mathrm{d}t$时间内真实发生的位移，记为$\mathrm{d}\boldsymbol{r}$**。

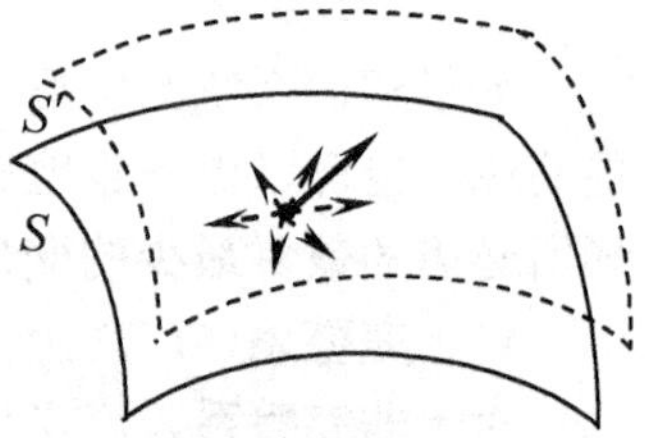

图 1.2.1　虚位移示意图

2. 虚位移与实位移的区别

（1）$\mathrm{d}\boldsymbol{r}$的发生，除了受到约束条件的限制外，还要受到其它真实存在的物理条件（如所受的力和初始条件）的制约，所以是真实发生的位置矢量的无限小变化。定义$\delta \boldsymbol{r}$时，只考虑约束条件的限制，不考虑其它物理条件，所以是假想的位置矢量的无限小变化。

（2）$\mathrm{d}\boldsymbol{r}$总是在一定的$\mathrm{d}t$内发生的，若$\mathrm{d}t=0$，必有$\mathrm{d}\boldsymbol{r}=0$。而$\delta \boldsymbol{r}$是$t$时刻瞬时设想将可能发生的，总有对应的$\delta t=0$。

（3）$\mathrm{d}\boldsymbol{r}$只有一个，而$\delta \boldsymbol{r}$有无限多个。对于稳定约束，$\mathrm{d}\boldsymbol{r}$是无限多个$\delta \boldsymbol{r}$中的一个。例如：固定曲面S的约束。对于不稳定约束，$\mathrm{d}\boldsymbol{r}$与$\delta \boldsymbol{r}$完全不同。例如：约束曲面也在运动，t时刻的位置为S，$t+\mathrm{d}t$时刻的位置为S'。t时刻的$\delta \boldsymbol{r}$位于S的切平面内。而在$t \sim t+\mathrm{d}t$时间内的$\mathrm{d}\boldsymbol{r}$的起点位于S上，末端位于S'上。

二、虚功

若系统内的质点发生实位移，作用在质点上的力就要在实位移上做功，这是真实功。同样，若设想系统内的质点作虚位移，则也可以设想作用在质点上的力在虚位移上做功。当然，这些力并不一定真的做功，故称为虚功。虚功的元功记为δW。

作用在系统上的力分为两大类，一类称为**主动力**（记为$\boldsymbol{F}$），另一类称为**约束力**(记为$\boldsymbol{R}$)。主动力是指：由外界作用在系统上的外力，它是主动的，是系统状态变化的源泉，通常它也是已知的（对于正问题：已知外力求位形）。约束力是指：在约束处，由约束体施加于被约束系统的反抗脱离约束的力，所以有时又称为**约束反力**。约束力是被动的，随着主动力和运动状态的变化而变化。在求解出运动状态之前，约束力是未知的。作用在第i个质点上的合力等于主动力$\boldsymbol{F}_i$和约束力$\boldsymbol{R}_i$的矢量和。设该质点的虚位移为$\delta \boldsymbol{r}_i$，则作用在第i个质点上的合力所做的虚功为

$$\delta W_i = \boldsymbol{F}_i \cdot \delta \boldsymbol{r}_i + \boldsymbol{R}_i \cdot \delta \boldsymbol{r}_i \quad (i=1,2,\cdots,n)$$

作用在系统上的所有力所做的虚功为

$$\delta W = \sum_{i=1}^{n} \delta W_i = \sum_{i=1}^{n} \boldsymbol{F}_i \cdot \delta \boldsymbol{r}_i + \sum_{i=1}^{n} \boldsymbol{R}_i \cdot \delta \boldsymbol{r}_i \tag{1.2.1}$$

若存在一种约束系统，使得上式中第二项求和式为零，则力学方程中将不出现约束力。

三、理想约束

1. 理想约束的定义

若作用在系统上的约束力的虚功之和等于零，即

$$\sum_{i=1}^{n}\boldsymbol{R}_i\cdot\delta\boldsymbol{r}_i=\sum_{i=1}^{3n}R_i\cdot\delta x_i=0 \tag{1.2.2}$$

则称此系统为理想约束系统。

2. 理想约束的三种情形

（1）约束力不为零，虚位移也不为零，但是约束力与虚位移方向正交，即

$$\boldsymbol{R}_i\cdot\delta\boldsymbol{r}_i=0 \tag{1.2.3}$$

例如：光滑曲面约束、光滑曲线约束、光滑铰链约束、……

（2）约束力不为零，虚位移也不为零，但是一对作用力与反作用力的虚功之和为零，即

$$\boldsymbol{R}_i\cdot\delta\boldsymbol{r}_i+(-\boldsymbol{R}_i)\cdot\delta\boldsymbol{r}_i=0 \tag{1.2.4}$$

例如：长度不变的绳子和杆的约束。

（3）约束力不为零，但是虚位移为零，即

$$\delta\boldsymbol{r}_i=0 \tag{1.2.5}$$

例如：定点约束、固定面上的纯滚动。

若系统在运动中存在摩擦，则一般不满足理想约束条件。但是，如果可以将摩擦力的表达式用其它途径表示出来（如物体在流体介质中作低速运动，物体所受摩擦力与速度正比反向，即 $\boldsymbol{f}=-\alpha\boldsymbol{v}$），此时可将摩擦力作为主动力处理，则理想约束条件仍然成立。

从理想约束的定义可以看出，引入虚位移和虚功的意义就是消除了系统力学方程中的约束力。下面从虚功的角度讨论系统的静力学平衡问题。

四、虚功原理

设第 i 个质点平衡，其牛顿力学的平衡方程为

$$\boldsymbol{F}_i+\boldsymbol{R}_i=0\quad(i=1,2,\cdots,n) \tag{1.2.6}$$

从而

$$(\boldsymbol{F}_i+\boldsymbol{R}_i)\cdot\delta\boldsymbol{r}_i=0\quad(i=1,2,\cdots,n)$$

若系统内每个质点都平衡，则系统也平衡，必有

$$\sum_{i=1}^{n}\boldsymbol{F}_i\cdot\delta\boldsymbol{r}_i+\sum_{i=1}^{n}\boldsymbol{R}_i\cdot\delta\boldsymbol{r}_i=0$$

若系统受到理想约束，由条件式（1.2.2）可得，此时主动力虚功之和为零。这就是虚功原理。

1. 虚功原理的表述

理想约束系统处于平衡态的充要条件是作用于系统的主动力的虚功之和等于零，即

$$\sum_{i=1}^{n}\boldsymbol{F}_i\cdot\delta\boldsymbol{r}_i=\sum_{i=1}^{3n}F_i\cdot\delta x_i=0 \tag{1.2.7}$$

注意，上面的表述中所说的“充要条件”的另一种表述为：**虚功原理与牛顿力学的平衡方程是等价的**。即：由牛顿力学的平衡方程式（1.2.6）可导出虚功原理的式（1.2.7）（上面已给出）；反过来，由式（1.2.7）也可导出式（1.2.6），但是要证明这一点并不容易。表面看起来，把理想约束条件式（1.2.2）和虚功原理的式（1.2.7）直接相加可得

$$\sum_{i=1}^{n}(\boldsymbol{F}_i+\boldsymbol{R}_i)\cdot\delta\boldsymbol{r}_i=\sum_{i=1}^{3n}(F_i+R_i)\cdot\delta x_i=0 \tag{1.2.8}$$

但是，不能由此直接写出牛顿力学的平衡方程式（1.2.6），因为尚未计及约束关系。从数学上看，式（1.2.8）中的诸 δx_i 并不独立，不能直接写出每个 δx_i 前面的系数都为零，还必须考虑约束方程，给出 $\boldsymbol{R}_i$ 与约束方程的关系；从物理上看，正是由于主动力和约束体的共同作用，才决定了受约束系统平衡时的位形和约束力。下面就从主动力和约束方程出发，应用拉格朗日不定乘子法，解决上述问题。

2. *拉格朗日不定乘子法*

设系统受理想的完整约束（在静力学中，不完整约束非常少见），约束方程为

$$f_\beta(x_1,x_2,\cdots,x_{3n};t)=0\quad(\beta=1,2,\cdots,k) \tag{1.2.9}$$

对约束方程式（1.2.9）两边取全微分

$$\delta f_\beta=\sum_{i=1}^{3n}\frac{\partial f_\beta}{\partial x_i}\delta x_i=0\quad(\beta=1,2,\cdots,k)$$

取 k 个常数 $\lambda_\beta(\beta=1,2,\cdots,k)$，分别乘以上式中的 k 个式子，对 β 求和，两个求和后交换顺序，然后与式（1.2.7）相加，可得

$$\sum_{i=1}^{3n}(F_i+\sum_{\beta=1}^{k}\lambda_\beta\frac{\partial f_\beta}{\partial x_i})\delta x_i=0$$

其中 λ_β 称为**拉格朗日不定乘子**，实际上是待定因子。**不定乘子法的要点就是：总可以选择一组适当的 $\lambda_\beta(\beta=1,2,\cdots,k)$，使得 k 个不独立的 δx_i 前面的系数为零。当然，剩余的 $3n-k$ 个独立的 δx_i 前面的系数也为零。**从而

$$F_i+\sum_{\beta=1}^{k}\lambda_\beta\frac{\partial f_\beta}{\partial x_i}=0\quad(i=1,2,\cdots,3n) \tag{1.2.10}$$

令

$$R_i=\sum_{\beta=1}^{k}\lambda_\beta\frac{\partial f_\beta}{\partial x_i}\quad(i=1,2,\cdots,3n) \tag{1.2.11}$$

或

$$\boldsymbol{R}_i=\sum_{\beta=1}^{k}\lambda_\beta\nabla_i f_\beta\quad(i=1,2,\cdots,n) \tag{1.2.12}$$

可得

$$\boldsymbol{F}_i+\boldsymbol{R}_i=0\quad(i=1,2,\cdots,n)$$

从物理上看，这就是牛顿力学的平衡方程，其中 $\boldsymbol{R}_i$ 就是第 i 个质点所受的约束力。

由上可知，应用拉格朗日不定乘子法，不但证明了虚功原理与牛顿力学的平衡方程的等价性，而且给出了同时求出系统平衡位形和约束力的方法。即：由式（1.2.10）的 $3n$ 个方程和 k 个约束方程，解出系统平衡时质点的 $3n$ 个坐标 $x_i(i=1,2,\cdots,3n)$ 和 k 个拉格朗日不定乘子 $\lambda_\beta(\beta=1,2,\cdots,k)$，再由式（1.2.11）或式（1.2.12）解出约束力。

解决虚功原理中坐标不独立问题的另一种方法是广义坐标法。

3. *虚功原理的广义坐标表述*

对于自由度为 s 的理想完整系，选择 s 个广义坐标 $q_\alpha(\alpha=1,2,\cdots,s)$，把质点坐标表示为广义坐标的函数

$$x_i=x_i(q_1,q_2,\cdots,q_s;t)\quad(i=1,2,\cdots,3n)$$

把虚位移表示为全微分的形式

$$\delta x_i=\sum_{\alpha=1}^{s}\frac{\partial x_i}{\partial q_\alpha}\delta q_\alpha+\frac{\partial x_i}{\partial t}\delta t=\sum_{\alpha=1}^{s}\frac{\partial x_i}{\partial q_\alpha}\delta q_\alpha \quad (i=1,2,\cdots,3n)$$

将上式代入虚功原理式（1.2.7）可得

$$\sum_{i=1}^{3n}F_i\cdot\delta x_i=\sum_{i=1}^{3n}F_i\sum_{\alpha=1}^{s}\frac{\partial x_i}{\partial q_\alpha}\delta q_\alpha=\sum_{\alpha=1}^{s}(\sum_{i=1}^{3n}F_i\frac{\partial x_i}{\partial q_\alpha})\delta q_\alpha=0 \tag{1.2.13}$$

因为诸广义坐标 q_α 相互独立，所以诸 δq_α 前面的系数都为零。若定义上式中括号内的求和式为**广义力的 α 分量：**

$$Q_\alpha=\sum_{i=1}^{3n}F_i\frac{\partial x_i}{\partial q_\alpha} \quad (\alpha=1,2,\cdots,s) \tag{1.2.14}$$

则**虚功原理用广义坐标表述为**

$$Q_\alpha=0 \quad (\alpha=1,2,\cdots,s) \tag{1.2.15}$$

即**广义力的诸分量都为零**。

关于广义力的概念，应该注意以下几点。

（1）由式（1.2.13）可知，$Q_\alpha\delta q_\alpha$ 具有功的量纲，δq_α 不一定具有长度量纲，所以**广义力不一定具有力的量纲**。

（2）由定义式（1.2.14）可知，Q_α 与所有的 F_i 和所有的 x_i 都有关。所以**广义力不属于具体的某一个质点，而是属于系统整体**。

（3）由定义式（1.2.14）可知，**广义力与约束力无关**。

（4）**Q_α 的全体构成广义力（一般不构成矢量），其总作用效果等价于所有的 F_i 的总作用效果。**

由虚功原理的广义坐标表述，可以解决静力学问题的两个方面。一是已知主动力求平衡位形，二是已知平衡位形求主动力。

综上所述，解决坐标不独立的问题有两种方法。第一种方法是拉格朗日不定乘子法，优点是可以求出约束力，缺点是推导过程稍嫌繁琐。第二种方法是广义坐标法，优点是推导过程简捷，缺点是不能求出约束力。

五、虚功原理的应用举例

例一　如图 1.2.2 所示，刚性杆 OA 的长度为 l_1，质量为 m_1。刚性杆 AB 的长度为 l_2，质量为 m_2。两杆在 A 点光滑铰链，并且在 O 点光滑铰链于天花板上。在 B 端作用一个水平拉力 $\boldsymbol{F}$ 使系统平衡。求系统的平衡位形。

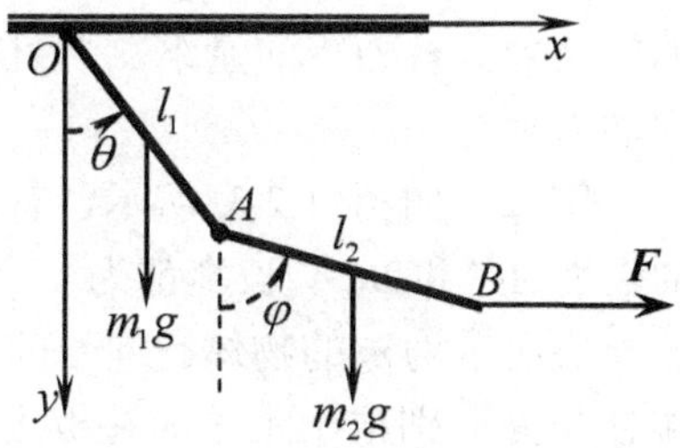

图 1.2.2

【解】由于只求平衡位形，不求约束力，所以选用虚功原理的广义坐标表述。

要确定双杆系统的位形，可任选三个点，共九个坐标。当然可以选取不同的点，以方便为原则。再考虑约束方程的个数。O 点固定，有三个约束方程；A 和 B 两点在 xOy 平面内运动，有两个约束方程；OA 和 AB 长度一定，有两个约束方程。共有七个约束方程。注意，对于给定的约束，可以采用不同的表述，但是约束方程的个数是一定的。显然，上述约束是理想的完整约束，所以，描述系统的广义坐标数等于系统的自由度，共有两个。

分别选择 OA 和 AB 两杆与铅直线的夹角 θ 和 φ 为广义坐标。

作用在系统上的主动力为：重力 $m_1 g\boldsymbol{e}_y$；重力 $m_2 g\boldsymbol{e}_y$；水平拉力 $F\boldsymbol{e}_x$。**把主动力的作用点沿主动力方向的坐标表示为广义坐标的函数：**

$$y_1 = \frac{1}{2} l_1 \cos\theta$$

$$y_2 = l_1 \cos\theta + \frac{1}{2} l_2 \cos\varphi$$

$$x_B = l_1 \sin\theta + l_2 \sin\varphi$$

对上述三式两边取微分得主动力的作用点沿主动力方向的虚位移为

$$\delta y_1 = -\frac{1}{2} l_1 \sin\theta\delta\theta$$

$$\delta y_2 = -l_1 \sin\theta\delta\theta - \frac{1}{2} l_2 \sin\varphi\delta\varphi$$

$$\delta x_B = l_1 \cos\theta\delta\theta + l_2 \cos\varphi\delta\varphi$$

将主动力和上述虚位移代入虚功原理式（1.2.7）可得

$$l_1(F\cos\theta - m_2 g\sin\theta - \frac{1}{2} m_1 g\sin\theta)\delta\theta + l_2(F\cos\varphi - \frac{1}{2} m_2 g\sin\varphi)\delta\varphi = 0$$

广义力平衡方程为

$$Q_\theta = l_1(F\cos\theta - m_2 g\sin\theta - \frac{1}{2} m_1 g\sin\theta) = 0 \tag{1.2.16}$$

$$Q_\varphi = l_2(F\cos\varphi - \frac{1}{2} m_2 g\sin\varphi) = 0 \tag{1.2.17}$$

由此解得系统的平衡时的广义坐标为

$$\theta = \arctan\frac{2F}{(2m_2 + m_1)g} \tag{1.2.18}$$

$$\varphi = \arctan\frac{2F}{m_2 g} \tag{1.2.19}$$

由上式可知，系统的平衡位形与两杆的长度无关。

由式（1.2.16）和式（1.2.17）可知，此处的广义力具有力矩的量纲，并且广义力与几个主动力都有关。

例二 如图 1.2.3 所示，有两条不可伸长的轻绳 AC 和 BC，长度都为 a。两绳在 C 点吊着一块质量为 m 的物体。绳子的另外两个固定端 A 和 B 分别位于水平天花板上的 x 轴上，两点间的距离为 c。坐标轴 z 轴的正向垂直纸面向里。在 C 点作用一个大小为 F、方向在 z 轴正向的水平拉力。求系统平衡时两条绳子中的张力。

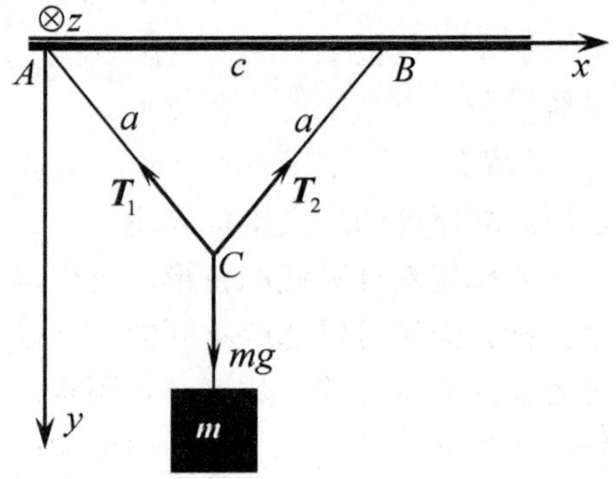

图 1.2.3

【解】此题是一个静力学平衡问题。由牛顿力学的平衡方程和几何关系，也可以解出结果。为了体会用拉格朗日不定乘子法求解约束力的基本步骤，现在用此法解题。C 点的约束方程为

$$f_1 = x^2 + y^2 + z^2 - a^2 = 0 \tag{1.2.20}$$

$$f_2 = (x-c)^2 + y^2 + z^2 - a^2 = 0 \tag{1.2.21}$$

注意，在绳子始终绷紧的情况下，其约束是不可解约束。f_1 和 f_2 的梯度为

$$\nabla f_1 = 2(x\boldsymbol{e}_x + y\boldsymbol{e}_y + z\boldsymbol{e}_z)$$

$$\nabla f_2 = 2[(x-c)\boldsymbol{e}_x + y\boldsymbol{e}_y + z\boldsymbol{e}_z]$$

设作用于 C 点的约束力为

$$\boldsymbol{R} = \lambda_1 \nabla f_1 + \lambda_2 \nabla f_2$$

由平衡方程 $\boldsymbol{R} + mg\boldsymbol{e}_y + F\boldsymbol{e}_z = 0$ 得

$$\lambda_1 x + \lambda_2 (x-c) = 0 \tag{1.2.22}$$

$$2(\lambda_1 + \lambda_2) y + mg = 0 \tag{1.2.23}$$

$$2(\lambda_1 + \lambda_2) z + F = 0 \tag{1.2.24}$$

由式（1.2.20）～式（1.2.24）联立解得拉格朗日乘子和平衡位形分别为

$$\lambda_1 = \lambda_2 = -\frac{1}{4}\sqrt{\frac{F^2 + m^2 g^2}{a^2 - c^2/4}}$$

$$x = \frac{1}{2}c,\ y = \sqrt{\frac{m^2 g^2}{F^2 + m^2 g^2}}\sqrt{a^2 - \frac{c^2}{4}},\ z = \sqrt{\frac{F^2}{F^2 + m^2 g^2}}\sqrt{a^2 - \frac{c^2}{4}}$$

由此可得 C 点的约束力为

$$\begin{aligned}\boldsymbol{T}_1 &= \lambda_1 \nabla f_1 = 2\lambda_1 (x\boldsymbol{e}_x + y\boldsymbol{e}_y + z\boldsymbol{e}_z)\\ &= -\frac{1}{2}\sqrt{\frac{c^2/4}{a^2 - c^2/4}}\sqrt{F^2 + m^2 g^2}\,\boldsymbol{e}_x - \frac{mg}{2}\boldsymbol{e}_y - \frac{F}{2}\boldsymbol{e}_z\end{aligned}$$

$$\begin{aligned}\boldsymbol{T}_2 &= \lambda_2 \nabla f_2 = 2\lambda_2 [(x-c)\boldsymbol{e}_x + y\boldsymbol{e}_y + z\boldsymbol{e}_z]\\ &= \frac{1}{2}\sqrt{\frac{c^2/4}{a^2 - c^2/4}}\sqrt{F^2 + m^2 g^2}\,\boldsymbol{e}_x - \frac{mg}{2}\boldsymbol{e}_y - \frac{F}{2}\boldsymbol{e}_z\end{aligned}$$

例三　有质量为 m、半径为 r 的四个光滑球，其中三个放在光滑的水平面上，并且用弹性橡皮圈捆扎在一起。第四个球垒在另外三个小球的上面。水平面上的三个球相互接触且正压力为零。求橡皮圈中的张力。

【解】为了简单起见，以四个球的球心为顶点作出如图 1.2.4 所示的四面体，其中：$\overline{ad} = \overline{bd} = \overline{cd} = 2r$，$a$、$b$、$c$ 三个球分别位于等边三角形的三个顶点且只沿中线运动。显然，系统所受的约束是理想的完整约束。经过分析可知：若把橡皮圈当作不可伸长的约束，则系统的自由度为零，可以用不定乘子法求出约束力；若不把橡皮圈当作约束，则橡皮圈中的张力为主动力，此时系统的自由度为 1，可以用广义坐标法

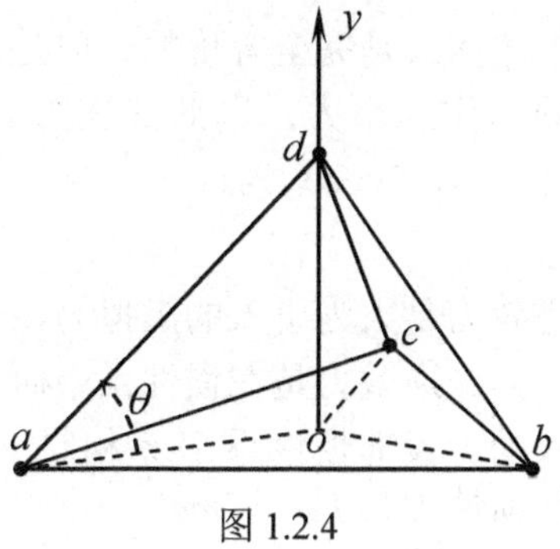

图 1.2.4

求出弹性张力。

建立如图所示坐标系。选择$\overline{ad}$与水平面的夹角θ为广义坐标。作用在系统上的主动力为d球上的重力和橡皮圈中的张力。先写出d球虚位移的广义坐标表述为

$$\delta y_d = \delta(2r\sin\theta) = 2r\cos\theta\delta\theta$$

为了写出张力的虚功，先要写出橡皮圈的虚伸长。水平面上等边三角形的周长为

$$l = 3\cdot\overline{ab} = 3\cdot 2\cdot\overline{oa}\cdot\cos 30° = 3\sqrt{3}\cdot 2r\cos\theta$$

橡皮圈的虚伸长

$$\delta l = -6\sqrt{3}r\sin\theta\delta\theta$$

由虚功原理可得

$$-T\delta l - mg\delta y_d = (T\cdot 6\sqrt{3}r\sin\theta - mg\cdot 2r\cos\theta)\delta\theta = 0$$

广义力平衡公式为

$$Q_\theta = 2r(3\sqrt{3}T\sin\theta - mg\cos\theta) = 0$$

所以

$$T = \frac{mg}{3\sqrt{3}}\cot\theta$$

由题意可知，系统平衡时，$l = 6r$，即$\cos\theta = 1/\sqrt{3}$，$\cot\theta = 1/\sqrt{2}$，代入上式得

$$T = \frac{mg}{3\sqrt{6}}$$

虚功原理解决了理想约束系统的静力学平衡问题。实际中遇到的问题大部分是动力学问题，这些将在下面几节讨论。

1.3 拉格朗日方程

研究n个质点组成的力学系统。考察系统中第i个质点的运动。设：质点的质量为m_i，作用在质点上的主动力为$\boldsymbol{F}_i$，约束力为$\boldsymbol{R}_i$，质点运动的加速度为$\ddot{\boldsymbol{r}}_i$。由牛顿运动定律可得

$$\boldsymbol{F}_i + \boldsymbol{R}_i = m_i\ddot{\boldsymbol{r}}_i \quad (i = 1,2,\cdots,n) \tag{1.3.1}$$

移项后可得

$$\boldsymbol{F}_i + \boldsymbol{R}_i - m_i\ddot{\boldsymbol{r}}_i = 0 \quad (i = 1,2,\cdots,n) \tag{1.3.2}$$

上述两式是完全等价的。但是对于后一个式子，我们换一种说法。如果把式中左边第三项当作一个力，则此式在形式上就是质点的平衡方程。为此，定义逆效力（reversed effective force）为

$$\boldsymbol{F}_{i逆} = -m_i\ddot{\boldsymbol{r}}_i \quad (i = 1,2,\cdots,n) \tag{1.3.3}$$

逆效力是人为引入的虚拟力，不是物体与物体之间的相互作用。注意，逆效力有别于惯性力。逆效力是在惯性系中研究问题时引入的，而惯性力是在非惯性系中研究问题时引入的。设非惯性系S'系相对于惯性系的加速度为$\boldsymbol{a}'$，则在S'系中质量为m的质点所受的惯性力为$\boldsymbol{F}_{惯} = -m\boldsymbol{a}'$。

引入逆效力以后，把动力学问题从形式上转化为静力学的“平衡”问题，从而可以采用与虚功原理同样的方法处理问题。

一、达朗贝尔（d’Alembert）原理

由式（1.3.2）可得，作用在第 i 个质点上的所有力的虚功满足下式：

$$(\boldsymbol{F}_i+\boldsymbol{R}_i-m_i\ddot{\boldsymbol{r}}_i)\cdot\delta\boldsymbol{r}_i=0\quad(i=1,2,\cdots,n)\tag{1.3.4}$$

将上式（1.3.4）的 n 个关系式求和可得

$$\sum_{i=1}^{n}(\boldsymbol{F}_i+\boldsymbol{R}_i-m_i\ddot{\boldsymbol{r}}_i)\cdot\delta\boldsymbol{r}_i=0\tag{1.3.5}$$

对于理想约束系统，由理想约束的条件可得

$$\sum_{i=1}^{n}(\boldsymbol{F}_i-m_i\ddot{\boldsymbol{r}}_i)\cdot\delta\boldsymbol{r}_i=\sum_{i=1}^{3n}(F_i-m_i\ddot{x}_i)\cdot\delta x_i=0\tag{1.3.6}$$

上式就是**达朗贝尔原理**的数学表达式，又称为**达朗贝尔—拉格朗日方程**。此原理语言表述为：**对于理想约束系统，作用在系统上的主动力和逆效力的虚功之和等于零。**

要应用达朗贝尔原理的数学表达式求解问题，首先要解决的问题是坐标不独立问题。解决的方法如上节所述，一是拉格朗日不定乘子法，二是广义坐标法。由此可得出不同形式的拉格朗日方程。

二、第一类拉格朗日方程

对 n 个质点组成的力学系统，假设其约束方程为式（1.2.10），两边取全微分

$$\delta f_\beta=\sum_{i=1}^{3n}\frac{\partial f_\beta}{\partial x_i}\delta x_i=0\quad(\beta=1,2,\cdots,k)\tag{1.3.7}$$

取 k 个拉格朗日不定乘子 $\lambda_\beta(\beta=1,2,\cdots,k)$，分别乘以上式中的 k 个式子，对 β 求和，两个求和号交换顺序，然后与式（1.3.6）相加，可得

$$\sum_{i=1}^{3n}(F_i-m_i\ddot{x}_i+\sum_{\beta=1}^{k}\lambda_\beta\frac{\partial f_\beta}{\partial x_i})\delta x_i=0$$

总可以选择一组适当的 $\lambda_\beta(\beta=1,2,\cdots,k)$，使得 k 个不独立的 δx_i 前面的系数为零。当然，剩余的 $3n-k$ 个独立的 δx_i 前面的系数也为零。从而

$$F_i-m_i\ddot{x}_i+\sum_{\beta=1}^{k}\lambda_\beta\frac{\partial f_\beta}{\partial x_i}=0\quad(i=1,2,\cdots,3n)\tag{1.3.8}$$

上式就是第一类拉格朗日方程，实际上也是质点坐标下的拉格朗日方程。

系统所受的约束力为

$$R_i=\sum_{\beta=1}^{k}\lambda_\beta\frac{\partial f_\beta}{\partial x_i}\quad(i=1,2,\cdots,3n)\tag{1.3.9}$$

或

$$\boldsymbol{R}_i=\sum_{\beta=1}^{k}\lambda_\beta\nabla_i f_\beta\quad(i=1,2,\cdots,n)\tag{1.3.10}$$

上述方法虽然可以求出约束力，但是用来求解系统的运动往往并不方便。因为需要解 $3n+k$ 个联立的方程。本来约束越多系统的自由度越少，但是应用第一类拉格朗日方

程求解时涉及的方程数反而越多。这种现象的出现完全是因为应用了拉格朗日不定乘子法消除坐标的不独立性导致的。如果应用广义坐标法消除达朗贝尔原理的数学表达式中坐标的不独立性，得出第二类拉格朗日方程，就可以很好地克服上述困难。

三、第二类拉格朗日方程

设n个质点组成力学系统，所受约束为理想完整约束，其约束方程有k个。则系统的自由度为$s=3n-k$。选s个独立变量$q_\alpha(\alpha=1,2,\cdots,s)$为广义坐标，根据约束方程可以把质点坐标表示为广义坐标的函数

$$x_i=x_i(q_1,q_2,\cdots,q_s;t)\quad(i=1,2,\cdots,3n) \tag{1.3.11}$$

由此式不难把质点坐标的虚位移用广义坐标表示出来

$$\delta x_i=\sum_{\beta=1}^{k}\frac{\partial x_i}{\partial q_\alpha}\delta q_\alpha\quad(i=1,2,\cdots,3n) \tag{1.3.12}$$

将此代入达朗贝尔原理的数学表达式，可得

$$\begin{aligned}\sum_{i=1}^{3n}(F_i-m_i\ddot{x}_i)\delta x_i&=\sum_{i=1}^{3n}(F_i-m_i\ddot{x}_i)\sum_{\alpha=1}^{s}\frac{\partial x_i}{\partial q_\alpha}\delta q_\alpha\\&=\sum_{\alpha=1}^{s}(\sum_{i=1}^{3n}F_i\frac{\partial x_i}{\partial q_\alpha}-\sum_{i=1}^{3n}m_i\ddot{x}_i\frac{\partial x_i}{\partial q_\alpha})\delta q_\alpha=0\end{aligned}$$

注意到诸δq_α的独立性，可得

$$\sum_{i=1}^{3n}m_i\ddot{x}_i\frac{\partial x_i}{\partial q_\alpha}=\sum_{i=1}^{3n}F_i\frac{\partial x_i}{\partial q_\alpha}=Q_\alpha\quad(\alpha=1,2,\cdots,s) \tag{1.3.13}$$

上式就是达朗贝尔原理的广义坐标表述。为了应用上的方便，需要将上式中左边的$\ddot{x}_i$也用广义坐标和广义坐标的时间导数（广义速度）表示出来。

$$\sum_{i=1}^{3n}m_i\ddot{x}_i\frac{\partial x_i}{\partial q_\alpha}=\sum_{i=1}^{3n}m_i\frac{d\dot{x}_i}{dt}\frac{\partial x_i}{\partial q_\alpha}=\sum_{i=1}^{3n}m_i[\frac{d}{dt}(\dot{x}_i\frac{\partial x_i}{\partial q_\alpha})-\dot{x}_i\frac{d}{dt}(\frac{\partial x_i}{\partial q_\alpha})] \tag{1.3.14}$$

$$\dot{x}_i=\sum_{\beta=1}^{s}\frac{\partial x_i}{\partial q_\beta}\frac{dq_\beta}{dt}+\frac{\partial x_i}{\partial t}=\sum_{\beta=1}^{s}\frac{\partial x_i}{\partial q_\beta}\dot{q}_\beta+\frac{\partial x_i}{\partial t}\quad(i=1,2,\cdots,3n) \tag{1.3.15}$$

其中**广义速度**$\dot{q}_\beta=\frac{\mathrm{d}q_\beta}{\mathrm{d}t}$。注意到诸$\dot{q}_\beta$相互独立，可得

$$\frac{\partial\dot{x}_i}{\partial\dot{q}_\alpha}=\frac{\partial x_i}{\partial q_\alpha}\quad(i=1,2,\cdots,3n)\ (\alpha=1,2,\cdots,s) \tag{1.3.16}$$

另外

$$\begin{aligned}\frac{\mathrm{d}}{\mathrm{d}t}(\frac{\partial x_i}{\partial q_\alpha})&=\sum_{\beta=1}^{s}\frac{\partial}{\partial q_\beta}(\frac{\partial x_i}{\partial q_\alpha})\dot{q}_\beta+\frac{\partial}{\partial t}(\frac{\partial x_i}{\partial q_\alpha})\\&=\sum_{\beta=1}^{s}\frac{\partial}{\partial q_\alpha}(\frac{\partial x_i}{\partial q_\beta})\dot{q}_\beta+\frac{\partial}{\partial q_\alpha}(\frac{\partial x_i}{\partial t})=\frac{\partial}{\partial q_\alpha}(\sum_{\beta=1}^{s}\frac{\partial x_i}{\partial q_\alpha}\dot{q}_\beta+\frac{\partial x_i}{\partial t})=\frac{\partial\dot{x}_i}{\partial q_\alpha}\end{aligned}$$

所以

$$\frac{\mathrm{d}}{\mathrm{d}t}(\frac{\partial x_i}{\partial q_\alpha})=\frac{\partial\dot{x}_i}{\partial q_\alpha}\quad(i=1,2,\cdots,3n)\ (\alpha=1,2,\cdots,s) \tag{1.3.17}$$

将式（1.3.16）和式（1.3.17）代入式（1.3.14）可得

$$\sum_{i=1}^{3n} m_i \ddot{x}_i \frac{\partial x_i}{\partial q_\alpha} = \sum_{i=1}^{3n} m_i [\frac{\mathrm{d}}{\mathrm{d}t}(\dot{x}_i \frac{\partial \dot{x}_i}{\partial \dot{q}_\alpha}) - \dot{x}_i \frac{\partial \dot{x}_i}{\partial q_\alpha}] \tag{1.3.18}$$

令系统的动能为

$$T = \sum_{i=1}^{3n} \frac{1}{2} m_i \dot{x}_i^2 \tag{1.3.19}$$

显然，因为 $\dot{x}_i = \sum_{\beta=1}^{s} \frac{\partial x_i}{\partial q_\beta} \dot{q}_\beta + \frac{\partial x_i}{\partial t}$，$x_i = x_i(q_1, \cdots, q_s; t)$，所以，一般来说，动能是广义坐标、广义动量和时间的函数。根据动能的表达式，可以把式（1.3.18）写为

$$\sum_{i=1}^{3n} m_i \ddot{x}_i \frac{\partial x_i}{\partial q_\alpha} = \frac{\mathrm{d}}{\mathrm{d}t}(\frac{\partial T}{\partial \dot{q}_\alpha}) - \frac{\partial T}{\partial q_\alpha} \tag{1.3.20}$$

将将式（1.3.20）代入式（1.3.13）可得

$$\frac{\mathrm{d}}{\mathrm{d}t}(\frac{\partial T}{\partial \dot{q}_\alpha}) - \frac{\partial T}{\partial q_\alpha} = Q_\alpha \quad (\alpha = 1, 2, \cdots, s) \tag{1.3.21}$$

上式就是**第二类拉格朗日方程**。在实际应用中，此方程比第一类拉格朗日方程更为重要，所以为方便起见，把此方程简称为拉格朗日方程或拉氏方程。

拉氏方程适用于理想的完整约束系。在实际应用中，其解题步骤是：确定系统的自由度 s；选择 s 个广义坐标；把系统的动能表示为广义坐标、广义速度和时间的函数；把诸广义力表示为广义坐标和时间的函数；代入拉氏方程，可得关于广义坐标的 s 个二阶常微分方程组；把微分方程组对时间积分，可得系统的运动规律 $q_\alpha = q_\alpha(t)$ $(\alpha = 1, 2, \cdots, s)$。

由上可知，应用拉氏方程解题时，不需要考虑约束力，并且约束越多，自由度越少，方程个数越少，从而越容易求解。这正是拉氏方程比牛顿运动方程的优越之处。

在拉氏方程中，动能对广义速度的偏导数 $\partial T / \partial \dot{q}_\alpha$ 称为**广义动量**的 α 分量，记为 p_α。若 q_α 是某个质点的线坐标，则 p_α 就是相应的线动量；若 q_α 是角量，则 p_α 具有角动量的量纲；若 q_α 是其它独立变量，则 p_α 既不是动量，也不是角动量。p_α 的全体构成广义动量。方程中的动能对广义坐标的偏导数 $\partial T / \partial q_\alpha$ 又称为**拉格朗日力**的 α 分量。所以，第二类拉格朗日方程组的物理意义可以表述为：**作用在系统上的广义力和拉格朗日力之合力等于系统的广义动量对时间的变化率。**

对于拉氏方程中的广义力 Q_α，如果直接应用其定义式，往往并不方便。通常采用虚功法求出 Q_α 的表达式。即

$$\sum_{i=1}^{3n} F_i \delta x_i = \sum_{i=1}^{3n} F_i \sum_{\alpha=1}^{s} \frac{\partial x_i}{\partial q_\alpha} \delta q_\alpha = \sum_{\alpha=1}^{s} \sum_{i=1}^{3n} F_i \frac{\partial x_i}{\partial q_\alpha} \delta q_\alpha = \sum_{\alpha=1}^{s} Q_\alpha \delta q_\alpha$$

注意，对于动力学问题，上式左边不为零。在上式中，令 $\delta q_\beta = 0$ $(\beta \neq \alpha)$，则

$$\left. \sum_{i=1}^{3n} F_i \delta x_i \right|_{\delta q_\beta = 0, \beta \neq \alpha} = Q_\alpha \delta q_\alpha$$

由此可得

$$Q_\alpha = \frac{1}{\delta q_\alpha} \left. \sum_{i=1}^{3n} F_i \delta x_i \right|_{\delta q_\beta = 0, \beta \neq \alpha}$$

作用于系统的主动力分为两大类，一类是保守力，另一类是非保守力。保守力的积分定义是：保守力做功与路径无关；或：沿闭合路径一周，保守力所做的功为零。保守力的微分定义是：**存在一个由系统的相对位形决定的势能函数**$V = V(x_1, x_2, \cdots, x_{3n})$**，**$V$**对某个质点坐标的负梯度就等于该质点所受到的保守力。**应该注意，上述V的函数关系只对稳恒力场成立。如果系统所受到的保守力场不稳定，则V应该显含时间t。所以，一般地，应该有$V = V(x_1, x_2, \cdots, x_{3n}; t)$。在此情况下，$V$不再具有势能的意义，但是上述的瞬时微分定义仍然成立。此时，把V称为**势函数**。保守力与势函数的微分关系用数学式表示为

$$\boldsymbol{F}_{i保} = -\nabla_i V \quad (i = 1, 2, \cdots, n) \tag{1.3.22}$$

或

$$F_{i保} = -\frac{\partial V}{\partial x_i} \quad (i = 1, 2, \cdots, 3n) \tag{1.3.23}$$

将势函数中的质点坐标用坐标变换方程式（1.3.11）代入，从而把势函数表示为广义坐标和时间的函数$V = V(q_1, q_2, \cdots, q_s; t)$。由此可以写出保守广义力为

$$Q_{\alpha保} = \sum_{i=1}^{3n} F_{i保} \frac{\partial x_i}{\partial q_\alpha} = -\sum_{i=1}^{3n} \frac{\partial V}{\partial x_i} \frac{\partial x_i}{\partial q_\alpha} = -\frac{\partial V}{\partial q_\alpha} \quad (\alpha = 1, 2, \cdots, s) \tag{1.3.24}$$

把非保守力记为$F_{非}$，与之相应的广义力记为$Q_{非}$，广义力的α分量为

$$Q_\alpha = Q_{\alpha保} + Q_{\alpha非} = -\frac{\partial V}{\partial q_\alpha} + Q_{\alpha非} \quad (\alpha = 1, 2, \cdots, s)$$

将上式代入第二类拉格朗日方程（1.3.21），并注意到$\partial V / \partial \dot{q}_\alpha = 0$，可得

$$\frac{\mathrm{d}}{\mathrm{d}t}\left(\frac{\partial T}{\partial \dot{q}_\alpha}\right) - \frac{\partial T}{\partial q_\alpha} = -\frac{\partial V}{\partial q_\alpha} + \frac{\mathrm{d}}{\mathrm{d}t}\left(\frac{\partial V}{\partial \dot{q}_\alpha}\right) + Q_{\alpha非}$$

移项合并后可得

$$\frac{\mathrm{d}}{\mathrm{d}t}\left[\frac{\partial (T - V)}{\partial \dot{q}_\alpha}\right] - \frac{\partial (T - V)}{\partial q_\alpha} = Q_{\alpha非}$$

定义**系统的拉格朗日函数**$L = T - V = T(q_1, \cdots, q_s; \dot{q}_1, \cdots, \dot{q}_s; t) - V(q_1, \cdots, q_s; t)$，则

$$\frac{\mathrm{d}}{\mathrm{d}t}\left(\frac{\partial L}{\partial \dot{q}_\alpha}\right) - \frac{\partial L}{\partial q_\alpha} = Q_{\alpha非} \quad (\alpha = 1, 2, \cdots, s) \tag{1.3.25}$$

这就是第二类拉格朗日方程便于运用的最终形式。

四、保守力系的拉格朗日方程

若系统不受到非保守力的作用，则称此系统为保守力系。在式（1.3.25）中令$Q_{\alpha非}=0$，可得

$$\frac{\mathrm{d}}{\mathrm{d}t}\left(\frac{\partial L}{\partial \dot{q}_\alpha}\right) - \frac{\partial L}{\partial q_\alpha} = 0 \quad (\alpha = 1, 2, \cdots, s) \tag{1.3.26}$$

这就是保守力系的拉氏方程。因为用的较多，常常直接把此方程称为拉氏方程。

在保守力系的拉氏方程中，只涉及动能函数T和势函数V。在通常情况下，对于给定的保守系，T和V可以比较容易地写出来。所以，与第二类拉氏方程相比较，应用保守系的拉氏方程更为方便。

在保守力系的拉氏方程中，$\partial L/\partial \dot{q}_\alpha = \partial T/\partial \dot{q}_\alpha = p_\alpha$，这就是前面所述的系统的广义动量的 α 分量。而 $\partial L/\partial q_\alpha$ 就是作用在系统上的广义保守力和拉格朗日力之合力的 α 分量。保守系的拉氏方程组的物理意义可以表述为：**作用在系统上的广义保守力和拉格朗日力之合力等于系统的广义动量对时间的变化率。**

另外，描述力学系的拉氏函数 L 全面地反映了系统的力学特性。其中，广义坐标 q 反映了系统的约束情况；动能 T 反映了在约束条件下系统的可能运动；势函数 V 反映了系统所受到的保守主动力。所以，可以说 L 是力学系的特性函数。由拉氏函数的定义式可以看出，L 是广义坐标 $(q_1,\cdots,q_s)$、广义速度 $(\dot{q}_1,\cdots,\dot{q}_s)$ 和时间 t 的函数，所以，常常又把 $(q_1,\cdots,q_s)$ 和 $(\dot{q}_1,\cdots,\dot{q}_s)$ 称为拉氏变量。

如前所述，保守系的拉氏方程是 s 个二阶常微分方程组。在某些特殊情况下，可以对方程组中的部分方程积分一次，使得二阶方程降阶为一阶方程，从而使得问题得到简化，这个过程称为初积分。积分一次的同时，得到一个积分常数，这个积分常数实际上代表了某个守恒的力学量。在分析力学中，往往又把这个积分常数所代表的守恒量称为初积分。

1.4　拉格朗日方程的初积分

拉氏方程的初积分分为两类，一类叫循环积分，另一类叫能量积分。

一、循环积分

拉氏函数的形式表示为 $L = L(q_1,\cdots,q_s;\dot{q}_1,\cdots,\dot{q}_s;t)$。如果此函数式中不显含某个广义坐标（如 q_α），则 $\partial L/\partial q_\alpha = 0$，代入拉氏方程式（1.3.26）并积分一次，可得

$$\frac{\partial L}{\partial \dot{q}_\alpha} = \frac{\partial T}{\partial \dot{q}_\alpha} = p_\alpha \quad（常数） \tag{1.4.1}$$

称上述的广义坐标 q_α 为**循环坐标**，p_α 为与之对应的**循环积分（初积分）**，实际上代表了广义动量的 α 分量守恒。综上所述：**若系统存在某个循环坐标，则与之对应的广义动量必定守恒。**为了理解上述说法的物理意义，下面分别就平动和转动两种情况加以说明。

平动情形。若代表系统沿某个方向整体平动的线量 x 是循环坐标，则与之对应的系统的线动量 p_x 守恒。这个事实也可以换一种思想来理解。由于拉氏函数 L 全面描述了系统的特性，而 L 中又不显含 x，这就意味着系统沿 x 方向任意平移，L 都保持不变，即系统的力学特性保持不变。我们把系统的这种性质称为沿 x 方向的**空间平移对称性**或空间平移不变性。用动量守恒定律的形式表示为：**系统所受的广义力和拉格朗日力之合力在 x 方向的分量**（实际上就是系统的合外力的分量）**等于零，所以系统在 x 方向的总动量守恒。**

转动情形。若代表系统绕某个转轴 z 轴整体转动的角量 φ 是循环坐标，则与之对应的系统的角动量 p_φ 守恒。这个事实也可以换一种思想来理解。由于拉氏函数 L 全面描述了系统的特性，而 L 中又不显含 φ，这就意味着系统绕 z 轴转过任意一个角度，L 都保持不变，即系统的力学特性保持不变。我们把系统的这种性质称为绕 z 轴的**空间转动对**

称性或空间转动不变性。用角动量守恒定律的形式表示为：**系统所受的广义力和拉格朗日力之合力在 z 方向的分量**（实际上就是系统的合外力矩在 z 轴方向的分量）**等于零，所以系统绕 z 轴转动的总角动量守恒**。

由此可知，循环坐标、守恒量和系统的某种对称性紧密相连，这种思想在现代物理学理论中具有非常重要的意义。

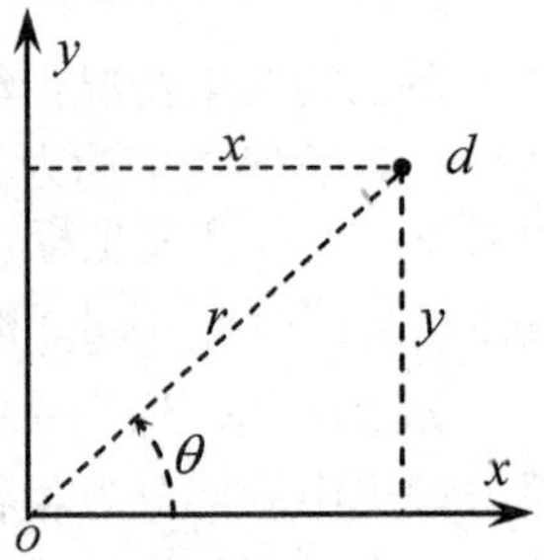

图 1.4.1　平面运动的广义坐标

必须强调指出，对于给定的力学系统，存在多少个循环坐标（或者与之对应的守恒量）是由系统的力学性质决定的，与采用的方法无关。但是，能否全部找出这些循环坐标，则取决于如何选择广义坐标。例如：如图 1.4.1 所示，单个质点在中心力场中运动，我们已经熟知，具有这样受力性质的质点作平面运动（有两个自由度），并且质点绕力心的角动量守恒（有一个循环坐标）。若选择直角坐标 (x,y) 为广义坐标，容易写出质点的拉氏函数为

$$L=\frac{1}{2}m(\dot{x}^2+\dot{y}^2)-V(\sqrt{x^2+y^2})$$

此时，循环坐标不出现。若选择平面极坐标 (r,θ) 为广义坐标，也写出质点的拉氏函数为

$$L=\frac{1}{2}m(\dot{r}^2+r^2\dot{\theta}^2)-V(r)$$

此时，循环坐标为 θ，其广义动量积分为 $mr^2\dot{\theta}=p_\theta$（常量），即质点绕 o 点的角动量守恒。因此，用拉氏方程解题时，恰当地选择广义坐标，对简化求解过程至关重要。

下面再来讨论拉氏方程的另一类初积分。

二、能量积分

要求出能量积分，就是要把拉氏方程写成能量全微分的形式。要做到这一点，首先要把系统的动能与拉氏变量 $(q_1,\cdots,q_s;\dot{q}_1,\cdots,\dot{q}_s)$ 的函数关系明显地表示出来。

$$T=\sum_{i=1}^{3n}\frac{1}{2}m_i\dot{x}_i^2=\sum_{i=1}^{3n}\frac{1}{2}m_i\Big(\sum_{\beta=1}^{s}\frac{\partial x_i}{\partial q_\beta}\dot{q}_\beta+\frac{\partial x_i}{\partial t}\Big)^2 \tag{1.4.2}$$

将上式右边展开，并分别令展开式中广义速度的二次项、一次项和零次项的系数为

$$\begin{cases} a_{\alpha\beta}(q,t)=\displaystyle\sum_{i=1}^{3n}m_i\frac{\partial x_i}{\partial q_\alpha}\frac{\partial x_i}{\partial q_\beta} \\ a_\alpha(q,t)=\displaystyle\sum_{i=1}^{3n}m_i\frac{\partial x_i}{\partial q_\alpha}\frac{\partial x_i}{\partial t} \qquad (\alpha,\beta=1,2,\cdots,s) \\ a(q,t)=\displaystyle\sum_{i=1}^{3n}m_i\Big(\frac{\partial x_i}{\partial t}\Big)^2 \end{cases} \tag{1.4.3}$$

从而，式（1.4.2）可以写为

$$T=\frac{1}{2}\sum_{\alpha,\beta=1}^{s}a_{\alpha\beta}\dot{q}_\alpha\dot{q}_\beta+\sum_{\alpha=1}^{s}a_\alpha\dot{q}_\alpha+\frac{1}{2}a\triangleq T_2+T_1+T_0 \tag{1.4.4}$$

其中

$$T_2 = \frac{1}{2}\sum_{\alpha,\beta=1}^{s} a_{\alpha\beta}\dot{q}_\alpha\dot{q}_\beta\;;\quad T_1 = \sum_{\alpha=1}^{s} a_\alpha\dot{q}_\alpha\;;\quad T_0 = \frac{1}{2}a \tag{1.4.5}$$

将拉氏方程式（1.3.26）两边乘以 $\dot{q}_\alpha$ 并对 α 求和可得

$$\sum_{\alpha=1}^{s}[\frac{\mathrm{d}}{\mathrm{d}t}(\frac{\partial L}{\partial \dot{q}_\alpha})\dot{q}_\alpha - \frac{\partial L}{\partial q_\alpha}\dot{q}_\alpha] = 0 \tag{1.4.6}$$

将上式改写为

$$\sum_{\alpha=1}^{s}[\frac{\mathrm{d}}{\mathrm{d}t}(\frac{\partial L}{\partial \dot{q}_\alpha}\dot{q}_\alpha) - \frac{\partial L}{\partial \dot{q}_\alpha}\ddot{q}_\alpha - \frac{\partial L}{\partial q_\alpha}\dot{q}_\alpha] = 0 \tag{1.4.7}$$

所以

$$\frac{\mathrm{d}}{\mathrm{d}t}(\sum_{\alpha=1}^{s}\frac{\partial L}{\partial \dot{q}_\alpha}\dot{q}_\alpha) = \sum_{\alpha=1}^{s}(\frac{\partial L}{\partial q_\alpha}\dot{q}_\alpha + \frac{\partial L}{\partial \dot{q}_\alpha}\ddot{q}_\alpha) \tag{1.4.8}$$

拉氏函数对时间的全导数为

$$\frac{\mathrm{d}L}{\mathrm{d}t} = \sum_{\alpha=1}^{s}(\frac{\partial L}{\partial q_\alpha}\dot{q}_\alpha + \frac{\partial L}{\partial \dot{q}_\alpha}\ddot{q}_\alpha) + \frac{\partial L}{\partial t} \tag{1.4.9}$$

以上两式相减可得

$$\frac{\mathrm{d}}{\mathrm{d}t}(\sum_{\alpha=1}^{s}\frac{\partial L}{\partial \dot{q}_\alpha}\dot{q}_\alpha - L) = -\frac{\partial L}{\partial t} \tag{1.4.10}$$

因为拉氏函数中只有动能与 $\dot{q}_\alpha$ 有关，所以

$$\frac{\mathrm{d}}{\mathrm{d}t}[\sum_{\alpha=1}^{s}\frac{\partial(T_2+T_1+T_0)}{\partial \dot{q}_\alpha}\dot{q}_\alpha - (T_2+T_1+T_0-V) = -\frac{\partial L}{\partial t} \tag{1.4.11}$$

由式（1.4.5）的动能表达式可得

$$\sum_{\alpha=1}^{s}\frac{\partial T_2}{\partial \dot{q}_\alpha}\dot{q}_\alpha = 2T_2\,;\sum_{\alpha=1}^{s}\frac{\partial T_1}{\partial \dot{q}_\alpha}\dot{q}_\alpha = T_1\,;\quad \frac{\partial T_0}{\partial \dot{q}_\alpha} = 0$$

将上述结果代入式（1.4.11）可得

$$\frac{\mathrm{d}}{\mathrm{d}t}(T_2 - T_0 + V) = -\frac{\partial L}{\partial t} \tag{1.4.12}$$

若 L 中不显含时间 t，即 $\partial L/\partial t = 0$，则上式括号内的量是守恒量，把此量记为 h。即

$$h = T_2 - T_0 + V = \sum_{\alpha=1}^{s} p_\alpha\dot{q}_\alpha - L = \text{常量} \tag{1.4.13}$$

h 函数具有能量的量纲，称为**广义能量**。上述结论表述为：**若系统的拉氏函数中不显含时间，则系统的广义能量守恒**。注意，广义能量不完全等同于机械能，广义能量守恒也不完全等同于机械能守恒。下面对此加以说明。

在 $\partial L/\partial t = 0$ 的情形下，系统所受的约束可能是稳定的，也可能是不稳定的。若系统所受约束是稳定约束，即 $\partial x_i/\partial t = 0$，则由式（1.4.3）可知：$a = 0$，$a_\alpha = 0$，$a_{\alpha\beta} = a_{\alpha\beta}(q_1,\cdots,q_s)$ 不全为零。代入式（1.4.5）可得：$T_0 = 0$，$T_1 = 0$，$T = T_2(q_1,\cdots,q_s;\dot{q}_1,\cdots,\dot{q}_s) \neq 0$。此时，$h = T_2 - T_0 + V = T + V = E$（机械能）。将此关系代入式（1.4.12），并注意到此时的动能不显含时间，有

$$\frac{\mathrm{d}E}{\mathrm{d}t} = -\frac{\partial L}{\partial t} = \frac{\partial V}{\partial t}$$

若 $\partial V / \partial t = 0$，则 $E=$ 常量。

综上所述，**对于稳定约束下的保守系，其广义能量就是系统的机械能，若提供保守力的力场也是稳定的，则系统的机械能守恒**。若系统的约束不稳定，则约束反力做功，而约束反力不出现在拉氏方程中，系统的机械能并不守恒。

简例：如图 1.4.2 所示，质量为 m 的质点固定于长度为 l 的刚性杆的一端，刚性杆的另一端光滑铰链于一个小环上，并且杆在铅直平面内摆动。小环以速度 v_0 在铅直平面内沿水平的 x 轴作匀速直线运动。此质点所受的约束是不稳定不可解的完整约束。质点有一个自由度。选择刚性杆与铅直线的夹角 θ 为广义坐标，容易写出质点的动能为

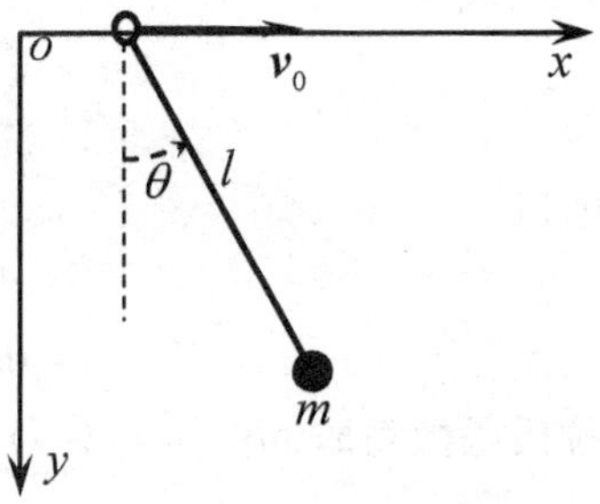

图 1.4.2

$$T = \frac{1}{2}m[(v_0 + l\dot{\theta}\cos\theta)^2 + (-l\dot{\theta}\sin\theta)^2]$$
$$= \frac{1}{2}ml^2\dot{\theta}^2 + mlv_0\dot{\theta}\cos\theta + \frac{1}{2}mv_0^2$$

即

$$T_2 = \frac{1}{2}ml^2\dot{\theta}^2\text{；}\ T_1 = mlv_0\dot{\theta}\cos\theta\text{；}\ T_0 = \frac{1}{2}mv_0^2\text{。}$$

质点的势能函数为

$$V = -mgl\cos\theta$$

质点的拉氏函数为

$$L = \frac{1}{2}ml^2\dot{\theta}^2 + mlv_0\dot{\theta}\cos\theta + \frac{1}{2}mv_0^2 + mgl\cos\theta$$

质点的广义能量函数为

$$h = \frac{1}{2}ml^2\dot{\theta}^2 - \frac{1}{2}mv_0^2 - mgl\cos\theta$$

质点的机械能为

$$E = \frac{1}{2}ml^2\dot{\theta}^2 + mlv_0\dot{\theta}\cos\theta + \frac{1}{2}mv_0^2 - mgl\cos\theta$$

显然，因为 $\partial L / \partial t = 0$，所以 $h=$ 常量。但是，因为约束不稳定，$\partial x / \partial t = v_0 \neq 0$，所以 $h \neq E$，$E \neq$ 常量。若令 $v_0 = 0$，约束稳定，则 $h = E =$ 常量。

下面再举两个拉氏方程及其初积分的应用例题。

例一 如图 1.4.3 所示，质量可忽略的滑轮组上，用质量可忽略的轻绳悬挂着三个质量分别为 m_1、m_2 和 m_3 的重物，绳子和滑轮的边缘无相对滑动。求三个重物的加速度。

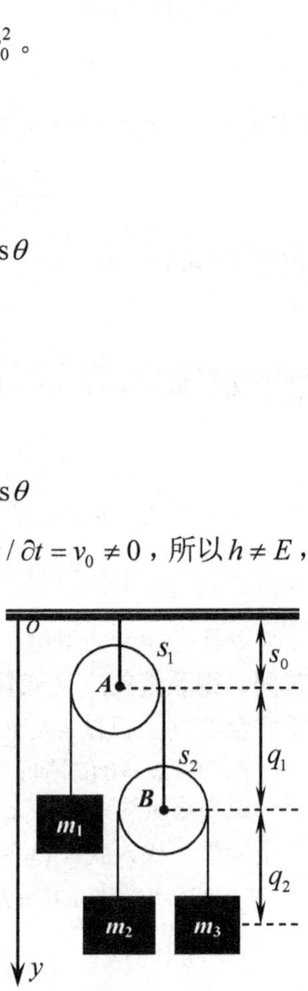

图 1.4.3

【解】 本题的力学系统包含三个重物和两个滑轮共五个“质点”，它们作一维运动。系统的约束有三个：①滑轮 A 固定；②连接 m_1 的绳子长度为 l_1（其中绕在 A 上的长度为 s_1）；③连接 m_2 和 m_3 的绳子长度为 l_2（其中绕在 B 上的长度为 s_2）。所以，系统所受约束是稳定完整的理想约束，并且系统有两个自由度。选择图中的 q_1 和 q_2 为广义坐标，把三个

重物的坐标分别用广义坐标表示为

$$y_1 = l_1 - s_1 - q_1 + s_0\text{；}\quad y_2 = l_2 - s_2 - q_2 + q_1 + s_0\text{；}$$

$$y_3 = q_1 + q_2 + s_0$$

分别对上述三式求时间导数，可得三个重物的速度分别为

$$\dot{y}_1 = -\dot{q}_1\text{；}\quad \dot{y}_2 = \dot{q}_1 - \dot{q}_2\text{；}\quad \dot{y}_3 = \dot{q}_1 + \dot{q}_2 \qquad ①$$

将上述三式代入动能表示式得系统的动能为

$$T = \frac{1}{2}m_1(-\dot{q}_1)^2 + \frac{1}{2}m_2(\dot{q}_1 - \dot{q}_2)^2 + \frac{1}{2}m_3(\dot{q}_1 + \dot{q}_2)^2$$

$$= \frac{1}{2}(m_1 + m_2 + m_3)\dot{q}_1^2 + \frac{1}{2}(m_2 + m_3)\dot{q}_2^2 + (m_3 - m_2)\dot{q}_1\dot{q}_2$$

系统的势能为

$$V = -m_1 g y_1 - m_2 g y_2 - m_3 g y_3 = (m_1 - m_2 - m_3)g q_1 + (m_2 - m_3)g q_2 + V_0$$

这里把所有的常数项归并成一个常数项V_0。

由此写出系统的拉氏函数为

$$L = \frac{1}{2}(m_1 + m_2 + m_3)\dot{q}_1^2 + \frac{1}{2}(m_2 + m_3)\dot{q}_2^2 + (m_3 - m_2)\dot{q}_1\dot{q}_2$$

$$-(m_1 - m_2 - m_3)g q_1 - (m_2 - m_3)g q_2 - V_0$$

下面由拉氏方程推导运动微分方程：

$$\frac{\partial L}{\partial \dot{q}_1} = (m_1 + m_2 + m_3)\dot{q}_1 + (m_3 - m_2)\dot{q}_2$$

$$\frac{\mathrm{d}}{\mathrm{d}t}\left(\frac{\partial L}{\partial \dot{q}_1}\right) = (m_1 + m_2 + m_3)\ddot{q}_1 + (m_3 - m_2)\ddot{q}_2\text{；}\quad \frac{\partial L}{\partial q_1} = -(m_1 - m_2 - m_3)g$$

由拉氏方程得

$$(m_1 + m_2 + m_3)\ddot{q}_1 + (m_3 - m_2)\ddot{q}_2 = -(m_1 - m_2 - m_3)g \qquad ②$$

同理可得

$$(m_3 - m_2)\ddot{q}_1 + (m_2 + m_3)\ddot{q}_2 = -(m_2 - m_3)g \qquad ③$$

由式②和式③两式联立求解得

$$\ddot{q}_1 = -\frac{(m_1 - 4m_2)m_3 + m_1 m_2}{(m_1 + 4m_2)m_3 + m_1 m_2}g\text{；}\quad \ddot{q}_2 = \frac{2m_1(m_3 - m_2)}{(m_1 + 4m_2)m_3 + m_1 m_2}g \qquad ④$$

把式①对时间求一次导数后再将式④代入得

$$\ddot{y}_1 = -\ddot{q}_1 = \frac{(m_1 - 4m_2)m_3 + m_1 m_2}{(m_1 + 4m_2)m_3 + m_1 m_2}g$$

$$\ddot{y}_2 = \ddot{q}_1 - \ddot{q}_2 = -\frac{(3m_1 - 4m_2)m_3 - m_1 m_2}{(m_1 + 4m_2)m_3 + m_1 m_2}g$$

$$\ddot{y}_3 = \ddot{q}_1 + \ddot{q}_2 = \frac{(m_1 + 4m_2)m_3 - 3m_1 m_2}{(m_1 + 4m_2)m_3 + m_1 m_2}g$$

根据上述的求解过程，可以把**应用拉氏方程解题的一般步骤**总结如下：

（1）按题意，分析约束关系，确定自由度，选择广义坐标。把系统内相关的质点坐标表示为广义坐标的函数。把此函数关系对时间求一阶导数，从而把质点速度表示为广义坐标和广义速度的函数。

（2）写出系统的动能函数表示式$T=\sum_{i=1}^{3n}\frac{1}{2}m_i\dot{x}_i^2=T(q_1,\cdots,q_s;\dot{q}_1,\cdots,\dot{q}_s)$。

写出系统的势函数表示式$V=V(x_1,\cdots,x_{3n})=V(q_1,\cdots,q_s)$。

写出系统的拉氏函数$L(q_1,\cdots,q_s;\dot{q}_1,\cdots,\dot{q}_s)=T-V$。

（3）分别求出：$\frac{\partial L}{\partial \dot{q}_\alpha}$；$\frac{\mathrm{d}}{\mathrm{d}t}(\frac{\partial L}{\partial \dot{q}_\alpha})$；$\frac{\partial L}{\partial q_\alpha}$。

（4）由$\frac{\mathrm{d}}{\mathrm{d}t}(\frac{\partial L}{\partial \dot{q}_\alpha})-\frac{\partial L}{\partial q_\alpha}=0$得到5个微分方程组成的方程组。

（5）求解微分方程组。

例二 如图1.4.4所示，半径为R的光滑大圆环以角速度ω绕其铅直直径匀速旋转。大圆环上套链一个质量为m的光滑小圆环。试求出小圆环相对于大圆环静止时的位置。

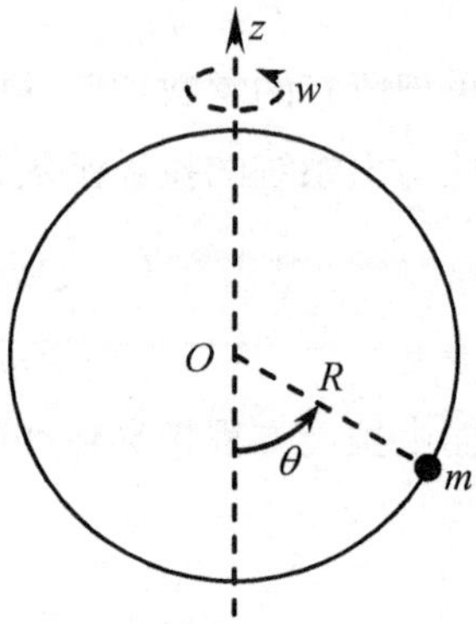

图1.4.4

【解】以小环为研究系统，大环圆心为坐标原点，铅直向上为z轴，x轴和y轴位于水平面内。确定小环位置有三个坐标。小环所受的约束有两个：①小环与大环圆心的距离为R；②小环在水平面内相对于x方向转过的角度为ωt。显然，第二个约束是不稳定约束，小环的机械能不守恒。小环有一个自由度。选择小环与大环圆心的连线与铅直线的夹角θ为广义坐标，由此，写出小环坐标为

$$x=R\sin\theta\cdot\cos\omega t;\quad y=R\sin\theta\cdot\sin\omega t;\quad z=-R\cos\theta$$

将上式对时间求一阶导数得小环的速度为

$$\dot{x}=R\dot{\theta}\cos\theta\cdot\cos\omega t-R\omega\sin\theta\cdot\sin\omega t$$

$$\dot{y}=R\dot{\theta}\cos\theta\cdot\sin\omega t+R\omega\sin\theta\cdot\cos\omega t$$

$$\dot{z}=R\dot{\theta}\sin\theta$$

小环的动能函数为

$$T=\frac{1}{2}m(\dot{x}^2+\dot{y}^2+\dot{z}^2)=\frac{1}{2}mR^2(\dot{\theta}^2+\omega^2\sin^2\theta)$$

即

$$T_2=\frac{1}{2}mR^2\dot{\theta}^2;\quad T_1=0;\quad T_0=\frac{1}{2}mR^2\omega^2\sin^2\theta)$$

小环的势函数为

$$V=-mgR\cos\theta$$

小环的拉氏函数为

$$L=\frac{1}{2}mR^2(\dot{\theta}^2+\omega^2\sin^2\theta)+mgR\cos\theta$$

因为L中不显含时间，所以小环的广义能量守恒

$$T_2-T_0+V=\frac{1}{2}mR^2\dot{\theta}^2-\frac{1}{2}mR^2\omega^2\sin^2\theta-mgR\cos\theta=h\ （常数）$$

令等效势能函数

$$U(\theta)=-\frac{1}{2}mR^2\omega^2\sin^2\theta-mgR\cos\theta$$

令等效势能的一阶导数等于零，即

$$\frac{\mathrm{d}U}{\mathrm{d}\theta}=-mR^2\omega^2\sin\theta(\cos\theta-\frac{g}{R\omega^2})=0$$

得平衡位置：$\theta_1=0$；$\theta_2=\pi$；若 $\omega>\sqrt{g/R}$，还有第三个平衡位置 $\theta_3=\arccos\frac{g}{R\omega^2}$。

下面讨论这些平衡位置的稳定性。求等效势能的二阶导数得

$$\frac{\mathrm{d}^2U}{\mathrm{d}\theta^2}=-mR^2\omega^2(2\cos^2\theta-\frac{g}{R\omega^2}\cos\theta-1)$$

对于 $\theta_1=0$：$\left.\frac{\mathrm{d}^2U}{\mathrm{d}\theta^2}\right|_{\theta=0}=-mR^2\omega^2(1-\frac{g}{R\omega^2})$。若 $\omega<\sqrt{\frac{g}{R}}$，则 $\left.\frac{\mathrm{d}^2U}{\mathrm{d}\theta^2}\right|_{\theta=0}>0$，此平衡位置稳定；若 $\omega>\sqrt{\frac{g}{R}}$，则 $\left.\frac{\mathrm{d}^2U}{\mathrm{d}\theta^2}\right|_{\theta=0}<0$，此平衡位置不稳定。

对于 $\theta_2=\pi$：$\left.\frac{\mathrm{d}^2U}{\mathrm{d}\theta^2}\right|_{\theta=\pi}=-mR^2\omega^2(1+\frac{g}{R\omega^2})<0$。此平衡位置总是不稳定。

对于 $\theta_3=\arccos\frac{g}{R\omega^2}$：$\omega>\sqrt{\frac{g}{R}}$，则 $\left.\frac{\mathrm{d}^2U}{\mathrm{d}\theta^2}\right|_{\theta=\theta_3}=mR^2\omega^2[1-\frac{g^2}{R^2\omega^4}]>0$，此平衡位置稳定。

1.5　球坐标系中的加速度

在牛顿力学的质点运动学中，要写出质点运动加速度在球坐标系中的表达式，采用的方法是：把质点的位置矢量用球坐标及其正交单位矢表示出来，然后求位置矢量对时间的二阶导数。这中间牵涉到要对方向变化的三个正交单位矢求两次导数，推导过程繁琐。为此，本节用拉氏方程导出质点运动加速度在球坐标系中的表达式，过程相对简捷。

一、球坐标与直角坐标的坐标变换公式

如图 1.5.1 所示，质点的直角坐标为 (x,y,z)，球坐标为 (r,θ,φ)，容易写出其变换关系为

$$\begin{cases}x=r\sin\theta\cos\varphi\\y=r\sin\theta\sin\varphi\\z=r\cos\theta\end{cases}\qquad(1.5.1)$$

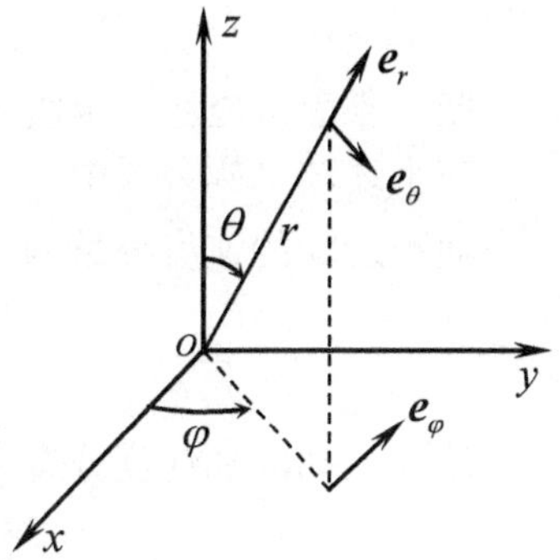

图 1.5.1

二、球坐标系中质点的速度公式

球坐标系中三个正交单位矢分别为：径向单位矢 $\boldsymbol{e}_r$；经线切向单位矢 $\boldsymbol{e}_\theta$；纬线切向单位矢 $\boldsymbol{e}_\varphi$。容易写出质点速度的三个分量分别为

$$\begin{cases} v_r = \dot{r} \\ v_\theta = r\dot{\theta} \\ v_\varphi = r\dot{\varphi}\sin\theta \end{cases} \tag{1.5.2}$$

三、球坐标系中质点的加速度公式

以质点的球坐标为广义坐标，写出质量为m的质点动能为

$$T = \frac{1}{2}m(\dot{r}^2 + r^2\dot{\theta}^2 + r^2\dot{\varphi}^2\sin^2\theta) \tag{1.5.3}$$

由第二类拉氏方程可得广义力为

$$\begin{cases} Q_r = \dfrac{\mathrm{d}}{\mathrm{d}t}(\dfrac{\partial T}{\partial \dot{r}}) - \dfrac{\partial T}{\partial r} = m(\ddot{r} - r\dot{\theta}^2 - r\dot{\varphi}^2\sin^2\theta) \\ Q_\theta = \dfrac{\mathrm{d}}{\mathrm{d}t}(\dfrac{\partial T}{\partial \dot{\theta}}) - \dfrac{\partial T}{\partial \theta} = mr(r\ddot{\theta} + 2\dot{r}\dot{\theta} - r\dot{\varphi}^2\sin\theta\cos\theta) \\ Q_\varphi = \dfrac{\mathrm{d}}{\mathrm{d}t}(\dfrac{\partial T}{\partial \dot{\varphi}}) - \dfrac{\partial T}{\partial \varphi} = mr\sin\theta(r\ddot{\varphi}\sin\theta + 2\dot{r}\dot{\varphi}\sin\theta + 2r\dot{\theta}\dot{\varphi}\cos\theta) \end{cases} \tag{1.5.4}$$

由广义力的定义、坐标变换式并注意到图 1.5.1 的投影关系，也可以写出广义力为

$$\begin{cases} Q_r = F_x\dfrac{\partial x}{\partial r} + F_y\dfrac{\partial y}{\partial r} + F_z\dfrac{\partial z}{\partial r} = F_x\sin\theta\cos\varphi + F_y\sin\theta\sin\varphi + F_z\cos\theta = F_r \\ Q_\theta = F_x\dfrac{\partial x}{\partial \theta} + F_y\dfrac{\partial y}{\partial \theta} + F_z\dfrac{\partial z}{\partial \theta} = r(F_x\cos\theta\cos\varphi + F_y\cos\theta\sin\varphi - F_z\sin\theta) = rF_\theta \\ Q_\varphi = F_x\dfrac{\partial x}{\partial \varphi} + F_y\dfrac{\partial y}{\partial \varphi} + F_z\dfrac{\partial z}{\partial \varphi} = r\sin\theta(-F_x\sin\varphi + F_y\cos\varphi) = r\sin\theta F_\varphi \end{cases} \tag{1.5.5}$$

由上面两式立即导出

$$\begin{cases} a_r = \dfrac{F_r}{m} = \dfrac{Q_r}{m} = \ddot{r} - r\dot{\theta}^2 - r\dot{\varphi}^2\sin^2\theta \\ a_\theta = \dfrac{F_\theta}{m} = \dfrac{Q_\theta}{mr} = r\ddot{\theta} + 2\dot{r}\dot{\theta} - r\dot{\varphi}^2\sin\theta\cos\theta \\ a_\varphi = \dfrac{F_\varphi}{m} = \dfrac{Q_\varphi}{mr\sin\theta} = r\ddot{\varphi}\sin\theta + 2\dot{r}\dot{\varphi}\sin\theta + 2r\dot{\theta}\dot{\varphi}\cos\theta \end{cases} \tag{1.5.6}$$

这就是球坐标系中质点运动的加速度。

四、平面极坐标系中质点的速度和加速度公式

在上述球坐标公式中，令$\varphi =$常量，即$\dot{\varphi} \equiv 0$，可得质点平面运动极坐标表达式。

质点运动的速度分量为

$$\begin{cases} v_r = \dot{r} \\ v_\theta = r\dot{\theta} \end{cases} \tag{1.5.7}$$

质点运动的加速度分量为

$$\begin{cases} a_r = \ddot{r} - r\dot{\theta}^2 \\ a_\theta = r\ddot{\theta} + 2\dot{r}\dot{\theta} \end{cases} \tag{1.5.8}$$

1.6　有心力场中的质点运动

在自然界的四种基本相互作用力中，静电力和万有引力都是有心力。所以，在自然界，有心运动相当普遍。大到天体运动和人造卫星的运动，小到核外电子绕核运动和带电粒子被原子核散射的运动等，都是有心运动。所以，研究有心运动具有十分重要的意义。

一、有心力的特征

所谓有心力，就是力的作用线始终通过一个中心点o，此点称为力心。如图1.6.1 所示，以力心为坐标原点，可以将有心力表示为

$$\boldsymbol{F}=F(r)\boldsymbol{e}_r \tag{1.6.1}$$

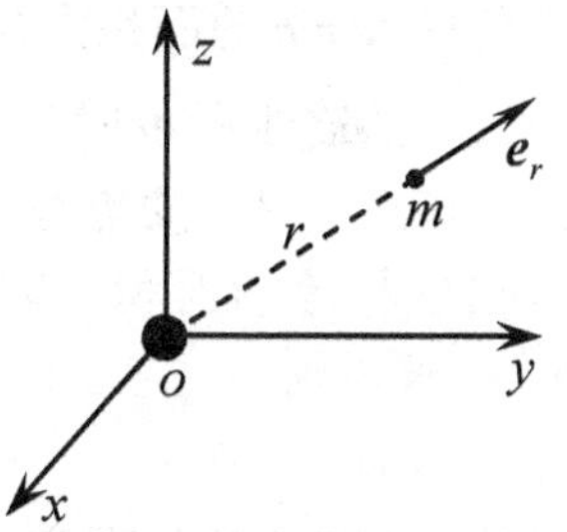

图 1.6.1　有心力示意图

在上式中，$F>0$表示斥力，$F<0$表示引力。对于上式所表示的有心力，在基础物理的牛顿力学中已经证明：从积分关系来说，有心力做功与路径无关；从微分关系来说，$\nabla\times\boldsymbol{F}=0$。所以，有心力是保守力。即：存在一个由质点相对力心位置决定的势能函数，此势能函数的负梯度等于质点所受到的保守力。由式（1.6.1）可知，势能也只是距离r的函数，即$V=V(r)$。上面所述用微分关系表示为

$$\boldsymbol{F}=-\nabla V(r)=-\frac{\mathrm{d}V}{\mathrm{d}r}\boldsymbol{e}_r \tag{1.6.2}$$

用积分关系表示为

$$V(r)=\int_P^A\boldsymbol{F}\cdot\mathrm{d}\boldsymbol{r} \tag{1.6.3}$$

其中A是$V=0$的点，P是到力心的距离为r的任意点。

应该指出，产生有心力的力心质量是有限的，所以，严格来说，有心力问题是两体问题。在基础物理的牛顿力学中已经证明，质点相对于力心的运动规律相当于质点以约化质量绕静止力心的运动规律。

二、质点在有心力场中的一般运动特征

1. 角动量特征

设质量为m的质点受有心力作用，由式（1.6.1）可知，质点受到的相对于力心的力矩$\boldsymbol{M}=\boldsymbol{r}\times\boldsymbol{F}=0$，根据牛顿力学，质点相对于力心的角动量守恒，即$\boldsymbol{L}=\boldsymbol{r}\times m\boldsymbol{v}=$恒矢量。当然，也可以用分析力学的方法来描述：容易写出质点的拉氏函数为

$$L=\frac{1}{2}m(\dot{r}^2+r^2\dot{\theta}^2+r^2\dot{\varphi}^2\sin^2\theta)-V(r) \tag{1.6.4}$$

显然，φ是循环坐标，所以$p_\varphi=\dfrac{\partial L}{\partial\dot{\varphi}}=mr^2\dot{\varphi}\sin^2\theta=$常量。由此，又把拉氏函数写为

$$L=\frac{1}{2}m(\dot{r}^2+r^2\dot{\theta}^2)+\frac{1}{2}p_\varphi\dot{\varphi}-V(r) \tag{1.6.5}$$

在上式中，θ 是循环坐标，所以 $p_\theta=\dfrac{\partial L}{\partial\dot{\theta}}=mr^2\dot{\theta}=$ 常量。因为 p_φ 和 p_θ 都是常量，从而质点相对于力心的角动量守恒。由此可得两个重要结论：

（1）$\boldsymbol{L}$ 的方向保持不变表示**质点作平面运动**。设质点在 xoy 平面内运动（图 1.6.2）；

（2）$\boldsymbol{L}$ 的大小保持不变所表示的物理意义可以从下面的式子来理解。

$$|\boldsymbol{L}|=|\boldsymbol{r}\times m\boldsymbol{v}|=mrv_\perp=mr\frac{|\mathrm{d}\boldsymbol{r}_\perp|}{\mathrm{d}t}=\text{常量}$$

其中下标“⊥”号表示在运动平面内垂直于径向的分量。从几何上理解上式：在图 1.6.2 中，小三角形 Δomb 的面积为 $r|\mathrm{d}\boldsymbol{r}_\perp|/2$，此面积表示质点与力心的连线在 $\mathrm{d}t$ 时间内扫过的面积。所以上式的几何意义是：**质点与力心的连线在相等的时间内扫过相等的面积**。若用平面极坐标描述，有 $v_\perp=r\dot{\theta}$，则

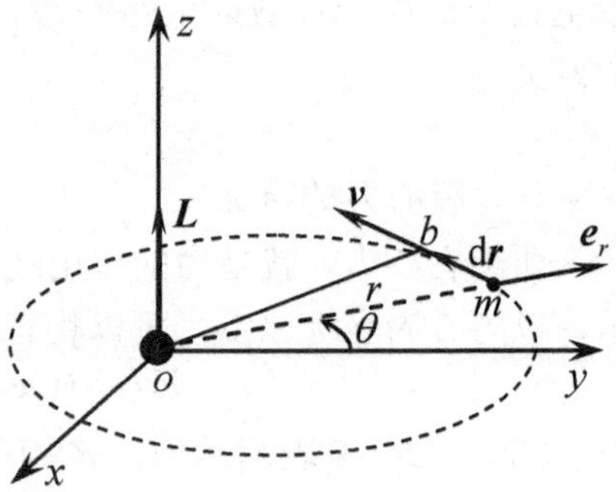

图 1.6.2　有心力作用下的椭圆运动

$$r^2\dot{\theta}=h\ （常量） \tag{1.6.6}$$

显然，**常数 h 的物理意义是：单位质量的质点角动量的大小，也是质点与力心连线的扫面速率的 2 倍**。

2. 能量特征

在上面的讨论中已经给出了质点动能的表达式。因为质点坐标不显含时间 t，所以 $\partial x_i/\partial t=0$，才有 $T=T_2$，所以质点的广义能量就是机械能。显然 $\partial L/\partial t=0$，所以质点的机械能守恒。用数学式表示为

$$\frac{1}{2}m(\dot{r}^2+r^2\dot{\theta}^2)+V(r)=E\ (常量) \tag{1.6.7}$$

式（1.6.6）和式（1.6.7）就是有心运动的基本方程。这两个方程都是广义坐标对时间的一阶微分方程。实际中经常遇到的情况，不是要给出坐标随时间变化的函数关系，而是要研究质点的轨道问题。下面对此进行讨论。

三、质点在有心力场中的轨道微分方程

要建立轨道微分方程，其思路就是由上述基本方程出发，把广义坐标对时间的导数变换为 r 对 θ 的导数。

把式（1.6.5）的拉氏函数代入拉氏方程可得

$$m(\ddot{r}-r\dot{\theta}^2)=-\frac{\mathrm{d}V}{\mathrm{d}r}=F(r) \tag{1.6.8}$$

由式（1.6.6）可得

$$r\dot{\theta}^2=\frac{1}{r^3}(r^2\dot{\theta})^2=\frac{h^2}{r^3} \tag{1.6.9}$$

$$\dot{r}=\frac{\mathrm{d}r}{\mathrm{d}\theta}\frac{\mathrm{d}\theta}{\mathrm{d}t}=-r^2\frac{\mathrm{d}}{\mathrm{d}\theta}(\frac{1}{r})\frac{\mathrm{d}\theta}{\mathrm{d}t}=-r^2\dot{\theta}\frac{\mathrm{d}}{\mathrm{d}\theta}(\frac{1}{r})=-h\frac{\mathrm{d}}{\mathrm{d}\theta}(\frac{1}{r}) \tag{1.6.10}$$

把上式再对时间求一阶导数得

$$\ddot{r}=-h\frac{\mathrm{d}}{\mathrm{d}t}[\frac{\mathrm{d}}{\mathrm{d}\theta}(\frac{1}{r})]=-h\frac{\mathrm{d}^2}{\mathrm{d}\theta^2}(\frac{1}{r})\dot{\theta}=-\frac{h^2}{r^2}\frac{\mathrm{d}^2}{\mathrm{d}\theta^2}(\frac{1}{r}) \tag{1.6.11}$$

把式（1.6.9）和式（1.6.11）代入式（1.6.8），并令$u=1/r$，可得

$$h^2u^2(\frac{\mathrm{d}^2u}{\mathrm{d}\theta^2}+u)=-\frac{F(u)}{m} \tag{1.6.12}$$

这就是有心力场中质点运动的轨道微分方程，又称为**比耐（Binet）公式**。

应用比耐公式，若给定质点轨道，可以求出质点所受的有心力的表达式；若给定有心力的表达式，可以解出质点的运动轨道。下面研究平方反比力的情况。

四、质点在平方反比有心力场中的轨道

所谓平方反比力，是指力的大小$F\propto\frac{1}{r^2}=u^2$。设平方反比有心力为

$$F=m\alpha u^2 \tag{1.6.13}$$

则与此有心力相对应的势能函数为

$$V=m\alpha u \tag{1.6.14}$$

其中α称为力常数。若$\alpha<0$，则表示引力；若$\alpha>0$，则表示斥力。对于万有引力，设力心物体的质量为M，则$\alpha=-GM$。对于库仑力，设力心电荷的电量为Q，所研究的质点电量为q，则$\alpha=\frac{Qq}{4\pi\varepsilon_0 m}$。

将平方反比力公式代入比耐公式，然后求解二阶微分方程，可得质点的轨道方程。更简捷的方法是直接利用机械能守恒表达式，此时只需求解一阶微分方程。

将式（1.6.6）、式（1.6.10）和式（1.6.14）代入式（1.6.7）并整理可得

$$(\frac{\mathrm{d}u}{\mathrm{d}\theta})^2+u^2+\frac{2\alpha}{h^2}u=\frac{2E}{mh^2} \tag{1.6.15}$$

将上式移项后配方得

$$(\frac{\mathrm{d}u}{\mathrm{d}\theta})^2=\frac{1}{h^4}(\alpha^2+\frac{2Eh^2}{m})-(u+\frac{\alpha}{h^2})^2 \tag{1.6.16}$$

令$A=\frac{1}{h^2}\sqrt{\alpha^2+\frac{2Eh^2}{m}}$，$B=\frac{\alpha}{h^2}$，可得$\frac{\mathrm{d}u}{\sqrt{A^2-(u+B)^2}}=\pm\mathrm{d}\theta$。积分得

$$\arccos\frac{u+B}{A}=\mp(\theta-\theta_0) \tag{1.6.17}$$

上式中的θ_0是积分常数。总可以建立适当的极坐标轴，使得$\theta_0=0$。所以

$$u=A\cos\theta-B \tag{1.6.18}$$

用$u=\frac{1}{r}$、$A=\frac{1}{h^2}\sqrt{\alpha^2+\frac{2Eh^2}{m}}$、$B=\frac{\alpha}{h^2}$代入得

$$r=\frac{h^2}{\sqrt{\alpha^2+\frac{2Eh^2}{m}}\cos\theta-\alpha}=\frac{h^2/|\alpha|}{\sqrt{1+\frac{2Eh^2}{m\alpha^2}}\cos\theta\pm1} \tag{1.6.19}$$

在上式中，引力取“+”号，斥力取“−”号。令$p=\frac{h^2}{|\alpha|}$和$e=\sqrt{1+\frac{2Eh^2}{m\alpha^2}}$，可得

$$r=\frac{p}{e\cos\theta\pm1} \tag{1.6.20}$$

上式就是有心力场中质点的轨道方程。由解析几何知识可知，这是二次曲线（圆锥曲线）的极坐标方程，其极坐标轴由力心指向“近心点”（近心点是指轨道上距离力心最近的点）。式中的e是二次曲线的偏心率。下面分别就引力和斥力两种情况加以讨论。

1. *质点在平方反比引力场中的轨道*

在式（1.6.20）中取“+”号得

$$r=\frac{p}{e\cos\theta+1} \tag{1.6.21}$$

（1）若$E>0$，则$e>1$。令$r\to\infty$，得$\cos\theta=-1/e$，即$\theta_\infty=\pm(\pi-\arccos\frac{1}{e})$，表示质点可以到达无穷远处，轨迹是双曲线，其焦点位于力心，θ_∞是渐近线的极角。令$\theta=0$，得$r_0=\frac{p}{e+1}$。令$\theta=\pm\frac{\pi}{2}$，得$r_{\pm\pi/2}=p$。据此，绘出轨迹如图1.6.3所示。

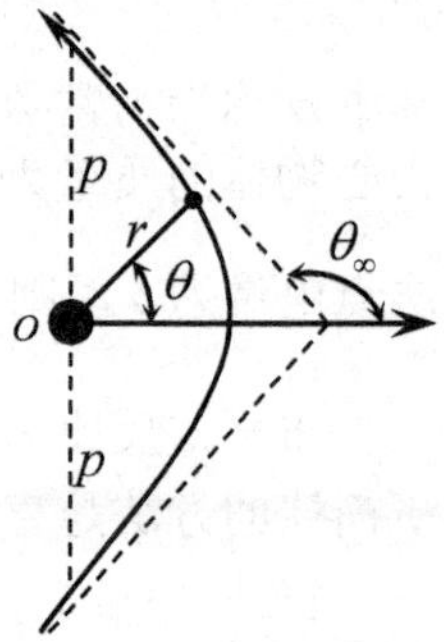

图1.6.3　双曲线轨道

（2）若$E=0$，则$e=1$。令$r\to\infty$，得$\cos\theta=-1$，即$\theta_\infty=\pm\pi$，表示质点可以到达无穷远处，轨迹是抛物线，其焦点位于力心。令$\theta=0$，得$r_0=\frac{p}{2}$。令$\theta=\pm\frac{\pi}{2}$，得$r_{\pm\pi/2}=p$。据此，绘出轨迹如图1.6.4所示。

（3）若$E<0$，则$e<1$。由轨道方程式（1.6.21）可知，质点不可能到达无穷远处，只能绕力心运动，轨迹是椭圆，其一个焦点位于力心。令$\theta=0$，得近心点的距离为$r_{\min}=\frac{p}{1+e}$。令$\theta=\pi$，得远心点的距离为$r_{\max}=\frac{p}{1-e}$。椭圆的半长轴为$a=\frac{1}{2}(r_{\max}+r_{\min})$，即

$$a=\frac{1}{2}(\frac{p}{1-e}+\frac{p}{1+e})=\frac{p}{1-e^2}=-\frac{m|\alpha|}{2E} \tag{1.6.22}$$

椭圆的焦距为$c=\frac{1}{2}(r_{\max}-r_{\min})$，即

$$c=\frac{1}{2}(\frac{p}{1-e}-\frac{p}{1+e})=\frac{ep}{1-e^2}=-\frac{m|\alpha|}{2E}\sqrt{1+\frac{2Eh^2}{m\alpha^2}} \tag{1.6.23}$$

显然，$e=\frac{c}{a}$。椭圆的半短轴为$b=\sqrt{a^2-c^2}$，即

$$b=\sqrt{-\frac{mh^2}{2E}}=\sqrt{\frac{a}{|\alpha|}}h \tag{1.6.24}$$

据此，绘出轨迹如图 1.6.5 所示。

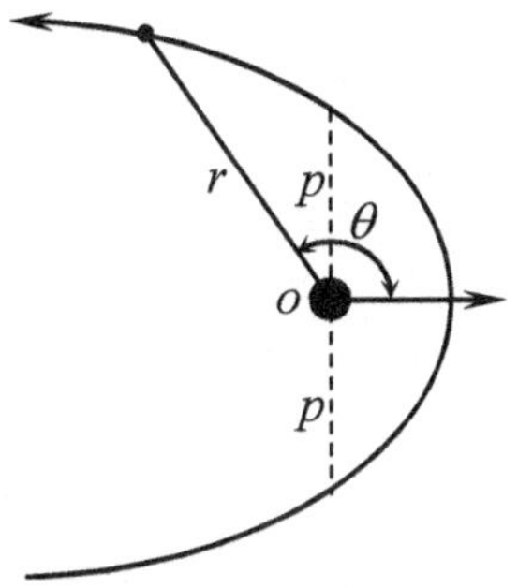

图 1.6.4 抛物线轨道

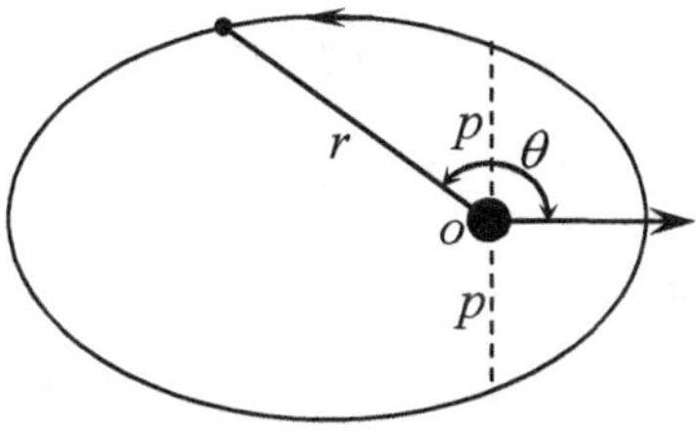

图 1.6.5 椭圆轨道

下面推导质点在椭圆轨道上的运动周期。如前所述，质点与力心连线的扫面速率为 $h/2$，椭圆的面积为 πab，所以，质点的运动周期为

$$\tau=\frac{\pi ab}{h/2}=\frac{2\pi a^{3/2}}{|\alpha|^{1/2}} \tag{1.6.25}$$

即：**质点绕椭圆轨道运动周期的平方与椭圆的半长轴的立方成正比。**

由上面的半长轴公式可知，对于给定的质点，若初始能量 E 一定，则轨道的半长轴一定。但是，若初始时刻的发射方向不同，则相对于力心的角动量不同，即上述各式中的 h 不同，由上面的焦距公式可知，轨道的焦距不同，当然其偏心率和半短轴也不同。所以，在一定的地点，以一定的能量发射的质点，可以有许多半长轴一定的不同偏心率的轨道（图 1.6.6）。

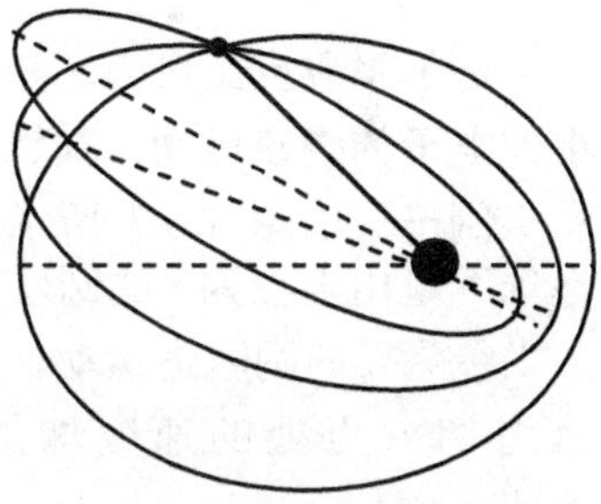

图 1.6.6 不同偏心率的椭圆

可以证明，在平方反比引力场中，质点作椭圆运动时，其轨道是稳定的。即：若给予质点一个小扰动，使其偏离轨道，质点总是趋向于回到稳定轨道，只在稳定轨道附近作小幅度的往复变化，不会大幅度地偏离稳定轨道。下面就圆轨道加以证明。

平方反比引力场中圆轨道的稳定性的证明：

根据质点在有心力场中的角动量守恒表示式，把质点的机械能表示为

$$E=\frac{1}{2}m(\dot{r}^2+r^2\dot{\theta}^2)+V(r)=\frac{1}{2}m\dot{r}^2+\frac{mh^2}{2r^2}+V(r) \tag{1.6.26}$$

上式中右边第一项是径向动能，第二项和第三项都只是距离 r 的函数，形式上把此两项之和称为**等效势能**。令此等效势能为

$$U(r)=\frac{mh^2}{2r^2}+V(r) \tag{1.6.27}$$

由机械能守恒可知，若在 $r=r_0$ 处 U 有极小值，则当 r 相对于 r_0 有微小偏离时，r 只能在 r_0 附近往复振动，即质点以 r_0 为半径的圆轨道运动是稳定的。

由式（1.6.27）求U的一阶导数得

$$U' = -\frac{mh^2}{r^3} + V'(r) = -\frac{mh^2}{r^3} - F(r) \tag{1.6.28}$$

令$U'(r_0) = 0$得

$$\frac{mh^2}{r_0^3} = -F(r_0) \tag{1.6.29}$$

由式（1.6.28）求U的二阶导数得

$$U'' = \frac{3mh^2}{r^4} - F'(r) \tag{1.6.30}$$

令$U''(r_0) > 0$得

$$\frac{3mh^2}{r_0^4} > F'(r_0) \tag{1.6.31}$$

由式（1.6.31）和式（1.6.29）可得

$$\frac{3}{r_0} > \frac{F'(r_0)}{-F(r_0)} \tag{1.6.32}$$

这就是$r = r_0$是稳定平衡点的条件。设$F = -|\alpha| r^{-n}$，有$F' = n|\alpha| r^{-n-1}$，容易写出

$$\frac{F'(r_0)}{-F(r_0)} = \frac{n}{r_0} < \frac{3}{r_0} \tag{1.6.33}$$

即

$$n < 3 \tag{1.6.34}$$

对于平方反比引力，$n = 2$，当然满足上述条件。即：**在自然界，大到天体的运动，小到电子的绕核运动，其轨道都是稳定的。**这就是大自然的奇妙之处。

例一　如图 1.6.7 所示，质量为m的人造地球卫星由半径为r_1的圆轨道经过转移轨道进入半径为r_2的圆轨道运动。试分别求出卫星在轨道切入点处的速度增加值$\Delta v_1 = v_1' - v_1$和$\Delta v_2 = v_2 - v_2'$。

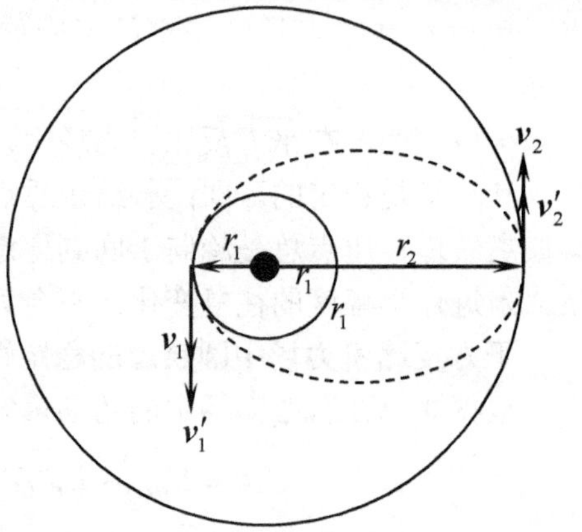

图 1.6.7

【解】设地球质量为M，卫星质量为m，引力常数为G，轨道半长轴为a，由上面给出的轨道半长轴公式可得人造卫星轨道能量为$E = -\frac{m|\alpha|}{2a} = -G\frac{Mm}{2a}$。由此可得：卫星在半径为$r_1$的圆轨道上的能量为

$$-G\frac{Mm}{2r_1} = \frac{1}{2}mv_1^2 - G\frac{Mm}{r_1} \quad ①$$

卫星在转移椭圆轨道上的能量为

$$-G\frac{Mm}{r_1 + r_2} = \frac{1}{2}mv_1'^2 - G\frac{Mm}{r_1} \quad ②$$

$$-G\frac{Mm}{r_1+r_2}=\frac{1}{2}mv_2'^2-G\frac{Mm}{r_2} \quad ③$$

卫星在半径为r_2的圆轨道上的能量为

$$-G\frac{Mm}{2r_2}=\frac{1}{2}mv_2^2-G\frac{Mm}{r_2} \quad ④$$

由式①和式②两式解得

$$\Delta v_1=\sqrt{\frac{GM}{r_1}}(\sqrt{\frac{2r_2}{r_1+r_2}}-1)$$

由式③和式④两式解得

$$\Delta v_2=\sqrt{\frac{GM}{r_2}}(1-\sqrt{\frac{2r_1}{r_1+r_2}})$$

例二　如图 1.6.8 所示，地球绕太阳作半径为R的圆轨道运动。彗星绕太阳运动的轨道是抛物线，其近日点的距离是地球圆轨道半径的$1/n$。问：彗星在地球轨道内的运行时间是一年的多少倍？

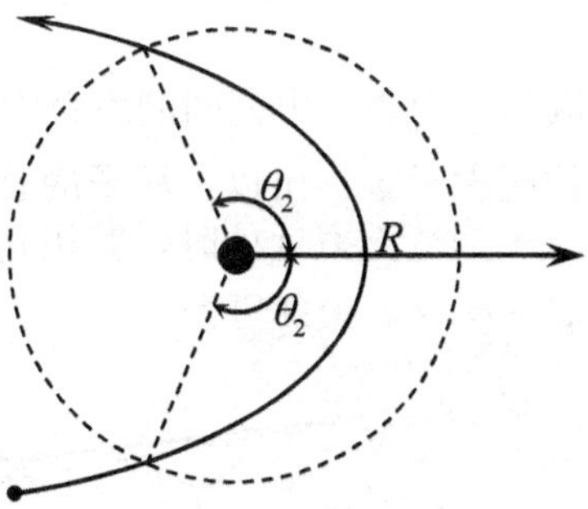

图 1.6.8

【解】 在式（1.6.21）中令$e=1$得彗星的抛物线轨道方程

$$r=\frac{p}{1+\cos\theta}$$

由题意可知，当$\theta_1=0$时，$r_0=p/2=R/n$，即$p=2R/n$。设彗星的抛物线轨道与地球的圆轨道相交时的极角为θ_2，必有

$$R=\frac{2R/n}{1+\cos\theta_2}$$

即

$$\cos\theta_2=\frac{2}{n}-1 \quad ①$$

又因为$p=h^2/|\alpha|$，$h=r^2\dot{\theta}$，$|\alpha|=GM$。其中M是太阳的质量。由此可得

$$\dot{\theta}=\frac{h}{r^2}=\frac{\sqrt{p|\alpha|}}{p^2}(1+\cos\theta)^2=\sqrt{GM}(\frac{n}{2R})^{3/2}(1+\cos\theta)^2 \quad ②$$

将上式改写后积分

$$\int_0^t \mathrm{d}t=\frac{1}{\sqrt{GM}}(\frac{2R}{n})^{3/2}\int_{-\theta_2}^{\theta_2}\frac{\mathrm{d}\theta}{(1+\cos\theta)^2}=\frac{1}{\sqrt{GM}}(\frac{2R}{n})^{3/2}\left[\frac{\sin(\theta/2)}{3\cos^3(\theta/2)}+\frac{2}{3}\tan\frac{\theta}{2}\right]_0^{\theta_2}$$

由式①得：$\cos(\theta_2/2)=\sqrt{1/n}$，$\sin(\theta_2/2)=\sqrt{(n-1)/n}$，$\tan(\theta_2/2)=\sqrt{n-1}$。代入上式得

$$t=\frac{2\sqrt{2}}{3}\sqrt{\frac{n-1}{n}}\frac{n+2}{n}\sqrt{\frac{R}{GM}}R \quad ③$$

下面求地球绕太阳公转的周期（一年）。由式（1.6.25）可得

$$\tau=\frac{2\pi a^{3/2}}{\alpha^{1/2}}=2\pi R\sqrt{\frac{R}{GM}}\qquad ④$$

由式③、式④两式可得

$$\frac{t}{\tau}=\frac{\sqrt{2}}{3\pi}\sqrt{\frac{n-1}{n}}\frac{n+2}{n}$$

2. 带电粒子在平方反比斥力场中的散射

如图 1.6.9 所示，位于力心的质量很大的带正电的靶粒子的电量为 Q。一个质量为 m、电量为 q 的带正电粒子，从无穷远处以初速度 v_0 射向靶粒子，瞄准距为 ρ。由于受到靶粒子的库仑排斥力的作用，入射粒子将沿图中上方的轨迹射向无穷远处，称该粒子被靶粒子所散射。设被散射粒子射向无穷远处的出射方向与入射方向的夹角为 φ，称此角为**散射角**。下面导出散射角的公式。

在式（1.6.20）中取"－"号可得

$$r=\frac{p}{e\cos\theta-1}\qquad(1.6.35)$$

因为两个同号电荷间的库仑力是排斥力，所以，若选择无穷远处为势能零点，则粒子 q 的势能大于零。所以，粒子的总能量 $E>0$，从而 $e>1$，上式是双曲线的极坐标方程。当粒子到达无穷远处时，其极角的大小为 $\theta_0=\arccos(1/e)$。由几何关系可知，$\pi/2-\theta_0=\beta\approx\varphi/2$。由此可得

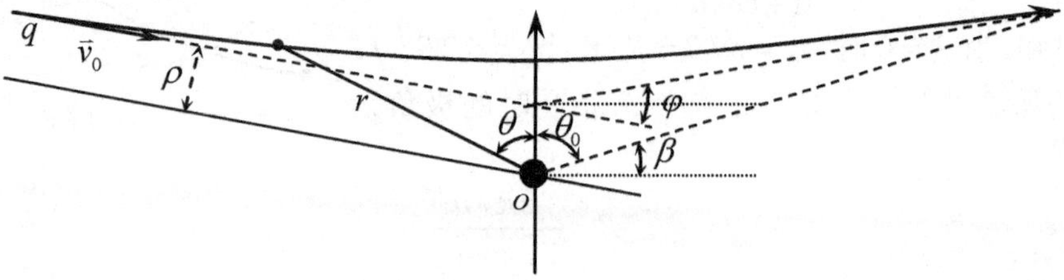

图 1.6.9　粒子散射示意图

$$\cot\frac{\varphi}{2}=\tan\theta_0=\sqrt{e^2-1}=\frac{h}{|\alpha|}\sqrt{\frac{2E}{m}}\qquad(1.6.36)$$

由题意可知：$\alpha=\dfrac{Qq}{4\pi\varepsilon_0 m}$；$h=v_0\rho$；$E=\dfrac{1}{2}mv_0^2$。将这些结论代入上式得

$$\cot\frac{\varphi}{2}=\frac{4\pi\varepsilon_0 m}{Qq}v_0^2\rho\qquad(1.6.37)$$

这就是散射角的计算公式。但是这一理论结果很难与实验结果进行直接比较，因为就目前的实验技术而言，无法观测单个粒子的散射过程。实验中观测到的总是一大群粒子的整体散射效应。为了描述这种整体效应，我们引入新的物理量——**散射截面**和**微分散射截面**。

如图 1.6.10 所示，以一束粒子流从无穷远处射向靶粒子，各入射粒子的瞄准距可能不同，其它量完全相同。设单位时间内垂直通过单位面积的粒子数为 n（称为**粒子流强度**）。对于瞄准距为 ρ 的入射粒子，其散射角为 φ。对于瞄准距为 $\rho+\mathrm{d}\rho$ 的入射粒子，其散射角为 $\varphi+\mathrm{d}\varphi$（此处的 $\mathrm{d}\varphi<0$）。单位时间内垂直通过图中左边小圆环面的粒子数

为 $\mathrm{d}N=2\pi n\rho\mathrm{d}\rho$，这些粒子经散射后散射角全部位于 $(\varphi-|\mathrm{d}\varphi|)\sim\varphi$ 的范围内。结合式（1.6.37）可把小圆环的面积用粒子数和散射角表示为

$$\mathrm{d}\sigma=\frac{\mathrm{d}N}{n}(=2\pi\rho\mathrm{d}\rho)=-\pi(\frac{Qq}{4\pi\varepsilon_0 mv_0^2})^2\frac{\cos(\varphi/2)}{\sin^3(\varphi/2)}\mathrm{d}\varphi=\pi(\frac{Qq}{4\pi\varepsilon_0 mv_0^2})^2\frac{\cos(\varphi/2)}{\sin^3(\varphi/2)}|\mathrm{d}\varphi|$$

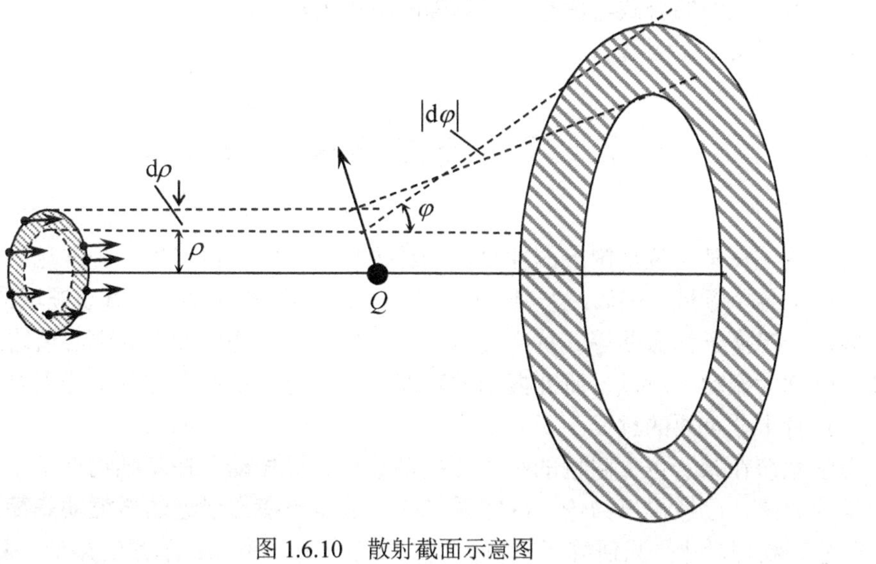

图 1.6.10 散射截面示意图

我们从上式中的第一个等号理解其物理意义：$\mathrm{d}N$ 是在观测屏上一定散射角间隔内测得的粒子数（可观测量），n 是入射的粒子流强度（实验中可设定），两者的比值 $\mathrm{d}\sigma$ 就包含了入射粒子和靶粒子的质量和电量的信息。$\mathrm{d}\sigma$ 具有面积量纲，故我们称其为有效散射截面，简称为**散射截面**。所以，散射截面的**物理意义**是：以单位强度的粒子流入射时，在一定散射角间隔内测得的粒子数。显然，$\mathrm{d}\sigma$ 与散射角 φ 和 $\mathrm{d}\varphi$ 有关。

假设观测屏位于靶粒子右侧并远离靶粒子（实验中的确如此），在观测屏上作出如图中右侧所示的大圆环面。当然，可把此圆环面看做是以靶粒子为球心的球面上的环带，此环带相对靶粒子所张的立体角为 $|\mathrm{d}\Omega|=2\pi\sin\varphi|\mathrm{d}\varphi|$，从而把散射截面写为

$$\mathrm{d}\sigma=(\frac{Qq}{4\pi\varepsilon_0 mv_0^2})^2\frac{4\pi\sin(\varphi/2)\cos(\varphi/2)}{4\sin^4(\varphi/2)}|\mathrm{d}\varphi|=(\frac{Qq}{4\pi\varepsilon_0 mv_0^2})^2\frac{|\mathrm{d}\Omega|}{4\sin^4(\varphi/2)} \quad (1.6.38)$$

上式两边同时除以 $|\mathrm{d}\Omega|$，得出**微分散射截面**为

$$\left|\frac{\mathrm{d}\sigma}{\mathrm{d}\Omega}\right|=(\frac{Qq}{4\pi\varepsilon_0 mv_0^2})^2\frac{1}{4\sin^4(\varphi/2)} \quad (1.6.39)$$

微分散射截面的**物理意义**是：以单位强度的粒子流入射时，在观测屏上单位立体角内测得的粒子数。微分散射截面与 q、mv_0^2、Q 以及 φ 的函数关系反映了入射粒子和靶粒子相互作用力的性质，所以，上式堪称为理论与实验的桥梁。

设入射粒子是 α 粒子（$q=2e$），靶粒子是原子序数为 Z 的原子核（$Q=Ze$），代入上式可得

$$\left|\frac{\mathrm{d}\sigma}{\mathrm{d}\Omega}\right|=(\frac{Ze^2}{4\pi\varepsilon_0 mv_0^2})^2\frac{1}{\sin^4(\varphi/2)} \quad (1.6.40)$$

这就是著名的**卢瑟福**（E.Rutherford）公式，是卢瑟福于 1911 年首先导出的。当初，卢瑟福根据实验中发现大角度散射的事实，提出了原子结构的有核模型，即：原子是由带正电的原子核和绕核运转的核外电子构成的，其中原子核只占有了很小很小的体积，但是几乎集中了原子的全部质量，也集中了原子的全部正电荷。根据原子结构的有核模型，卢瑟福导出了上面的公式。后来，卢瑟福的学生盖革（Geiger）和马斯登（Marsden）用实验进一步证实了此公式。

1.7　多自由度系统的微振动

力学系统在某一位形附近的往复运动称为振动，它是自然界一种常见的运动形式，广泛存在于各个领域。例如：宏观领域的弹簧振动、钟摆振动等；微观领域的分子振动、晶格振动、等离子体振荡等。从广义上来说，任意一个物理量在其中心值附近的往复变化都可以称为振动。所以，研究振动的普遍规律，对于物理学的各个分支乃至于工程学科，都具有十分重要的意义。

力学系统在某一位形附近的小幅度振动简称为微振动。在基础物理学中，我们用牛顿力学的方法，已经得出结论：**保守系统在其稳定平衡点附近的微振动是简谐振动**。当然，在基础物理学中，只研究了单自由度的简单情形。例如：单摆的振动、复摆的振动、弹簧振子的振动等。下面，我们先用拉格朗日方程求解一个单自由度微振动问题，然后再过渡到多自由度情形。

简例：如图 1.7.1 所示，一轻杆长为l，一端光滑铰链于天花板上的固定点o，另一端及中点分别焊接有质量为m'和m的小球。杆子可在铅直平面内绕固定点摆动。试证明杆子在铅直位置附近的微小摆动是简谐摆动，并求出其摆动周期。

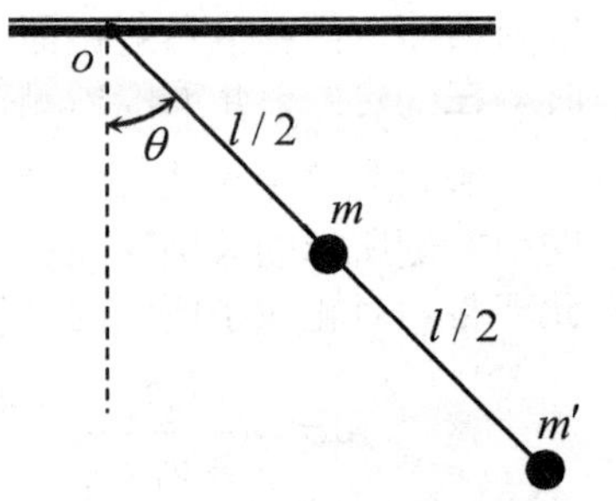

图 1.7.1

【解】选择如图示θ角为广义坐标。以铅直位置为系统的势能零点，系统势能写为

$$V=(\frac{1}{2}m+m')gl(1-\cos\theta)$$

显然，$\theta=0$是系统的稳定平衡位置。在此位置处，系统势能的特征是：$\mathrm{d}V/\mathrm{d}\theta=0$，$\mathrm{d}V^2/\mathrm{d}\theta^2>0$。因为研究的是微振动问题，$\theta\ll 1$，所以可将势能在稳定平衡点展开为

$$V\approx\frac{1}{2}(\frac{1}{2}m+m')gl\theta^2$$

系统的拉格朗日函数为

$$L=\frac{1}{2}(\frac{1}{4}m+m')l^2\dot{\theta}^2-\frac{1}{2}(\frac{1}{2}m+m')gl\theta^2$$

由拉格朗日方程可得

$$(\frac{1}{4}m+m')l\ddot{\theta}+(\frac{1}{2}m+m')g\theta=0$$

即

$$\ddot{\theta}=-\frac{m'+m/2}{m'+m/4}\frac{g}{l}\theta$$

由上式可知，杆在铅直位置附近的微小摆动是简谐摆动，其摆动周期为

$$\tau=2\pi\sqrt{\frac{(m'+m/4)l}{(m'+m/2)g}}$$

下面我们把上例中的基本方法推广到多自由度的情形。

一、在理想的完整稳定约束下保守系统的稳定平衡点

设n个质点组成的系统共受到k个理想的完整稳定约束，作用于系统的主动力都是保守力。系统的自由度为$s=3n-k$，所以有s个广义坐标$q_\alpha(\alpha=1,2,\cdots,s)$。系统的势能表示为广义坐标的函数，即$V=V(q_1,q_2,\cdots,q_s)$。由虚功原理可知，若使系统平衡，作用在系统上的广义力必须全部为零，即$Q_\alpha=0(\alpha=1,2,\cdots,s)$。由保守系的广义力与势能的关系可知，必须有$\partial V/\partial q_\alpha=0(\alpha=1,2,\cdots,s)$。所以，系统的平衡点必定是势能函数的极值点。如果此平衡点是势能函数的极大点，则必定是不稳定平衡点。因为当系统稍微偏离该点时，势能减小，由机械能守恒可知，系统的动能增加，从而使得系统趋向于更大的偏离，其运动是单向运动，系统不能自动回到平衡点。如果此平衡点是势能函数的极小点，则必定是稳定平衡点。因为当系统稍微偏离该点时，势能增大，则动能减小。当动能减小为零时，系统达到最大偏离。然后，在回复力的作用下，系统向着平衡点运动，到达平衡点时其动能达到最大，然后向着相反方向偏离……。以此往复，系统在平衡点附近振动。总之，**系统的稳定平衡点必定是势能函数的极小点。**

二、稳定平衡点附近的能量

1. 势能

要确定势能函数的极值点是极大点还是极小点，就要考察势能函数在极值点的更高阶导数。首先考察二阶导数。当然，若二阶导数也全部为零，就要考察三阶以上导数。为了简单起见，只研究二阶导数不全为零的情况。同样为了简便起见，总可以**把势能函数的极值点选定为广义坐标的“原点”和势能的“零点”**。然后，把势能函数在“原点”附近展开为

$$V=V(0)+\sum_{\alpha=1}^{S}(\frac{\partial V}{\partial q_\alpha})_0 q_\alpha+\frac{1}{2}\sum_{\alpha,\beta=1}^{S}(\frac{\partial^2 V}{\partial q_\alpha\partial q_\beta})_0 q_\alpha q_\beta+\cdots \tag{1.7.1}$$

在上式中，前两项为零。又注意到系统作微振动，在任意时刻，$q_\alpha\ll 1(\alpha=1,2,\cdots,s)$，所以略去高阶项，只保留二阶项。令二阶展开系数为

$$c_{\alpha\beta}=(\frac{\partial^2 V}{\partial q_\alpha\partial q_\beta})_0\quad(\alpha,\beta=1,2,\cdots,s) \tag{1.7.2}$$

从而把系统的势能函数表示为

$$V=\frac{1}{2}\sum_{\alpha,\beta=1}^{S}c_{\alpha\beta}q_\alpha q_\beta \tag{1.7.3}$$

把上式与弹簧振子的弹性势能公式比较，可以在形式上把$c_{\alpha\beta}$称为**恢复系数**或**准弹性系**

数。如上所述，$c_{\alpha\beta}$不全为零。以$c_{\alpha\beta}$为元素，其全体构成一个$s\times s$矩阵，简记为$\boldsymbol{C}$，称其为s维二阶张量。由偏导数的性质可知，$c_{\alpha\beta}=c_{\beta\alpha}$，即$\boldsymbol{C}$是对称矩阵。由$s$个广义坐标可构成$1\times s$行矩阵$(q_1,q_2,\cdots,q_s)$，简记为$\boldsymbol{q}$，称其为$s$维一阶张量或$s$维向量。$\boldsymbol{q}$的转置矩阵是$s\times 1$列矩阵，简记为$\boldsymbol{q}^\tau$。由此，可以把上面的势能公式用矩阵形式表示为

$$V=\frac{1}{2}\boldsymbol{qCq}^\tau \tag{1.7.4}$$

显然，由上式可知，当$q_\alpha(\alpha=1,2,\cdots,s)$全为零时，$V=0$。若要使得“原点”是势能极小点，则要求：$q_\alpha(\alpha=1,2,\cdots,s)$不全为零时，$V>0$。而要达到这个条件，矩阵$\boldsymbol{C}$又必须满足一定的条件。根据线性代数理论，$\boldsymbol{C}$必须满足的条件是：所有本征值大于零或者所有主子式大于零。这样的对称矩阵称为正定矩阵。由此可得：若**把势能函数的极小点选定为广义坐标的“原点”和势能的“零点”**，则系统在此稳定平衡点附近作微振动时，系统的势能函数表示为**正定对称二次型**。

2. 动能

正如以前已经讨论过的那样，把系统的动能用广义坐标和广义速度表示为

$$T=\sum_{i=1}^{3n}\frac{1}{2}m_i\dot{x}^2=\sum_{i=1}^{3n}\frac{1}{2}m_i(\sum_{\beta=1}^{s}\frac{\partial x_i}{\partial q_\beta}\dot{q}_\beta+\frac{\partial x_i}{\partial t})^2$$

由于所研究的系统受到稳定的完整约束，所以$\partial x_i/\partial t=0$，代入上式得

$$T=\frac{1}{2}\sum_{\alpha,\beta=1}^{s}(\sum_{i=1}^{3n}m_i\frac{\partial x_i}{\partial q_\alpha}\frac{\partial x_i}{\partial q_\beta})\dot{q}_\alpha\dot{q}_\beta \tag{1.7.5}$$

即动能中只含有广义速度的二次项。令上式中广义速度前面的系数为

$$a_{\alpha\beta}=\sum_{i=1}^{3n}m_i\frac{\partial x_i}{\partial q_\alpha}\frac{\partial x_i}{\partial q_\beta}\quad(\alpha,\beta=1,2,\cdots,s)$$

显然，$a_{\alpha\beta}$是广义坐标的显函数。把此系数在“原点”附近展开为

$$a_{\alpha\beta}(q)=a_{\alpha\beta}(0)+\sum_{\gamma=1}^{s}\frac{\partial a_{\alpha\beta}}{\partial q_\gamma}q_\gamma+\cdots\quad(\alpha,\beta=1,2,\cdots,s)$$

因为只研究微振动，所以，在上式中可以只保留不为零的最低次项。一般来说，$a_{\alpha\beta}(0)(\alpha,\beta=1,2,\cdots,s)$不全为零，否则，系统将一直处在稳定平衡点而不运动，而这不是本节所要研究的问题。所以在上述展开式中只保留零阶项$a_{\alpha\beta}(0)$。即

$$a_{\alpha\beta}\approx a_{\alpha\beta}(0)=\sum_{i=1}^{3n}m_i(\frac{\partial x_i}{\partial q_\alpha})_0(\frac{\partial x_i}{\partial q_\beta})_0\quad(\alpha,\beta=1,2,\cdots,s) \tag{1.7.6}$$

将此定义代入动能表达式（1.7.5）可得

$$T=\frac{1}{2}\sum_{\alpha,\beta=1}^{s}a_{\alpha\beta}(0)\dot{q}_\alpha\dot{q}_\beta \tag{1.7.7}$$

把上式与质点的动能公式比较，可以在形式上把$a_{\alpha\beta}(0)$称为**惯性系数**。以$a_{\alpha\beta}(0)$为元素，其全体构成一个$s\times s$矩阵，简记为$\boldsymbol{A}$。由式（1.7.6）可知，$a_{\alpha\beta}(0)=a_{\beta\alpha}(0)$，即$\boldsymbol{A}$也是对称矩阵。由$s$个广义速度可构成$1\times s$行矩阵$[\dot{q}_1,\dot{q}_2,\cdots,\dot{q}_s]$，简记为$\dot{\boldsymbol{q}}$。$\dot{\boldsymbol{q}}$的转置矩阵是$s\times 1$列矩阵，简记为$\dot{\boldsymbol{q}}^\tau$。由此，可以把上面的动能公式用矩阵形式表示为

$$T = \frac{1}{2}\dot{\boldsymbol{q}}\boldsymbol{A}\dot{\boldsymbol{q}}^{\tau} \tag{1.7.8}$$

同样，$\dot{q}_\alpha(\alpha=1,2,\cdots,s)$不全为零时，$T>0$。所以，系统动能也是**正定对称二次型**。

三、微振动系统的运动方程及其一般解

求解微振动问题有两种方法。其中一种方法是直接用所选定的广义坐标进行求解，另外一种方法是用简正坐标进行求解。先介绍第一种方法。

1. *广义坐标解法*

由式（1.7.3）和式（1.7.7）两式写出微振动系统的拉氏函数为

$$L = \frac{1}{2}\sum_{\alpha,\beta=1}^{s} a_{\alpha\beta}(0)\dot{q}_\alpha\dot{q}_\beta - \frac{1}{2}\sum_{\alpha,\beta=1}^{S} c_{\alpha\beta}q_\alpha q_\beta$$

把拉氏函数代入拉氏方程，经简单运算，可得s个二阶微分方程组成的运动方程组

$$\sum_{\beta=1}^{s}[a_{\alpha\beta}(0)\ddot{q}_\beta + c_{\alpha\beta}q_\beta] = 0 \quad (\alpha=1,2,\cdots,s) \tag{1.7.9}$$

根据微分方程理论，可以假设式（1.7.9）的试探解为

$$q_\beta = A_\beta e^{\lambda t} \quad (\beta=1,2,\cdots,s) \tag{1.7.10}$$

其中A_β和λ是与时间t无关的待定常数。将上式代入式（1.7.9），注意到$e^{\lambda t}>0$，可得

$$\sum_{\beta=1}^{s}[a_{\alpha\beta}(0)\lambda^2 + c_{\alpha\beta}]A_\beta = 0 \quad (\alpha=1,2,\cdots,s) \tag{1.7.11}$$

这是一个关于A_β的一次线性齐次代数方程组，称为**本征方程**。λ^2称为此方程的本征值，s个A_β构成$s\times1$列矩阵，称为与本征值λ^2对应的本征矢。以各个A_β前面的系数为元素构成$s\times s$矩阵。这样，就可以把本征方程用矩阵表示为（为了简便，把$a_{\alpha\beta}(0)$记为$a_{\alpha\beta}$）

$$\begin{pmatrix} a_{11}\lambda^2+c_{11} & \cdots & a_{1s}\lambda^2+c_{1s} \\ \vdots & \vdots & \vdots \\ a_{s1}\lambda^2+c_{s1} & \cdots & a_{ss}\lambda^2+c_{ss} \end{pmatrix}\begin{pmatrix} A_1 \\ \vdots \\ A_s \end{pmatrix} = \begin{pmatrix} 0 \\ \vdots \\ 0 \end{pmatrix} \tag{1.7.12}$$

此方程组有非零解（A_β不全为零）的充要条件是其系数行列式等于零。即

$$\begin{vmatrix} a_{11}\lambda^2+c_{11} & \cdots & a_{1s}\lambda^2+c_{1s} \\ \vdots & \vdots & \vdots \\ a_{s1}\lambda^2+c_{s1} & \cdots & a_{ss}\lambda^2+c_{ss} \end{vmatrix} = 0 \tag{1.7.13}$$

上述行列式展开后是一个关于λ^2的s次代数方程，称为**久期方程**。解久期方程可得s个本征根$\lambda_k^2\ (k=1,2,\cdots,s)$。若$s$个本征根中有$n$重根，则把任一个本征根$\lambda_k^2$代入式（1.7.11）中，所得到的$s$个本征方程中独立方程的个数$\geqslant s-n$个。若$s$个本征根中无重根，则把任一个本征根$\lambda_k^2$代入式（1.7.11）中，所得到的$s$个本征方程中独立方程的个数为$s-1$个。我们只研究后一种情况。假定所得到的$s$个本征方程中最后一个方程不独立，则去掉此方程，把其余的$s-1$个独立方程的左端最后一项移到方程的右端，从而可得

$$\begin{pmatrix} a_{11}\lambda_k^2+c_{11} & \cdots & a_{1(s-1)}\lambda_k^2+c_{1(s-1)} \\ \vdots & \vdots & \vdots \\ a_{(s-1)1}\lambda_k^2+c_{(s-1)1} & \cdots & a_{(s-1)(s-1)}\lambda_k^2+c_{(s-1)(s-1)} \end{pmatrix}\begin{pmatrix} A_1^k \\ \vdots \\ A_{s-1}^k \end{pmatrix}=-\begin{pmatrix} a_{1s}\lambda_k^2+c_{1s} \\ \vdots \\ a_{ss}\lambda_k^2+c_{ss} \end{pmatrix}A_s^k$$

上式是由 $s-1$ 个方程组成的线性非齐次方程组，其中右边的 A_s^k 是一个任意常数，为了简单起见，略去其下标，记为 $A_s^k=A^k$。由于上式所代表的 $s-1$ 个方程相互独立，所以其左边的系数行列式不等于零，记为

$$\left|B^k\right|=\begin{vmatrix} a_{11}\lambda_k^2+c_{11} & \cdots & a_{1(s-1)}\lambda_k^2+c_{1(s-1)} \\ \vdots & \vdots & \vdots \\ a_{(s-1)1}\lambda_k^2+c_{(s-1)1} & \cdots & a_{(s-1)(s-1)}\lambda_k^2+c_{(s-1)(s-1)} \end{vmatrix}\neq 0$$

把 $\left|B^k\right|$ 中的第 β 列元素换成非齐次方程组右边的各对应元素（常数），可得

$$\left|C_\beta^k\right|=\begin{vmatrix} a_{11}\lambda_k^2+c_{11} & \cdots a_{1s}\lambda_k^2+c_{1s}\cdots & a_{1(s-1)}\lambda_k^2+c_{1(s-1)} \\ \vdots & \vdots & \vdots \\ a_{(s-1)1}\lambda_k^2+c_{(s-1)1} & \cdots a_{ss}\lambda_k^2+c_{ss}\cdots & a_{(s-1)(s-1)}\lambda_k^2+c_{(s-1)(s-1)} \end{vmatrix}A^k=\left|B_\beta^k\right|A^k$$

由线性代数理论中的克莱默（Cramer）法则可得

$$A_\beta^k=\frac{\left|B_\beta^k\right|}{\left|B^k\right|}A^k \quad (k,\beta=1,2,\cdots,s) \tag{1.7.14}$$

上式已将下标 β 由 $s-1$ 扩展到 s，这是因为约定 $\left|B_s^k\right|=\left|B^k\right|$，所以 $A_s^k=A^k$。

现在回到微振动的试探解式（1.7.10）。对应于每一个本征根 λ_k^2，λ 可以取两个值 $\lambda_k=\pm\sqrt{\lambda_k^2}$。由于运动方程组是线性微分方程组，所以可写出

$$q_\beta^k=A_\beta^k e^{\sqrt{\lambda_k^2}t}+A_\beta'^k e^{-\sqrt{\lambda_k^2}t}=(A^k e^{\sqrt{\lambda_k^2}t}+A'^k e^{-\sqrt{\lambda_k^2}t})\frac{\left|B_\beta^k\right|}{\left|B^k\right|} \quad (k,\beta=1,2,\cdots,s) \tag{1.7.15}$$

对于每一个 k，都可以写出上式。同样由于方程组的线性，可以写出

$$q_\beta=\sum_{k=1}^{s}(A^k e^{\sqrt{\lambda_k^2}t}+A'^k e^{-\sqrt{\lambda_k^2}t})\frac{\left|B_\beta^k\right|}{\left|B^k\right|} \quad (\beta=1,2,\cdots,s) \tag{1.7.16}$$

上式中有 $2s$ 个待定常数，恰好有 $2s$ 个初始条件（s 个初始广义坐标和 s 个初始广义速度）来确定这些待定常数。

如前所述，对于理想的完整稳定约束下的保守系，若稍微偏离稳定平衡点，则系统必定在稳定平衡点附近作往复振动。这就要求每个本征根 $\lambda_k^2<0$。从数学上也可严格证明这一点：由于动能 T 和势能 V 都是正定对称二次型，必有 $\lambda_k^2<0$（请参阅涅符兹格利亚多夫著《理论力学》下册§98）。为此，令 $\sqrt{\lambda_k^2}=\sqrt{-\left|\lambda_k^2\right|}=i\sqrt{\left|\lambda_k^2\right|}=i\omega_k$，将上式写为

$$q_\beta=\sum_{k=1}^{s}(A^k e^{i\omega_k t}+A'^k e^{-i\omega_k t})\frac{\left|B_\beta^k\right|}{\left|B^k\right|} \quad (\beta=1,2,\cdots,s) \tag{1.7.17}$$

或者写为三角函数的形式

$$q_\beta=\sum_{k=1}^{s}(d^k\cos\omega_k t+d'^k\sin\omega_k t)\frac{\left|B_\beta^k\right|}{\left|B^k\right|}\quad(\beta=1,2,\cdots,s)\tag{1.7.18}$$

式中：$\omega_k=\sqrt{\left|\lambda_k^2\right|}$ 称为**本征圆频率**。显然，**微振动系统的本征圆频率的个数等于系统的自由度。**

从上面的求解过程可以看出，用广义坐标法求解多自由度的微振动问题时，推导过程复杂。稍微分析一下就可得知，这种复杂性来源于势能V中的交叉项$q_\alpha q_\beta(\alpha\neq\beta)$和动能$T$中的交叉项$\dot{q}_\alpha\dot{q}_\beta(\alpha\neq\beta)$，造成了微分方程组中的每一个方程含有所有的广义坐标及其二阶导数。如果设法消除这些交叉项，使得势能和动能表达式中只含有完全平方项，所得微分方程组将大大简化。为此，下面介绍简正坐标法。

2. 简正坐标解法

要消除势能和动能表达式中的交叉项，也就是要将势能的矩阵式（1.7.4）中的$\boldsymbol{C}$和动能的矩阵式（1.7.8）中的$\boldsymbol{A}$同时进行对角化。

根据线性代数理论，对于正定对称二次型中的$\boldsymbol{C}_{s\times s}$和$\boldsymbol{A}_{s\times s}$，必定存在正交归一的变换矩阵$\boldsymbol{G}_{s\times s}$，$\boldsymbol{G}^\tau=\boldsymbol{G}^{-1}$，$\boldsymbol{G}^\tau\boldsymbol{G}=\boldsymbol{I}$(单位对角阵)，使得$\boldsymbol{C}$和$\boldsymbol{A}$同时对角化。即

$$\begin{cases}\boldsymbol{G}^\tau\boldsymbol{C}\boldsymbol{G}=\boldsymbol{C}_0 & \text{（对角阵）}\\ \boldsymbol{G}^\tau\boldsymbol{A}\boldsymbol{G}=\boldsymbol{A}_0 & \text{（对角阵）}\end{cases}\tag{1.7.19}$$

或

$$\begin{cases}\boldsymbol{C}=\boldsymbol{G}\boldsymbol{C}_0\boldsymbol{G}^\tau\\ \boldsymbol{A}=\boldsymbol{G}\boldsymbol{A}_0\boldsymbol{G}^\tau\end{cases}\tag{1.7.20}$$

将上式中的两个关系分别代入式（1.7.4）和式（1.7.8）可得

$$\begin{cases}V=\dfrac{1}{2}\boldsymbol{q}\boldsymbol{C}\boldsymbol{q}^\tau=\dfrac{1}{2}\boldsymbol{q}\boldsymbol{G}\boldsymbol{C}_0\boldsymbol{G}^\tau\boldsymbol{q}^\tau\\ T=\dfrac{1}{2}\dot{\boldsymbol{q}}\boldsymbol{A}\dot{\boldsymbol{q}}^\tau=\dfrac{1}{2}\dot{\boldsymbol{q}}\boldsymbol{G}\boldsymbol{A}_0\boldsymbol{G}^\tau\dot{\boldsymbol{q}}^\tau\end{cases}\tag{1.7.21}$$

在上式中，令

$$\begin{cases}\boldsymbol{q}\boldsymbol{G}=\boldsymbol{\zeta},\boldsymbol{G}^\tau\boldsymbol{q}^\tau=\boldsymbol{\zeta}^\tau\\ \dot{\boldsymbol{q}}\boldsymbol{G}=\dot{\boldsymbol{\zeta}},\boldsymbol{G}^\tau\dot{\boldsymbol{q}}^\tau=\dot{\boldsymbol{\zeta}}^\tau\end{cases}\tag{1.7.22}$$

此式称为坐标变换公式。由此变换式给出了新的广义坐标$\zeta_l(l=1,2,\cdots,s)$，当然也给出了新的广义速度$\dot{\zeta}_l(l=1,2,\cdots,s)$。由于变换矩阵$\boldsymbol{G}$正交归一，由此变换关系容易得出$\boldsymbol{\zeta}\boldsymbol{\zeta}^\tau=\boldsymbol{q}\boldsymbol{q}^\tau$和$\dot{\boldsymbol{\zeta}}\dot{\boldsymbol{\zeta}}^\tau=\dot{\boldsymbol{q}}\dot{\boldsymbol{q}}^\tau$。所以，**正交变换相当于转动变换**。把上述的坐标变换关系式（1.7.22）代入式（1.7.21）可得

$$\begin{cases}V=\dfrac{1}{2}\boldsymbol{\zeta}\boldsymbol{C}_0\boldsymbol{\zeta}^\tau\\ T=\dfrac{1}{2}\dot{\boldsymbol{\zeta}}\boldsymbol{A}_0\dot{\boldsymbol{\zeta}}^\tau\end{cases}\tag{1.7.23}$$

显然，因为$\boldsymbol{C}_0$和$\boldsymbol{A}_0$都是对角阵，所以，V的表达式中只含有$\zeta_l(l=1,2,\cdots,s)$的完全平方项，T的表达式中只含有$\dot{\zeta}_l(l=1,2,\cdots,s)$的完全平方项。在数学上把式（1.7.23）称为标准二次型。由式（1.7.23）容易写出拉氏函数为

$$L = \frac{1}{2}\sum_{l=1}^{s} a_{0l}\dot{\zeta}_l^2 - \frac{1}{2}\sum_{l=1}^{s} c_{0l}\zeta_l^2 \tag{1.7.24}$$

将拉氏函数代入拉氏方程得

$$a_{0l}\ddot{\zeta}_l + c_{0l}\zeta_l = 0 \quad (l = 1, 2, \cdots, s) \tag{1.7.25}$$

由于 V 和 T 是正定的，由式（1.7.23）可以看出，必有 $a_{0l} > 0$ 和 $c_{0l} > 0$。由上式可知，ζ_l 作简谐振动，其振动的圆频率为

$$\omega_l = \sqrt{\frac{c_{0l}}{a_{0l}}} \quad (l = 1, 2, \cdots, s) \tag{1.7.26}$$

ζ_l 的振动表达式为

$$\zeta_l = A_l \mathrm{e}^{i\omega_l t} + A_l' \mathrm{e}^{-i\omega_l t} \quad (l = 1, 2, \cdots, s) \tag{1.7.27}$$

或 $$\zeta_l = d_l \cos\omega_l t + d_l' \sin\omega_l t \quad (l = 1, 2, \cdots, s) \tag{1.7.28}$$

同样，由 $2s$ 个初始条件，分别确定式（1.7.27）或式（1.7.28）的 $2s$ 个待定常数。

由式（1.7.27）和式（1.7.28）可以得出**结论**：自由度为 s 的系统在稳定平衡点附近的微振动可以分解为 s 个**独立**的简谐振动，称为系统的**简正模式**，对应的广义坐标 ζ_l 称为**简正坐标**，对应的圆频率 ω_l 称为**简正圆频率**。应该指出，这里的 $\omega_l(l = 1, 2, \cdots, s)$ 与前面广义坐标 q 下的本征圆频率 $\omega_k(k = 1, 2, \cdots, s)$ 是完全对应相等的。因为从数学上来说，正交变换不改变问题的本征值。从物理上来说，系统的振动圆频率是系统的物理属性，由系统的力学性质所决定，与坐标的选取无关。

简正模理论在分子物理和固体物理中有非常重要的应用。

用简正坐标法得出的运动方程及其求解过程虽然大大简化，但是要找出变换矩阵并非易事。特别是多自由度情形尤其如此。其一般方法是多次应用旋转变换，进行逐次逼近，使得非对角元素等于零或趋近于零。其旋转变换形式如下：

设 $$\boldsymbol{G}^{\tau}\boldsymbol{A}\boldsymbol{G} = \boldsymbol{A}_0$$

其中 $$\boldsymbol{G} = \prod \boldsymbol{U}_{\alpha\beta} \tag{1.7.29}$$

$\boldsymbol{U}_{\alpha\beta}$ 是正交矩阵，写为

$$\boldsymbol{U}_{\alpha\beta} = \begin{pmatrix} \ddots & & & \\ & \cos\theta & \sin\theta & \\ & & \ddots & \\ & -\sin\theta & \cos\theta & \\ & & & \ddots \end{pmatrix} \begin{array}{l} \\ （第\,\alpha\,行） \\ \\ （第\,\beta\,行） \\ \\ \end{array} \tag{1.7.30}$$

（第 α 列）（第 β 列）

矩阵中的其它对角元素为 1，其它非对角元素为零，$\alpha = 1, 2, \cdots, s-1$，$\beta > \alpha$，$\theta$ 是旋转角，其值为

$$\theta = \frac{1}{2}\mathrm{arc\,cot}\frac{a_{\beta\beta} - a_{\alpha\alpha}}{2a_{\alpha\beta}} \tag{1.7.31}$$

（参见《数学手册》，高等教育出版社，1979 年 5 月第一版，第 134-135 页）。

当然，用简正坐标法解出结果后，可以用坐标逆变换的方法，返回到用原来的广义坐标表示出微振动的解。所得结果与原广义坐标下的解相同。

例一　如图 1.7.2 所示，两个完全相同的单摆，摆线长度都为l，摆锤质量都为m。两个摆在天花板上的悬挂点之间的水平距离为s_0。两个摆锤用轻弹簧连接在一起。弹簧的弹性系数为k，自然长为s_0。此系统称为耦合摆。试求出此耦合摆的简正频率和简正模式。

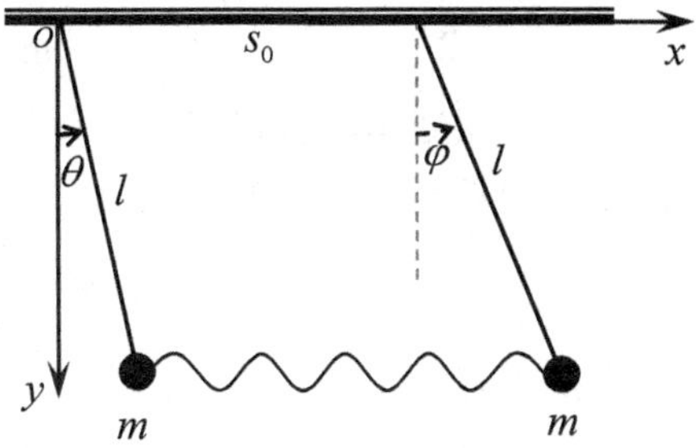

图 1.7.2

【解】 此系统的自由度为 2。选择图中的θ和φ为广义坐标。显然，$\theta=0$且$\varphi=0$处是势能极小点，也是稳定平衡点。先讨论系统势能。

$$V=mgl(1-\cos\theta)+mgl(1-\cos\varphi)+\frac{1}{2}k(s-s_0)^2 \tag{①}$$

其中$s-s_0$是弹簧的伸长量。当θ和φ很小时，有

$$1-\cos\theta\approx\frac{1}{2}\theta^2\text{；}\quad 1-\cos\varphi\approx\frac{1}{2}\varphi^2\text{；}\quad s-s_0\approx l(\varphi-\theta)$$

代入式①得

$$V=\frac{1}{2}(mgl+kl^2)\theta^2+\frac{1}{2}(mgl+kl^2)\varphi^2-kl^2\theta\varphi \tag{②}$$

再写出系统动能为

$$T=\frac{1}{2}ml^2\dot{\theta}^2+\frac{1}{2}ml^2\dot{\varphi}^2 \tag{③}$$

方法一　用广义坐标θ和φ求解：

由式②和式③式写出系统的拉氏函数为

$$L=\frac{1}{2}ml^2\dot{\theta}^2+\frac{1}{2}ml^2\dot{\varphi}^2-\frac{1}{2}(mgl+kl^2)\theta^2-\frac{1}{2}(mgl+kl^2)\varphi^2+kl^2\theta\varphi \tag{④}$$

代入拉氏方程可得

$$ml^2\ddot{\theta}+(mgl+kl^2)\theta-kl^2\varphi=0$$
$$ml^2\ddot{\varphi}+(mgl+kl^2)\varphi-kl^2\theta=0$$

令$\theta=A_\theta e^{\lambda t}$，$\varphi=A_\varphi e^{\lambda t}$，代入上式得本征方程

$$[ml^2\lambda^2+(mgl+kl^2)]A_\theta-kl^2A_\varphi=0$$
$$-kl^2A_\theta+[ml^2\lambda^2+(mgl+kl^2)]A_\varphi=0$$

久期方程为

$$\begin{vmatrix} ml^2\lambda^2+(mgl+kl^2) & -kl^2 \\ -kl^2 & ml^2\lambda^2+(mgl+kl^2) \end{vmatrix}=0 \tag{⑤}$$

解得：$\lambda_1^2=-\dfrac{g}{l}$，$\lambda_2^2=-(\dfrac{g}{l}+\dfrac{2k}{m})$。即：$\omega_1=\sqrt{\dfrac{g}{l}}$，$\omega_2=\sqrt{\dfrac{g}{l}+\dfrac{2k}{m}}$。

把λ_1^2和λ_2^2分别代入本征方程得本征矢的比例关系为：$A_\theta^1=A_\varphi^1$，$A_\theta^2=-A_\varphi^2$。

由此写出微振动的解为

$$\theta=A^1\cos\omega_1 t+A'^1\sin\omega_1 t+A^2\cos\omega_2 t+A'^2\sin\omega_2 t$$
$$\varphi=A^1\cos\omega_1 t+A'^1\sin\omega_1 t-A^2\cos\omega_2 t-A'^2\sin\omega_2 t$$

方法二　用简正坐标求解：

把势能表达式②和动能表达式③写成矩阵形式

$$V=\frac{1}{2}\begin{pmatrix}\theta & \varphi\end{pmatrix}\begin{pmatrix}mgl+kl^2 & -kl^2\\ -kl^2 & mgl+kl^2\end{pmatrix}\begin{pmatrix}\theta\\ \varphi\end{pmatrix},\quad T=\frac{1}{2}\begin{pmatrix}\dot\theta & \dot\varphi\end{pmatrix}\begin{pmatrix}ml^2 & 0\\ 0 & ml^2\end{pmatrix}\begin{pmatrix}\dot\theta\\ \dot\varphi\end{pmatrix}$$

考虑到动能系数矩阵$\boldsymbol{A}$已经对角化并且对角元素相等，所以只需考虑势能系数矩阵$\boldsymbol{C}$的对角化。把$\boldsymbol{C}$矩阵进行转动变换，转动的角度为

$$\psi=\frac{1}{2}\operatorname{arc\,cot}\frac{c_{22}-c_{11}}{2c_{12}}=\frac{\pi}{4}$$

正交变换矩阵为

$$\boldsymbol{G}=\begin{pmatrix}\cos\psi & \sin\psi\\ -\sin\psi & \cos\psi\end{pmatrix}=\frac{1}{\sqrt{2}}\begin{pmatrix}1 & 1\\ -1 & 1\end{pmatrix}$$

引入简正坐标

$$\begin{pmatrix}\zeta_1\\ \zeta_2\end{pmatrix}=\frac{1}{\sqrt{2}}\begin{pmatrix}1 & 1\\ -1 & 1\end{pmatrix}\begin{pmatrix}\theta\\ \varphi\end{pmatrix}$$

容易写出

$$V=\frac{1}{2}\begin{pmatrix}\zeta_1 & \zeta_2\end{pmatrix}\begin{pmatrix}mgl & 0\\ 0 & mgl+2kl^2\end{pmatrix}\begin{pmatrix}\zeta_1\\ \zeta_2\end{pmatrix},\quad T=\frac{1}{2}\begin{pmatrix}\dot\zeta_1 & \dot\zeta_2\end{pmatrix}\begin{pmatrix}ml^2 & 0\\ 0 & ml^2\end{pmatrix}\begin{pmatrix}\dot\zeta_1\\ \dot\zeta_2\end{pmatrix}$$

简正坐标下的拉氏函数为

$$L=\frac{1}{2}ml^2(\dot\zeta_1^2+\dot\zeta_2^2)-\frac{1}{2}mgl\zeta_1^2-\frac{1}{2}(mgl+2kl^2)\zeta_2^2$$

简正坐标下的拉氏方程为

$$ml^2\ddot\zeta_1+mgl\zeta_1=0,\quad ml^2\ddot\zeta_2+(mgl+2kl^2)\zeta_2=0$$

由此可得简正圆频率为

$$\omega_1=\sqrt{\frac{g}{l}},\quad \omega_2=\sqrt{\frac{g}{l}+\frac{2k}{m}}$$

系统在简正坐标下的解为

$$\zeta_1=\frac{1}{\sqrt{2}}(\varphi+\theta)=B_1\cos\omega_1 t+B_1'\sin\omega_1 t$$

$$\zeta_2=\frac{1}{\sqrt{2}}(\varphi-\theta)=B_2\cos\omega_2 t+B_2'\sin\omega_2 t$$

上述两个简正模式都与整个系统有关，不属于某一个单摆。其中ζ_1代表了系统的“整体”振动效果，ζ_2代表了系统的“相对”振动效果。

上述两种解法是比较规则的解法。实际上，在系统自由度比较少的情况下（比如自由度为2），可以用观察法直接写出结果。

方法三　用观察法求解：

用广义坐标θ和φ得到的拉氏方程为

$$ml^2\ddot\theta+(mgl+kl^2)\theta-kl^2\varphi=0,\quad ml^2\ddot\varphi+(mgl+kl^2)\varphi-kl^2\theta=0$$

这两个拉氏方程相加和相减后分别得

$$ml^2(\ddot\varphi+\ddot\theta)+mgl(\varphi+\theta)=0,\quad ml^2(\ddot\varphi-\ddot\theta)+(mgl+2kl^2)(\varphi-\theta)=0$$

这两个方程实际上就是分别以$\varphi+\theta$和$\varphi-\theta$为坐标的简正型方程，其简正圆频率就是前面已经求出的简正圆频率。

下面讨论几个特殊初始条件下的耦合摆振动。

情形一　$t=0$时，$\theta_0=\varphi_0=\alpha_0$，$\dot{\theta}_0=\dot{\varphi}_0=\dot{\alpha}_0$。

化为简正坐标的初始条件：$\zeta_{10}=\sqrt{2}\alpha_0$，$\zeta_{20}=0$，$\dot{\zeta}_{10}=\sqrt{2}\dot{\alpha}_0$，$\dot{\zeta}_{20}=0$。

代入简正坐标下解的表达式，求出组合系数，得出

$$\zeta_1=\frac{1}{\sqrt{2}}(\varphi+\theta)=\sqrt{2}(\alpha_0\cos\omega_1 t+\frac{\dot{\alpha}_0}{\omega_1}\sin\omega_1 t)，\quad \zeta_2=\frac{1}{\sqrt{2}}(\varphi-\theta)=0$$

或者

$$\varphi=\theta=\alpha_0\cos\omega_1 t+\frac{\dot{\alpha}_0}{\omega_1}\sin\omega_1 t$$

这是同步单摆。所以说ζ_1和ω_1是代表整体振动的简正模。

情形二　$t=0$时，$\varphi_0=-\theta_0=\alpha_0$，$\dot{\varphi}_0=-\dot{\theta}_0=\dot{\alpha}_0$。

化为简正坐标的初始条件：$\zeta_{10}=0$，$\zeta_{20}=\sqrt{2}\alpha_0$，$\dot{\zeta}_{10}=0$，$\dot{\zeta}_{20}=\sqrt{2}\dot{\alpha}_0$。

代入简正坐标下解的表达式，求出组合系数，得出

$$\zeta_1=\frac{1}{\sqrt{2}}(\varphi+\theta)=0$$

$$\zeta_2=\frac{1}{\sqrt{2}}(\varphi-\theta)=\sqrt{2}(\alpha_0\cos\omega_2 t+\frac{\dot{\alpha}_0}{\omega_2}\sin\omega_2 t)$$

或者

$$\varphi=-\theta=\alpha_0\cos\omega_2 t+\frac{\dot{\alpha}_0}{\omega_2}\sin\omega_2 t$$

这是反相谐振伸缩。所以说ζ_2和ω_2是代表相对振动的简正模。

情形三　$t=0$时，$\varphi_0=\alpha_0$，$\theta_0=0$，$\dot{\varphi}_0=\dot{\theta}_0=0$。

化为简正坐标的初始条件：$\zeta_{10}=\dfrac{\alpha_0}{\sqrt{2}}$，$\zeta_{20}=\dfrac{\alpha_0}{\sqrt{2}}$，$\dot{\zeta}_{10}=0$，$\dot{\zeta}_{20}=0$。

代入简正坐标下解的表达式，求出组合系数，得出

$$\zeta_1=\frac{1}{\sqrt{2}}(\varphi+\theta)=\frac{\alpha_0}{\sqrt{2}}\cos\omega_1 t，\quad \zeta_2=\frac{1}{\sqrt{2}}(\varphi-\theta)=\frac{\alpha_0}{\sqrt{2}}\cos\omega_2 t$$

或者

$$\varphi=\frac{\alpha_0}{2}(\cos\omega_1 t+\cos\omega_2 t)=\alpha_0\cos(\frac{\omega_2-\omega_1}{2}t)\cos(\frac{\omega_2+\omega_1}{2}t)$$

$$\theta=\frac{\alpha_0}{2}(\cos\omega_1 t-\cos\omega_2 t)=\alpha_0\sin(\frac{\omega_2-\omega_1}{2}t)\sin(\frac{\omega_2+\omega_1}{2}t)$$

这时两个摆分别作相位差为$\dfrac{\pi}{2}$的拍振动，振动频率为$\dfrac{\omega_2+\omega_1}{2}$，拍频为$\dfrac{\omega_2-\omega_1}{2}$。能量通过弹簧在两个摆之间不断地进行重新分配。

例二　如图 1.7.3 所示，CO_2分子平衡时是线性分子，即三个原子排列在一条直线上，两个氧原子 O 对称地分居于碳原子 C 的两侧。分子内的原子在其稳定平衡位置附近作微振动。试讨论其简正模。

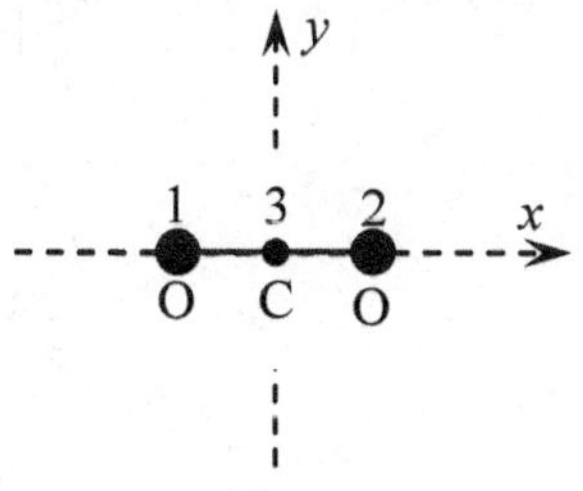

图 1.7.3

【解】分别考虑原子沿y方向的横向振动和沿x方向的纵向振动。

横向振动

三个原子的横向运动共有三个自由度。其中一个横向自由度属于分子整体横向平动。设分子质心静止，则

$$m_{\mathrm{O}}y_1+m_{\mathrm{O}}y_2+m_{\mathrm{C}}y_3=0$$

另一个横向自由度属于分子整体的转动。由于系统相对于质心的角动量守恒，可得

$$m_{\mathrm{O}}\dot{y}_1l-m_{\mathrm{O}}\dot{y}_2l=0$$

第三个横向自由度属于横向振动。设与横向振动对应的广义坐标为 y_1。在微振动情形下，横向振动的势能表示为 $V_H=\dfrac{1}{2}k_Hy_1^2$，其中 k_H 是横向振动的等效弹性系数。横向振动的拉氏函数为

$$L_H=\frac{1}{2}(m_{\mathrm{O}}\dot{y}_1^2+m_{\mathrm{O}}\dot{y}_2^2+m_{\mathrm{C}}\dot{y}_3^2)-\frac{1}{2}k_Hy_1^2=\frac{m_{\mathrm{O}}}{m_{\mathrm{C}}}(2m_{\mathrm{O}}+m_{\mathrm{C}})\dot{y}_1^2-\frac{1}{2}k_Hy_1^2$$

代入拉氏方程得

$$\frac{2m_{\mathrm{O}}}{m_{\mathrm{C}}}(2m_{\mathrm{O}}+m_{\mathrm{C}})\ddot{y}_1+k_Hy_1=0$$

分子横向振动的圆频率为

$$\omega_H=\sqrt{\frac{k_Hm_{\mathrm{C}}}{2m_{\mathrm{O}}(2m_{\mathrm{O}}+m_{\mathrm{C}})}}$$

纵向振动

三原子作纵向运动也有三个自由度。其中一个纵向自由度属于分子整体的纵向平动。设分子的质心静止，则

$$m_{\mathrm{O}}x_1+m_{\mathrm{O}}x_2+m_{\mathrm{C}}x_3=0$$

另外两个纵向自由度属于纵向振动。纵向振动的动能为

$$T_Z=\frac{1}{2}(m_{\mathrm{O}}\dot{x}_1^2+m_{\mathrm{O}}\dot{x}_2^2+m_{\mathrm{C}}\dot{x}_3^2)=\frac{1}{2}[\frac{m_{\mathrm{O}}(m_{\mathrm{O}}+m_{\mathrm{C}})}{m_{\mathrm{C}}}(\dot{x}_1^2+\dot{x}_2^2)+\frac{2m_{\mathrm{O}}^2}{m_{\mathrm{C}}}\dot{x}_1\dot{x}_2]$$

$$=\frac{1}{2}\begin{pmatrix}\dot{x}_1 & \dot{x}_2\end{pmatrix}\begin{pmatrix}\dfrac{m_{\mathrm{O}}(m_{\mathrm{O}}+m_{\mathrm{C}})}{m_{\mathrm{C}}} & \dfrac{m_{\mathrm{O}}^2}{m_{\mathrm{C}}}\\ \dfrac{m_{\mathrm{O}}^2}{m_{\mathrm{C}}} & \dfrac{m_{\mathrm{O}}(m_{\mathrm{O}}+m_{\mathrm{C}})}{m_{\mathrm{C}}}\end{pmatrix}\begin{pmatrix}\dot{x}_1\\ \dot{x}_2\end{pmatrix}$$

设纵向微振动的等效弹性系数为 k_Z，纵向微振动的势能为

$$V_Z=\frac{k_Z}{2}[(x_1-x_3)^2+(x_2-x_3)^2]$$

$$=\frac{k_Z}{2}[\frac{(m_{\mathrm{O}}+m_{\mathrm{C}})^2+m_{\mathrm{O}}^2}{m_{\mathrm{C}}^2}(x_1^2+x_2^2)+\frac{4m_{\mathrm{O}}(m_{\mathrm{O}}+m_{\mathrm{C}})}{m_{\mathrm{C}}^2}x_1x_2]$$

$$=\frac{k_Z}{2}\begin{pmatrix}x_1 & x_2\end{pmatrix}\begin{pmatrix}\dfrac{(m_{\mathrm{O}}+m_{\mathrm{C}})^2+m_{\mathrm{O}}^2}{m_{\mathrm{C}}^2} & \dfrac{2m_{\mathrm{O}}(m_{\mathrm{O}}+m_{\mathrm{C}})}{m_{\mathrm{C}}^2}\\ \dfrac{2m_{\mathrm{O}}(m_{\mathrm{O}}+m_{\mathrm{C}})}{m_{\mathrm{C}}^2} & \dfrac{(m_{\mathrm{O}}+m_{\mathrm{C}})^2+m_{\mathrm{O}}^2}{m_{\mathrm{C}}^2}\end{pmatrix}\begin{pmatrix}x_1\\ x_2\end{pmatrix}$$

容易写出正交变换的变换矩阵为$\boldsymbol{G}=\frac{1}{\sqrt{2}}\begin{pmatrix}1 & 1\\ -1 & 1\end{pmatrix}$，引入简正坐标

$$\begin{pmatrix}\xi_1\\ \xi_2\end{pmatrix}=\frac{1}{\sqrt{2}}\begin{pmatrix}1 & 1\\ -1 & 1\end{pmatrix}\begin{pmatrix}x_1\\ x_2\end{pmatrix}$$

简正坐标下的动能和势能分别为

$$T_Z=\frac{1}{2}\begin{pmatrix}\dot{\xi}_1 & \dot{\xi}_2\end{pmatrix}\begin{pmatrix}\dfrac{m_{\mathrm{O}}(2m_{\mathrm{O}}+m_{\mathrm{C}})}{m_{\mathrm{C}}} & 0\\ 0 & m_{\mathrm{O}}\end{pmatrix}\begin{pmatrix}\dot{\xi}_1\\ \dot{\xi}_2\end{pmatrix}$$

$$V_Z=\frac{k_Z}{2}\begin{pmatrix}\xi_1 & \xi_2\end{pmatrix}\begin{pmatrix}\dfrac{(2m_{\mathrm{O}}+m_{\mathrm{C}})^2}{m_{\mathrm{C}}^2} & 0\\ 0 & 1\end{pmatrix}\begin{pmatrix}\xi_1\\ \xi_2\end{pmatrix}$$

简正坐标下的拉氏函数为

$$L_Z=\frac{1}{2}\left[\frac{m_{\mathrm{O}}(2m_{\mathrm{O}}+m_{\mathrm{C}})}{m_{\mathrm{C}}}\dot{\xi}_1^2+m_{\mathrm{O}}\dot{\xi}_2^2\right]-\frac{k_Z}{2}\left[\frac{(2m_{\mathrm{O}}+m_{\mathrm{C}})^2}{m_{\mathrm{C}}^2}\xi_1^2+\xi_2^2\right]$$

简正坐标下的运动方程为

$$\frac{m_{\mathrm{O}}(2m_{\mathrm{O}}+m_{\mathrm{C}})}{m_{\mathrm{C}}}\ddot{\xi}_1+k_Z\frac{(2m_{\mathrm{O}}+m_{\mathrm{C}})^2}{m_{\mathrm{C}}^2}\xi_1=0$$

$$m_O\ddot{\xi}_2+k_Z\xi_2=0$$

简正圆频率分别为$\omega_{Z1}=\sqrt{\frac{k_Z}{m_{\mathrm{O}}}\frac{2m_{\mathrm{O}}+m_{\mathrm{C}}}{m_{\mathrm{C}}}}$，$\omega_{Z2}=\sqrt{\frac{k_Z}{m_{\mathrm{O}}}}$

分子的纵向简正模分别为

$$\xi_1=\frac{1}{\sqrt{2}}(x_2+x_1)=A_1\cos(\omega_{Z1}t+\phi_1)$$

$$\xi_2=\frac{1}{\sqrt{2}}(x_2-x_1)=A_2\cos(\omega_{Z2}t+\phi_2)$$

内容提要

一、约束与广义坐标

1. 约束方程

$$f_\beta(x_1,x_2,\cdots,x_{3n};\dot{x}_1,\dot{x}_2,\cdots,\dot{x}_{3n};t)=0\quad(\beta=1,2,\cdots,k)$$

2. 约束的分类

①完整约束（几何约束）与不完整约束（运动约束）；②稳定约束与不稳定约束；③不可解约束与可解约束；④理想约束与非理想约束。

3. 广义坐标

完全描述系统位形所必需的数目最少的变量。

对于**完整系**，广义坐标数＝独立变量数＝系统的自由度。

对于**非完整系**，广义坐标数>独立变量数＝系统的自由度。

4. 坐标变换方程

$$x_i = x_i(q_1, q_2, \cdots, q_s; t) \quad (i = 1, 2, \cdots, 3n)$$

5. 位形空间

由广义坐标 q_α $(\alpha = 1, 2, \cdots, s)$ 构成的 s 维抽象空间称为位形空间。位形空间中的一个“点”给出 s 个广义坐标的值，对应系统在三维空间的一个位形。

二、虚功原理

1. 虚位移

在一定约束下，质点在 t 时刻瞬时设想将要发生的位移，记为 $\delta \boldsymbol{r}$ 。

2. 虚功

作用在质点上的力在设想的虚位移上所做的功称为虚功。虚功的元功为

$$\delta W_i = \boldsymbol{F}_i \cdot \delta \boldsymbol{r}_i$$

3. 理想约束

若作用在系统上的约束力的虚功之和等于零，即

$$\sum_{i=1}^{n} \boldsymbol{R}_i \cdot \delta \boldsymbol{r}_i = \sum_{i=1}^{3n} R_i \cdot \delta x_i = 0$$

则称此约束为理想约束。

4. 虚功原理

理想约束系统处于平衡态的充要条件是系统所受到的主动力的虚功之和等于零，即

$$\sum_{i=1}^{n} \boldsymbol{F}_i \cdot \delta \boldsymbol{r}_i = \sum_{i=1}^{3n} F_i \cdot \delta x_i = 0$$

5. 拉格朗日不定乘子法

设理想完整系的约束方程为

$$f_\beta(x_1, x_2, \cdots, x_{3n}; t) = 0 \quad (\beta = 1, 2, \cdots, k)$$

总可以选择一组适当的拉氏乘子 $\lambda_\beta (\beta = 1, 2, \cdots, k)$，写出平衡方程为

$$F_i + \sum_{\beta=1}^{k} \lambda_\beta \frac{\partial f_\beta}{\partial x_i} = 0 \quad (i = 1, 2, \cdots, 3n)$$

由 $3n$ 个平衡方程和 k 个约束方程，解出 $3n + k$ 个未知数：$3n$ 个平衡坐标 x_i $(i = 1, \cdots, 3n)$ 和 k 个拉氏乘子 $\lambda_\beta (\beta = 1, 2, \cdots, k)$ 。把拉氏乘子代入公式

$$R_i = \sum_{\beta=1}^{k} \lambda_\beta \frac{\partial f_\beta}{\partial x_i} \quad (i = 1, \cdots, 3n)$$

从而求出约束力 R_i 。

6. 广义坐标下的虚功原理

$$Q_\alpha = \sum_{i=1}^{3n} F_i \frac{\partial x_i}{\partial q_\alpha} = 0 \quad (\alpha = 1, 2, \cdots, s)$$

三、达朗贝尔原理

对于理想约束系统，作用在系统上的主动力和逆效力的虚功之和等于零。即

$$\sum_{i=1}^{3n}(F_i - m_i\ddot{x}_i)\cdot\delta x_i = 0$$

达朗贝尔原理的广义坐标表述

$$\sum_{i=1}^{3n} m_i\ddot{x}_i\frac{\partial x_i}{\partial q_\alpha} = \sum_{i=1}^{3n} F_i\frac{\partial x_i}{\partial q_\alpha} = Q_\alpha \quad (\alpha = 1,2,\cdots,s)$$

四、拉格朗日方程

1. 第一类拉氏方程

设理想完整系的约束方程为

$$f_\beta(x_1,x_2,\cdots,x_{3n};t) = 0 \quad (\beta = 1,2,\cdots,k)$$

总可以选择一组适当的拉氏乘子 $\lambda_\beta(\beta = 1,2,\cdots,k)$，写出

$$F_i - m_i\ddot{x}_i + \sum_{\beta=1}^{k}\lambda_\beta\frac{\partial f_\beta}{\partial x_i} = 0\text{，}\quad R_i = \sum_{\beta=1}^{k}\lambda_\beta\frac{\partial f_\beta}{\partial x_i} \quad (i = 1,2,\cdots,3n)$$

2. 第二类拉氏方程

（1）一般形式：$\dfrac{\mathrm{d}}{\mathrm{d}t}(\dfrac{\partial T}{\partial \dot{q}_\alpha}) - \dfrac{\partial T}{\partial q_\alpha} = Q_\alpha = \sum_{i=1}^{3n} F_i\dfrac{\partial x_i}{\partial q_\alpha} \quad (\alpha = 1,2,\cdots,s)$

（2）拉格朗日函数：$L = T - V = T(q_1,\cdots,q_s;\dot{q}_1,\cdots,\dot{q}_s;t) - V \quad (q_1,\cdots,q_s;t)$

（3）拉氏函数形式：$\dfrac{\mathrm{d}}{\mathrm{d}t}(\dfrac{\partial L}{\partial \dot{q}_\alpha}) - \dfrac{\partial L}{\partial q_\alpha} = Q_{\alpha\text{非}} \quad (\alpha = 1,2,\cdots,s)$

3. 保守系的拉氏方程

（1）拉氏方程：$\dfrac{\mathrm{d}}{\mathrm{d}t}(\dfrac{\partial L}{\partial \dot{q}_\alpha}) - \dfrac{\partial L}{\partial q_\alpha} = 0 \quad (\alpha = 1,2,\cdots,s)$

（2）守恒量：

若 L 中 q_α 为**循环坐标**，则与之对应的**广义动量守恒**：$\dfrac{\partial L}{\partial \dot{q}_\alpha} = \dfrac{\partial T}{\partial \dot{q}_\alpha} = p_\alpha$（常量）

若 L 中不显含时间，则**广义能量守恒**：$h = T_2 - T_0 + V = \sum_{\alpha=1}^{s} p_\alpha\dot{q}_\alpha - L =$ 常量

对于稳定约束下的保守系，其广义能量就是系统的机械能，若提供保守力的力场也是稳定的，则系统的**机械能守恒**。

五、有心力场中的质点运动

1. 一般运动特征

（1）角动量守恒。

①$\boldsymbol{L}$ 的方向保持不变表示**质点作平面运动**。

②$\boldsymbol{L}$ 的大小保持不变，则 $r^2\dot{\theta} = h$（常量），**常数 h 的物理意义是：单位质量的质点角动量的大小，也是质点与力心连线的扫面速率的 2 倍**。

（2）机械能守恒：$\dfrac{1}{2}m(\dot{r}^2 + r^2\dot{\theta}^2) + V(r) = E$ (常量)

2. 轨道微分方程

$$h^2u^2(\frac{d^2u}{d\theta^2}+u)=-\frac{F(u)}{m}\quad\text{（比耐公式）}$$

3. 平方反比引力场中的质点轨道

$r=\dfrac{p}{e\cos\theta+1}$，其中 $p=\dfrac{h^2}{|\alpha|}$，$e=\sqrt{1+\dfrac{2Eh^2}{m\alpha^2}}$，$\alpha$ 是单位质量的力常数。

（1）若 $E>0$，则 $e>1$，轨迹是双曲线。

（2）若 $E=0$，则 $e=1$，轨迹是抛物线。

（3）若 $E<0$，则 $e<1$，轨迹是椭圆。

椭圆的半长轴为 $a=-\dfrac{m|\alpha|}{2E}$；椭圆的焦距为 $c=-\dfrac{m|\alpha|}{2E}\sqrt{1+\dfrac{2Eh^2}{m\alpha^2}}$。

4. 平方反比斥力场中的质点轨道

$r=\dfrac{p}{e\cos\theta-1}$，其中 $E>0$，则 $e>1$，轨迹是双曲线。

以单位强度粒子流入射，在单位散射立体角内测得的粒子数（**微分散射截面**）为

$$\left|\frac{\mathrm{d}\sigma}{\mathrm{d}\Omega}\right|=(\frac{Qq}{4\pi\varepsilon_0 mv_0^2})^2\frac{1}{4\sin^4(\varphi/2)}$$

卢瑟福公式：$\left|\dfrac{\mathrm{d}\sigma}{\mathrm{d}\Omega}\right|=(\dfrac{Ze^2}{4\pi\varepsilon_0 mv_0^2})^2\dfrac{1}{\sin^4(\varphi/2)}$

六、多自由度系统的微振动

把势能函数的极小点（稳定平衡点）选定为广义坐标的“原点”和势能的“零点”。

1. 稳定平衡点附近的能量

令 $c_{\alpha\beta}=(\dfrac{\partial^2 V}{\partial q_\alpha \partial q_\beta})_0$ 得：$V=\dfrac{1}{2}\sum\limits_{\alpha,\beta=1}^{s}c_{\alpha\beta}q_\alpha q_\beta=\dfrac{1}{2}\boldsymbol{qCq}^\tau$

令 $a_{\alpha\beta}\approx\sum\limits_{i=1}^{3n}m_i(\dfrac{\partial x_i}{\partial q_\alpha})_0(\dfrac{\partial x_i}{\partial q_\beta})_0$ 得：$T=\dfrac{1}{2}\sum\limits_{\alpha,\beta=1}^{s}a_{\alpha\beta}\dot q_\alpha \dot q_\beta=\dfrac{1}{2}\dot{\boldsymbol{q}}\boldsymbol{A}\dot{\boldsymbol{q}}^\tau$

2. 广义坐标解法

运动方程
$$\sum_{\beta=1}^{s}[a_{\alpha\beta}(0)\ddot q_\beta+c_{\alpha\beta}q_\beta]=0\quad(\alpha=1,2,\cdots,s)$$

解式
$$q_\beta=\sum_{k=1}^{s}(A^k\mathrm{e}^{\mathrm{i}\omega_k t}+A'^k\mathrm{e}^{-\mathrm{i}\omega_k t})\frac{|B_\beta^k|}{|B^k|}\quad(\beta=1,2,\cdots,s)$$

或
$$q_\beta=\sum_{k=1}^{s}(d^k\cos\omega_k t+d'^k\sin\omega_k t)\frac{|B_\beta^k|}{|B^k|}\quad(\beta=1,2,\cdots,s)$$

3. 简正坐标解法

找出旋转变换矩阵 $\boldsymbol{G}$，使得 $\boldsymbol{C}$ 和 $\boldsymbol{A}$ 变为对角阵。令 $\boldsymbol{qG}=\boldsymbol{\zeta}$。

运动方程
$$a_{0l}\ddot\zeta_l+c_{0l}\zeta_l=0\quad(l=1,2,\cdots,s)$$

简正圆频率为
$$\omega_l=\sqrt{\frac{c_{0l}}{a_{0l}}}\quad(l=1,2,\cdots,s)$$
解式
$$\zeta_l=A_l\mathrm{e}^{\mathrm{i}\omega_l t}+A_l'\mathrm{e}^{-\mathrm{i}\omega_l t}\quad(l=1,2,\cdots,s)$$
或
$$\zeta_l=d_l\cos\omega_l t+d_l'\sin\omega_l t\quad(l=1,2,\cdots,s)$$

习　　题

1.1 一个半径为 r 的半球面形光滑碗固定于水平面上，一根长度为 l 的光滑均匀杆倾斜放置于碗内，平衡时处于碗内的杆长为 c。试证明 r、l 和 c 满足下列关系：
$$l=\frac{4(c^2-2r^2)}{c}$$

1.2 半径为 r 的半圆形光滑轨道位于水平面内，两端分别固定于同一水平面上的 B 和 C 两点。轨道上套着一个质量为 m 的光滑小环。两根相同的弹性弦线，自然长为 $l_0=\overline{AB}=\overline{AC}$，弹性系数为 k，它们的一端固结于 A 点，另一端分别绕过光滑点 B 和 C 然后固结于小环。求小环的平衡位置和轨道对小环的约束力。

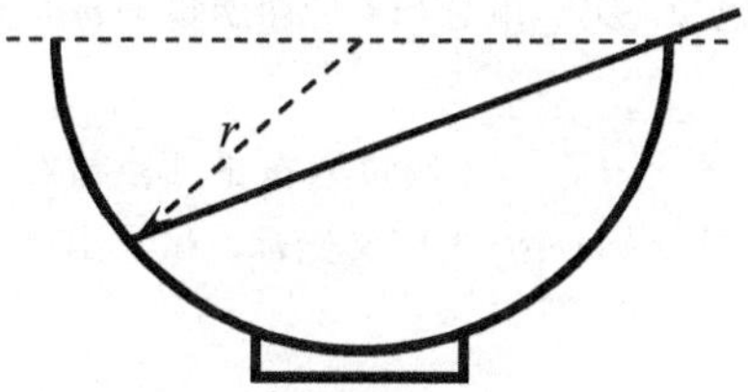

1.1 题图

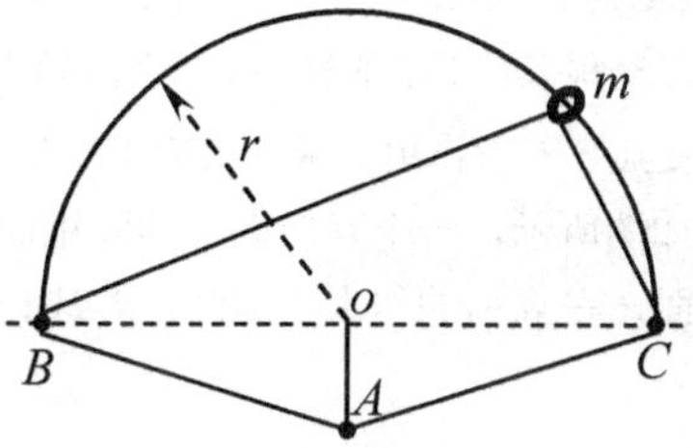

1.2 题图

1.3 一根长度为 l，质量为 m 的均匀杆，一端靠在光滑竖直墙面上，另一端放在光滑固定曲面上。实验发现，无论杆如何放置，只要杆与墙面的夹角 $\theta<90°$，杆都能保持平衡。求曲面形状。

1.4 质量为 M 的直角劈放在光滑的水平面上，其倾角为 α 的光滑斜面上放着一个质量为 m 的物体。求 m 和 M 的加速度以及各个接触面处的约束反力。

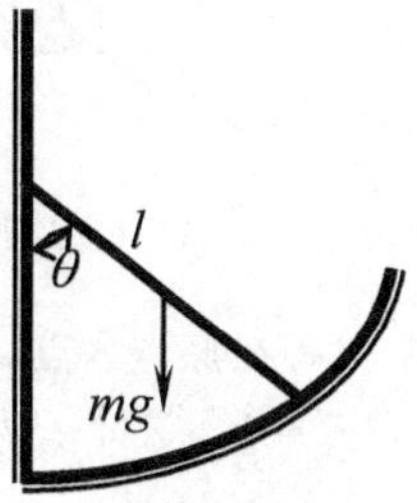

1.3 题图

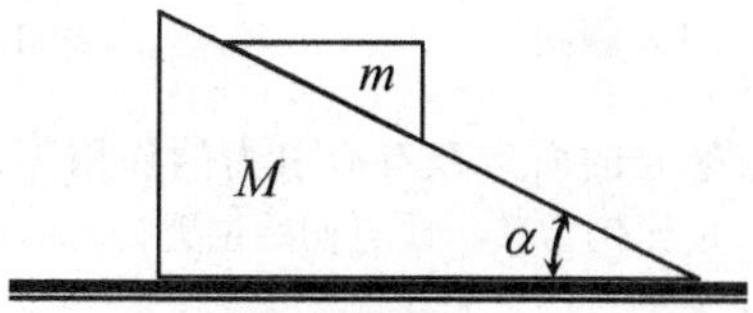

1.4 题图

1.5 如图是离心节速器示意图。四根轻质连杆的长度为 $\overline{AB}=\overline{AD}=\overline{BC}=\overline{DC}=l$。$A$ 点光滑铰链于转轴上。光滑铰链球 B 和 D 的质量都为 m_1。光滑滑块 C 的质量为 m_2。节速器以角速度 ω 绕轴作匀角速转动。试写出此力学系统的拉格朗日函数。

1.6 质量为 M 的匀质长木块放在质量都是 m 的两个匀质圆柱上，在水平拉力 $\boldsymbol{F}$ 的作用下运动。设木块与圆柱之间，以及圆柱与水平地面之间都无相对滑动，试由拉格朗日方程求出木块的加速度。

1.7 把一根开口向上的抛物线形细金属丝固结于竖直的 xoy 平面内，抛物线方程为 $x^2 = 4ay$，其中 a 为常数。抛物线和 xoy 平面一起以角速度 ω 绕 y 轴匀角速转动。一个质量为 m 的小环套在抛物线上并可无摩擦地滑动。求小环在 x 方向的运动微分方程。

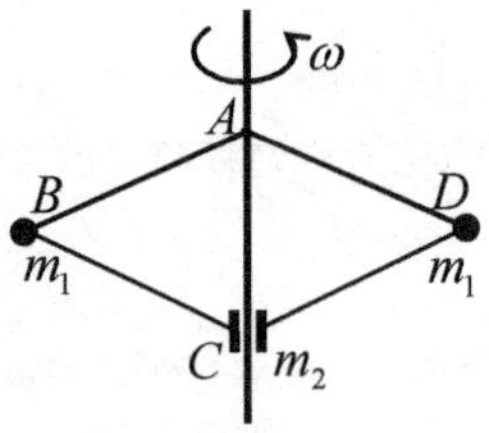

1.5 题图

1.6 题图

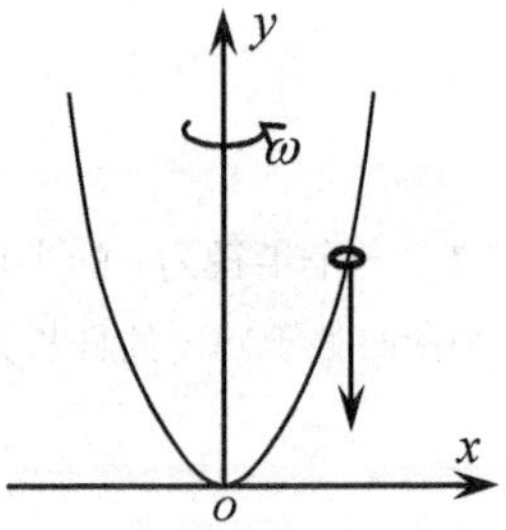

1.7 题图

1.8 质量为 M，倾角为 α 的大楔子放置在光滑的水平面上。大楔子的光滑斜面上放着一个质量为 m 的小楔子。把两个楔子由静止开始释放。试用拉格朗日方程求两个楔子的水平加速度。

1.9 质量为 M 半径为 R 的匀质圆盘，可在铅直平面内绕着过盘心且垂至于盘面的水平光滑轴无摩擦地转动。一根长度为 l 的轻绳一端固定于圆盘的边缘，另一端悬吊着一个质量为 m 的小球。除重力外系统不受其它外力作用。求系统的运动微分方程。

1.10 如图所示，一个开口向上的圆锥面的半顶角为 α，一个质量为 m 的质点被约束在圆锥面的光滑内表面，在重力的作用下运动。若选择图中的柱坐标 (r,θ) 为广义坐标，试写出质点的运动微分方程。

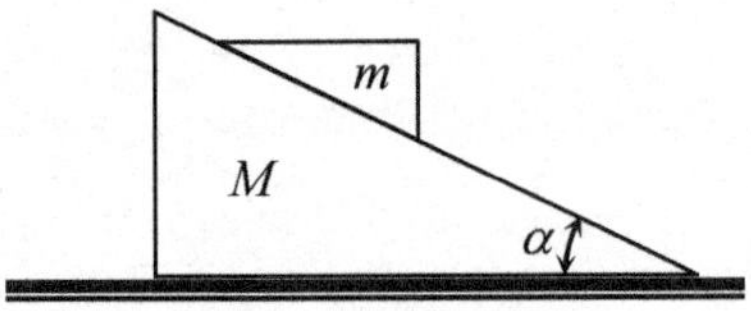

1.8 题图

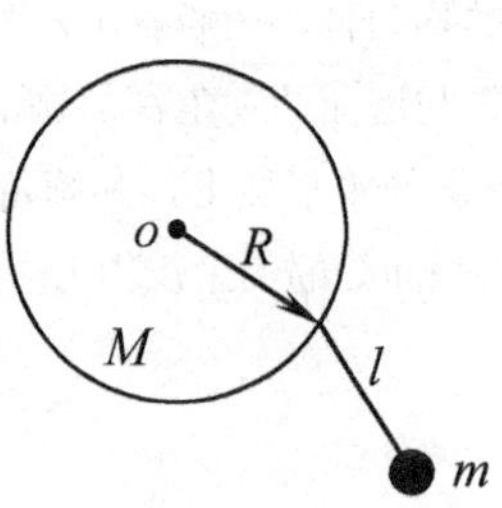

1.9 题图

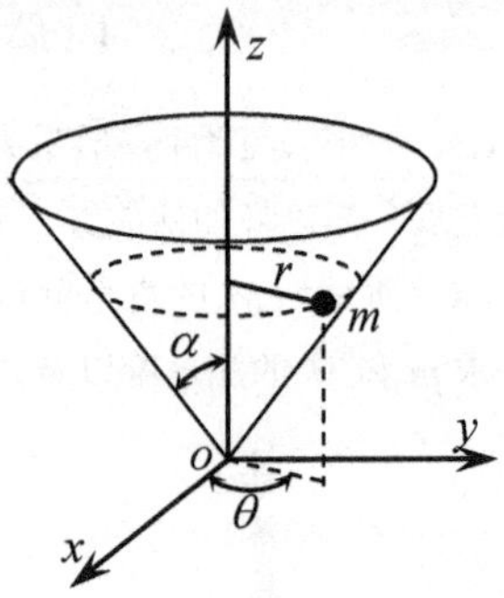

1.10 题图

1.11 质量为 m 的质点在有心引力的作用下沿 x 轴运动，力心在原点 o 点，力的表达式为 $F = -kx$，其中 k 是比例常数。质点初始位置为 $x_0 = a$，初始速度为 $\dot{x}_0 = 0$。求质点第一次到达 o 点的时间。

1.12 一个质点在有心力作用下作双纽线运动，其轨道的极坐标方程为

$$r^2 = a^2 \cos 2\theta$$

试证明：质点所受的有心力为

$$F = -\frac{3ma^4h^2}{r^7}$$

1.13 一个质点所受的有心力为：$F=-m(\frac{\mu^2}{r^2}+\frac{\nu}{r^3})$，其中$\mu$和$\nu$是常数且$\nu<h^2$。试证明：质点轨道的极坐标方程为

$$r=\frac{a}{1+e\cos k\theta}$$

其中$k^2=\frac{h^2-\nu}{h^2}$，$a=\frac{k^2h^2}{\mu^2}$，$e=\frac{Ak^2h^2}{\mu^2}$（A是积分常数）。

1.14 一个半径为R的半圆柱面固定于水平面上，其轴线水平。一个半径为r的匀质小圆球在圆柱面的内表面作无滑滚动。试求小圆球在稳定平衡点附近的微振动运动方程及微振动的周期。

1.15 一根长度为l_1的不可伸长的轻绳，一端固定在天花板上，另一端拴着一个质量为m_1的小球。另一根长度为l_2的不可伸长的轻绳，一端固定在m_1上，另一端拴着一个质量为m_2的小球。若选择图中的θ_1和θ_2为广义坐标，试求系统在铅直平面内作微振动的运动微分方程。若令上述的$m_1=m_2=m$，$l_1=l_2=l$，再求出系统的简正圆频率。

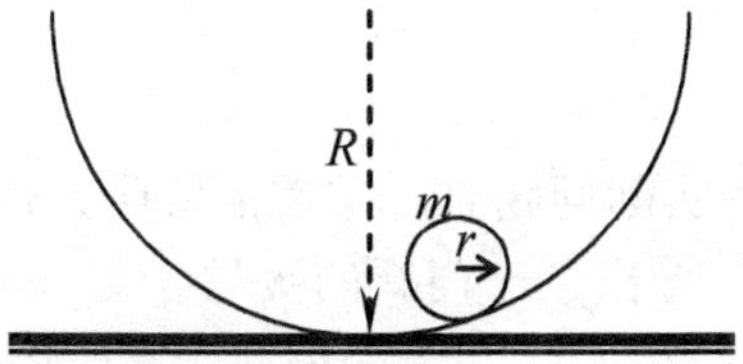

1.14 题图

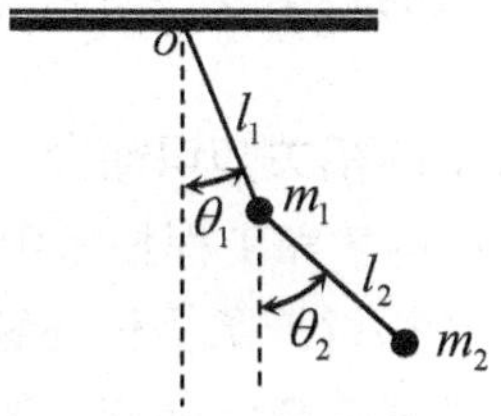

1.15 题图

1.16 在 1.15 题中，令$m_1=m_2=m$，$l_1=l_2=l$，并且把o点拴在一个质量为$2m$的小环上，环可以在光滑水平杆上滑动。再求系统在铅直平面内作微振动的运动微分方程及简正圆频率。

1.17 质量分别为m_1和m_2的两个原子结合成双原子分子，两个原子之间的相互作用力可以看做是准弹性力。设平衡时两原子间距为a，取两原子连线为x轴，试求此分子的简正模式和简正圆频率。

1.18 有四根完全相同的弹簧，弹性系数都为k。四根弹簧的一端分别固定于一个长方形的四个顶点上。长方形的长度为$2a$，宽度为$2b$。四弹簧的另一端固结于一个质量为m的质点上，并且当质点位于长方形的中心点时，四弹簧的长度为自然长。试求质点的简正模式和简正圆频率。

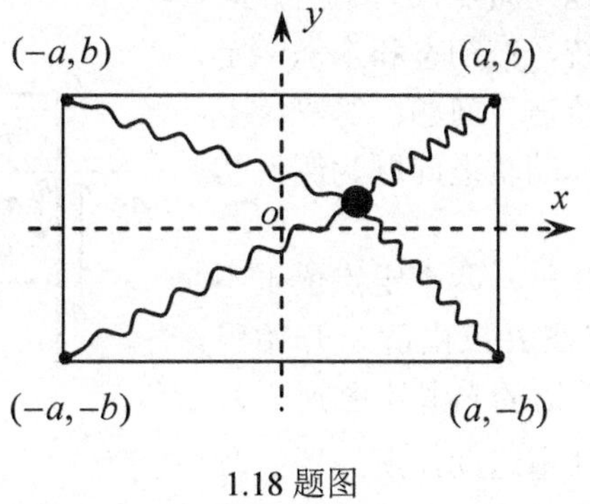

1.18 题图

第 2 章　哈密顿力学

上一章所介绍的拉格朗日力学是经典分析力学的表述形式之一。本章介绍经典分析力学的另一种等价表述形式——哈密顿力学。

2.1　哈密顿原理

哈密顿原理的数学表述用到变分学的相关概念和知识。首先对此作简单介绍。

一、变分学的相关知识简介

在处理自然科学和工程技术中出现的许多实际问题时，常常需要研究称为**泛函**的这样一类函数。在探讨泛函极值问题的过程中，导出了一门新的数学分支——变分学。变分学也是一门古老的数学分支，在微积分学科形成的初期，变分问题就已经提出。后来，伯努利·约翰（Bernoulli Johann）、伯努利·雅可比（Bernoulli Jacob）以及欧拉（Euler）等人探讨了种种具体的变分问题。1760 年，拉格朗日把变分问题与力学问题相联系，引入了变分问题的一般处理方法，于是，以欧拉命名的欧拉方程才得到了清楚的论述。

变分问题可以分成两类。第一类叫固定边界的变分问题，第二类叫可动边界的变分问题以及其它混合问题。由于本章所研究的问题只涉及第一类问题，所以只介绍此类问题的部分相关概念和知识。

1. 变分的定义

在自然科学和工程技术中，可以举出许多固定边界的问题。例如：在一个曲面上连接两个定点的曲线长度问题；质点在两个定点间的运动轨道问题；一个系统，在初态和末态一定的情况下，运动的真实“轨道”问题；等等。下面以质点在两个定点间的运动轨道问题为例，初步阐明变分的基本概念。

如图 2.1.1 所示，设 P_1 和 P_2 两个定点位于不同的铅锤线上。一个质点在 P_1 点由静止开始释放，然后在重力作用下沿不同的光滑轨道到达 P_2 点。试问：质点沿哪一条轨道运动，所经历的时间最短？这就是变分学和力学中有名的“最速落径”问题。

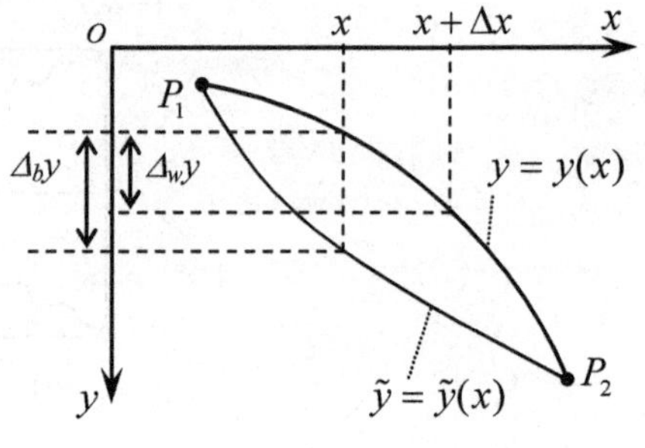

图 2.1.1　变分与微分示意图

假设质点经轨道 $y = y(x)$ 由 P_1 点到达 P_2 点。不妨称 $y = y(x)$ 为真实轨道。在真实轨道上，与自变量 x 对应的函数值是 y，与 $x + \Delta x$ 对应的是 $y + \Delta_w y$。由微分学的定义可得：

当 $\varDelta x \to 0$ 时，$\varDelta_w y \to dy = y(x+dx) - y(x)$，$dy$ 称为函数 y 的微分。

假设质点可以经另一条轨道 $\tilde{y} = \tilde{y}(x)$ 由 P_1 点到达 P_2 点，称 $\tilde{y} = \tilde{y}(x)$ 为变分轨道。对于同一个自变量 x，变分轨道和真实轨道所对应的函数值的差值为 $\varDelta_b y = \tilde{y}(x) - y(x)$。令变分轨道无限趋近于真实轨道，即 $\tilde{y}(x) \to y(x)$，此时，$\varDelta_b y$ 趋近于一无限小量，记为 δy，即 $\varDelta_b y \to \delta y$。称 δy 为函数 y 的变分。所以，变分的定义是：**同一个自变量所对应的，两个无限接近的轨道间的函数差值**。数学表述为：设具有相同的固定边界的两个函数 $\tilde{y} = \tilde{y}(x)$ 与 $y = y(x)$ 有无限小偏差：

$$\tilde{y}(x) = y(x) + \varepsilon f(x) \tag{2.1.1}$$

其中 $\varepsilon > 0$ 为无限小参数，$f(x)$ 是与 $y(x)$ 同类型的函数并且在各点都有连续导数。定义 $\tilde{y}(x)$ 与 $y(x)$ 之差 $\varepsilon f(x)$ 为函数 $y(x)$ 的变分，记为

$$\delta y = \tilde{y}(x) - y(x) = \varepsilon f(x) \tag{2.1.2}$$

显然，若取时间 t 作为自变量，取 y 为广义坐标，则变分就等同于广义坐标的虚位移。

2. 变分的运算规则

设具有共同的固定边界的两个函数为 $y_1 = y_1(x)$ 和 $y_2 = y_2(x)$，由定义式（2.1.2）不难证明以下的运算规则。

（1）
$$\delta(y_1 + y_2) = \delta y_1 + \delta y_2 \tag{2.1.3}$$

（2）
$$\delta(y_1 y_2) = y_1 \delta y_2 + y_2 \delta y_1 \tag{2.1.4}$$

（3）
$$\delta(\frac{y_1}{y_2}) = \frac{y_2 \delta y_1 - y_1 \delta y_2}{y_2^2} \tag{2.1.5}$$

（4）
$$\delta(\frac{\mathrm{d}y}{\mathrm{d}x}) = \frac{\mathrm{d}}{\mathrm{d}x}(\delta y) \tag{2.1.6}$$

下面证明式（2.1.6）。对式（2.1.2）两边求导可得

$$\frac{\mathrm{d}}{\mathrm{d}x}(\delta y) = \frac{\mathrm{d}\tilde{y}}{\mathrm{d}x} - \frac{\mathrm{d}y}{\mathrm{d}x} \tag{2.1.7}$$

对于函数 $\tilde{y} = \tilde{y}(x)$ 和 $y = y(x)$，令自变量 x 的改变量为 Δx，可得

$$\tilde{y}(x+\Delta x) = \tilde{y}(x) + \frac{\mathrm{d}\tilde{y}}{\mathrm{d}x}\Delta x，\quad y(x+\Delta x) = y(x) + \frac{\mathrm{d}y}{\mathrm{d}x}\Delta x$$

上述两式相减，并注意到式（2.1.2）和式（2.1.7），可得

$$\delta y(x+\Delta x) = \delta y(x) + \frac{\mathrm{d}}{\mathrm{d}x}(\delta y)\Delta x$$

即

$$\frac{\delta y(x+\Delta x) - \delta y(x)}{\Delta x} = \frac{\mathrm{d}}{\mathrm{d}x}(\delta y)$$

注意到 δ 运算不改变自变量 x，所以可把上式写成

$$\delta \frac{y(x+\Delta x) - y(x)}{\Delta x} = \frac{\mathrm{d}}{\mathrm{d}x}(\delta y)$$

令 $\Delta x \to 0$ 得

$$\delta(\frac{\mathrm{d}y}{\mathrm{d}x}) = \frac{\mathrm{d}}{\mathrm{d}x}(\delta y)$$

[证毕]

（5） $$\int_{x_1}^{x_2}\delta[y(x)]\mathrm{d}x=\delta[\int_{x_1}^{x_2}y(x)\mathrm{d}x] \tag{2.1.8}$$

下面再证明式（2.1.8）。令函数 $y=y(x)$ 的积分函数为

$$F(x)=\int y(x)\mathrm{d}x$$

对 $F(x)$ 先变分再求导并利用式（2.1.6），可得

$$\frac{\mathrm{d}}{\mathrm{d}x}[\delta F(x)]=\delta[\frac{\mathrm{d}}{\mathrm{d}x}F(x)]=\delta[y(x)]$$

或者

$$\delta[y(x)]\mathrm{d}x=\mathrm{d}[\delta F(x)]$$

将上式两边作从 x_1 到 x_2 的积分并利用式（2.1.3），立即可得

$$\int_{x_1}^{x_2}\delta[y(x)]\mathrm{d}x=\int_{x_1}^{x_2}\mathrm{d}[\delta F(x)]=[\delta F(x)]\big|_{x_1}^{x_2}=\delta[F(x_2)-F(x_1)]=\delta[\int_{x_1}^{x_2}y(x)\mathrm{d}x]$$

[证毕]

在上面的 5 条规则中，前 3 条规则与熟知的求导规则完全相同；第 4 条规则表示变分运算与求导运算对易；第 5 条规则表示变分运算与积分运算对易。必须指出，后两条规则只对自变量 x 不变的变分才成立，对于自变量 x 和函数 y 都变化的变分（称为**全变分**）不成立。由于本课程不涉及全变分的概念，所以本书对此不作介绍。

3. *泛函及其变分*

（1）**泛函。**

我们再回到图 2.1.1 所示的“最速落径”问题。在轨道 $y=y(x)$ 上坐标为 (x,y) 的点取一段弧长元，其长度可以写为 $\mathrm{d}l=\sqrt{(\mathrm{d}x)^2+(\mathrm{d}y)^2}=\sqrt{1+y'^2}\mathrm{d}x$ 。质点到达该处的速率为 $v=\sqrt{2g(y-y_1)}$ 。由此可以写出质点经轨道 $y=y(x)$ 由 P_1 点到达 P_2 点的运动时间为

$$t=\int_{P_1}^{P_2}\frac{\sqrt{1+y'^2}}{\sqrt{2g(y-y_1)}}\mathrm{d}x \tag{2.1.9}$$

显然，上式中的时间 t 是 $y(x)$ 的函数，称此类函数为泛函。所以，通俗地说，**函数的函数称为泛函**。由上式可以看出，泛函可以表示为某个被积函数的积分，此被积函数中显含 $y(x)$，也显含 $y'(x)$，还可能显含自变量 x 。所以，泛函一般可表示为

$$J[y(x)]=\int_{P_1}^{P_2}F[y(x),y'(x),x]\mathrm{d}x \tag{2.1.10}$$

上式又称为最简泛函。可将此最简形式扩充到多函数、多自变量的情形。

（2）**泛函的变分。**

现在计算最简泛函的变分。因为变分运算不改变自变量，所以有

$$\delta J=J(\tilde{y})-J(y)=\int_{P_1}^{P_2}[F(\tilde{y},\tilde{y}',x)-F(y,y',x)]\mathrm{d}x \tag{2.1.11}$$

把 $F(\tilde{y},\tilde{y}',x)$ 在 $F(y,y',x)$ 附近展开为泰勒级数

$$F(\tilde{y},\tilde{y}',x)=F(y,y',x)+(\frac{\partial F}{\partial y}\delta y+\frac{\partial F}{\partial y'}\delta y')+O(\delta^2) \tag{2.1.12}$$

又因为

$$\frac{\partial F}{\partial y'}\delta y'=\frac{\partial F}{\partial y'}\frac{\mathrm{d}}{\mathrm{d}x}(\delta y)=\frac{\mathrm{d}}{\mathrm{d}x}(\frac{\partial F}{\partial y'}\delta y)-(\frac{\mathrm{d}}{\mathrm{d}x}\frac{\partial F}{\partial y'})\delta y \tag{2.1.13}$$

将式（2.1.13）代入式（2.1.12）并略去高阶小量可得

$$F(\tilde{y},\tilde{y}',x)=F(y,y',x)+(\frac{\partial F}{\partial y}-\frac{\mathrm{d}}{\mathrm{d}x}\frac{\partial F}{\partial y'})\delta y+\frac{\mathrm{d}}{\mathrm{d}x}(\frac{\partial F}{\partial y'}\delta y) \tag{2.1.14}$$

将式（2.1.14）代入式（2.1.11）可得

$$\delta J=\int_{P_1}^{P_2}[(\frac{\partial F}{\partial y}-\frac{\mathrm{d}}{\mathrm{d}x}\frac{\partial F}{\partial y'})\delta y]\,\mathrm{d}x+(\frac{\partial F}{\partial y'}\delta y)\Big|_{P_1}^{P_2} \tag{2.1.15}$$

因为在所有变分轨道的共有固定边界 P_1 和 P_2 处 $\delta y=0$，所以上式右边的第二项为零。由此，最简泛函的变分可以表示为

$$\delta J=\int_{P_1}^{P_2}[(\frac{\partial F}{\partial y}-\frac{\mathrm{d}}{\mathrm{d}x}\frac{\partial F}{\partial y'})\delta y]\mathrm{d}x \tag{2.1.16}$$

（3）**泛函取极值的条件。**

在变分学中可以证明，泛函取极值的基本必要条件是**泛函的变分等于零**。这一点与函数的极值条件极为相似。根据泛函的极值条件，把变分学中的拉格朗日引理应用于泛函的变分表示式（2.1.16），可得泛函取极值时必须满足的**欧拉方程**

$$\frac{\partial F}{\partial y}-\frac{\mathrm{d}}{\mathrm{d}x}\frac{\partial F}{\partial y'}=0 \tag{2.1.17}$$

把欧拉方程应用于式（2.1.9）中的被积函数，可得“最速落径”问题的解：令 P_1 点的坐标为 $(0,0)$，P_2 点的坐标为 (a,b)，解得“最速落径”极值轨道的参数方程为

$$\begin{cases}x=R(\theta-\sin\theta)\\ y=R(1-\cos\theta)\end{cases}$$

这是一条圆滚线的参数方程，其中滚动圆的半径 R 由 $y(a)=b$ 确定。（参见《现代数学手册·经典数学卷》，华中科技大学出版社，2000 年 12 月第一版，第 786-787 页）

下面把泛函和变分的相关知识应用于分析力学，阐明哈密顿原理。

二、哈密顿原理

取一个自由质点，其笛卡儿坐标为 (x,y,z)。质点随时间运动，从而在三维空间描绘出一条轨道曲线，此曲线以时间 t 为参数的参数方程为：$x=x(t)$，$y=y(t)$，$z=z(t)$。可以把这些概念推广到多质点系统。对于由 n 个质点组成的自由度为 s 的系统，确定系统位形的广义坐标为 $(q_1,q_2,\cdots,q_s)$，这 s 个广义坐标构成了 s 维位形空间。系统随时间运动，从而在 s 维位形空间描绘出一条“轨道曲线”，此曲线以时间 t 为参数的参数方程为

$$q_\alpha=q_\alpha(t)\quad(\alpha=1,2,\cdots,s)$$

设系统的初态为 $[q_1(t_1),q_2(t_1),\cdots,q_s(t_1)]$，末态为 $[q_1(t_2),q_2(t_2),\cdots,q_s(t_2)]$，为了叙述方便，分别简记为 P_1 和 P_2。从数学上来说，由 P_1 到 P_2 有无数条可能轨道，但是其中只有一条满足物理规律的真实轨道。问题是如何确定这条真实轨道。为此，需要引入一个新量。

在泛函的定义式（2.1.10）中，作如下变量代换：$x\to t$，$y\to q_\alpha$，$y'\to\dot{q}_\alpha$，$F\to L$（拉格朗日函数），$J\to S$，并将最简泛函扩充为多函数的形式，从而定义一个系统轨道

的泛函为

$$S[q(t)]=\int_{P_1}^{P_2}L(q,\dot{q},t)\mathrm{d}t \tag{2.1.18}$$

上式中已经使用了简略记号，即 q 和 $\dot{q}$ 分别代表所有的广义坐标和广义速度。上式所定义的泛函 $S[q(t)]$ 称为**哈密顿作用量**。哈密顿作用量的变分为

$$\begin{aligned}\delta S&=\int_{P_1}^{P_2}\delta L\ \mathrm{d}t=\int_{P_1}^{P_2}\sum_{\alpha=1}^{s}[\frac{\partial L}{\partial q_\alpha}\delta q_\alpha+\frac{\partial L}{\partial \dot{q}_\alpha}\delta \dot{q}_\alpha]\ \mathrm{d}t\\&=\int_{P_1}^{P_2}\sum_{\alpha=1}^{s}[\frac{\partial L}{\partial q_\alpha}\delta q_\alpha+\frac{\mathrm{d}}{\mathrm{d}t}(\frac{\partial L}{\partial \dot{q}_\alpha}\delta q_\alpha)-\frac{\mathrm{d}}{\mathrm{d}t}\frac{\partial L}{\partial \dot{q}_\alpha}\delta q_\alpha]\ \mathrm{d}t\\&=\int_{P_1}^{P_2}\sum_{\alpha=1}^{s}[\frac{\partial L}{\partial q_\alpha}-\frac{\mathrm{d}}{\mathrm{d}t}\frac{\partial L}{\partial \dot{q}_\alpha}]\delta q_\alpha\mathrm{d}t+\sum_{\alpha=1}^{s}[\frac{\partial L}{\partial \dot{q}_\alpha}\delta q_\alpha]_{P_1}^{P_2}\\&=\int_{P_1}^{P_2}\sum_{\alpha=1}^{s}[\frac{\partial L}{\partial q_\alpha}-\frac{\mathrm{d}}{\mathrm{d}t}\frac{\partial L}{\partial \dot{q}_\alpha}]\delta q_\alpha\mathrm{d}t\end{aligned}$$

哈密顿作用量的变分是积分形式的等时轨道变分。

下面谈谈轨道变分与虚位移的关系。

设真实轨道 q 上的一系列点为：$q(t)$，$q(t+\mathrm{d}t)$，…。这些点在变分轨道 $\tilde{q}$ 上的对应点为：$\tilde{q}(t)$，$\tilde{q}(t+\mathrm{d}t)$，…。这些对应点相应的变分值为：$\tilde{q}(t)-q(t)=\delta q(t)$，$\tilde{q}(t+\mathrm{d}t)-q(t+\mathrm{d}t)=\delta q(t+\mathrm{d}t)$，…。此处的各个 δq 都是对应时刻的虚位移。由此可知，轨道变分是虚位移的积分形式，而虚位移是轨道变分的微分形式。

如前所述，从数学上来说，由 P_1 到 P_2 有无数条可能轨道，但是其中只有一条满足物理规律的真实轨道。经过对大量事实的归纳和总结，可得出如下结论：**对于完整约束下的力学系统，从初态到末态所经历的真实轨道必定使得下式成立：**

$$\delta S=\int_{P_1}^{P_2}\sum_{\alpha=1}^{s}(\frac{\partial L}{\partial q_\alpha}-\frac{\mathrm{d}}{\mathrm{d}t}\frac{\partial L}{\partial \dot{q}_\alpha})\delta q_\alpha\mathrm{d}t=-\int_{P_1}^{P_2}\sum_{\alpha=1}^{s}Q_{\alpha非}\delta q_\alpha\mathrm{d}t \tag{2.1.19}$$

上式就是哈密顿原理的一般形式。对于保守力系，$Q_{\alpha非}=0$，有

$$\delta S=\int_{P_1}^{P_2}[\sum_{\alpha=1}^{s}(\frac{\partial L}{\partial q_\alpha}-\frac{\mathrm{d}}{\mathrm{d}t}\frac{\partial L}{\partial \dot{q}_\alpha})\delta q_\alpha]\mathrm{d}t=0 \tag{2.1.20}$$

这就是保守力系的哈密顿原理，它表示，**对于保守力系，系统的真实轨道就是哈密顿作用量取极值的轨道**。当然，从数学上来说，对应于 $\delta S=0$ 的轨道，S 可能是极大值，也可能是极小值。但是，可以证明，除一些特殊情况外，S 取极小值。所以，保守力系的哈密顿原理又称为**最小作用量原理**。

三、哈密顿函数

在拉格朗日力学中，自变量是广义坐标 q 和广义速度 $\dot{q}$，两者合称为拉格朗日变量。在基础物理学中已经学习过，把速度 $\boldsymbol{v}$ 与动量 $\boldsymbol{p}=m\boldsymbol{v}$ 比较，后者能更全面地描述相互作用过程中运动的转化。与此类似，如果把 L 中的广义速度 $\dot{q}$ 代换为广义动量 $p=\partial L/\partial\dot{q}$，则能够更全面地反映相互作用过程中运动的转化，因为 $\dot{q}$ 是运动学量而 p 是动力学量。但是应该注意到，若要改换独立变量，函数形式也要作相应的改变，使得新变量和新函数下的原理和方程等价于旧变量和旧函数下的原理和方程。能达成这一目标的数学方法

称为勒让德（Legendre）变换。

1. 勒让德变换

设有二元函数 $F=F(x,y)$ 二阶可微，F 对 x 和 y 的一阶偏导数分别记为

$$u=\frac{\partial F}{\partial x} \tag{2.1.21}$$

$$v=\frac{\partial F}{\partial y} \tag{2.1.22}$$

现选择 u 作为新的独立变量，取代原来的独立变量 x，独立变量 y 保持不变。为了叙述方便，称 u 为**新变量**，x 为**旧变量**，y 为**保留变量**。由式（2.1.21）反解出 x 作为 u 和 y 的函数，即 $x=x(u,y)$。构建一个**新函数**如下：

$$G(u,y)=ux(u,y)-F[x(u,y),y] \tag{2.1.23}$$

注意，上式的右边已经只含有独立变量 u 和 y。下面求新函数 G 对 u 和 y 的偏导数。

$$\frac{\partial G}{\partial u}=x+u\frac{\partial x}{\partial u}-\frac{\partial F}{\partial x}\frac{\partial x}{\partial u}=x+u\frac{\partial x}{\partial u}-u\frac{\partial x}{\partial u}=x$$

$$\frac{\partial G}{\partial y}=u\frac{\partial x}{\partial y}-\frac{\partial F}{\partial x}\frac{\partial x}{\partial y}-\frac{\partial F}{\partial y}=u\frac{\partial x}{\partial y}-u\frac{\partial x}{\partial y}-\frac{\partial F}{\partial y}=-v$$

同样，也可以选择 v 为**新变量**，y 为**旧变量**，x 为**保留变量**。由式（2.1.22）反解出 y 作为 v 和 x 的函数，即 $y=y(v,x)$。构建另外一个**新函数**

$$D(x,v)=vy(x,v)-F[x,y(x,v)] \tag{2.1.24}$$

容易证明

$$\frac{\partial D}{\partial v}=y，\quad \frac{\partial D}{\partial x}=-u$$

综上所述，可以把勒让德变换规则总结成如下“口诀”：

旧函数对旧变量的偏导数作为新变量；

新变量乘以旧变量减去旧函数等于新函数；

新函数对新变量的偏导数等于旧变量；

新、旧函数对保留变量的偏导数一正一负。

2. 哈密顿函数

令拉格朗日函数 $L=L(q_1,\cdots,q_s;\dot{q}_1,\cdots,\dot{q}_s;t)$ 为旧函数。广义动量的定义为

$$\frac{\partial L}{\partial \dot{q}_\alpha}=p_\alpha \quad (\alpha=1,2,\cdots s)$$

取 $\dot{q}$ 为旧变量，p 为新变量，并由上式反解出 $\dot{q}_\alpha=\dot{q}_\alpha(q,p,t)$。利用勒让德变换口诀的第二句，并扩充到多变量情形，直接写出**哈密顿函数**为

$$H(q,p,t)=\sum_{\alpha=1}^{s}p_\alpha\dot{q}_\alpha-L(q,\dot{q},t) \tag{2.1.25}$$

上式右边中的诸 $\dot{q}_\alpha$ 已经表示为 q、p 和 t 的函数。显然，H 与拉格朗日力学中已经讨论过的广义能量 h 形式上完全相同，所不同的是 H 以 p 为自变量而 h 以 $\dot{q}$ 为自变量。

利用勒让德变换口诀的第三句，写出

$$\frac{\partial H}{\partial p_\alpha}=\dot{q}_\alpha \quad (\alpha=1,2,\cdots s) \tag{2.1.26}$$

在拉格朗日函数中，q 为保留变量，由第二类拉格朗日方程写出

$$\frac{\partial L}{\partial q_\alpha}=\frac{\mathrm{d}}{\mathrm{d}t}\frac{\partial L}{\partial \dot{q}_\alpha}-Q_{\alpha非}=\dot{p}_\alpha-Q_{\alpha非}\quad(\alpha=1,2,\cdots s)$$

利用勒让德变换口诀的第四句，写出

$$\frac{\partial H}{\partial q_\alpha}=-\dot{p}_\alpha+Q_{\alpha非}\quad(\alpha=1,2,\cdots s)\tag{2.1.27}$$

式（2.1.26）和式（2.1.27）合称为**正则方程**，称 q 和 p 为**正则变量**。由哈密顿原理也可以得到正则方程（见下节）。

由 s 个广义坐标和 s 个广义动量构成的 $2s$ 维抽象空间称为**相空间**。确定时刻的 $2s$ 个正则变量的值代表相空间的一个**相点**。系统状态随时间演变，其运动方程为 $q=q(t)$ 和 $p=p(t)$，从而在相空间描绘出一条**相轨迹**。

四、哈密顿原理的相空间表述

由哈密顿函数的定义可得

$$L=\sum_{\alpha-1}^{s}p_\alpha\dot{q}_\alpha(q,p,t)-H(q,p,t)$$

此处已经把 L 表示为 q、p 和 t 的函数。哈密顿作用量写成

$$S[q(t),p(t)]=\int_{P_1}^{P_2}L(q,p,t)\mathrm{d}t=\int_{P_1}^{P_2}[\sum_{\alpha-1}^{s}p_\alpha\dot{q}_\alpha(q,p,t)-H(q,p,t)]\mathrm{d}t$$

对上式取变分并利用哈密顿原理式（2.1.19），写出

$$\delta S=\int_{P_1}^{P_2}[\sum_{\alpha=1}^{s}(\dot{q}_\alpha\delta p_\alpha+p_\alpha\delta\dot{q}_\alpha)-\delta H]\mathrm{d}t=-\int_{P_1}^{P_2}\sum_{\alpha=1}^{s}Q_{\alpha非}\delta q_\alpha\mathrm{d}t\tag{2.1.28}$$

注意，上式中的变分算符 δ 作用于正则变量，有

$$\begin{cases}\displaystyle\sum_{\alpha=1}^{s}p_\alpha\delta\dot{q}_\alpha=\sum_{\alpha=1}^{s}\frac{\mathrm{d}}{\mathrm{d}t}(p_\alpha\delta q_\alpha)-\sum_{\alpha=1}^{s}\dot{p}_\alpha\delta q_\alpha\\ \displaystyle\delta H=\sum_{\alpha=1}^{s}\frac{\partial H}{\partial q_\alpha}\delta q_\alpha+\sum_{\alpha=1}^{s}\frac{\partial H}{\partial p_\alpha}\delta p_\alpha\end{cases}\tag{2.1.29}$$

把式(2.1.29)代入式(2.1.28)，注意到所有变分轨道共有固定边界 P_1 和 P_2，所以式(2.1.29)第一式右边第一项积分后为零，可得

$$\delta S=\int_{P_1}^{P_2}[\sum_{\alpha=1}^{s}(\dot{q}_\alpha-\frac{\partial H}{\partial p_\alpha})\delta p_\alpha-\sum_{\alpha=1}^{s}(\dot{p}_\alpha+\frac{\partial H}{\partial q_\alpha})\delta q_\alpha]\mathrm{d}t=-\int_{P_1}^{P_2}\sum_{\alpha=1}^{s}Q_{\alpha非}\delta q_\alpha\mathrm{d}t$$

或者

$$\int_{P_1}^{P_2}[\sum_{\alpha=1}^{s}(\dot{q}_\alpha-\frac{\partial H}{\partial p_\alpha})\delta p_\alpha-\sum_{\alpha=1}^{s}(\dot{p}_\alpha+\frac{\partial H}{\partial q_\alpha}-Q_{\alpha非})\delta q_\alpha]\mathrm{d}t=0\tag{2.1.30}$$

上式就是哈密顿原理在相空间的表述形式。对于保守力系，$Q_{\alpha非}=0$，上式简化为

$$\int_{P_1}^{P_2}[\sum_{\alpha=1}^{s}(\dot{q}_\alpha-\frac{\partial H}{\partial p_\alpha})\delta p_\alpha-\sum_{\alpha=1}^{s}(\dot{p}_\alpha+\frac{\partial H}{\partial q_\alpha})\delta q_\alpha]\mathrm{d}t=0\tag{2.1.31}$$

关于哈密顿原理，需要强调的两点是：

（1）哈密顿原理与达朗贝尔原理（拉格朗日方程）等价。实际上，由式（2.1.19）

和欧拉方程，立即写出第二类拉格朗日方程，也就是达朗贝尔原理的广义坐标表述。同理，由达朗贝尔原理容易导出哈密顿原理。

（2）因为所有变分轨道共有固定边界 P_1 和 P_2，所以，在式（2.1.19）和式（2.1.30）的被积函数中任意加减一项全导数不影响变分结果。

2.2 哈密顿正则方程及其初积分

物理学的理论体系，总是从最基本的原理出发，导出描述系统运动客观规律的运动微分方程，在一定的条件下解方程，从而得出系统随时间的演化规律。

一、正则方程

由哈密顿原理的表达式（2.1.30），结合欧拉方程，立即写出

$$\begin{cases}\dfrac{\partial H}{\partial p_\alpha}=\dot{q}_\alpha \\ \dfrac{\partial H}{\partial q_\alpha}=-\dot{p}_\alpha+Q_{\alpha\text{非}}\end{cases}\quad(\alpha=1,2,\cdots s)\tag{2.2.1}$$

这就是正则方程的一般形式。如上节所述，正则方程的第一式来源于广义动量的定义和哈密顿函数本身的特性，第二式来源于第二类拉格朗日方程和哈密顿函数的特性。所以，正则方程与拉格朗日方程等价。

对于保守力系，$Q_{\alpha\text{非}}=0$，上式简化为

$$\begin{cases}\dfrac{\partial H}{\partial p_\alpha}=\dot{q}_\alpha \\ \dfrac{\partial H}{\partial q_\alpha}=-\dot{p}_\alpha\end{cases}\quad(\alpha=1,2,\cdots s)\tag{2.2.2}$$

这就是保守力系的正则方程，由于经常应用此方程，所以常常简称为正则方程。

由正则方程可以看出，只要给出系统的哈密顿函数 $H(q,p,t)$，就得出 $\dot{p}$ 和 $\dot{q}$，从而得出系统所受的力和系统状态随时间的演变。所以 $H(q,p,t)$ 描述了系统所有的动力学特性，它也是系统的特性函数。

二、哈密顿函数的物理意义

上一节已经指出，哈密顿函数 $H(q,p,t)$ 与拉格朗日力学中已经讨论过的广义能量 $h(q,\dot{q},t)$ 形式上完全相同，所不同的是 H 以 p 为自变量而 h 以 $\dot{q}$ 为自变量。即

$$H=T_2(q,p,t)-T_0(q,t)+V(q,t)\tag{2.2.3}$$

其中 $T_2=\dfrac{1}{2}\sum_{\alpha,\beta=1}^{s}a_{\alpha\beta}\dot{q}_\alpha\dot{q}_\beta$，$a_{\alpha\beta}(q,t)=\sum_{i=1}^{3n}m_i\dfrac{\partial x_i}{\partial q_\alpha}\dfrac{\partial x_i}{\partial q_\beta}$，$T_0=\dfrac{a}{2}$，$a(q,t)=\sum_{i=1}^{3n}m_i(\dfrac{\partial x_i}{\partial t})^2$，并且已经反解出诸 $\dot{q}_\alpha$ 为 q、p 和 t 的函数然后代入动能的表达式。如果是**稳定约束**，$\partial x_i/\partial t=0$，则系统的哈密顿函数等于系统的**动能函数和势能函数之和**

$$H = T(q, p) + V(q, t) \tag{2.2.4}$$

如果系统的**势能函数也不显含时间**，$\partial V / \partial t = 0$，则系统的哈密顿函数就是系统的**机械能**

$$H = T(q, p) + V(q) \tag{2.2.5}$$

根据不同情况下的哈密顿函数表达式，利用正则方程，可以给出两个初积分，第一个是广义能量积分，第二个是广义动量积分。

三、广义能量积分

先写出哈密顿函数对时间的全导数

$$\frac{\mathrm{d}H}{\mathrm{d}t} = \sum_{\alpha=1}^{s}(\frac{\partial H}{\partial q_\alpha}\dot{q}_\alpha + \frac{\partial H}{\partial p_\alpha}\dot{p}_\alpha) + \frac{\partial H}{\partial t}$$

对于保守力系，应用正则方程式（2.2.2）可得

$$\frac{\mathrm{d}H}{\mathrm{d}t} = \sum_{\alpha=1}^{s}(-\dot{p}_\alpha\dot{q}_\alpha + \dot{q}_\alpha\dot{p}_\alpha) + \frac{\partial H}{\partial t} = \frac{\partial H}{\partial t}$$

由此可得，**若保守力系的哈密顿函数不显含时间，$\frac{\partial H}{\partial t} = 0$，则系统的广义能量守恒**。即

$$H = T_2 - T_0 + V = 常数 \tag{2.2.6}$$

更进一步，**若保守力系受到稳定约束**，$\partial x_i / \partial t = 0$，**且势能函数不显含时间**，$\partial V / \partial t = 0$，（当然此时必有 $\partial H / \partial t = 0$），**则系统的机械能守恒**。即

$$H = T(q, p) + V(q) = E_0 = 常数 \tag{2.2.7}$$

四、广义动量积分

再来讨论广义动量积分。在哈密顿函数中，若某个广义坐标 q_α 不出现，则由保守力系的正则方程式（2.2.2）可得 $\partial H / \partial q_\alpha = -\dot{p}_\alpha = 0$，有

$$p_\alpha = 常数 \tag{2.2.8}$$

即：对于保守力系，**与循环坐标 q_α 对应的广义动量 p_α 守恒**。

必须强调指出，对于给定的力学系统，存在多少个循环坐标（或者与之对应的守恒量）是由系统的力学性质决定的，与采用的方法无关。但是，能否全部找出这些循环坐标，则取决于如何选择广义坐标。因此，恰当地选择广义坐标，对简化问题的求解过程具有十分重要的意义。

把正则方程的初积分和拉格朗日方程的初积分比较就会发现，两种初积分完全等价。比如，$\partial H / \partial q_\alpha = -\dot{p}_\alpha = -\partial L / \partial q_\alpha$，说明 H 不显含 q_α 与 L 不显含 q_α 是等价的；再比如，$\partial H / \partial t = \mathrm{d}H / \mathrm{d}t = \mathrm{d}(T_2 - T_0 + V) / \mathrm{d}t = \mathrm{d}h / \mathrm{d}t = -\partial L / \partial t$，说明 H 不显含 t 与 L 不显含 t 是等价的。但是，讨论正则方程的初积分比讨论拉格朗日的方程初积分简单的多。特别是当 q_α 为循环坐标时，在正则方程中同时消除了作为独立变量的 q_α 和 p_α，使得需要求解的有效方程的个数减少了两个。而在拉格朗日方程中，即使 q_α 为循环坐标，$\dot{q}_\alpha$ 仍然可能是时间的函数的函数，需要求解的有效方程的个数并未减少。这也正是正则方程比拉格朗日方程更为优越的一个方面。

例一　如图 2.2.1 所示，一质量为m、半径为r的均匀圆柱体置于倾角为α的斜面上。固结在圆柱中心轴线上的轻绳长度为l，轻绳的另一端跨过坡顶的光滑滑轮与一质量为m' ($m' > m\sin\alpha$) 的重物相连接。重物由静止开始下落而圆柱体在斜面上作无滑滚动。求重物下落的加速度和下列距离h时的速度。

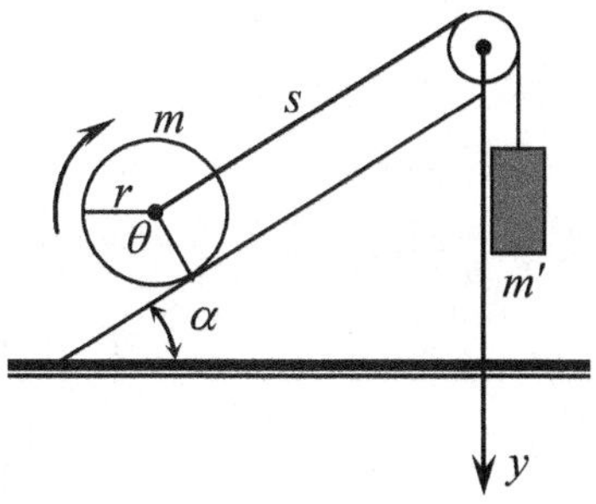

图 2.2.1

【解】描述系统位形需要三个坐标：圆柱体的轴心沿斜面运动的坐标s、圆柱体转动的角坐标θ和重物沿铅直线运动的坐标y。系统共受到两个理想的稳定完整约束：

$$y+s=l,\quad y=r\theta$$

所以系统只有一个自由度。取重物的铅直坐标y为广义坐标。系统的动能为

$$T=\frac{1}{2}m'\dot{y}^2+\frac{1}{2}m\dot{y}^2+\frac{1}{2}(\frac{1}{2}mr^2)(\frac{\dot{y}}{r})^2=\frac{1}{4}(2m'+3m)\dot{y}^2 \quad ①$$

系统的广义动量为

$$p=\frac{\partial T}{\partial \dot{y}}=\frac{1}{2}(2m'+3m)\dot{y} \quad ②$$

系统的势能为

$$V=-m'gy+mgy\sin\alpha=-(m'-m\sin\alpha)gy \quad ③$$

系统的哈密顿函数为

$$H=T+V=\frac{p^2}{2m'+3m}-(m'-m\sin\alpha)gy \quad ④$$

由正则方程可得

$$\dot{y}=\frac{\partial H}{\partial p}=\frac{2p}{2m'+3m},\quad \dot{p}=-\frac{\partial H}{\partial y}=(m'-m\sin\alpha)g \quad ⑤$$

由上述两式解得重物向下的加速度大小为

$$\ddot{y}=\frac{2\dot{p}}{2m'+3m}=\frac{2(m'-m\sin\alpha)}{2m'+3m}g \quad ⑥$$

利用式④，由广义能量积分的条件和初始条件可得

$$\frac{p^2}{2m'+3m}-(m'-m\sin\alpha)gy=0 \quad ⑦$$

由此解得重物下落距离时的向下速率为

$$\dot{y}=\frac{2p}{2m'+3m}=2\sqrt{\frac{m'-m\sin\alpha}{2m'+3m}gh} \quad ⑧$$

例二　如图 2.2.2 所示，一根长度为l的柔软轻绳，两端分别固结质量为M的小球和质量为m的小钢环。小钢环穿在水平放置的光滑钢丝上并可在钢丝上自由滑动。小球在铅直平面内左右摆动。试由正则方程导出小球摆动的摆角θ所满足的运动微分方程。

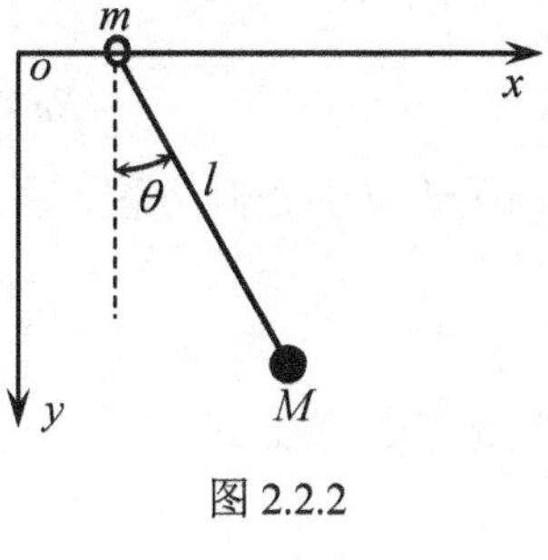

图 2.2.2

【解】容易得出，小环和小球组成的系统有两个自由度。取小球的摆角θ和小环的水平运动坐标x为系统的广义坐标

标。小球的坐标用广义坐标表示为

$$\boldsymbol{r}_M=(x+l\sin\theta)\boldsymbol{e}_x+l\cos\theta\boldsymbol{e}_y$$

小球的速度为

$$\boldsymbol{v}_M=(\dot{x}+l\dot{\theta}\cos\theta)\boldsymbol{e}_x-l\dot{\theta}\sin\theta\boldsymbol{e}_y$$

系统的动能为

$$T=\frac{1}{2}m\dot{x}^2+\frac{1}{2}M[(\dot{x}+l\dot{\theta}\cos\theta)^2+l^2\dot{\theta}^2\sin^2\theta]$$

$$=\frac{1}{2}(m+M)\dot{x}^2+\frac{1}{2}Ml^2\dot{\theta}^2+Ml\dot{x}\dot{\theta}\cos\theta \quad ①$$

系统的广义动量为

$$p_x=\frac{\partial T}{\partial\dot{x}}=(m+M)\dot{x}+Ml\dot{\theta}\cos\theta \quad ②$$

$$p_\theta=\frac{\partial T}{\partial\dot{\theta}}=Ml^2\dot{\theta}+Ml\dot{x}\cos\theta \quad ③$$

由上面的两式反解出广义速度为广义动量的函数

$$\dot{x}=\frac{p_x l-p_\theta\cos\theta}{(m+M\sin^2\theta)l} \quad ④$$

$$\dot{\theta}=\frac{p_\theta(m+M)-p_x Ml\cos\theta}{M(m+M\sin^2\theta)l^2} \quad ⑤$$

系统的势能为

$$V=-Mgl\cos\theta$$

把上面的广义速度表达式④、式⑤代入动能表达式①，写出系统的哈密顿函数为

$$H=T+V=\frac{Ml^2p_x^2+(m+M)p_\theta^2-2Ml\cos\theta p_x p_\theta}{2M(m+M\sin^2\theta)l^2}-Mgl\cos\theta$$

显然，x 是循环坐标，所以与之对应的广义动量守恒。设初始时刻系统静止，可得

$$p_x=(m+M)\dot{x}+Ml\dot{\theta}\cos\theta=0$$

即

$$\dot{x}=-\frac{Ml\cos\theta}{m+M}\dot{\theta} \quad ⑥$$

把式⑥代入式③得

$$p_\theta=\frac{M(m+M\sin^2\theta)}{m+M}l^2\dot{\theta} \quad ⑦$$

把上式对时间求导一次可得

$$\dot{p}_\theta=\frac{M(m+M\sin^2\theta)}{m+M}l^2\ddot{\theta}+\frac{2M^2\sin\theta\cos\theta}{m+M}l^2\dot{\theta}^2 \quad ⑧$$

由关于 θ 的正则方程，并注意到 $p_x=0$，可得

$$\dot{p}_\theta=-\frac{\partial H}{\partial\theta}=\frac{(m+M)\sin\theta\cos\theta}{(m+M\sin^2\theta)^2l^2}p_\theta^2-Mgl\sin\theta$$

把式⑦代入上式

$$\dot{p}_\theta = \frac{M^2 \sin\theta\cos\theta}{m+M} l^2\dot{\theta}^2 - Mgl\sin\theta \qquad ⑨$$

由式⑧、式⑨两式经整理后可得

$$(m+M\sin^2\theta)l\ddot{\theta} + \sin\theta\cos\theta Ml\dot{\theta}^2 + (m+M)g\sin\theta = 0$$

例三　试讨论双原子分子的哈密顿量。

【解】设双原子分子内两个原子的质量分别为m和M，系统共有 6 个自由度。选择两原子的质心坐标(x_c, y_c, z_c)和相对球坐标(r,θ,φ)为广义坐标（图 2.2.3）。分子的动能为

$$T = \frac{1}{2}(m+M)(\dot{x}_c^2 + \dot{y}_c^2 + \dot{z}_c^2) + \frac{1}{2}\frac{mM}{m+M}(\dot{r}^2 + r^2\dot{\theta}^2 + r^2\sin^2\theta\dot{\varphi}^2)$$

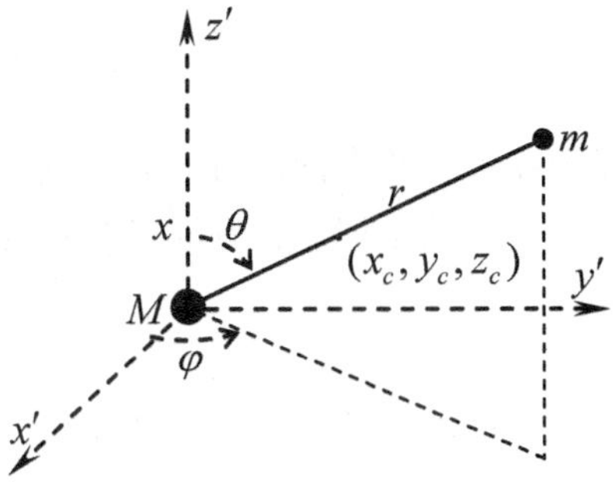

图 2.2.3

分子的广义动量为

$$p_{x_c} = \frac{\partial T}{\partial \dot{x}_c} = (m+M)\dot{x}_c$$

$$p_{y_c} = \frac{\partial T}{\partial \dot{y}_c} = (m+M)\dot{y}_c$$

$$p_{z_c} = \frac{\partial T}{\partial \dot{z}_c} = (m+M)\dot{z}_c$$

$$p_r = \frac{\partial T}{\partial \dot{r}} = \frac{mM}{m+M}\dot{r}$$

$$p_\theta = \frac{\partial T}{\partial \dot{\theta}} = \frac{mM}{m+M} r^2\dot{\theta}\text{；}\quad p_\varphi = \frac{\partial T}{\partial \dot{\varphi}} = \frac{mM}{m+M} r^2\sin^2\theta\dot{\varphi}$$

由上述广义动量表达式反解出广义速度为广义动量的函数，并代入广义动能表达式，写出系统的哈密顿函数为

$$H = \frac{p_{x_c}^2 + p_{y_c}^2 + p_{z_c}^2}{2(m+M)} + \frac{m+M}{2mM}\left(p_r^2 + \frac{p_\theta^2}{r^2} + \frac{p_\varphi^2}{r^2\sin^2\theta}\right) + V(r)$$

显然，上述哈密顿函数实际上就是分子系统的机械能，其中第一项表示质心运动动能，也是分子的平动动能。第二项表示绕质心运动的相对动能。第三项表示两个原子间的相互作用势能。

由广义能量积分的条件可知H是个恒量，表示分子系统的机械能守恒。

质心坐标(x_c, y_c, z_c)是循环坐标，则p_{x_c}、p_{y_c}和p_{z_c}都是守恒量，表示质心的动量守恒，当然也表示分子系统的总动量守恒。

坐标φ也是循环坐标，则p_φ是守恒量，表示分子绕轴转动的角动量守恒。

由上可知，选择(x_c, y_c, z_c)和(r,θ,φ)为广义坐标，哈密顿函数中各项的物理意义很明确，循环坐标比较多。若选择两个原子的直角坐标为广义坐标，则不会有这些优点。所以在统计物理学中，也采用这种表述形式，用以讨论双原子分子气体的热力学性质。

例四　用哈密顿力学研究氢原子或类氢离子内电子在库仑场中的运动。

【解】设原子序数为Z，电子电量为e，电子质量为m。以原子核为原点，选电子的

球坐标(r,θ,φ)为广义坐标，由电磁学知识，写出电子在库仑场中的电势能为

$$V=-\frac{Ze^2}{4\pi\varepsilon_0 r}=-\frac{\alpha}{r}$$

其中$\alpha=Ze^2/(4\pi\varepsilon_0)$。与例三完全类似，电子的哈密顿函数为

$$H=\frac{p_r^2}{2m}+\frac{p_\theta^2}{2mr^2}+\frac{p_\varphi^2}{2mr^2\sin^2\theta}-\frac{\alpha}{r}$$

因为φ是循环坐标，所以$p_\varphi=c_1$（常量）。由正则方程得出$p_\varphi=mr^2\dot{\varphi}\sin^2\theta=c_1$。总可以选择适当的坐标系，使得初始时刻$\dot{\varphi}(0)=0$，从而$c_1=0$，有

$$H=\frac{p_r^2}{2m}+\frac{p_\theta^2}{2mr^2}-\frac{\alpha}{r}$$

上式中θ也是循环坐标，所以$p_\theta=c_2$（常量），由正则方程可得

$$\dot{\theta}=\frac{p_\theta}{mr^2}=\frac{c_2}{mr^2}\triangleq\frac{h}{r^2}，\quad \dot{r}=\frac{p_r}{m}$$

其中h表示单位质量的角动量。由于哈密顿函数中不显含时间，所以电子的能量守恒，即$H=E$（常量）。将上述结果代入哈密顿函数得

$$\frac{1}{2}m(\dot{r}^2+\frac{h^2}{r^2})-\frac{\alpha}{r}=E$$

解此方程，可得电子的运动轨道。

例五 试用哈密顿力学研究带电粒子在电磁场中的运动。

【解】设粒子的质量为m，带电量为e。电磁场的电场强度为$\boldsymbol{E}$，磁感应强度为$\boldsymbol{B}$。由电动力学理论可知（请参阅本书的第二篇：电动力学），也可以用标量势φ和矢量势$\boldsymbol{A}$来描述电磁场。电磁场的场量之间的关系为

$$\boldsymbol{E}=-\nabla\varphi-\frac{\partial\boldsymbol{A}}{\partial t}，\quad \boldsymbol{B}=\nabla\times\boldsymbol{A} \qquad ①$$

带电粒子在电磁场中的势函数为

$$V=e(\varphi-\boldsymbol{v}\cdot\boldsymbol{A})$$

上述势函数中含有粒子的速度，所以又称为广义势。粒子的拉氏函数为

$$L=\frac{1}{2}mv^2-e(\varphi-\boldsymbol{v}\cdot\boldsymbol{A})=-e\varphi+\sum_{i=1}^{3}(\frac{1}{2}m\dot{x}_i^2+e\dot{x}_iA_i)$$

由广义动量的定义可得

$$p_i=\frac{\partial L}{\partial\dot{x}_i}=m\dot{x}_i+eA_i \quad (i=1,2,3)$$

反解出广义速度为广义动量的函数

$$\dot{x}_i=(p_i-eA_i)/m \quad (i=1,2,3)$$

由此构建哈密顿函数为

$$H=\sum_{i=1}^{3}\dot{x}_ip_i-L=e\varphi+\sum_{i=1}^{3}[\frac{p_i(p_i-eA_i)}{m}-\frac{(p_i-eA_i)^2}{2m}-\frac{eA_i(p_i-eA_i)}{m}]$$

经整理后可得

$$H = e\varphi + \frac{1}{2m}(\boldsymbol{p} - e\boldsymbol{A}) \cdot (\boldsymbol{p} - e\boldsymbol{A})$$

动量空间的梯度算符为

$$\nabla_p = \frac{\partial}{\partial p_x}\boldsymbol{e}_x + \frac{\partial}{\partial p_y}\boldsymbol{e}_y + \frac{\partial}{\partial p_z}\boldsymbol{e}_z$$

利用此算符，注意到 $\boldsymbol{A}$ 、 φ 与 $\boldsymbol{p}$ 无关，把正则方程的其中之一写成梯度形式

$$\dot{\boldsymbol{r}} = \nabla_p H = \frac{1}{m}(\boldsymbol{p} - e\boldsymbol{A}) \quad ②$$

坐标空间的梯度算符为

$$\nabla = \frac{\partial}{\partial x}\boldsymbol{e}_x + \frac{\partial}{\partial y}\boldsymbol{e}_y + \frac{\partial}{\partial z}\boldsymbol{e}_z$$

利用此算符，把正则方程的另外一个方程也写成梯度形式

$$\dot{\boldsymbol{p}} = -\nabla H = -e\nabla\varphi - \frac{1}{2m}\nabla[(\boldsymbol{p} - e\boldsymbol{A}) \cdot (\boldsymbol{p} - e\boldsymbol{A})]$$

利用梯度算符的运算规则 $\nabla(\boldsymbol{f} \cdot \boldsymbol{g}) = \boldsymbol{f} \times (\nabla \times \boldsymbol{g}) + (\boldsymbol{f} \cdot \nabla)\boldsymbol{g} + \boldsymbol{g} \times (\nabla \times \boldsymbol{f}) + (\boldsymbol{g} \cdot \nabla)\boldsymbol{f}$ 可得

$$\dot{\boldsymbol{p}} = -e\nabla\varphi - \frac{1}{m}\{(\boldsymbol{p} - e\boldsymbol{A}) \times [\nabla \times (\boldsymbol{p} - e\boldsymbol{A})] + [(\boldsymbol{p} - e\boldsymbol{A}) \cdot \nabla](\boldsymbol{p} - e\boldsymbol{A})\}$$

注意到 ∇ 是对广义坐标的微分算符，而 $\boldsymbol{p}$ 独立于广义坐标，所以

$$\dot{\boldsymbol{p}} = -e\nabla\varphi + \frac{e}{m}\{(\boldsymbol{p} - e\boldsymbol{A}) \times (\nabla \times \boldsymbol{A}) + [(\boldsymbol{p} - e\boldsymbol{A}) \cdot \nabla]\boldsymbol{A}\} \quad ③$$

把式②代入式③得

$$\dot{\boldsymbol{p}} = -e\nabla\varphi + e\{\dot{\boldsymbol{r}} \times (\nabla \times \boldsymbol{A}) + (\dot{\boldsymbol{r}} \cdot \nabla)\boldsymbol{A}\} \quad ④$$

注意到

$$(\dot{\boldsymbol{r}} \cdot \nabla)\boldsymbol{A} = \frac{dx}{dt}\frac{\partial \boldsymbol{A}}{\partial x} + \frac{dy}{dt}\frac{\partial \boldsymbol{A}}{\partial y} + \frac{dz}{dt}\frac{\partial \boldsymbol{A}}{\partial z} = \dot{\boldsymbol{A}} - \frac{\partial \boldsymbol{A}}{\partial t} \quad ⑤$$

把式⑤代入式④并整理可得

$$\dot{\boldsymbol{p}} - e\dot{\boldsymbol{A}} = e\{-\nabla\varphi - \frac{\partial \boldsymbol{A}}{\partial t} + \dot{\boldsymbol{r}} \times (\nabla \times \boldsymbol{A})\} \quad ⑥$$

把式②两边对时间求一次导数，并且利用 φ 、 $\boldsymbol{A}$ 和 $\boldsymbol{E}$ 、 $\boldsymbol{B}$ 的关系式①，代入式⑥可得

$$m\ddot{\boldsymbol{r}} = e(\boldsymbol{E} + \dot{\boldsymbol{r}} \times \boldsymbol{B}) \quad ⑦$$

式⑦左边是粒子质量与加速度的乘积，右边是带电粒子所受到的洛伦兹力。所以此式就是带电粒子在电磁场中的牛顿动力学方程。

2.3 泊松括号

对于完整约束下的保守力系，正则方程（2.2.2）的形式比较对称，只不过在两组方程中有一组方程多了一个“－”号，所以只能说正则方程是半对称的。本节将引入一个专用记号，称为泊松（Poisson）括号，把正则方程写成完全对称的形式。不仅如此，引入泊松括号后，还为我们判定和寻找守恒量提供了一种十分简捷的方法。

如前所述，一个自由度为 s 的力学系统，在时刻 t 的状态由此时刻 s 个广义坐标 q 和 s 个广义动量 p 的值确定。所以该系统的任意力学量总可以表示为正则变量 (q,p) 和时间 t 的函数。任取系统的力学量 $F=F(q,p,t)$，此力学量对时间的变化率为

$$\frac{\mathrm{d}F}{\mathrm{d}t}=\sum_{\alpha=1}^{s}(\frac{\partial F}{\partial q_\alpha}\dot{q}_\alpha+\frac{\partial F}{\partial p_\alpha}\dot{p}_\alpha)+\frac{\partial F}{\partial t}=\sum_{\alpha=1}^{s}(\frac{\partial F}{\partial q_\alpha}\frac{\partial H}{\partial p_\alpha}-\frac{\partial F}{\partial p_\alpha}\frac{\partial H}{\partial q_\alpha})+\frac{\partial F}{\partial t} \tag{2.3.1}$$

上式右边的第一项求和式书写起来不简便，所以用专用记号表示，这就是泊松括号。

一、泊松括号的定义

设完整约束下的保守力系的任意两个力学量分别为 $F=F(q,p,t)$ 和 $G=G(q,p,t)$，定义这两个力学量的泊松括号为

$$[F,G]=\sum_{\alpha=1}^{s}(\frac{\partial F}{\partial q_\alpha}\frac{\partial G}{\partial p_\alpha}-\frac{\partial F}{\partial p_\alpha}\frac{\partial G}{\partial q_\alpha}) \tag{2.3.2}$$

为了方便记忆，可以把上述定义式写成行列式的形式

$$[F,G]=\sum_{\alpha=1}^{s}\begin{vmatrix}\dfrac{\partial F}{\partial q_\alpha} & \dfrac{\partial G}{\partial q_\alpha}\\ \dfrac{\partial F}{\partial p_\alpha} & \dfrac{\partial G}{\partial p_\alpha}\end{vmatrix} \tag{2.3.3}$$

用任意一个广义坐标和任意一个广义动量分别置换上式中的 F 和 G，立即可得

$$\begin{cases}[q_\beta,q_\gamma]=0\\ [p_\beta,p_\gamma]=0 \quad (\beta,\gamma=1,2,\cdots,s)\\ [q_\beta,p_\gamma]=\delta_{\beta\gamma}\end{cases} \tag{2.3.4}$$

式中

$$\delta_{\beta\gamma}=\begin{cases}1 & (\beta=\gamma)\\ 0 & (\beta\neq\gamma)\end{cases} \tag{2.3.5}$$

称 $\delta_{\beta\gamma}$ 为戴埃塔（delta）符号或克罗内科尔（Kronecker）符号。式（2.3.4）所表示的正则变量之间的泊松括号又称为**基本泊松括号**。

二、泊松括号的运算规则

设 F、G 和 D 是正则变量的函数，C 是任意常数，由泊松括号的定义式、行列式的运算规则和微分运算规则，容易证明泊松括号遵守下述运算规则：

（1）
$$[F,G]=-[G,F] \tag{2.3.6}$$

（2）
$$[F,G+D]=[F,G]+[F,D] \tag{2.3.7}$$

（3）
$$[C,F]=0 \tag{2.3.8}$$

（4）
$$[CF,G]=[F,CG]=C[F,G] \tag{2.3.9}$$

（5）
$$[F,GD]=G[F,D]+[F,G]D \tag{2.3.10}$$

（6）
$$\frac{\partial}{\partial t}[F,G]=\left[\frac{\partial F}{\partial t},G\right]+\left[F,\frac{\partial G}{\partial t}\right] \tag{2.3.11}$$

（7）
$$[F,[G,D]]+[D,[F,G]]+[G,[D,F]]=0 \tag{2.3.12}$$

上述式（2.3.12）称为**泊松（雅可比）恒等式**。

因为经典力学中的任意物理量都可以表示为正则变量的单值函数，所以，任意两个力学量的泊松括号总可以分解为基本泊松括号的组合。反过来，利用基本泊松括号，可以求出任意两个力学量的泊松括号。这是采用泊松括号的**第一个优点**。

三、用泊松括号表示的正则方程

下面计算正则变量 q_α、p_α 与保守力系哈密顿函数 H 的泊松括号：

$$[q_\alpha,H]=\sum_{\beta=1}^{s}\begin{vmatrix}\partial q_\alpha/\partial q_\beta & \partial H/\partial q_\beta\\ \partial q_\alpha/\partial p_\beta & \partial H/\partial p_\beta\end{vmatrix}=\sum_{\beta=1}^{s}\begin{vmatrix}\delta_{\alpha\beta} & \partial H/\partial q_\beta\\ 0 & \partial H/\partial p_\beta\end{vmatrix}=\frac{\partial H}{\partial p_\alpha} \tag{2.3.13}$$

$$[p_\alpha,H]=\sum_{\beta=1}^{s}\begin{vmatrix}\partial p_\alpha/\partial q_\beta & \partial H/\partial q_\beta\\ \partial p_\alpha/\partial p_\beta & \partial H/\partial p_\beta\end{vmatrix}=\sum_{\beta=1}^{s}\begin{vmatrix}0 & \partial H/\partial q_\beta\\ \delta_{\alpha\beta} & \partial H/\partial p_\beta\end{vmatrix}=-\frac{\partial H}{\partial q_\alpha} \tag{2.3.14}$$

把正则方程代入上述两式得

$$\begin{cases}[q_\alpha,H]=\dot{q}_\alpha\\ [p_\alpha,H]=\dot{p}_\alpha\end{cases}\quad(\alpha=1,2,\cdots,s) \tag{2.3.15}$$

此式就是正则方程的泊松括号形式，它表示正则变量与哈密顿函数组成的泊松括号等于该正则变量对时间的变化率。由上式看出，利用泊松括号，把正则方程写成了完全对称的形式。这是采用泊松括号的**第二个优点**。

在量子力学中，把正则变量换成相应的算子（称为正则量子化），相应的泊松括号[ ]称为量子泊松括号。把量子泊松括号除以单位虚数 i 和约化普朗克常数 $\hbar$，得到另一符号$[\ ]/i\hbar$，用此符号替换正则方程中的[ ]，可得量子力学的基本方程之——海森堡（Heisenberg）方程，用以描述微观粒子的运动规律。所以，泊松括号是经典力学过渡到量子力学的最为方便和直接的桥梁。这就是采用泊松括号的**第三个优点**。

四、用泊松括号判定和寻找守恒量

现在回到本节开头处的式（2.3.1）。利用泊松括号的定义，把力学量 $F(q,p,t)$ 对时间的变化率表示为

$$\frac{\mathrm{d}F}{\mathrm{d}t}=[F,H]+\frac{\partial F}{\partial t} \tag{2.3.16}$$

若 F 是守恒量，必有 $\mathrm{d}F/\mathrm{d}t=0$。反过来也成立，即：若 $\mathrm{d}F/\mathrm{d}t=0$，则 F 必定与时间无关。由上式立即可得：力学量 F 是守恒量的**充要条件**为

$$[F,H]+\frac{\partial F}{\partial t}=0 \tag{2.3.17}$$

特别是当 F 不显含时间 t 时，F 是守恒量的充要条件为

$$[F,H]=0 \tag{2.3.18}$$

上面的式（2.3.17）也可以作为守恒量的定义。在 2.2 节中，我们用正则方程的初积分作为守恒量的定义。用微分方程理论可以证明，正则方程初积分形式的定义与泊松括号形式的定义是等价的。只不过前者只给出了广义动量积分和广义能量积分，而后者可以给出含有这些初积分的任意连续可微函数。因此，泊松括号形式的守恒量定义更为一般，

应用起来也更加方便。这就是采用泊松括号的**第四个优点**。

利用泊松括号不仅可以定义和判定守恒量，而且可以利用已知的守恒量在某种程度上找出新的守恒量。这是泊松括号的**第五个优点**。为此，介绍下述的**泊松定理：**

若 F 和 G 是系统的两个守恒量，则它们组成的泊松括号 $[F,G]$ 也是系统守恒量。

【**证**】由守恒量的条件式（2.3.17）可得

$$[F,H]+\frac{\partial F}{\partial t}=0\text{，}\ [G,H]+\frac{\partial G}{\partial t}=0$$

利用上述条件和泊松括号的运算规则作如下运算：

$$\begin{aligned}\frac{\partial}{\partial t}[F,G]&=\left[\frac{\partial F}{\partial t},G\right]+\left[F,\frac{\partial G}{\partial t}\right]=\left[-[F,H],G\right]+\left[F,-[G,H]\right]\\&=\left[[H,F],G\right]-\left[F,[G,H]\right]=-\left[G,[H,F]\right]-\left[F,[G,H]\right]\\&=-\left\{\left[G,[H,F]\right]+\left[F,[G,H]\right]+\left[H,[F,G]\right]\right\}+\left[H,[F,G]\right]\\&=\left[H,[F,G]\right]=-\left[[F,G],H\right]\end{aligned}$$

由此可得

$$\left[[F,G],H\right]+\frac{\partial}{\partial t}[F,G]=0$$

所以 $[F,G]$ 也是系统的守恒量。从而泊松定理得证。

应该指出，泊松定理虽然形式上给出了由已知的守恒量寻找新的守恒量的一种途径，但是，利用这种方法，不一定总能给出新的守恒量。因为这种方法只是给出了已知守恒量的某种组合，这些组合不一定都是新的守恒量。因此，不要指望仅仅用泊松定理就能给出系统的所有守恒量。下面举几个应用泊松定理的例子。

例一 设动量为 $\boldsymbol{p}$ 的质点相对坐标原点的位矢为 $\boldsymbol{r}$，则质点相对原点的角动量为 $\boldsymbol{J}=\boldsymbol{r}\times\boldsymbol{p}$。试证明：$\boldsymbol{J}$ 的三个直角分量间的泊松括号为

$$\left[J_i,J_j\right]=\sum_{k=1}^{3}\varepsilon_{ijk}J_k\quad(i,j=1,2,3)\tag{2.3.19}$$

其中下标 i、j、k 均可取 1、2、3 三个数，分别代表 x、y、z 三个分量。ε_{ijk} 是三阶全反对称单位张量，称为勒维—契维塔（Levi—Civita）符号，其数值为

$$\varepsilon_{ijk}=\begin{cases}1 & \text{下标取值次序为正循环}\quad(\text{如}\ \varepsilon_{123}\text{、}\varepsilon_{231}\ \text{等})\\0 & \text{下标取值中有相同的值}\quad(\text{如}\ \varepsilon_{113}\text{、}\varepsilon_{232}\ \text{等})\\-1 & \text{下标取值次序为逆循环}\quad(\text{如}\ \varepsilon_{321}\text{、}\varepsilon_{213}\ \text{等})\end{cases}\tag{2.3.20}$$

【**证明**】先把 $\boldsymbol{J}=\boldsymbol{r}\times\boldsymbol{p}$ 写成行列式并展开，可得

$$\boldsymbol{J}=\boldsymbol{r}\times\boldsymbol{p}=\begin{vmatrix}\boldsymbol{e}_x & \boldsymbol{e}_y & \boldsymbol{e}_z\\x & y & z\\p_x & p_y & p_z\end{vmatrix}=(yp_z-zp_y)\boldsymbol{e}_x+(zp_x-xp_z)\boldsymbol{e}_y+(xp_y-yp_x)\boldsymbol{e}_z$$

所以角动量的各个分量为

$$\begin{cases} J_x = yp_z - zp_y \\ J_y = zp_x - xp_z \\ J_z = xp_y - yp_x \end{cases} \tag{2.3.21}$$

因为$[J_i,J_i]=-[J_i,J_i]$，所以

$$[J_x,J_x]=0，[J_y,J_y]=0，[J_z,J_z]=0 \tag{2.3.22}$$

又因为

$$[J_x,J_y]=\begin{vmatrix}\partial J_x/\partial x & \partial J_y/\partial x \\ \partial J_x/\partial p_x & \partial J_y/\partial p_x\end{vmatrix}+\begin{vmatrix}\partial J_x/\partial y & \partial J_y/\partial y \\ \partial J_x/\partial p_y & \partial J_y/\partial p_y\end{vmatrix}+\begin{vmatrix}\partial J_x/\partial z & \partial J_y/\partial z \\ \partial J_x/\partial p_z & \partial J_y/\partial p_z\end{vmatrix}$$

$$=\begin{vmatrix}0 & -p_z \\ 0 & z\end{vmatrix}+\begin{vmatrix}p_z & 0 \\ -z & 0\end{vmatrix}+\begin{vmatrix}-p_y & p_x \\ y & -x\end{vmatrix}=xp_y-yp_x$$

所以

$$[J_x,J_y]=J_z \tag{2.3.23}$$

同理可得

$$[J_y,J_z]=J_x，[J_z,J_x]=J_y \tag{2.3.24}$$

因为$[J_i,J_j]=-[J_j,J_i]$，由上述两式立即写出

$$[J_y,J_x]=-J_z，[J_z,J_y]=-J_x，[J_x,J_z]=-J_y \tag{2.3.25}$$

综合式（2.3.22）～式（2.3.25）使得式（2.3.19）得证。

利用角动量的分量式（2.3.21）还可以证明下列各式：

$$[x,J_x]=[y,J_y]=[z,J_z]=0，[p_x,J_x]=[p_y,J_y]=[p_z,J_z]=0$$

$$[x,J_y]=[J_x,y]=z，[y,J_z]=[J_y,z]=x，[z,J_x]=[J_z,x]=y$$

$$[J_x,p_y]=[p_x,J_y]=p_z，[J_y,p_z]=[p_y,J_z]=p_x，[J_z,p_x]=[p_z,J_x]=p_y$$

以上这些关于动量和角动量的结论对量子泊松括号也成立。

例二　质量为m的质点在有心力场中运动，其势能函数可以写为$V=V(r)$。其中$r=\sqrt{x^2+y^2+z^2}$。试讨论该质点的守恒量。

【解】取直角坐标x、y、z为广义坐标，有心力场中质点的哈密顿函数为

$$H=\frac{1}{2m}(p_x^2+p_y^2+p_z^2)+V(r)$$

显然，H中不显含时间t，所以$\partial H/\partial t=0$。又因为$[H,H]=0$，所以H是守恒量，代表质点的机械能守恒。利用例一的结论和泊松括号的运算规则，作如下运算：

$$[J_x,p_x^2+p_y^2+p_z^2]=[J_x,p_x^2]+[J_x,p_y^2]+[J_x,p_z^2]$$

$$=2p_x[J_x,p_x]+2p_y[J_x,p_y]+2p_z[J_x,p_z]=0+2p_yp_z-2p_zp_y=0$$

注意到V只是广义坐标的函数，有

$$[J_x,V]=[yp_z-zp_y,V]=[yp_z,V]-[zp_y,V]$$

$$=y[p_z,V]+[y,V]p_z-z[p_y,V]-[z,V]p_y=-y\frac{\partial V}{\partial z}+0+z\frac{\partial V}{\partial y}-0$$

$$=-y\frac{\mathrm{d}V}{\mathrm{d}r}\frac{z}{r}+z\frac{\mathrm{d}V}{\mathrm{d}r}\frac{y}{r}=0$$

由上面的运算可得：$[J_x,H]=\frac{1}{2m}\left[J_x,p_x^2+p_y^2+p_z^2\right]+[J_x,V]=0$

注意到 J_x 中不显含时间 t，所以 $\partial J_x/\partial t=0$。由此可知，$J_x$ 是守恒量。

同理可以证明 J_y 也是守恒量。

在例一中已经给出 $\left[J_x,J_y\right]=J_z$，由泊松定理可知 J_z 也是守恒量。由此可见利用泊松定理确实可以很方便地找出新的守恒量。

因为 J_x、J_y 和 J_z 都是守恒量，所以 $J^2=J_x^2+J_y^2+J_z^2$ 也必定是守恒量。容易证明 $\left[J^2,J_i\right]=0\ (i=x,y,z)$，这表明系统的两个守恒量 J^2 和 J_i 的泊松括号并没有提供新的守恒量。另外，J_x、J_y 和 J_z 中的任意两个的泊松括号必为余下的一个（可有一负号的差别），所以它们的泊松括号也没有提供新的守恒量。或者说，我们不能指望仅仅利用泊松定理就能完全给出系统的所有守恒量。

一个系统有几个守恒量，是根据系统的受力性质，由物理学的守恒定律决定的。物理学的守恒定律又与时空的对称性相联系。物理学理论描述自然界最基本的物质运动规律，而自然界具有和谐、对称等美学的基本特征，所以物理理论也必定具有和谐性和对称性。日常生活中经常观察到的对称性有左右对称、上下对称、正反对称以及中心对称等。早在 19 世纪初期，数学家已经给出了对称性的严格定义，并且建立起数学语言来描述对称性，这就是作为代数学分支的**群论**。对称性的几何学定义是：几何图形在某种操作下完全恢复原样，则称此操作为对称操作，称此图形具有此操作下的对称性。对称性的代数学定义是：代数学方程在某种坐标变换下保持形式不变，则称此变换为对称性变换（协变），称此方程在此变换下对称（协变）。对称性的物理学定义是：若系统的某个物理量在某种时空变换下保持不变，则称此系统具有此种时空变换下的对称性。更通俗地说，某个物理量守恒必定与某种时空对称性相联系。可以证明，广义能量守恒与时间平移对称性（时间均匀性）相联系。对于广义动量守恒，若循环坐标 q_α 是线量，则与之相应的动量 p_α 守恒与空间平移对称性（空间均匀性）相联系。若循环坐标 q_α 是角量，则与之相应的角动量 p_α 守恒与空间转动对称性（空间各向同性）相联系。现代物理学的重要思想之一就是从对称性的角度去探索物质世界的运动规律。

2.4 正则变换

一、正则变换的概念

由 2.2 节的讨论可知，在保守力系的哈密顿函数中，每一个循环坐标对应于系统的一个初积分。循环坐标越多，系统的初积分就越多，问题的求解就越简单。虽然系统的循环坐标的个数是由系统的力学性质决定的，但是，系统的哈密顿函数中是否出现循环坐标，以及出现多少个循环坐标，则与广义坐标的选取紧密相关。通常情况下，在求解一个实际问题时，最初选取的广义坐标往往是一些比较直观的量，比如直角坐标或其它曲线坐标。这些最初选取的广义坐标往往不是最理想的。

设与最初选取的广义坐标相对应的一组正则变量为(q,p)，现在要寻求一种普遍方法，把(q,p)变换为一组新的正则变量(Q,P)。**在新的正则变量下，系统的哈密顿函数中出现较多的循环坐标**。既然(Q,P)也称为正则变量，就要求在此变换下，正则方程形式上保持不变。当然，正则变量改变以后，若要求**正则方程形式上不变**，则哈密顿函数也应作相应改变。这就是**正则变换的核心思想**。把这种思想用数学关系表述如下：

设最初选取的旧正则变量为(q,p)，哈密顿函数为$H=H(q,p,t)$，此时有

$$\begin{cases}\dot{q}_\alpha=[q_\alpha,H]=\dfrac{\partial H}{\partial p_\alpha}\\ \dot{p}_\alpha=[p_\alpha,H]=-\dfrac{\partial H}{\partial q_\alpha}\end{cases}\quad(\alpha=1,2,\cdots,s)\tag{2.4.1}$$

现在选取新的正则变量为(Q,P)，哈密顿函数改变为$\bar{H}=\bar{H}(Q,P,t)$，以使下式成立：

$$\begin{cases}\dot{Q}_\alpha=[Q_\alpha,\bar{H}]=\dfrac{\partial \bar{H}}{\partial P_\alpha}\\ \dot{P}_\alpha=[P_\alpha,\bar{H}]=-\dfrac{\partial \bar{H}}{\partial Q_\alpha}\end{cases}\quad(\alpha=1,2,\cdots,s)\tag{2.4.2}$$

要使得式（2.4.1）和式（2.4.2）同时成立，(q,p)与(Q,P)不可能是任意的，它们之间的变换关系一般可以写为

$$\begin{cases}q_\alpha=q_\alpha(Q_1,\cdots,Q_s;P_1,\cdots,P_s;t)\\ p_\alpha=p_\alpha(Q_1,\cdots,Q_s;P_1,\cdots,P_s;t)\end{cases}\quad(\alpha=1,2,\cdots,s)\tag{2.4.3}$$

同时，$H=H(q,p,t)$与$\bar{H}=\bar{H}(Q,P,t)$之间也必须满足一定的关系。

二、正则变换的条件

如上所述，正则变量改变以后，若要求正则方程形式上不变，则哈密顿函数也应该作相应的改变。因为哈密顿原理与正则方程等价，所以从此原理出发可导出正则变换条件。

与保守力系的正则方程式（2.4.1）等价的相空间的哈密顿原理表示式为

$$\delta\{\int_{t_1}^{t_2}(\sum_{\alpha=1}^{s}p_\alpha\dot{q}_\alpha-H)\mathrm{d}t\}=0$$

根据变分的定义，在同一个变分表达式中，各条变分轨道有共同的起点和终点。所以，使得上式成立的条件是：存在可微函数$W=W(q,p,t)$，使得

$$\sum_{\alpha=1}^{s}p_\alpha\dot{q}_\alpha-H=\frac{\mathrm{d}W}{\mathrm{d}t}\tag{2.4.4}$$

这也是旧正则变量(q,p)下的正则方程式（2.4.1）成立的条件。同理，新正则变量(Q,P)下的正则方程式（2.4.2）成立的条件是：存在可微函数$V=V(Q,P,t)$，使得

$$\sum_{\alpha=1}^{s}P_\alpha\dot{Q}_\alpha-\bar{H}=\frac{\mathrm{d}V}{\mathrm{d}t} \tag{2.4.5}$$

式（2.4.4）减式（2.4.5）可得

$$\sum_{\alpha=1}^{s}(p_\alpha\dot{q}_\alpha-P_\alpha\dot{Q}_\alpha)+(\bar{H}-H)=\frac{\mathrm{d}(W-V)}{\mathrm{d}t}=\frac{\mathrm{d}U}{\mathrm{d}t} \tag{2.4.6}$$

其中$U=W(q,p,t)-V(Q,P,t)$。上式就是正则变换的定义，也可以称为**正则变换的条件**，在此条件的限制下，变换式（2.4.3）不可能是完全任意的。注意，虽然U中有q、p和Q、P共4组$4s$个变量，但是因为要解出变换关系式（2.4.3）中的$2s$个方程，所以，4组变量中只能看做有2组是相互独立的。也因为我们的目的是找出新旧正则变量之间的变换关系，所以，在q、p中任选一组，在Q、P中也任选一组，以此作为U的2组共$2s$个独立变量。这样，U就有四种不同的类型：$U_1(q,Q,t)$、$U_2(q,P,t)$、$U_3(p,Q,t)$、$U_4(p,P,t)$。注意到满足式（2.4.6）的函数U不是唯一的，所以满足限定条件的正则变换也具有一定的任意性。选择一个U，就生成一个正则变换。选择另一个U，就生成另一个正则变换。所以，函数U称为正则变换的**生成函数**，或称为**母函数**。由于正则变换的引入，大大拓宽了正则变量的选择范围。

三、正则变换的四种类型

上述四种不同类型的母函数，对应四种不同类型的正则变换。

1. 第一类正则变换

取母函数$U_1=U_1(q,Q,t)$，把式（2.4.6）写为

$$\sum_{\alpha=1}^{s}(p_\alpha\dot{q}_\alpha-P_\alpha\dot{Q}_\alpha)+(\bar{H}-H)]=\frac{\mathrm{d}U_1}{\mathrm{d}t}$$

由此写出第一类正则变换关系为

$$\begin{cases}\dfrac{\partial U_1}{\partial q_\alpha}=p_\alpha\\[2mm]\dfrac{\partial U_1}{\partial Q_\alpha}=-P_\alpha\qquad(\alpha=1,2,\cdots,s)\\[2mm]\dfrac{\partial U_1}{\partial t}=\bar{H}-H\end{cases} \tag{2.4.7}$$

由上式的第二式反解出$q_\alpha=q_\alpha(P,Q,t)$，代入第一式得$p_\alpha=p_\alpha(P,Q,t)$，再将此两结果代入第三式可得$\bar{H}=\bar{H}(P,Q,t)$。应用关于$\bar{H}$的正则方程，最后解出系统的运动规律。

2. 第二类正则变换

取母函数$U_2=U_2(q,P,t)$，把式（2.4.6）中求和式的第二项写为：$-P_\alpha\dot{Q}_\alpha=\dot{P}_\alpha Q_\alpha-\mathrm{d}(P_\alpha Q_\alpha)/\mathrm{d}t$，此式右边第二项积分后的变分为零。所以，把式（2.4.6）写成下述等价形式：

$$\sum_{\alpha=1}^{s}(p_\alpha\dot{q}_\alpha+Q_\alpha\dot{P}_\alpha)+(\bar{H}-H)]=\frac{\mathrm{d}U_2}{\mathrm{d}t}$$

由此写出第二类正则变换关系为

$$\begin{cases}\dfrac{\partial U_2}{\partial q_\alpha}=p_\alpha \\ \dfrac{\partial U_2}{\partial P_\alpha}=Q_\alpha \qquad (\alpha=1,2,\cdots,s) \\ \dfrac{\partial U_2}{\partial t}=\bar{H}-H\end{cases} \tag{2.4.8}$$

由上式的第二式反解出 $q_\alpha=q_\alpha(P,Q,t)$，代入第一式得 $p_\alpha=p_\alpha(P,Q,t)$，再将此两结果代入第三式可得 $\bar{H}=\bar{H}(P,Q,t)$。

3. 第三类正则变换

取母函数 $U_3=U_3(p,Q,t)$，把式（2.4.6）中求和式的第一项写为：$p_\alpha\dot{q}_\alpha=-\dot{p}_\alpha q_\alpha+\mathrm{d}(p_\alpha q_\alpha)/\mathrm{d}t$，此式右边第二项积分后的变分为零。所以，把式（2.4.6）写成下述等价形式

$$\sum_{\alpha=1}^{s}(-q_\alpha\dot{p}_\alpha-P_\alpha\dot{Q}_\alpha)+(\bar{H}-H)]=\frac{\mathrm{d}U_3}{\mathrm{d}t}$$

由此写出第三类正则变换关系为

$$\begin{cases}\dfrac{\partial U_3}{\partial p_\alpha}=-q_\alpha \\ \dfrac{\partial U_3}{\partial Q_\alpha}=-P_\alpha \qquad (\alpha=1,2,\cdots,s) \\ \dfrac{\partial U_3}{\partial t}=\bar{H}-H\end{cases} \tag{2.4.9}$$

由上式的第二式反解出 $p_\alpha=p_\alpha(P,Q,t)$，代入第一式得 $q_\alpha=q_\alpha(P,Q,t)$，再将此两结果代入第三式可得 $\bar{H}=\bar{H}(P,Q,t)$。

4. 第四类正则变换

取母函数 $U_4=U_4(p,P,t)$，把式（2.4.6）中求和式的第一项写为：$p_\alpha\dot{q}_\alpha=-\dot{p}_\alpha q_\alpha+\mathrm{d}(p_\alpha q_\alpha)/\mathrm{d}t$，求和式的第二项写为：$-P_\alpha\dot{Q}_\alpha=\dot{P}_\alpha Q_\alpha-\mathrm{d}(P_\alpha Q_\alpha)/\mathrm{d}t$，此两式右边第二项积分后的变分为零。所以，把式（2.4.6）写成下述等价形式：

$$\sum_{\alpha=1}^{s}(-q_\alpha\dot{p}_\alpha+Q_\alpha\dot{P}_\alpha)+(\bar{H}-H)]=\frac{\mathrm{d}U_4}{\mathrm{d}t}$$

由此写出第四类正则变换关系为

$$\begin{cases}\dfrac{\partial U_4}{\partial p_\alpha}=-q_\alpha \\ \dfrac{\partial U_4}{\partial P_\alpha}=Q_\alpha \qquad (\alpha=1,2,\cdots,s) \\ \dfrac{\partial U_4}{\partial t}=\bar{H}-H\end{cases} \tag{2.4.10}$$

由上式的第二式反解出 $p_\alpha=p_\alpha(P,Q,t)$，代入第一式得 $q_\alpha=q_\alpha(P,Q,t)$，再将此两结果代入第三式可得 $\bar{H}=\bar{H}(P,Q,t)$。

把上述四种类型的正则变换的规律总结如下：

母函数对旧“坐标”的偏导数等于旧“动量”；

母函数对旧“动量”的偏导数等于旧“坐标”（前有“－”号）；

母函数对新“坐标”的偏导数等于新“动量”（前有“－”号）；

母函数对新“动量”的偏导数等于新“坐标”。

注意，这里所说的“坐标”和“动量”纯粹是为了方便记忆，因为正则变量不一定具有坐标和动量的量纲（参见下文）。从上述四种类型的正则变换可知，变换前后的哈密顿函数只差一个母函数对时间的偏导数。若母函数中不显含时间，则 $\bar{H}(P,Q,t)=H(q,p,t)$。在这种特殊情况下，只需将由正则变换解出的 $q_\alpha=q_\alpha(P,Q,t)$ 和 $p_\alpha=p_\alpha(P,Q,t)$ 代入原来的哈密顿 $H(q,p,t)$，立即得出变换后的哈密顿 $\bar{H}(P,Q,t)$。

由于正则变换的广泛性，使得可供选择的正则变量的种类大为增加。也正是由于这种广泛性，往往使得变换后的新变量 (Q,P) 失去了坐标和动量的含义。这是因为最初选择的变量 q 一般都是比较直观的坐标或角坐标，相应的 p 一般具有动量或角动量的量纲。变换以后，新变量 $Q=Q(q,p,t)$ 不一定具有坐标或角坐标的量纲，$P=P(q,p,t)$ 也不一定具有动量或角动量的量纲。比如，若选择母函数为 $U_1(q,Q,t)=\sum_{\alpha=1}^{s}q_\alpha Q_\alpha$，由第一类正则变换关系可得 $Q_\alpha=p_\alpha$ 具有动量的量纲，而 $P_\alpha=-q_\alpha$ 具有坐标的量纲。这就说明，经过正则变换后，不能说 Q 一定是“坐标”而 P 一定是“动量”。所以，在哈密顿力学中，习惯上把 (q_α,p_α) 或 (Q_α,P_α) 称为一对共轭的正则变量，简称为正则共轭量。根据正则方程，有

$$P_\alpha\frac{\partial\bar{H}}{\partial P_\alpha}-Q_\alpha\frac{\partial\bar{H}}{\partial Q_\alpha}=P_\alpha\dot{Q}_\alpha+\dot{P}_\alpha Q_\alpha=\frac{\mathrm{d}}{\mathrm{d}t}(P_\alpha Q_\alpha)$$

所以，无论 Q_α 和 P_α 的物理意义如何，两者乘积的量纲一定是能量量纲乘以时间量纲，就是作用量的量纲。由正则变换条件可知，母函数也一定具有作用量的量纲。

应该指出，能否通过正则变换达到简化运算的目的，其关键是母函数的选取。若母函数选取恰当，哈密顿函数中的循环坐标就多，解题时运算自然就简单。反之，若母函数选取不恰当，哈密顿函数中的循环坐标就少，甚至没有循环坐标，因此也就达不到简化运算的目的。要找出恰当的母函数并不很容易。各种理论力学教科书中给出的母函数都是前人总结出来的。

四、泊松括号的正则变换

在正则变换下，正则方程的形式保持不变。而正则方程又可以表示为泊松括号的形式。所以，泊松括号形式的正则方程在正则变换下保持不变。可以证明，这个结论对任意力学量的泊松括号成立，即：**泊松括号是正则变换的不变式**。

设旧正则共轭量为 (q,p)，新正则共轭量为 (Q,P)，旧正则共轭量下的泊松括号记为 $[\quad]_{qp}$，新正则共轭量下的泊松括号记为 $[\quad]_{QP}$。取第二类母函数 $U_2(q,P)$。由第二类正则变换可得

$$p_\alpha = \frac{\partial U_2}{\partial q_\alpha},\quad Q_\alpha = \frac{\partial U_2}{\partial P_\alpha}\quad (\alpha = 1,2,\cdots,s) \tag{2.4.11}$$

由上面的第一式反解出 $P_\alpha = P_\alpha(q,p)$，代入第二式得 $Q_\alpha = Q_\alpha[q,P(q,p)]$。

先计算最简单的一维情况下新正则变量的基本泊松括号，即令自由度 $\alpha = 1$。根据泊松括号的性质，容易得出：$[Q,Q]_{qp} = 0$；$[P,P]_{qp} = 0$；

$$\begin{aligned}[Q,P]_{qp} &= \frac{\partial Q}{\partial q}\frac{\partial P}{\partial p} - \frac{\partial P}{\partial q}\frac{\partial Q}{\partial p} = [(\frac{\partial Q}{\partial q})_P + (\frac{\partial Q}{\partial P})_q \frac{\partial P}{\partial q}]\frac{\partial P}{\partial p} - \frac{\partial P}{\partial q}(\frac{\partial Q}{\partial P})_q \frac{\partial P}{\partial p} \\ &= (\frac{\partial Q}{\partial q})_P \frac{\partial P}{\partial p} = \frac{\partial}{\partial q}(\frac{\partial U_2}{\partial P})\frac{\partial P}{\partial p} = \frac{\partial}{\partial P}(\frac{\partial U_2}{\partial q})\frac{\partial P}{\partial p} = \frac{\partial p}{\partial P}\frac{\partial P}{\partial p} = 1\end{aligned}$$

式中的下标表示在求偏导数时保持不变的量，这种记号在热力学理论中经常使用。

对于多自由度情形，可以证明（参见戈德斯坦著《经典力学》第 8.4 节）：

$$[Q_\alpha, Q_\beta]_{qp} = 0; [P_\alpha, P_\beta]_{qp} = 0; [Q_\alpha, P_\beta]_{qp} = \delta_{\alpha\beta}\quad (\alpha,\beta = 1,2,\cdots,s) \tag{2.4.12}$$

当然，上式也可以写成新正则共轭量下的基本泊松括号：

$$[Q_\alpha, Q_\beta]_{QP} = 0; [P_\alpha, P_\beta]_{QP} = 0; [Q_\alpha, P_\beta]_{QP} = \delta_{\alpha\beta}\quad (\alpha,\beta = 1,2,\cdots,s) \tag{2.4.13}$$

把上式与旧正则共轭量下的基本泊松括号比较：

$$[q_\alpha, q_\beta]_{qp} = 0; [p_\alpha, p_\beta]_{qp} = 0; [q_\alpha, p_\beta]_{qp} = \delta_{\alpha\beta}\quad (\alpha,\beta = 1,2,\cdots,s) \tag{2.4.14}$$

综上所述，**基本泊松括号是正则变换的不变式**。

现在计算任意两个函数 F 和 G 的泊松括号。利用式（2.4.11）的正则变换关系并解得 $Q = Q(q,p)$ 和 $P = P(q,p)$。设新变量下的函数关系为 $F = F(Q,P)$ 和 $G = G(Q,P)$，则旧变量下的函数关系可以表示为 $F = F[Q(q,p),P(q,p)]$ 和 $G = G[Q(q,p),P(q,p)]$。注意，此处的 (q,p) 和 (Q,P) 都是多自由度情形的缩写。用 $[F,G]_{QP}$ 表示新变量下的泊松括号，用 $[F,G]_{qp}$ 表示旧变量下的泊松括号，则

$$\begin{aligned}[F,G]_{qp} &= \sum_{\gamma=1}^{s}(\frac{\partial F}{\partial q_\gamma}\frac{\partial G}{\partial p_\gamma} - \frac{\partial G}{\partial q_\gamma}\frac{\partial F}{\partial p_\gamma}) \\ &= \sum_{\gamma=1}^{s}\{\sum_{\alpha=1}^{s}(\frac{\partial F}{\partial Q_\alpha}\frac{\partial Q_\alpha}{\partial q_\gamma} + \frac{\partial F}{\partial P_\alpha}\frac{\partial P_\alpha}{\partial q_\gamma})\sum_{\beta=1}^{s}(\frac{\partial G}{\partial Q_\beta}\frac{\partial Q_\beta}{\partial p_\gamma} + \frac{\partial G}{\partial P_\beta}\frac{\partial P_\beta}{\partial p_\gamma})\} \\ &\quad - \sum_{\gamma=1}^{s}\{\sum_{\beta=1}^{s}(\frac{\partial G}{\partial Q_\beta}\frac{\partial Q_\beta}{\partial q_\gamma} + \frac{\partial G}{\partial P_\beta}\frac{\partial P_\beta}{\partial q_\gamma})\sum_{\alpha=1}^{s}(\frac{\partial F}{\partial Q_\alpha}\frac{\partial Q_\alpha}{\partial p_\gamma} + \frac{\partial F}{\partial P_\alpha}\frac{\partial P_\alpha}{\partial p_\gamma})\} \\ &= \sum_{\alpha,\beta=1}^{s}\frac{\partial F}{\partial Q_\alpha}\frac{\partial G}{\partial Q_\beta}[Q_\alpha, Q_\beta]_{qp} + \sum_{\alpha,\beta=1}^{s}\frac{\partial F}{\partial Q_\alpha}\frac{\partial G}{\partial P_\beta}[Q_\alpha, P_\beta]_{qp} \\ &\quad + \sum_{\alpha,\beta=1}^{s}\frac{\partial F}{\partial P_\alpha}\frac{\partial G}{\partial Q_\beta}[P_\alpha, Q_\beta]_{qp} + \sum_{\alpha,\beta=1}^{s}\frac{\partial F}{\partial P_\alpha}\frac{\partial G}{\partial P_\beta}[P_\alpha, P_\beta]_{qp} \\ &= \sum_{\alpha=1}^{s}(\frac{\partial F}{\partial Q_\alpha}\frac{\partial G}{\partial P_\alpha} - \frac{\partial F}{\partial P_\alpha}\frac{\partial G}{\partial Q_\alpha}) = [F,G]_{QP}\end{aligned}$$

至此，我们又证明了**任意两个函数的泊松括号是正则变换的不变式。**

从上面的讨论中可以体会到应用正则变换解题的基本步骤：选定母函数 U，写出变

换关系式，解出 $q=q(Q,P)$ 和 $p=p(Q,P)$，代入得新的哈密顿函数 $\bar{H}=\bar{H}(Q,P,t)$。由正则方程得 $\dot{Q}_\alpha=[Q_\alpha,\bar{H}]_{QP}$ 和 $\dot{P}_\alpha=[P_\alpha,\bar{H}]_{QP}$。最后解微分方程得出系统的运动规律。为了使得解具有更明确的物理含义，往往把解返回表示为 $q_\alpha=q_\alpha(t)\ (\alpha=1,2,\cdots,s)$。

例一 有一个平面谐振子在 xoy 平面内运动，若选择直角坐标 (x,y) 为广义坐标，则此谐振子的哈密顿函数为

$$H=\frac{1}{2m}(p_x^2+p_y^2)+\frac{1}{2}m(\omega_1^2x^2+\omega_2^2y^2) \tag*{①}$$

取母函数为

$$U_1=\frac{1}{2}m(\omega_1x^2\cot Q_1+\omega_2y^2\cot Q_2) \tag*{②}$$

试用正则变换的方法求解此平面谐振子的运动。

【解】 由第一类正则变换关系可得

$$\begin{cases} p_x=\partial U_1/\partial x=m\omega_1x\cot Q_1 \\ p_y=\partial U_1/\partial y=m\omega_2y\cot Q_2 \end{cases} \tag*{③}$$

$$\begin{cases} P_1=-\partial U_1/\partial Q_1=(1/2)m\omega_1x^2\csc^2 Q_1 \\ P_2=-\partial U_1/\partial Q_2=(1/2)m\omega_2y^2\csc^2 Q_2 \end{cases} \tag*{④}$$

由式④解得

$$\begin{cases} m\omega_1x^2=2P_1\sin^2 Q_1 \\ m\omega_2y^2=2P_2\sin^2 Q_2 \end{cases} \tag*{⑤}$$

把式⑤代入式③得

$$\begin{cases} p_x^2=2m\omega_1P_1\cos^2 Q_1 \\ p_y^2=2m\omega_2P_2\cos^2 Q_2 \end{cases} \tag*{⑥}$$

把式⑥和式⑤代入式①得

$$H=\omega_1P_1+\omega_2P_2 \tag*{⑦}$$

显然，Q_1 和 Q_2 是循环坐标，所以 $P_1=P_{10}$（常量），$P_2=P_{20}$（常量）。由正则方程得

$$\dot{Q}_1=\omega_1;\quad \dot{Q}_2=\omega_2 \tag*{⑧}$$

积分一次可得

$$Q_1=\omega_1t+Q_{10};\quad Q_2=\omega_2t+Q_{20} \tag*{⑨}$$

从式⑨看出 Q 无量纲，从式⑦看出 P 有作用量的量纲，所以 PQ 有作用量的量纲。

把式⑨代入式⑤得

$$\begin{cases} x=\sqrt{\dfrac{2P_{10}}{m\omega_1}}\sin(\omega_1t+Q_{10}) \\ y=\sqrt{\dfrac{2P_{20}}{m\omega_2}}\sin(\omega_2t+Q_{20}) \end{cases} \tag*{⑩}$$

由式⑤开平方得到式⑩时等号右边的正负号已经根据初始条件并入初相位 Q_{10} 和 Q_{20}。

例二　给定一个变换：$Q=qp$；$P=\ln p$。试证明此变换是正则变换。

【证明】要证明一个变换是正则变换，只需选择四种变换类型的正则性条件中的任意一种，“凑出”相应的全微分，即可证明此变换是正则变换，同时给出此类型变换相应的母函数。也可以利用泊松括号证明新变量的正则性。

方法一：选择第一类型正则性条件。由题意可得

$$p=\frac{Q}{q},\quad P=\ln\frac{Q}{q}$$

由此写出

$$p\mathrm{d}q-P\mathrm{d}Q=\frac{Q}{q}\mathrm{d}q-(\ln\frac{Q}{q})\mathrm{d}Q=\frac{Q}{q}\mathrm{d}q-[\mathrm{d}(Q\ln\frac{Q}{q})-\mathrm{d}Q+\frac{Q}{q}\mathrm{d}q]$$

$$=\mathrm{d}Q-\mathrm{d}(Q\ln\frac{Q}{q})=\mathrm{d}(Q-Q\ln\frac{Q}{q})=\mathrm{d}U_1(q,Q)$$

由此可知，题中所给变换是正则变换，其相应的母函数为

$$U_1(q,Q)=Q-Q\ln\frac{Q}{q}$$

方法二：选择第二类型正则性条件。由题意可得

$$p=\exp(P),\quad Q=q\exp(P)$$

由此写出

$$p\mathrm{d}q+Q\mathrm{d}P=\exp(P)\mathrm{d}q+q\exp(P)\mathrm{d}P=\mathrm{d}\{q\exp(P)\}=\mathrm{d}U_2(q,P)$$

由此可知，题中所给变换是正则变换，其相应的母函数为

$$U_2(q,P)=q\exp(P)$$

【证毕】

在本篇的最后应该指出，虽然拉格朗日力学和哈密顿力学是等价的，但是两者特点不同，实际的应用领域也不同。如果要求解一个具体的力学问题，通常应用拉格朗日力学。如果只需阐明一个力学系统的一般性质而不必彻底地解出方程（许多实际问题根本无法彻底地解出方程），这时就应用哈密顿力学对系统进行理论分析。这是因为哈密顿力学具有高度的抽象性和概括性，用来求解具体的力学问题显得过于繁琐。也正是由于这种高度的抽象性和概括性，哈密顿方程形式上的简捷和对称性，使得哈密顿力学更有利于理论上的普遍性讨论，更具有理论上的推广价值。例如：在统计物理学和量子力学中直接用哈密顿函数描述系统的动力学特性；正则方程是经典力学向量子力学过渡的最好桥梁；可以把哈密顿原理应用于自由度为无限多的连续介质系统，这一点在相对论力学和场论中有重要的应用；甚至可以把哈密顿力学的理论框架推广到非力学领域。

内容提要

一、数学预备知识

1. 变分

从同一个起点到同一个终点的不同轨道称为变分轨道。同一个自变量所对应的，两

个无限接近的轨道间的函数差值称为变分。

2. 泛函

函数的函数称为泛函：

$$J[y(x)]=\int_{P_1}^{P_2}F[y(x),y'(x),x]\mathrm{d}x$$

泛函取极值的基本必要条件：泛函的变分等于零，用欧拉公式表示为

$$\frac{\partial F}{\partial y}-\frac{\mathrm{d}}{\mathrm{d}x}\frac{\partial F}{\partial y'}=0$$

3. 勒让德变换

旧函数对旧变量的偏导数作为新变量；

新变量乘以旧变量减去旧函数等于新函数；

新函数对新变量的偏导数等于旧变量；

新、旧函数对保留变量的偏导数一正一负。

二、哈密顿函数

$$H(q,p,t)=\sum_{\alpha=1}^{s}p_\alpha\dot{q}_\alpha-L(q,\dot{q},t)$$

哈密顿函数的物理意义： $H=T_2(q,p,t)-T_0(q,t)+V(q,t)$

对于稳定约束，$\partial x_i/\partial t=0$，则 $H=T(q,p)+V(q,t)$

若系统势能函数也不显含时间，$\partial V/\partial t=0$，则系统的哈密顿函数就是系统机械能。

三、哈密顿原理

1. 哈密顿作用量

$$S[q(t)]=\int_{P_1}^{P_2}L(q,\dot{q},t)\mathrm{d}t$$

2. 哈密顿原理的一般形式

对于完整约束下的力学系统，从初态到末态所经历的真实轨道必定使得下式成立：

$$\delta S=\int_{P_1}^{P_2}\sum_{\alpha=1}^{s}\left(\frac{\partial L}{\partial q_\alpha}-\frac{\mathrm{d}}{\mathrm{d}t}\frac{\partial L}{\partial\dot{q}_\alpha}\right)\delta q_\alpha\mathrm{d}t=-\int_{P_1}^{P_2}\sum_{\alpha=1}^{s}Q_{\alpha非}\delta q_\alpha\mathrm{d}t$$

3. 对于保守力系的哈密顿原理

$$\delta S=\int_{P_1}^{P_2}\left[\sum_{\alpha=1}^{s}\left(\frac{\partial L}{\partial q_\alpha}-\frac{\mathrm{d}}{\mathrm{d}t}\frac{\partial L}{\partial\dot{q}_\alpha}\right)\delta q_\alpha\right]\mathrm{d}t=0$$

上式在相空间的表述：$\delta S=\int_{P_1}^{P_2}\sum_{\alpha=1}^{s}\left[\left(\dot{q}_\alpha-\frac{\partial H}{\partial p_\alpha}\right)\delta p_\alpha-\left(\dot{p}_\alpha+\frac{\partial H}{\partial q_\alpha}\right)\delta q_\alpha\right]\mathrm{d}t=0$

四、哈密顿正则方程

$$\frac{\partial H}{\partial p_\alpha}=\dot{q}_\alpha\,;\quad\frac{\partial H}{\partial q_\alpha}=-\dot{p}_\alpha+Q_{\alpha非}\quad(\alpha=1,2,\cdots s)$$

正则方程的初积分（设 $Q_{\alpha非}=0$）：

若 $\partial H/\partial t=0$，则系统的广义能量守恒。即 $H=T_2-T_0+V=$ 常数。

若 $\partial x_i / \partial t = 0$，且 $\partial V / \partial t = 0$，则系统的机械能守恒。即 $H = T(p) + V(q) =$ 常数。
若广义坐标 q_α 是循环坐标，则与 q_α 对应的广义动量 p_α 守恒。即 $p_\alpha =$ 常数。

五、泊松括号的定义

1. 泊松括号的定义

$$[F,G] = \sum_{\alpha=1}^{s}\left(\frac{\partial F}{\partial q_\alpha}\frac{\partial G}{\partial p_\alpha} - \frac{\partial F}{\partial p_\alpha}\frac{\partial G}{\partial q_\alpha}\right)$$

2. 基本泊松括号

$$[q_\beta, q_\gamma] = 0,\ [p_\beta, p_\gamma] = 0,\ [q_\beta, p_\gamma] = \delta_{\beta\gamma} \quad (\beta, \gamma = 1, 2, \cdots, s)$$

3. 用泊松括号表示的正则方程

$$[q_\alpha, H] = \dot{q}_\alpha; [p_\alpha, H] = \dot{p}_\alpha \quad (\alpha = 1, 2, \cdots, s)$$

4. 用泊松括号表示力学量对时间的变化率

$$\mathrm{d}F / \mathrm{d}t = [F, H] + \partial F / \partial t$$

力学量 F 是守恒量的充要条件为：$[F, H] + \partial F / \partial t = 0$
当 F 不显含时间 t 时，F 是守恒量的充要条件为：$[F, H] = 0$
泊松定理：若 F 和 G 是系统的两个守恒量，则 $[F, G]$ 也是系统的守恒量。

六、正则变换的概念

1. 正则变换的概念

把正则方程中变量 (q, p) 变换为新变量 (Q, P)，使得在新变量下正则方程形式不变，则称此变换为正则变换，称 (q, p) 和 (Q, P) 为共轭正则量。

2. 正则变换的四种类型

（1）取母函数 $U_1 = U_1(q, Q, t)$，

$$p_\alpha = \frac{\partial U_1}{\partial q_\alpha}; P_\alpha = -\frac{\partial U_1}{\partial Q_\alpha},\ \bar{H} = H + \frac{\partial U_1}{\partial t} \quad (\alpha = 1, 2, \cdots, s)$$

（2）取母函数 $U_2 = U_2(q, P, t)$，

$$p_\alpha = \frac{\partial U_2}{\partial q_\alpha}; Q_\alpha = \frac{\partial U_2}{\partial P_\alpha},\ \bar{H} = H + \frac{\partial U_2}{\partial t} \quad (\alpha = 1, 2, \cdots, s)$$

（3）取母函数 $U_3 = U_3(p, Q, t)$，

$$q_\alpha = -\frac{\partial U_3}{\partial p_\alpha}; P_\alpha = -\frac{\partial U_3}{\partial Q_\alpha},\ \bar{H} = H + \frac{\partial U_3}{\partial t} \quad (\alpha = 1, 2, \cdots, s)$$

（4）取母函数 $U_4 = U_4(p, P, t)$，

$$q_\alpha = -\frac{\partial U_4}{\partial p_\alpha}; Q_\alpha = \frac{\partial U_4}{\partial P_\alpha},\ \bar{H} = H + \frac{\partial U_4}{\partial t} \quad (\alpha = 1, 2, \cdots, s)$$

习　　题

2.1　一个质点在重力作用下从 $t=0$ 时刻开始自由下落，在 $t=T$ 时刻落地。以下落点为坐标原点，铅直向下为 z 坐标轴，质点在下落过程中任意 t 时刻的坐标为 $z(t)$。试就下列三种情况，计算质点在整个下落过程中的哈密顿作用量，并比较其大小。（1）质点的真实运动 $z=\frac{1}{2}gt^2$；（2）质点的假想运动 $z=\frac{1}{2}Tgt$；（3）质点的真实运动 $z=\frac{1}{2T}gt^3$。

2.2　质量为 m 的质点在坐标原点 o 点附近沿 x 轴作一维简谐振动，其振动圆频率为 ω。求质点的拉格朗日函数、哈密顿函数和动力学方程，并讨论哈密顿函数的物理意义。

2.3　自然长为 l_0 的轻质弹簧，弹性系数为 k。将弹簧的一端固定在水平 x 轴上的 o 点，另一端悬吊一质量为 m 的质点。使弹簧和质点在铅直平面内运动。求质点的拉格朗日函数和哈密顿函数。

2.4　质量为 m 的自由质点在有心力场中运动，其势函数为 $V=V(r)$，其中 r 是质点到力心的距离。试分别在笛卡儿坐标系、柱坐标系和球坐标系中写出质点的哈密顿函数。

2.5　质量为 m 的小环套在半径为 R 的光滑大圆环上，并且可在大圆环上自由滑动。大圆环在水平面内以角速度 ω 绕 o 点作匀角速转动。试用哈密顿原理求小环沿大圆环切线方向的运动微分方程。

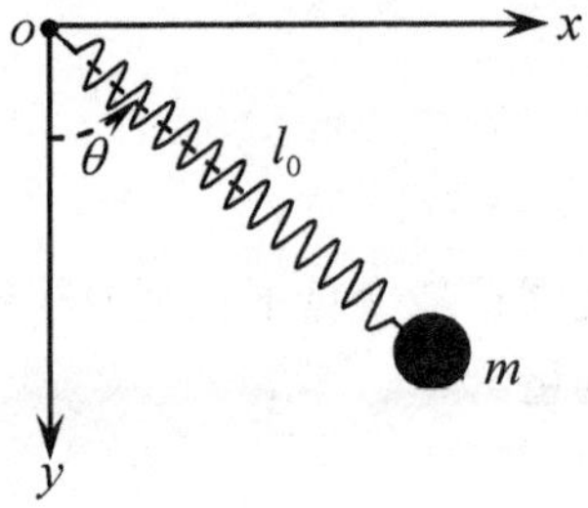

2.3 题图

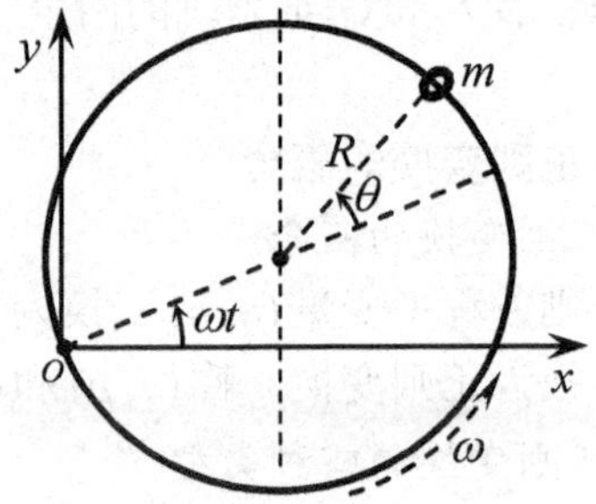

2.5 题图

2.6　开口向上的圆锥面的半顶角为 α，质量为 m 的质点被约束在圆锥面的光滑内表面，在重力的作用下运动。若选择图中的柱坐标 (r,θ) 为广义坐标，试用哈密顿原理写出质点的运动微分方程。

2.7　质量为 m 的质点在两个弹簧的共同作用下作直线运动。设两个固定点之间的距离为 a，两个弹簧的弹性系数分别为 k_1 和 k_2。试写出质点运动的哈密顿函数，列出正则方程并求解之。

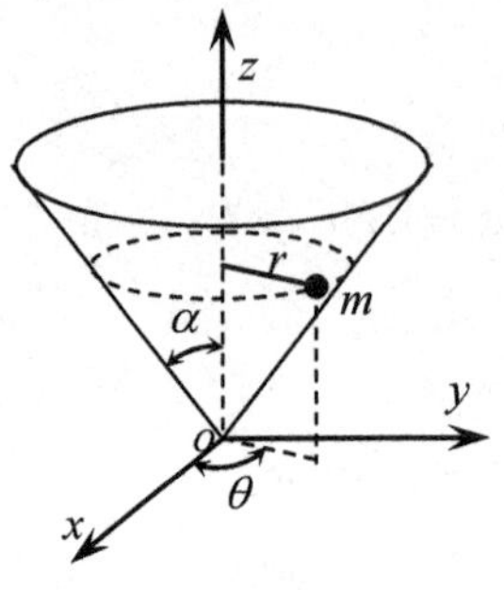

2.6 题图

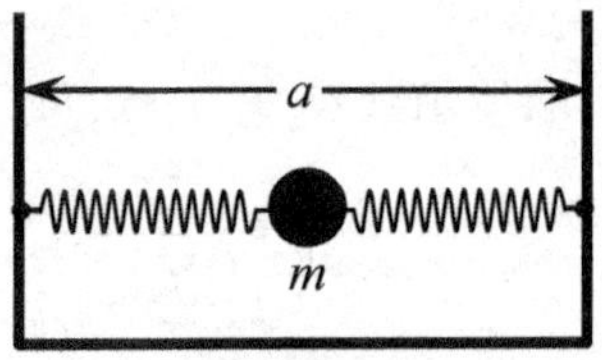

2.7 题图

2.8　把一根细钢丝弯成抛物线形状并且固定在铅直平面内，抛物线方程为 $y = ax^2$ ，其中 $a > 0$ 是常数。在细钢丝上套着一个可以自由滑动的小环，在小环上悬吊着一个摆锤质量为 m 、摆长为 l 的单摆。选择悬挂点的坐标 x 和摆线与铅直线的夹角 θ 为广义坐标，写出单摆的哈密顿函数。

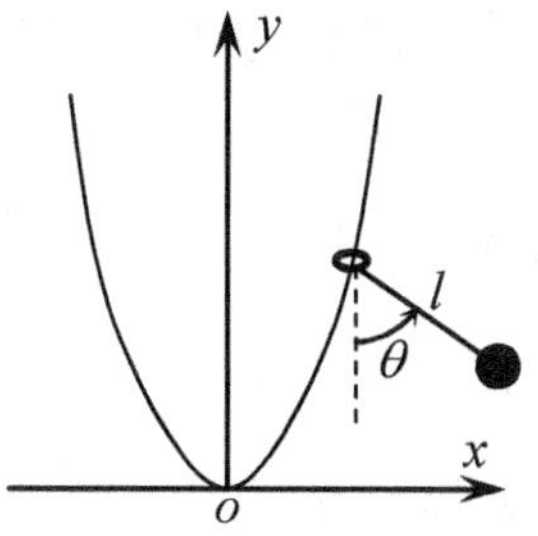

2.8 题图

2.9　核电荷数为 Z 的类氢离子的原子核带电量为 Ze ，这种类氢离子的核外只有一个电子。选取球坐标为广义坐标，试写出电子的正则方程。

2.10　长度为 l 的轻质杆，两端分别固定质点 A 和 B 。A 和 B 的质量都为 m 。初始时刻杆子静止直立于光滑水平面上，后来受到一个轻微扰动而倒下。选择质点 A 的坐标 x 和杆子与水平线的夹角 θ 为广义坐标，试写出系统的正则方程，并求出落地时刻杆子的角速度。

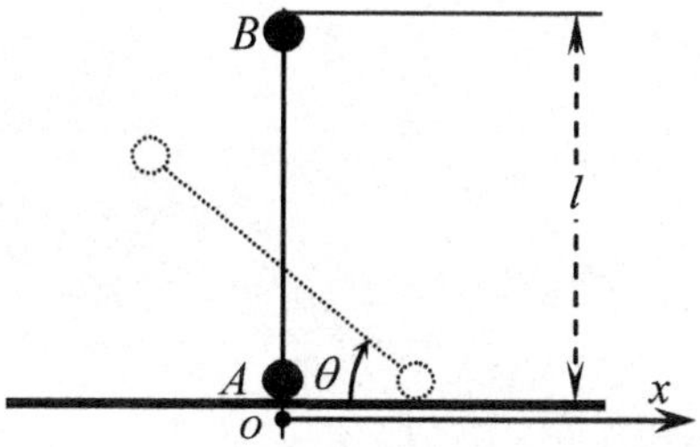

2.10 题图

2.11　一维线性谐振子的哈密顿函数为

$$H = \frac{p^2}{2m} + \frac{1}{2}m\omega^2 q^2$$

试应用泊松括号形式下的正则方程，写出一维谐振子的运动方程和守恒量。

2.12　质点的位置矢量为 $\boldsymbol{r}$ ，动量矢量为 $\boldsymbol{p}$ ，角动量矢量为 $\boldsymbol{J}$ ，试证明这三个矢量的直角分量所组成的泊松括号满足下列公式：

$$\begin{cases}[J_i, x_j] = \sum_{k=1}^{3}\varepsilon_{ijk}x_k \\ [J_i, p_j] = \sum_{k=1}^{3}\varepsilon_{ijk}p_k\end{cases} \quad (i, j = 1,2,3)$$

2.13　一个质量为 m 的质点在弹性力和阻尼力的共同作用下作阻尼振动，其拉格朗日函数为

$$L = [\frac{1}{2}m\dot{q}^2 - \frac{1}{2}m\omega^2 q^2]\exp(2\gamma t)$$

（1）写出质点的哈密顿函数 $H(q, p, t)$ ；

（2）取母函数 $U_2 = qP\exp(\gamma t)$ ，求变换后的哈密顿函数 $\overline{H}(Q, P, t)$ ，并证明此哈密顿函数为运动常量；

（3）对于弱阻尼情况，$\gamma < \omega$ ，求阻尼振子的解 $q(t)$ 。

2.14 试证明 $Q=\ln\dfrac{\sin p}{q}$， $P=q\cot p$ 为一正则变换。

2.15 试证明 $Q=\sqrt{\dfrac{2q}{k}}\cos p$， $P=\sqrt{2kq}\sin p$ 为一正则变换。

2.16 试证明 $p=m\omega q\cot Q$， $P=\dfrac{1}{2}m\omega q^2\csc^2 Q$ 为一正则变换，并用这个正则变换求解一维线性谐振子的运动方程。

2.17 作竖直上抛运动的质点的哈密顿函数为

$$H=\frac{p^2}{2m}+mgq$$

取母函数为 $U_1=mg(\frac{1}{6}gQ^3+qQ)$，其中 q 为确定质点位置的广义坐标，Q 为正则变换后新的广义坐标，g 为重力加速度。试用正则变换的方法求竖直上抛质点的运动规律。

第二篇　经典电动力学

引　言

人类对电和磁现象的认识是一个逐步发展的过程。在早期，人们认识到带电体之间存在相互作用力，磁极之间也存在相互作用力。18 世纪中叶以后，牛顿力学已经取得了辉煌的胜利，人们借助于万有引力的规律，对电力和磁力作了种种猜测，并且进行了大量的实验研究，总结出了一些实验定律。一直到发现了电和磁的内在联系，人们的认识才发生了质的飞跃。发现电和磁相联系的实验是：1820 年，奥斯特（Oersted）发现了电流磁效应，后来由安培等人从数学上总结出了安培力公式；1831 年，法拉第（Faladay）发现了电磁感应现象，1833 年，楞次（Lenz）发现了楞次定则，后来，由纽曼（F.E.Neumann）从数学上总结出定量的电磁感应定律。法拉第还首先提出了场的思想。麦克斯韦（Maxwell）总结了前人的研究结果，进一步提出了感生电场和位移电流假设，从而得出了电磁场的麦克斯韦方程组（电磁场的运动方程），并且从理论上预言了电磁波的存在。

关于电场和磁场的基本实验定律的阐述是基础物理课中电磁学的任务。

电动力学的任务是：在电磁学的基础上，更加系统地阐述电磁场的基本属性、运动规律以及电磁场和带电物质的相互作用，着重于物理概念和方法的论述。

掌握电磁场的基本理论对于生产实践和科学实验都有重要意义。在生产实践和科学实验领域内，存在大量和电磁场有关的问题。比如，电力系统、电磁探矿、粒子加速器等，都涉及到宏观电磁场的理论问题。在迅变情形下，电磁场以电磁波的形式存在，其应用更为广泛。无线电、热辐射、光波、X 射线和 γ 射线等都是不同波长范围的电磁波。

学习电动力学的主要目的是：①掌握电磁场运动的基本规律，加深对电磁场性质的理解；②初步学会分析和处理电磁场问题的基本方法，为以后处理实际问题打下基础；③通过对电磁场运动规律的认识，更深刻地领会电磁场的物质性，加深我们的辩证唯物主义世界观。

本篇的内容主要阐述经典情形下的电磁场理论。其中第 3 章介绍经典电动力学的理论基础。本章内容与基础物理学课程中的电磁学有些重复，但是比电磁学更精练、更深化，主要是总结真空中和介质中电场和磁场的各条实验定律，从中归纳出电磁场的普遍规律，从而建立起麦克斯韦方程组、洛伦兹力公式以及电磁场的边值关系，并且说明电磁场的物质性。第 4 章讨论稳恒电磁场问题，着重说明稳恒电磁场的基本性质，介绍求解静电场、稳恒电场和稳恒磁场的基本方法。第 5 章讨论电磁场的辐射问题，介绍一般情形下势的概念及其方程以及推迟势，重点讨论谐变系统辐射场的计算方法。关于运动电荷辐射场的问题，放在狭义相对论之后介绍。第 6 章讨论电磁波的传播，先推导出电磁波的波动方程，然后重点介绍单色平面电磁波的传播，包括单色平面波在无界空间的传播、在绝缘介质表面和导体表面的反射和折射、在金属矩形波导管中的传播，最后介绍金属矩形谐振腔。

当然，本篇所介绍的理论也有一定的局限性。本篇所涉及的介质都是指各向同性均匀线性介质。对于各向异性介质、非均匀介质、铁磁性介质、铁电性介质和超导体等特殊介质的应用将在不同的专业课程内加以研究。本篇所讨论的电磁场的强度不是很高，因为在强度很高的情形下介质将表现出非线性的性质。本篇内容暂不讨论电磁规律与经典力学时空观的矛盾。这个问题将在第三篇的狭义相对论中讨论。本篇也不涉及物质的微观结构，这个问题是量子电动力学课程要讨论的问题。

本篇内容所要求的数学工具主要是矢量分析、场论和数学物理方程的相关知识，要求读者在掌握这些数学知识的基础上进行学习，因此本书中不再详细讨论数学问题，只在附录中给出常用的数学公式以供查阅。

第 3 章　经典电动力学的理论基础

经典电动力学的理论基础由三个部分构成，这就是：电荷守恒定律、麦克斯韦方程组和洛伦兹力公式。本章将从实验规律出发，经过分析和概括，然后总结出这些理论基础，同时揭示出电磁场的物质本质。

3.1　电荷　电流　电荷守恒定律

一、电荷

电荷（Charge）是什么？电荷是物质的一种属性。这一点与质量的概念有些相似之处。因为质量也是物质的一种属性。只不过电荷与质量有重大差别，这就是**电荷量是洛伦兹变换不变量**而质量在洛伦兹变换下发生变化。人们很早就发现，自然界只存在两种电荷：正电荷、负电荷。1906—1917 年，密立根（Millikan）用油滴实验发现，自然界中存在最小的电荷，其电荷量为$e=1.602176462\times10^{-19}$(C)，其中 C 是国际单位制中电荷量单位库仑的缩写。称 e 为**电荷基本单元**（Elementary Unit Of Electic Charge）。现在已经知道，原子是由原子核和核外电子组成的，原子核是由质子和中子组成的，其中电子带一个基本单元的负电荷，质子带一个基本单元的正电荷，中子不带电荷。因此，从微观来看，物体的带电量是离散的、不连续的或量子化的。任何物体的带电量总是基本单元的整数倍。20 世纪 80 年代，又从实验上证实，夸克和反夸克的电荷量应取$\pm e/3$和$\pm 2e/3$，这说明人类认识自然的过程是无止境的。

但是，宏观带电物体总是包含有数目极大的带电粒子，电荷的基本单元是如此之小，以至于在足够精确的范围内，可以认为宏观物体的电荷量是连续取值的。这种连续的概念可以用“宏观小”“微观大”的微元来描述。即：在宏观带电体上任取一个微元，此微元“宏观小”是指可以任意小，足以描述各点的带电情况；此微元“微观大”是指在任意小的微元内都包含极其大量的基本单元电荷。

为了精确描述宏观带电体上的电荷分布，我们引入电荷密度这个物理量。

若电荷是体分布，则在带电体上位矢为$\boldsymbol{r}$的点任取一个包含该点的宏观小微观大的体积元ΔV，此体积元内的净电量为ΔQ，写出这两个量的比值$\Delta Q/\Delta V$，然后令ΔV向$\boldsymbol{r}$点无限收缩，此比值的极限就定义为$\boldsymbol{r}$点的**电荷体密度**。即

$$\rho(\boldsymbol{r})=\lim_{\Delta V\to 0}\frac{\Delta Q}{\Delta V} \tag{3.1.1}$$

若电荷是面分布，则在带电面上位矢为$\boldsymbol{r}$的点任取一个包含该点的宏观小微观大的面积元ΔS，此面积元内的净电量为ΔQ，写出这两个量的比值$\Delta Q/\Delta S$，然后令ΔS向$\boldsymbol{r}$点无限收缩，此比值的极限就定义为$\boldsymbol{r}$点的**电荷面密度**。即

$$\sigma(\boldsymbol{r})=\lim_{\Delta S\to 0}\frac{\Delta Q}{\Delta S} \tag{3.1.2}$$

若电荷是线分布，则在带电细线上位矢为 $\boldsymbol{r}$ 的点任取一个包含该点的宏观小微观大的线元 Δl，此线元内的净电量为 ΔQ，写出这两个量的比值 $\Delta Q/\Delta l$，然后令 Δl 向 $\boldsymbol{r}$ 点无限收缩，此比值的极限就定义为 $\boldsymbol{r}$ 点的**电荷线密度**。即

$$\lambda(\boldsymbol{r})=\lim_{\Delta l\to 0}\frac{\Delta Q}{\Delta l} \tag{3.1.3}$$

如果在所研究的问题中，带电体的大小和形状的影响可以忽略，我们就可以把带电体上的电荷看做是集中在一个几何点上的电荷，称为**点电荷**（Point Charge）。点电荷的电荷密度可以用 δ 函数来描述。设电量为 q 的点电荷位于 $\boldsymbol{r}'$ 点，则空间任意点 $\boldsymbol{r}$ 处的电荷密度为

$$\rho(\boldsymbol{r})=q\delta(\boldsymbol{r}-\boldsymbol{r}') \tag{3.1.4}$$

当然，任何实际的带电体，其电荷不可能分布在一个几何面、几何线或几何点上。此处的面电荷、线电荷、点电荷实际上只是体分布电荷在一定条件下的抽象。

二、电流

导体中的自由电荷作无规则热运动。若在导体中存在电场，则这些自由电荷在电场力的作用下，在无规则热运动的同时，叠加定向漂移运动。正是这种定向漂移运动在导体中形成了电流。所以，形成电流需要两个基本条件：①导体内存在大量的可以自由移动的“载流子”。在金属导体内，载流子是自由电子；在半导体内，载流子是自由电子或“空穴”；在等离子体或电解液中，载流子是正负离子。②导体内的电场强度不为零。这一点不同于静电平衡时的导体（静电平衡时导体内的电场强度处处为零）。通常用电流强度描述导体内电流的强弱和方向。若在 Δt 时间内通过导体任一横截面的电量为 ΔQ，则该导体上的电流强度定义为：$I(t)=\lim\limits_{\Delta t\to 0}\Delta Q/\Delta t=\mathrm{d}Q/\mathrm{d}t$。电流强度的方向规定为正电荷的运动方向。当然，这里的方向不是矢量的方向，而是电流沿导线的绕向。在国际单位制（SI 制）中，电流强度的单位是安培（A）。这个单位是 SI 制中的基本单位。电流强度这个量不足以精确描述导体内各个点的电荷漂移运动。例如，在粗细不均匀的导体内通以稳恒电流，虽然每个横截面上的电流强度相同，但是在导体内部，不同点的电荷流动情况是不相同的。

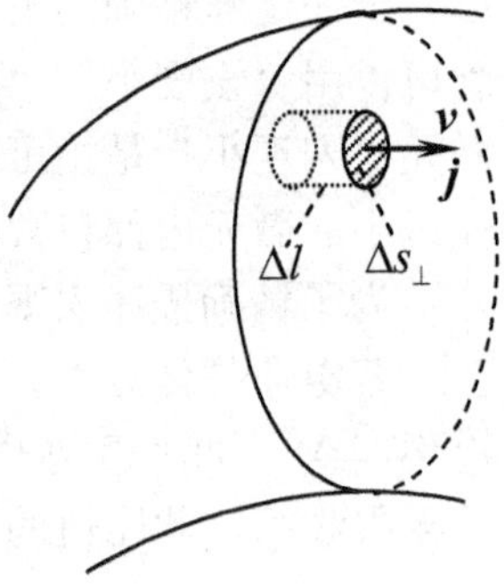

图 3.1.1　电流密度示意图

为了精确描述导体内各个点的电荷流动情况，我们引入**电流密度矢量**这个物理量。如图 3.1.1 所示，设在导体内位矢为 $\boldsymbol{r}$ 的点正电荷的漂移速度矢量为 $\boldsymbol{v}$，规定 $\boldsymbol{v}$ 的方向就是该点电流密度矢量的方向。在垂直于 $\boldsymbol{v}$ 的平面内任取一个包含该点的宏观小微观大的面积元 $\Delta s_\perp$，此面积元上的电流强度为 ΔI，写出这两个量的比值 $\Delta I/\Delta s_\perp$，然后令 $\Delta s_\perp$ 向 $\boldsymbol{r}$ 点无限收缩，此比值的极限就定义为 $\boldsymbol{r}$ 点的电流密度的大小。即

$$\boldsymbol{j}(\boldsymbol{r},t)=\left(\lim_{\Delta s_\perp\to 0}\frac{\Delta I}{\Delta s_\perp}\right)\frac{\boldsymbol{v}}{v}=\frac{\mathrm{d}I}{\mathrm{d}s_\perp}\frac{\boldsymbol{v}}{v} \tag{3.1.5}$$

电流密度也可以用电荷密度 ρ 和漂移速度 $\boldsymbol{v}$ 表示。在沿着 $\boldsymbol{v}$ 方向取一线元 $\mathrm{d}l = v\mathrm{d}t$，则 $\mathrm{d}t$ 时间内越过横截面 $\mathrm{d}s_\perp$ 的电量为 $\mathrm{d}Q = \rho ds_\perp v\mathrm{d}t$，代入式（3.1.5）得

$$\boldsymbol{j}(\boldsymbol{r},t) = \frac{\mathrm{d}Q}{\mathrm{d}s_\perp \mathrm{d}t}\frac{\boldsymbol{v}}{v} = \rho(\boldsymbol{r},t)\boldsymbol{v} \tag{3.1.6}$$

若载流子的数密度为 n，每个载流子电量为 q，则

$$\boldsymbol{j}(\boldsymbol{r},t) = n(\boldsymbol{r},t)q\boldsymbol{v} \tag{3.1.7}$$

若导体内有多种载流子，则

$$\boldsymbol{j}(\boldsymbol{r},t) = \sum_i n_i(\boldsymbol{r},t)q_i\boldsymbol{v}_i \tag{3.1.8}$$

定义电流密度以后，可以把电流强度用电流密度表示出来。在图 3.1.1 中的场点取面元矢量 $\mathrm{d}\boldsymbol{s}$，其方向规定为法线方向。$\mathrm{d}\boldsymbol{s}$ 与 $\boldsymbol{j}$ 的方向之间的夹角为 θ，则 $\mathrm{d}\boldsymbol{s}$ 上的电流强度为

$$\mathrm{d}I = j\mathrm{d}s_\perp = j\mathrm{d}s\cos\theta = \boldsymbol{j}\cdot\mathrm{d}\boldsymbol{s}$$

在电流场中任意曲面 S 上的电流强度表示为

$$I = \int_S \boldsymbol{j}\cdot\mathrm{d}\boldsymbol{s} \tag{3.1.9}$$

若电流在一个厚度可以忽略的薄层内流动，则定义**面电流的线密度**。如图 3.1.2 所示，设在导电平面内位矢为 $\boldsymbol{r}$ 的点正电荷的漂移速度矢量为 $\boldsymbol{v}$，规定 $\boldsymbol{v}$ 的方向就是该点电流线密度矢量的方向。在垂直于 $\boldsymbol{v}$ 的方向任取一个包含该点的宏观小微观大的线元 $\Delta l_\perp$，此线元上的电流强度为 ΔI（实际上是面元 $\Delta l_\perp \times \Delta h$ 上的电流强度），写出这两个量的比值 $\Delta I/\Delta l_\perp$，然后令 $\Delta l_\perp$ 向 $\boldsymbol{r}$ 点无限收缩，此比值的极限就定义为 $\boldsymbol{r}$ 点的电流线密度的大小。即

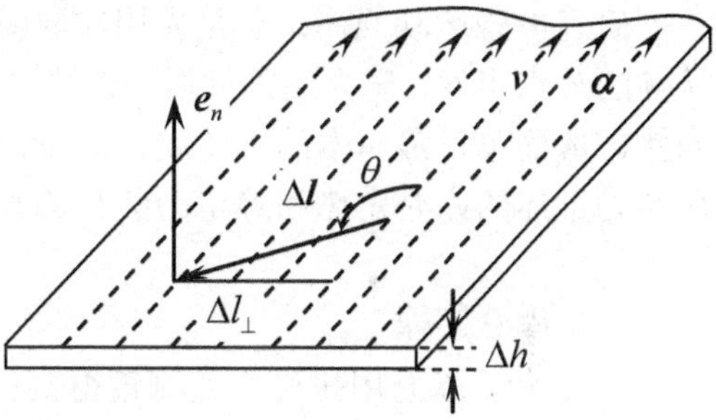

图 3.1.2 面电流的线密度示意图

$$\boldsymbol{\alpha}(\boldsymbol{r},t) = (\lim_{\Delta s_\perp \to 0}\frac{\Delta I}{\Delta l_\perp})\frac{\boldsymbol{v}}{v} = \frac{\mathrm{d}I}{\mathrm{d}l_\perp}\frac{\boldsymbol{v}}{v} \tag{3.1.10}$$

在导电平面内的场点 $\boldsymbol{r}$ 处取线元 $\mathrm{d}\boldsymbol{l}$，可得平面内过场点的任意曲线上的电流强度为

$$I(t) = \int_L (\boldsymbol{e}_n \times \boldsymbol{\alpha})\cdot\mathrm{d}\boldsymbol{l} \tag{3.1.11}$$

三、电荷守恒定律

大量的实验事实表明，在一个封闭的物理系统内，无论发生什么变化过程（不限于电磁过程，可以是其它物理过程、化学过程、核反应过程、基本粒子转化过程等），系统内的电荷总量保持不变。这个实验事实称为电荷守恒定律。此定律是迄今为止人类所认识到的在自然界精确成立的少数几个基本定律之一。

应该指出，电荷可以产生或消灭（比如正负电子对的产生或湮灭），但是不破坏电荷守恒定律。

现在给出电荷守恒定律的数学表达式。在空间任取一个闭合曲面 S，它所包围的区域记为 V。根据电荷守恒定律，单位时间内从 S 上流出去的电荷量总是等于单位时间内

区域V的电荷总量的减少量。取S的外法向为正法向，必有

$$\oint_S \boldsymbol{j}\cdot \mathrm{d}\boldsymbol{s} = -\frac{\mathrm{d}}{\mathrm{d}t}\int_V \rho \mathrm{d}V \tag{3.1.12}$$

这是电荷守恒定律的积分形式。应用积分变换的高斯（Gauss）公式，将其写成微分形式

$$\nabla\cdot \boldsymbol{j} + \frac{\partial \rho}{\partial t} = 0 \tag{3.1.13}$$

此式又称为电流连续性方程。也可以用电流场中的场线描述为：电流线总是“源”于正电荷减少处，“汇”于正电荷增加处。

若电路中的电流是稳定的，则$\partial\rho/\partial t = 0$，以上两式写为

$$\oint_S \boldsymbol{j}\cdot \mathrm{d}\boldsymbol{s} = 0 \tag{3.1.14}$$

$$\nabla\cdot \boldsymbol{j} = 0 \tag{3.1.15}$$

用电流线描述为：稳恒电流线是闭合曲线。在电路学中表述为基尔霍夫电流定律。

3.2 真空中的静电场方程

研究电磁运动规律，总是先用实验测量电荷之间的相互作用力，得出实验规律，再从场的观点出发，研究场的性质，总结出描述场的数学方程，然后把这些方程推广应用。当然，最简单、最基本的实验就是测量两个静止电荷之间的静电力。测量静电力的实验总结为下述的库仑定律和静电力叠加原理。

一、库仑定律

1785年，库仑用扭称实验测量得到：**真空**中两个**静止**的**点电荷**之间的相互作用力的大小与两个电荷的电量的乘积成正比，与两电荷的距离的平方成反比。作用力的方向沿着两电荷的连线，且同号电荷相排斥，异号电荷相吸引。可以把这个结论用矢量式表示出来。如图3.2.1所示，点电荷Q对点电荷q_0的静电力为

$$\boldsymbol{F} = \frac{Qq_0}{4\pi\varepsilon_0}\frac{\boldsymbol{r}-\boldsymbol{r}'}{|\boldsymbol{r}-\boldsymbol{r}'|^3} = \frac{Qq_0}{4\pi\varepsilon_0}\frac{\boldsymbol{r}''}{r''^3} \tag{3.2.1}$$

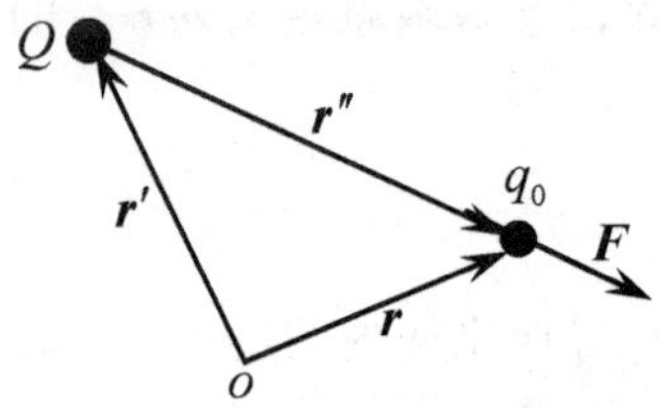

图3.2.1　点电荷间的静电力

式中：ε_0为真空介电常数，Q和q_0中包括正负号。注意，本书中统一采用国际单位制（SI制）。

库仑定律中的点电荷是个理想模型，是实际电荷的抽象。若两个电荷间的距离远远大于电荷本身的线度，则此两个电荷都可以当作点电荷处理。另外，两个均匀带电球面或均匀带电球体之间的静电力也相当于电量全部集中于球心的两个点电荷之间的静电力。当然，点电荷的概念是相对的。同样的两个电荷，若它们距离很远则可以当作点电荷，若它们距离很近则不能当作点电荷。

库仑定律是静电学的理论基础。原则上来说，根据库仑定律，应用如下的静电力叠加原理，可以求出任意两个电荷间的静电力。**静电力叠加原理**的内容是：空间中多个电

荷 $q_i\ (i=1,2,\cdots)$ 共同存在时对某个电荷 q_0 的静电力等于各个 q_i 单独存在时对 q_0 的静电力的矢量和。如果把图 3.2.1 中的 Q 看做离散的点电荷系，则 q_0 受到的静电力为

$$\boldsymbol{F}=\frac{q_0}{4\pi\varepsilon_0}\sum_i\frac{q_i}{|\boldsymbol{r}-\boldsymbol{r}_i'|^3}(\boldsymbol{r}-\boldsymbol{r}_i')=\frac{q_0}{4\pi\varepsilon_0}\sum_i\frac{q_i}{r_i''^3}\boldsymbol{r}_i'' \tag{3.2.2}$$

如果把图 3.2.1 中的 Q 看作电荷连续分布的带电体，则在带电体上位矢为 $\boldsymbol{r}'$ 的任意点取电荷元 $\mathrm{d}q(\boldsymbol{r}')$，$q_0$ 受到的静电力用矢量积分式表示为

$$\boldsymbol{F}=\frac{q_0}{4\pi\varepsilon_0}\int_Q\frac{\mathrm{d}q(\boldsymbol{r}')}{|\boldsymbol{r}-\boldsymbol{r}'|^3}(\boldsymbol{r}-\boldsymbol{r}')=\frac{q_0}{4\pi\varepsilon_0}\int_Q\frac{\mathrm{d}q(\boldsymbol{r}')}{r''^3}\boldsymbol{r}'' \tag{3.2.3}$$

应该指出，静电力叠加原理是一条新的实验规律，而不是库仑定律的“推理”。

库仑定律正确地给出了真空中两个静止的点电荷之间的静电力的大小和方向。但是，该定律并没有揭示静电力的物理本质。在法拉第之前，传统观点认为，两个电荷之间的相互作用力是“超距作用”，即一个带电体不通过任何中间媒介，直接地、瞬时地把作用力施加于另一个带电体。法拉第最早引入“场作用”的概念。他认为电磁相互作用是通过“场”这种中间媒介，以有限速度传播过去的。“超距作用”和“场作用”都能够解释库仑定律。但是，在电荷加速或减速运动的情况下，场脱离了场源电荷在空间单独存在并传播着，显示出“场作用”的观点更具科学性。现代物理学已经抛弃了“超距作用”的观点，认为任何相互作用都是通过物理场来传递的，场本身就是物质存在和运动的一种形式。电磁场就是传递电磁相互作用的一种特殊物质。

按照场作用的观点，静止电荷在其周围空间激发静电场。处于静电场中的另外的静止电荷受到静电场的作用力。作用力有大小和方向，表明静电场有强弱和方向。描述静电场的强弱和方向的物理量是电场强度。

二、电场强度

在图 3.2.1 中，电荷 Q 在周围空间激发静电场，称 Q 为场源电荷。在静电场中位矢为 $\boldsymbol{r}$ 的点（简称为场点），q_0 所受到的力的大小和方向就描述了该点静电场的强弱和方向，称 q_0 为试探电荷。注意：q_0 必须是点电荷，才能足以描述各点的场；q_0 的电量必须足够小，才不至于影响场源电荷的原来分布，也就不影响空间场的原来分布；为了确定起见，规定 q_0 为正电荷。从式（3.2.1）、式（3.2.2）和式（3.2.3）都可以看出，电场力 $\boldsymbol{F}$ 和试探电荷的电量 q_0 的比值只与场源电荷的分布和场点的位置有关，与 $\boldsymbol{F}$ 和 q_0 无关。为此，我们定义**电场强度**为

$$\boldsymbol{E}=\boldsymbol{F}/q_0 \tag{3.2.4}$$

即：电场中各点的电场强度是个矢量，其方向就是正的点电荷在该点所受到的电场力的方向，其大小等于单位点电荷在该点所受到的电场力的大小。

把库仑定律表达式（3.2.1）代入电场强度的定义式可得点电荷的场强公式为

$$\boldsymbol{E}(\boldsymbol{r})=\frac{1}{4\pi\varepsilon_0}\frac{Q}{|\boldsymbol{r}-\boldsymbol{r}'|^3}(\boldsymbol{r}-\boldsymbol{r}')=\frac{1}{4\pi\varepsilon_0}\frac{Q}{r''^3}\boldsymbol{r}'' \tag{3.2.5}$$

把静电力叠加式（3.2.2）代入电场强度的定义式可得离散点电荷系的场强为

$$\boldsymbol{E}(\boldsymbol{r})=\frac{1}{4\pi\varepsilon_0}\sum_i\frac{q_i}{|\boldsymbol{r}-\boldsymbol{r}_i'|^3}(\boldsymbol{r}-\boldsymbol{r}_i')=\frac{1}{4\pi\varepsilon_0}\sum_i\frac{q_i}{r_i''^3}\boldsymbol{r}_i'' \tag{3.2.6}$$

把静电力叠加式（3.2.3）代入电场强度的定义式可得连续分布电荷的场强为

$$\boldsymbol{E}(\boldsymbol{r})=\frac{1}{4\pi\varepsilon_0}\int_Q\frac{\mathrm{d}q(\boldsymbol{r}')}{|\boldsymbol{r}-\boldsymbol{r}'|^3}(\boldsymbol{r}-\boldsymbol{r}')=\frac{1}{4\pi\varepsilon_0}\int_Q\frac{\mathrm{d}q(\boldsymbol{r}')}{r''^3}\boldsymbol{r}'' \tag{3.2.7}$$

在上式中，若电荷是体分布，则电荷元$\mathrm{d}q(\boldsymbol{r}')=\rho(\boldsymbol{r}')\mathrm{d}V'$；若电荷分布在一个曲面上，则电荷元$\mathrm{d}q(\boldsymbol{r}')=\sigma(\boldsymbol{r}')\mathrm{d}s'$；若电荷分布在一条曲线上，则电荷元$\mathrm{d}q(\boldsymbol{r}')=\lambda(\boldsymbol{r}')\mathrm{d}l'$。

式（3.2.6）和式（3.2.7）表明，空间中多个电荷在场点激发的场强等于各个电荷单独存在时在该点激发的场强的矢量和。这就是**场强叠加原理**。

在上述各式中，带一撇的符号$\boldsymbol{r}'$表示场源的分布，不带撇的符号$\boldsymbol{r}$表示场点的分布，带二撇的符号$\boldsymbol{r}''$是由源点指向场点的相对位矢。以后我们将沿用这种记法。

三、静电场的散度

设场源电荷是体分布（当然，面分布和线分布只是体分布的特殊情形），则场强叠加原理的矢量积分式（3.2.7）写为

$$\boldsymbol{E}(\boldsymbol{r})=\frac{1}{4\pi\varepsilon_0}\int_V\rho(\boldsymbol{r}')\frac{\boldsymbol{r}-\boldsymbol{r}'}{|\boldsymbol{r}-\boldsymbol{r}'|^3}\mathrm{d}V'$$

对上式两边取散度，并且注意到微分算符∇只作用于场点坐标$\boldsymbol{r}$而右边的积分只作用于源点坐标$\boldsymbol{r}'$，所以两者可以交换顺序，写出下式：

$$\nabla\cdot\boldsymbol{E}(\boldsymbol{r})=\frac{1}{4\pi\varepsilon_0}\int_V\rho(\boldsymbol{r}')\nabla\cdot\frac{\boldsymbol{r}-\boldsymbol{r}'}{|\boldsymbol{r}-\boldsymbol{r}'|^3}\mathrm{d}V'$$

利用散度公式$\nabla\cdot\dfrac{\boldsymbol{r}}{r^3}=4\pi\delta(\boldsymbol{r})$可得

$$\nabla\cdot\boldsymbol{E}(\boldsymbol{r})=\frac{1}{\varepsilon_0}\int_V\rho(\boldsymbol{r})\delta(\boldsymbol{r}-\boldsymbol{r}')\mathrm{d}V'$$

由δ函数的性质可得

$$\nabla\cdot\boldsymbol{E}(\boldsymbol{r})=\rho(\boldsymbol{r})/\varepsilon_0 \tag{3.2.8}$$

上式表明，空间各点的电荷体密度就是静电场的源强度。用场强线描述为：静电场的场强线“源”于正电荷“汇”于负电荷。把上式两边在任意区域V上对场点坐标积分可得

$$\int_V\nabla\cdot\boldsymbol{E}(\boldsymbol{r})\mathrm{d}V=\frac{1}{\varepsilon_0}\int_V\rho(\boldsymbol{r})\mathrm{d}V$$

应用积分变换的高斯公式，上式左边可化为$\boldsymbol{E}$在V的闭合边界曲面S上的面积分

$$\oint_S\boldsymbol{E}(\boldsymbol{r})\cdot\mathrm{d}\boldsymbol{s}=\frac{1}{\varepsilon_0}\int_V\rho(\boldsymbol{r})\mathrm{d}V \tag{3.2.9}$$

上式中S的外法向为正法向。此式表面，静电场的电场强度在任意一个闭合曲面上的通量等于该曲面所包围的总电量除以真空介电常数ε_0。这就是静电场的高斯定理。

若场源电荷的分布具有某种对称性，其所激发的静电场必定具有相应的对称性，在此情况下，应用高斯定理，可以很方便地求出其场强分布。

四、静电场的旋度

在场强叠加原理的矢量积分式（3.2.7）两边取旋度并交换∇运算和积分运算的顺序

$$\nabla\times\boldsymbol{E}(\boldsymbol{r})=\frac{1}{4\pi\varepsilon_0}\int_V\rho(\boldsymbol{r}')\nabla\times\frac{\boldsymbol{r}-\boldsymbol{r}'}{|\boldsymbol{r}-\boldsymbol{r}'|^3}dV'$$

利用旋度公式$\nabla\times\dfrac{\boldsymbol{r}}{r^3}=0$可得

$$\nabla\times\boldsymbol{E}(\boldsymbol{r})=0 \tag{3.2.10}$$

上式表明，静电场是无旋场（纵场）。把上式两边在任意曲面S上对场点坐标积分可得

$$\int_S[\nabla\times\boldsymbol{E}(\boldsymbol{r})]\cdot\mathrm{d}\boldsymbol{s}=0$$

利用斯托克斯（Stokes）公式，上式左边化为$\boldsymbol{E}$在S的闭合边界L上的线积分

$$\oint_L\boldsymbol{E}(\boldsymbol{r})\cdot\mathrm{d}\boldsymbol{l}=0 \tag{3.2.11}$$

上式表明，静电场的场强沿任意一条闭合回路的环流等于零。这就是静电场的环路定理。用场强线描述为：静电场的场强线不可能是闭合曲线。事实上，因为静电场的场强线“源”于正电荷，“汇”于负电荷，所以场强线不可能闭合。

静止的电荷激发静电场。运动的电荷也要激发电场。如果电荷虽然在运动，但是空间各处的电荷分布不随时间变化，则这种稳定分布的电荷在空间激发稳恒电场（例如：稳恒电路导线内部的电场）。在此情况下，作为激发电场的场源，其电荷分布与静止电荷无异。因此，稳恒电场与静电场具有完全相同的性质，上面关于静电场的基本方程对稳恒电场仍然成立。对于稳恒电路内的稳恒电场，式（3.2.11）又表述为基尔霍夫电压定律。当然，静止的电荷分布与稳恒的运动电荷分布除了激发的电场相同以外，在其它方面还是有区别的：①稳恒的运动电荷分布伴随着能量的传输和转换；②稳恒的运动电荷分布伴随着稳恒电流，而稳恒电流要激发稳恒磁场。关于稳恒磁场，我们将在下一节讨论。

例 一个半径为R的均匀带电球体的带电量为Q，试求出球内外的场强分布，并写出各点场强的散度和旋度。

【解】在空间任取场点P。由对称性分析得知，P点的总场强沿径向，并且与球心等距离的点场强大小相等。过P点作同心球面作为高斯定理中的高斯积分面，显然有

$$\oint_S\boldsymbol{E}\cdot\mathrm{d}\boldsymbol{s}=E\oint_S\mathrm{d}s=E\cdot4\pi r^2$$

这个结论对球内或球外的场点都成立。高斯面包围的电量为

$$\int_V\rho(\boldsymbol{r})\mathrm{d}V=\begin{cases}Q & (r\geqslant R)\\ (\dfrac{r}{R})^3Q & (r<R)\end{cases}$$

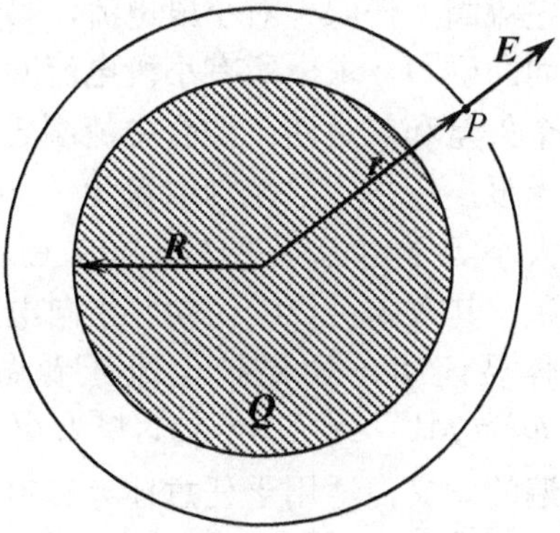

图 3.2.2 均匀带电球体的电场

将上述结果代入高斯定理，并考虑到场强的方向，写出

$$\boldsymbol{E}=\begin{cases}\dfrac{Q}{4\pi\varepsilon_0}\dfrac{\boldsymbol{r}}{r^3} & (r\geqslant R)\\ \dfrac{Q}{4\pi\varepsilon_0}\dfrac{\boldsymbol{r}}{R^3} & (r<R)\end{cases}$$

对上式两边分别取散度和旋度可得

对于$r\geqslant R$的场点，

$$\nabla\cdot\boldsymbol{E}=\frac{Q}{4\pi\varepsilon_0}\nabla\cdot\frac{\boldsymbol{r}}{r^3}=0$$

$$\nabla\times\boldsymbol{E}=\frac{Q}{4\pi\varepsilon_0}\nabla\times\frac{\boldsymbol{r}}{r^3}=0$$

对于 $r<R$ 的场点，

$$\nabla\cdot\boldsymbol{E}=\frac{Q}{4\pi\varepsilon_0 R^3}\nabla\cdot\boldsymbol{r}=\frac{3Q}{4\pi\varepsilon_0 R^3}=\frac{\rho}{\varepsilon_0}$$

$$\nabla\times\boldsymbol{E}=\frac{Q}{4\pi\varepsilon_0 R^3}\nabla\times\boldsymbol{r}=0$$

这些结果与本节给出的静电场方程完全一致。

3.3　真空中的稳恒磁场方程

在历史上的很长一段时间内，电和磁是作为两个无关的对象被研究的。一直到 1820 年，丹麦物理学家奥斯特发现了电流的磁效应，才把电和磁统一起来研究。现在我们已经认识到，运动电荷形成电流，电流激发磁场，磁场对处于场中的电流有磁场力作用。磁场作为一种场物质，其状态可以用磁感应强度 $\boldsymbol{B}$ 来描述。一般情况下 $\boldsymbol{B}$ 是空间坐标和时间的函数。如果磁场大小和方向都不随时间变化，这样的磁场称为**稳恒磁场**（Steady Magnetic Field）。稳恒电流是自然界中激发稳恒磁场的唯一的源。要研究稳恒磁场的性质，首先就要对稳恒电流间的磁相互作用力进行实验研究。

一、安培（Ampere）定律

因为稳恒电流必定闭合，所以两个稳恒电流间的磁相互作用力必定是两个闭合电流圈之间的磁相互作用力（图 3.3.1）。实验表明，**磁力也遵守矢量叠加原理**。因此，可以把两个闭合电流圈分割成许许多多个小段电流，分别在两个闭合电流圈上任取一对小段电流，写出这一对小段电流间的磁力，**求出所有小段电流间磁力的矢量和，这个矢量和就是两个闭合电流圈之间的磁力**。我们称无限小的小段电流为**电流元**（Current Element），其大小等于电流强度 I 与导线上无限小线元 $\mathrm{d}l$ 的乘积，其方向沿导线切向并指向电流方向，记为 $I\mathrm{d}\boldsymbol{l}$。容易证明，如果把电流元看做体分布电流，则 $I\mathrm{d}\boldsymbol{l}=\boldsymbol{j}\mathrm{d}V$，其中 $\mathrm{d}V$ 是长度为 $\mathrm{d}l$ 的这段导线的体积元，并且 $\boldsymbol{j}\mathrm{d}V$ 这种表示方法具有更普遍的意义，适用于任意体分布电流。

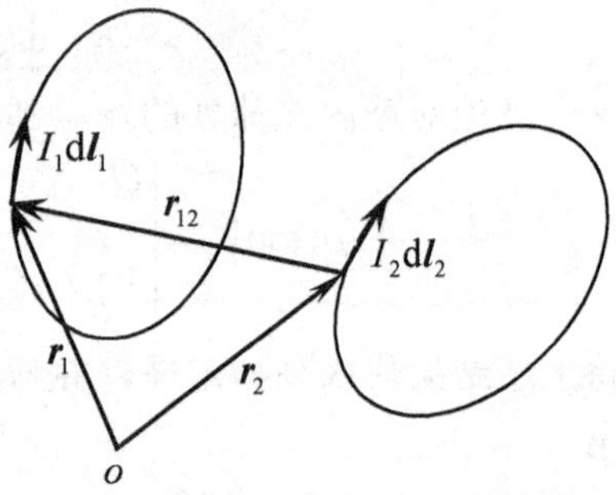

图 3.3.1　闭合电流圈和电流元

在图 3.3.1 中，在其中一个电流圈上位矢为 $\boldsymbol{r}_1$ 的任意点取电流元 $\boldsymbol{j}_1(\boldsymbol{r}_1)\mathrm{d}V_1$，在另外一个电流圈上位矢为 $\boldsymbol{r}_2$ 的任意点取电流元 $\boldsymbol{j}_2(\boldsymbol{r}_2)\mathrm{d}V_2$，两个电流元的相对位矢为 $\boldsymbol{r}_{12}=\boldsymbol{r}_1-\boldsymbol{r}_2$。设电流元 $\boldsymbol{j}_1(\boldsymbol{r}_1)\mathrm{d}V_1$ 受到电流元 $\boldsymbol{j}_2(\boldsymbol{r}_2)\mathrm{d}V_2$ 的磁力为 $\mathrm{d}\boldsymbol{F}_{12}$，电流元 $\boldsymbol{j}_2(\boldsymbol{r}_2)\mathrm{d}V_2$ 受到电流元

$\boldsymbol{j}_1(\boldsymbol{r}_1)\mathrm{d}V_1$ 的磁力为 $\mathrm{d}\boldsymbol{F}_{21}$。安培在 1822 年分析了大量的实验资料后，总结出以下的公式：

$$\mathrm{d}\boldsymbol{F}_{12}=\frac{\mu_0}{4\pi}\frac{\boldsymbol{j}_1\times(\boldsymbol{j}_2\times\boldsymbol{r}_{12})}{r_{12}^3}\mathrm{d}V_1\mathrm{d}V_2,\quad \mathrm{d}\boldsymbol{F}_{21}=\frac{\mu_0}{4\pi}\frac{\boldsymbol{j}_2\times[\boldsymbol{j}_1\times(-\boldsymbol{r}_{12})]}{r_{21}^3}\mathrm{d}V_2\mathrm{d}V_1 \tag{3.3.1}$$

其中 μ_0 是真空磁导率。上面两式就是**安培定律**的数学表达式。

安培定律描述了真空中两个稳恒电流元之间的磁力。值得指出的是，安培定律的提出是受到牛顿力学的启发和引导的。安培认定，电流元就像牛顿力学中的质点，电流元和电流元之间的磁相互作用力就像两个质点间的万有引力。安培定律在稳恒磁场中的地位和库仑定律在静电场中的地位相当。但是必须注意，这两个定律有重大差异。其差异就是：两个电流元之间的磁相互作用力需要用两个公式描写，这是因为 $\mathrm{d}\boldsymbol{F}_{21}\neq-\mathrm{d}\boldsymbol{F}_{12}$（用三个矢量的叉积公式很容易证明这一点），即两个电流元之间的磁相互作用力不满足牛顿第三定律。从物理本质来说，其原因是：磁力是“双横向力”，静电力是“纵向力”。当然，这并不说明牛顿第三定律被推翻了，原因是稳恒“电流元”不是宏观物质世界中**独立**存在的客体，而只是为了分析问题的方便而虚拟出的东西。利用安培定律和磁力叠加原理可以证明：两个稳恒电流圈之间的磁相互作用力仍满足牛顿第三定律。

二、毕奥—萨伐尔（Biot—Savart）定律

如前所述，可以按照场作用的观点来解释两个电流元之间的磁相互作用力：位于 $\boldsymbol{r}_2$ 处的电流元 $\boldsymbol{j}_2(\boldsymbol{r}_2)\mathrm{d}V_2$ 在 $\boldsymbol{r}_1$ 处激发磁场，该磁场对电流元 $\boldsymbol{j}_1(\boldsymbol{r}_1)\mathrm{d}V_1$ 的磁场力为 $\mathrm{d}\boldsymbol{F}_{12}$。为了给出电流元激发磁场的表达式，不妨把安培定律的表达式改写为

$$\mathrm{d}\boldsymbol{F}_{12}=\boldsymbol{j}_1\mathrm{d}V_1\times\left[\frac{\mu_0}{4\pi}\frac{\boldsymbol{j}_2\times\boldsymbol{r}_{12}}{r_{12}^3}\mathrm{d}V_2\right]$$

显然，上式右边方括号内的内容只与场源 $\boldsymbol{j}_2\mathrm{d}V_2$、源点 $\boldsymbol{r}_2$ 和场点 $\boldsymbol{r}_1$ 有关，与 $\boldsymbol{j}_1\mathrm{d}V_1$ 无关。所以方括号内的内容就描述了 $\boldsymbol{j}_2\mathrm{d}V_2$ 激发的磁场。我们把上述思想重新总结表述如下：**位于源点 $\boldsymbol{r}'$ 处的电流元 $\boldsymbol{j}'(\boldsymbol{r}')\mathrm{d}V'$ 在场点 $\boldsymbol{r}$ 处激发的磁感应强度为**

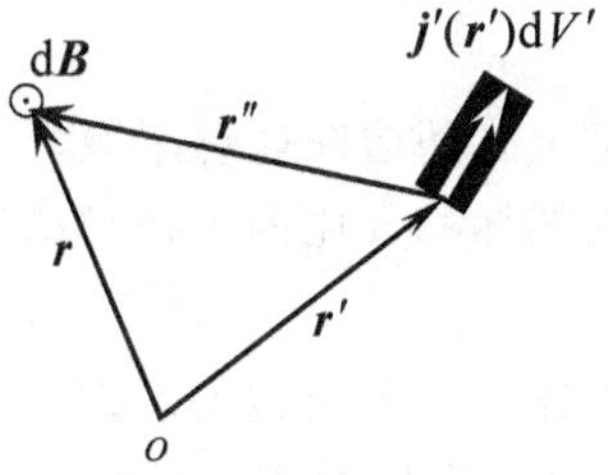

图 3.3.2　电流元的磁场

$$\mathrm{d}\boldsymbol{B}=\frac{\mu_0}{4\pi}\frac{\boldsymbol{j}'(\boldsymbol{r}')\times(\boldsymbol{r}-\boldsymbol{r}')}{|\boldsymbol{r}-\boldsymbol{r}'|^3}\mathrm{d}V'=\frac{\mu_0}{4\pi}\frac{\boldsymbol{j}'(\boldsymbol{r}')\times\boldsymbol{r}''}{r''^3}\mathrm{d}V' \tag{3.3.2}$$

这就是**毕奥—萨伐尔定律的微分表达式**。

由磁场力叠加原理立即得出**磁场叠加原理：空间中多个电流在场点激发的磁感应强度等于各个电流在该点激发的磁感应强度的矢量和**。利用磁场叠加原理，把毕奥—萨伐尔定律的微分表达式两边对场源电流积分，写出**毕奥—萨伐尔定律的积分表达式**，从而可得空间任意分布的稳恒电流在场点激发的磁感应强度。若场源电流是体分布，则

$$\boldsymbol{B}(\boldsymbol{r})=\frac{\mu_0}{4\pi}\int_{V'}\frac{\boldsymbol{j}'(\boldsymbol{r}')\times\boldsymbol{r}''}{r''^3}\mathrm{d}V' \tag{3.3.3}$$

若场源电流沿细导线分布，则

$$\boldsymbol{B}(\boldsymbol{r})=\frac{\mu_0}{4\pi}\oint_{L'}\frac{I'\mathrm{d}\boldsymbol{l}'\times\boldsymbol{r}''}{r''^3} \tag{3.3.4}$$

三、稳恒磁场的散度

利用梯度公式$\nabla(\frac{1}{r})=-\frac{\boldsymbol{r}}{r^3}$把毕奥—萨伐尔定律的积分表达式（3.3.3）改写为

$$\boldsymbol{B}(\boldsymbol{r})=\frac{\mu_0}{4\pi}\int_{V'}\nabla(\frac{1}{r''})\times\boldsymbol{j}'(\boldsymbol{r}')\mathrm{d}V' \tag{3.3.5}$$

注意到上式的微分算符∇只作用于场点坐标$\boldsymbol{r}$，与源点坐标$\boldsymbol{r}'$无关，必有$\nabla\times\boldsymbol{j}'(\boldsymbol{r}')=0$，所以

$$\nabla\times\frac{\boldsymbol{j}'(\boldsymbol{r}')}{r''}=(\nabla\frac{1}{r''})\times\boldsymbol{j}'(\boldsymbol{r}')+\frac{1}{r''}\nabla\times\boldsymbol{j}'(\boldsymbol{r}')=(\nabla\frac{1}{r''})\times\boldsymbol{j}'(\boldsymbol{r}')$$

从而式（3.3.5）又写为

$$\boldsymbol{B}(\boldsymbol{r})=\frac{\mu_0}{4\pi}\int_{V'}\nabla\times\frac{\boldsymbol{j}'(\boldsymbol{r}')}{r''}\mathrm{d}V'=\nabla\times[\frac{\mu_0}{4\pi}\int_{V'}\frac{\boldsymbol{j}'(\boldsymbol{r}')}{r''}\mathrm{d}V']$$

令上式右边方括号内的内容为

$$\boldsymbol{A}(\boldsymbol{r})=\frac{\mu_0}{4\pi}\int_{V'}\frac{\boldsymbol{j}'(\boldsymbol{r}')}{r''}\mathrm{d}V' \tag{3.3.6}$$

$\boldsymbol{A}(\boldsymbol{r})$称为磁场的矢量势，它是一个描述磁场的新物理量，以后还要详细讨论这个物理量。引入矢量势以后，空间各点的磁感应强度表示为该点矢量势的旋度，即

$$\boldsymbol{B}(\boldsymbol{r})=\nabla\times\boldsymbol{A}(\boldsymbol{r}) \tag{3.3.7}$$

因为旋度场的散度恒等于零，即$\nabla\cdot(\nabla\times\boldsymbol{A})\equiv 0$，所以必有

$$\nabla\cdot\boldsymbol{B}(\boldsymbol{r})=0 \tag{3.3.8}$$

把上式两边在任意区域V上对场点坐标积分，再应用积分变换的高斯公式，把$\nabla\cdot\boldsymbol{B}$在$V$内的体积分化为$\boldsymbol{B}$在$V$的闭合边界曲面$S$上的面积分，有

$$\oint_S\boldsymbol{B}(\boldsymbol{r})\cdot\mathrm{d}\boldsymbol{s}=0 \tag{3.3.9}$$

上述两式表明磁场是横场。用磁感应线描述为：磁场中的磁感应线总是闭合曲线。也就是说，在磁场中不存在与电荷对应的“磁荷”作为磁感应线的“源”和“汇”。在实验上，至今也没有发现磁荷存在的可靠证据。在不存在磁荷的前提下，式（3.3.8）和式（3.3.9）对所有磁场都成立。式（3.3.9）又称为磁场的高斯定理。

四、稳恒磁场的旋度

对式（3.3.7）两边取旋度可得

$$\nabla\times\boldsymbol{B}(\boldsymbol{r})=\nabla\times[\nabla\times\boldsymbol{A}(\boldsymbol{r})]=\nabla[\nabla\cdot\boldsymbol{A}(\boldsymbol{r})]-\nabla^2\boldsymbol{A}(\boldsymbol{r}) \tag{3.3.10}$$

先计算上式右边第一项。对矢量势的定义式（3.3.6）两边取散度并注意到

$$\nabla\cdot\frac{\boldsymbol{j}'(\boldsymbol{r}')}{r''}=(\nabla\frac{1}{r''})\cdot\boldsymbol{j}'(\boldsymbol{r}')+\frac{1}{r''}\nabla\cdot\boldsymbol{j}'(\boldsymbol{r}')=(\nabla\frac{1}{r''})\cdot\boldsymbol{j}'(\boldsymbol{r}')$$

可得

$$\nabla\cdot\boldsymbol{A}(\boldsymbol{r})=\frac{\mu_0}{4\pi}\int_{V'}(\nabla\frac{1}{r''})\cdot\boldsymbol{j}'(\boldsymbol{r}')\mathrm{d}V'$$

把右边对场点的微分算符∇换为对源点的微分算符∇'，因为$\nabla=-\nabla'$，并注意到

$$-\nabla'\cdot\frac{\boldsymbol{j}'(\boldsymbol{r}')}{r''}=-(\nabla'\frac{1}{r''})\cdot\boldsymbol{j}'(\boldsymbol{r}')-\frac{1}{r''}\nabla'\cdot\boldsymbol{j}'(\boldsymbol{r}')=-(\nabla'\frac{1}{r''})\cdot\boldsymbol{j}'(\boldsymbol{r}')$$

上式中用到了电流的稳恒条件 $\nabla'\cdot\boldsymbol{j}'(\boldsymbol{r}')=0$。所以

$$\nabla\cdot\boldsymbol{A}(\boldsymbol{r})=-\frac{\mu_0}{4\pi}\int_{V'}\nabla'\cdot\frac{\boldsymbol{j}'(\boldsymbol{r}')}{r''}\mathrm{d}V'=-\frac{\mu_0}{4\pi}\oint_{S'}\frac{\boldsymbol{j}'(\boldsymbol{r}')}{r''}\cdot\mathrm{d}\boldsymbol{s}'$$

因为 S' 包围了空间的全部电流，必有 $\boldsymbol{j}'(\boldsymbol{r}')\cdot\mathrm{d}\boldsymbol{s}'\equiv 0$。因此

$$\nabla\cdot\boldsymbol{A}(\boldsymbol{r})=0 \tag{3.3.11}$$

再计算式（3.3.10）右边的第二项。对矢量势定义式两边作用算符 ∇^2，并注意到

$$\nabla^2\frac{\boldsymbol{j}'(\boldsymbol{r}')}{r''}=\boldsymbol{j}'(\boldsymbol{r}')\nabla^2\frac{1}{r''}=\boldsymbol{j}'(\boldsymbol{r}')\nabla\cdot\nabla\frac{1}{r''}=-\boldsymbol{j}'(\boldsymbol{r}')\nabla\cdot\frac{\boldsymbol{r}''}{r''^3}=-\boldsymbol{j}'(\boldsymbol{r}')4\pi\delta(\boldsymbol{r}-\boldsymbol{r}')$$

可得

$$\nabla^2\boldsymbol{A}(\boldsymbol{r})=-\mu_0\int_{V'}\boldsymbol{j}'(\boldsymbol{r}')\delta(\boldsymbol{r}-\boldsymbol{r}')\mathrm{d}V'=-\mu_0\boldsymbol{j}(\boldsymbol{r}) \tag{3.3.12}$$

把式（3.3.11）和式（3.3.12）代入式（3.3.10）可得

$$\nabla\times\boldsymbol{B}(\boldsymbol{r})=\mu_0\boldsymbol{j}(\boldsymbol{r}) \tag{3.3.13}$$

上式表明，空间各点的电流密度就是稳恒磁场场源的源强度。把上式两边在任意曲面 S 上对场点坐标积分可得

$$\int_S[\nabla\times\boldsymbol{B}(\boldsymbol{r})]\cdot\mathrm{d}\boldsymbol{s}=\mu_0\int_S\boldsymbol{j}(\boldsymbol{r})\cdot\mathrm{d}\boldsymbol{s}$$

利用斯托克斯公式，上式左边化为 $\boldsymbol{B}$ 在 S 的闭合边界 L 上的线积分

$$\oint_L\boldsymbol{B}(\boldsymbol{r})\cdot\mathrm{d}\boldsymbol{l}=\mu_0\int_S\boldsymbol{j}(\boldsymbol{r})\cdot\mathrm{d}\boldsymbol{s} \tag{3.3.14}$$

这就是**安培环路定理**的表达式。此式表明，磁感应强度沿任一闭合回路 L 的环量等于 L 所环链的电流强度乘以真空磁导率 μ_0。注意，此处的 S 是以 L 为边界所张的任意曲面，并且 S 的正法向与 L 的绕向成右手螺旋关系。式（3.3.13）和式（3.3.14）的意义用磁感应线描述为：磁场的磁感应线是环绕电流并且与电流方向成右手螺旋关系的闭合曲线。在场源电流的分布具有某种对称性的情况下，应用安培环路定理，可以方便地求出其磁场分布。

例　半径为 R 的无限长直圆柱形导体，沿轴线方向通有稳恒电流，电流在横截面上均匀分布，电流强度为 I。求空间各点的磁感应强度分布，并计算出该磁场的散度和旋度。

【解】应用毕奥—萨伐尔定律分析得知，对于沿无限长直细导线的电流，所激发的磁场的磁感应线是一系列以导线为轴的同心圆，其绕向与电流方向成右手螺旋关系。对于均匀分布的无限长直圆柱形电流，可分割成许许多多细导线电流，应用磁场叠加原理和对称性分析可知，其激发的磁场的磁感应线也是一系列与圆柱共轴的同心圆，其绕向与电流方向成右手螺旋关系。因此，过场点作如图 3.3.3 所示的圆环形闭合回路为安培环路定理的积分回路。圆环上各点的磁感应强度大小相等，方向沿圆环切向。磁感应强度沿圆环的环量为

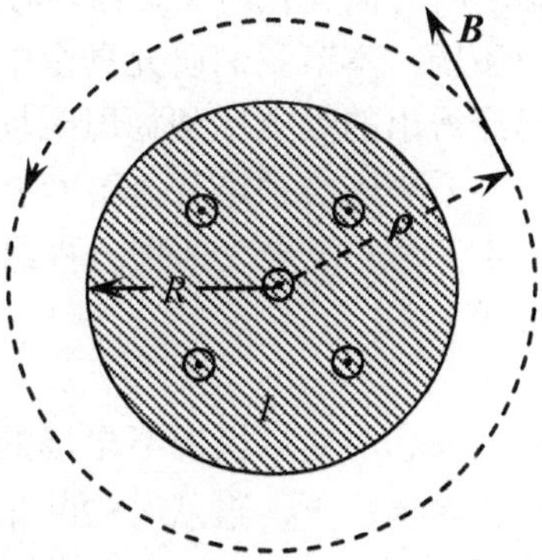

图 3.3.3　无限长圆柱形电流的磁场

$$\oint_L\boldsymbol{B}(\boldsymbol{r})\cdot\mathrm{d}\boldsymbol{l}=B\oint_L\mathrm{d}l=B\cdot 2\pi\rho$$

这个结果对圆柱内外的场点都成立。圆环形回路所环链的电流强度为

$$\int_S \boldsymbol{j}(\boldsymbol{r})\cdot \mathrm{d}\boldsymbol{s}=\begin{cases} I & (\rho\geqslant R)\\ (\dfrac{\rho}{R})^2 I & (\rho<R)\end{cases}$$

把上述结果代入安培环路定理并考虑到磁感应强度的方向，可得

$$\boldsymbol{B}=\begin{cases} \dfrac{\mu_0 I}{2\pi}\dfrac{1}{\rho}\boldsymbol{e}_\varphi & (\rho\geqslant R)\\ \dfrac{\mu_0 I}{2\pi}\dfrac{\rho}{R^2}\boldsymbol{e}_\varphi & (\rho<R)\end{cases}$$

其中 $\boldsymbol{e}_\varphi$ 是柱坐标系中的角向单位矢，也是图 3.3.3 中圆周的切向单位矢。

利用柱坐标系中的散度和旋度公式，对上式两边分别取散度和旋度可得

对于 $\rho\geqslant R$ 的场点，$\nabla\cdot\boldsymbol{B}=\dfrac{1}{\rho}\dfrac{\partial}{\partial\rho}(\rho B_\rho)+\dfrac{1}{\rho}\dfrac{\partial B_\varphi}{\partial\varphi}+\dfrac{\partial B_z}{\partial z}=0$；

$$\nabla\times\boldsymbol{B}=\frac{1}{\rho}\begin{vmatrix} \boldsymbol{e}_\rho & \rho\boldsymbol{e}_\varphi & \boldsymbol{e}_z\\ \dfrac{\partial}{\partial\rho} & \dfrac{\partial}{\partial\varphi} & \dfrac{\partial}{\partial z}\\ B_\rho & \rho B_\varphi & B_z\end{vmatrix}=\frac{1}{\rho}\begin{vmatrix} \boldsymbol{e}_\rho & \rho\boldsymbol{e}_\varphi & \boldsymbol{e}_z\\ \dfrac{\partial}{\partial\rho} & \dfrac{\partial}{\partial\varphi} & \dfrac{\partial}{\partial z}\\ 0 & \rho B_\varphi & 0\end{vmatrix}=0\text{。}$$

对于 $r<R$ 的场点，$\nabla\cdot\boldsymbol{B}=0$；

$$\nabla\times\boldsymbol{B}=\frac{1}{\rho}\frac{\partial}{\partial\rho}(\frac{\mu_0 I}{2\pi}\frac{\rho^2}{R^2})\boldsymbol{e}_z=\frac{\mu_0 I}{\pi R^2}\boldsymbol{e}_z=\mu_0\boldsymbol{j}\text{。}$$

这些结果与本节给出的稳恒磁场方程完全一致。

3.4 真空中的麦克斯韦方程组 洛伦兹力公式

前两节我们分别讨论了静止电荷激发的静电场和稳恒电流激发的稳恒磁场。通过对实验规律的分析，分别得到了真空中的静电场和稳恒磁场的基本方程。由于静电场和稳恒磁场都是和时间无关的场，它们相互无直接关系，可以分开单独研究。但是当电场和磁场随时间变化时（简称为时变场），变化的电场和磁场可以互相激发，共同构成统一的电磁场。本节我们研究真空中时变场的基本规律，揭示电场和磁场的密切联系。在前面已经得出的静电场和稳恒磁场的基本方程中，有一些方程可以直接推广到时变场，另外一些方程则必须进行修改和补充，才能适用于时变场。从而我们将得出真空中时变场的基本方程——麦克斯韦方程组。还将给出电磁场对电荷作用力的一般公式——洛伦兹力公式。

一、时变场情况下电场的旋度

在历史上，自从 1820 年奥斯特发现电流的磁效应以后，就一直有人从事其逆现象的研究，即：电流能产生磁场，反过来能不能利用磁场产生电流呢？1831 年，法拉第取得了成功。法拉第从实验资料的分析中发现，当穿过闭合导体回路的磁通量发生变化时，回路中就有电流，法拉第称此电流为感应电流。进一步研究发现，产生感应电流的本质

是在回路中产生了感应电动势。通过对实验资料的定量分析又发现，回路中感应电动势的大小与穿过回路的磁通量对时间的变化率成正比。这就是**法拉第电磁感应定律**。现在已经知道，感应电动势分为两类。如果磁通量的变化是由导线切割磁感应线引起的，这类感应电动势称为动生电动势，其本质是导线内的自由电子受到了洛伦兹力的作用，洛伦兹力沿导线的分力做功提供了动生电动势。如果磁通量的变化是由磁场随时间变化引起的，这类感应电动势称为感生电动势，其本质是变化的磁场激发出感生电场，作用在导线内自由电子上的感生电场力做功提供了感生电动势。当然，从相对论的观点来看，这两类电动势可以统一到一起来。设提供感应电动势的场称为感应电场，其场强记为 $\boldsymbol{E}_{感}$，导体回路记为 L，则法拉第电磁感应定律用下式表示（采用国际单位制）：

$$\oint_L \boldsymbol{E}_{感} \cdot \mathrm{d}\boldsymbol{l} = -\frac{\mathrm{d}}{\mathrm{d}t}\int_S \boldsymbol{B} \cdot \mathrm{d}\boldsymbol{s} = -\int_S \frac{\partial \boldsymbol{B}}{\partial t} \cdot \mathrm{d}\boldsymbol{s}$$

式中 L 的绕向与 S 的正法向成右手螺旋关系。式中的负号是楞次定律的数学表述。

因为变化磁场激发感生电场时与导体是否存在无关，所以可去掉导体，把上式中的 L 视为空间的任意闭合回路。因为静电场和稳恒电场的场强沿任意闭合回路的环量为零，所以，令空间各点的总场强 $\boldsymbol{E} = \boldsymbol{E}_{感} + \boldsymbol{E}_{静} + \boldsymbol{E}_{稳}$，以此代换上式中的 $\boldsymbol{E}_{感}$，必有

$$\oint_L \boldsymbol{E} \cdot \mathrm{d}\boldsymbol{l} = -\int_S \frac{\partial \boldsymbol{B}}{\partial t} \cdot \mathrm{d}\boldsymbol{s} \tag{3.4.1}$$

对上式左边应用斯托克斯公式可得

$$\int_S (\nabla \times \boldsymbol{E}) \cdot \mathrm{d}\boldsymbol{s} = -\int_S \frac{\partial \boldsymbol{B}}{\partial t} \cdot \mathrm{d}\boldsymbol{s}$$

注意到 S 的任意性，必有

$$\nabla \times \boldsymbol{E} = -\frac{\partial \boldsymbol{B}}{\partial t} \tag{3.4.2}$$

二、时变场情况下磁场的散度

由式（3.4.2）可得

$$\frac{\partial}{\partial t}(\nabla \cdot \boldsymbol{B}) = \nabla \cdot \frac{\partial \boldsymbol{B}}{\partial t} = -\nabla \cdot (\nabla \times \boldsymbol{E}) = 0$$

上式表明，空间各点的磁感应强度的散度与时间无关，只与场点的空间坐标有关，即 $\nabla \cdot \boldsymbol{B} = \Psi(\boldsymbol{r})$ 只是空间坐标的函数。可以证明，$\Psi(\boldsymbol{r})$ 必须恒等于零。为此，我们采用反证法：设想一个非稳定系统，使得 $\nabla \cdot \boldsymbol{B} = \Psi(\boldsymbol{r}) \neq 0$ 成立。总可以采取适当措施，使得系统经过足够长的时间达到稳恒。因为 $\nabla \cdot \boldsymbol{B}$ 与时间无关，所以达到稳恒时仍然有 $\nabla \cdot \boldsymbol{B} = \Psi(\boldsymbol{r}) \neq 0$，这是与稳恒磁场的性质相矛盾的。因此，在时变场的情况下，必有

$$\nabla \cdot \boldsymbol{B} = 0 \tag{3.4.3}$$

实际上，无论是稳恒场，还是时变场，不存在磁荷的结论总成立，上式也就必成立。

三、时变场情况下电场的散度

要给出电场的散度，不妨分别考察电场的各种场源激发的纵场和横场。

静止电荷只激发纵场（静电场），场强与源强度的关系为

$$\nabla\cdot\boldsymbol{E}_{静}=\frac{1}{\varepsilon_0}\rho_{静} \tag{3.4.4}$$

运动电荷激发的纵场是电场，场强与源强度的关系为

$$\nabla\cdot\boldsymbol{E}_{动}=\frac{1}{\varepsilon_0}\rho_{动} \tag{3.4.5}$$

运动电荷所激发的横场是磁场，电流元内所有运动电荷磁场叠加就得到电流元磁场。

变化的磁场所激发的感应电场是纵场还是横场呢？不妨把感应电场与场源的积分关系和磁场与场源电流的关系比较一下：

$$\oint_L \boldsymbol{E}_{感}\cdot \mathrm{d}\boldsymbol{l}=-\int_S \frac{\partial \boldsymbol{B}}{\partial t}\cdot \mathrm{d}\boldsymbol{s}$$

$$\oint_L \boldsymbol{B}\cdot \mathrm{d}\boldsymbol{l}=\mu_0\int_S \boldsymbol{j}\cdot \mathrm{d}\boldsymbol{s}$$

上述两式具有非常好的对称性，所以 $\boldsymbol{E}_{感}$ 和 $\boldsymbol{B}$ 具有非常好的对称性（仅仅是场线的绕向不同）。因此完全可以认定感应电场线是闭合曲线，即

$$\nabla\cdot\boldsymbol{E}_{感}=0 \tag{3.4.6}$$

令空间各点总场强为 $\boldsymbol{E}=\boldsymbol{E}_{静}+\boldsymbol{E}_{动}+\boldsymbol{E}_{感}$，空间各点的电荷密度为 $\rho=\rho_{静}+\rho_{动}$，则

$$\nabla\cdot\boldsymbol{E}=\frac{1}{\varepsilon_0}\rho \tag{3.4.7}$$

四、时变场情况下磁场的旋度

要给出磁场的旋度，不妨考察时变场情况下可能的磁场场源。前面我们已经了解到稳恒磁场的场源是稳恒电流（运动电荷），其磁感应强度与源强度的关系为

$$\nabla\times\boldsymbol{B}_{稳}=\mu_0\boldsymbol{j}_{稳} \tag{3.4.8}$$

问题是上述关系在时变场情况下是否还成立？另外，根据自然界的规律具有简单对称性的思想，既然变化的磁场激发感应电场，那么，变化的电场为什么不能激发感应磁场呢？

假设在时变场的情况下，上面的关系式形式不变，即

$$\nabla\times\boldsymbol{B}(t)=\mu_0\boldsymbol{j}(t) \tag{3.4.9}$$

对上式两边取散度，并利用 $\nabla\cdot(\nabla\times\boldsymbol{B})=0$，可得

$$\nabla\cdot\boldsymbol{j}(t)=0$$

另一方面，此时考察的对象是时变场，电场也随时间变化，根据式（3.4.7），应该有

$$\frac{\partial\rho}{\partial t}=\varepsilon_0\frac{\partial}{\partial t}\nabla\cdot\boldsymbol{E}\neq 0$$

根据电荷守恒定律，必有

$$\nabla\cdot\boldsymbol{j}(t)=-\frac{\partial\rho}{\partial t}\neq 0$$

所以，式（3.4.9）和电荷守恒定律是矛盾的。实际上，出现这个矛盾的根源是因为没有考虑到**变化的电场也是激发磁场的场源**。这正是麦克斯韦当初的思想。根据这种思想，可以把式（3.4.9）改写为

$$\nabla\times\boldsymbol{B}(t)=\mu_0\left[\boldsymbol{j}(t)+\varepsilon_0\frac{\partial \boldsymbol{E}(t)}{\partial t}\right] \tag{3.4.10}$$

写出上式时已经考虑到方括号内第二项有电流密度的量纲，称为**位移电流密度**，记为

$$\boldsymbol{j}_d(t)=\varepsilon_0\frac{\partial \boldsymbol{E}(t)}{\partial t} \tag{3.4.11}$$

再把式（3.4.10）两边取散度得

$$\begin{aligned}\nabla\cdot(\nabla\times\boldsymbol{B})&=\mu_0\nabla\cdot(\boldsymbol{j}+\varepsilon_0\frac{\partial \boldsymbol{E}}{\partial t})\\&=\mu_0[\nabla\cdot\boldsymbol{j}+\varepsilon_0\frac{\partial}{\partial t}\nabla\cdot\boldsymbol{E}]\\&=\mu_0[\nabla\cdot\boldsymbol{j}+\frac{\partial\rho}{\partial t}]\end{aligned}$$

上式左边等于零，右边也等于零。所以式（3.4.10）与电荷守恒定律不再有矛盾。

五、真空中的麦克斯韦方程组

我们把上面得到的基本方程总结如下：

$$\begin{cases}\nabla\cdot\boldsymbol{E}=\dfrac{1}{\varepsilon_0}\rho & (1)\\ \nabla\times\boldsymbol{E}=-\dfrac{\partial\boldsymbol{B}}{\partial t} & (2)\\ \nabla\cdot\boldsymbol{B}=0 & (3)\\ \nabla\times\boldsymbol{B}=\mu_0(\boldsymbol{j}+\varepsilon_0\dfrac{\partial\boldsymbol{E}}{\partial t}) & (4)\end{cases} \tag{3.4.12}$$

这就是真空中麦克斯韦方程组的微分形式，它描述了普遍情况下电磁场的性质以及场量与场源的关系。下面对此方程组进行一些讨论。

首先，考察一下此方程组在理论上是否自洽。第(1)式描述了电场中纵场与场源的关系；第(2)式描述了电场中横场与场源的关系；第(3)式描述了磁场中无纵场；第(4)式描述了磁场作为横场与两类场源的关系。稍加分析，可得出如下结论：(1)和(2)相互独立；(1)和(3)相互独立；(1)是(4)的补充条件；(3)是(2)的补充条件。(2)和(4)也没有矛盾；(3)和(4)相互独立。所以麦克斯韦方程组在理论上是自洽的。

其次，从上面的推导过程已经得出，麦克斯韦方程组中蕴含了电荷守恒定律。

最后，麦克斯韦方程组是从不同条件下的特殊规律加以推广而得出的，这种推广的正确性必须经受实践的检验。特别是在方程组中令 $\rho=0$ 和 $\boldsymbol{j}=0$，由方程(2)和(4)得出：电场中的横场和磁场若受到扰动而发生变化，则电场和磁场将相互激发，从而在空间形成由近及远传播的电磁波。并且，推导出的电磁波的波速与当时已经测出的光速非常接近，由此预言了光就是电磁波。在麦克斯韦提出这个预言 20 年后，赫兹（Hertz）用实验验证了电磁波的存在。当然，以麦克斯韦方程组为基础建立起来的电磁场理论在技术上取得的巨大成就也证明了此方程组的正确性。

麦克斯韦方程组是一组微分方程，只要给出空间各点的 ρ 分布和 $\boldsymbol{j}$ 分布，就可在一定条件下解出空间的电磁波。但是 ρ 分布和 $\boldsymbol{j}$ 分布是由电荷、电流与场的相互作用共同

决定的，所以必须考察场对电荷、电流的作用力。

六、洛伦兹力公式

设空间某点的电荷密度为ρ，电荷的定向漂移速度为$\boldsymbol{v}$，该点的电场强度为$\boldsymbol{E}$，磁感应强度为$\boldsymbol{B}$。在该点任取一体积元$\mathrm{d}V$，此体积元内的电荷受到电场力和磁场力。容易写出单位体积内的电荷所受到的电磁力为

$$\boldsymbol{f} = \mathrm{d}\boldsymbol{F} / \mathrm{d}V = \rho(\boldsymbol{E} + \boldsymbol{v} \times \boldsymbol{B}) \tag{3.4.13}$$

$\boldsymbol{f}$称为力密度。令$\rho = q\delta(\boldsymbol{r} - \boldsymbol{r}')$可得电量为$q$的点电荷受到的电磁力为

$$\boldsymbol{F} = q(\boldsymbol{E} + \boldsymbol{v} \times \boldsymbol{B}) \tag{3.4.14}$$

上述两式称为洛伦兹力公式，它们是由静电力和电流元所受的稳恒磁场力推广所得，并且经过了大量事实的验证。洛伦兹力公式是电动力学的理论基础之一。

3.5 介质中的麦克斯韦方程组

前几节介绍了真空中的电磁场。但是，在实践中纯粹的真空问题是很少的。在研究实际问题时，总是要遇到各种各样的有介质的问题。如前所述，介质是由分子组成的，分子是由原子组成的，原子是由原子核和核外电子组成的。原子核带正电而电子带负电。所以总可以把介质当作带电粒子系统。当然，我们现在研究的问题只涉及宏观电磁现象，所以不考虑介质内部微观量的“起伏”或者“涨落”。因此，我们在研究问题时所取的介质元总是指宏观小而微观大的介质元，所涉及的物理量总是指此微元内该物理量的宏观平均值。在此情况下，若介质内无电磁场，则介质保持电中性，其内部各处的电荷密度$\rho = 0$。内部的微观带电粒子作随机热运动，各处的宏观电流密度$\boldsymbol{j} = 0$。若介质内存在电磁场，其内部的带电粒子受到电磁场力的作用，电荷密度将重新分布，在有些区域$\rho \neq 0$；电荷也会有宏观定向运动，在有些区域$\boldsymbol{j} \neq 0$。这些重新分布的电荷与电流也激发电磁场（称为次生场或衍生场），次生场与原场的矢量叠加就是各点的总场。当然，这是一个弛豫时间极其短暂的相互作用过程。达到稳定状态时，各点的ρ、$\boldsymbol{j}$与该点的总场的强度$\boldsymbol{E}$、$\boldsymbol{B}$存在一定的定量关系。对不同种类的介质，其定量关系也不同。下面分别讨论介质与电磁场相互作用的结果，并给出其定量关系式。

一、介质的极化

介质分子内有多个电子，电子带负电。每个介质分子存在一个负电荷中心（与质心的概念相似），同样存在一个正电荷中心。若分子的正负电荷中心重合，称此分子为无极分子。大量的无极分子构成无极分子电介质。若分子的正负电荷中心不重合，称此分子为有极分子。大量的有极分子构成有极分子电介质。无论是无极分子电介质还是有极分子电介质，若介质内无电磁场，则由于分子的随机热运动，在任取的介质元内分子电偶极矩的矢量和为零。若介质内存在电磁场，分子内的电荷受到电磁力的作用。如图 3.5.1 所示，在电场力的作用下，无极分子的正负电荷中心分离，称为位移极化。有极分子的

固有电偶极矩转向场强方向，称为取向极化，同时正负电荷中心的距离拉大。无论是位移极化还是取向极化，其总效果都是使得所取的介质元内分子电偶极矩的的矢量和不为零。并且极化程度越高这个矢量和越大。由于极化，介质内的电荷重新分布，从而产生极化电荷。如果外界所施加的场随时间变化，则这些极化电荷也在运动，从而在介质内产生极化电流。注意，极化电荷与极化电流是不自由的，只能被束缚在分子内。当然，若介质击穿则又当别论。

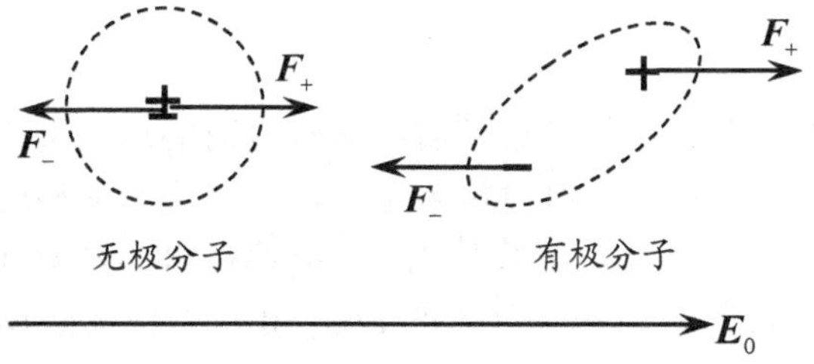

图 3.5.1　分子极化示意图

1. 极化强度矢量

在介质内某点任取一个宏观小微观大的体积元 ΔV，此体积元内分子电偶极矩矢量和为 $\sum \boldsymbol{p}_e$，定义该点的极化强度矢量为

$$\boldsymbol{P} = \lim_{\Delta V \to 0} \frac{\sum \boldsymbol{p}_e}{\Delta V} \tag{3.5.1}$$

极化强度矢量描述了介质内各点极化程度和极化方向。显然 $\boldsymbol{P}$ 有电荷面密度的量纲。

2. 极化电荷

如图 3.5.2 所示，在极化介质内某点任取一个面元矢量 $\mathrm{d}\boldsymbol{s}$，此点的极化强度矢量为 $\boldsymbol{P}$。设由于极化而从左边越过 $\mathrm{d}\boldsymbol{s}$ 到达右边的正电荷的电量为 $\mathrm{d}q_P$。以 $\mathrm{d}\boldsymbol{s}$ 为底作一个母线为 $\mathrm{d}\boldsymbol{l}$ 的柱体元（$\mathrm{d}\boldsymbol{l}//\boldsymbol{P}$），则此柱体元的左底出现等量的负电荷 $-\mathrm{d}q_P$，柱体元内分子电偶极矩矢量和为

$$\mathrm{d}q_P\mathrm{d}\boldsymbol{l} = \sum \boldsymbol{p}_e = \boldsymbol{P}(\mathrm{d}\boldsymbol{s}\cdot\mathrm{d}\boldsymbol{l}) = (\boldsymbol{P}\cdot\mathrm{d}\boldsymbol{s})\mathrm{d}\boldsymbol{l}$$

由此可得 $\mathrm{d}q_P = \boldsymbol{P}\cdot\mathrm{d}\boldsymbol{s}$。以 $\mathrm{d}\boldsymbol{s}$ 为基作如图示闭合曲面 S，将 $\mathrm{d}q_P = \boldsymbol{P}\cdot\mathrm{d}\boldsymbol{s}$ 在 S 上积分，得到由于极化而越过 S 的总电量 Q_P。根据电荷守恒，S 内必定出现等量的负电荷 $-Q_P$。由此写出

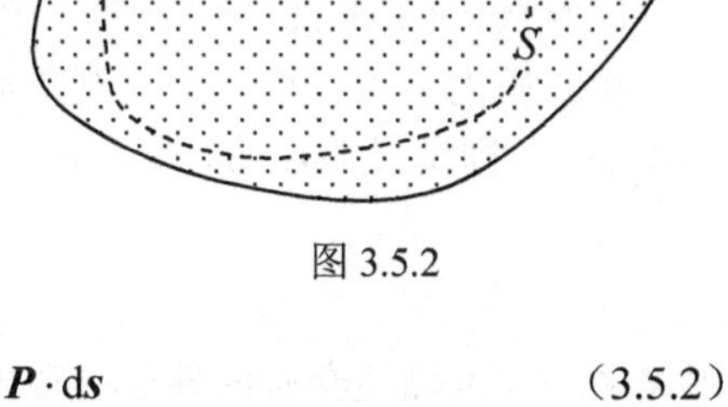

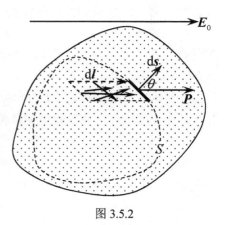

图 3.5.2

$$\int_V \rho_P \mathrm{d}V = -Q_P = -\oint_S \boldsymbol{P}\cdot\mathrm{d}\boldsymbol{s} \tag{3.5.2}$$

应用高斯公式可得极化电荷的体密度为

$$\rho_P = -\nabla\cdot\boldsymbol{P} \tag{3.5.3}$$

若将上述的 $\mathrm{d}\boldsymbol{s}$ 取在介质表面，则 $\mathrm{d}q_P = \boldsymbol{P}\cdot\mathrm{d}\boldsymbol{s} = \boldsymbol{P}\cdot\boldsymbol{e}_n\mathrm{d}s$，介质表面极化电荷面密度为

$$\sigma_P = \boldsymbol{P}\cdot\boldsymbol{e}_n \tag{3.5.4}$$

其中 $\boldsymbol{e}_n$ 是介质表面的**外法向**。

3. 极化电流

若外界施加时变场，则极化电荷在运动，设其漂移速度为$\boldsymbol{v}$，则极化电流密度为

$$\boldsymbol{j}_P=\frac{\sum q_i(\boldsymbol{v}_{i+}-\boldsymbol{v}_{i-})}{\mathrm{d}V}=\frac{\partial}{\partial t}\frac{\sum q_i(\boldsymbol{r}_{i+}-\boldsymbol{r}_{i-})}{\mathrm{d}V}=\frac{\partial}{\partial t}\frac{\sum \boldsymbol{p}_{ei}}{\mathrm{d}V}$$

由极化强度矢量的定义可得

$$\boldsymbol{j}_P=\partial\boldsymbol{P}/\partial t \tag{3.5.5}$$

二、介质的磁化

介质分子内的电荷总是在不停地运动着，这些电荷的运动形成磁矩。例如：电子绕核运转有轨道磁矩；电子自旋运动有自旋磁矩；核子自旋形成核磁矩。分子内这些磁矩的矢量和构成了分子固有磁矩$\boldsymbol{p}_{m固}$。根据$\boldsymbol{p}_{m固}$的取值，可以把磁介质分为抗磁质、顺磁质和铁磁质三类。对于抗磁质，每个分子的$\boldsymbol{p}_{m固}=0$，无外加磁场时对外不显磁性。对于顺磁质，每个分子的$\boldsymbol{p}_{m固}\neq 0$，但是在任意宏观小微观大的区域内$\sum\boldsymbol{p}_{m固}=0$，无外加磁场时对外也不显磁性。对于铁磁质，不但每个分子的$\boldsymbol{p}_{m固}\neq 0$，而且由于自发磁化的作用，在铁磁质内形成许多自发磁化的小区域，称为磁畴，每个磁畴的线度为mm ~ μm量级。对于每个磁畴，$\left|\sum\boldsymbol{p}_{m固}\right|\gg 0$。但是在包含许多小磁畴的物理小的区域内$\sum\boldsymbol{p}_{m固}=0$，无外加磁场时对外也不显磁性。

当在磁介质中施加外磁场$\boldsymbol{B}_0$时，对于抗磁质，由于电子角动量绕$\boldsymbol{B}_0$线进动，其总体效果是每个分子具有与$\boldsymbol{B}_0$反向的感应磁矩$\boldsymbol{p}_{m感}$。对于顺磁质，每个分子的$\boldsymbol{p}_{m固}$转向$\boldsymbol{B}_0$的方向，同时也产生$\boldsymbol{p}_{m感}$。对于铁磁质，各个磁畴向着$\boldsymbol{B}_0$的方向转动，与$\boldsymbol{B}_0$同向的磁畴体积变大，与$\boldsymbol{B}_0$反向的磁畴体积变小。总之，无论是那种磁介质，通过与外磁场的相互作用，使得磁介质内产生定向排列的分子磁矩，介质内出现宏观磁化电流，进而激发次生磁场$\boldsymbol{B}'$。外磁场与次生磁场的矢量叠加就是介质内的总磁场，即$\boldsymbol{B}=\boldsymbol{B}_0+\boldsymbol{B}'$。这就是介质的磁化。

介质被磁化时，每个分子的磁矩记为$\boldsymbol{p}_m=\boldsymbol{p}_{m固}+\boldsymbol{p}_{m感}$。所有分子磁矩矢量和不为零。并且磁化程度越高，分子磁矩矢量和越大。

1. 磁化强度矢量

在介质内某点任取一个宏观小微观大的体积元ΔV，此体积元内分子磁矩的矢量和为$\sum\boldsymbol{p}_m$，则定义该点的磁化强度矢量为

$$\boldsymbol{M}=\lim_{\Delta V\to 0}\frac{\sum\boldsymbol{p}_m}{\Delta V} \tag{3.5.6}$$

磁化强度矢量描述介质内各点的磁化程度和磁化方向。显然$\boldsymbol{M}$有面电流线密度的量纲。

2. 磁化电流

为了描述问题方便，把分子磁矩等效为如图 3.5.3 所示的分子电流圈。设分子电流圈的电流强度为i，面积矢量为$\boldsymbol{a}$（$\boldsymbol{a}$的大小等于分子电流圈的面积，$\boldsymbol{a}$的方向沿电流圈平面的法向且与电流绕向成右手螺旋关系），则每个分子的磁矩表示为$\boldsymbol{p}_m=i\boldsymbol{a}$。

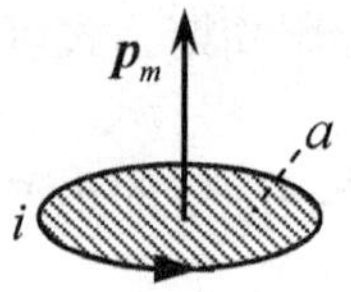

图 3.5.3

如图 3.5.4 所示，在已经磁化的介质内任取一个场点，此点处的磁化强度矢量为 $\boldsymbol{M}$ 。在此点取一线元矢量 $\mathrm{d}\boldsymbol{l}$ ，以 $\mathrm{d}\boldsymbol{l}$ 为轴线，以两个分子电流圈为底面作一个柱体元，则与 $\mathrm{d}\boldsymbol{l}$ 套链的分子电流圈的中心都位于此柱体元内。设单位体积内的分子数为 n ，则与 $\mathrm{d}\boldsymbol{l}$ 套链的磁化电流强度为

$$\mathrm{d}I_m = ni(\boldsymbol{a}\cdot\mathrm{d}\boldsymbol{l}) = n\boldsymbol{p}_m\cdot\mathrm{d}\boldsymbol{l} = \boldsymbol{M}\cdot\mathrm{d}\boldsymbol{l}$$

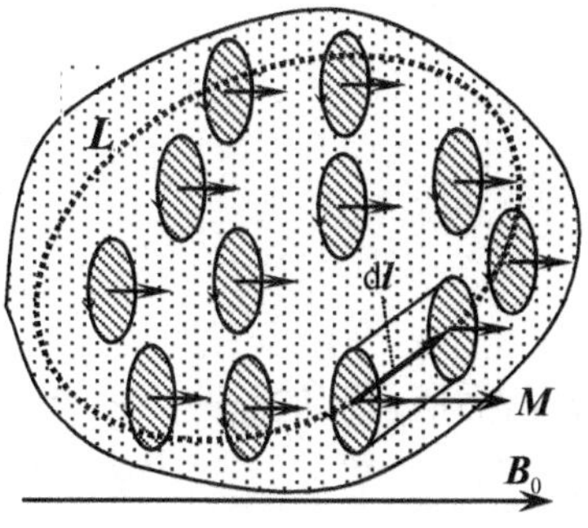

图 3.5.4

以 $\mathrm{d}\boldsymbol{l}$ 为基作如图示任意闭合回路 L ，则与 L 套链的磁化电流强度为

$$I_m = \oint_L \boldsymbol{M}\cdot\mathrm{d}\boldsymbol{l} = \int_S \boldsymbol{j}_m\cdot\mathrm{d}\boldsymbol{s} \qquad (3.5.7)$$

式中： $\boldsymbol{j}_m$ 为磁化电流密度； S 为以 L 为边界所张的任意曲面，且 S 的法向与 L 的绕向成右手螺旋关系。对上式应用斯托克斯公式，可得介质内磁化电流密度为

$$\boldsymbol{j}_m = \nabla\times\boldsymbol{M} \qquad (3.5.8)$$

注意到 $\nabla\cdot\boldsymbol{j}_m = \nabla\cdot\nabla\times\boldsymbol{M} \equiv 0$ ，表明磁化电流线闭合。所以磁化电流不会引起电荷集聚。若把 $\mathrm{d}\boldsymbol{l}$ 取在介质界面的内侧切向，并且设界面外法向的单位矢为 $\boldsymbol{e}_n$ ，则容易写出

$$\mathrm{d}I_m = \boldsymbol{M}\cdot\mathrm{d}\boldsymbol{l} = |\boldsymbol{M}\times\boldsymbol{e}_n|\mathrm{d}l$$

考虑到图示中界面磁化电流的方向，得出界面上磁化面电流的线密度为

$$\boldsymbol{\alpha}_m = \boldsymbol{M}\times\boldsymbol{e}_n \qquad (3.5.9)$$

三、介质中的传导

一般来说，在各种介质中总存在一定量的自由电荷，设其体密度为 ρ_f 。对于导体， ρ_f 很大；对于半导体， ρ_f 次之；即使在通常所说的绝缘介质中，实际上 ρ_f 也不严格为零。当介质中存在电场时，这些自由电荷在电场力的作用下作定向漂移运动，从而在介质中形成传导电流，也称为自由电流。各点的传导电流密度 $\boldsymbol{j}_f$ 与该点的电场强度 $\boldsymbol{E}$ 成正比，其定量关系由欧姆定律描述。欧姆定律的微分形式为

$$\boldsymbol{j}_f = \sigma_e\boldsymbol{E} \qquad (3.5.10)$$

其中 σ_e 称为电导率。在电中性介质中，自由电荷的定向漂移可能会引起自由电荷的集聚，其 ρ_f 和 $\boldsymbol{j}_f$ 的变化关系由电荷守恒定律制约。

四、介质中的麦克斯韦方程组

由上面的讨论得知，若介质中存在电磁场，由于介质与场的相互作用，介质中出现了 ρ_P 、 $\boldsymbol{j}_P$ 、 $\boldsymbol{j}_m$ 、 ρ_f 和 $\boldsymbol{j}_f$ ，这些电荷、电流也激发场，它们激发的场与外加场的矢量叠加就是介质中的总场。也就是说，如果在前述的真空中的麦克斯韦方程组中，右边的场源部分包含了上述的电荷、电流，就很自然地得出了介质中“场”“源”关系的方程组，即

$$
\begin{cases}
\nabla\cdot\boldsymbol{E}=\dfrac{1}{\varepsilon_0}(\rho_f+\rho_P)\\
\nabla\times\boldsymbol{E}=-\dfrac{\partial\boldsymbol{B}}{\partial t}\\
\nabla\cdot\boldsymbol{B}=0\\
\nabla\times\boldsymbol{B}=\mu_0(\boldsymbol{j}_f+\boldsymbol{j}_P+\boldsymbol{j}_m+\varepsilon_0\dfrac{\partial\boldsymbol{E}}{\partial t})
\end{cases}
\tag{3.5.11}
$$

把前面所得到的 $\rho_P=-\nabla\cdot\boldsymbol{P}$、$\boldsymbol{j}_P=\partial\boldsymbol{P}/\partial t$ 和 $\boldsymbol{j}_m=\nabla\times\boldsymbol{M}$ 代入并整理，写出

$$
\begin{cases}
\nabla\cdot(\varepsilon_0\boldsymbol{E}+\boldsymbol{P})=\rho_f\\
\nabla\times\boldsymbol{E}=-\dfrac{\partial\boldsymbol{B}}{\partial t}\\
\nabla\cdot\boldsymbol{B}=0\\
\nabla\times(\dfrac{\boldsymbol{B}}{\mu_0}-\boldsymbol{M})=\boldsymbol{j}_f+\dfrac{\partial}{\partial t}(\varepsilon_0\boldsymbol{E}+\boldsymbol{P})
\end{cases}
\tag{3.5.12}
$$

引入两个新的辅助物理量：

电位移矢量为

$$\boldsymbol{D}=\varepsilon_0\boldsymbol{E}+\boldsymbol{P} \tag{3.5.13}$$

磁场强度矢量为

$$\boldsymbol{H}=\frac{\boldsymbol{B}}{\mu_0}-\boldsymbol{M} \tag{3.5.14}$$

从而把式（3.5.12）写为

$$
\begin{cases}
\nabla\cdot\boldsymbol{D}=\rho_f & (1)\\
\nabla\times\boldsymbol{E}=-\dfrac{\partial\boldsymbol{B}}{\partial t} & (2)\\
\nabla\cdot\boldsymbol{B}=0 & (3)\\
\nabla\times\boldsymbol{H}=\boldsymbol{j}_f+\dfrac{\partial\boldsymbol{D}}{\partial t} & (4)
\end{cases}
\tag{3.5.15}
$$

这就是**介质中的麦克斯韦方程组**。因为 ρ_P、$\boldsymbol{j}_P$、$\boldsymbol{j}_m$ 也激发场，但是在上面关于 $\boldsymbol{D}$ 和 $\boldsymbol{H}$ 的方程中并未出现这些量，所以 $\boldsymbol{D}$ 和 $\boldsymbol{H}$ 并不能真正代表电磁场，它们只是为了方程简捷而引入的辅助物理量。真正代表电磁场的物理量是 $\boldsymbol{E}$ 和 $\boldsymbol{B}$。

五、介质的电磁性质方程

由于介质中的麦克斯韦方程组包含辅助物理量 $\boldsymbol{D}$ 和 $\boldsymbol{H}$，所以要由此方程组解出真正代表电磁场的量 $\boldsymbol{E}$ 和 $\boldsymbol{B}$，还必须给出 $\boldsymbol{D}$、$\boldsymbol{H}$ 与 $\boldsymbol{E}$、$\boldsymbol{B}$ 的关系，这种关系称为介质的电磁性质方程或本构关系。原则上来说，从介质的微观电磁结构出发，考虑介质与场的相互作用，从理论上可以推导出这种本构关系。但是，由于微观粒子的运动受到介质结构的制约和量子规律的支配，还要受到热运动的影响，情况比较复杂。在电动力学中，通常采用由实验总结出的经验公式来表示这种本构关系。

对于**各向同性均匀线性**电介质，实验规律是 $\boldsymbol{P}=\chi_e\varepsilon_0\boldsymbol{E}$，代入电位移的定义式得

$$\boldsymbol{D}=\varepsilon_0\boldsymbol{E}+\boldsymbol{P}=\varepsilon_0(1+\chi_e)\boldsymbol{E}=\varepsilon_0\varepsilon_r\boldsymbol{E}=\varepsilon\boldsymbol{E} \tag{3.5.16}$$

式中：χ_e 为极化率；$\varepsilon_r=1+\chi_e$ 为相对介电常数；$\varepsilon=\varepsilon_0\varepsilon_r$ 为介电常数。

对于**各向同性均匀线性**磁介质，实验规律是 $\boldsymbol{M}=\chi_m\boldsymbol{H}$，代入磁场强度定义式得

$$\boldsymbol{B}=\mu_0(\boldsymbol{H}+\boldsymbol{M})=\mu_0(1+\chi_m)\boldsymbol{H}=\mu_0\mu_r\boldsymbol{H}=\mu\boldsymbol{H} \tag{3.5.17}$$

式中：χ_m 为磁化率；$\mu_r=1+\chi_m$ 为相对磁导率；$\mu=\mu_0\mu_r$ 为磁导率。

对于导电介质，电流与场强的实验规律就是欧姆定律

$$\boldsymbol{j}_f=\sigma_e\boldsymbol{E} \tag{3.5.18}$$

把上述的三个电磁性质方程与麦克斯韦方程组结合，就可解出结果。但是应该指出，这三个本构关系有很大的局限性。它们只适用于各向同性均匀线性介质中存在静电场、稳恒磁场和缓变电磁场的情形。下面就不同情形下的修正作简单说明。

（1）若外界施加的场是高频电磁场，则介质的极化强度矢量 $\boldsymbol{P}$ 和磁化强度矢量 $\boldsymbol{M}$ 对外场的响应有滞后，在这种情况下，介质的介电常数 ε 和磁导率 μ 应该取复数形式。

（2）对于各向异性介质，沿不同方向的极化和磁化性能不相同，介电常数和磁导率应该用 3×3 矩阵表示，本构关系表示为张量关系式：$\boldsymbol{D}_{3\times1}=\boldsymbol{\varepsilon}_{3\times3}\boldsymbol{E}_{3\times1}$，$\boldsymbol{B}_{3\times1}=\mu_{3\times3}\boldsymbol{H}_{3\times1}$。

（3）对于铁磁性介质，$\boldsymbol{B}$ 和 $\boldsymbol{H}$ 的关系非线性、非单值，μ 非常数。在这种情况下，用磁化曲线和磁滞回线描述 $\boldsymbol{B}$ 和 $\boldsymbol{H}$ 的关系；同样，对于铁电性介质，$\boldsymbol{D}$ 和 $\boldsymbol{E}$ 的关系非线性、非单值，ε 非常数。在此情况下，用极化曲线和电滞回线描述 $\boldsymbol{D}$ 和 $\boldsymbol{E}$ 的关系。

（4）当外场是强场时，介质呈现非线性特征，极化和磁化关系式中含有高阶项。

（5）对稀薄等离子体，或一般导体的高频情况,欧姆定律不成立。在这种情况下，电导率是频率的函数并且取复数形式，电流密度和电场强度有相位差。

（6）对于超导体，欧姆定律也不成立。在这种情况下，采用经验规律描述电流密度和电场强度的关系。

（7）若考虑到热运动的影响，欧姆定律中的电导率是温度的函数，热扩散的作用可以用一个非电磁的等效场来代替。

3.6 电磁场的边值关系

在应用麦克斯韦方程组求解具体的电磁场问题时，经常遇到两种介质的界面问题。由于介质的性能在界面处发生突变，从而导致了电磁场的场量在界面处也发生了突变，即电磁场量在界面处不可微。因此，讨论边值问题时，麦克斯韦方程组的微分形式失去意义，必须应用此方程组的积分形式。为此，我们对麦克斯韦微分方程组式（3.5.15）应用高斯公式和斯托克斯公式，写出此方程组的积分形式如下：

$$\begin{cases}\oint_S \boldsymbol{D}\cdot d\boldsymbol{s}=\int_V \rho_f dV & (1)\\ \oint_L \boldsymbol{E}\cdot d\boldsymbol{l}=-\int_{S_L}\dfrac{\partial \boldsymbol{B}}{\partial t}\cdot d\boldsymbol{s} & (2)\\ \oint_S \boldsymbol{B}\cdot d\boldsymbol{s}=0 & (3)\\ \oint_L \boldsymbol{H}\cdot d\boldsymbol{l}=\int_{S_L}(\boldsymbol{j}_f+\dfrac{\partial \boldsymbol{D}}{\partial t})\cdot d\boldsymbol{s} & (4)\end{cases} \tag{3.6.1}$$

其中S_V是区域V的闭合界面且外法向为正法向，S_L是以闭合回路L为边界所张的任意曲面且曲面法向与回路绕向成右手螺旋关系。下面利用积分方程组讨论边值关系。

一、界面上场量的法向边值关系

用积分方程组中的通量方程讨论法向边值关系。两种介质的界面如图 3.6.1 所示，界面下方介质的介电常数和磁导率分别为ε_1和μ_1，上方介质的介电常数和磁导率分别为ε_2和μ_2，界面的法向单位矢$\boldsymbol{n}$由第一种介质指向第二种介质。作如图所示很小的闭合圆柱面，其上下底面无限接近于界面，面积为ΔS。计算此柱面上的$\boldsymbol{D}$通量并应用关于$\boldsymbol{D}$的通量方程。注意到柱面侧面积趋于零而上下底面可视为均匀场中的平面，有

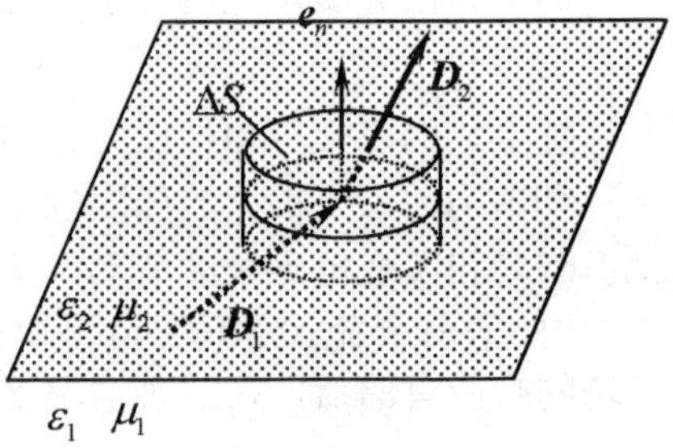

图 3.6.1

$$\oint_S \boldsymbol{D}\cdot d\boldsymbol{s} = \boldsymbol{D}_1\cdot(-\boldsymbol{e}_n)\Delta S + \boldsymbol{D}_2\cdot\boldsymbol{e}_n\Delta S = (\boldsymbol{D}_2-\boldsymbol{D}_1)\cdot\boldsymbol{e}_n\Delta S = \sigma_f\Delta S$$

由此可得

$$\boldsymbol{e}_n\cdot(\boldsymbol{D}_2-\boldsymbol{D}_1)=\sigma_f \tag{3.6.2}$$

采用同样的方法可得极化强度矢量的法向边值关系为

$$\boldsymbol{e}_n\cdot(\boldsymbol{P}_2-\boldsymbol{P}_1)=-\sigma_P \tag{3.6.3}$$

把介质的电性质关系$\boldsymbol{D}=\varepsilon_0\varepsilon_r\boldsymbol{E}$和$\boldsymbol{P}=\varepsilon_0(\varepsilon_r-1)\boldsymbol{E}$代入上面两式并相减可得

$$\boldsymbol{e}_n\cdot(\boldsymbol{E}_2-\boldsymbol{E}_1)=\frac{1}{\varepsilon_0}(\sigma_f+\sigma_P) \tag{3.6.4}$$

上述三个边值关系也可用场线描述：$\boldsymbol{D}$线“源”于正自由电荷“汇”于负自由电荷；$\boldsymbol{P}$线“源”于负极化电荷“汇”于正极化电荷；$\boldsymbol{E}$线“源”于各种正电荷“汇”于各种负电荷。若两种介质中有导电介质，界面上分布有自由电荷，则在界面处$\boldsymbol{D}$线不连续。若两种介质都是绝缘介质，界面上无自由电荷，则在界面处$\boldsymbol{D}$线连续。无论这两种不同介质是否导电，界面上都会分布有极化电荷，在界面处$\boldsymbol{P}$线和$\boldsymbol{E}$线都不连续。

在上面所取的小圆柱面上，应用关于$\boldsymbol{B}$的通量方程，经过相似的分析和计算，可得$\boldsymbol{B}$的法向边值关系

$$\boldsymbol{e}_n\cdot(\boldsymbol{B}_2-\boldsymbol{B}_1)=0 \tag{3.6.5}$$

当然，由于$\boldsymbol{B}$线是闭合曲线，所以无论界面处是否有电荷、电流，在界面处$\boldsymbol{B}$线都连续。因为$\boldsymbol{B}=\mu\boldsymbol{H}$，$\mu_1\neq\mu_2$，所以$\boldsymbol{e}_n\cdot(\boldsymbol{H}_2-\boldsymbol{H}_1)\neq 0$，即在界面处$\boldsymbol{H}$线不连续。

同样的道理，在上面所取的小圆柱面上，应用关于$\boldsymbol{j}$的通量方程（电荷守恒定律的积分形式），经过相似的分析和计算，可得$\boldsymbol{j}$的法向边值关系

$$\boldsymbol{e}_n\cdot(\boldsymbol{j}_2-\boldsymbol{j}_1)=-\frac{\partial\sigma}{\partial t} \tag{3.6.6}$$

二、界面上场量的切向边值关系

用积分方程组中的环量方程讨论切向边值关系。作如图 3.6.2 所示很小的闭合回路，

其上下底边无限接近于界面，长度为Δl。计算此回路上$\boldsymbol{H}$的环量并应用关于$\boldsymbol{H}$的环量方程。注意到回路侧边长度趋于零而上下底边可视为均匀场中的直线，有

$$\oint_L \boldsymbol{H}\cdot d\boldsymbol{l}=\boldsymbol{H}_1\cdot(-\Delta\boldsymbol{l})+\boldsymbol{H}_2\cdot\Delta\boldsymbol{l}=(\boldsymbol{H}_2-\boldsymbol{H}_1)\cdot\Delta\boldsymbol{l}$$
$$=\int_{S_L}(\boldsymbol{j}_f+\partial\boldsymbol{D}/\partial t)\cdot d\boldsymbol{s}$$

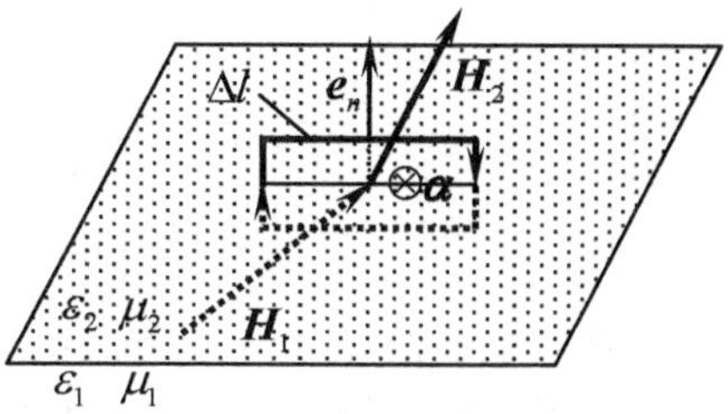

图 3.6.2

分别考虑上式右边的面积分。对于第一项积分，因为电流可以沿界面分布（在图中回路的中截线上分布），所以当上下底边无限接近于界面时，此项可以不为零，其积分值为

$$\int_{S_L}\boldsymbol{j}_f\cdot d\boldsymbol{s}=(\boldsymbol{\alpha}_f\times\boldsymbol{e}_n)\cdot\Delta\boldsymbol{l}$$

对于第二项积分，因为$\partial\boldsymbol{D}/\partial t$是体分布（在图中回路所包围的面上分布），且$\partial\boldsymbol{D}/\partial t$大小有限，所以当上下底边无限接近于界面时，此项面积分趋于零。由此可得

$$(\boldsymbol{H}_2-\boldsymbol{H}_1)\cdot\Delta\boldsymbol{l}=(\boldsymbol{\alpha}_f\times\boldsymbol{e}_n)\cdot\Delta\boldsymbol{l}$$

使用下标符号“//”和“⊥”分别表示沿着界面的分量和沿着法向的分量。考虑到$\Delta\boldsymbol{l}$的任意性并且$\boldsymbol{\alpha}_f\times\boldsymbol{e}_n$的方向沿着界面，所以有$(\boldsymbol{H}_2-\boldsymbol{H}_1)_{//}=\boldsymbol{\alpha}_f\times\boldsymbol{e}_n$。利用$(\boldsymbol{H}_2-\boldsymbol{H}_1)_{\perp}\times\boldsymbol{e}_n=0$，有

$$(\boldsymbol{H}_2-\boldsymbol{H}_1)\times\boldsymbol{e}_n=[(\boldsymbol{H}_2-\boldsymbol{H}_1)_{\perp}+(\boldsymbol{H}_2-\boldsymbol{H}_1)_{//}]\times\boldsymbol{e}_n$$
$$=(\boldsymbol{H}_2-\boldsymbol{H}_1)_{//}\times\boldsymbol{e}_n=(\boldsymbol{\alpha}_f\times\boldsymbol{e}_n)\times\boldsymbol{e}_n=(\boldsymbol{\alpha}_f\cdot\boldsymbol{e}_n)\boldsymbol{e}_n-(\boldsymbol{e}_n\cdot\boldsymbol{e}_n)\boldsymbol{\alpha}_f$$

显然，$\boldsymbol{e}_n\cdot\boldsymbol{e}_n=1$，$\boldsymbol{\alpha}_f\cdot\boldsymbol{e}_n=0$，所以$\boldsymbol{H}$的切向边值关系写为

$$\boldsymbol{e}_n\times(\boldsymbol{H}_2-\boldsymbol{H}_1)=\boldsymbol{\alpha}_f \tag{3.6.7}$$

在上面所取的小闭合回路上，应用关于$\boldsymbol{M}$的环量方程，经过相似的分析和计算，可得$\boldsymbol{M}$的切向边值关系

$$\boldsymbol{e}_n\times(\boldsymbol{M}_2-\boldsymbol{M}_1)=\boldsymbol{\alpha}_m \tag{3.6.8}$$

把$\boldsymbol{M}=(\mu_r-1)\boldsymbol{H}$和$\boldsymbol{B}=\mu_0\mu_r\boldsymbol{H}$代入以上两式并整理可得$\boldsymbol{B}$的切向边值关系为

$$\boldsymbol{e}_n\times(\boldsymbol{B}_2-\boldsymbol{B}_1)=\mu_0(\boldsymbol{\alpha}_f+\boldsymbol{\alpha}_m) \tag{3.6.9}$$

同样的道理，在上面所取的小闭合回路上，应用关于$\boldsymbol{E}$的环量方程，经过相似的分析和计算，可得$\boldsymbol{E}$的切向边值关系

$$\boldsymbol{e}_n\times(\boldsymbol{E}_2-\boldsymbol{E}_1)=0 \tag{3.6.10}$$

此式表明，电场强度的切向分量总是连续的。

三、电磁场边值关系的总结

法向边值关系：

$$\boldsymbol{e}_n\cdot(\boldsymbol{D}_2-\boldsymbol{D}_1)=\sigma_f\text{；}\quad \boldsymbol{e}_n\cdot(\boldsymbol{E}_2-\boldsymbol{E}_1)=\frac{1}{\varepsilon_0}(\sigma_f+\sigma_P)\text{；}\quad \boldsymbol{e}_n\cdot(\boldsymbol{B}_2-\boldsymbol{B}_1)=0$$

切向边值关系：

$$\boldsymbol{e}_n\times(\boldsymbol{H}_2-\boldsymbol{H}_1)=\boldsymbol{\alpha}_f\text{；}\quad \boldsymbol{e}_n\times(\boldsymbol{B}_2-\boldsymbol{B}_1)=\mu_0(\boldsymbol{\alpha}_f+\boldsymbol{\alpha}_m)\text{；}\quad \boldsymbol{e}_n\times(\boldsymbol{E}_2-\boldsymbol{E}_1)=0$$

辅助边值关系：

$$e_n\cdot(P_2-P_1)=-\sigma_P\ ;\quad e_n\times(M_2-M_1)=\alpha_m\ ;\quad e_n\cdot(j_2-j_1)=-\frac{\partial\sigma}{\partial t}$$

3.7 电磁场的物质性

我们在前面几节中讨论了由实验现象总结出的电磁基本规律：电荷守恒定律、麦克斯韦方程组和洛伦兹力公式。本节从这些基本规律出发揭示电磁场的物质性。

物质是不以人的主观意志为转移而客观存在的。人类已经认识到物质的两种存在形态：粒子和场。之所以说场是物质，是因为场具有物质的共有属性：能量、动量和质量。电磁场具有能量、动量和质量，所以电磁场也是物质。

一、电磁场的能量

为什么说电磁场有能量呢？通过电磁力做功可以说明这一点。把电荷系统置于电磁场中，此系统受到电磁力的作用。若电荷系统运动，则电磁力做功。若电磁力做正功，则电荷系统能量增加。根据能量守恒定律，电荷系统增加的能量必定是由其它能量转化而来。很自然地联想到这些能量来自于电磁场。下面研究电磁场的能量关系。

作用在电荷系统上的洛伦兹力的力密度为

$$f=\rho(E+v\times B)$$

式中：ρ 为电荷体密度；v 为电荷的定向漂移速度。此力所产生的功率密度为

$$f\cdot v=\rho(E+v\times B)\cdot v=\rho v\cdot E$$

因为$\rho v=j$，$\nabla\times H=j+\partial D/\partial t$，所以

$$f\cdot v=(\nabla\times H)\cdot E-\frac{\partial D}{\partial t}\cdot E$$

利用公式$\nabla\cdot(E\times H)=(\nabla\times E)\cdot H-(\nabla\times H)\cdot E$，上式改写为

$$f\cdot v=(\nabla\times E)\cdot H-\nabla\cdot(E\times H)-\frac{\partial D}{\partial t}\cdot E$$

因为$\nabla\times E=-\partial B/\partial t$，所以又写出

$$f\cdot v+\nabla\cdot(E\times H)=-\left(\frac{\partial B}{\partial t}\cdot H+\frac{\partial D}{\partial t}\cdot E\right)$$

定义一个与电磁场量有关的物理量w，使得

$$\frac{\partial w}{\partial t}=\frac{\partial B}{\partial t}\cdot H+\frac{\partial D}{\partial t}\cdot E$$

可得

$$f\cdot v+\nabla\cdot(E\times H)=-\frac{\partial w}{\partial t}\qquad(3.7.1)$$

上式两边对区域V 积分，并对左边第二项用高斯公式化为V 的闭合界面上的面积分：

$$\int_V f\cdot v\mathrm{d}V+\oint_S(E\times H)\cdot\mathrm{d}s=-\frac{\mathrm{d}}{\mathrm{d}t}\int_V w\mathrm{d}V\qquad(3.7.2)$$

对于上式，如果从能量的观点出发，容易理解为：左边第一项是V内的电磁场在单位时间内对电荷系统所做的功，也等于单位时间内由于做功而损失的电磁场能；左边第二项是V的界面上电磁场量的面积分，并且也具有功率的量纲，可以理解为单位时间内从界面上流出去的电磁场能。此两项之和就是单位时间内电磁场能的总损失量。根据能量守恒定律可知，上式右边应该是区域V内的电磁场能在单位时间内的减少量。所以，式(3.7.2)就是**电磁场的能量守恒积分关系式**。并且由此式可定义能量密度和能流密度。

1. 能量密度

如上所述，式(3.7.2)右边表示区域V内的电磁场能在单位时间内的减少量，所以被积函数w表示**单位体积内的电磁场能，称为能量密度**。能量密度的一般定义为

$$\frac{\partial w}{\partial t}=\frac{\partial \boldsymbol{B}}{\partial t}\cdot\boldsymbol{H}+\frac{\partial \boldsymbol{D}}{\partial t}\cdot\boldsymbol{E} \tag{3.7.3}$$

下面求**各向同性均匀线性介质**中电磁场的能量密度公式。先写出

$$\frac{\partial}{\partial t}(\boldsymbol{D}\cdot\boldsymbol{E})=\frac{\partial \boldsymbol{D}}{\partial t}\cdot\boldsymbol{E}+\boldsymbol{D}\cdot\frac{\partial \boldsymbol{E}}{\partial t} \tag{3.7.4}$$

对于各向同性均匀线性介质，有$\boldsymbol{D}=\varepsilon\boldsymbol{E}$，容易写出

$$\boldsymbol{D}\cdot\frac{\partial \boldsymbol{E}}{\partial t}=\varepsilon\boldsymbol{E}\cdot\frac{\partial \boldsymbol{E}}{\partial t}=\boldsymbol{E}\cdot\frac{\partial(\varepsilon\boldsymbol{E})}{\partial t}=\frac{\partial \boldsymbol{D}}{\partial t}\cdot\boldsymbol{E} \tag{3.7.5}$$

把式(3.7.5)代入式(3.7.4)可得

$$\frac{\partial \boldsymbol{D}}{\partial t}\cdot\boldsymbol{E}=\frac{1}{2}\frac{\partial}{\partial t}(\boldsymbol{D}\cdot\boldsymbol{E}) \tag{3.7.6}$$

同理，因为$\boldsymbol{B}=\mu\boldsymbol{H}$，有

$$\frac{\partial \boldsymbol{B}}{\partial t}\cdot\boldsymbol{H}=\frac{1}{2}\frac{\partial}{\partial t}(\boldsymbol{B}\cdot\boldsymbol{H}) \tag{3.7.7}$$

把式(3.7.6)和式(3.7.7)代入式(3.7.3)可得

$$\frac{\partial w}{\partial t}=\frac{\partial}{\partial t}\left[\frac{1}{2}(\boldsymbol{B}\cdot\boldsymbol{H}+\boldsymbol{D}\cdot\boldsymbol{E})\right]$$

所以，对于各项同性均匀线性介质，电磁场的能量密度为

$$w=\frac{1}{2}(\boldsymbol{B}\cdot\boldsymbol{H}+\boldsymbol{D}\cdot\boldsymbol{E}) \tag{3.7.8}$$

2. 能流密度

如前所述，式(3.7.2)左边第二项是单位时间从界面上流出去的电磁场能，此项的被积函数表示**单位时间垂直通过单位面积的电磁场能，称为能流密度。**其表示式为

$$\boldsymbol{S}=\boldsymbol{E}\times\boldsymbol{H} \tag{3.7.9}$$

上式表明，电磁场能量流动的方向垂直于$\boldsymbol{E}$，也垂直于$\boldsymbol{H}$，并且$\boldsymbol{E}$、$\boldsymbol{H}$和$\boldsymbol{S}$三者成右手螺旋关系。$\boldsymbol{S}$又称为坡印廷(Poynting)矢量。

定义了能量密度和能流密度后，可以把电磁场**能量守恒定律的微分形式**表示为

$$\boldsymbol{j}\cdot\boldsymbol{E}+\nabla\cdot\boldsymbol{S}=-\frac{\partial w}{\partial t} \tag{3.7.10}$$

大量的实验事实证明，以上所给出的能量密度和能流密度表达式以及能量守恒定律

关系式是正确的。

二、电磁场的动量

电磁场不但有能量，而且有动量。其最直接的实验证据就是光压实验。当然，通过电磁力也可以说明这一点。把电荷系统置于电磁场中，此系统受到电磁力的作用，则电荷系统的动量发生改变。根据动量守恒定律，电荷系统动量的增量必定来源于其它系统的动量，很自然地联想到这个其它系统就是电磁场。下面使用和前面相似的方法研究电磁场的动量关系。为了避免由于介质的存在而引起的复杂性，我们只研究真空中存在自由电荷的情形，即只研究电磁场和自由电荷之间的相互作用。此情形下适用的方程组是真空中的麦克斯韦方程组。

研究区域V内的电荷系统受到的电磁力。作用在电荷系统上的洛伦兹力的密度为

$$\boldsymbol{f}=\rho_f\boldsymbol{E}+\boldsymbol{j}_f\times\boldsymbol{B}$$

式中，ρ_f为自由电荷体密度；$\boldsymbol{j}_f$为自由电流密度。应用麦克斯韦方程组把上式中的电荷、电流换成电磁场量。因为$\varepsilon_0\nabla\cdot\boldsymbol{E}=\rho_f$，$(\nabla\times\boldsymbol{B})=\mu_0(\boldsymbol{j}_f+\varepsilon_0\partial\boldsymbol{E}/\partial t)$，所以

$$\boldsymbol{f}=\varepsilon_0(\nabla\cdot\boldsymbol{E})\boldsymbol{E}+\frac{1}{\mu_0}(\nabla\times\boldsymbol{B})\times\boldsymbol{B}-\varepsilon_0\frac{\partial\boldsymbol{E}}{\partial t}\times\boldsymbol{B}$$

利用$\nabla\cdot\boldsymbol{B}=0$、$\nabla\times\boldsymbol{E}=-\partial\boldsymbol{B}/\partial t$把上式写成对称形式

$$\boldsymbol{f}=\varepsilon_0(\nabla\cdot\boldsymbol{E})\boldsymbol{E}+\frac{1}{\mu_0}(\nabla\cdot\boldsymbol{B})\boldsymbol{B}+\varepsilon_0(\nabla\times\boldsymbol{E})\times\boldsymbol{E}+\frac{1}{\mu_0}(\nabla\times\boldsymbol{B})\times\boldsymbol{B}$$
$$-\varepsilon_0\boldsymbol{E}\times\frac{\partial\boldsymbol{B}}{\partial t}-\varepsilon_0\frac{\partial\boldsymbol{E}}{\partial t}\times\boldsymbol{B}\tag{3.7.11}$$

因为

$$(\nabla\times\boldsymbol{E})\times\boldsymbol{E}=(\boldsymbol{E}\cdot\nabla)\boldsymbol{E}-\frac{1}{2}\nabla E^2$$

$$(\nabla\times\boldsymbol{B})\times\boldsymbol{B}=(\boldsymbol{B}\cdot\nabla)\boldsymbol{B}-\frac{1}{2}\nabla B^2$$

$$(\boldsymbol{E}\times\frac{\partial\boldsymbol{B}}{\partial t}+\frac{\partial\boldsymbol{E}}{\partial t}\times\boldsymbol{B})=\frac{\partial}{\partial t}(\boldsymbol{E}\times\boldsymbol{B})$$

代入式（3.7.11）可得

$$\boldsymbol{f}=\varepsilon_0[(\nabla\cdot\boldsymbol{E})\boldsymbol{E}+(\boldsymbol{E}\cdot\nabla)\boldsymbol{E}]+\frac{1}{\mu_0}[(\nabla\cdot\boldsymbol{B})\boldsymbol{B}+(\boldsymbol{B}\cdot\nabla)\boldsymbol{B}]$$
$$-\nabla[\frac{1}{2}\varepsilon_0E^2+\frac{1}{2}\frac{B^2}{\mu_0}]-\varepsilon_0\frac{\partial}{\partial t}(\boldsymbol{E}\times\boldsymbol{B})\tag{3.7.12}$$

引入并矢$\boldsymbol{EE}$和$\boldsymbol{BB}$，并矢的散度公式为

$$\nabla\cdot(\boldsymbol{AA})=(\nabla\cdot\boldsymbol{A})\boldsymbol{A}+(\boldsymbol{A}\cdot\nabla)\boldsymbol{A}$$

引入单位并矢$\overleftrightarrow{\boldsymbol{I}}=\boldsymbol{e}_x\boldsymbol{e}_x+\boldsymbol{e}_y\boldsymbol{e}_y+\boldsymbol{e}_z\boldsymbol{e}_z$，并且有

$$\nabla\cdot(\varphi\overleftrightarrow{\boldsymbol{I}})=\nabla\cdot(\varphi\boldsymbol{e}_x\boldsymbol{e}_x+\varphi\boldsymbol{e}_y\boldsymbol{e}_y+\varphi\boldsymbol{e}_z\boldsymbol{e}_z)=\nabla\varphi$$

把（3.7.12）式写为

$$\boldsymbol{f}=\nabla\cdot[\varepsilon_0\boldsymbol{EE}+\frac{1}{\mu_0}\boldsymbol{BB}-\frac{1}{2}(\varepsilon_0E^2+\frac{B^2}{\mu_0})\overleftrightarrow{\boldsymbol{I}}]-\varepsilon_0\frac{\partial}{\partial t}(\boldsymbol{E}\times\boldsymbol{B}) \tag{3.7.13}$$

令

$$\overleftrightarrow{\boldsymbol{T}}=\frac{1}{2}(\varepsilon_0E^2+\frac{B^2}{\mu_0})\overleftrightarrow{\boldsymbol{I}}-\varepsilon_0(\boldsymbol{EE}+\frac{1}{\mu_0}\boldsymbol{BB}) \tag{3.7.14}$$

$$\boldsymbol{g}=\varepsilon_0\boldsymbol{E}\times\boldsymbol{B} \tag{3.7.15}$$

把式（3.7.13）写为

$$\boldsymbol{f}+\nabla\cdot\overleftrightarrow{\boldsymbol{T}}=-\frac{\partial\boldsymbol{g}}{\partial t} \tag{3.7.16}$$

把上式两边在区域V内积分并利用高斯定理把左边第二项化为面积分

$$\int_V\boldsymbol{f}\mathrm{d}V+\oint_{SV}\overleftrightarrow{\boldsymbol{T}}\cdot\mathrm{d}\boldsymbol{s}=-\frac{\mathrm{d}}{\mathrm{d}t}\int_V\boldsymbol{g}\mathrm{d}V \tag{3.7.17}$$

对于式（3.7.17），如果从动量的观点出发，容易理解为：左边第一项是V内的电磁场在单位时间内传递给电荷系统的动量；左边第二项是V的界面上电磁场量的面积分，并且也具有力的量纲，可以理解为单位时间内从界面上流出去的电磁场动量。此两项之和就是单位时间内电磁场动量的总损失量。根据动量守恒定律可知，上式右边应该是区域V内的电磁场动量在单位时间内的减少量。所以，式（3.7.17）就是**电磁场动量守恒的积分关系式**。并且由此式可知：$\boldsymbol{g}$代表电磁场的**动量密度，表示单位体积内的电磁场动量**；$\overleftrightarrow{\boldsymbol{T}}$代表电磁场的**动量流密度，表示单位时间垂直流过单位面积的动量**。也可以用力的概念理解为：$\overleftrightarrow{\boldsymbol{T}}$表示**在界面上区域$V$内的电磁场作用于$V$外系统的单位面积上的张力**。所以$\overleftrightarrow{\boldsymbol{T}}$又称为**电磁场的张力张量**。式（3.7.16）是**电磁场动量守恒的微分关系式**。

例 试讨论置于静电场中的导体所受到的力。

【解】 对于静电场，$\boldsymbol{B}=0$。张力张量为

$$\overleftrightarrow{\boldsymbol{T}}=\frac{1}{2}(\varepsilon_0E^2+\frac{B^2}{\mu_0})\overleftrightarrow{\boldsymbol{I}}-\varepsilon_0(\boldsymbol{EE}+\frac{1}{\mu_0}\boldsymbol{BB})=\frac{1}{2}\varepsilon_0E^2\overleftrightarrow{\boldsymbol{I}}-\varepsilon_0\boldsymbol{EE}$$

设导体表面外法向的单位矢为$\boldsymbol{e}_n$。在导体外面，$\boldsymbol{E}\parallel\boldsymbol{e}_n$。在导体内部，$\boldsymbol{E}=0$。则导体外的电场对单位导体表面的静电力为

$$\boldsymbol{f}=\overleftrightarrow{\boldsymbol{T}}\cdot(-\boldsymbol{e}_n)=-\frac{1}{2}\varepsilon_0E^2\overleftrightarrow{\boldsymbol{I}}\cdot\boldsymbol{e}_n+\varepsilon_0\boldsymbol{EE}\cdot\boldsymbol{e}_n=-\frac{1}{2}\varepsilon_0E^2\boldsymbol{e}_n+\varepsilon_0E^2\boldsymbol{e}_n=\frac{1}{2}\varepsilon_0E^2\boldsymbol{e}_n$$

利用电场边界条件得$\sigma_f=\varepsilon_0\boldsymbol{e}_n\cdot(\boldsymbol{E}-0)=\varepsilon_0E$，所以导体所受到的静电力也可表示为

$$\boldsymbol{f}=\frac{1}{2}\sigma_fE\boldsymbol{e}_n=\frac{1}{2\varepsilon_0}\sigma_f^2\boldsymbol{e}_n$$

内容提要

一、电荷守恒定律

$$\nabla\cdot\boldsymbol{j}+\frac{\partial\rho}{\partial t}=0$$

二、真空中静电力和静磁力的实验规律

1. 库仑定律

$$\boldsymbol{F}=\frac{1}{4\pi\varepsilon_0}\frac{Qq_0}{|\boldsymbol{r}-\boldsymbol{r}'|^3}(\boldsymbol{r}-\boldsymbol{r}')=\frac{1}{4\pi\varepsilon_0}\frac{Qq_0}{r''^3}\boldsymbol{r}''$$

2. 安培定律

$$\mathrm{d}\boldsymbol{F}_{12}=\frac{\mu_0}{4\pi}\frac{\boldsymbol{j}_1\times(\boldsymbol{j}_2\times\boldsymbol{r}_{12})}{r_{12}^3}\mathrm{d}V_1\mathrm{d}V_2,\quad \mathrm{d}\boldsymbol{F}_{21}=\frac{\mu_0}{4\pi}\frac{\boldsymbol{j}_2\times[\boldsymbol{j}_1\times(-\boldsymbol{r}_{12})]}{r_{21}^3}\mathrm{d}V_2\mathrm{d}V_1$$

三、介质中的电磁场

1. 介质的极化

$$\rho_P=-\nabla\cdot\boldsymbol{P},\quad \boldsymbol{j}_P=\partial\boldsymbol{P}/\partial t,\quad \boldsymbol{D}=\varepsilon_0\boldsymbol{E}+\boldsymbol{P}$$

2. 介质的磁化

$$\boldsymbol{j}_m=\nabla\times\boldsymbol{M},\quad \boldsymbol{H}=\frac{\boldsymbol{B}}{\mu_0}-\boldsymbol{M}$$

3. 介质中的传导

$$\boldsymbol{j}_f=\sigma_e\boldsymbol{E}$$

四、麦克斯韦方程组以及辅助方程

$$\nabla\cdot\boldsymbol{D}=\rho_f,\quad \nabla\times\boldsymbol{E}=-\frac{\partial\boldsymbol{B}}{\partial t},\quad \nabla\cdot\boldsymbol{B}=0,\quad \nabla\times\boldsymbol{H}=\boldsymbol{j}_f+\frac{\partial\boldsymbol{D}}{\partial t}$$

对于各向同性均匀线性介质：$\boldsymbol{D}=\varepsilon\boldsymbol{E}$，$\boldsymbol{B}=\mu\boldsymbol{H}$，$\boldsymbol{j}_f=\sigma_e\boldsymbol{E}$

在上式中令 $\varepsilon_r=1$，$\mu_r=1$，可得真空情形下的方程。

五、电磁场的边值关系

法向边值关系： $\boldsymbol{e}_n\cdot(\boldsymbol{D}_2-\boldsymbol{D}_1)=\sigma_f$，$\boldsymbol{e}_n\cdot(\boldsymbol{E}_2-\boldsymbol{E}_1)=\dfrac{1}{\varepsilon_0}(\sigma_f+\sigma_P)$，$\boldsymbol{e}_n\cdot(\boldsymbol{B}_2-\boldsymbol{B}_1)=0$

切向边值关系： $\boldsymbol{e}_n\times(\boldsymbol{H}_2-\boldsymbol{H}_1)=\boldsymbol{\alpha}_f$，$\boldsymbol{e}_n\times(\boldsymbol{B}_2-\boldsymbol{B}_1)=\mu_0(\boldsymbol{\alpha}_f+\boldsymbol{\alpha}_m)$，$\boldsymbol{e}_n\times(\boldsymbol{E}_2-\boldsymbol{E}_1)=0$

辅助边值关系： $\boldsymbol{e}_n\cdot(\boldsymbol{P}_2-\boldsymbol{P}_1)=-\sigma_P$，$\boldsymbol{e}_n\times(\boldsymbol{M}_2-\boldsymbol{M}_1)=\boldsymbol{\alpha}_m$，$\boldsymbol{e}_n\cdot(\boldsymbol{j}_2-\boldsymbol{j}_1)=-\dfrac{\partial\sigma}{\partial t}$

六、电磁场的物质性

1. 电磁场的能量

能量密度： $\dfrac{\partial w}{\partial t}=\dfrac{\partial\boldsymbol{B}}{\partial t}\cdot\boldsymbol{H}+\dfrac{\partial\boldsymbol{D}}{\partial t}\cdot\boldsymbol{E}$（一般定义）

$$w=\frac{1}{2}(\boldsymbol{B}\cdot\boldsymbol{H}+\boldsymbol{D}\cdot\boldsymbol{E})\text{（各向同性均匀线性介质）}$$

能流密度： $\boldsymbol{S}=\boldsymbol{E}\times\boldsymbol{H}$

能量守恒定律： $\boldsymbol{j}\cdot\boldsymbol{E}+\nabla\cdot\boldsymbol{S}=-\dfrac{\partial w}{\partial t}$

2. 电磁场的动量（对于真空中只存在自由电荷的情形）

动量密度： $\boldsymbol{g}=\varepsilon_0\boldsymbol{E}\times\boldsymbol{B}$

张力张量（动量流密度）：$\overleftrightarrow{T}=\frac{1}{2}(\varepsilon_0E^2+\frac{B^2}{\mu_0})\overleftrightarrow{I}-\varepsilon_0(\boldsymbol{EE}+\frac{1}{\mu_0}\boldsymbol{BB})$

动量守恒定律： $\boldsymbol{f}+\nabla\cdot\overleftrightarrow{T}=-\frac{\partial\boldsymbol{g}}{\partial t}$

习　　题

3.1　一个半径为 R 的均匀带电球面，带电量为 Q。

（1）求空间各点的场强分布；

（2）求空间各点场强的散度和旋度；

（3）证明球面两侧场强的突变可表示为 σ_f/ε_0（其中 σ_f 是球面自由电荷面密度）。

3.2　介质球壳内外半径分别为 R_1 和 R_2，介电常数为 ε。此球壳均匀带电，电荷密度为 ρ。

（1）求空间各点的场强分布；

（2）求空间各点场强的散度和旋度。

3.3　试证明真空中两个稳恒电流圈之间的磁相互作用力遵守牛顿第三定律。

3.4　一根无限长空心圆柱形导体，其内外半径分别为 R_1 和 R_2。导体的磁导率为 μ。沿圆柱轴线方向流有自由电流，此电流在横截面上均匀分布，电流密度为 $\boldsymbol{j}_f$。

（1）求空间各点磁感应强度的分布；

（2）求空间各点磁感应强度的散度和旋度。

3.5　试证明麦克斯韦方程组中蕴含了电荷守恒定律。

3.6　将一个平板电容器接入交流电路中，极板上的电量 Q 随时间的变化规律为：$Q=Q_0\sin\omega t$。其中 Q_0 和 ω 是与时间 t 无关的常量。设极板面积为 S，电荷在极板上均匀分布并略去边缘效应。

（1）求电容器内位移电流密度 $\boldsymbol{j}_d$ 的大小；

（2）证明电容器内的位移电流强度 I_d 等于导线中的传导电流强度 I_f。

3.7　各向同性均匀线性介质的介电常数为 ε，介质内部各点的自由电荷体密度为 ρ_f，极化电荷体密度为 ρ_P。试证明：$\frac{\rho_P}{\rho_f}=-(1-\frac{\varepsilon_0}{\varepsilon})$。

3.8　一个介质球壳的内外半径分别为 R_1 和 R_2，介电常数为 ε。此球壳均匀带有自由电荷，其自由电荷体密度为 ρ_f。求介质内部极化电荷体密度 ρ_P 和介质表面极化电荷面密度 σ_P 的分布。

3.9　一根无限长空心圆柱形导体，其内外半径分别为 R_1 和 R_2。导体的磁导率为 μ。沿圆柱轴线方向流有自由电流，此电流在横截面上均匀分布，电流密度为 $\boldsymbol{j}_f$。求导体内部各点磁化电流密度 $\boldsymbol{j}_m$ 和导体内外表面磁化面电流的线密度 $\boldsymbol{\alpha}_m$ 的分布。

3.10　试证明：（1）在静电场的情形下，导体表面外侧的电力线总是垂直于导体表面；

（2）在稳恒电流的情形下，导体表面内侧的电力线总是平行于导体表面。

3.11　在平行板电容器内充满两层厚度均匀的平行板介质，介质板平面与电容器极板平面平行。两层介质的厚度分别为 d_1 和 d_2，介电常数分别为 ε_1 和 ε_2，电导率分别为 σ_{e1} 和 σ_{e2}。电容器两个极板上所加的稳恒电压为V。若忽略边缘效应，求：

（1）两种介质中的电场强度的大小；

（2）电容器内电流密度的大小；

（3）两种介质交界面上的自由电荷面密度和极化电荷面密度。

3.12 一根无限长圆柱形导线，半径为R，电导率为σ_e。沿导线轴线方向通有电流强度为I的稳恒电流，此电流在横截面上均匀分布。在导线表面还有均匀分布的面电荷，单位长度导线的带电量为λ。

（1）求导线表面的能流密度S；

（2）证明：由导线表面进入导线内的电磁场能量等于导线内的焦耳热损耗。

3.13 一根同轴电缆，内导体的半径为R_1，外导体的内半径为R_2，外半径为R_3。假设内外导体间为真空，导体可当作是理想导体。内外导体间所加的电压（馈电电压）为V，电流强度为I且在横截面上均匀分布。

（1）求内外导体间的能流密度S；

（2）证明：此电缆的传输功率为$P = IV$。

3.14 半径为R的导体球，带电量为Q。设想把此球分为两半，试求两个半球间的排斥力。

3.15 证明：在只存在静电场和稳恒磁场的区域内，电磁场能流密度矢量在任意闭合曲面上的通量为零。即此种情形下的能流线总是闭合曲线。

第 4 章　稳恒电磁场

在第 3 章中介绍了电磁场的基本理论。本章应用这些基本理论求解稳恒电磁场的问题，即静电场、导体内的稳恒电场和稳恒电流的磁场。

讨论稳恒电磁场的问题具有非常重要的现实意义，因为在生产实践和科学实验中，遇到的许多问题都和稳恒电磁场有关。例如：在许多电子器件中，利用稳恒电磁场来控制电子的运动；在电子显微镜中，利用适当的稳恒电磁场使得电子聚焦成像；在探矿作业中，经常采用电磁勘探法，就是根据地面上测定的稳恒电磁场的分布来估计地下矿体的分布。从这些实际应用中，可以抽象出一个主要问题：给定空间稳恒的电荷、电流分布以及周围的介质和导体分布，如何求解出稳恒电磁场的分布？

在稳恒电磁场的情形下，$\partial \boldsymbol{B}/\partial t=0$，$\partial \boldsymbol{D}/\partial t=0$，麦克斯韦方程组写为

$$\begin{cases}\nabla\cdot\boldsymbol{D}=\rho_f & (1)\\ \nabla\times\boldsymbol{E}=0 & (2)\\ \nabla\cdot\boldsymbol{B}=0 & (3)\\ \nabla\times\boldsymbol{H}=\boldsymbol{j}_f & (4)\end{cases}\tag{4.0.1}$$

此方程组是矢量形式，在有些情况下，直接求解此方程组是比较困难的。所以引入“势”这个物理量。电磁场的势是一个很重要的概念。引入势以后，由麦克斯韦方程组得到关于势的二阶微分方程，由场量的边值关系得到势的边值关系。解出空间的势分布以后，反过来写出电磁场的场量分布。本章将在 4.1 节介绍静电场和稳恒电场的标量势以及在特定条件下稳恒磁场的磁标势。4.2 节介绍场的唯一性定理，用以判断一个问题是否有确定的解。在此基础上，介绍不同条件下求解稳恒场的几种方法：

若所求解的区域 V 内无场源，介质的界面与正交坐标系的坐标面重合，此种情形可用分离变量法。

若所求解的区域 V 内有点电荷，电荷的电量和位置已知，区域的界面是导体或者介质平面、球面或圆柱面，要求出电场的电势分布，此种情形可用电象法。

根据电势叠加原理，任意分布电荷所激发电势可当作点电荷电势的叠加。为此，可以给出区域 V 内的单位点电荷所激发的，满足一定边界条件的电势的一般公式。此种情形可用格林（Green）函数法。

求解稳恒电流激发的磁场的一般方法是矢量势方法。

若在有限大小的区域 V 内，电荷分布（或电流分布）已知，要求出在无界空间中所激发的电场（或磁场），此种情形下，可利用点电荷电势公式（或电流元的矢量势公式），然后采用直接积分法。

若某个小区域 V 内的电荷（或电流）分布已知，而所要求解的是这些电荷（或电流）在远离源区的远处所激发的场，此种情形下采用多级展开法。

4.1 标量势 标势微分方程和边值关系

一、静电场的标量势及其微分方程和边值关系

若空间的电荷分布静止，则 $\boldsymbol{j}=0$。此时空间只存在静电场。由稳恒场的麦克斯韦方程组（4.0.1）写出静电场方程为

$$\begin{cases}\nabla\cdot\boldsymbol{D}=\rho_f & (1)\\ \nabla\times\boldsymbol{E}=0 & (2)\end{cases}\tag{4.1.1}$$

1. 静电场的电势

因为标量场梯度的旋度恒为零，由上式中的第（2）式可知，必定存在以场点位矢 $\boldsymbol{r}$ 为变量的标量函数 $\varphi(\boldsymbol{r})$，使得下式成立：

$$\boldsymbol{E}=-\nabla\varphi\tag{4.1.2}$$

称 φ 为此静电场的电势。式中加“－”号是为了使得引入的 φ 具有单位正电荷的电势能的意义。容易得出

$$\int_{r_1}^{r_2}\boldsymbol{E}\cdot\mathrm{d}\boldsymbol{l}=-\int_{r_1}^{r_2}(\nabla\varphi)\cdot\mathrm{d}\boldsymbol{l}=-\int_{r_1}^{r_2}\mathrm{d}\varphi=-[\varphi(\boldsymbol{r}_2)-\varphi(\boldsymbol{r}_1)]\tag{4.1.3}$$

此式表明，把单位正电荷从 $\boldsymbol{r}_1$ 点移到 $\boldsymbol{r}_2$ 点静电场力所做的功等于此两点电势增量的负值。从上式还可以看出，在电势表达式中任意加上一个与空间坐标无关的常数，仍然描述的是同一个静电场。为了确定起见，在空间选定一个参考点 $\boldsymbol{r}_0$，规定此点为**电势的零点**，即 $\varphi(\boldsymbol{r}_0)=0$，则空间任意点 $\boldsymbol{r}$ 处的**电势定义为**

$$\varphi(\boldsymbol{r})=\int_{r}^{r_0}\boldsymbol{E}\cdot\mathrm{d}\boldsymbol{l}\tag{4.1.4}$$

电势零点的选择原则上是任意的。如果电荷只分布在有限远处，一般选择无穷远处为电势零点。如果处理问题时看做无穷远处有电荷分布（比如无限长均匀带电直线、无限大均匀带电平面等），则只能在有限远处选择一个适当点作为电势零点。

2. 静电场电势的微分方程

由 $\nabla\cdot\boldsymbol{D}=\rho_f$、$\boldsymbol{D}=\varepsilon\boldsymbol{E}$ 和 $\boldsymbol{E}=-\nabla\varphi$ 可得

$$\nabla^2\varphi=-\frac{1}{\varepsilon}\rho_f\tag{4.1.5}$$

上式称为静电场的泊松方程。它适用于各向同性均匀线性介质。若在所研究的区域中无自由电荷，$\rho_f=0$，则把泊松方程改写为拉普拉斯（Laplace）方程：

$$\nabla^2\varphi=0\tag{4.1.6}$$

3. 静电场电势的边值关系

泊松方程和拉普拉斯方程适用于同一种均匀介质。若所研究的区域包含几个均匀的介质分区，还必须给出在介质交界面上电势满足的边值关系。

由电场的切向边值关系 $\boldsymbol{e}_n\times(\boldsymbol{E}_2-\boldsymbol{E}_1)=0$ 可得 $\boldsymbol{e}_n\times(\nabla\varphi_2-\nabla\varphi_1)=0$，即在界面上电势的切向导数满足关系 $\partial(\varphi_2-\varphi_1)/\partial\tau=0$。考虑到界面切向的任意性，必有

$$\varphi_2=\varphi_1\tag{4.1.7}$$

由电场的法向边值关系 $\boldsymbol{e}_n\cdot(\boldsymbol{D}_2-\boldsymbol{D}_1)=\sigma_f$ 可得 $-\boldsymbol{e}_n\cdot(\varepsilon_2\nabla\varphi_2-\varepsilon_1\nabla\varphi_1)=\sigma_f$，即在界面上电势的法向导数满足关系 $\varepsilon_2\partial\varphi_2/\partial n-\varepsilon_1\partial\varphi_1/\partial n=-\sigma_f$。如果两种介质都是**绝缘介质，**则 $\sigma_f=0$，法向边值关系写为

$$\varepsilon_2\frac{\partial\varphi_2}{\partial n}=\varepsilon_1\frac{\partial\varphi_1}{\partial n} \tag{4.1.8}$$

若**第一种介质是导体，第二种介质绝缘，**则 $\boldsymbol{E}_1=-\nabla\varphi_1=0$，边值关系写为

$$\begin{cases}\varphi_2\big|_{\text{导体面}}=\varphi_1(\text{待定常数})\\ -\varepsilon_2\dfrac{\partial\varphi_2}{\partial n}=\sigma_f\end{cases} \tag{4.1.9}$$

在场未解出前，导体表面的自由电荷面密度 σ_f 通常是未知的。所以实际中经常采用的边值关系是上式中第二式的积分形式：

$$-\oint_S\varepsilon_2\frac{\partial\varphi_2}{\partial n}\mathrm{d}s=Q_f \tag{4.1.10}$$

用上述边值关系解出静电场以后，再利用式（4.1.9）给出导体表面的电荷分布。

二、稳恒电场的标量势及其微分方程和边值关系

稳恒电场与静电场的不同之处就在于 $\boldsymbol{j}_f\neq0$。所以稳恒电场总是伴随着载有稳恒电流的导体。导体之外的电场实际上就是静电场。导体内部的电场与静电情形不同。由于要在导体内维持稳恒电流，稳恒电流要产生焦耳热损，所以必须有非静电力做功以提供能量。以非静电力做功的方式提供能量的装置称为电源。

在电源内部，作用在单位正电荷上的非静电力可以等效为非静电场强 $\boldsymbol{E}_k$。设导体内稳恒电场的场强为 $\boldsymbol{E}$，则在电源区以内，电流密度与场强的关系为 $\boldsymbol{j}_f=\sigma_e(\boldsymbol{E}+\boldsymbol{E}_k)$。对于均匀导体，电导率 σ_e 是常数。根据电流的稳恒条件 $\nabla\cdot\boldsymbol{j}_f=0$ 可得：$\nabla\cdot\boldsymbol{E}=-\nabla\cdot\boldsymbol{E}_k$。若要解出电源区以内的场，需要知道电源内非静电力的形式和规律，本书不作研究。我们只研究**电源区以外均匀导体内的稳恒电场**。

1. 稳恒电场的电势

导体内的稳恒电场也是无旋场，$\nabla\times\boldsymbol{E}=0$，所以仍然可以引入电势 φ，有

$$\boldsymbol{E}=-\nabla\varphi \tag{4.1.11}$$

在稳恒电路中，通常选择电源负极、接地点或电器外壳为电势零点。

2. 稳恒电场的电势微分方程

在电源区以外的均匀导体内，有 $\boldsymbol{j}_f=\sigma_e\boldsymbol{E}$，根据电流的稳恒条件 $\nabla\cdot\boldsymbol{j}_f=0$ 可得

$$\nabla\cdot\boldsymbol{E}=0 \tag{4.1.12}$$

把式（4.1.11）代入式（4.1.12）可得稳恒电场的电势微分方程为

$$\nabla^2\varphi=0 \tag{4.1.13}$$

此式表明，**在电源区以外的均匀导体内，稳恒电场的电势总是满足拉普拉斯方程。**

3. 稳恒电场的边值关系

对于切向边值关系，应用 $\boldsymbol{e}_n\times(\boldsymbol{E}_2-\boldsymbol{E}_1)=0$，与静电场的情形完全类似地得到

$$\varphi_2=\varphi_1 \tag{4.1.14}$$

对于法向边值关系，因为σ_f一般不能预先给出，$\boldsymbol{e}_n\cdot(\boldsymbol{D}_2-\boldsymbol{D}_1)=\sigma_f$不好用，所以改用电流密度的法向边值关系$\boldsymbol{e}_n\cdot(\boldsymbol{j}_2-\boldsymbol{j}_1)=-\partial\sigma/\partial t=0$。写出

$$\boldsymbol{e}_n\cdot(\sigma_{e2}\nabla\varphi_2-\sigma_{e1}\nabla\varphi_1)=0$$

即

$$\sigma_{e2}\frac{\partial\varphi_2}{\partial n}=\sigma_{e1}\frac{\partial\varphi_1}{\partial n} \tag{4.1.15}$$

在稳恒电路中，经常用到电源电极表面的边值关系。电极通常是用良导体做成的。对于良导体，$\sigma_e\to\infty$。因为$\boldsymbol{j}_f$有限，根据$\boldsymbol{j}_f=\sigma_e\boldsymbol{E}$可知，在良导体内部必有$\boldsymbol{E}=-\nabla\varphi=0$，即良导体是等势体。注意，在良导体中$\sigma_e\nabla\varphi\neq0$。在式（4.1.14）和式（4.1.15）中，令**第一种导体是电源的电极**，边值关系可以表示为

$$\begin{cases}\varphi_2\big|_{\text{电极面}}=\varphi_1(\text{待定常数})\\ -\int_S\sigma_{e2}\dfrac{\partial\varphi_2}{\partial n}\mathrm{d}s=I_f\end{cases} \tag{4.1.16}$$

注意，边值关系中的法向总是由第一种介质指向第二种介质。在实际问题中，上式中的两个边值关系可以只给出其中之一。

三、稳恒磁场的磁标势及其微分方程和边值关系

1. 引入磁场标量势的条件

在稳恒场的麦克斯韦方程组中，稳恒磁场的方程为

$$\begin{cases}\nabla\cdot\boldsymbol{B}=0 & (1)\\ \nabla\times\boldsymbol{H}=\boldsymbol{j}_f & (2)\end{cases} \tag{4.1.17}$$

显然，若$\boldsymbol{j}_f\neq0$，则$\boldsymbol{H}$是有旋场，不能够把$\boldsymbol{H}$表示为标量场的梯度。如果把载有自由电流$\boldsymbol{j}_f$的导线从区域中挖去，在剩余的区域内，有$\nabla\times\boldsymbol{H}=0$。此时是否可以把$\boldsymbol{H}$表示为标量场的梯度呢？回答是：仍然不一定！标量势存在定理的准确表述是：若某个矢量场在**单连通**区域是无旋场，则此矢量场必定可以表示为标量场的梯度。这里的单连通区域是指：在区域内过任意一点所作的任意一条闭合曲线都可以连续地缩向该点。如图 4.1.1 所示，空间有一根无限长载流直导线，显然，在包含此导线的空间内不能定义磁场的标量势。若仅仅把导线挖去，在剩余空间内过任意点c点作如图示闭合回路$acba$，此回路不能连续地缩向c点，所以此剩余空间不是单连通区域。在$acba$上$\boldsymbol{H}$的环量为$\oint_{acba}\boldsymbol{H}\cdot\mathrm{d}\boldsymbol{l}=I_f\neq0$，所以仍然不能定义磁场的标量势。若把连同导线的半无限大平面薄层挖去，在剩余空间内过任意点c作如图示任意闭合回路$acbc'a$，此回路总可以连续地缩向c点，所以此剩余空间是单连通区域。在此区域内总有$\nabla\times\boldsymbol{H}=0$，且在任意闭合回路$acbc'a$上$\boldsymbol{H}$的环量为$\oint_{acbc'a}\boldsymbol{H}\cdot\mathrm{d}\boldsymbol{l}=0$，所以在此区域内可定义磁场标量势。

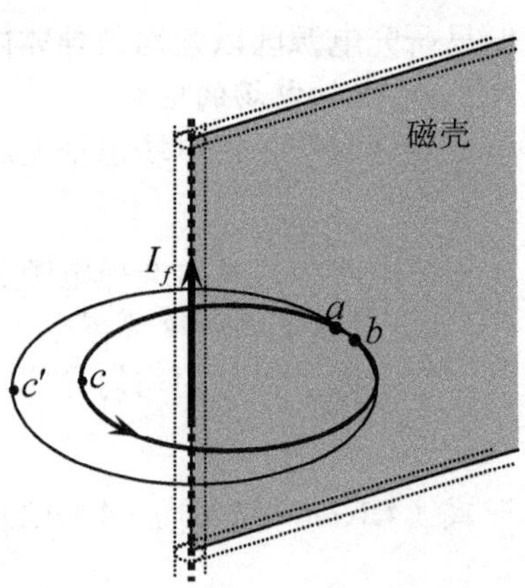

图 4.1.1

总之，**在去掉自由电流的单连通区域**，总可以定义磁标势。

对于永久磁铁所产生的磁场，场源是磁化电流。从稳恒磁场方程（4.1.17）的第二式可知，磁化电流对 $\boldsymbol{H}$ 的环量无贡献。所以，**只存在永久磁铁而无自由电流的全空间（包括永久磁铁内部）都是单连通区域，可以定义磁标势**。实际上引入磁标势的一个重要目的就是用来求解永久磁铁的磁场。

2. *磁标势的定义及其微分方程　磁荷*

综上所述，在去掉自由电流的单连通区域，存在磁标势 φ_m，使得

$$\boldsymbol{H}=-\nabla\varphi_m \tag{4.1.18}$$

从图 4.1.1 可以看出，构造单连通区域相当于用一个面切断了 $\boldsymbol{H}$ 线，使得看起来 $\boldsymbol{H}$ 线“源”于此面的一侧而“汇”于另一侧。或者说形式上把 $\boldsymbol{H}$ 场由横场转化为纵场（注意，此时 $\boldsymbol{B}$ 场仍然是横场，因为 $\boldsymbol{B}$ 线仍然是闭合曲线）。既然如此，有必要找出 $\boldsymbol{H}$ 线的散度与其“源”强度或“汇”强度的关系式。此时不使用 $\boldsymbol{B}=\mu\boldsymbol{H}$。一方面，因为引入磁标势的一个重要目的是研究永久磁铁的磁场，而对于永久磁铁，此关系式不成立，必须用磁化曲线和磁滞回线来描述其磁化特性。另一方面，若使用此式而 μ 是常数，必将由 $\boldsymbol{B}$ 的散度为零导出 $\boldsymbol{H}$ 的散度为零的结论，这样就达不到寻找源强度的目的。为此，考虑 $\boldsymbol{H}$ 的一般定义式：

$$\boldsymbol{H}=\frac{1}{\mu_0}(\boldsymbol{B}-\mu_0\boldsymbol{M})$$

对上式两边取散度并利用 $\nabla\cdot\boldsymbol{B}=0$，可得

$$\nabla\cdot\boldsymbol{H}=-\nabla\cdot\boldsymbol{M}$$

把上式与电场强度的散度对比一下：

$$\nabla\cdot\boldsymbol{E}=\frac{1}{\varepsilon_0}(\rho_f+\rho_P)=\frac{1}{\varepsilon_0}(\rho_f-\nabla\cdot\boldsymbol{P})$$

很自然地把 $-\mu_0\nabla\cdot\boldsymbol{M}$ 当作 $\boldsymbol{H}$ 线的源强度，称为“磁荷”密度，记为

$$\rho_m=-\mu_0\nabla\cdot\boldsymbol{M} \tag{4.1.19}$$

可得

$$\nabla\cdot\boldsymbol{H}=\frac{1}{\mu_0}\rho_m \tag{4.1.20}$$

在以上两式中放入 μ_0 是为了所得到的磁标势方程与静电场的标量势方程形式上对称。

把 $\rho_m=-\mu_0\nabla\cdot\boldsymbol{M}$ 与电极化方程 $\rho_P=-\nabla\cdot\boldsymbol{P}$ 对比可得，介质的磁化过程也可以用磁荷的概念描述为：一个分子电流圈等效为一对正负磁荷构成的一个磁偶极子，这些磁偶极子在外磁场中受到磁力矩的作用而有序排列，从而在介质内部或表面出现未被中和的净磁荷，这些净磁荷成为 $\boldsymbol{H}$ 线的“源”和“汇”。在图 4.1.1 中，为了构建单连通区域而挖去一个薄层平面，就相当于插入一块半无限大的薄平面形磁铁，其上的所有分子电流叠加而出现的磁化电流就相当于无限长直载流导线中的电流。所以形象地把挖去的薄层平面称为“磁壳”。磁壳的一侧带正磁荷而另一侧带负磁荷，$\boldsymbol{H}$ 线“源”于正磁荷 a 点而“汇”于负磁荷 b 点。与一个闭合电流圈等效的磁壳就是以闭合导线为边界的任意薄壳形磁铁。通过比较，我们也理解了把小闭合电流圈称为磁偶极子，把 $\boldsymbol{H}$ 称为磁场强度的原因。通过以上对比还可得知，与极化电荷对应的是磁化磁荷，但是不存在与自由

电荷对应的自由磁荷（正负分离的磁单极子）。到目前为止，还没有发现磁单极子的实验证据。当然，从上面的叙述已经得知，“磁荷”的概念只是分子电流圈的假想模型。

利用高斯公式把式（4.1.19）写成积分形式并应用于两种介质的界面，可得磁壳表面的磁荷面密度为

$$\sigma_m = -\mu_0 \boldsymbol{e}_n \cdot (\boldsymbol{M}_2 - \boldsymbol{M}_1) \tag{4.1.21}$$

把磁标势的定义式（4.1.18）代入 $\boldsymbol{H}$ 的散度式（4.1.20）可得

$$\nabla^2 \varphi_m = -\frac{1}{\mu_0}\rho_m \tag{4.1.22}$$

3. 磁标势的边值关系

对于切向边值关系，应用 $\boldsymbol{e}_n \times (\boldsymbol{H}_2 - \boldsymbol{H}_1) = \boldsymbol{\alpha}_f$。因为所研究的区域是去掉自由电流的单连通区域，所以 $\boldsymbol{\alpha}_f = 0$。与静电场的情形完全类似，容易得到

$$\varphi_{m2} = \varphi_{m1} \tag{4.1.23}$$

对于法向边值关系，应用 $\boldsymbol{e}_n \cdot (\boldsymbol{B}_2 - \boldsymbol{B}_1) = 0$、$\boldsymbol{B} = \mu_0(\boldsymbol{H} + \boldsymbol{M})$ 和 $\boldsymbol{H} = -\nabla\varphi_m$，写出

$$\boldsymbol{e}_n \cdot (-\nabla\varphi_{m2} + \boldsymbol{M}_2) = \boldsymbol{e}_n \cdot (-\nabla\varphi_{m1} + \boldsymbol{M}_1)$$

把上式移项并利用 $\sigma_m = -\mu_0 \boldsymbol{e}_n \cdot (\boldsymbol{M}_2 - \boldsymbol{M}_1)$ 写出

$$\frac{\partial}{\partial n}(\varphi_{m2} - \varphi_{m1}) = -\frac{\sigma_m}{\mu_0} \tag{4.1.24}$$

若 $\boldsymbol{H}$ 与 $\boldsymbol{M}$ 有简单线性关系，则 $\boldsymbol{B} = \mu \boldsymbol{H}$，代入磁场法向边值关系 $\boldsymbol{e}_n \cdot (\boldsymbol{B}_2 - \boldsymbol{B}_1) = 0$，并利用 $\boldsymbol{H} = -\nabla\varphi_m$，写出

$$\mu_2 \frac{\partial \varphi_{m2}}{\partial n} = \mu_1 \frac{\partial \varphi_{m1}}{\partial n} \tag{4.1.25}$$

注意，**式**（4.1.24）**是普遍边值关系**，对铁磁质和非铁磁质都成立，而**式**（4.1.25）**只对非铁磁质成立。**

从上面的讨论可以看出，静电场、稳恒电场和稳恒磁场具有很好的对称性，为了便于比较，我们把这三种稳恒场的规律总结在表 4.1.1 中（只列出在各向同性均匀线性介质中无源区以内的关系式）。

表 4.1.1　静电场、稳恒电场和稳恒磁场的比较

	静电场	稳恒电场	稳恒磁场
研究区域	无电荷区域，$q_f = 0$	电源区外，均匀导体内	无自由电流的单连通区域
场的散度	$\nabla \cdot \boldsymbol{D} = 0$	$\nabla \cdot \boldsymbol{j} = 0$	$\nabla \cdot \boldsymbol{B} = 0$
场的旋度	$\nabla \times \boldsymbol{E}_j = 0$	$\nabla \times \boldsymbol{E}_w = 0$	$\nabla \times \boldsymbol{H} = 0$
辅助方程	$\boldsymbol{D} = \varepsilon \boldsymbol{E}_j$	$\boldsymbol{j}_f = \sigma_e \boldsymbol{E}_w$	$\boldsymbol{B} = \mu \boldsymbol{H}$
标势定义	$\boldsymbol{E}_j = -\nabla\varphi_j$	$\boldsymbol{E}_w = -\nabla\varphi_w$	$\boldsymbol{H} = -\nabla\varphi_m$
标势方程	$\nabla^2\varphi_j = 0$	$\nabla^2\varphi_w = 0$	$\nabla^2\varphi_m = 0$
边值关系	$\varphi_{j2} = \varphi_{j1}$ $\varepsilon_2 \frac{\partial\varphi_{j2}}{\partial n} = \varepsilon_1 \frac{\varphi_{j1}}{\partial n}$	$\varphi_{w2} = \varphi_{w1}$ $\sigma_{e2} \frac{\partial\varphi_{w2}}{\partial n} = \sigma_{e1} \frac{\varphi_{w1}}{\partial n}$	$\varphi_{m2} = \varphi_{m1}$ $\mu_2 \frac{\partial\varphi_{m2}}{\partial n} = \mu_1 \frac{\varphi_{m1}}{\partial n}$

从上表可以看出，在各向同性均匀线性介质中的无源区以内，这三种稳恒场具有完全的对称性，其标量势微分方程都是拉普拉斯方程。在方程中只需作如下代换：

$$\boldsymbol{D} \rightleftharpoons \boldsymbol{j} \rightleftharpoons \boldsymbol{B},\quad \boldsymbol{E}_j \rightleftharpoons \boldsymbol{E}_w \rightleftharpoons \boldsymbol{H},\quad \varepsilon \rightleftharpoons \sigma_e \rightleftharpoons \mu,\quad \varphi_j \rightleftharpoons \varphi_w \rightleftharpoons \varphi_m$$

就可以由一种稳恒场的方程得到另一种稳恒场的方程。这些量在各自的方程和边值关系中具有完全相同的地位，我们称这些量为**对偶量**。

由于三种稳恒场具有对称性，所以，只要给出在一定情形下一种稳恒场的解，在这个解中作相应的对偶量代换，就立即得出在对称情形下另一种稳恒场的解。在本章以后的几节中，我们用不同的方法给出在不同情形下静电场的解，在这些解中作对偶量代换，读者不难写出对称情形下稳恒电场和稳恒磁场的解。

四、总区域 V 的边界面 S 上的边界条件

在上面的讨论中，给出了区域 V 内各个均匀介质分区的边值关系。若要利用标量势的微分方程解出稳恒场的分布，还需要给出区域 V 的边界面 S 上的三类边界条件。

1. 第一类边界条件

给定在边界面 S 上 φ 的取值，即 $\varphi|_S$ 已知。

2. 第二类边界条件

给定在边界面 S 上 φ 的法向导数的取值，即 $\left.\dfrac{\partial\varphi}{\partial n}\right|_S$ 已知。

3. 第三类边界条件

在 S 的一部分上给定 $\varphi|_{S_1}$，在另外部分上给定 $\left.\dfrac{\partial\varphi}{\partial n}\right|_{S_2}$。

4.2 场的唯一性定理

对于一个具体的稳恒场问题，若给定空间的场源电荷、电流以及介质的分布，求解标势微分方程就可以解出空间的场的分布。现在的问题是：对于一个给定的具体问题，是否存在确定的解？或者说，所给的条件是否充分？另外，对于同一个问题，可以采用不同的方法求解，解出的结果可能以不同的形式表述，这些不同的形式是否等价？本节介绍的场的唯一性定理能够解决这个问题。先介绍静电场的唯一性定理，然后再说明如何推广到稳恒电场和稳恒磁场的情形。

一、静电场的唯一性定理

1. 定理的内容

设在区域 V 内有几个导体分区和均匀介质分区，若满足下列条件：①已知各个导体上的电势 φ^k 或带电量 Q^k，其中 k 是各个导体分区的标号；②已知各个介质分区自由电荷体密度 ρ_f 和介质界面处的自由电荷面密度 σ_f；③已知 V 的边界面 S 上的电势 $\varphi|_S$ 或电势的法向导数 $[\partial\varphi/\partial n]_S$；则该区域内的静电场有唯一确定的解。

2. 定理的证明

先根据上述的定理内容写出三个条件下对应的标势微分方程以及边值关系。

（1）在介电常数为 ε_i 的第 i 个均匀介质分区中，电势 φ 满足泊松方程

$$\nabla^2\varphi = -\rho_f / \varepsilon_i \tag{4.2.1}$$

在第 i 个分区和第 j 个分区的界面处，设正法向由第 i 个分区指向第 j 个分区，则有

$$\varphi_j = \varphi_i \text{ 和 } \varepsilon_j \frac{\partial \varphi_j}{\partial n} - \varepsilon_i \frac{\partial \varphi_i}{\partial n} = -\sigma_{fij} \tag{4.2.2}$$

（2）设第 k 个导体的表面为 S^k，与第 l 个介质分区的界面为 S_l^k，正法向由导体指向介质，则

$$\varphi|_{S^k} = \varphi^k \text{ 或 } -\sum_l \int_{S^k} \varepsilon_l \frac{\partial \varphi_l}{\partial n} \mathrm{d}s = Q^k \tag{4.2.3}$$

（3）在区域 V 的边界面 S 上，有

$$\varphi|_S \text{ 或 } \left.\frac{\partial \varphi}{\partial n}\right|_S \text{ 已知} \tag{4.2.4}$$

为了证明在区域 V 上满足上述三类条件的解是唯一的，不妨假设在区域 V 上存在两个满足上述三类条件解 φ' 和 φ''，若令 $\varPhi = \varphi' - \varphi''$，必有

在所有介质分区内

$$\nabla^2 \varPhi = 0 \tag{4.2.5}$$

在第 i 个分区和第 j 个分区的界面处

$$\varPhi_j = \varPhi_i \tag{4.2.6}$$

$$\varepsilon_j \frac{\partial \varPhi_j}{\partial n} - \varepsilon_i \frac{\partial \varPhi_i}{\partial n} = 0 \tag{4.2.7}$$

对第 k 个导体，有

$$\varPhi|_{S^k} = 0 \tag{4.2.8}$$

或

$$\sum_l \int_{S^k} \varepsilon_l \frac{\partial \varPhi_l}{\partial n} \mathrm{d}s = 0 \tag{4.2.9}$$

在区域 V 的边界面 S 上，有

$$\varPhi|_S = 0 \tag{4.2.10}$$

或

$$\left.\frac{\partial \varPhi}{\partial n}\right|_S = 0 \tag{4.2.11}$$

现在利用上面的结果计算下面的积分：

$$\sum_i \int_{V_i} \varepsilon_i |\nabla \varPhi_i|^2 \mathrm{d}V = \sum_i \int_{V_i} \varepsilon_i (\nabla \varPhi_i \cdot \nabla \varPhi_i + \varPhi_i \nabla^2 \varPhi_i) \mathrm{d}V$$

上式是对 V 内的所有导体分区和介质分区积分并求和，并且已经用到了导体内 $\varPhi = 0$ 和介质内 $\nabla^2 \varPhi = 0$。利用公式 $\nabla \cdot (\varPhi_i \nabla \varPhi_i) = \nabla \varPhi_i \cdot \nabla \varPhi_i + \varPhi_i \nabla^2 \varPhi_i$，上式写为

$$\sum_i \int_{V_i} \varepsilon_i |\nabla \Phi_i|^2 \mathrm{d}V = \sum_i \int_{V_i} \varepsilon_i \nabla \cdot (\Phi_i \nabla \Phi_i) \mathrm{d}V$$

利用高斯公式把上式右边的体积分化为各分区界面上的面积分

$$\sum_i \int_{V_i} \varepsilon_i |\nabla \Phi_i|^2 \mathrm{d}V = \sum_i \oint_{Si} \varepsilon_i (\Phi_i \nabla \Phi_i) \cdot \mathrm{d}\boldsymbol{s} = \sum_i \oint_{Si} \varepsilon_i \Phi_i \frac{\partial \Phi_i}{\partial n} \mathrm{d}s$$

上式右边的面积分是在所有界面（包括区域V的边界面S）上面积分。由上面的边值关系和边界条件式（4.2.6）、式（4.2.11）不难得出，右边的面积分之和等于零。所以

$$\sum_i \int_{V_i} \varepsilon_i |\nabla \Phi_i|^2 \mathrm{d}V = 0 \tag{4.2.12}$$

因为式（4.2.12）左边的被积函数不小于零，所以必有$\nabla \Phi_i = 0$，即

$$\Phi_i = \varphi_i' - \varphi_i'' = \text{常数} \quad (i = 1, 2, \cdots) \tag{4.2.13}$$

上式表面，φ_i'和φ_i''描述同一静电场，区域V内的静电场是唯一的。

3. 定理的意义

正如本节开头所述，唯一性定理的意义在于：①对于一个待求解的具体问题，利用唯一性定理可以判断所给的条件是否充分。若条件不充分，则可以指明所需要的补充条件。②由唯一性定理得知，对于一个给足条件的问题，可以采用不同的方法求解，解出的结果可能以不同的形式表述，这些不同形式的解是等价的。对于有些问题，不必要进行严密繁琐的数学推导，可以根据普遍的物理原理和法则给出猜测性的解。只要这些猜测解能够满足问题的全部条件，唯一性定理保证它就是真实解。

例一　试用静电场唯一性定理解释静电屏蔽。

【解】如图 4.2.1 所示，导体空腔内有导体和介质，腔内导体上的电量已知，腔内介质上的电荷体密度和表面电荷面密度已知。空腔内表面感应电荷的总量Q_f与腔内电荷的总量等量异号。在空腔导体内作如图示闭合曲面S。对于S内的空间，导体上的电量一定，介质上的电荷分布一定，边界面S上电势的法向导数为零。这些条件不受腔外电场的影响。由唯一性定理可知，腔内电场唯一确定，不受腔外电场的影响。若空腔不接地，空腔外表面的电量为$-Q_f$。当腔内电荷位置变化而电量不变时，腔外表面电量不变，腔外电场也不变。当腔内电量变化时，腔外表面电量随之变化，所以腔外电场随之变化。若导体空腔接地，则当腔内电量变化时，腔外表面电量不变，所以腔外电场也不变。

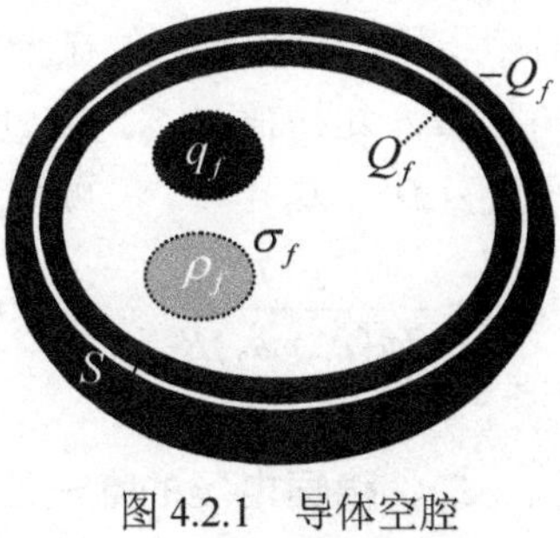

图 4.2.1　导体空腔

例二　如图 4.2.2 所示，在两个导体球壳之间充有两种不同的绝缘电介质。两种电介质各占球壳夹层的一半空间，其介电常数分别为ε_1和ε_2。先使得内球壳带上电量为Q的正电荷，外球壳原来不带电，然后把外球壳接地。求空间的电场强度分布以及导体球壳上的电荷分布。

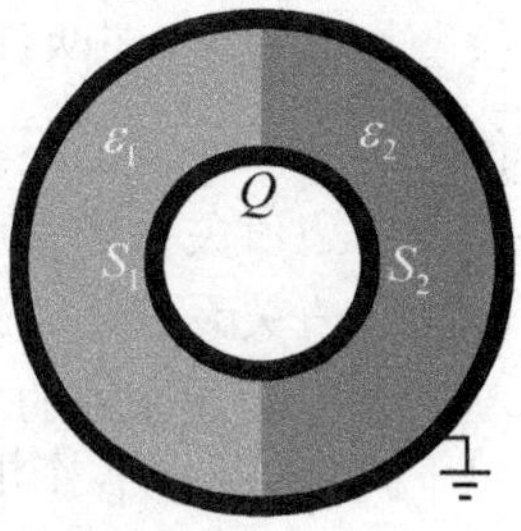

图 4.2.2

【解】由静电感应的知识和静电场的高斯定理可以得知，内球壳内表面和外球壳外表面的带电量为零，内球壳外表面带电量为Q，外球壳内表面带电量为$-Q$。场强为零的空间是导体内、外球壳以外和内球壳以

内。在外球壳导体内作闭合曲面S。S面上的电势为零。S内导体上的电量一定，介质上无自由电荷分布。S外导体电势为零，无介质分布。所以，在S内外空间都满足唯一性定理要求的条件，全空间存在唯一确定的解。

考虑到在同一种介质中导体表面曲率相同的地方电荷面密度也应该相同，所以，左右两半球面上电荷分别均匀分布。另外，导体表面场强与表面垂直。由此可以写出两种介质中的场强形式为

$$\boldsymbol{E}_1 = A_1\frac{\boldsymbol{r}_1}{r_1^3},\quad \boldsymbol{E}_2 = A_2\frac{\boldsymbol{r}_2}{r_2^3} \tag{4.2.14}$$

因为静电场中的导体等势，有$\int_{R_1}^{R_2}\boldsymbol{E}_1\cdot \mathrm{d}\boldsymbol{r}_1 = \int_{R_1}^{R_2}\boldsymbol{E}_2\cdot \mathrm{d}\boldsymbol{r}_2$，其中$R_1$和$R_2$分别是介质层内外表面的半径。把式（4.2.14）代入此积分式得出$A_1 = A_2 \triangleq A$，介质中的场强合写为

$$\boldsymbol{E} = A\frac{\boldsymbol{r}}{r^3} \tag{4.2.15}$$

应用高斯定理写出积分$\int_{S_1}\varepsilon_1\boldsymbol{E}\cdot \mathrm{d}\boldsymbol{s}_1 + \int_{S_2}\varepsilon_2\boldsymbol{E}\cdot \mathrm{d}\boldsymbol{s}_2 = \varepsilon_1 A\cdot 2\pi + \varepsilon_2 A\cdot 2\pi = Q$，所以

$$A = \frac{Q}{2\pi(\varepsilon_1+\varepsilon_2)} \tag{4.2.16}$$

总结上述结果，写出空间各处的场强分布为

$$\boldsymbol{E} = \begin{cases} 0 & (r < R_1) \\ \dfrac{Q\boldsymbol{r}}{2\pi(\varepsilon_1+\varepsilon_2)r^3} & (R_1 < r < R_2) \\ 0 & (R_2 < r) \end{cases} \tag{4.2.17}$$

对于上式，容易验证，在全空间都有$\nabla\cdot\boldsymbol{E} = 0$，即$\nabla^2\varphi = 0$，并且满足题目所给定的全部边界条件和边值关系，所以此式是题目所要求的唯一确定的真实解。对此式应用边值关系$\boldsymbol{e}_n\cdot(\boldsymbol{D}_2 - \boldsymbol{D}_1) = \sigma_f$，可得左右两边介质内外表面的自由电荷面密度分别为

$$\sigma_{f1} = \frac{\varepsilon_1 Q}{2\pi(\varepsilon_1+\varepsilon_2)R_1^2},\quad \sigma'_{f1} = \frac{-\varepsilon_1 Q}{2\pi(\varepsilon_1+\varepsilon_2)R_2^2},\quad \sigma_{f2} = \frac{\varepsilon_2 Q}{2\pi(\varepsilon_1+\varepsilon_2)R_1^2},\quad \sigma'_{f2} = \frac{-\varepsilon_2 Q}{2\pi(\varepsilon_1+\varepsilon_2)R_2^2}$$

二、稳恒电场的唯一性定理

对于稳恒电场，导体之外是静电场，所以实际需要求解的是导体内的场。可以证明，在均匀导体内部，自由电荷的体密度ρ_f总可以视为零（参见 6.4 节），其内部电势满足拉普拉斯方程。在两种导体的界面上虽然可能有自由电荷分布，其面密度σ_f可能不为零，但是其分布通常是不能事先给出的，而是在解出结果后由场的分布所决定的。所以稳恒电场的边值关系通常用电流的边值关系给出。因此，稳恒电场的唯一性定理用电势和电流的边值关系表述出来。

设电源区以外的导体区域V，其边界面为S。V内包含若干个均匀导体分区。若满足下列条件：①各个电极上的电势或者电流强度已知；②S上的电势$\varphi|_S$或者电势的法向导数$\left.\dfrac{\partial\varphi}{\partial n}\right|_S$已知；则该区域的稳恒电场有唯一确定的解。这就是稳恒电场的唯一性定理。

若要证明此定理，只需参照上一节的内容写出其微分方程和边值关系，然后假设有两个解，证明这两个解实际上是同一个解。详细的证明步骤请读者自行完成。

三、稳恒磁场的唯一性定理

由上一节的讨论可知，用磁标势方法描述稳恒磁场的条件是比较“苛刻”的。描述稳恒磁场的更一般方法是矢量势方法，所以其唯一性定理也应该用矢量势表述。相关内容请参阅本章第 4.6 节。

以上介绍了稳恒场的标量势和稳恒场的唯一性定理。下面几节介绍具体解法。

4.3 分离变量法

由 4.1 节的讨论可知，定义了标量势以后，稳恒场的问题就归结为在一定的边值关系下求解泊松方程的问题。只有在界面形状是比较简单的几何曲面时，这类问题的解才能以解析函数的形式给出，并且视具体情形的不同而有不同的解法。本节和以后几节我们将给出几种不同的解析方法。我们主要以静电场为例，解出结果后作对偶量代换，从而得到稳恒电场和稳恒磁场的相似问题的解。

在许多问题中，静电场是由带电导体决定的。这类问题的特点是：自由电荷只分布在导体表面，在空间没有其它体分布的自由电荷。因此，若选择导体表面作为区域V的界面，则在区域V内自由电荷体密度$\rho=0$，此区域内的电势满足拉普拉斯方程

$$\nabla^2\varphi=0 \tag{4.3.1}$$

此情形下，激发电场的电荷全部分布在界面上，它们的作用通过边值关系反映出来。因此这类问题就归结为拉普拉斯方程的边值问题。若区域V的边界面与正交曲线坐标系（直角坐标系、球坐标系和柱坐标系）的坐标面相重合，其有效解法是分离变量法。

应用分离变量法解题的一般步骤是：①根据求解区域V的边界面形状和介质分区的界面形状选择适当的坐标系；②在所选择的坐标系下应用分离变量法，求出线性叠加形式的解；③利用问题中给出的定解条件确定叠加系数。

一、球坐标系中的分离变量法

若区域V的边界面是球面，则选择球坐标系进行求解。球坐标系中空间点的位置用极半径r、极角θ和方位角ϕ表示。在数学物理方法课程中，已经解出了拉普拉斯方程在球坐标系下的通解，本课程不再作详细推导，只给出最后结果。本课程的重点是：通过举例来说明，如何利用定解条件确定真实解。

拉普拉斯方程在球坐标系下的通解为

$$\varphi=\sum_{n,m=0}^{\infty}\left(A_{nm}r^n+\frac{B_{nm}}{r^{n+1}}\right)P_n^m(\cos\theta)\cos(m\phi)+\sum_{n,m=0}^{\infty}\left(C_{nm}r^n+\frac{D_{nm}}{r^{n+1}}\right)P_n^m(\cos\theta)\sin(m\phi)$$

其中A_{nm}、B_{nm}、C_{nm}、D_{nm}是线性叠加系数，其值由定解条件决定。$P_n^m(\cos\theta)$称为n阶m次缔合勒让德函数，其表达式为

$$P_n^m(x)=\frac{(1-x^2)^{m/2}}{2^n n!}\frac{\mathrm{d}^{n+m}}{\mathrm{d}x^{n+m}}(x^2-1)^n$$

前几阶缔合勒让德函数为

$$P_1^1(\cos\theta)=\sin\theta\text{，}\quad P_2^1(\cos\theta)=\frac{3}{2}\sin 2\theta$$

$$P_2^2(\cos\theta)=\frac{3}{2}(1-\cos 2\theta)\text{，}\quad P_3^1(\cos\theta)=\frac{3}{8}(\sin\theta+5\sin 3\theta)$$

若所求解的问题关于极轴对称，则φ与方位角ϕ无关，$m=0$，上式简化为

$$\varphi=\sum_{n=0}^{\infty}(A_n r^n+\frac{B_n}{r^{n+1}})P_n(\cos\theta) \tag{4.3.2}$$

$P_n(\cos\theta)$称为n阶勒让德函数，其表达式为

$$P_n(x)=\frac{1}{2^n n!}\frac{\mathrm{d}^n}{\mathrm{d}x^n}(x^2-1)^n$$

前几阶勒让德函数为

$$P_0(\cos\theta)=1\text{，}\quad P_1(\cos\theta)=\cos\theta\text{；}$$

$$P_2(\cos\theta)=\frac{1}{4}(3\cos 2\theta+1)\text{，}\quad P_3(\cos\theta)=\frac{1}{8}(5\cos 3\theta+3\cos\theta)$$

例一 如图 4.3.1 所示，把半径为R，介电常数为ε的均匀介质球置于场强为$\boldsymbol{E}_0$的匀强外电场中。求空间的电势分布。

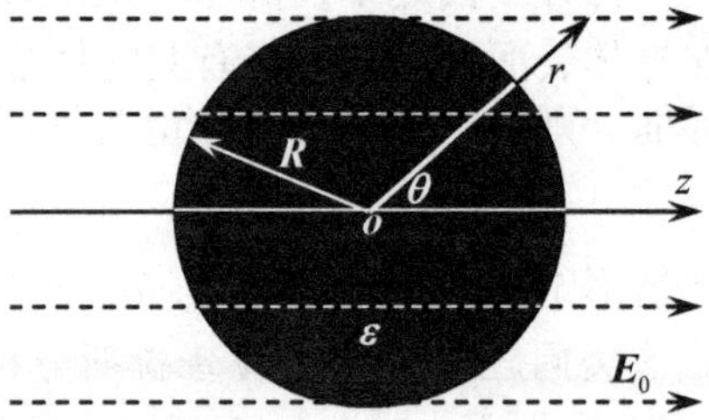

图 4.3.1

【解】显然，此题的电势分布在球内外空间都满足拉普拉斯方程并且具有轴对称性。取球心为坐标原点，沿外电场场强方向为极轴方向，场点的球极坐标为(r,θ)。由式（4.3.2）写出球内空间的电势分布为

$$\varphi_{内}=\sum_{n=0}^{\infty}(A_n r^n+\frac{B_n}{r^{n+1}})P_n(\cos\theta)$$

因为$r\to 0$时$\varphi_{内}$有限，所以B_n=0（$n=0,1,2,\cdots$），写出

$$\varphi_{内}=\sum_{n=0}^{\infty}A_n r^n P_n(\cos\theta) \tag{4.3.3}$$

同样写出球外空间的电势分布为

$$\varphi_{外}=\sum_{n=0}^{\infty}(C_n r^n+\frac{D_n}{r^{n+1}})P_n(\cos\theta)$$

因为$r\to\infty$时$\varphi_{外}=-E_0 r\cos\theta$（因为外加电场是匀强场，表示无穷远处有电荷分布，故可选择原点为电势零点），且$P_1(\cos\theta)=\cos\theta$，所以$C_n$=0（$n\neq 1$）、$C_1=-E_0$。写出

$$\varphi_{外}=-E_0 r\cos\theta+\sum_{n=0}^{\infty}\frac{D_n}{r^{n+1}}P_n(\cos\theta) \tag{4.3.4}$$

因为球面处电势连续，$\varphi_{内}\big|_R=\varphi_{外}\big|_R$，有

$$\sum_{n=0}^{\infty}A_n R^n P_n(\cos\theta)=-E_0 R\cos\theta+\sum_{n=0}^{\infty}\frac{D_n}{R^{n+1}}P_n(\cos\theta)$$

比较两边 $P_n(\cos\theta)$ 的系数可得

$$A_0=\frac{D_0}{R}，\quad A_1=\frac{D_1}{R^3}-E_0，\quad A_n=\frac{D_n}{R^{2n+1}}\quad（n\neq 0,1） \tag{4.3.5}$$

因为球面上无自由电荷，球面上的法向边值关系为 $\varepsilon\partial\varphi_{内}/\partial r=\varepsilon_0\partial\varphi_{外}/\partial r$，有

$$\varepsilon\sum_{n=0}^{\infty}nA_nR^{n-1}P_n(\cos\theta)=-\varepsilon_0E_0\cos\theta-\varepsilon_0\sum_{n=0}^{\infty}\frac{(n+1)D_n}{R^{n+2}}P_n(\cos\theta)$$

比较两边 $P_n(\cos\theta)$ 的系数可得

$$0=D_0，\quad A_1=-\frac{\varepsilon_0}{\varepsilon}\left(\frac{2D_1}{R^3}+E_0\right)，\quad A_n=-\frac{\varepsilon_0}{\varepsilon}\frac{n+1}{n}\frac{D_n}{R^{2n+1}}\quad（n\neq 0,1） \tag{4.3.6}$$

由式（4.3.5）和式（4.3.6）两组关系式联立解得

$$\begin{cases}A_0=0,\quad A_1=\dfrac{-3\varepsilon_0}{\varepsilon+2\varepsilon_0}E_0;\quad A_n=0\quad(n\neq 0,1)\\[2ex] D_0=0,\quad D_1=\dfrac{\varepsilon-\varepsilon_0}{\varepsilon+2\varepsilon_0}R^3E_0;\quad D_n=0\quad(n\neq 0,1)\end{cases} \tag{4.3.7}$$

把式（4.3.7）代入式（4.3.3）和式（4.3.4）可得空间的电势分布为

$$\varphi=\begin{cases}\dfrac{-3\varepsilon_0}{\varepsilon+2\varepsilon_0}E_0r\cos\theta & (r\leqslant R)\\[2ex] \left(\dfrac{\varepsilon-\varepsilon_0}{\varepsilon+2\varepsilon_0}\dfrac{R^3}{r^2}-r\right)E_0\cos\theta & (r>R)\end{cases} \tag{4.3.8}$$

利用上式还可以求出空间的场强分布。球坐标系下的梯度算符为

$$\nabla\varphi=\frac{\partial\varphi}{\partial r}\boldsymbol{e}_r+\frac{1}{r}\frac{\partial\varphi}{\partial\theta}\boldsymbol{e}_\theta+\frac{1}{r\sin\theta}\frac{\partial\varphi}{\partial\phi}\boldsymbol{e}_\phi$$

球内场强为

$$\begin{aligned}\boldsymbol{E}_{内}&=-\nabla\varphi_{内}=\frac{3\varepsilon_0}{\varepsilon+2\varepsilon_0}E_0(\cos\theta\boldsymbol{e}_r-\sin\theta\boldsymbol{e}_\theta)\\&=\frac{3\varepsilon_0}{\varepsilon+2\varepsilon_0}E_0\boldsymbol{e}_z=\frac{3\varepsilon_0}{\varepsilon+2\varepsilon_0}\boldsymbol{E}_0\end{aligned} \tag{4.3.9}$$

上式表明，介质球内的电场仍然是匀强电场，其场强的大小比外加场强小，原因是介质的极化削弱了外电场（图 4.3.2）。球内的极化强度矢量为

$$\boldsymbol{P}=(\varepsilon-\varepsilon_0)\boldsymbol{E}_{内}=\frac{3\varepsilon_0(\varepsilon-\varepsilon_0)}{\varepsilon+2\varepsilon_0}\boldsymbol{E}_0$$

由于极化而产生的总电偶极矩为

$$\boldsymbol{P}_{总}=\frac{4}{3}\pi R^3\boldsymbol{P}=\frac{\varepsilon-\varepsilon_0}{\varepsilon+2\varepsilon_0}4\pi\varepsilon_0R^3\boldsymbol{E}_0$$

介质球表面的极化电荷面密度为

$$\sigma_P=\boldsymbol{P}\cdot\boldsymbol{e}_r=\frac{3\varepsilon_0(\varepsilon-\varepsilon_0)}{\varepsilon+2\varepsilon_0}E_0\cos\theta$$

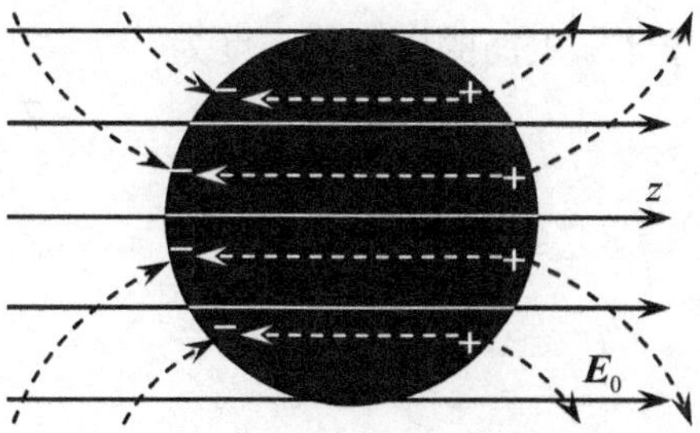

图 4.3.2

球外空间的场强为

$$\begin{aligned}
\boldsymbol{E}_{外} &= -\nabla\varphi_{外} = \boldsymbol{E}_0 + \frac{\varepsilon-\varepsilon_0}{\varepsilon+2\varepsilon_0}\frac{R^3}{r^3}E_0(2\cos\theta\boldsymbol{e}_r + \sin\theta\boldsymbol{e}_\theta) \\
&= \boldsymbol{E}_0 + \frac{\varepsilon-\varepsilon_0}{\varepsilon+2\varepsilon_0}\frac{R^3}{r^3}E_0[3\cos\theta\boldsymbol{e}_r - (\cos\theta\boldsymbol{e}_r - \sin\theta\boldsymbol{e}_\theta)] \\
&= \boldsymbol{E}_0 + \frac{\varepsilon-\varepsilon_0}{\varepsilon+2\varepsilon_0}R^3(\frac{3\boldsymbol{E}_0\cdot\boldsymbol{r}}{r^5}\boldsymbol{r} - \frac{\boldsymbol{E}_0}{r^3}) \\
&= \boldsymbol{E}_0 + \frac{1}{4\pi\varepsilon_0}[\frac{3\boldsymbol{P}_{总}\cdot\boldsymbol{r}}{r^5}\boldsymbol{r} - \frac{\boldsymbol{P}_{总}}{r^3}]
\end{aligned} \tag{4.3.10}$$

上式表明，球外空间的电场是外加电场与极化电偶极子电场的叠加。

例二 如图 4.3.3 所示，在一个很大的电解槽中充满了电导率为 σ_{e0} 的电解液，其中均匀分布着电流密度为 $\boldsymbol{j}_{f0}$ 的稳恒电流。在电解液中置入一个电导率为 σ_e，半径为 R 的导体球。求空间的稳恒电流的分布。

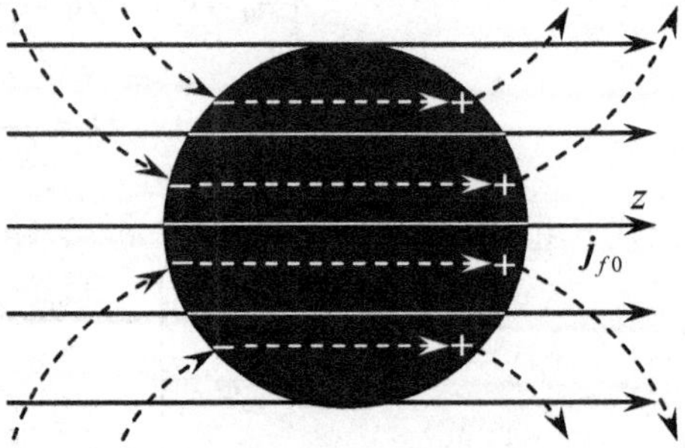

图 4.3.3

【解】 此例题与例一完全类似，只需在例一的结果中作相应的对偶量代换，就可以直接写出此例题的结果。把式（4.3.9）改写为

$$\varepsilon\boldsymbol{E}_{内} = \frac{3\varepsilon}{\varepsilon+2\varepsilon_0}\varepsilon_0\boldsymbol{E}_0$$

作对偶量代换：$\varepsilon_0\to\sigma_{e0}$，$\varepsilon\to\sigma_e$，$\varepsilon_0\boldsymbol{E}_0\to\boldsymbol{j}_{f0}$，$\varepsilon\boldsymbol{E}_{内}\to\boldsymbol{j}_{f内}$，得球内电流密度为

$$\boldsymbol{j}_{f内} = \frac{3\sigma_e}{\sigma_e+2\sigma_{e0}}\boldsymbol{j}_{f0} \tag{4.3.11}$$

此式表明，若 $\sigma_e \gg \sigma_{e0}$ 则 $\boldsymbol{j}_{f内}\approx 3\boldsymbol{j}_{f0}$，若 $\sigma_e \ll \sigma_{e0}$ 则 $\boldsymbol{j}_{f内}\approx 0$。

把式（4.3.10）改写为

$$\varepsilon_0\boldsymbol{E}_{外} = \varepsilon_0\boldsymbol{E}_0 + \frac{\varepsilon-\varepsilon_0}{\varepsilon+2\varepsilon_0}R^3(\frac{3\varepsilon_0\boldsymbol{E}_0\cdot\boldsymbol{r}}{r^5}\boldsymbol{r} - \frac{\varepsilon_0\boldsymbol{E}_0}{r^3})$$

作前述的对偶量代换，以及 $\varepsilon_0\boldsymbol{E}_{外}\to\boldsymbol{j}_{f外}$，得球外电流密度为

$$\boldsymbol{j}_{f外} = \boldsymbol{j}_{f0} + \frac{\sigma_e-\sigma_{e0}}{\sigma_e+2\sigma_{e0}}R^3[\frac{3\boldsymbol{j}_{f0}\cdot\boldsymbol{r}}{r^5}\boldsymbol{r} - \frac{\boldsymbol{j}_{f0}}{r^3})] \tag{4.3.12}$$

导体球表面的电荷面密度为

$$\begin{aligned}
\sigma_f &= \varepsilon_0(\boldsymbol{E}_{外} - \boldsymbol{E}_{内})\cdot\boldsymbol{e}_n \\
&= \varepsilon_0(\frac{\boldsymbol{j}_{外}}{\sigma_{e0}} - \frac{\boldsymbol{j}_{内}}{\sigma_e})\cdot\boldsymbol{e}_r \\
&= \frac{\varepsilon_0}{\sigma_{e0}}\frac{3\sigma_e}{\sigma_e+2\sigma_{e0}}j_{f0}\cos\theta \\
&\quad -\frac{\varepsilon_0}{\sigma_e}\frac{3\sigma_e}{\sigma_e+2\sigma_{e0}}j_{f0}\cos\theta \\
&= \frac{3\varepsilon_0(\sigma_e-\sigma_{e0})}{\sigma_{e0}(\sigma_e+2\sigma_{e0})}j_{f0}\cos\theta
\end{aligned}$$

由于导体球表面这些稳定的电荷聚集，才改变了空间的电流分布（图 4.3.3）。

例三　在磁场强度为 $\boldsymbol{H}_0$ 的真空均匀磁场中置入一个磁导率为 μ 半径为 R 的各向同性均匀线性磁介质球。求空间各处磁感应强度 $\boldsymbol{B}$ 的以及此球上的诱导磁矩 $\boldsymbol{p}_m$。

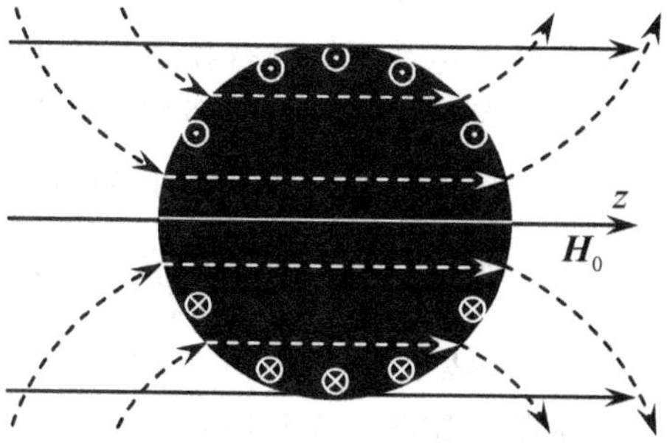

图 4.3.4

【解】此例题与例一仍然类似，也只需在例一的结果中作相应的对偶量代换，从而直接写出此例题的结果。把式（4.3.9）改写为

$$\varepsilon \boldsymbol{E}_{内} = \frac{3\varepsilon}{\varepsilon + 2\varepsilon_0}\varepsilon_0 \boldsymbol{E}_0$$

作对偶量代换为：$\varepsilon_0 \to \mu_0$，$\varepsilon \to \mu$，$\varepsilon_0 \boldsymbol{E}_0 \to \mu_0 \boldsymbol{H}_0$，$\varepsilon \boldsymbol{E}_{内} \to \boldsymbol{B}_{内}$，得磁介质球内的磁感应强度为

$$\boldsymbol{B}_{内} = \frac{3\mu}{\mu + 2\mu_0}\mu_0 \boldsymbol{H}_0 \tag{4.3.13}$$

磁介质球内的磁化强度矢量为

$$\boldsymbol{M} = \frac{\mu - \mu_0}{\mu_0}\frac{\boldsymbol{B}_{内}}{\mu} = \frac{3(\mu - \mu_0)}{\mu + 2\mu_0}\boldsymbol{H}_0$$

磁介质球表面的磁化面电流的线密度为

$$\boldsymbol{\alpha}_m = \boldsymbol{M} \times \boldsymbol{e}_r = \frac{3(\mu - \mu_0)}{\mu + 2\mu_0} H_0 \sin\theta \boldsymbol{e}_\phi \tag{4.3.14}$$

磁介质球上的总诱导磁矩为

$$\boldsymbol{p}_m = \frac{4}{3}\pi R^3 \boldsymbol{M} = \frac{(\mu - \mu_0)}{\mu + 2\mu_0} 4\pi R^3 \boldsymbol{H}_0 \tag{4.3.15}$$

把式（4.3.10）改写为

$$\varepsilon_0 \boldsymbol{E}_{外} = \varepsilon_0 [\boldsymbol{E}_0 + \frac{\varepsilon - \varepsilon_0}{\varepsilon + 2\varepsilon_0} R^3 (\frac{3\boldsymbol{E}_0 \cdot \boldsymbol{r}}{r^5}\boldsymbol{r} - \frac{\boldsymbol{E}_0}{r^3})]$$

作前述的对偶量代换，以及 $\varepsilon_0 \boldsymbol{E}_{外} \to \boldsymbol{B}_{外}$，得磁介质球外的磁感应强度为

$$\begin{aligned} \boldsymbol{B}_{外} &= \mu_0 [\boldsymbol{H}_0 + \frac{\mu - \mu_0}{\mu + 2\mu_0} R^3 (\frac{3\boldsymbol{H}_0 \cdot \boldsymbol{r}}{r^5}\boldsymbol{r} - \frac{\boldsymbol{H}_0}{r^3})] \\ &= \mu_0 \boldsymbol{H}_0 + \frac{\mu_0}{4\pi}(\frac{3\boldsymbol{p}_m \cdot \boldsymbol{r}}{r^5}\boldsymbol{r} - \frac{\boldsymbol{p}_m}{r^3}) \end{aligned} \tag{4.3.16}$$

上述结果可以分别从磁化电流和“磁荷”理论两方面来进行解释（图 4.3.4）。

（1）用磁化电流解释：若 $\mu > \mu_0$，则由于磁化在球面上产生磁化电流，这些磁化电流使得介质球内的磁场得到加强，球内磁场仍然是匀强磁场。这些磁化电流在球外的磁场相当于一个磁偶极子的场，球外的磁场是外磁场与磁偶极子场的叠加。

（2）用“磁荷”理论解释：由于磁化，从而在左半球面产生负磁荷，右半球面产生正磁荷。所以，在介质球内部磁场强度被削弱，在介质球外部磁场强度得到加强。所有磁荷在介质球外部激发的磁场相当于一个磁偶极子激发的磁场。

$$\boldsymbol{B}_{外}=\mu_0[\boldsymbol{H}_0+\frac{\mu-\mu_0}{\mu+\mu_0}\frac{R^2}{r^2}(\frac{2\boldsymbol{H}_0\cdot\boldsymbol{r}}{r^2}\boldsymbol{r}-\boldsymbol{H}_0)] \tag{4.3.28}$$

上述结果也可以分别从磁化电流和“磁荷”理论两个方面来进行解释。

三、泊松方程边值问题的解

在场源强度不为零的区域V，电势微分方程用泊松方程表示：

$$\nabla^2\varphi=-\frac{1}{\varepsilon}\rho_f$$

此方程是非齐次方程。若令$\rho_f=0$，则此方程变为齐次拉普拉斯方程。根据微分方程理论可知：设齐次方程的通解为φ'，与源强度ρ_f有关的非齐次方程的特解为φ''，则非齐次方程的一般解表示为$\varphi=\varphi'+\varphi''$。给出具体问题的定解条件，求出一般解中的待定常数，从而确定此问题的真实解。这种处理方法的物理意义是：把V内的电场分为两部分，其中一部分是由V内的电荷激发的，用φ''表示，它通过ρ_f反映出来；另一部分是由V外的电荷以及V的界面电荷激发的，用φ'表示，它通过边界条件反映出来。

例六 有一个各向同性均匀线性介质球，其半径为R，介电常数为ε。其上均匀分布体密度为ρ的正电荷。把此介质球置于场强为$\boldsymbol{E}_0$的匀强外电场中。求空间电势分布。

【解】 球内空间的电势满足泊松方程，此方程的齐次通解为

$$\varphi'_{内}=\sum_{n=0}^{\infty}(A_nr^n+\frac{B_n}{r^{n+1}})P_n(\cos\theta)$$

考虑到球内电荷分布有球对称性，所以泊松方程的非齐次特解$\varphi''_{内}$与θ和ϕ无关，

$$\nabla^2\varphi''_{内}=\frac{1}{r^2}\frac{\mathrm{d}}{\mathrm{d}r}(r^2\frac{\mathrm{d}\varphi''_{内}}{\mathrm{d}r})=-\frac{\rho}{\varepsilon}$$

把上式积分二次可得

$$\varphi''_{内}=-\frac{\rho}{6\varepsilon}r-\frac{a_1}{r}+a_2$$

其中a_1和a_2是积分常数。球内电势的一般解为

$$\varphi_{内}=-\frac{\rho}{6\varepsilon}r^2-\frac{a_1}{r}+a_2+\sum_{n=0}^{\infty}(A_nr^n+\frac{B_n}{r^{n+1}})P_n(\cos\theta)$$

因为$r\to 0$时$\varphi_{内}$有限，则：$a_1=0$，$B_n=0$（$n=0,1,2,\cdots$）。写出

$$\varphi_{内}=-\frac{\rho}{6\varepsilon}r^2+a_2+\sum_{n=0}^{\infty}A_nr^nP_n(\cos\theta) \tag{4.3.29}$$

球外空间的电势满足拉普拉斯方程，其通解为

$$\varphi_{外}=\sum_{n=0}^{\infty}(C_nr^n+\frac{D_n}{r^{n+1}})P_n(\cos\theta)$$

因为$r\to\infty$时$\varphi_{外}\to -E_0r\cos\theta$，则：$C_1=-E_0$，$C_n=0(n\neq 1)$。写出

$$\varphi_{外}=-E_0r\cos\theta+\sum_{n=0}^{\infty}\frac{D_n}{r^{n+1}}P_n(\cos\theta) \tag{4.3.30}$$

因为球面处电势连续，$\varphi_{内}\big|_R=\varphi_{外}\big|_R$，有

$$-\frac{\rho}{6\varepsilon}R^2+a_2+\sum_{n=0}^{\infty}A_nR^nP_n(\cos\theta)=-E_0R\cos\theta+\sum_{n=0}^{\infty}\frac{D_n}{R^{n+1}}P_n(\cos\theta)$$

比较两边 $P_n(\cos\theta)$ 的系数可得

$$-\frac{\rho}{6\varepsilon}R^2+a_2+A_0=\frac{D_0}{R}，\quad A_1=\frac{D_1}{R^3}-E_0，\quad A_n=\frac{D_n}{R^{2n+1}}\quad（n\neq 0,1）\tag{4.3.31}$$

因为介质球上的自由电荷是体分布，球面上自由电荷的面密度为零，球面上的法向边值关系为

$$\varepsilon\frac{\partial\varphi_{内}}{\partial r}=\varepsilon_0\frac{\partial\varphi_{外}}{\partial r}$$

有

$$-\frac{\rho}{3}R+\varepsilon\sum_{n=0}^{\infty}nA_nR^{n-1}P_n(\cos\theta)=-\varepsilon_0E_0\cos\theta-\varepsilon_0\sum_{n=0}^{\infty}\frac{(n+1)D_n}{R^{n+2}}P_n(\cos\theta)$$

比较两边 $P_n(\cos\theta)$ 的系数可得

$$\frac{\rho}{3}=\varepsilon_0\frac{D_0}{R^3}，\quad A_1=-\frac{\varepsilon_0}{\varepsilon}(\frac{2D_1}{R^3}+E_0)，\quad A_n=-\frac{\varepsilon_0}{\varepsilon}\frac{n+1}{n}\frac{D_n}{R^{2n+1}}\quad(n\neq 0,1)\tag{4.3.32}$$

由式（4.3.31）和式（4.3.32）两组关系式联立解得

$$\begin{cases}a_2+A_0=\dfrac{2\varepsilon+\varepsilon_0}{6\varepsilon\varepsilon_0}\rho R^2, & A_1=\dfrac{-3\varepsilon_0}{\varepsilon+2\varepsilon_0}E_0, \quad A_n=0\ (n\neq 0,1)\\ D_0=\dfrac{\rho}{3\varepsilon_0}R^3, & D_1=\dfrac{\varepsilon-\varepsilon_0}{\varepsilon+2\varepsilon_0}R^3E_0, \quad D_n=0\ (n\neq 0,1)\end{cases}$$

把上式代入式（4.3.29）和式（4.3.30）可得空间的电势分布为

$$\varphi=\begin{cases}\dfrac{\rho}{6\varepsilon}(\dfrac{2\varepsilon+\varepsilon_0}{\varepsilon_0}R^2-r^2)-\dfrac{3\varepsilon_0}{\varepsilon+2\varepsilon_0}E_0r\cos\theta & (r\leqslant R)\\ \dfrac{\rho}{3\varepsilon_0}\dfrac{R^3}{r}+(\dfrac{\varepsilon-\varepsilon_0}{\varepsilon+2\varepsilon_0}\dfrac{R^3}{r^2}-r)E_0\cos\theta & (r>R)\end{cases}\tag{4.3.33}$$

利用上式还可以求出空间的场强分布。球坐标系下的梯度算符为

$$\nabla\varphi=\frac{\partial\varphi}{\partial r}\boldsymbol{e}_r+\frac{1}{r}\frac{\partial\varphi}{\partial\theta}\boldsymbol{e}_\theta+\frac{1}{r\sin\theta}\frac{\partial\varphi}{\partial\phi}\boldsymbol{e}_\phi$$

球内场强为

$$\boldsymbol{E}_{内}=-\nabla\varphi_{内}=\frac{\rho}{3\varepsilon}\boldsymbol{r}+\frac{3\varepsilon_0}{\varepsilon+2\varepsilon_0}\boldsymbol{E}_0=\frac{\rho}{3\varepsilon}\boldsymbol{r}-\frac{\varepsilon-\varepsilon_0}{\varepsilon+2\varepsilon_0}\boldsymbol{E}_0+\boldsymbol{E}_0\tag{4.3.34}$$

球外场强为

$$\boldsymbol{E}_{外}=-\nabla\varphi_{外}=\frac{\rho}{3\varepsilon_0}\frac{R^3}{r^3}\boldsymbol{r}+\frac{\varepsilon-\varepsilon_0}{\varepsilon+2\varepsilon_0}R^3(\frac{3\boldsymbol{E}_0\cdot\boldsymbol{r}}{r^5}\boldsymbol{r}-\frac{\boldsymbol{E}_0}{r^3})+\boldsymbol{E}_0\tag{4.3.35}$$

以上式（4.3.34）和式（4.3.35）中的第一项是球内自由电荷激发的场强，第二项是球面上极化电荷激发的场强，第三项是外加的匀强电场的场强。

4.4 电 象 法

如前所述，若研究区域V内有自由电荷，则此区域内的电势满足泊松方程。一般来说，我们必须解泊松方程。一种特殊情况是：V内只有一个或几个点电荷，V的界面是均匀导体（或均匀介质）的平面、球面或圆柱面。对此特殊情况我们采用一种特殊解法，这种特殊解法称为电象法。

我们可以设想：V内的点电荷q激发电场$\boldsymbol{E}_0$，$\boldsymbol{E}_0$在导体（或介质）表面产生感应（或极化）电荷σ'，σ'激发次生电场，则V内各点的总场强表示为$\boldsymbol{E}_0$和次生场强的矢量和。**电象法的基本思想是：**σ'激发的次生电场可以等效为V**之外**的一个点电荷q'激发的电场$\boldsymbol{E}'$，V内各点的总场强为$\boldsymbol{E}=\boldsymbol{E}_0+\boldsymbol{E}'$。这个等效点电荷$q'$称为$q$的镜像电荷。对$q'$的电量和位置的要求是：$V$的界面上的边界条件不变。如此一来，$V$内的电荷分布未变，泊松方程未变，边界条件也未变。根据静电场的唯一性定理可知，这样所得到的解就是原问题的真实解。

从上面的叙述不难得知，应用电象法解题的一般步骤是：根据表面的几何对称性假设镜像电荷，由边界条件确定此镜像电荷的电量和位置。然后由点电荷的电势和场强公式直接写出V内各点的电势和场强。

电象法简单明了，常常可以大大简化解题过程。

例一 如图 4.4.1 所示，接地的无限大导体平板位于xoy平面。电量为Q的点电荷置于$(0,0,a)$处。求$z>0$空间的电势分布。

【解】在$z>0$的区域，电荷分布一定，泊松方程为

$$\nabla^2\varphi=-\frac{1}{\varepsilon_0}Q\delta(x,y,z-a)$$

区域的边界条件为

$$\varphi\big|_{\sqrt{r^2+z^2}=\infty}=0 \text{ 和 } \varphi\big|_{z=0}=0。$$

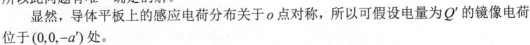

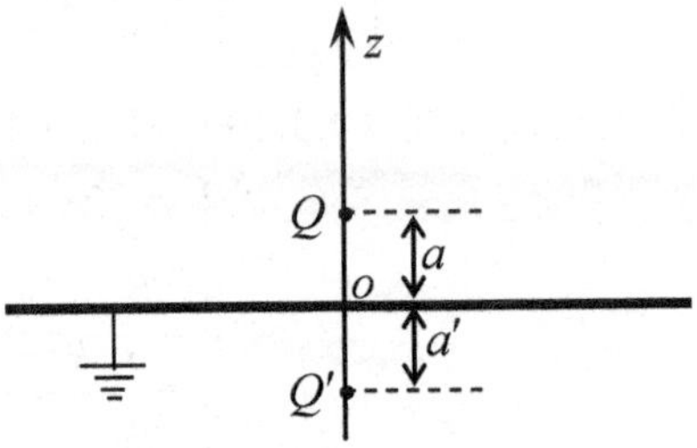

图 4.4.1

所以此问题有唯一确定的解。

显然，导体平板上的感应电荷分布关于o点对称，所以可假设电量为Q'的镜像电荷位于$(0,0,-a')$处。

因为此问题具有轴对称性，所以改用柱坐标系解此问题。$z>0$空间的任意点(r,θ,z)处的电势写为

$$\varphi=\frac{1}{4\pi\varepsilon_0}\left[\frac{Q}{\sqrt{r^2+(z-a)^2}}+\frac{Q'}{\sqrt{r^2+(z+a')^2}}\right] \tag{4.4.1}$$

当$z=0$时$\varphi=0$，可得

$$\frac{Q}{\sqrt{r^2+a^2}}=-\frac{Q'}{\sqrt{r^2+a'^2}} \tag{4.4.2}$$

上式的一个可能解是

$$Q' = -Q\ ;\quad a' = a \tag{4.4.3}$$

把式（4.4.3）代入式（4.4.1）可得

$$\varphi = \frac{Q}{4\pi\varepsilon_0}\left[\frac{1}{\sqrt{r^2+(z-a)^2}} - \frac{1}{\sqrt{r^2+(z+a)^2}}\right] \tag{4.4.4}$$

上式满足原问题的方程、边值关系及边界条件 $\varphi|_\infty = 0$，所以它是原问题的真实解。

导体平板表面的感应电荷面密度为

$$\sigma_g = -\varepsilon_0 \frac{\partial\varphi}{\partial z}\bigg|_{z=0} = \frac{Q}{4\pi}\left\{\frac{z-a}{[r^2+(z-a)^2]^{3/2}} - \frac{z+a}{[r^2+(z+a)^2]^{3/2}}\right\}_{z=0}$$
$$= -\frac{Q}{2\pi}\frac{a}{[r^2+a^2]^{3/2}}$$

感应电荷的总量为

$$Q_g = \int_0^\infty \sigma_g 2\pi r \mathrm{d}r = -\frac{Qa}{2}\int_0^\infty \frac{\mathrm{d}r^2}{[r^2+a^2]^{3/2}} = Qa\frac{1}{\sqrt{r^2+a^2}}\bigg|_0^\infty = -Q = Q'$$

本例情况下感应电荷的总量等于镜像电荷的电量。

例二　如图 4.4.2 所示，真空中有一个半径为 R 的接地导体球，在球外空间距离球心为 $a(>R)$ 处放置一个电量为 Q 的点电荷。求球外空间的电势分布。

【解】 以球心 o 为坐标原点，沿 oQ 方向为极轴方向建立球坐标系。在球外空间，电荷分布一定，泊松方程为

$$\nabla^2\varphi = -\frac{1}{\varepsilon_0}Q\delta(\boldsymbol{r} - a\boldsymbol{e}_z)$$

区域的边界条件为

$$\varphi|_{r=\infty} = 0 \text{ 和 } \varphi|_{r=R} = 0$$

所以此问题有唯一确定的解。

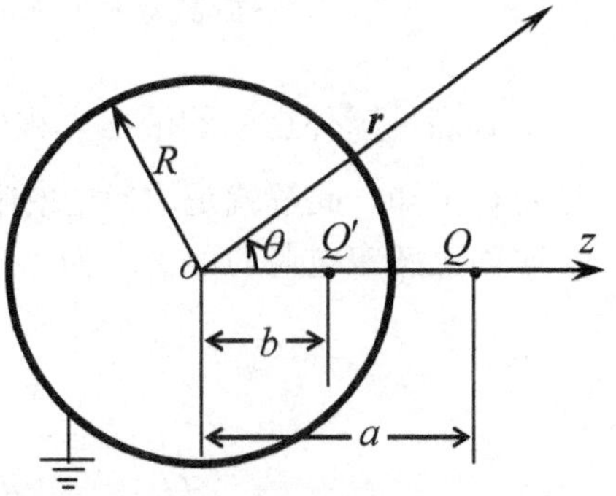

图 4.4.2

显然，导体球面上的感应电荷分布关于 z 轴对称，所以在球面内部极轴上放置镜像电荷，电量为 Q'，到球心的距离为 $b(<R)$。球外空间任意点 (r,θ,ϕ) 的电势写为

$$\varphi = \frac{1}{4\pi\varepsilon_0}\frac{Q}{\sqrt{r^2+a^2-2ra\cos\theta}} + \frac{1}{4\pi\varepsilon_0}\frac{Q'}{\sqrt{r^2+b^2-2rb\cos\theta}} \tag{4.4.5}$$

当 $r = R$ 时 $\varphi = 0$，可得

$$\frac{Q}{\sqrt{R^2+a^2-2Ra\cos\theta}} = \frac{-Q'}{\sqrt{R^2+b^2-2Rb\cos\theta}}$$

把上式两边平方并整理得

$$(R^2+b^2-2Rb\cos\theta)Q^2 = (R^2+a^2-2Ra\cos\theta)Q'^2$$

要求上式对任意 θ 都成立，必有

$$\begin{cases}(R^2+b^2)Q^2=(R^2+a^2)Q'^2\\ bQ^2=aQ'^2\end{cases}$$

两式相除，并注意到Q'与Q异号，写出

$$\begin{cases}(a-b)(R^2-ab)=0\\ Q'=-\sqrt{\dfrac{b}{a}}Q\end{cases}$$

上式有两个解，其中之一为

$$\begin{cases}a=b\\ Q'=-Q\end{cases}$$

因为镜像电荷不能位于球外，所以此解不符合要求，必须舍去。

另一个解为

$$\begin{cases}b=R^2/a\\ Q'=-RQ/a\end{cases} \tag{4.4.6}$$

把式（4.4.6）代入式（4.4.5）可得

$$\varphi=\frac{Q}{4\pi\varepsilon_0}\left(\frac{1}{\sqrt{r^2+a^2-2ra\cos\theta}}-\frac{1}{\sqrt{R^2+\dfrac{a^2}{R^2}r^2-2ra\cos\theta}}\right) \tag{4.4.7}$$

上式满足球外空间的泊松方程以及边界条件$\varphi|_{r=\infty}=0$和$\varphi|_{r=R}=0$。根据静电场的唯一性定理可知，此解就是原问题的唯一真实解。

球面上感应电荷的面密度为

$$\sigma_g=-\varepsilon_0\frac{\partial\varphi}{\partial r}\bigg|_{r=R}$$

$$=\frac{Q}{4\pi}\left[\frac{R-a\cos\theta}{(R^2+a^2-2Ra\cos\theta)^{3/2}}-\frac{\dfrac{a^2}{R}-a\cos\theta}{(R^2+a^2-2Ra\cos\theta)^{3/2}}\right]$$

$$=\frac{-Q}{4\pi R}\frac{a^2-R^2}{(R^2+a^2-2Ra\cos\theta)^{3/2}}$$

球面上感应电荷的总量为

$$Q_g=\oint_S\sigma_g\mathrm{d}s=\frac{-Q}{4\pi R}\int_0^\pi\frac{(a^2-R^2)2\pi R^2\sin\theta\mathrm{d}\theta}{(R^2+a^2-2Ra\cos\theta)^{3/2}}$$

$$=\frac{Q}{2}\frac{a^2-R^2}{a}\frac{1}{\sqrt{R^2+a^2-2Ra\cos\theta}}\bigg|_0^\pi$$

$$=\frac{Q}{2}\frac{a^2-R^2}{a}\left(\frac{1}{a+R}-\frac{1}{a-R}\right)=-\frac{R}{a}Q=Q'$$

本例情况下感应电荷的总量仍然等于镜像电荷的电量。

例三 设例二中的导体球不接地，而是带有电量Q_0。在导体球外侧距离球心为a处放置电量为Q的点电荷。求球外的电势分布以及Q所受的静电力。

【解】我们设想一种带电方法：先把导体球接地，然后放置点电荷Q，则球面上产生感应电荷Q_g。此时撤除接地线，并在球面上放置电荷$Q''=Q_0-Q_g$。因为在放置Q''之前Q_g与Q已经达到静电平衡，所以Q''必定在自身排斥力作用下均匀分布在球面上。球外空间任意点处的电势包括三部分：点电荷Q的电势、感应电荷Q_g的电势（等效为镜像电荷Q'的电势）、均匀球面电荷Q''的电势。此种带电方法的最后结果与原问题所给条件完全等效，所以直接写出的解就是原问题的真实解。

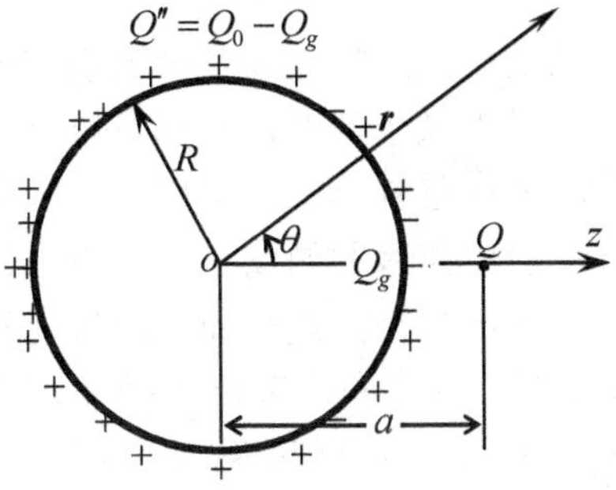

图 4.4.3

由上述讨论和例二的结果直接写出球外空间任意点(r,θ,ϕ)的电势为

$$\begin{aligned}\varphi=&\frac{1}{4\pi\varepsilon_0}\frac{Q}{\sqrt{r^2+a^2-2ra\cos\theta}}\\&+\frac{Q}{4\pi\varepsilon_0}\frac{1}{\sqrt{R^2+\dfrac{a^2}{R^2}r^2-2ra\cos\theta}}\\&+\frac{1}{4\pi\varepsilon_0}\frac{Q_0+RQ/a}{r}\end{aligned}\tag{4.4.8}$$

点电荷Q所受到的静电力为

$$\begin{aligned}F&=\frac{1}{4\pi\varepsilon_0}\frac{Q(Q_0+RQ/a)}{a^2}+\frac{1}{4\pi\varepsilon_0}\frac{-RQ^2}{(a-R^2/a)^2a}\\&=\frac{Q}{4\pi\varepsilon_0a^2}[Q_0-\frac{(2a^2-R^2)R^3}{(a^2-R^2)^2a}Q]\end{aligned}\tag{4.4.9}$$

从上式可看出，若Q与Q_0是同号电荷，则当Q_0较大时，点电荷与导体球之间的力是排斥力；当Q_0较小时，它们之间的力是吸引力；当方括号[ ]内为零时，它们之间的力为零。

例四　如图 4.4.4 所示，在$z>0$和$z<0$的两个半空间分别充满了介电常数为ε_1和ε_2的各向同性均匀线性介质，两种介质的界面为xoy平面。在$(0,0,a)$处放置一个电量为Q的点电荷。求$z>0$和$z<0$区域的电势分布。

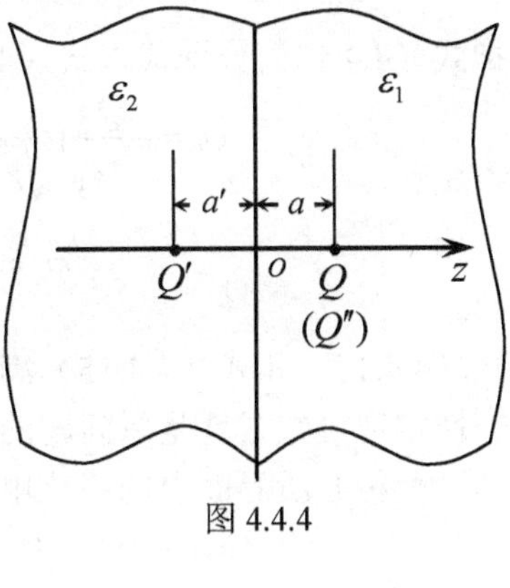

图 4.4.4

【解】此例题仍然具有轴对称性，选用柱坐标系求解此题。

所研究的区域为全空间。在此空间内只有一个自由点电荷Q，介质中无其它自由电荷。电势微分方程为

$$\begin{cases}\nabla^2\varphi_1=-\dfrac{1}{\varepsilon_1}Q\delta(\boldsymbol{r}-a\boldsymbol{e}_z)&(z>0)\\\nabla^2\varphi_2=0&(z<0)\end{cases}$$

区域的边界条件为

$$\begin{cases}\varphi_1\big|_{r=\infty,z=+\infty}=0 & (z>0)\\ \varphi_2\big|_{r=\infty,z=-\infty}=0 & (z<0)\end{cases}$$

所以全空间的静电场有唯一确定的解。

对于这个问题，我们可以这样来思考：由于介质的存在，一方面使得第一种介质中的点电荷Q等效于真空中的点电荷$\varepsilon_0 Q/\varepsilon_1$，另一方面在界面上产生了极化面电荷，这些极化面电荷激发的场可以等效为镜像电荷的场。

考虑到界面是平面以及轴对称性，在$z>0$区域的场可以看做是真空中两个点电荷激发的场：位于$(r=0,z=a)$处的点电荷$\varepsilon_0 Q/\varepsilon_1$和位于$(r=0,z=-a')$处的镜像电荷$Q'$。因此，$z>0$区域的电势可以写为

$$\varphi_1=\frac{1}{4\pi\varepsilon_0}\left[\frac{\varepsilon_0 Q/\varepsilon_1}{\sqrt{r^2+(z-a)^2}}+\frac{Q'}{\sqrt{r^2+(z+a')^2}}\right] \tag{4.4.10}$$

同理，$z<0$区域的场也可看做是真空中两个点电荷激发的场：位于$(r=0,z=a)$处的点电荷$\varepsilon_0 Q/\varepsilon_1$和位于$(r=0,z=a'')$处的镜像电荷$Q''$。因此，$z<0$区域的电势可写为

$$\varphi_2=\frac{1}{4\pi\varepsilon_0}\left[\frac{\varepsilon_0 Q/\varepsilon_1}{\sqrt{r^2+(z-a)^2}}+\frac{Q''}{\sqrt{r^2+(z-a'')^2}}\right] \tag{4.4.11}$$

对式（4.4.10）和式（4.4.11）应用边值关系$\varphi_1\big|_{z=0}=\varphi_2\big|_{z=0}$，写出

$$\frac{Q'}{\sqrt{r^2+a'^2}}=\frac{Q''}{\sqrt{r^2+a''^2}}$$

根据r的任意性可得

$$a''=a',Q''=Q' \tag{4.4.12}$$

对式（4.4.10）和式（4.4.11）应用边值关系$\varepsilon_1\dfrac{\partial\varphi_1}{\partial z}\bigg|_{z=0}=\varepsilon_2\dfrac{\partial\varphi_2}{\partial z}\bigg|_{z=0}$并利用上式写出

$$\frac{(1-\varepsilon_2/\varepsilon_1)\varepsilon_0 aQ}{(r^2+a^2)^{3/2}}=\frac{(\varepsilon_1+\varepsilon_2)a'Q'}{(r^2+a'^2)^{3/2}}$$

根据r的任意性，并结合式（4.4.12），得出

$$a''=a'=a,Q''=Q'=\frac{\varepsilon_0(\varepsilon_1-\varepsilon_2)}{\varepsilon_1(\varepsilon_1+\varepsilon_2)}Q \tag{4.4.13}$$

把式（4.4.13）分别代入式（4.4.10）和式（4.4.11）可得

$$\varphi_1=\frac{Q}{4\pi\varepsilon_1}\left[\frac{1}{\sqrt{r^2+(z-a)^2}}+\frac{1}{\sqrt{r^2+(z+a)^2}}\frac{\varepsilon_1-\varepsilon_2}{\varepsilon_1+\varepsilon_2}\right]\quad (z>0) \tag{4.4.14}$$

$$\varphi_2=\frac{Q}{2\pi(\varepsilon_1+\varepsilon_2)\sqrt{r^2+(z-a)^2}}\quad (z<0) \tag{4.4.15}$$

式（4.4.14）和式（4.4.15）满足原问题在全空间的方程、边值关系和边界条件，根据唯一性定理可知它就是原问题的唯一真实解。

两种介质界面上的极化电荷面密度为

$$\begin{aligned}\sigma_P&=-\boldsymbol{e}_z\cdot(\boldsymbol{P}_1-\boldsymbol{P}_2)\big|_{z=0}=-\boldsymbol{e}_z\cdot[(\varepsilon_1-\varepsilon_0)\boldsymbol{E}_1-(\varepsilon_2-\varepsilon_0)\boldsymbol{E}_2]\big|_{z=0}\\&=\left[(\varepsilon_1-\varepsilon_0)\frac{\partial\varphi_1}{\partial z}-(\varepsilon_2-\varepsilon_0)\frac{\partial\varphi_2}{\partial z}\right]_{z=0}=-\varepsilon_0\left[\frac{\partial\varphi_1}{\partial z}-\frac{\partial\varphi_2}{\partial z}\right]_{z=0}\end{aligned}$$

$$=\frac{\varepsilon_0(\varepsilon_1-\varepsilon_2)}{2\pi\varepsilon_1(\varepsilon_1+\varepsilon_2)}\frac{aQ}{(r^2+a^2)^{3/2}}$$

两种介质界面上的极化电荷总量为

$$Q_P=\int_S\sigma_P\mathrm{d}s=\frac{\varepsilon_0(\varepsilon_1-\varepsilon_2)aQ}{2\pi\varepsilon_1(\varepsilon_1+\varepsilon_2)}\int_0^\infty\frac{2\pi r\mathrm{d}r}{(r^2+a^2)^{3/2}}$$

$$=\frac{\varepsilon_0(\varepsilon_1-\varepsilon_2)aQ}{\varepsilon_1(\varepsilon_1+\varepsilon_2)}\frac{-1}{\sqrt{r^2+a^2}}\bigg|_0^\infty$$

$$=\frac{\varepsilon_0(\varepsilon_1-\varepsilon_2)}{\varepsilon_1(\varepsilon_1+\varepsilon_2)}Q=Q'=Q''$$

上式表明，镜像电荷的电量仍然等于极化电荷的总量。

4.5 格林函数方法

上节研究了一种特殊类型的静电场问题的特殊解法，这类问题是：空间某区域V内有一个点电荷，场在V的边界上满足一定的边界条件（例如：$\varphi=0$），求出这个点电荷激发的满足给定边界条件静电场，即解一个点电荷的特殊边值问题。

在静电学中，解一个点电荷的边值问题具有重要意义。因为这不仅意味着有关该点电荷的特殊问题得到解决，而且还意味着有更广泛的一类边值问题可以籍此而得到解决。

静电场的普遍边值问题是：给定区域V内的电荷分布ρ，给定V的边界S上的电势$\varphi|_S$或者电场的法向分量$\partial\varphi/\partial n|_S$，求$V$内各点的电势。若给定的是$\varphi|_S$，则称此类边值问题为第一类边值问题。若给定的是$\partial\varphi/\partial n|_S$，称此类边值问题为第二类边值问题。

本节研究的问题是：借助格林函数，利用格林公式，把点电荷的边值问题与上述的一般边值问题联系起来，从而使得一般问题得以解决。

一、格林函数

设区域V的边界为S，在V内的源点$\boldsymbol{r}'$处放置单位点电荷，场点位矢为$\boldsymbol{r}$，V内的电势分布记为$G(\boldsymbol{r},\boldsymbol{r}')$，则$V$内的泊松方程为

$$\varepsilon_0\nabla^2G(\boldsymbol{r},\boldsymbol{r}')=-\delta(\boldsymbol{r}-\boldsymbol{r}') \tag{4.5.1}$$

其中算符∇^2作用于场点坐标$\boldsymbol{r}$。式（4.5.1）在给定边界条件下的解称为格林函数。

若给定的边界条件为$G(\boldsymbol{r},\boldsymbol{r}')|_{r\in S}=0$，则式（4.5.1）的解称为区域$V$上第一类边值问题的格林函数。

若给定的边界条件为$\partial G(\boldsymbol{r},\boldsymbol{r}')/\partial n|_{r\in S}=0$，则式（4.5.1）的解称为区域$V$上第二类边值关系的格林函数。应该指出，若$V$是有限区域，则第二类格林函数是不存在的。因为在$V$内只有单位点电荷，根据场线的连续性，以单位点电荷为“源”或“汇”的场线不可能不穿过有限区域的边界。即边界上电场的法向分量不可能为零。

可以证明，格林函数具有下述对称性：

$$G(\boldsymbol{r},\boldsymbol{r}')=G(\boldsymbol{r}',\boldsymbol{r}) \tag{4.5.2}$$

此式的物理意义是：位于 $\boldsymbol{r}'$ 处的单位点电荷在 $\boldsymbol{r}$ 处激发的电势等于位于 $\boldsymbol{r}$ 处的单位点电荷在 $\boldsymbol{r}'$ 处激发的电势。下面证明式（4.5.2）。

【证】若把单位点电荷置于 $\boldsymbol{r}_1'$ 处，有

$$\varepsilon_0\nabla^2 G(\boldsymbol{r},\boldsymbol{r}_1') = -\delta(\boldsymbol{r}-\boldsymbol{r}_1') \tag{4.5.3}$$

若把单位点电荷置于 $\boldsymbol{r}_2'$ 处，有

$$\varepsilon_0\nabla^2 G(\boldsymbol{r},\boldsymbol{r}_2') = -\delta(\boldsymbol{r}-\boldsymbol{r}_2') \tag{4.5.4}$$

利用 δ 函数的性质写出下式：

$$G(\boldsymbol{r}_2',\boldsymbol{r}_1') - G(\boldsymbol{r}_1',\boldsymbol{r}_2') = \int_V [G(\boldsymbol{r},\boldsymbol{r}_1')\delta(\boldsymbol{r}-\boldsymbol{r}_2') - G(\boldsymbol{r},\boldsymbol{r}_2')\delta(\boldsymbol{r}-\boldsymbol{r}_1')]\mathrm{d}V$$

把式（4.5.3）和式（4.5.4）代入上式右边得

$$G(\boldsymbol{r}_2',\boldsymbol{r}_1') - G(\boldsymbol{r}_1',\boldsymbol{r}_2') = -\varepsilon_0\int_V [G(\boldsymbol{r},\boldsymbol{r}_1')\nabla^2 G(\boldsymbol{r},\boldsymbol{r}_2') - G(\boldsymbol{r},\boldsymbol{r}_2')\nabla^2 G(\boldsymbol{r},\boldsymbol{r}_1')]\mathrm{d}V$$

对上式右边的体积分应用格林公式，写出

$$\begin{aligned}&\int_V [G(\boldsymbol{r},\boldsymbol{r}_1')\nabla^2 G(\boldsymbol{r},\boldsymbol{r}_2') - G(\boldsymbol{r},\boldsymbol{r}_2')\nabla^2 G(\boldsymbol{r},\boldsymbol{r}_1')]\mathrm{d}V \\ &= \oint_S [G(\boldsymbol{r},\boldsymbol{r}_1')\frac{\partial G(\boldsymbol{r},\boldsymbol{r}_2')}{\partial n} - G(\boldsymbol{r},\boldsymbol{r}_2')\frac{\partial G(\boldsymbol{r},\boldsymbol{r}_1')}{\partial n}]\mathrm{d}s\end{aligned}$$

无论是第一类边值问题的格林函数还是第二类边值问题的格林函数，上式右边都等于零。由此可得

$$G(\boldsymbol{r}_2',\boldsymbol{r}_1') = G(\boldsymbol{r}_1',\boldsymbol{r}_2')$$

把上式中的 $\boldsymbol{r}_1'$ 换为 $\boldsymbol{r}'$， $\boldsymbol{r}_2'$ 换为 $\boldsymbol{r}$，即证得式（4.5.2）。

二、用格林函数表示泊松方程边值问题的解

设区域 V 的边界为 S，V 内泊松方程的边值问题是

$$\begin{cases}\nabla^2\varphi = -\dfrac{1}{\varepsilon_0}\rho(\boldsymbol{r}) \\ \varphi\big|_S \text{已知,或} \dfrac{\partial\varphi}{\partial n}\Big|_S \text{已知}\end{cases} \tag{4.5.5}$$

为了把上述边值问题与相应的格林函数联系起来，写出下式并利用格林公式

$$\begin{aligned}&-\varepsilon_0\int_{V'}[G(\boldsymbol{r}',\boldsymbol{r})\nabla'^2\varphi(\boldsymbol{r}') - \varphi(\boldsymbol{r}')\nabla'^2 G(\boldsymbol{r}',\boldsymbol{r})]\mathrm{d}V' \\ &= -\varepsilon_0\oint_{S'}[G(\boldsymbol{r}',\boldsymbol{r})\frac{\partial\varphi(\boldsymbol{r}')}{\partial n'} - \varphi(\boldsymbol{r}')\frac{\partial G(\boldsymbol{r}',\boldsymbol{r})}{\partial n'}]\mathrm{d}s'\end{aligned} \tag{4.5.6}$$

把关于 φ 和 G 的泊松方程代入上式左边得

$$\begin{aligned}&\int_{V'}[G(\boldsymbol{r}',\boldsymbol{r})\rho(\boldsymbol{r}') - \varphi(\boldsymbol{r}')\delta(\boldsymbol{r}',\boldsymbol{r})]\mathrm{d}V' \\ &= -\varepsilon_0\oint_{S'}[G(\boldsymbol{r}',\boldsymbol{r})\frac{\partial\varphi(\boldsymbol{r}')}{\partial n'} - \varphi(\boldsymbol{r}')\frac{\partial G(\boldsymbol{r}',\boldsymbol{r})}{\partial n'}]\mathrm{d}s'\end{aligned} \tag{4.5.7}$$

把上式左边第二项积分后并整理可得

$$\varphi(\boldsymbol{r}) = \int_{V'} G(\boldsymbol{r}',\boldsymbol{r})\rho(\boldsymbol{r}')\mathrm{d}V' + \varepsilon_0\oint_{S'}[G(\boldsymbol{r}',\boldsymbol{r})\frac{\partial\varphi(\boldsymbol{r}')}{\partial n'} - \varphi(\boldsymbol{r}')\frac{\partial G(\boldsymbol{r}',\boldsymbol{r})}{\partial n'}]\mathrm{d}s'$$

对于泊松方程的第一类边值问题，因为 $G\big|_S = 0$，所以有

$$\varphi(\boldsymbol{r})=\int_{V'}G(\boldsymbol{r}',\boldsymbol{r})\rho(\boldsymbol{r}')\mathrm{d}V'-\varepsilon_0\oint_{S'}\varphi(\boldsymbol{r}')\frac{\partial G(\boldsymbol{r}',\boldsymbol{r})}{\partial n'}\mathrm{d}s' \tag{4.5.8}$$

对于泊松方程的第二类边值问题，因为$\partial G/\partial n|_S=0$，所以有

$$\varphi(\boldsymbol{r})=\int_{V'}G(\boldsymbol{r}',\boldsymbol{r})\rho(\boldsymbol{r}')\mathrm{d}V'+\varepsilon_0\oint_{S'}G(\boldsymbol{r}',\boldsymbol{r})\frac{\partial \varphi(\boldsymbol{r}')}{\partial n'}\mathrm{d}s' \tag{4.5.9}$$

如前所述，对于有限区域V，$\partial G/\partial n|_S=0$不成立，所以式（4.5.9）也不成立。

由于格林函数G与$\rho(\boldsymbol{r}')$、$\varphi|_S$或$\partial\varphi/\partial n|_S$的具体函数形式无关，所以只要给出某区域的格林函数，该区域内各种各样同类型的边值问题就可由式（4.5.8）或式（4.5.9）得以解决。从这个意义上说，格林函数方法是求解泊松方程边值问题的普遍方法。

要使用格林函数方法求解区域V内泊松方程的边值问题，首先要知道该区域相应边值问题的格林函数。但是，要解出一个区域的格林函数并不是轻而易举的事情。特别是有限区域第二类边值关系的格林函数实际上不存在。以下只讨论第一类边值问题的格林函数。首先，利用上节的几个例题，直接给出区域边界比较简单时第一类边值问题的格林函数。

三、简单边界的第一类格林函数

1. 无界空间的格林函数

无界空间单位点电荷的边值问题为

$$\begin{cases}-\varepsilon_0\nabla^2 G(\boldsymbol{r},\boldsymbol{r}')=\delta(\boldsymbol{r}-\boldsymbol{r}')\\ G(\boldsymbol{r},\boldsymbol{r}')|_{|\boldsymbol{r}-\boldsymbol{r}'|\to\infty}\to 0\end{cases}$$

由点电荷的电势公式，直接写出无界空间的格林函数为

$$G(\boldsymbol{r},\boldsymbol{r}')=\frac{1}{4\pi\varepsilon_0}\frac{1}{|\boldsymbol{r}-\boldsymbol{r}'|} \tag{4.5.10}$$

2. 上半空间（$z>0$）的格林函数

上半空间单位点电荷的边值问题为

$$\begin{cases}-\varepsilon_0\nabla^2 G(\boldsymbol{r},\boldsymbol{r}')=\delta(x-x',y-y',z-z')\\ G(\boldsymbol{r},\boldsymbol{r}')|_{\sqrt{x^2+y^2+z^2}\to\infty}=0,G(\boldsymbol{r},\boldsymbol{r}')|_{z=0}=0\end{cases}$$

由4.4节例一的结果直接写出上半空间（$z>0$）的格林函数为

$$G=\frac{1}{4\pi\varepsilon_0}\left[\frac{1}{\sqrt{r''^2+(z-z')^2}}-\frac{1}{\sqrt{r''^2+(z+z')^2}}\right] \tag{4.5.11}$$

其中$r''^2=(x-x')^2+(y-y')^2$

3. 球外空间的格林函数

如图4.5.1所示，球外空间单位点电荷的边值问题为

$$\begin{cases}-\varepsilon_0\nabla^2 G(\boldsymbol{r},\boldsymbol{r}')=\delta(\boldsymbol{r}-\boldsymbol{r}')\\ G(\boldsymbol{r},\boldsymbol{r}')|_{r=R}=0,G(\boldsymbol{r},\boldsymbol{r}')|_{r=\infty}=0\end{cases}$$

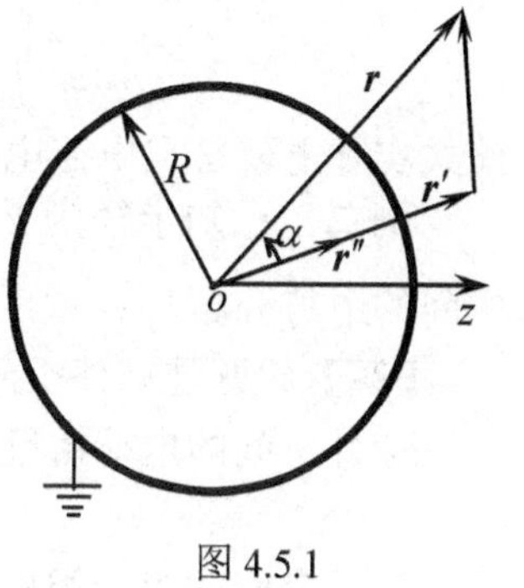

图 4.5.1

由4.4节例二的结果可知，若在$\boldsymbol{r}'$处放置单位点电荷，则镜像电荷位于$\boldsymbol{r}''$处，其到球心的距离为$r''=R^2/r'$，其电

量为$Q'=-R/r'$。球外空间的格林函数为

$$G=\frac{1}{4\pi\varepsilon_0}[\frac{1}{|\boldsymbol{r}-\boldsymbol{r}'|}-\frac{R/r'}{|\boldsymbol{r}-(R/r')^2\boldsymbol{r}'|}]$$

$$=\frac{1}{4\pi\varepsilon_0}[\frac{1}{\sqrt{r^2+r'^2-2rr'\cos\alpha}}$$

$$-\frac{R}{\sqrt{r^2r'^2+R^4-2rr'R^2\cos\alpha}}] \tag{4.5.12}$$

利用格林函数解题时，必须要把上面的$\cos\alpha$用场点坐标和源点坐标表示出来。设场点坐标为(r,θ,ϕ)，源点坐标为(r',θ',ϕ')，则

$$\boldsymbol{r}'\cdot\boldsymbol{r}=r'r\cos\alpha=r'(\sin\theta'\cos\phi'\boldsymbol{e}_x+\sin\theta'\sin\phi'\boldsymbol{e}_y+\cos\theta'\boldsymbol{e}_z)$$

$$\cdot r(\sin\theta\cos\phi\boldsymbol{e}_x+\sin\theta\sin\phi\boldsymbol{e}_y+\cos\theta\boldsymbol{e}_z)$$

$$=r'r(\sin\theta'\sin\theta\cos\phi'\cos\phi+\sin\theta'\sin\theta\sin\phi'\sin\phi+\cos\theta'\cos\theta)$$

$$=r'r[\sin\theta'\sin\theta\cos(\phi-\phi')+\cos\theta'\cos\theta]$$

由此得出

$$\cos\alpha=\sin\theta\sin\theta'\cos(\phi-\phi')+\cos\theta\cos\theta'$$

4\. 球内空间的格林函数

把单位点电荷置于图 4.5.1 中的$\boldsymbol{r}''$处，容易证明镜像电荷位于$\boldsymbol{r}'$处，其到球心的距离为$r'=R^2/r''$，其电量为$Q'=-R^2/r''$。球内空间的格林函数与球外空间的格林函数形式完全相同。即

$$G=\frac{1}{4\pi\varepsilon_0}[\frac{1}{\sqrt{r^2+r''^2-2rr''\cos\alpha}}-\frac{R}{\sqrt{r^2r''^2+R^4-2rr''R^2\cos\alpha}}] \tag{4.5.13}$$

下面再举两个利用上述格林函数求解边值问题的例子。

例一　无界空间的电荷分布为$\rho(\boldsymbol{r})$，求无界空间的电势分布。

【解】无界空间的格林函数为

$$G(\boldsymbol{r},\boldsymbol{r}')=\frac{1}{4\pi\varepsilon_0}\frac{1}{|\boldsymbol{r}-\boldsymbol{r}'|}$$

显然，$G|_{r'=\infty}=0$，$\partial G/\partial r'|_{r'=\infty}=0$，由此可得无界空间的电势分布为

$$\varphi(\boldsymbol{r})=\int_{V'}G(\boldsymbol{r}',\boldsymbol{r})\rho(\boldsymbol{r}')\mathrm{d}V'+\varepsilon_0\oint_{S'}[G(\boldsymbol{r}',\boldsymbol{r})\frac{\partial\varphi(\boldsymbol{r}')}{\partial n'}-\varphi(\boldsymbol{r}')\frac{\partial G(\boldsymbol{r}',\boldsymbol{r})}{\partial n'}]\mathrm{d}s'$$

$$=\frac{1}{4\pi\varepsilon_0}\int_{V'}\frac{\rho(\boldsymbol{r}')}{|\boldsymbol{r}-\boldsymbol{r}'|}\mathrm{d}V'$$

此式实际上就是点电荷电势叠加法的表达式。

例二　已知半径为R的球面上电势分布为$\varphi|_S=f(\theta,\phi)$，球外空间无电荷。求球外空间的电势分布。

【解】此题是球外空间的第一类边值问题。

球外空间的电荷密度为

$$\rho=0$$

球外空间的第一类格林函数为

$$G=\frac{1}{4\pi\varepsilon_0}[\frac{1}{\sqrt{r^2+r'^2-2rr'\cos\alpha}}-\frac{R}{\sqrt{r^2r'^2+R^4-2rr'R^2\cos\alpha}}]$$

其中

$$\cos\alpha=\sin\theta\sin\theta'\cos(\phi-\phi')+\cos\theta\cos\theta'$$

球面上格林函数的法向导数为（注意到外法向 $\boldsymbol{e}_n//-\boldsymbol{e}_r$）

$$\left.\frac{\partial G}{\partial n'}\right|_{r'=R}=\frac{-1}{4\pi\varepsilon_0}\frac{\partial}{\partial r'}[\frac{1}{\sqrt{r^2+r'^2-2rr'\cos\alpha}}-\frac{R}{\sqrt{r^2r'^2+R^4-2rr'R^2\cos\alpha}}]_{r'=R}$$
$$=\frac{-1}{4\pi\varepsilon_0}\frac{r^2-R^2}{R(r^2+R^2-2rR\cos\alpha)^{3/2}}$$

把上述结果代入式（4.5.8）可得

$$\varphi(\boldsymbol{r})=-\varepsilon_0\oint_{S'}\varphi(\boldsymbol{r}')\frac{\partial G(\boldsymbol{r}',\boldsymbol{r})}{\partial n'}]\mathrm{d}s'=\int_0^{2\pi}\mathrm{d}\phi'\int_0^{\pi}\frac{(r^2-R^2)Rf(\theta',\phi')\sin\theta'd\theta'}{4\pi\varepsilon_0(r^2+R^2-2rR\cos\alpha)^{3/2}}$$

把 $f(\theta,\phi)$ 和 $\cos\alpha$ 代入上式积分可得结果。一般来说，计算此积分是比较困难的。

例三　如图 4.5.2 所示，一块无限大的导体平板置于 xoy 平面内。在导体平板上以 o 点为圆心挖一个半径为 R 的圆环形狭缝并充以绝缘介质。使圆内导体板电势为 V_0，把圆外导体板接地。求 $z>0$ 的上半空间的电势分布。

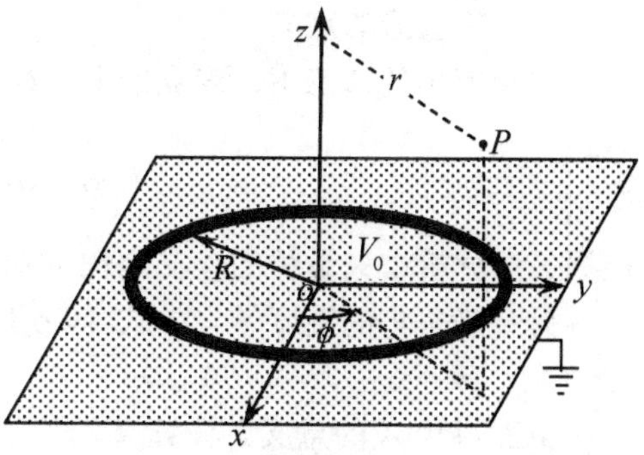

图 4.5.2

【解】这是上半空间的第一类边值问题。上半空间的电荷密度为 $\rho=0$。由式（4.5.8）写出场点 P 的电势为

$$\varphi=-\varepsilon_0\oint_{S'}\varphi(\boldsymbol{r}')\frac{\partial G(\boldsymbol{r}',\boldsymbol{r})}{\partial n'}]\mathrm{d}s'$$

上式中的边界面 S' 包括三部分：①半径无穷大的上半球面，此面上电势为零；②圆外的导体平面，此面上的电势也为零；③圆内的导体平面，此面上的电势为给定常数。因此，只需求出圆内导体面上格林函数的法向导数。

由于问题具有轴对称性，故选择柱坐标系。上半空间的场点 P 的坐标为 (r,ϕ,z)。把上半空间的格林函数式（4.5.11）用柱坐标表示为

$$G=\frac{1}{4\pi\varepsilon_0}\frac{1}{\sqrt{r^2+r'^2-2rr'\cos(\phi-\phi')+(z-z')^2}}$$
$$-\frac{1}{4\pi\varepsilon_0}\frac{1}{\sqrt{r^2+r'^2-2rr'\cos(\phi-\phi')+(z+z')^2}}$$

注意到在圆平面上外法向 $\boldsymbol{e}_n//-\boldsymbol{e}_z$，有

$$\left.\frac{\partial G}{\partial n'}\right|_{z'=0}=-\left.\frac{\partial G}{\partial z'}\right|_{z'=0}=\frac{-1}{2\pi\varepsilon_0}\frac{z}{[r'^2+r^2-2r'r\cos(\phi-\phi')+z^2]^{3/2}}$$

由此写出场点 P 的电势为

$$\varphi=\frac{V_0}{2\pi}\int_0^R\mathrm{d}r'\int_0^{2\pi}\frac{zr'\mathrm{d}\phi'}{[r'^2+r^2-2r'r\cos(\phi-\phi')+z^2]^{3/2}}$$

计算这个积分也不是很容易的事。

从上述讨论可以看出，格林函数方法所蕴含的物理思想是：区域V内的电场总可以看做是V内的电荷和界面S上的面电荷激发的场的叠加，而这些电荷激发的场又可以看做是点电荷激发的场的叠加。

从上面的例题也可以看出，用格林函数方法计算具体问题时，积分运算是比较复杂的。所以，一般情况下，此方法只用于对电场进行理论分析。

4.6 求稳恒电流磁场的矢量势法

前几节主要讨论了稳恒电场，本节专门研究稳恒磁场。在 2.2 节中我们已经得出，在无自由电流的单连通区域可以用磁标势描述磁场。但是磁标势方法有局限性。描述磁场的更一般的方法是矢量势方法。在本篇第 1 章中证明稳恒电流磁场的散度时曾经引入过矢量势。本节对此专门详细研究。

一、矢量势的定义

在稳恒场的情形下，麦克斯韦方程组中关于磁场的方程是

$$\begin{cases}\nabla\cdot\boldsymbol{B}=0 & (1)\\ \nabla\times\boldsymbol{H}=\boldsymbol{j}_f & (2)\end{cases}\tag{4.6.1}$$

根据矢量分析中**矢量势的存在定理**可知，若某矢量场是无散场，则此矢量场必定可以表示为另一矢量势的旋度场。由式（4.6.1）的第（1）式可得：**存在矢量势$\boldsymbol{A}$，使得**

$$\boldsymbol{B}=\nabla\times\boldsymbol{A}\tag{4.6.2}$$

下面讨论$\boldsymbol{A}$的意义。计算$\boldsymbol{A}$沿任意闭合路径L的线积分并利用斯托克斯公式得

$$\oint_L\boldsymbol{A}\cdot\mathrm{d}\boldsymbol{l}=\int_S(\nabla\times\boldsymbol{A})\cdot\mathrm{d}\boldsymbol{s}=\int_S\boldsymbol{B}\cdot\mathrm{d}\boldsymbol{s}$$

其中曲面S以L为边界且S的正法向与L的绕向成右手螺旋关系。上式表明，矢量势$\boldsymbol{A}$沿任意闭合路径L的环量等于以L为边界所张的任意右手系曲面上的磁通量。

必须注意，描述同一个磁场的矢量势不是唯一的。这一点可以从下式看出：

$$\nabla\times(\boldsymbol{A}+\nabla\varphi)=\nabla\times\boldsymbol{A}=\boldsymbol{B}$$

上式表明，$\boldsymbol{A}$和$\boldsymbol{A}+\nabla\varphi$描述同一磁场。即**矢量势$\boldsymbol{A}$中的纵场部分$\nabla\varphi$是任意的**。

二、矢量势的微分方程

由矢量势的定义式（4.6.2）可知，要知道空间的磁感应强度$\boldsymbol{B}$的分布，必须求出空间的$\boldsymbol{A}$分布。而要求出$\boldsymbol{A}$分布必须先建立$\boldsymbol{A}$的微分方程及其相应的边值关系。

设介质是各向同性均匀线性介质，则介质的磁性质方程为

$$\boldsymbol{B}=\mu\boldsymbol{H}\tag{4.6.3}$$

其中介质磁导率μ与空间坐标无关。由式（4.6.1）第（4）式、式（4.6.3）和式（4.6.2）可得

$$\mu\boldsymbol{j}_f=\nabla\times\mu\boldsymbol{H}=\nabla\times\boldsymbol{B}=\nabla\times(\nabla\times\boldsymbol{A})=\nabla(\nabla\cdot\boldsymbol{A})-\nabla^2\boldsymbol{A}$$

因为 $\boldsymbol{A}$ 中的纵场部分是任意的，总可以取 $\nabla\cdot\boldsymbol{A}=0$，从而得出 $\boldsymbol{A}$ 的微分方程为

$$\begin{cases}\nabla\cdot\boldsymbol{A}=0\\ \nabla^2\boldsymbol{A}=-\mu\boldsymbol{j}_f\end{cases}\tag{4.6.4}$$

三、矢量势的边值关系

磁场的法向边值关系为 $\boldsymbol{e}_n\cdot(\boldsymbol{B}_2-\boldsymbol{B}_1)=0$，利用 $\boldsymbol{B}=\nabla\times\boldsymbol{A}$ 写出

$$\boldsymbol{e}_n\cdot(\nabla\times\boldsymbol{A}_2-\nabla\times\boldsymbol{A}_1)=0\tag{4.6.5}$$

在界面上任取面元 ΔS，其法向单位矢为 $\boldsymbol{e}_n$，其边界 ΔL 位于切面内。把上式在 ΔS 上计算面积分并利用斯托克斯公式，写出

$$\begin{aligned}&\int_{\Delta S}(\nabla\times\boldsymbol{A}_2-\nabla\times\boldsymbol{A}_1)\cdot\mathrm{d}\boldsymbol{s}\\ &=\oint_{\Delta L}(\boldsymbol{A}_2-\boldsymbol{A}_1)\cdot\mathrm{d}\boldsymbol{l}\\ &=\oint_{\Delta L}(\boldsymbol{A}_{2t}-\boldsymbol{A}_{1t})\mathrm{d}l=0\end{aligned}$$

因为 $\boldsymbol{A}$ 的环量不恒等于零（等于磁通量），由 ΔL 任意性可得

$$A_{2t}=A_{1t}\tag{4.6.6}$$

磁场的切向边值关系为 $\boldsymbol{e}_n\times(\boldsymbol{H}_2-\boldsymbol{H}_1)=\boldsymbol{\alpha}_f$，利用 $\boldsymbol{B}=\nabla\times\boldsymbol{A}$ 和 $\boldsymbol{B}=\mu\boldsymbol{H}$ 写出

$$\boldsymbol{e}_n\times\left(\frac{1}{\mu_2}\nabla\times\boldsymbol{A}_2-\frac{1}{\mu_1}\nabla\times\boldsymbol{A}_1\right)=\boldsymbol{\alpha}_f\tag{4.6.7}$$

四、稳恒磁场的唯一性定理

1. 定理的内容

设在区域 V 内有几个均匀介质分区，V 的边界面为 S。若满足下列条件：①给定各个介质分区的自由电流密度 $\boldsymbol{j}_f$；②给定 S 上磁场的切向分量 $B_t|_S$ 或 $A_t|_S$；则区域 V 内的稳恒磁场有唯一确定的解。

2. 定理的证明

先根据上述的定理内容写出给定条件下对应的矢量势微分方程以及边值关系。

在磁导率为 μ_i 的第 i 个均匀介质分区中，矢量势 $\boldsymbol{A}_i$ 满足的微分方程为

$$\begin{cases}\nabla\cdot\boldsymbol{A}_i=0\\ \nabla^2\boldsymbol{A}_i=-\mu_i\boldsymbol{j}_{fi}\end{cases}\tag{4.6.8}$$

在第 i 个分区和第 j 个分区的界面处，设正法向由第 i 个分区指向第 j 个分区，则有

$$A_{jt}=A_{it}$$

$$\boldsymbol{e}_n\times\left(\frac{1}{\mu_j}\nabla\times\boldsymbol{A}_j-\frac{1}{\mu_i}\nabla\times\boldsymbol{A}_i\right)=\boldsymbol{\alpha}_{fij}\tag{4.6.9}$$

在区域 V 的边界面 S 上，有

$$B_t|_S \text{ 或 } A_t|_S \text{ 已知}\tag{4.6.10}$$

为了证明在区域 V 上满足上述条件的解是唯一的，不妨假设在区域 V 上存在两个满足上述条件的解 $\boldsymbol{A}'$ 和 $\boldsymbol{A}''$，若令 $\boldsymbol{A}=\boldsymbol{A}'-\boldsymbol{A}''$，必有

在所有介质分区内

$$\begin{cases}\nabla\cdot\boldsymbol{A}_i=0\\ \nabla^2\boldsymbol{A}_i=0\end{cases}\tag{4.6.11}$$

即

$$\nabla\times(\nabla\times\boldsymbol{A}_i)=\nabla(\nabla\cdot\boldsymbol{A}_i)-\nabla^2\boldsymbol{A}_i=0\tag{4.6.12}$$

在第 i 个分区和第 j 个分区的界面处

$$A_{jt}=A_{it}\tag{4.6.13}$$

$$\boldsymbol{e}_n\times\left(\frac{1}{\mu_j}\nabla\times\boldsymbol{A}_j-\frac{1}{\mu_i}\nabla\times\boldsymbol{A}_i\right)=0\tag{4.6.14}$$

在区域 V 的边界面 S 上，有

$$A_t\big|_S=0\tag{4.6.15}$$

或

$$(\nabla\times\boldsymbol{A})_t\big|_S=0\tag{4.6.16}$$

现在利用上面的结果计算下面的积分：

$$\begin{aligned}&\sum_i\int_{V_i}\frac{1}{\mu_i}|\nabla\times\boldsymbol{A}_i|^2\,\mathrm{d}V\\ &=\sum_i\int_{V_i}\frac{1}{\mu_i}\{(\nabla\times\boldsymbol{A}_i)\cdot(\nabla\times\boldsymbol{A}_i)-\boldsymbol{A}_i\cdot[\nabla\times(\nabla\times\boldsymbol{A}_i)]\}\mathrm{d}V\end{aligned}$$

上式是对 V 内的所有导体和介质分区积分并求和，并且已经用到了

$$\nabla\times(\nabla\times\boldsymbol{A}_i)=0$$

利用公式 $\nabla\cdot[\boldsymbol{A}_i\times(\nabla\times\boldsymbol{A}_i)]=(\nabla\times\boldsymbol{A}_i)\cdot(\nabla\times\boldsymbol{A}_i)-\boldsymbol{A}_i\cdot[\nabla\times(\nabla\times\boldsymbol{A}_i)]$，上式写为

$$\sum_i\int_{V_i}\frac{1}{\mu_i}|\nabla\times\boldsymbol{A}_i|^2\,\mathrm{d}V=\sum_i\int_{V_i}\frac{1}{\mu_i}\nabla\cdot[\boldsymbol{A}_i\times(\nabla\times\boldsymbol{A}_i)]\mathrm{d}V$$

利用高斯公式把上式右边的体积分化为各分区界面上的面积分

$$\sum_i\int_{V_i}\frac{1}{\mu_i}|\nabla\times\boldsymbol{A}_i|^2\,\mathrm{d}V=\sum_i\oint_{Si}\frac{1}{\mu_i}[\boldsymbol{A}_i\times(\nabla\times\boldsymbol{A}_i)]\cdot\mathrm{d}\boldsymbol{s}$$

上式右边的面积分是在所有界面（包括区域 V 的边界面 S ）上面积分。利用矢量混合积的公式，把上式右边改写，可得

$$\sum_i\int_{V_i}\frac{1}{\mu_i}|\nabla\times\boldsymbol{A}_i|^2\,\mathrm{d}V=\sum_i\oint_{Si}\frac{1}{\mu_i}(\mathrm{d}\boldsymbol{s}\times\boldsymbol{A}_i)\cdot(\nabla\times\boldsymbol{A}_i)=\sum_i\oint_{Si}\frac{1}{\mu_i}(\mathrm{d}\boldsymbol{s}\times\boldsymbol{A}_{it})\cdot(\nabla\times\boldsymbol{A}_i)$$

或者

$$\sum_i\int_{V_i}\frac{1}{\mu_i}|\nabla\times\boldsymbol{A}_i|^2\,\mathrm{d}V=\sum_i\oint_{Si}\frac{1}{\mu_i}\boldsymbol{A}_i\cdot[(\nabla\times\boldsymbol{A}_i)\times\mathrm{d}\boldsymbol{s}]=\sum_i\oint_{Si}\frac{1}{\mu_i}\boldsymbol{A}_i\cdot[(\nabla\times\boldsymbol{A}_i)_t\times\mathrm{d}\boldsymbol{s}]$$

由上面的边值关系和边界条件式（4.6.13）、式（4.6.16）不难得出，上两式右边的面积分之和等于零。所以

$$\sum_i\int_{V_i}\frac{1}{\mu_i}|\nabla\times\boldsymbol{A}_i|^2\,\mathrm{d}V=0\tag{4.6.17}$$

因为式（4.6.17）左边的被积函数不小于零，所以必有 $\nabla\times\boldsymbol{A}_i=0$ ，即

$$\boldsymbol{B}_i'=\nabla\times\boldsymbol{A}_i'=\nabla\times\boldsymbol{A}_i''=\boldsymbol{B}_i''\quad(i=1,2,\cdots)\tag{4.6.18}$$

上式表明，区域 V 内的稳恒磁场是唯一的。

五、矢量势微分方程的解

先写出矢量势微分方程式（4.6.4）在正交曲线坐标系下的分量方程。

在球坐标系下的分量方程为

$$\begin{cases}\dfrac{1}{r^2}\dfrac{\partial}{\partial r}(r^2A_r)+\dfrac{1}{r\sin\theta}\dfrac{\partial}{\partial\theta}(\sin\theta A_\theta)+\dfrac{1}{r\sin\theta}\dfrac{\partial A_\phi}{\partial\phi}=0\\ \nabla^2A_r-\dfrac{2}{r^2}A_r-\dfrac{2}{r^2\sin\theta}\dfrac{\partial}{\partial\theta}(\sin\theta A_\theta)-\dfrac{2}{r^2\sin\theta}\dfrac{\partial A_\phi}{\partial\phi}=-\mu j_r\\ \nabla^2A_\theta-\dfrac{A_\theta}{r^2\sin^2\theta}+\dfrac{2}{r^2}\dfrac{\partial A_r}{\partial\theta}-\dfrac{2\cos\theta}{r^2\sin^2\theta}\dfrac{\partial A_\phi}{\partial\phi}=-\mu j_\theta\\ \nabla^2A_\phi-\dfrac{A_\phi}{r^2\sin^2\theta}+\dfrac{2}{r^2\sin\theta}\dfrac{\partial A_r}{\partial\phi}+\dfrac{2\cos\theta}{r^2\sin^2\theta}\dfrac{\partial A_\theta}{\partial\phi}=-\mu j_\phi\end{cases}\tag{4.6.19}$$

在柱坐标系下的分量方程为

$$\begin{cases}\dfrac{1}{r}\dfrac{\partial}{\partial r}(rA_r)+\dfrac{1}{r}\dfrac{\partial A_\theta}{\partial\theta}+\dfrac{\partial A_z}{\partial z}=0\\ \nabla^2A_r-\dfrac{1}{r^2}A_r-\dfrac{2}{r^2}\dfrac{\partial A_\phi}{\partial\phi}=-\mu j_r\\ \nabla^2A_\phi-\dfrac{1}{r^2}A_\phi+\dfrac{2}{r^2}\dfrac{\partial A_\phi}{\partial\phi}=-\mu j_\phi\\ \nabla^2A_z=-\mu j_z\end{cases}\tag{4.6.20}$$

以上的式（4.6.19）和式（4.6.20）都是关于矢量势所有分量的耦合联立的二阶微分方程组，每一个方程中几乎含有所有的坐标变量和所有的矢量势分量。一般情况下，求这样的微分方程组的解析解是比较困难的。我们只研究一种比较简单的、容易求解的情形：由于场源电流分布具有某种对称性，使得矢量势 $\boldsymbol{A}$ 的分布也具有相应的对称性，$\boldsymbol{A}$ 之中只有第 i 个分量 A_i 不为零，并且 A_i 与第 i 个坐标变量无关。

要根据场源电流 $\boldsymbol{j}$ 分布的对称性分析矢量势 $\boldsymbol{A}$ 的对称性，必须写出 $\boldsymbol{j}$ 与 $\boldsymbol{A}$ 的定量关系式，为此，我们把磁场的矢量势与静电场的标量势作一个比较，写出我们需要的结果。

静电场的标量势微分方程可以写为

$$\nabla^2\varphi=-\rho/\varepsilon_0\tag{4.6.21}$$

其中 ρ 既包含了自由电荷，也包含了极化电荷。对于面分布电荷、线分布电荷和点电荷，也用电荷体密度的形式表示出来，计入上式右边的场源电荷。如此一来，静电感应和电极化的作用以及所有边值关系和边界条件都在场源电荷中得到体现。方程式（4.6.21）的求解区域只能是真空中的无界空间，其解为

$$\varphi(\boldsymbol{r})=\frac{1}{4\pi\varepsilon_0}\int_{V'}\frac{\rho(\boldsymbol{r}')}{|\boldsymbol{r}-\boldsymbol{r}'|}\mathrm{d}V'=\frac{1}{4\pi\varepsilon_0}\int_{Q'}\frac{\mathrm{d}q(\boldsymbol{r}')}{|\boldsymbol{r}-\boldsymbol{r}'|}\tag{4.6.22}$$

式中的电荷元 $\mathrm{d}q$ 在不同的分布时用不同的表达式。体分布用 $\mathrm{d}q=\rho\mathrm{d}V$，面分布时用 $\mathrm{d}q=\sigma\mathrm{d}s$，线分布时用 $\mathrm{d}q=\lambda\mathrm{d}l$。

稳恒磁场的矢量势微分方程也可以写为

$$\nabla^2\boldsymbol{A}=-\mu_0\boldsymbol{j}\tag{4.6.23}$$

其中 $\boldsymbol{j}$ 既包含了自由电流，也包含了磁化电流。对于面分布电流和线分布电流也用体分布的电流密度的形式表示出来，计入上式右边的场源电流。如此一来，介质磁化的作用以及所有边值关系和边界条件都在场源电流中得到体现。方程式（4.6.23）的求解区域也只能是真空中的无界空间。由于式（4.6.23）和式（4.6.21）具有很好的对称性，它们的解也必定具有相应的对称性。直接写出式（4.6.23）在真空无界空间的解为

$$\boldsymbol{A}(\boldsymbol{r})=\frac{\mu_0}{4\pi}\int_{V'}\frac{\boldsymbol{j}(\boldsymbol{r}')}{|\boldsymbol{r}-\boldsymbol{r}'|}\mathrm{d}V' \tag{4.6.24}$$

式中的电流元 $\boldsymbol{j}\mathrm{d}V'$ 是体分布电流表示式。若电流是面分布，则电流元表示为 $\boldsymbol{\alpha}\mathrm{d}s'$，相应的积分改为面积分。若电流是线分布，则电流元表示为 $I\mathrm{d}\boldsymbol{l}'$，相应的积分改为线积分。

根据式（4.6.24），就可以由场源电流分布的对称性得出矢量势分布的对称性。

例一 如图 4.6.1 所示，半径为 R 带电量为 Q 的均匀带电球面绕其直径以角速度 $\boldsymbol{\omega}$ 作匀角速转动。求球面内外空间的矢量势 $\boldsymbol{A}$ 的分布和磁感应强度 $\boldsymbol{B}$ 的分布。

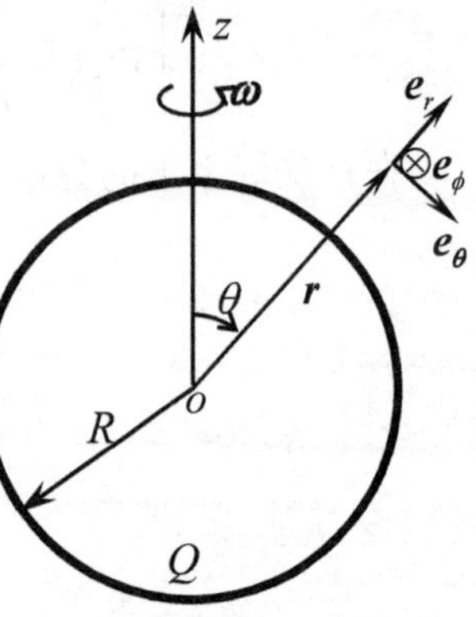

图 4.6.1

【解】 球面上面分布电流的线密度为

$$\boldsymbol{\alpha}=\frac{Q}{4\pi R^2}2\pi R^2\sin\theta\mathrm{d}\theta\frac{\omega}{2\pi}\frac{1}{R\mathrm{d}\theta}\boldsymbol{e}_\phi=\frac{Q\omega\sin\theta}{4\pi R}\boldsymbol{e}_\phi$$

根据 $\boldsymbol{\alpha}$ 分布的对称性，利用式（4.6.24），容易得出：

$A_r=0$，$A_\theta=0$，$A_\phi\neq 0$，并且 A_ϕ 与 ϕ 无关，即 $\boldsymbol{A}=A(r,\theta)\boldsymbol{e}_\phi$，此式满足 $\nabla\cdot\boldsymbol{A}=0$ 的条件。因为在球面内外的空间都有 $\boldsymbol{j}=0$，由式（4.6.19）的第 4 式写出

$$\nabla^2 A-\frac{A}{r^2\sin^2\theta}=0 \tag{4.6.25}$$

为了利用 $\boldsymbol{A}$ 的边值关系，写出 $\boldsymbol{A}$ 的旋度为

$$\nabla\times\boldsymbol{A}=\frac{1}{r^2\sin\theta}\begin{vmatrix}\boldsymbol{e}_r & r\boldsymbol{e}_\theta & r\sin\theta\boldsymbol{e}_\phi\\ \dfrac{\partial}{\partial r} & \dfrac{\partial}{\partial\theta} & \dfrac{\partial}{\partial\phi}\\ 0 & 0 & r\sin\theta A\end{vmatrix}$$

$$=\frac{1}{r\sin\theta}\frac{\partial}{\partial\theta}(\sin\theta A)\boldsymbol{e}_r-\frac{1}{r}\frac{\partial}{\partial r}(rA)\boldsymbol{e}_\theta$$

由 $\boldsymbol{A}$ 的边值关系式（4.6.7）可得

$$\left[-\frac{1}{r}\frac{\partial}{\partial r}(rA_w)+\frac{1}{r}\frac{\partial}{\partial r}(rA_n)\right]_{r=R}=\frac{\mu_0 Q\omega\sin\theta}{4\pi R} \tag{4.6.26}$$

其中 A_w 和 A_n 分别表示球面外和球面内的矢量势。根据上式的形式，可假设

$$A=F(r)\sin\theta \tag{4.6.27}$$

把上式代入式（4.6.25）可得

$$\nabla^2 A=\frac{1}{r^2}\frac{\partial}{\partial r}\left(r^2\frac{\partial A}{\partial r}\right)+\frac{1}{r^2\sin\theta}\frac{\partial}{\partial\theta}\left(\sin\theta\frac{\partial A}{\partial\theta}\right)$$

$$=\frac{F}{r^2\sin\theta}-\frac{2F\sin\theta}{r^2}+\frac{2\sin\theta F'}{r}+\sin\theta F''=\frac{F}{r^2\sin\theta}$$

即

$$F''+2F'/r-2F/r^2=0$$

对上式用级数解法解得

$$F=C_{-2}/r^2+C_{+1}r$$

对于球面内的场，因为$r\to 0$时A_n有限，所以取$C_{-2}=0$，有

$$A_n=C_{+1}r\sin\theta \tag{4.6.28}$$

对于球面外的场，因为$r\to\infty$时$A_w\to 0$，所以取$C_{+1}=0$，有

$$A_w=\frac{C_{-2}}{r^2}\sin\theta \tag{4.6.29}$$

根据球面上矢量势的边值关系可得

$$C_{+1}R=\frac{C_{-2}}{R^2} \tag{4.6.30}$$

$$2C_{+1}+\frac{C_{-2}}{R^3}=\frac{\mu_0 Q\omega}{4\pi R} \tag{4.6.31}$$

由以上两式解得

$$C_{+1}=\frac{\mu_0 Q\omega}{12\pi R}，\quad C_{-2}=\frac{\mu_0 Q\omega}{12\pi}R^2 \tag{4.6.32}$$

把上面的系数代入式（4.6.28）和式（4.6.29），得出空间的矢量势分布为

$$\begin{cases}\boldsymbol{A}_n=\dfrac{\mu_0 Q\omega}{12\pi R}r\sin\theta\boldsymbol{e}_\phi=\dfrac{\mu_0 Q}{12\pi R}\boldsymbol{\omega}\times\boldsymbol{r} & (r<R)\\[2ex] \boldsymbol{A}_w=\dfrac{\mu_0 Q\omega}{12\pi}\dfrac{R^2}{r^2}\sin\theta\boldsymbol{e}_\phi=\dfrac{\mu_0 QR^2}{12\pi r^3}\boldsymbol{\omega}\times\boldsymbol{r} & (r>R)\end{cases} \tag{4.6.33}$$

利用公式$\nabla\times(\boldsymbol{a}\times\boldsymbol{b})=(\nabla\cdot\boldsymbol{b})\boldsymbol{a}+(\boldsymbol{b}\cdot\nabla)\boldsymbol{a}-(\nabla\cdot\boldsymbol{a})\boldsymbol{b}-(\boldsymbol{a}\cdot\nabla)\boldsymbol{b}$，令$\boldsymbol{a}=\boldsymbol{\omega}$、$\boldsymbol{b}=\boldsymbol{r}$或者$\boldsymbol{b}=\boldsymbol{r}/r^3$，并且利用

$$\nabla\cdot\boldsymbol{\omega}=0，\quad(\boldsymbol{b}\cdot\nabla)\boldsymbol{\omega}=0，\quad\nabla\cdot\boldsymbol{r}=3，\quad(\boldsymbol{\omega}\cdot\nabla)\boldsymbol{r}=\boldsymbol{\omega}$$

$$\nabla\cdot\frac{\boldsymbol{r}}{r^3}=0，\quad(\boldsymbol{\omega}\cdot\nabla)\frac{\boldsymbol{r}}{r^3}=-\frac{3\boldsymbol{\omega}\cdot\boldsymbol{r}}{r^5}\boldsymbol{r}+\frac{\boldsymbol{\omega}}{r^3}$$

得出空间的磁感应强度分布为

$$\begin{cases}\boldsymbol{B}_n=\nabla\times\boldsymbol{A}_n=\dfrac{\mu_0 Q}{6\pi R}\boldsymbol{\omega} & (r<R)\\[2ex] \boldsymbol{B}_w=\nabla\times\boldsymbol{A}_w=\dfrac{\mu_0 QR^2}{12\pi}\left(\dfrac{3\boldsymbol{\omega}\cdot\boldsymbol{r}}{r^5}\boldsymbol{r}-\dfrac{\boldsymbol{\omega}}{r^3}\right) & (r>R)\end{cases} \tag{4.6.34}$$

由此看出，球面内是匀强磁场，球面外是磁偶极子的磁场。

例二　在磁导率为μ_2磁场强度为$\boldsymbol{H}_0$的匀强磁场中放置一个半径为R磁导率为μ_1的无限长均匀介质圆柱体，其轴线垂直于$\boldsymbol{H}_0$。求空间矢量势和磁场强度的分布。

【解】本题具有轴对称性，选用柱坐标系进行求解。
如图 4.6.2 所示，沿圆柱轴线向上建立z坐标轴，外加磁场$\boldsymbol{H}_0$沿x轴正向。可以设想，激发$\boldsymbol{H}_0$的电流是置于y轴正方向远处的平行于xoz平面的无限大均匀平面电流，其面电

流的线密度 $\boldsymbol{\alpha}//\boldsymbol{e}_z$（根据磁场的唯一性定理，这样的假定是可以的）。设圆柱内外的磁化强度矢量分别为 $\boldsymbol{M}_1$ 和 $\boldsymbol{M}_2$，显然，$\boldsymbol{M}_1$ 和 $\boldsymbol{M}_2$ 都与 $\boldsymbol{H}_0$ 平行。所以圆柱表面的磁化面电流的线密度 $\boldsymbol{\alpha}_m[=\boldsymbol{e}_r\times(\boldsymbol{M}_2-\boldsymbol{M}_1)]//\pm\boldsymbol{e}_z$。根据式(4.6.24)可知：$A_r=0$，$A_\phi=0$，$A_z\neq0$ 且与 z 无关，即 $\boldsymbol{A}=A(r,\phi)\boldsymbol{e}_z$，此式也满足 $\nabla\cdot\boldsymbol{A}=0$ 的条件。圆柱内外的体分布自由电流密度 $\boldsymbol{j}=0$。由式（4.6.20）第 4 式写出

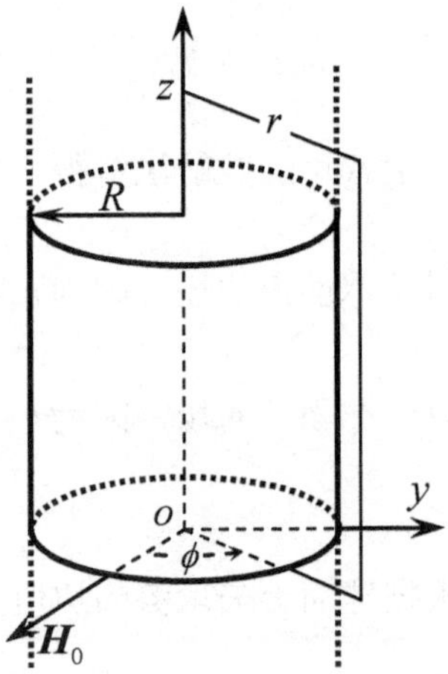

图 4.6.2

$$\nabla^2A=\frac{1}{r}\frac{\partial}{\partial r}\left(r\frac{\partial A}{\partial r}\right)+\frac{1}{r^2}\frac{\partial^2A}{\partial\phi^2}=0 \tag{4.6.35}$$

为了利用 $\boldsymbol{A}$ 的边值关系，写出 $\boldsymbol{A}$ 的旋度为

$$\nabla\times\boldsymbol{A}=\frac{1}{r}\begin{vmatrix}\boldsymbol{e}_r & r\boldsymbol{e}_\phi & \boldsymbol{e}_z\\ \frac{\partial}{\partial r} & \frac{\partial}{\partial\phi} & \frac{\partial}{\partial z}\\ 0 & 0 & A\end{vmatrix}=\frac{\partial A}{r\partial\phi}\boldsymbol{e}_r-\frac{\partial A}{\partial r}\boldsymbol{e}_\phi \tag{4.6.36}$$

方程式（4.6.35）的通解为

$$A=c_0+d_0\ln r+\sum_{n=1}^{\infty}r^n(a_n\cos n\phi+b_n\sin n\phi)$$
$$+\sum_{n=1}^{\infty}\frac{1}{r^n}(c_n\cos n\phi+d_n\sin n\phi)$$

对于圆柱内的磁场，当 $r\to0$ 时 A_n 有限，所以取 $d_0=0$，$c_n=0$，$d_n=0$，写出

$$A_n=c_0+\sum_{n=1}^{\infty}r^n(a_n\cos n\phi+b_n\sin n\phi) \tag{4.6.37}$$

对于圆柱外的磁场，当 $r\to\infty$ 时，有

$$\boldsymbol{B}_w\big|_{r\to\infty}=\nabla\times\boldsymbol{A}_w\big|_{r\to\infty}=\mu_2H_0(\cos\phi\boldsymbol{e}_r-\sin\phi\boldsymbol{e}_\phi)$$

利用式(4.6.36)解得 $A_w\big|_{r\to\infty}=\mu_2H_0r\sin\phi$，所以在通解中取 $c_0=0$，$d_0=0$，$a_n=0$，$b_n=0$（$n\neq1$），$b_1=\mu_2H_0$。写出

$$A_w=\mu_2H_0r\sin\phi+\sum_{n=1}^{\infty}\frac{1}{r^n}(c_n\cos n\phi+d_n\sin n\phi) \tag{4.6.38}$$

由圆柱面上矢量势的切向边值关系写出

$$c_0+\sum_{n=1}^{\infty}R^n(a_n\cos n\phi+b_n\sin n\phi)=\mu_2H_0R\sin\phi+\sum_{n=1}^{\infty}\frac{1}{R^n}(c_n\cos n\phi+d_n\sin n\phi)$$

比较两边 $\cos n\phi$ 和 $\sin n\phi$ 的系数写出

$$c_0=0,\quad a_n=\frac{c_n}{R^{2n}},\quad b_1=\mu_2H_0+\frac{d_1}{R^2},\quad b_n=\frac{d_n}{R^{2n}}\quad(n\neq1) \tag{4.6.39}$$

由圆柱面上矢量势的法向边值关系写出

$$\frac{1}{\mu_1}\sum_{n=1}^{\infty}nR^{n-1}(a_n\cos n\phi+b_n\sin n\phi)=H_0\sin\phi-\frac{1}{\mu_2}\sum_{n=1}^{\infty}\frac{n}{R^{n+1}}(c_n\cos n\phi+d_n\sin n\phi)$$

比较两边 $\cos n\phi$ 和 $\sin n\phi$ 的系数写出

$$a_n = -\frac{\mu_1}{\mu_2}\frac{c_n}{R^{2n}}\,,\quad b_1 = \mu_1 H_0 - \frac{\mu_1}{\mu_2}\frac{d_1}{R^2}\,,\quad b_n = -\frac{\mu_1}{\mu_2}\frac{d_n}{R^{2n}}\quad (n \neq 1) \tag{4.6.40}$$

由式（4.6.39）和式（4.6.40）联立解得

$$a_n = c_n = 0\,,\quad b_n = d_n = 0\ \ (n \neq 1)\,,\quad b_1 = \frac{2\mu_1\mu_2 H_0}{\mu_2 + \mu_1}\,,\quad d_1 = -\frac{\mu_2 - \mu_1}{\mu_2 + \mu_1}\mu_2 H_0 R^2 \tag{4.6.41}$$

把以上系数代入式（4.6.37）和式（4.6.38），可得圆柱内外的矢量势分布为

$$\begin{cases} \boldsymbol{A}_n = \dfrac{2\mu_1}{\mu_2 + \mu_1}\mu_2 H_0 r \sin\phi \boldsymbol{e}_z & (r < R) \\ \boldsymbol{A}_w = (1 - \dfrac{\mu_2 - \mu_1}{\mu_2 + \mu_1}\dfrac{R^2}{r^2})\mu_2 H_0 r \sin\phi \boldsymbol{e}_z & (r > R) \end{cases} \tag{4.6.42}$$

圆柱内外的磁感应强度分布为

$$\begin{cases} \boldsymbol{B}_n = \dfrac{2\mu_1}{\mu_2 + \mu_1}\boldsymbol{B}_0 & (r < R) \\ \boldsymbol{B}_w = \boldsymbol{B}_0 - \dfrac{\mu_2 - \mu_1}{\mu_2 + \mu_1}\dfrac{R^2}{r^2}[2(\boldsymbol{B}_0 \cdot \boldsymbol{e}_r)\boldsymbol{e}_r - \boldsymbol{B}_0] & (r > R) \end{cases} \tag{4.6.43}$$

其中 $\boldsymbol{B}_0 = \mu_2 \boldsymbol{H}_0$ 是外加磁场的磁感应强度。上述结果与 4.3 节例五的结果完全相同。

4.7 直接积分法和多极展开法

一、直接积分法

在上一节已经得出，若空间的所有电荷分布已知，则全空间的电势分布为

$$\varphi(\boldsymbol{r}) = \frac{1}{4\pi\varepsilon_0}\int_{Q'} \frac{\mathrm{d}q(\boldsymbol{r}')}{|\boldsymbol{r} - \boldsymbol{r}'|} \tag{4.7.1}$$

其中 $\mathrm{d}q$ 既包含了自由电荷，也包含了极化电荷。全空间的电场强度分布为 $\boldsymbol{E} = -\nabla\varphi$。

对于稳恒电流的磁场，若空间的所有电流分布已知，则全空间的矢量势分布为

$$\boldsymbol{A}(\boldsymbol{r}) = \frac{\mu_0}{4\pi}\int_{V'} \frac{\boldsymbol{j}(\boldsymbol{r}')}{|\boldsymbol{r} - \boldsymbol{r}'|}\mathrm{d}V' \tag{4.7.2}$$

其中 $\boldsymbol{j}\mathrm{d}V'$ 包含自由电流和磁化电流。全空间的磁感应强度分布为 $\boldsymbol{B} = \nabla \times \boldsymbol{A}$。

例一 求电偶极子激发的电势分布和场强分布。

【解】在基础物理课程中，利用点电荷电势公式和电势叠加原理，考虑到远场近似，导出了电偶极子的远场分布。在电动力学课程中，用 δ 函数积分法求解此题。

设电偶极子中的点电荷 $-q$ 置于 $\boldsymbol{r}_0'$ 处，点电荷 $+q$ 置于 $\boldsymbol{r}_0' + \mathrm{d}\boldsymbol{l}$ 处，此电偶极子的电偶极矩为 $\boldsymbol{p}_e = q\mathrm{d}\boldsymbol{l}$。此电偶极子的电荷密度表示为

$$\begin{aligned} \rho(\boldsymbol{r}') &= -q\delta(\boldsymbol{r}' - \boldsymbol{r}_0') + q\delta(\boldsymbol{r}' - \boldsymbol{r}_0' - \mathrm{d}\boldsymbol{l}) = -q[\delta(\boldsymbol{r}' - \boldsymbol{r}_0') - \delta(\boldsymbol{r}' - \boldsymbol{r}_0' - \mathrm{d}\boldsymbol{l})] \\ &= -q[\nabla'\delta(\boldsymbol{r} - \boldsymbol{r}_0')] \cdot \mathrm{d}\boldsymbol{l} = -\boldsymbol{p}_e \cdot \nabla'\delta(\boldsymbol{r}' - \boldsymbol{r}_0') \end{aligned}$$

把上式代入式（4.7.1）可得（令 $\boldsymbol{r}'' = \boldsymbol{r} - \boldsymbol{r}'$）

$$\varphi(\boldsymbol{r}) = \frac{-1}{4\pi\varepsilon_0}\int_{V'} \frac{\boldsymbol{p}_e \cdot \nabla'\delta}{r''}\mathrm{d}V'$$

$$=\frac{-1}{4\pi\varepsilon_0}\int_{V'}\boldsymbol{p}_e\cdot(\nabla'\frac{\delta}{r''}-\delta\nabla'\frac{1}{r''})\mathrm{d}V'=\frac{-1}{4\pi\varepsilon_0}\int_{V'}[\nabla'\cdot(\boldsymbol{p}_e\frac{\delta}{r''})-\frac{\boldsymbol{p}_e\cdot\boldsymbol{r}''}{r''^3}\delta]\mathrm{d}V'$$

上式右边的第一项积分化为V'的界面上的面积分，因为在界面上$\delta=0$，所以第一项积分为零。利用δ函数的积分性质可得电势分布为（令$\boldsymbol{r}_0''=\boldsymbol{r}-\boldsymbol{r}_0'$）

$$\varphi(\boldsymbol{r})=\frac{1}{4\pi\varepsilon_0}\frac{\boldsymbol{p}_e\cdot\boldsymbol{r}_0''}{r_0''^3}=\frac{1}{4\pi\varepsilon_0}\frac{\boldsymbol{p}_e\cdot(\boldsymbol{r}-\boldsymbol{r}_0')}{|\boldsymbol{r}-\boldsymbol{r}_0'|^3}\tag{4.7.3}$$

利用$\boldsymbol{E}=-\nabla\varphi$，$\nabla\frac{1}{r_0''^3}=-\frac{3\boldsymbol{r}_0''}{r_0''^5}$，$\nabla(\boldsymbol{p}_e\cdot\boldsymbol{r}_0'')=\boldsymbol{p}_e$，可得空间的场强分布为

$$\boldsymbol{E}=\frac{1}{4\pi\varepsilon_0}(\frac{3\boldsymbol{p}_e\cdot\boldsymbol{r}_0''}{r_0''^3}\boldsymbol{r}_0''-\frac{\boldsymbol{p}_e}{r_0''^3})\tag{4.7.4}$$

例二 载流圆环的半径为R，电流强度为I。求此圆电流在远处激发的矢量势分布和磁感应强度分布。

【解】如图4.7.1所示，过场点P作适当坐标系。在圆电流上任取电流元$I\mathrm{d}\boldsymbol{l}$，此电流元指向场点的位矢为$\boldsymbol{r}''$，则$P$点的矢量势为

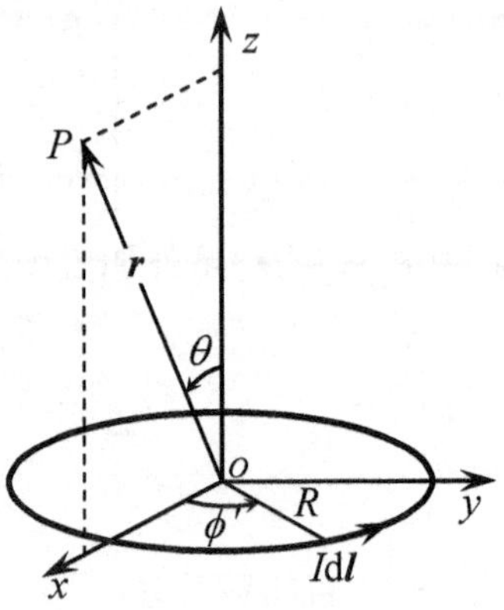

图 4.7.1

$$\boldsymbol{A}=\frac{\mu_0}{4\pi}\int_L\frac{I\mathrm{d}\boldsymbol{l}}{r''}\tag{4.7.5}$$

由对称性分析得知：$A_z=0$，$A_x=0$，$A_y\neq0$。

$$\mathrm{d}l_y=R\mathrm{d}\phi'\cos\phi'\tag{4.7.6}$$

$$r''^2=(\boldsymbol{r}-\boldsymbol{R})\cdot(\boldsymbol{r}-\boldsymbol{R})=r^2+R^2-2\boldsymbol{r}\cdot\boldsymbol{R}$$

$$\boldsymbol{r}\cdot\boldsymbol{R}=rR(\cos\theta\boldsymbol{e}_z+\sin\theta\boldsymbol{e}_x)\cdot(\cos\phi'\boldsymbol{e}_x+\sin\phi'\boldsymbol{e}_y)=rR\sin\theta\cos\phi'$$

由以上两式得出

$$\frac{1}{r''}=\frac{1}{\sqrt{r^2+R^2-2rR\sin\theta\cos\phi'}}$$

把上式右边展开为R/r的级数。因为$R\ll r$，所以可略去二阶以上小量，有

$$\frac{1}{r''}\approx\frac{1}{r}(1+\frac{R}{r}\sin\theta\cos\phi')\tag{4.7.7}$$

把式（4.7.6）和式（4.7.7）代入式（4.7.5）的y分量式并积分，有

$$\boldsymbol{A}=\boldsymbol{e}_y\frac{\mu_0I}{4\pi}\int_0^{2\pi}\frac{R}{r}\cos\phi'(1+\frac{R}{r}\sin\theta\cos\phi')\mathrm{d}\phi'=\boldsymbol{e}_y\frac{\mu_0IR^2}{4r^2}\sin\theta$$

令圆电流的磁矩为$\boldsymbol{p}_m=\pi R^2I\boldsymbol{e}_z$，则圆电流远场的矢量势分布为

$$\boldsymbol{A}=\frac{\mu_0}{4\pi}\frac{\boldsymbol{p}_m\times\boldsymbol{r}}{r^3}\tag{4.7.8}$$

利用

$$\boldsymbol{B}=\nabla\times\boldsymbol{A},\quad\nabla\cdot\frac{\boldsymbol{r}}{r^3}=0,\quad(\frac{\boldsymbol{r}}{r^3}\cdot\nabla)\boldsymbol{p}_m=0,\quad\nabla\cdot\boldsymbol{p}_m=0,\quad(\boldsymbol{p}_m\cdot\nabla)\frac{\boldsymbol{r}}{r^3}=-\frac{3\boldsymbol{p}_m\cdot\boldsymbol{r}}{r^5}\boldsymbol{r}+\frac{\boldsymbol{p}_m}{r^3}$$

得出圆电流远场的磁感应强度分布为

$$\boldsymbol{B}=\frac{\mu_0}{4\pi}(\frac{3\boldsymbol{p}_m\cdot\boldsymbol{r}}{r^5}\boldsymbol{r}-\frac{\boldsymbol{p}_m}{r^3}) \tag{4.7.9}$$

上式表明，圆电流的远场区相当于磁偶极子的场。

例三　无限长直载流导线中的电流强度为I，在导线上截取一段长度为$2L$有限长直线电流，求此有限长直线电流对磁场的贡献。

【解】因为本题有轴对称性，所以建立如图 4.7.2 所示的柱坐标系。在导线上坐标为z'处取电流元$I\mathrm{d}z'\boldsymbol{e}_z$，取场点$P$的坐标为$(r,\phi,z)$，由电流元指向$P$点的位矢为$\boldsymbol{r}''$。有限长直线电流在$P$点激发的矢量势为

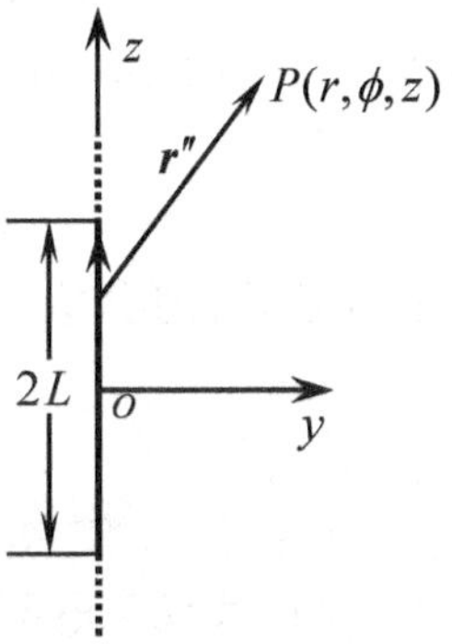

图 4.7.2

$$\begin{aligned}\boldsymbol{A}&=\frac{\mu_0}{4\pi}\int_{-L}^{+L}\frac{I\mathrm{d}z'\boldsymbol{e}_z}{r''}\\&=\boldsymbol{e}_z\frac{\mu_0 I}{4\pi}\int_{-L}^{+L}\frac{\mathrm{d}z'}{\sqrt{r^2+(z-z')^2}}\\&=\boldsymbol{e}_z\frac{\mu_0 I}{4\pi}[\operatorname{arcsinh}\frac{z+L}{r}-\operatorname{arcsinh}\frac{z-L}{r}]\end{aligned}$$

利用　$\boldsymbol{B}=\nabla\times\boldsymbol{A}=\frac{\partial A}{r\partial\phi}\boldsymbol{e}_r-\frac{\partial A}{\partial r}\boldsymbol{e}_\phi=-\frac{\partial A}{\partial r}\boldsymbol{e}_\phi$，

$$\frac{\mathrm{d}}{\mathrm{d}x}(\operatorname{arcsinh}x)=\frac{1}{\sqrt{1+x^2}}$$

得出

$$\boldsymbol{B}=\frac{\boldsymbol{e}_\phi\mu_0 I}{4\pi r}[\frac{z+L}{\sqrt{r^2+(z+L)^2}}-\frac{z-L}{\sqrt{r^2+(z-L)^2}}]=\frac{\boldsymbol{e}_\phi\mu_0 I}{4\pi r}(\cos\theta_1-\cos\theta_2)$$

其中θ_1和θ_2分别是导线的下端点和上端点指向场点的连线与z轴正向的夹角。上述结果与基础物理课程中应用毕奥—萨伐尔定律进行矢量积分所得的结果完全相同。

直接积分法的最大局限是：当电场中存在电介质和导体时，电场积分式中的场源电荷包含了极化电荷与感应电荷；当磁场中存在磁介质时，磁场积分式中的场源电流包含了磁化电流；极化电荷、感应电荷和磁化电流是外加场与介质的相互作用共同决定的，在总场未求出之前，它们是未知的。所以，当场中存在介质时，一般方法是解微分方程的边值问题，把极化电荷、感应电荷和磁化电流的作用通过ε、μ和边值关系表现出来。

对于上述的电场积分式（4.7.1）和磁场积分式（4.7.2），能够得出精确的解析结果的情况是比较少见的。但是，若所需求解的场区到源区的距离远远大于源区的线度，则可以将此两个积分式展开为收敛级数。然后利用上面例题的结果，根据实际问题的不同需要，取不同阶次的近似，总可以给出足够精确的结果。这种方法称为多极展开法。

二、多极展开法

在式（4.7.1）和式（4.7.2）中，源点位矢为$\boldsymbol{r}'$，场点位矢为$\boldsymbol{r}$，源点到场点的距离为$|\boldsymbol{r}''|=|\boldsymbol{r}-\boldsymbol{r}'|$，若$r'_{\max}\ll r$，则在场源区域作下列多极展开

$$\frac{1}{|\boldsymbol{r}-\boldsymbol{r}'|}=\frac{1}{r''}=\frac{1}{r''}\bigg|_{r'=0}+\boldsymbol{r}'\cdot\nabla'\frac{1}{r''}\bigg|_{r'=0}+\frac{1}{2}\boldsymbol{r}'\boldsymbol{r}':\nabla'\nabla'\frac{1}{r''}\bigg|_{r'=0}+\cdots \tag{4.7.10}$$

在上式中：带撇号“ ′ ”的梯度算符∇'作用于源点坐标；$\nabla'\nabla'$是双梯度算符，其 9 个分量构成 3×3 矩阵；符号“:”是双点积算符。把∇'换为不带撇号的作用于场点坐标的梯度算符∇。因为

$$\left.\frac{1}{r''}\right|_{r'=0}=\frac{1}{r},\quad \left.\nabla'\frac{1}{r''}\right|_{r'=0}=-\left.\nabla\frac{1}{r''}\right|_{r'=0}=-\nabla\frac{1}{r},\quad \left.\nabla'\nabla'\frac{1}{r''}\right|_{r'=0}=\nabla\nabla\frac{1}{r}$$

代入式（4.7.10）可得

$$\frac{1}{|\boldsymbol{r}-\boldsymbol{r}'|}=\frac{1}{r}-\boldsymbol{r}'\cdot\nabla\frac{1}{r}+\frac{1}{2}\boldsymbol{r}'\boldsymbol{r}':\nabla\nabla\frac{1}{r}+\cdots \tag{4.7.11}$$

下面证明上述级数是逐项收敛的。先写出第二项与第一项的绝对值之比为

$$\frac{|\boldsymbol{r}'\cdot\nabla(1/r)|}{1/r}=r\left|\boldsymbol{r}'\cdot\frac{\boldsymbol{r}}{r^3}\right|\leqslant rr'\frac{r}{r^3}=\frac{r'}{r}\leqslant\frac{r'_{\max}}{r}\ll 1$$

同样可以得出第三项与第二项的大小之比$\ll 1$，……。所以式（4.7.11）中的级数快速收敛。把此式代入电场积分式和磁场积分式，只取前面少数几项就可得到足够精确的结果。

1. 小区域电荷在远场区的电多极展开

把式（4.7.11）代入电场积分式（4.7.1），得出电多极展开的各阶项。

（1）电多极展开的零阶项。

$$\varphi^{(0)}(\boldsymbol{r})=\frac{1}{4\pi\varepsilon_0 r}\int_Q \mathrm{d}q(\boldsymbol{r}')=\frac{Q}{4\pi\varepsilon_0 r} \tag{4.7.12}$$

显然，电多极展开的零阶项是点电荷的电势。

（2）电多极展开的一阶项。

$$\varphi^{(1)}(\boldsymbol{r})=\frac{1}{4\pi\varepsilon_0}\int_Q \boldsymbol{r}'\cdot(-\nabla\frac{1}{r})\mathrm{d}q(\boldsymbol{r}')=\frac{-1}{4\pi\varepsilon_0}\{\int_Q \boldsymbol{r}'\mathrm{d}q(\boldsymbol{r}')\}\cdot(\nabla\frac{1}{r})$$

上式右边大括号内的积分是电荷系统的电偶极矩

$$\boldsymbol{p}_e=\int_Q \boldsymbol{r}'\mathrm{d}q(\boldsymbol{r}') \tag{4.7.13}$$

由此写出

$$\varphi^{(1)}(\boldsymbol{r})=\frac{-1}{4\pi\varepsilon_0}\boldsymbol{p}_e\cdot(\nabla\frac{1}{r})=\frac{1}{4\pi\varepsilon_0}\frac{\boldsymbol{p}_e\cdot\boldsymbol{r}}{r^3} \tag{4.7.14}$$

所以，电多极展开的一阶项是电偶极子的电势。

（3）电多极展开的二阶项。

$$\varphi^{(2)}(\boldsymbol{r})=\frac{1}{4\pi\varepsilon_0}\frac{1}{2}\int_Q \boldsymbol{r}'\boldsymbol{r}':(\nabla\nabla\frac{1}{r})\mathrm{d}q(\boldsymbol{r}')=\frac{1}{4\pi\varepsilon_0}\{\frac{1}{2}\int_Q \boldsymbol{r}'\boldsymbol{r}'\mathrm{d}q(\boldsymbol{r}')\}:(\nabla\nabla\frac{1}{r}) \tag{4.7.15}$$

上式右边大括号内的积分完全由电荷系统的分布决定。若定义系统的电四极矩张量

$$\overleftrightarrow{\boldsymbol{D}}=\int_Q 3\boldsymbol{r}'\boldsymbol{r}'\mathrm{d}q(\boldsymbol{r}') \tag{4.7.16}$$

则式（4.7.15）就是电四极矩激发的电势，用电四极矩张量表示为

$$\varphi^{(2)}(\boldsymbol{r})=\frac{1}{4\pi\varepsilon_0}\frac{1}{6}\overleftrightarrow{\boldsymbol{D}}:(\nabla\nabla\frac{1}{r})=\frac{1}{24\pi\varepsilon_0 r^5}\overleftrightarrow{\boldsymbol{D}}:(3\boldsymbol{r}\boldsymbol{r}-r^2\overleftrightarrow{\boldsymbol{I}}) \tag{4.7.17}$$

式中：$\overleftrightarrow{\boldsymbol{I}}$为单位张量。

电四极矩张量是三维二阶对称张量，它共有 6 个分量，即：D_{xx}，D_{yy}，D_{zz}，$D_{xy}=D_{yx}$，

$D_{yz}=D_{zy}$，$D_{zx}=D_{xz}$。

在有些情况下，电四极矩张量的定义式（4.7.16）应用起来并不是很方便。例如，球对称分布电荷激发的静电场相当于位于球心的点电荷的电场，即 $\varphi^{(0)}(\boldsymbol{r})\neq 0$，$\varphi^{(1)}(\boldsymbol{r})=0$，$\varphi^{(2)}(\boldsymbol{r})=0$，…。但是，根据式（4.7.16）算出的球对称分布电荷的电四极矩张量并不为零。由于电荷分布的球对称性，写出

$$\int_Q x'^2\mathrm{d}q(r')=\int_Q y'^2\mathrm{d}q(r')=\int_Q z'^2\mathrm{d}q(r')=\frac{1}{3}\int_Q r'^2\mathrm{d}q(r')$$

所以 $D_{xx}=D_{yy}=D_{zz}\neq 0$。当然，$D_{xy}=D_{yx}=0$，$D_{yz}=D_{zy}=0$，$D_{zx}=D_{xz}=0$。写出

$$\varphi^{(2)}(\boldsymbol{r})=\frac{1}{4\pi\varepsilon_0}\frac{1}{6}\{\int_Q 3\boldsymbol{r}'\boldsymbol{r}'\mathrm{d}q(\boldsymbol{r}')\}:\nabla\nabla\frac{1}{r}=\frac{1}{4\pi\varepsilon_0}\frac{1}{6}\{\int_Q \mathrm{d}q(r')r'^2\overleftrightarrow{\boldsymbol{I}}\}:\nabla\nabla\frac{1}{r}$$

因为

$$\overleftrightarrow{\boldsymbol{I}}:\nabla\nabla\frac{1}{r}=\frac{1}{r^5}\overleftrightarrow{\boldsymbol{I}}:(3\boldsymbol{rr}-r^2\overleftrightarrow{\boldsymbol{I}})=0 \tag{4.7.18}$$

所以，虽然球对称分布电荷的电四极矩张量不为零，但是激发的电势为零。为了简化运算，可设法使得此种情形下的电四极矩张量也为零。为此，重新定义电四极矩张量为

$$\overleftrightarrow{\boldsymbol{D}}=\int_Q(3\boldsymbol{r}'\boldsymbol{r}'-r'^2\overleftrightarrow{\boldsymbol{I}})\mathrm{d}q(\boldsymbol{r}') \tag{4.7.19}$$

对于重新定义的电四极矩张量式（4.7.19），着重强调下列几点。

（1）新定义的电四极矩张量在球对称的情形下为零。

（2）在新的定义下式（4.7.17）仍然成立。利用式（4.7.18），可以把一般情形下电四极矩激发的电势式（4.7.15）改写为

$$\varphi^{(2)}(\boldsymbol{r})=\frac{1}{4\pi\varepsilon_0}\frac{1}{6}\{\int_Q \mathrm{d}q(\boldsymbol{r}')(3\boldsymbol{r}'\boldsymbol{r}'-r'^2\overleftrightarrow{\boldsymbol{I}})\}:\nabla\nabla\frac{1}{r}=\frac{1}{4\pi\varepsilon_0}\frac{1}{6}\overleftrightarrow{\boldsymbol{D}}:\nabla\nabla\frac{1}{r}$$

（3）新定义的电四极矩张量的对角元素之和等于零，即

$$D_{xx}+D_{yy}+D_{zz}=\overleftrightarrow{\boldsymbol{D}}:\overleftrightarrow{\boldsymbol{I}}=0 \tag{4.7.20}$$

所以，新定义的电四极矩张量只有 5 个独立分量。

（4）在新的定义下，电四极矩的电势公式更为简化。利用式（4.7.20），把式（4.7.17）简化为

$$\varphi^{(2)}(\boldsymbol{r})=\frac{1}{8\pi\varepsilon_0 r^5}\overleftrightarrow{\boldsymbol{D}}:\boldsymbol{rr} \tag{4.7.21}$$

由上可知，定义式（4.7.19）比式（4.7.16）更为合理，所以，通常只采用前者。

研究电四极矩的场具有十分重要的实际意义。如前所述，球对称分布电荷没有各级电多极矩。反之，若电荷分布偏离球对称性，一般就会出现电四极矩（参见下面的例六）。我们对远场进行测量，若测量结果中出现电四极矩的势，说明场源电荷的分布偏离了球对称性，并且根据具体结果对场源电荷的形状作出推论。在原子核物理中，电四极矩是重要的物理量，它反映着原子核形变的大小。

综上所述，小区域电荷在远场区激发的电势为

$$\varphi(\boldsymbol{r})=\frac{Q}{4\pi\varepsilon_0 r}+\frac{\boldsymbol{p}_e\cdot\boldsymbol{r}}{4\pi\varepsilon_0 r^3}+\frac{1}{8\pi\varepsilon_0 r^5}\overleftrightarrow{\boldsymbol{D}}:\boldsymbol{rr}+\cdots$$

例四 如图 4.7.3 所示，在边长为a的正方形的四个顶点分别放置电量q相等正负相反的四个点电荷。求此系统在远处激发的电势分布。

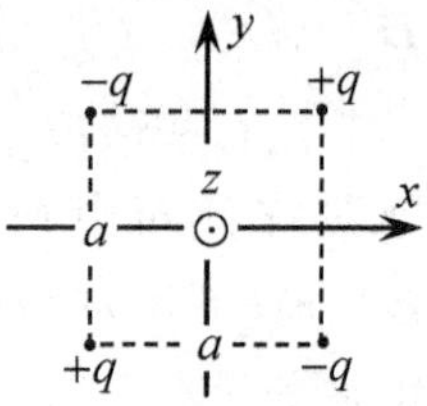

图 4.7.3

【解】此电荷系统总电量和总电偶极矩都为零，电四极矩不为零，称此系统为电四极子，远场电势的展开式中只有二阶项。系统的电四极矩为

$$\overleftrightarrow{\boldsymbol{D}}=\sum_i q_i(3\boldsymbol{r}_i'\boldsymbol{r}_i'-r_i'^2\overleftrightarrow{\boldsymbol{I}})=3qa^2(\boldsymbol{e}_x\boldsymbol{e}_y+\boldsymbol{e}_y\boldsymbol{e}_x)$$

把上式代入式（4.7.21），写出

$$\varphi^{(2)}(\boldsymbol{r})=\frac{3qa^2}{8\pi\varepsilon_0 r^5}(\boldsymbol{e}_x\boldsymbol{e}_y+\boldsymbol{e}_y\boldsymbol{e}_x):\boldsymbol{rr}=\frac{3qa^2}{8\pi\varepsilon_0 r^5}(xy+yx)=\frac{3qa^2}{4\pi\varepsilon_0 r^5}xy$$

例五 如图 4.7.4 所示，两个半径分别为R_1和R_2的同心圆环均匀带等量异号电荷，电量为Q。求此电荷系统在远处激发的电势分布。

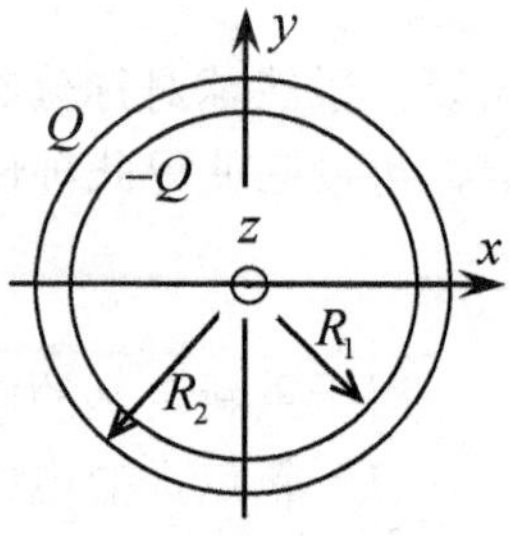

图 4.7.4

【解】此系统的总电量为零，所以远场电势展开式中零阶项为零。根据电荷分布的对称性可知，系统的电偶极矩也为零，所以展开式中的一阶项也为零。系统的电四极矩不为零。设电荷元的位矢$\boldsymbol{r}'$与x轴的夹角为ϕ'，由电四极矩张量定义式（4.7.19）写出外圆环的电四极矩为

$$\overleftrightarrow{\boldsymbol{D}}_w=\frac{QR_2^2}{2\pi}\int_0^{2\pi}\mathrm{d}\phi'[3(\cos\phi'\boldsymbol{e}_x+\sin\phi'\boldsymbol{e}_y)(\cos\phi'\boldsymbol{e}_x+\sin\phi'\boldsymbol{e}_y)-\overleftrightarrow{\boldsymbol{I}}]$$

$$=\frac{QR_2^2}{2}(\boldsymbol{e}_x\boldsymbol{e}_x+\boldsymbol{e}_y\boldsymbol{e}_y-2\boldsymbol{e}_z\boldsymbol{e}_z)$$

同理可得内圆环的电四极矩为

$$\overleftrightarrow{\boldsymbol{D}}_n=-\frac{QR_1^2}{2}(\boldsymbol{e}_x\boldsymbol{e}_x+\boldsymbol{e}_y\boldsymbol{e}_y-2\boldsymbol{e}_z\boldsymbol{e}_z)$$

系统的总电四极矩为

$$\overleftrightarrow{\boldsymbol{D}}=\frac{Q}{2}(R_2^2-R_1^2)(\boldsymbol{e}_x\boldsymbol{e}_x+\boldsymbol{e}_y\boldsymbol{e}_y-2\boldsymbol{e}_z\boldsymbol{e}_z)$$

把上式代入式（4.7.21），写出

$$\varphi^{(2)}(\boldsymbol{r})=\frac{Q(R_2^2-R_1^2)}{16\pi\varepsilon_0 r^5}(\boldsymbol{e}_x\boldsymbol{e}_x+\boldsymbol{e}_y\boldsymbol{e}_y-2\boldsymbol{e}_z\boldsymbol{e}_z):\boldsymbol{rr}$$

$$=\frac{Q(R_2^2-R_1^2)}{16\pi\varepsilon_0 r^5}(x^2+y^2-2z^2)$$

令场点位矢$\boldsymbol{r}$与z轴的夹角为θ，把远场电势改写为

$$\varphi^{(2)}(\boldsymbol{r})=\frac{Q(R_2^2-R_1^2)}{16\pi\varepsilon_0}\frac{1-3\cos^2\theta}{r^3}$$

例六 如图 4.7.5 所示，半长轴和半短轴分别为a和b的旋转椭球体均匀带电，总电量为Q。求此带电体在远处激发的电势分布。

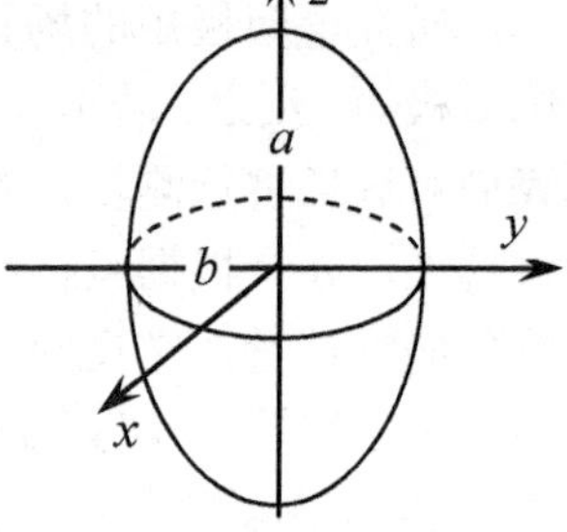

图 4.7.5

【解】远场电势展开式中的零阶项为

$$\varphi^{(0)}(\boldsymbol{r})=\frac{Q}{4\pi\varepsilon_0 r}$$

因为电荷分布具有位矢 $\boldsymbol{r}'$ 的反演对称性，所以系统的电偶极矩为零，电势展开式中的一阶项也为零。

因为电荷分布偏离了球对称性，所以电四极矩不为零。根据电四极矩张量的定义式（4.7.19）和电荷分布的反演对称性，容易得出电四极矩的非对角元素为零，即

$$D_{xy}=D_{yx}=0\,,\quad D_{yz}=D_{zy}=0\,,\quad D_{zx}=D_{xz}=0$$

下面计算电四极矩张量的对角元素。由电四极矩张量的定义式（4.7.19）写出

$$D_{xx}=\int_Q \mathrm{d}q(3x'^2-r'^2)=\int_Q \mathrm{d}q(2x'^2-y'^2-z'^2)$$

其中（x',y',z'）是电荷元 $\mathrm{d}q$ 的直角坐标。因为电荷分布具有柱对称性，所以在柱坐标系下运算比较方便。设电荷元的柱坐标为（r',ϕ',z'），则 $x'=r'\cos\phi'$，$y'=r'\sin\phi'$。电荷元的电量表示为 $\mathrm{d}q=\rho r'\mathrm{d}\phi'\mathrm{d}r'\mathrm{d}z'$，其中 $\rho=3Q/(4\pi b^2 a)$。把这些关系式代入上式，写出

$$\begin{aligned}
D_{xx}&=\frac{3Q}{4\pi b^2 a}\int_{-a}^{+a}\mathrm{d}z'\int_0^{b\sqrt{1-z'^2/a^2}}r'\mathrm{d}r'\int_0^{2\pi}\mathrm{d}\phi'(2r'^2\cos^2\phi-r'^2\sin^2\phi'-z'^2)\\
&=\frac{3Q}{4b^2 a}\int_{-a}^{+a}\mathrm{d}z'\int_0^{b\sqrt{1-z'^2/a^2}}r'(r'^2-2z'^2)\mathrm{d}r'\\
&=\frac{3Q}{4a}\int_{-a}^{+a}[\frac{1}{4}b^2-(\frac{b^2}{2a^2}+1)z'^2+(\frac{b^2}{4a^2}+1)\frac{z'^4}{a^2}]\mathrm{d}z'=-\frac{1}{5}Q(a^2-b^2)
\end{aligned}$$

利用对称性写出

$$D_{yy}=D_{xx}=-\frac{Q}{5}(a^2-b^2)$$

利用式（4.7.20）写出

$$D_{zz}=-(D_{yy}+D_{xx})=\frac{2}{5}Q(a^2-b^2)$$

综合上述结果，写出电四极矩张量为

$$\overleftrightarrow{\boldsymbol{D}}=-\frac{Q}{5}(a^2-b^2)(\boldsymbol{e}_x\boldsymbol{e}_x+\boldsymbol{e}_y\boldsymbol{e}_y-2\boldsymbol{e}_z\boldsymbol{e}_z)$$

把上式代入式（4.7.21），写出

$$\begin{aligned}
\varphi^{(2)}(\boldsymbol{r})&=\frac{1}{8\pi\varepsilon_0 r^5}\overleftrightarrow{\boldsymbol{D}}:\boldsymbol{rr}=-\frac{Q(a^2-b^2)}{40\pi\varepsilon_0 r^5}(\boldsymbol{e}_x\boldsymbol{e}_x+\boldsymbol{e}_y\boldsymbol{e}_y-2\boldsymbol{e}_z\boldsymbol{e}_z):\boldsymbol{rr}\\
&=-\frac{Q(a^2-b^2)}{40\pi\varepsilon_0 r^5}(x^2+y^2-2z^2)=\frac{Q(a^2-b^2)}{40\pi\varepsilon_0 r^5}(3z^2-r^2)
\end{aligned}$$

令场点位矢 $\boldsymbol{r}$ 与 z 轴的夹角为 θ，把带电椭球的远场电势合写为

$$\varphi(\boldsymbol{r})=\frac{Q}{4\pi\varepsilon_0}[\frac{1}{r}+\frac{(a^2-b^2)(3\cos^2\theta-1)}{10r^3}]$$

应该指出，一般情况下，一个电荷系统的电偶极矩、电四极矩和更高阶的电多极矩不仅取决于系统的电荷分布，而且还与坐标原点的选择有关。但是，可以证明：若系统

的总电量为零，则电偶极矩与坐标原点的选择无关；若系统的总电偶极矩为零，则电四极矩的计算与坐标原点的选择无关；更高阶的电多极矩的情形依此类推。

和电多极矩展开相似，对于小区域电流在远处激发的磁场，也可以展开为磁多极磁场的矢量叠加。

2. 小区域电流在远场区的磁多极展开

把级数展开式（4.7.11）代入磁场积分式（4.7.2）可得

$$\boldsymbol{A}(\boldsymbol{r})=\boldsymbol{A}^{(0)}(\boldsymbol{r})+\boldsymbol{A}^{(1)}(\boldsymbol{r})+\boldsymbol{A}^{(2)}(\boldsymbol{r})+\cdots \tag{4.7.22}$$

其中

$$\boldsymbol{A}^{(0)}(\boldsymbol{r})=\frac{\mu_0}{4\pi r}\int_{V'}\boldsymbol{j}(\boldsymbol{r}')\mathrm{d}V' \tag{4.7.23}$$

$$\boldsymbol{A}^{(1)}(\boldsymbol{r})=-\frac{\mu_0}{4\pi}\int_{V'}\boldsymbol{j}(\boldsymbol{r}')[\boldsymbol{r}'\cdot\nabla\frac{1}{r}]\mathrm{d}V' \tag{4.7.24}$$

$$\boldsymbol{A}^{(2)}(\boldsymbol{r})=\frac{\mu_0}{4\pi}\{\int_{V'}\boldsymbol{j}(\boldsymbol{r}')\boldsymbol{r}'\boldsymbol{r}'\mathrm{d}V'\}:\nabla\nabla\frac{1}{r} \tag{4.7.25}$$

（1）磁多极展开的零阶项。

因为稳恒电流的电流线必定闭合，空间的所有电流都处于积分区域V'之内，所以必有$\int_{V'}\boldsymbol{j}(\boldsymbol{r}')\mathrm{d}V'=0$。即磁多极展开的零阶项为零：$\boldsymbol{A}^{(0)}(\boldsymbol{r})=0$。这一点表明，在磁多极展开式中，与电多极展开式中点电荷项对应的“磁荷”项是不存在的。

（2）磁多极展开的一阶项。

先把式（4.7.24）中的被积函数改写。由矢量分析公式写出

$$-\boldsymbol{j}(\boldsymbol{r}'\cdot\nabla\frac{1}{r})=(\boldsymbol{j}\times\boldsymbol{r}')\times\nabla\frac{1}{r}-\boldsymbol{r}'(\boldsymbol{j}\cdot\nabla\frac{1}{r})$$

上式两边同时加上左边项得

$$-2\boldsymbol{j}(\boldsymbol{r}'\cdot\nabla\frac{1}{r})=(\boldsymbol{j}\times\boldsymbol{r}')\times\nabla\frac{1}{r}-[\boldsymbol{r}'(\boldsymbol{j}\cdot\nabla\frac{1}{r})+\boldsymbol{j}(\boldsymbol{r}'\cdot\nabla\frac{1}{r})]$$

因为$\nabla'\cdot\boldsymbol{j}=0$，有

$$-2\boldsymbol{j}(\boldsymbol{r}'\cdot\nabla\frac{1}{r})=(\boldsymbol{j}\times\boldsymbol{r}')\times\nabla\frac{1}{r}-[(\nabla'\cdot\boldsymbol{j})\boldsymbol{r}'(\boldsymbol{r}'\cdot\nabla\frac{1}{r})+\boldsymbol{r}'(\boldsymbol{j}\cdot\nabla\frac{1}{r})+\boldsymbol{j}(\boldsymbol{r}'\cdot\nabla\frac{1}{r})]$$

因为

$$\begin{aligned}\nabla'\cdot[\boldsymbol{j}\boldsymbol{r}'(\boldsymbol{r}'\cdot\nabla\frac{1}{r})]&=(\nabla'\cdot\boldsymbol{j})[\boldsymbol{r}'(\boldsymbol{r}'\cdot\nabla\frac{1}{r})]+(\boldsymbol{j}\cdot\nabla')[\boldsymbol{r}'(\boldsymbol{r}'\cdot\nabla\frac{1}{r})]\\&=(\nabla'\cdot\boldsymbol{j})[\boldsymbol{r}'(\boldsymbol{r}'\cdot\nabla\frac{1}{r})]+(\boldsymbol{j}\cdot\nabla'\boldsymbol{r}')[(\boldsymbol{r}'\cdot\nabla\frac{1}{r})]+\boldsymbol{r}'(\boldsymbol{j}\cdot\nabla')[(\boldsymbol{r}'\cdot\nabla\frac{1}{r})]\\&=(\nabla'\cdot\boldsymbol{j})[\boldsymbol{r}'(\boldsymbol{r}'\cdot\nabla\frac{1}{r})]+\boldsymbol{j}(\boldsymbol{r}'\cdot\nabla\frac{1}{r})+\boldsymbol{r}'(\boldsymbol{j}\cdot\nabla\frac{1}{r})\end{aligned}$$

所以

$$-2\boldsymbol{j}(\boldsymbol{r}'\cdot\nabla\frac{1}{r})=(\boldsymbol{j}\times\boldsymbol{r}')\times\nabla\frac{1}{r}-\nabla'\cdot[\boldsymbol{j}\boldsymbol{r}'(\boldsymbol{r}'\cdot\nabla\frac{1}{r})] \tag{4.7.26}$$

把式（4.7.26）代入式（4.7.24）得

$$\boldsymbol{A}^{(1)}(\boldsymbol{r})=\frac{\mu_0}{4\pi}\frac{1}{2}\int_{V'}(\boldsymbol{j}\times\boldsymbol{r}')\mathrm{d}V'\times\nabla\frac{1}{r}-\frac{\mu_0}{4\pi}\frac{1}{2}\int_{V'}\nabla'\cdot[\boldsymbol{j}\boldsymbol{r}'(\boldsymbol{r}'\cdot\nabla\frac{1}{r})]\mathrm{d}V' \tag{4.7.27}$$

利用高斯公式把上式右边的第二项积分化为V'的界面S'上的面积分

$$\int_{V'}\nabla'\cdot[\boldsymbol{j}\boldsymbol{r}'(\boldsymbol{r}'\cdot\nabla\frac{1}{r})]\mathrm{d}V'=\oint_{S'}\mathrm{d}\boldsymbol{s}'\cdot\boldsymbol{j}\boldsymbol{r}'(\boldsymbol{r}'\cdot\nabla\frac{1}{r}) \tag{4.7.28}$$

因为S'包围了所有稳恒电流，必有$\mathrm{d}\boldsymbol{s}'\cdot\boldsymbol{j}=0$，所以上式积分等于零。

在式（4.7.27）右边的第一项积分式中，定义电流系统的磁偶极矩为

$$\boldsymbol{p}_m=\frac{1}{2}\int_{V'}(\boldsymbol{r}'\times\boldsymbol{j})\mathrm{d}V' \tag{4.7.29}$$

由此写出磁多极展开式的一阶项为

$$\boldsymbol{A}^{(1)}(\boldsymbol{r})=-\frac{\mu_0}{4\pi}\boldsymbol{p}_m\times\nabla\frac{1}{r}=\frac{\mu_0}{4\pi}\frac{\boldsymbol{p}_m\times\boldsymbol{r}}{r^3} \tag{4.7.30}$$

电流系统的磁偶极矩定义式（4.7.29）是一般定义式。若稳恒电流分布在细导线构成的平面线圈内（图 4.7.6），其电流强度为I，线圈的面积为S，线圈平面的法向$\boldsymbol{e}_n$与电流的绕向成右手螺旋关系，则

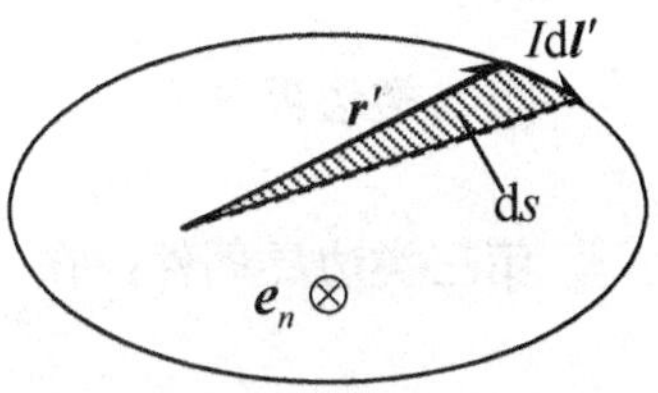

图 4.7.6

$$\boldsymbol{p}_m=\frac{1}{2}\int_{V'}\boldsymbol{r}'\times\boldsymbol{j}\mathrm{d}V'=\frac{1}{2}\oint_{L'}\boldsymbol{r}'\times I\mathrm{d}\boldsymbol{l}'$$
$$=\frac{1}{2}I\oint_{L'}\boldsymbol{r}'\times\mathrm{d}\boldsymbol{l}'=I\int_{S'}\mathrm{d}s\boldsymbol{e}_n=IS\boldsymbol{e}_n=I\boldsymbol{S}$$

此结果与以前给出的定义一致。

磁多极展开式中更高阶项在实际中很少用到，所以不再加以讨论。

内容提要

一、标量势微分方程及其边值关系

1. 静电场的电势

$$\boldsymbol{E}=-\nabla\varphi，\ \nabla^2\varphi=-\rho_f/\varepsilon$$

介质边值关系：$\varphi_2=\varphi_1$，$\varepsilon_2\frac{\partial\varphi_2}{\partial n}=\varepsilon_1\frac{\partial\varphi_1}{\partial n}$

导体边值关系：$\varphi_2\big|_{导体面}=\varphi_1$，$-\oint_S\varepsilon_2\frac{\partial\varphi_2}{\partial n}\mathrm{d}s=Q_f$

2. 稳恒电场的电势（在电源区以外的均匀导体内）

$$\boldsymbol{E}=-\nabla\varphi，\ \nabla^2\varphi=0$$

边值关系：$\varphi_2=\varphi_1$；$\sigma_{e2}\frac{\partial\varphi_2}{\partial n}=\sigma_{e1}\frac{\partial\varphi_1}{\partial n}$

3. 稳恒磁场的磁标势（去掉自由电流的单连通区域）

可用磁标势描述的两种情况：①永磁体激发的磁场；②面分布自由电流在单连通区域激发的磁场。

$$\boldsymbol{H}=-\nabla\varphi_m,\quad \nabla^2\varphi_m=-\frac{\rho_m}{\mu_0}=-\nabla\cdot\boldsymbol{M}$$

一般边值关系：$\varphi_{m2}=\varphi_{m1}$，$\dfrac{\partial}{\partial n}(\varphi_{m2}-\varphi_{m1})=\dfrac{\sigma_m}{\mu_0}=-\boldsymbol{e}_n\cdot(\boldsymbol{M}_2-\boldsymbol{M}_1)$

各向同性均匀线性介质的边值关系：$\mu_2\dfrac{\partial\varphi_{m2}}{\partial n}=\mu_1\dfrac{\partial\varphi_{m1}}{\partial n}$

在各向同性均匀线性介质中无源区以内，静电场φ_j、稳恒电场φ_w和稳恒磁场φ_m具有完全对称性，其标量势微分方程都是拉普拉斯方程。在方程中只需作如下代换：

$$\boldsymbol{D}\rightleftharpoons\boldsymbol{j}\rightleftharpoons\boldsymbol{B}\text{、}\boldsymbol{E}_j\rightleftharpoons\boldsymbol{E}_w\rightleftharpoons\boldsymbol{H}\text{、}\varepsilon\rightleftharpoons\sigma_e\rightleftharpoons\mu\text{、}\varphi_j\rightleftharpoons\varphi_w\rightleftharpoons\varphi_m$$

就可以由一种稳恒场的方程得到另一种稳恒场的方程。这些量在各自的方程和边值关系中具有完全相同的地位，称这些量为**对偶量**。

4. 总区域V的边界面S上的边界条件

第一类边界条件：给定在边界面S上φ的取值，即$\varphi|_S$已知；

第二类边界条件：给定在边界面S上φ的法向导数的取值，即$\left.\dfrac{\partial\varphi}{\partial n}\right|_S$已知；

第三类边界条件：在S的一部分上给定$\varphi|_{S_1}$，在另外部分上给定$\left.\dfrac{\partial\varphi}{\partial n}\right|_{S_2}$。

二、场的唯一性定理

1. 静电场的唯一性定理

设在区域V内有几个导体分区和均匀介质分区，若满足下列条件：①已知各个导体上的电势φ^k或带电量Q^k；②已知各个介质分区自由电荷体密度ρ_f和介质界面处的自由电荷面密度σ_f；③已知V的边界面S上的电势$\varphi|_S$或电势的法向导数$[\partial\varphi/\partial n]_S$；则该区域内的静电场有唯一确定的解。

2. 稳恒电场的唯一性定理

设电源区以外的导体区域V，其边界面为S。V内包含有若干个均匀导体分区。若满足下列条件：①各个电极上的电势或者电流强度已知；②S上的电势$\varphi|_S$或者电势的法向导数$[\partial\varphi/\partial n]_S$已知；则该区域的稳恒电场有唯一确定的解。

3. 稳恒磁场的唯一性定理

设在区域V内有几个均匀介质分区，V的边界面为S。若满足下列条件：①给定各个介质分区的自由电流密度$\boldsymbol{j}_f$；②给定S上磁场的切向分量$B_t|_S$或$A_t|_S$；则区域V内的稳恒磁场有唯一确定的解。

三、稳恒场的解法

1. 分离变量法

自由电荷分布在导体表面，空间无体分布自由电荷，则

$$\nabla^2\varphi=0$$

解题的一般步骤是：①根据求解区域V的边界面形状和介质分区的界面形状选择适

当的坐标系；②在所选择的坐标系下应用分离变量法，求出线性叠加形式的解；③利用问题中给出的定解条件确定叠加系数。

以静电场为例解出结果后作对偶量代换，得稳恒电场和稳恒磁场相似问题的解。

（1）球坐标系中的分离变量法。

一般解：

$$\varphi=\sum_{n,m=0}^{\infty}(A_{nm}r^n+\frac{B_{nm}}{r^{n+1}})P_n^m(\cos\theta)\cos(m\phi)+\sum_{n,m=0}^{\infty}(C_{nm}r^n+\frac{D_{nm}}{r^{n+1}})P_n^m(\cos\theta)\sin(m\phi)$$

若所求解的问题关于极轴对称，则φ与方位角ϕ无关：$\varphi=\sum_{n=0}^{\infty}(A_n r^n+\frac{B_n}{r^{n+1}})P_n(\cos\theta)$

前几阶勒让德函数为

$$P_0(\cos\theta)=1\text{；}\quad P_1(\cos\theta)=\cos\theta\text{；}\quad P_2(\cos\theta)=\frac{1}{4}(3\cos 2\theta+1)$$

（2）柱坐标系中的分离变量法。

若所研究的问题与z坐标无关，柱坐标退化为平面极坐标，拉普拉斯方程通解为

$$\varphi=C_0+D_0\ln r+\sum_{n=1}^{\infty}[(A_n\cos n\theta+B_n\sin n\theta)r^n+(C_n\cos n\theta+D_n\sin n\theta)r^{-n}]$$

（3）泊松方程边值问题的解：若区域V内的场源强度不为零，则V内的电势微分方程表示为非齐次的泊松方程$\nabla^2\varphi=-\rho_f/\varepsilon$。设齐次方程的通解为$\varphi'$，与源强度$\rho_f$有关的非齐次方程的特解为$\varphi''$，则非齐次方程的一般解表示为$\varphi=\varphi'+\varphi''$。给出具体问题的定解条件，求出一般解中的待定常数，从而确定此问题的真实解。

2. 电象法

适用情形是V内只有一个或几个点电荷，V的界面是均匀导体（或均匀介质）的平面、球面或圆柱面。

基本思想：V内的点电荷q激发电场$\boldsymbol{E}_0$，$\boldsymbol{E}_0$在导体（或介质）表面产生感应（或极化）电荷σ'，σ'激发的次生电场可以等效为V**之外**一个镜像点电荷q'激发的电场$\boldsymbol{E}'$，V内各点的总场强为$\boldsymbol{E}=\boldsymbol{E}_0+\boldsymbol{E}'$。

对q'的电量和位置的要求是：V的界面上的边界条件不变。

解题步骤：根据表面的几何对称性假设镜像电荷，由边界条件确定此镜像电荷的电量和位置。然后由点电荷的电势和场强公式直接写出V内各点的电势和场强。

3. 格林函数方法

研究的问题是借助格林函数，利用格林公式，把点电荷的边值问题与一般边值问题联系起来，从而使得一般问题得以解决。格林函数方法是分析和计算泊松方程边值问题的普遍方法。

（1）格林函数的定义。

真空中单位点电荷激发的场满足的方程为$\varepsilon_0\nabla^2 G(\boldsymbol{r},\boldsymbol{r}')=-\delta(\boldsymbol{r}-\boldsymbol{r}')$，此方程在给定边界条件下的解称为格林函数。

（2）用格林函数表示泊松方程边值问题的解。

第一类边值问题：$G|_S=0$，

$$\varphi(\boldsymbol{r})=\int_{V'}G(\boldsymbol{r}',\boldsymbol{r})\rho(\boldsymbol{r}')\mathrm{d}V'-\varepsilon_0\oint_{S'}\varphi(\boldsymbol{r}')\frac{\partial G(\boldsymbol{r}',\boldsymbol{r})}{\partial n'}\mathrm{d}s'$$

第二类边值问题：$\partial G/\partial n|_S=0$，

$$\varphi(\boldsymbol{r})=\int_{V'}G(\boldsymbol{r}',\boldsymbol{r})\rho(\boldsymbol{r}')\mathrm{d}V'+\varepsilon_0\oint_{S'}G(\boldsymbol{r}',\boldsymbol{r})\frac{\partial\varphi(\boldsymbol{r}')}{\partial n'}\mathrm{d}s'$$

对于有限区域V，$\partial G/\partial n|_S=0$不成立，所以上式也不成立。

（3）简单边界的第一类格林函数。

①无界空间的格林函数：

$$G(\boldsymbol{r},\boldsymbol{r}')=\frac{1}{4\pi\varepsilon_0}\frac{1}{|\boldsymbol{r}-\boldsymbol{r}'|}$$

②$z>0$空间的格林函数：

$$G=\frac{1}{4\pi\varepsilon_0}\left[\frac{1}{\sqrt{r''^2+(z-z')^2}}-\frac{1}{\sqrt{r''^2+(z+z')^2}}\right]$$

其中$r''^2=(x-x')^2+(y-y')^2$

③球外（内）空间的格林函数：

$$G=\frac{1}{4\pi\varepsilon_0}\left[\frac{1}{\sqrt{r^2+r'^2-2rr'\cos\alpha}}-\frac{R}{\sqrt{r^2r'^2+R^4-2rr'R^2\cos\alpha}}\right]$$

4. 稳恒电流磁场的矢量势方法

（1）矢量势的定义：$\boldsymbol{B}=\nabla\times\boldsymbol{A}$；$\boldsymbol{A}$和$\boldsymbol{A}+\nabla\varphi$描述同一磁场。

（2）矢量势的微分方程：$\begin{cases}\nabla\cdot\boldsymbol{A}=0\\ \nabla^2\boldsymbol{A}=-\mu\boldsymbol{j}_f\end{cases}$

在球坐标系下的分量方程为

$$\begin{cases}\dfrac{1}{r^2}\dfrac{\partial}{\partial r}(r^2A_r)+\dfrac{1}{r\sin\theta}\dfrac{\partial}{\partial\theta}(\sin\theta A_\theta)+\dfrac{1}{r\sin\theta}\dfrac{\partial A_\phi}{\partial\phi}=0\\ \nabla^2A_r-\dfrac{2}{r^2}A_r-\dfrac{2}{r^2\sin\theta}\dfrac{\partial}{\partial\theta}(\sin\theta A_\theta)-\dfrac{2}{r^2\sin\theta}\dfrac{\partial A_\phi}{\partial\phi}=-\mu j_r\\ \nabla^2A_\theta-\dfrac{A_\theta}{r^2\sin^2\theta}+\dfrac{2}{r^2}\dfrac{\partial A_r}{\partial\theta}-\dfrac{2\cos\theta}{r^2\sin^2\theta}\dfrac{\partial A_\phi}{\partial\phi}=-\mu j_\theta\\ \nabla^2A_\phi-\dfrac{A_\phi}{r^2\sin^2\theta}+\dfrac{2}{r^2\sin\theta}\dfrac{\partial A_r}{\partial\phi}+\dfrac{2\cos\theta}{r^2\sin^2\theta}\dfrac{\partial A_\theta}{\partial\phi}=-\mu j_\phi\end{cases}$$

在柱坐标系下的分量方程为

$$\begin{cases}\dfrac{1}{r}\dfrac{\partial}{\partial r}(rA_r)+\dfrac{1}{r}\dfrac{\partial A_\theta}{\partial\theta}+\dfrac{\partial A_z}{\partial z}=0\\ \nabla^2A_r-\dfrac{1}{r^2}A_r-\dfrac{2}{r^2}\dfrac{\partial A_\phi}{\partial\phi}=-\mu j_r\\ \nabla^2A_\phi-\dfrac{1}{r^2}A_\phi+\dfrac{2}{r^2}\dfrac{\partial A_\phi}{\partial\phi}=-\mu j_\phi\\ \nabla^2A_z=-\mu j_z\end{cases}$$

容易求解的情形：由于场源电流分布具有某种对称性，使得矢量势 $\boldsymbol{A}$ 的分布也具有相应的对称性，$\boldsymbol{A}$ 之中只有第 i 个分量 A_i 不为零，并且 A_i 与第 i 个坐标变量无关。由场源电流分布的对称性分析矢量势分布的对称性时，要用到公式

$$\boldsymbol{A}(\boldsymbol{r})=\frac{\mu_0}{4\pi}\int_{V'}\frac{\boldsymbol{j}(\boldsymbol{r}')}{|\boldsymbol{r}-\boldsymbol{r}'|}\mathrm{d}V'$$

（3）矢量势的边值关系：$A_{2t}=A_{1t}$；$\boldsymbol{e}_n\times(\frac{1}{\mu_2}\nabla\times\boldsymbol{A}_2-\frac{1}{\mu_1}\nabla\times\boldsymbol{A}_1)=\boldsymbol{\alpha}_f$

5. 直接积分法

若空间的所有电荷分布已知，则全空间的电势分布为

$$\varphi(\boldsymbol{r})=\frac{1}{4\pi\varepsilon_0}\int_{Q'}\frac{\mathrm{d}q(\boldsymbol{r}')}{|\boldsymbol{r}-\boldsymbol{r}'|}$$

其中 $\mathrm{d}q$ 包含了自由电荷，也包含了极化电荷。全空间的电场强度分布为 $\boldsymbol{E}=-\nabla\varphi$。

若空间的所有电流分布已知，则全空间的矢量势分布为

$$\boldsymbol{A}(\boldsymbol{r})=\frac{\mu_0}{4\pi}\int_{V'}\frac{\boldsymbol{j}(\boldsymbol{r}')}{|\boldsymbol{r}-\boldsymbol{r}'|}\mathrm{d}V'$$

其中 $\boldsymbol{j}\mathrm{d}V'$ 包含自由电流和磁化电流。全空间的磁感应强度分布为 $\boldsymbol{B}=\nabla\times\boldsymbol{A}$。

6. 多极展开法

$$\frac{1}{|\boldsymbol{r}-\boldsymbol{r}'|}=\frac{1}{r}-\boldsymbol{r}'\cdot\nabla\frac{1}{r}+\frac{1}{2}\boldsymbol{r}'\boldsymbol{r}':\nabla\nabla\frac{1}{r}+\cdots$$

（1）小区域电荷在远场区的电多极展开。

①电多极展开的零阶项：

$$\varphi^{(0)}(\boldsymbol{r})=\frac{Q}{4\pi\varepsilon_0 r}$$

②电多极展开的一阶项：

定义系统的电偶极矩为 $\boldsymbol{p}_e=\int_Q\boldsymbol{r}'\mathrm{d}q(\boldsymbol{r}')$，则

$$\varphi^{(1)}(\boldsymbol{r})=\frac{1}{4\pi\varepsilon_0}\frac{\boldsymbol{p}_e\cdot\boldsymbol{r}}{r^3}$$

③电多极展开的二阶项：

定义系统的电四极矩张量为 $\overleftrightarrow{\boldsymbol{D}}=\int_Q(3\boldsymbol{r}'\boldsymbol{r}'-r'^2\overleftrightarrow{\boldsymbol{I}})\mathrm{d}q(\boldsymbol{r}')$

（此式满足 $D_{xx}+D_{yy}+D_{zz}=\overleftrightarrow{\boldsymbol{D}}:\overleftrightarrow{\boldsymbol{I}}=0$），则

$$\varphi^{(2)}(\boldsymbol{r})=\frac{1}{8\pi\varepsilon_0 r^5}\overleftrightarrow{\boldsymbol{D}}:\boldsymbol{rr}$$

（2）小区域电流在远场区的磁多极展开。

①磁多极展开的零阶项为零：$\boldsymbol{A}^{(0)}(\boldsymbol{r})=\frac{\mu_0}{4\pi r}\int_{V'}\boldsymbol{j}(\boldsymbol{r}')\mathrm{d}V'=0$

②磁多极展开的一阶项：

定义电流系统的磁偶极矩为 $\boldsymbol{p}_m=\frac{1}{2}\int_{V'}(\boldsymbol{r}'\times\boldsymbol{j})\mathrm{d}V'$，则

$$A^{(1)}(\boldsymbol{r}) = -\frac{\mu_0}{4\pi}\boldsymbol{p}_m \times \nabla\frac{1}{r} = \frac{\mu_0}{4\pi}\frac{\boldsymbol{p}_m \times \boldsymbol{r}}{r^3}$$

习　　题

4.1 球坐标系下空间的电势分布为

（1）$\varphi(r) = \frac{1}{4\pi\varepsilon_0}[-\frac{1}{r}Q + (\frac{1}{r} + \frac{1}{a})Q\exp(-\frac{2r}{a})]$；　（2）$\varphi(r) = \frac{1}{4\pi\varepsilon_0 r}\exp(-\frac{r}{a})$

其中Q、a均为常量，$r \neq 0$。求激发上述电势的电荷分布。

4.2 真空中放置一个半径为R介电常数为ε的均匀介质球，球心放置一个电量为Q的点电荷。求空间的电势分布。

4.3 一个电量为Q的点电荷位于一条直线上。从该直线辐向地展开三个半无限大的平面，形成的三个两面角分别为α_1、α_2和α_3，则$\alpha_1 + \alpha_2 + \alpha_3 = 2\pi$。每个两面角内的空间充满一种各向同性均匀线性电介质，介电常数分别为ε_1、ε_2和ε_3。求空间的电势分布。

4.4 半径为R的导体球，所带的自由电荷总量为Q。把此导体球的一半置于介电常数为ε的液体中，另一半裸露于真空中。求静电情况下的电势分布。

4.5 一个质量为m、半径为R的空心导体球可以自由漂浮在介电常数为ε的绝缘液体中。当导体球不带电时，其体积只有1/4浸在液体中。若要使得导体球的一半浸在液体中，则此导体球必须带多大电量的电荷？

4.6 设同轴电缆是由两个同轴的无限长导体圆柱面之间充以电介质构成的，内导体的外表面半径为R_1，外导体的内表面半径为R_2，电介质的电导率为σ_e。求同轴电缆单位长度的漏电电阻。

4.7 内外半径分别为R_1和R_2的导电圆环，厚度为h，电导率为σ_e。设电流沿同心圆周流动，求圆心角α所对的部分导体电阻。

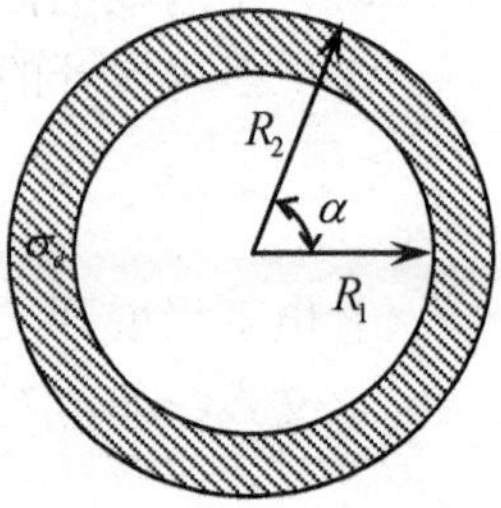

4.7 题图

4.8 在一个很大的电解槽中充满了电导率为σ_e的液体，其中流有电流密度为$\boldsymbol{j}_0$的均匀电流。在液体中置入一个半径为R的绝缘介质小球。求稳恒时的电流分布。

4.9 在介电常数为ε_2的无限大均匀介质中放置一个半径为R介电常数为ε_1的均匀介质球，球心放置一个电偶极矩为$\boldsymbol{p}_e$的电偶极子。求空间的电势分布和极化电荷的分布。

4.10 在电场强度为$\boldsymbol{E}_0$的真空匀强电场中置入一个半径为R介电常数为ε的均匀绝缘介质球，此介质球均匀带自由电荷，电荷体密度为ρ_f。求空间的电势分布。

4.11 在磁场强度为$\boldsymbol{H}_0$的真空匀强磁场中置入一个空心的均匀磁介质球壳，球壳的磁导率为μ，内半径为R_1，外半径为R_2。求空腔内的磁感应强度$\boldsymbol{B}$，并讨论$\mu \gg \mu_0$时的磁屏蔽作用。

4.12 有两个接地的无限大导体平面，其中一个沿xoz平面放置，另一个沿yoz平面放置。把一个电量为q的点电荷置于一点，此点的坐标为：$x_0 = a(>0)$，$y_0 = b(>0)$，$z_0 = 0$。求$x>0$、$y>0$空间的电势分布。

4.13 一个接地的无限大导体平面位于xoy平面上，其中央向上凸起为一个半径为R的半球面，其球心位于坐标原点。把一个电量为q的点电荷置于点$(0,0,b)$，其中$b>R$是常数。求导体板上方$z>0$空间的电势分布。

4.14　两个相距为 d 的无限大导体平面构成空气平行板电容器，下极板中央向电容器内部凸起一个半径为 $R(\ll d)$ 的半球面。两极板间的电势差为 U 。求电容器内部的场强分布和极板上的电荷分布。

4.15　半径为 R 的不接地的导体球原来不带电，球心位于坐标原点。在球外的 x 轴上坐标为 $x=b$ 和 $x=c(c>b>R)$ 两点同时放置电量为 q 的相同的点电荷。求 $x=c$ 处的点电荷所受到的静电力。

4.16　设有均匀稳恒磁场，其磁感应强度为 $\boldsymbol{B}=B_0\boldsymbol{e}_z$ ，试给出描述该磁场的两个不同的矢量势，并证明这两个矢量势之差是无旋场。

4.17　在半径为 R_1 的无限长圆柱形导体内挖出一个半径为 $R_2(<R_1)$ 的无限长圆柱形空腔，空腔的轴线与导体圆柱的轴线相互平行，距离为 $l(<R_1-R_2)$ 。稳恒电流沿圆柱轴线流动并且在导体横截面上均匀分布。试证明：空腔内的磁场是匀强磁场。

4.18　有两个电量都为 q 的点电荷，在直角坐标系中的位置坐标分别为 $(-a,0,0)$ 和 $(a,0,0)$ ，求：（1）系统相对于坐标原点的电偶极矩和电四极矩；（2）系统在远处激发的电势（精确到二阶项）。

4.19　一个长度为 a 宽度为 b 的矩形薄片均匀带电，电荷面密度为 σ 。求此带电系统在远处激发的电势（精确到二阶项）。

4.20　半径为 R 的绝缘介质球内部带有电荷，其电荷体密度为 $\rho=\rho_0\cos\theta$ ，其中 ρ_0 是常数， θ 是以球心为坐标原点的球极坐标系的极角。求此带电球在远处激发的电势（精确到二阶项）。

第 5 章 电磁波的辐射

上一章介绍了稳恒的场源电荷分布和场源电流分布激发稳恒电磁场的基本规律。如果这些场源是随时间而变化的，激发的电场和磁场也是随时间而变化的，根据第 1 章给出的真空中的麦克斯韦方程组及其辅助方程

$$\begin{cases}\nabla\cdot\boldsymbol{D}=\rho_f\\ \nabla\times\boldsymbol{E}=-\dfrac{\partial\boldsymbol{B}}{\partial t}\\ \nabla\cdot\boldsymbol{B}=0\\ \nabla\times\boldsymbol{H}=\boldsymbol{j}_f+\dfrac{\partial\boldsymbol{D}}{\partial t}\\ \boldsymbol{D}=\varepsilon_0\boldsymbol{E},\boldsymbol{j}=\sigma_e\boldsymbol{E},\boldsymbol{B}=\mu_0\boldsymbol{H}\end{cases} \tag{5.0.1}$$

可知，变化的电场和变化的磁场相互激发，从而产生由近及远传播的电磁波。在实践中，电磁波常常是由加速度运动电荷激发的。例如，发射天线上的电荷有加速度，天线上就有交变电流，从而向外辐射电磁波。本章研究高频交变电流辐射电磁波的规律。

严格说来，天线上的交变电流与它所激发的电磁场也是相互作用的。天线电流激发电磁场，而电磁场又反过来作用在天线上，影响着天线电流的分布。所以辐射问题本质上也是一个边值问题。天线电流和空间电磁场是相互作用的两个方面，需要应用天线表面的边值关系，同时确定空间电磁场的形式和天线电流的分布。本章首先计算给定交变电流分布情形下的辐射场，然后简单介绍天线上的电流分布与其辐射场的相互作用问题。在后面第三篇狭义相对论的电磁场理论中再计算加速运动电荷激发的辐射场。

对于一个实际的辐射系统，我们关心的是反映辐射方向特性的角分布以及辐射功率。只有先计算出辐射场的分布，然后才能给出角分布，进而给出辐射总功率。

5.1 电磁场的矢量势和标量势

一、用势描述电磁场

在时变场的情形下，$\nabla\cdot\boldsymbol{B}=0$ 仍然成立，所以总可以定义**矢量势 $\boldsymbol{A}$**，使得

$$\boldsymbol{B}=\nabla\times\boldsymbol{A} \tag{5.1.1}$$

此定义与稳恒场的情形相似，只不过此处的 $\boldsymbol{A}$ 和 $\boldsymbol{B}$ 都是时间的函数。

在时变场的情形下，

$$\nabla\times\boldsymbol{E}=-\frac{\partial\boldsymbol{B}}{\partial t}\neq 0 \tag{5.1.2}$$

所以 $\boldsymbol{E}=-\nabla\varphi$ 不成立。因为此时时变磁场也是激发电场的场源，所以 $\boldsymbol{E}$ 的表达式中应该含有 $\boldsymbol{A}$。把式（5.1.1）代入式（5.1.2）并移项可得

$$\nabla\times(\boldsymbol{E}+\frac{\partial\boldsymbol{A}}{\partial t})=0$$

因为上式括号内的场是无旋场，所以必定存在**标量势** φ，使得 $-\nabla\varphi=\boldsymbol{E}+\partial\boldsymbol{A}/\partial t$，此式中负号是为了与稳恒场电势的定义统一起来。在稳恒场情形下，此式自动过渡到电势的定义。在时变场情形下，$\boldsymbol{E}$ 是非保守场，不存在电势能的概念，φ 也就不再具有电势的意义。因此，在高频情形下，电压的概念也失去确切的意义。电场强度可以表示为

$$\boldsymbol{E}=-(\nabla\varphi+\frac{\partial\boldsymbol{A}}{\partial t}) \tag{5.1.3}$$

因为在时变场的情形下，磁场和电场是相互作用着的、不可分割的整体，所以必须把矢势 $\boldsymbol{A}$ 和标势 φ 作为一个整体来描述电磁场。

二、规范变换和规范不变性

从上述关于矢势和标势的定义可以看出，用矢势 $\boldsymbol{A}$ 和标势 φ 描述电磁场不是唯一的。即给定的 $\boldsymbol{E}$ 和 $\boldsymbol{B}$ 并不对应于唯一的 $\boldsymbol{A}$ 和 φ。这是因为在定义式（5.1.1）的矢势 $\boldsymbol{A}$ 中任意加上一个标量函数的梯度，并不影响 $\boldsymbol{B}$。同时在定义式（5.1.3）的标势 φ 中也减去此标量函数的时间导数，两者合在一起则不影响 $\boldsymbol{E}$。这种思想用数学语言表述为：设任意时空函数 ψ，作下述变换：

$$\begin{cases}\boldsymbol{A}\to\boldsymbol{A}'=\boldsymbol{A}+\nabla\psi\\ \varphi\to\varphi'=\varphi-\dfrac{\partial\psi}{\partial t}\end{cases} \tag{5.1.4}$$

有

$$\begin{cases}\boldsymbol{B}=\nabla\times\boldsymbol{A}=\nabla\times\boldsymbol{A}'\\ \boldsymbol{E}=-\nabla\varphi-\dfrac{\partial\boldsymbol{A}}{\partial t}=-\nabla\varphi'-\dfrac{\partial\boldsymbol{A}'}{\partial t}\end{cases} \tag{5.1.5}$$

即 $(\boldsymbol{A},\varphi)$ 和 $(\boldsymbol{A}',\varphi')$ 描述同一电磁场。变换关系式（5.1.4）称为规范变换，每一组 $(\boldsymbol{A},\varphi)$ 称为一种规范。因为描述电磁场客观属性的可测量的物理量是 $(\boldsymbol{E},\boldsymbol{B})$，而同一 $(\boldsymbol{E},\boldsymbol{B})$ 对应不同规范，所以用势来描述电磁场时，电磁场的客观规律应该与规范的选择无关。换句话说，当势作规范变换时，描述电磁场的物理量和客观规律保持不变，这种不变性称为规范不变性。

在经典电动力学中，引入 $(\boldsymbol{A},\varphi)$ 是描述电磁场的一种方法，规范不变性是对这种描述方法所加的要求。我们之所以要熟悉这种方法，是因为在后续的量子力学课程中仍然要用到这方面的知识。在量子力学中，$(\boldsymbol{A},\varphi)$ 的地位比在经典电动力学中的地位要重要得多。在量子力学中，规范变换是通过量子力学的基本原理引入的，而规范不变性是一条重要的物理原则。

从数学上来看，规范变换自由度的存在是因为在势的定义式中只给出了 $\boldsymbol{A}$ 的旋度而没有给出 $\boldsymbol{A}$ 的散度。电磁场的 $\boldsymbol{B}$ 和 $\boldsymbol{E}$ 本身对 $\boldsymbol{A}$ 的散度没有任何要求，$\nabla\cdot\boldsymbol{A}$ 可以取任何值。有时为了简化方程和计算，把 $\nabla\cdot\boldsymbol{A}$ 的取值作为一种辅助条件。$\nabla\cdot\boldsymbol{A}$ 每取一个确定的值就对应一种确定的规范。在实际中，针对不同的问题，$\nabla\cdot\boldsymbol{A}$ 取不同的特殊值，从而给出不同的规范。

1. 库仑规范

辅助条件为

$$\nabla \cdot \boldsymbol{A}=0 \tag{5.1.6}$$

根据这种规范，在电场表达式$\boldsymbol{E}=-\nabla\varphi-\partial\boldsymbol{A}/\partial t$中，第一项$-\nabla\varphi$完全代表纵场（无旋场，库仑场）部分，第二项$-\partial\boldsymbol{A}/\partial t$完全代表横场（无散场，感应电场）部分。这种划分对于某些问题的讨论会带来方便。

库仑规范对变换中所用的标量函数ψ的要求是

$$\nabla^2\psi=0 \tag{5.1.7}$$

2. 洛伦兹规范

辅助条件为

$$\nabla \cdot \boldsymbol{A}+\frac{1}{c^2}\frac{\partial\varphi}{\partial t}=0 \tag{5.1.8}$$

其中真空光速$c=1/\sqrt{\varepsilon_0\mu_0}$。从下面的推导将会看出，采用洛伦兹规范时，势的基本方程化为非常简单对称的形式，并且其物理意义也特别明显。因此这种规范在基础理论研究和实际辐射问题的研究中特别方便。本书在以后的讨论中采用洛伦兹规范。

洛伦兹规范对变换中所用的标量函数ψ的要求是

$$\nabla^2\psi-\frac{1}{c^2}\frac{\partial^2\psi}{\partial t^2}=0 \tag{5.1.9}$$

应该注意，在洛伦兹规范下，规范变换仍然具有一定的自由度。$\boldsymbol{A}$的纵场部分和φ的选择仍然具有一定任意性。利用式（5.1.9），有时可以使得方程进一步简化。

三、电磁场势的微分方程

把电磁场势的定义式代入磁场的旋度公式并利用矢量分析公式可得

$$\begin{aligned}\nabla\times\boldsymbol{B}=\nabla\times(\nabla\times\boldsymbol{A})&=\nabla(\nabla\cdot\boldsymbol{A})-\nabla^2\boldsymbol{A}=\mu_0\left(\boldsymbol{j}+\varepsilon_0\frac{\partial\boldsymbol{E}}{\partial t}\right)\\&=\mu_0\boldsymbol{j}+\mu_0\varepsilon_0\frac{\partial}{\partial t}\left(-\nabla\varphi-\frac{\partial\boldsymbol{A}}{\partial t}\right)=\mu_0\boldsymbol{j}-\mu_0\varepsilon_0\nabla\frac{\partial\varphi}{\partial t}-\mu_0\varepsilon_0\frac{\partial^2\boldsymbol{A}}{\partial t^2}\end{aligned}$$

利用$\mu_0\varepsilon_0=1/c^2$，移项后并整理可得

$$\nabla^2\boldsymbol{A}-\frac{1}{c^2}\frac{\partial^2\boldsymbol{A}}{\partial t^2}-\nabla\left(\nabla\cdot\boldsymbol{A}+\frac{1}{c^2}\frac{\partial\varphi}{\partial t}\right)=-\mu_0\boldsymbol{j}$$

同理，把电磁场势的定义式代入电场的散度公式可得

$$\nabla^2\varphi-\frac{1}{c^2}\frac{\partial^2\varphi}{\partial t^2}+\frac{\partial}{\partial t}\left(\nabla\cdot\boldsymbol{A}+\frac{1}{c^2}\frac{\partial\varphi}{\partial t}\right)=-\frac{\rho_f}{\varepsilon_0}$$

对上述两式应用洛伦兹规范条件，最后写出

$$\begin{cases}\nabla^2\boldsymbol{A}-\dfrac{1}{c^2}\dfrac{\partial^2\boldsymbol{A}}{\partial t^2}=-\mu_0\boldsymbol{j}\\[2ex]\nabla^2\varphi-\dfrac{1}{c^2}\dfrac{\partial^2\varphi}{\partial t^2}=-\dfrac{\rho_f}{\varepsilon_0}\end{cases}\quad\left(\nabla\cdot\boldsymbol{A}+\frac{1}{c^2}\frac{\partial\varphi}{\partial t}=0\right) \tag{5.1.10}$$

上式中的两个方程是波速为c的非齐次波动方程，称为**达朗贝尔方程**，后面的条件就是

洛伦兹规范条件。由此可以看出，在洛伦兹规范下，电磁场势的波动微分方程具有完全对称的形式。矢量势只与电流分布有关，表示变化的电流激发的矢量势以波动的形式在空间传播；标量势只与电荷分布有关，表示变化的电荷激发的标量势也以波动的形式在空间传播。这种完全对称的形式在相对论电动力学中显示出协变性，因此对于理论研究和实际计算都提供了很大的方便。

可以证明，若初始时刻势$(\boldsymbol{A},\varphi)$及其时间导数$(\partial\boldsymbol{A}/\partial t,\partial\varphi/\partial t)$满足洛伦兹条件，则由达朗贝尔方程给出的任意时刻的$(\boldsymbol{A},\varphi)$也必定满足洛伦兹条件。证明如下：

定义一个新的时空函数$G(\boldsymbol{r},t)$，使得

$$G(\boldsymbol{r},t)=\nabla\cdot\boldsymbol{A}+\frac{1}{c^2}\frac{\partial\varphi}{\partial t}$$

由题设条件可得

$$G(\boldsymbol{r},t)\big|_{t=0}=0$$

利用电场的散度公式$\nabla\cdot\boldsymbol{E}=\rho_f/\varepsilon_0$和势的定义式$\boldsymbol{E}=-\nabla\varphi-\partial\boldsymbol{A}/\partial t$写出

$$\nabla^2\varphi+\frac{\partial}{\partial t}(\nabla\cdot\boldsymbol{A})+\frac{\rho_f}{\varepsilon_0}=0$$

对上式利用标量势的达朗贝尔方程写出

$$\frac{\partial}{\partial t}(\nabla\cdot\boldsymbol{A}+\frac{1}{c^2}\frac{\partial\varphi}{\partial t})=\frac{\partial G}{\partial t}=0$$

所以$G(\boldsymbol{r},t)=\text{常数}=G(\boldsymbol{r},t)\big|_{t=0}=0$，即任意时刻$(\boldsymbol{A},\varphi)$都满足洛伦兹条件。

求解达朗贝尔方程，就可得出电磁场势在时空中的波动规律，从而得出$\boldsymbol{B}$和$\boldsymbol{E}$在时空中的波动规律。当然，$\boldsymbol{B}$和$\boldsymbol{E}$的波动规律与规范无关。

达朗贝尔方程是非齐次线性方程。根据微分方程理论，非齐次方程的一般解等于齐次方程的通解与非齐次方程的特解的叠加。齐次方程为

$$\begin{cases}\nabla^2\boldsymbol{A}-\dfrac{1}{c^2}\dfrac{\partial^2\boldsymbol{A}}{\partial t^2}=0\\ \nabla^2\varphi-\dfrac{1}{c^2}\dfrac{\partial^2\varphi}{\partial t^2}=0\end{cases}\quad(\nabla\cdot\boldsymbol{A}+\frac{1}{c^2}\frac{\partial\varphi}{\partial t}=0)$$

此方程的通解代表了求解区域内的无源波动，即外来电磁波。可以证明，对于无源区域的电磁波，可以只用矢量势来描述，且矢量势只有两个分量独立。因为我们现在研究的问题是辐射问题，所以对无源的外来电磁波暂不作详细讨论。

达朗贝尔方程的特解代表了作为波源的非齐次项所激发的电磁波。所以求出特解是本章的主要目的。

5.2　达朗贝尔方程的特解——推迟势

为了简单起见，先求解标量势的达朗贝尔方程。因为达朗贝尔方程是线性微分方程，其解满足线性叠加原理。所以可以认为式（5.1.10）第 2 式中的φ是许许多多运动点电荷

激发的标量势的叠加。因此，只要求出运动点电荷激发的标量势，然后把求解结果对场源电荷的分布积分，就可得出达朗贝尔方程的特解。

设t时刻全空间只有一个位于源点$\boldsymbol{r}'$处的点电荷，电量为$\mathrm{d}q$，场点坐标为$\boldsymbol{r}$，$\mathrm{d}q$在场点处激发的标量势为φ'，则标量势的达朗贝尔方程写为

$$\nabla^2\varphi' - \frac{1}{c^2}\frac{\partial^2\varphi'}{\partial t^2} = -\frac{1}{\varepsilon_0}\mathrm{d}q(\boldsymbol{r},t)\delta(\boldsymbol{r}-\boldsymbol{r}') \tag{5.2.1}$$

在不包含$\boldsymbol{r}=\boldsymbol{r}'$的区域内，有

$$\nabla^2\varphi' - \frac{1}{c^2}\frac{\partial^2\varphi'}{\partial t^2} = 0 \quad (\boldsymbol{r}\neq\boldsymbol{r}')$$

令$\boldsymbol{r}-\boldsymbol{r}'=\boldsymbol{r}''$，根据空间各向同性和空间均匀性，可设$\varphi'=\dfrac{1}{r''}u(r'',t)$，代入上式，有

$$\nabla^2\varphi' = \frac{1}{r''^2}\frac{\partial}{\partial r''}[r''^2\frac{\partial\varphi'}{\partial r''}] = \frac{1}{r''^2}\frac{\partial}{\partial r''}[r''^2(-\frac{u}{r''^2}+\frac{1}{r''}\frac{\partial u}{\partial r''})] = \frac{1}{r''}\frac{\partial^2 u}{\partial r''^2} = \frac{1}{r''}\frac{1}{c^2}\frac{\partial^2 u}{\partial t^2}$$

即

$$\frac{\partial^2 u}{\partial r''^2} - \frac{1}{c^2}\frac{\partial^2 u}{\partial t^2} = 0 \quad (r''\neq 0)$$

这是一维齐次波动方程，其解是熟知的，即

$$u = f_1(t-r''/c) + f_2(t+r''/c)$$

所以

$$\varphi' = \frac{f_1(t-r''/c)}{r''} + \frac{f_2(t+r''/c)}{r''}$$

现在我们把研究的区域扩展到包含$\boldsymbol{r}=\boldsymbol{r}'$的全空间。可以把上式作为试探解代入上面的式（5.2.1），根据$\boldsymbol{r}=\boldsymbol{r}'$点的场源电荷的变化形式确定上式的函数形式。注意到上式中的第一项代表从$\boldsymbol{r}'$点发出的向周围发散的波，第二项代表从周围向$\boldsymbol{r}'$点汇聚的收敛波，因为我们研究的问题是位于$\boldsymbol{r}'$点的点电荷的辐射问题，所以不考虑收敛波。在上式中令收敛波$f_2=0$，然后代入式（5.2.1），可以给出f_1的函数形式。令$t'=t-r''/c$，注意到$\boldsymbol{\nabla}t'=-\boldsymbol{r}''/(cr'')$，$\partial t'/\partial t=1$，有

$$\boldsymbol{\nabla}\varphi' = \boldsymbol{\nabla}\frac{f_1(t')}{r''} = (\boldsymbol{\nabla}\frac{1}{r''})f_1(t') - \frac{\boldsymbol{r}''}{cr''^2}\frac{\mathrm{d}f_1}{\mathrm{d}t'}$$

$$\nabla^2\varphi' = -4\pi\delta(\boldsymbol{r}'')f_1(t') + \frac{1}{c^2r''}\frac{\mathrm{d}^2 f_1}{\mathrm{d}t'^2} = -4\pi\delta(\boldsymbol{r}'')f_1(t') + \frac{1}{c^2}\frac{\partial^2\varphi'}{\partial t^2}$$

式（5.2.1）的左边化为

$$\nabla^2\varphi' - \frac{1}{c^2}\frac{\partial^2\varphi'}{\partial t^2} = -4\pi\delta(\boldsymbol{r}'')f_1(t')$$

所以式（5.2.1）改写为

$$4\pi\delta(\boldsymbol{r}'')f_1(t') = \frac{1}{\varepsilon_0}\mathrm{d}q(\boldsymbol{r},t)\delta(\boldsymbol{r}'')$$

把上式在$\boldsymbol{r}'$的邻域内积分可得

$$f_1(t) = \frac{\mathrm{d}q(\boldsymbol{r}',t)}{4\pi\varepsilon_0}$$

所以

$$f_1(t') = \frac{\mathrm{d}q(\boldsymbol{r}',t')}{4\pi\varepsilon_0} = \frac{\mathrm{d}q(\boldsymbol{r}',t-r''/c)}{4\pi\varepsilon_0}$$

所以式（5.2.1）的特解为

$$\varphi'(\boldsymbol{r},\boldsymbol{r}',t) = \frac{\mathrm{d}q(\boldsymbol{r}',t-|\boldsymbol{r}-\boldsymbol{r}'|/c)}{4\pi\varepsilon_0|\boldsymbol{r}-\boldsymbol{r}'|} = \frac{\rho(\boldsymbol{r}',t-|\boldsymbol{r}-\boldsymbol{r}'|/c)}{4\pi\varepsilon_0|\boldsymbol{r}-\boldsymbol{r}'|}\mathrm{d}V'$$

根据标量势叠加原理，写出任意变化的电荷分布所激发的标量势分布为

$$\varphi(\boldsymbol{r},t) = \frac{1}{4\pi\varepsilon_0}\int_{V'}\frac{\rho(\boldsymbol{r}',t-|\boldsymbol{r}-\boldsymbol{r}'|/c)}{|\boldsymbol{r}-\boldsymbol{r}'|}\mathrm{d}V' \tag{5.2.2}$$

这就是标量势达朗贝尔方程的特解。因为矢量势和标量势的达朗贝尔方程完全对称，其特解也必定完全对称，所以直接写出任意变化的电流分布所激发的矢量势分布为

$$\boldsymbol{A}(\boldsymbol{r},t) = \frac{\mu_0}{4\pi}\int_{V'}\frac{\boldsymbol{j}(\boldsymbol{r}',t-|\boldsymbol{r}-\boldsymbol{r}'|/c)}{|\boldsymbol{r}-\boldsymbol{r}'|}\mathrm{d}V' \tag{5.2.3}$$

上述两式分别称为标量势和矢量势的**推迟势**，其物理意义是：**位于 $\boldsymbol{r}'$ 处的源在 $t'=t-r''/c$ 时刻的信息以速度 c 向前传播，经 $\Delta t = r''/c$ 的时间后到达场点 $\boldsymbol{r}$ 处。**

根据场源区的 ρ 和 $\boldsymbol{j}$ 的分布，由推迟势公式算出场区的 φ 和 $\boldsymbol{A}$ 的分布，然后就可以给出场区的电磁场分布：$\boldsymbol{B}=\nabla\times\boldsymbol{A}$，$\boldsymbol{E}=-\nabla\varphi-\partial\boldsymbol{A}/\partial t$。当然，电磁场本身又反过来作用于电荷与电流，因此，场源区的 ρ 和 $\boldsymbol{j}$ 的分布是不能预先规定的，只有利用边值关系解出电磁场后才能确定其分布。关于这一点，在研究天线辐射时再加以讨论。

5.3 谐变的电荷、电流系统的辐射

从上一节得出的推迟势公式可知，交变的电荷、电流将激发由近及远传播的电磁波。推迟势公式中的 $\rho(\boldsymbol{r}',t)$ 和 $\boldsymbol{j}(\boldsymbol{r}',t)$ 可以是时间的任意函数。在实际中经常遇到的情形是 $\rho(\boldsymbol{r}',t)$ 和 $\boldsymbol{j}(\boldsymbol{r}',t)$ 随时间作简谐变化。对于非简谐变化的情形，总可以利用傅里叶（Fourier）分析的方法，分解为不同频率的简谐变化的叠加。因此，无论是在理论上还是在实践上，谐变系统的辐射问题都是所有辐射问题的基础。

一、谐变系统只用矢量势描述

1．谐变系统的电荷、电流表达式

设谐变系统的频率为 f，圆频率为 $\omega=2\pi f$，把系统的 ρ 和 $\boldsymbol{j}$ 写为复数形式

$$\rho(\boldsymbol{r}',t)=\rho(\boldsymbol{r}')\mathrm{e}^{-\mathrm{i}\omega t}，\quad \boldsymbol{j}(\boldsymbol{r}',t)=\boldsymbol{j}(\boldsymbol{r}')\mathrm{e}^{-\mathrm{i}\omega t} \tag{5.3.1}$$

在上式中只有实数部分才有物理意义。从以后的推导过程可以看出，取复数形式完全是为了运算方便。当然，在推导得出的结果中也应该取其实部。

对于谐变系统，电荷守恒定律 $\nabla\cdot\boldsymbol{j}=-\partial\rho/\partial t$ 写为

$$\nabla\cdot\boldsymbol{j}=\mathrm{i}\omega\rho \tag{5.3.2}$$

此式表明，对于谐变系统，只要给出了系统的电流密度，则系统的电荷密度也唯一确定。还可以看出，对于谐变系统，时间导数算符$\partial/\partial t$可以等效为$-\mathrm{i}\omega$。

2. 谐变系统只用矢量势描述

根据推迟势公式可知，若ρ和$\boldsymbol{j}$谐变，则φ和$\boldsymbol{A}$也谐变，即

$$\varphi(\boldsymbol{r}',t)=\varphi(\boldsymbol{r}')\mathrm{e}^{-\mathrm{i}\omega t}，\quad \boldsymbol{A}(\boldsymbol{r}',t)=\boldsymbol{A}(\boldsymbol{r}')\mathrm{e}^{-\mathrm{i}\omega t} \tag{5.3.3}$$

把上式代入洛伦兹条件可得

$$\nabla\cdot\boldsymbol{A}=\frac{\mathrm{i}\omega}{c^2}\varphi \tag{5.3.4}$$

此式表明，只要解出了$\boldsymbol{A}$，也就给出了φ，从而也就确定了电磁场的场量。即：**只用矢量势$\boldsymbol{A}$就可以完全描述谐变场**。以后我们只研究矢量势$\boldsymbol{A}$。

3. 谐变系统在无源区的场量与矢量势的关系

根据电磁场势的定义式写出

$$\boldsymbol{B}=\nabla\times\boldsymbol{A} \tag{5.3.5}$$

$$\boldsymbol{E}=-\nabla\varphi-\frac{\partial\boldsymbol{A}}{\partial t}=-\frac{c^2}{\mathrm{i}\omega}\nabla(\nabla\cdot\boldsymbol{A})-\frac{\partial\boldsymbol{A}}{\partial t}=-\frac{c^2}{\mathrm{i}\omega}[\nabla\times(\nabla\times\boldsymbol{A})+\nabla^2\boldsymbol{A}]-\frac{\partial\boldsymbol{A}}{\partial t}$$

$$=-\frac{c^2}{\mathrm{i}\omega}\nabla\times\boldsymbol{B}-\frac{c^2}{\mathrm{i}\omega}[\nabla^2\boldsymbol{A}+\frac{\mathrm{i}\omega}{c^2}\frac{\partial\boldsymbol{A}}{\partial t}]=-\frac{c^2}{\mathrm{i}\omega}\nabla\times\boldsymbol{B}-\frac{c^2}{\mathrm{i}\omega}[\nabla^2\boldsymbol{A}-\frac{1}{c^2}\frac{\partial^2\boldsymbol{A}}{\partial t^2}]$$

因为现在的研究区域是无源区，由矢量势的达朗贝尔方程得$\nabla^2\boldsymbol{A}-\dfrac{1}{c^2}\dfrac{\partial^2\boldsymbol{A}}{\partial t^2}=0$。利用这一结果并且令

$$k=\frac{\omega}{c}=\frac{2\pi}{\lambda} \tag{5.3.6}$$

得出

$$\boldsymbol{E}=\frac{\mathrm{i}c}{k}\nabla\times\boldsymbol{B} \tag{5.3.7}$$

其中常数k称为**波数**。

二、谐变系统的推迟势

把电流密度谐变式代入矢量势的推迟势公式，写出

$$\boldsymbol{A}(\boldsymbol{r},t)=\frac{\mu_0}{4\pi}\int_{V'}\frac{\boldsymbol{j}(\boldsymbol{r}')}{|\boldsymbol{r}-\boldsymbol{r}'|}\mathrm{e}^{-\mathrm{i}\omega(t-|\boldsymbol{r}-\boldsymbol{r}'|/c)}\mathrm{d}V'=\{\frac{\mu_0}{4\pi}\int_{V'}\frac{\boldsymbol{j}(\boldsymbol{r}')}{|\boldsymbol{r}-\boldsymbol{r}'|}\mathrm{e}^{\mathrm{i}\boldsymbol{k}\cdot(\boldsymbol{r}-\boldsymbol{r}')}\mathrm{d}V'\}\mathrm{e}^{-\mathrm{i}\omega t}$$

式中：矢量$\boldsymbol{k}$为波矢，其大小等于波数，方向沿波的传播方向，$\mathrm{e}^{-\mathrm{i}\omega(t-|\boldsymbol{r}-\boldsymbol{r}'|/c)}$为波的传播因子；$\mathrm{e}^{\mathrm{i}\boldsymbol{k}\cdot(\boldsymbol{r}-\boldsymbol{r}')}$是相位推迟因子；$\mathrm{e}^{-\mathrm{i}\omega t}$是随时间变化的振动因子。为了方便起见，我们消去时间因子，只研究矢量势的空间因子。

$$\boldsymbol{A}(\boldsymbol{r},t)=\frac{\mu_0}{4\pi}\int_{V'}\frac{\boldsymbol{j}(\boldsymbol{r}')}{|\boldsymbol{r}-\boldsymbol{r}'|}\mathrm{e}^{\mathrm{i}\boldsymbol{k}\cdot(\boldsymbol{r}-\boldsymbol{r}')}\mathrm{d}V' \tag{5.3.8}$$

根据“源点”到“场点”的距离$|\boldsymbol{r}-\boldsymbol{r}'|$，可以把辐射场分为远场区、近场区和过渡区。

在远场区，$|\boldsymbol{r}-\boldsymbol{r}'|\gg\lambda$，$|\boldsymbol{r}-\boldsymbol{r}'|\gg r'_{\max}$，则$\mathrm{e}^{\mathrm{i}\boldsymbol{k}\cdot(\boldsymbol{r}-\boldsymbol{r}')}$有空间周期性，代表向前传播的电

磁波。即远场区的电磁场具有辐射场的特征。

在近场区，$|\boldsymbol{r}-\boldsymbol{r}'|\ll\lambda$，有 $e^{ik\cdot(r-r')}\approx1$，即推迟因子略去，场点的场量近似瞬时地响应着场源电流的变化，这一区域的电磁场对源的关系具有稳恒场的特征。

在过渡区，$|\boldsymbol{r}-\boldsymbol{r}'|\sim\lambda$，这一区域的电磁场是由场源感应激发的，所以又称为感应区，它兼具了远场和近场的特征。

在实际中，辐射源通常局域于一个很小的区域，接收电磁波的区域大都远离辐射源，满足远场区的条件，此时需要计算远场，由远场的场量定出辐射的角分布（方向性）和辐射功率。但是，如果要研究电磁场对场源的反作用（辐射阻抗）以及几个相互靠近的场源之间的相互影响时，必须计算近场和感应场。我们先研究远场。

三、谐变系统矢量势的多极展开

在式（5.3.8）中，令 $\boldsymbol{r}''=\boldsymbol{r}-\boldsymbol{r}'$。若 $r'_{\max}\ll r$，因子 $e^{i\boldsymbol{k}\cdot\boldsymbol{r}''}/r''$ 的泰勒展开式为

$$\frac{e^{i\boldsymbol{k}\cdot\boldsymbol{r}''}}{r''}=\left.\frac{e^{i\boldsymbol{k}\cdot\boldsymbol{r}''}}{r''}\right|_{r'=0}+\boldsymbol{r}'\cdot\nabla'\left.\frac{e^{i\boldsymbol{k}\cdot\boldsymbol{r}''}}{r''}\right|_{r'=0}+\frac{1}{2}\boldsymbol{r}'\boldsymbol{r}':\nabla'\nabla'\left.\frac{e^{i\boldsymbol{k}\cdot\boldsymbol{r}''}}{r''}\right|_{r'=0}+\cdots$$

在上式中把 ∇' 替换为 ∇，写出

$$\frac{e^{i\boldsymbol{k}\cdot\boldsymbol{r}''}}{r''}=\frac{e^{i\boldsymbol{k}\cdot\boldsymbol{r}}}{r}-\boldsymbol{r}'\cdot\nabla\frac{e^{i\boldsymbol{k}\cdot\boldsymbol{r}}}{r}+\frac{1}{2}\boldsymbol{r}'\boldsymbol{r}':\nabla\nabla\frac{e^{i\boldsymbol{k}\cdot\boldsymbol{r}}}{r}+\cdots \tag{5.3.9}$$

把式（5.3.9）代入式（5.3.8）写出

$$\boldsymbol{A}(\boldsymbol{r})=\boldsymbol{A}^{(0)}(\boldsymbol{r})+\boldsymbol{A}^{(1)}(\boldsymbol{r})+\boldsymbol{A}^{(2)}(\boldsymbol{r})+\cdots \tag{5.3.10}$$

其中

$$\boldsymbol{A}^{(0)}(\boldsymbol{r})=\frac{\mu_0}{4\pi}\{\int_{V'}\boldsymbol{j}(\boldsymbol{r}')\mathrm{d}V'\}\frac{e^{i\boldsymbol{k}\cdot\boldsymbol{r}}}{r} \tag{5.3.11}$$

$$\boldsymbol{A}^{(1)}(\boldsymbol{r})=-\frac{\mu_0}{4\pi}\{\int_{V'}\boldsymbol{j}(\boldsymbol{r}')\boldsymbol{r}'\mathrm{d}V'\}\cdot\nabla\frac{e^{i\boldsymbol{k}\cdot\boldsymbol{r}}}{r} \tag{5.3.12}$$

下面考察展开式（5.3.10）的收敛性。先考察一阶项的大小

$$\begin{aligned}\left|\boldsymbol{A}^{(1)}(\boldsymbol{r})\right|&=\left|\frac{\mu_0}{4\pi}\{\int_{V'}\boldsymbol{j}(\boldsymbol{r}')\boldsymbol{r}'\mathrm{d}V'\}\cdot(i\boldsymbol{k}-\frac{\boldsymbol{r}}{r^2})\frac{e^{i\boldsymbol{k}\cdot\boldsymbol{r}}}{r}\right|\\&=\left|\frac{\mu_0}{4\pi}\{\int_{V'}\boldsymbol{j}(\boldsymbol{r}')\boldsymbol{r}'\cdot\frac{\boldsymbol{r}}{r}\mathrm{d}V'\}(ik-\frac{1}{r})\frac{e^{i\boldsymbol{k}\cdot\boldsymbol{r}}}{r}\right|\\&\leqslant\left|\frac{\mu_0}{4\pi}\{\int_{V'}\boldsymbol{j}(\boldsymbol{r}')\mathrm{d}V'\}(ik-\frac{1}{r})r'_{\max}\frac{e^{i\boldsymbol{k}\cdot\boldsymbol{r}}}{r}\right|\\&<\left|\boldsymbol{A}^{(0)}(\boldsymbol{r})\right|(\frac{2\pi}{\lambda}r'_{\max}+\frac{r'_{\max}}{r})\end{aligned}$$

由此可知，$\left|\boldsymbol{A}^{(1)}(\boldsymbol{r})\right|\ll\left|\boldsymbol{A}^{(0)}(\boldsymbol{r})\right|$ 的条件是

$$\begin{cases}r'_{\max}\ll r & (1)\\ r'_{\max}\ll\lambda/2\pi & (2)\end{cases} \tag{5.3.13}$$

可以证明，当满足上式时，同样有 $\left|\boldsymbol{A}^{(2)}(\boldsymbol{r})\right|\ll\left|\boldsymbol{A}^{(1)}(\boldsymbol{r})\right|\cdots$，即矢势展开式快速收敛。

应该指出，对于远场，收敛条件式（5.3.13）中的第（1）个条件是满足的。但是，辐射源的线度不一定总能满足第（2）个条件。如果不满足，则需要重新回到式（5.3.8）用积分计算辐射场的矢量势。

可以证明，矢势展开式中的零阶项是电偶极辐射。一阶项包含了两部分，其中一部分是磁偶极辐射，另外一部分是电四极辐射。注意，在下面几节的讨论中，因为要用到物理量对时间的变化率，所以在电荷密度和电流密度中重新计入时间因子。

5.4 电偶极辐射

把矢势展开式的零阶项改写为

$$\boldsymbol{A}^{(0)}(\boldsymbol{r})=\frac{\mu_0}{4\pi}\frac{\mathrm{e}^{\mathrm{i}\boldsymbol{k}\cdot\boldsymbol{r}}}{r}\int_{V'}\boldsymbol{j}\mathrm{d}V'=\frac{\mu_0}{4\pi}\frac{\mathrm{e}^{\mathrm{i}\boldsymbol{k}\cdot\boldsymbol{r}}}{r}\int_{V'}[\nabla'\cdot(\boldsymbol{j}\boldsymbol{r}')-(\nabla'\cdot\boldsymbol{j})\boldsymbol{r}']\mathrm{d}V'$$

上式右边积分式中的第一项化为包围源区的闭合面S上的面积分，显然在S上$\boldsymbol{j}=0$，所以第一项的积分等于零。对积分式中的第二项应用电荷守恒定律，有

$$\boldsymbol{A}^{(0)}(\boldsymbol{r})=\frac{\mu_0}{4\pi}\frac{\mathrm{e}^{\mathrm{i}\boldsymbol{k}\cdot\boldsymbol{r}}}{r}\int_{V'}\frac{\partial\rho}{\partial t}\boldsymbol{r}'\mathrm{d}V'=\frac{\mu_0}{4\pi}\frac{\mathrm{e}^{\mathrm{i}\boldsymbol{k}\cdot\boldsymbol{r}}}{r}\frac{\mathrm{d}}{\mathrm{d}t}\int_{V'}\rho\boldsymbol{r}'\mathrm{d}V'$$

上式右边的体积分就是系统的电偶极矩

$$\boldsymbol{p}_e=\int_{V'}\rho\boldsymbol{r}'\mathrm{d}V' \tag{5.4.1}$$

由此可知，**矢势展开式的零阶项就是系统的电偶极辐射：**

$$\boldsymbol{A}^{(0)}(\boldsymbol{r})=\frac{\mu_0}{4\pi}\frac{\mathrm{e}^{\mathrm{i}\boldsymbol{k}\cdot\boldsymbol{r}}}{r}\dot{\boldsymbol{p}}_e \tag{5.4.2}$$

一、电偶极辐射场远场的电磁场量

设振荡电偶极矩为$\boldsymbol{p}_e=p_{e0}\mathrm{e}^{-\mathrm{i}\omega t}\boldsymbol{e}_z$，先由矢量势写出磁感应强度。因为$\dot{\boldsymbol{p}}_e$与场点坐标无关，有

$$\boldsymbol{B}=\nabla\times\boldsymbol{A}=\frac{\mu_0}{4\pi}\left(\nabla\frac{\mathrm{e}^{\mathrm{i}\boldsymbol{k}\cdot\boldsymbol{r}}}{r}\right)\times\dot{\boldsymbol{p}}_e=\frac{\mu_0}{4\pi}\mathrm{e}^{\mathrm{i}\boldsymbol{k}\cdot\boldsymbol{r}}\left(\frac{\mathrm{i}\boldsymbol{k}}{r}-\frac{\boldsymbol{e}_r}{r^2}\right)\times\dot{\boldsymbol{p}}_e$$
$$=\frac{\mu_0}{4\pi}\frac{\mathrm{e}^{\mathrm{i}\boldsymbol{k}\cdot\boldsymbol{r}}}{r}\left(\mathrm{i}\boldsymbol{k}-\frac{\boldsymbol{e}_r}{r}\right)\times\dot{\boldsymbol{p}}_e$$

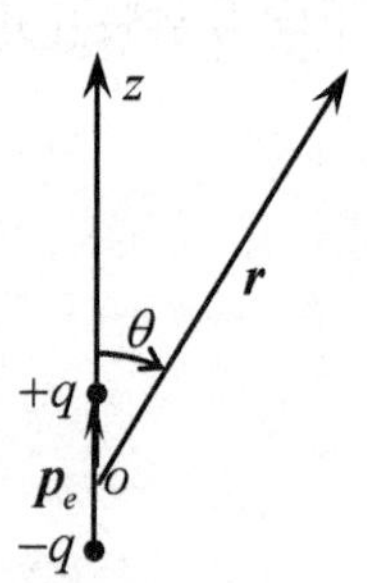

图 5.4.1　电偶极子

对于远场辐射，$r\gg\lambda$，上式右边的第二项远远小于第一项，所以略去第二项，有

$$\boldsymbol{B}=\frac{\mu_0}{4\pi}\frac{\mathrm{e}^{\mathrm{i}\boldsymbol{k}\cdot\boldsymbol{r}}}{r}\mathrm{i}\boldsymbol{k}\times\dot{\boldsymbol{p}}_e=\frac{\mu_0}{4\pi c}\frac{\mathrm{e}^{\mathrm{i}\boldsymbol{k}\cdot\boldsymbol{r}}}{r}\mathrm{i}\omega\boldsymbol{e}_r\times\dot{\boldsymbol{p}}_e$$

由上式可以看出，对于远场辐射，梯度算符∇可以等效为$\mathrm{i}\boldsymbol{k}$。当然，如前所述，时间导数算符$\partial/\partial t$与$-\mathrm{i}\omega$的等效，由此写出

$$\boldsymbol{B}=\frac{\mu_0}{4\pi c}\frac{\mathrm{e}^{\mathrm{i}\boldsymbol{k}\cdot\boldsymbol{r}}}{r}\ddot{\boldsymbol{p}}_e\times\boldsymbol{e}_r=-\frac{\mu_0}{4\pi c}\frac{\omega^2p_{e0}\sin\theta}{r}\mathrm{e}^{\mathrm{i}(\boldsymbol{k}\cdot\boldsymbol{r}-\omega t)}\boldsymbol{e}_\phi \tag{5.4.3}$$

利用$\boldsymbol{E}=(\mathrm{i}c/k)\nabla\times\boldsymbol{B}$和$\nabla\sim\mathrm{i}\boldsymbol{k}=\mathrm{i}k\boldsymbol{e}_r$，写出电场强度为

$$\boldsymbol{E}=\frac{\mu_0}{4\pi}\frac{\mathrm{e}^{\mathrm{i}\boldsymbol{k}\cdot\boldsymbol{r}}}{r}(\ddot{\boldsymbol{p}}_e\times\boldsymbol{e}_r)\times\boldsymbol{e}_r=-\frac{\mu_0}{4\pi}\frac{\omega^2 p_{e0}\sin\theta}{r}\mathrm{e}^{\mathrm{i}(\boldsymbol{k}\cdot\boldsymbol{r}-\omega t)}\boldsymbol{e}_\theta \tag{5.4.4}$$

二、电偶极辐射的能流密度和辐射功率

因为能流密度是电磁场量的二次运算，所以先介绍电磁场量取复数形式时物理量的二次运算规律。

我们已经知道，物理量取复数是为了运算方便，只有其实部才有真实意义。如果是一次运算（“＋”、“－”、“$\partial/\partial t$”、“∇”），可以对物理量取实部进行运算，也可以用复数进行运算后再取实部，两种方法所得结果相同。如果是二次运算（叉积“×”、点积“·”），两种方法所得结果不同。在此情况下必须对物理量先取实部后进行运算。

设有两个复型量 $f(t)=f_0\mathrm{e}^{-\mathrm{i}\omega t}$ 和 $g(t)=g_0\mathrm{e}^{-\mathrm{i}(\omega t+\phi)}$，两者的相位差为 ϕ，则二次式 $f(t)g(t)$ 的瞬时值为

$$f(t)g(t)=\mathrm{Re}\{f(t)\}\mathrm{Re}\{g(t)\}=f_0 g_0\cos\omega t\cos(\omega t+\phi)$$

其中符号 Re 表示对大括号{}内的复数取实部。对于随时间变化的二次式物理量（如能量密度和能流密度），实际测得的值总是此物理量在一段时间内的平均值，有

$$\overline{f(t)g(t)}=\frac{f_0 g_0}{T}\int_0^T\cos\omega t\cos(\omega t+\phi)\mathrm{d}t=\frac{1}{2}f_0 g_0\cos\phi$$

把 g 的共轭复数记为 $g^*(t)=g_0\mathrm{e}^{\mathrm{i}(\omega t+\phi)}$，上式写为

$$\overline{f(t)g(t)}=\frac{1}{2}\mathrm{Re}\{f(t)g^*(t)\}=\frac{1}{2}\mathrm{Re}\{f^*(t)g(t)\}$$

由上面的推导过程可以看出，式中的 f 和 g 可以是标量，也可以是矢量；相乘运算可以是点积“·”，也可以是叉积“×”。由此可得电磁场能量密度的时间平均值为

$$\overline{w}=\frac{1}{2}\varepsilon_0\,\mathrm{Re}\{\boldsymbol{E}\cdot\boldsymbol{E}^*\}=\frac{1}{2\mu_0}\mathrm{Re}\{\boldsymbol{B}\cdot\boldsymbol{B}^*\} \tag{5.4.5}$$

电磁场能流密度的时间平均值为

$$\overline{\boldsymbol{S}}=\frac{1}{2}\mathrm{Re}\{\boldsymbol{E}\times\boldsymbol{H}^*\}=\frac{1}{2\mu_0}\mathrm{Re}\{\boldsymbol{E}\times\boldsymbol{B}^*\} \tag{5.4.6}$$

把式（5.4.4）和式（5.4.3）代入式（5.4.6）可得**电偶极辐射的平均能流密度**为

$$\overline{\boldsymbol{S}}=\frac{\omega^4 p_{e0}^2}{32\pi^2\varepsilon_0 c^3}\frac{\sin^2\theta}{r^2}\boldsymbol{e}_r \tag{5.4.7}$$

把上式在以电偶极子为球心的球面上积分，可得**电偶极子的平均辐射功率**为

$$\overline{P}=\oint_S\overline{\boldsymbol{S}}\cdot\mathrm{d}\boldsymbol{s}=\frac{\omega^4 p_{e0}^2}{32\pi^2\varepsilon_0 c^3}\int_0^{2\pi}\mathrm{d}\phi\int_0^{\pi}\sin^3\theta\mathrm{d}\theta$$

上式积分为

$$\overline{P}=\frac{\omega^4 p_{e0}^2}{12\pi\varepsilon_0 c^3} \tag{5.4.8}$$

三、电偶极辐射的特征

总结上述的式（5.4.3）～式（5.4.8），可得

（1）$\boldsymbol{E}$ 沿经线切向，$\boldsymbol{B}$ 沿纬线切向，能流密度 $\boldsymbol{S}$ 沿径向向外，且 $\boldsymbol{E}$、$\boldsymbol{B}$ 和 $\boldsymbol{S}$ 两两正交且成右手螺旋关系，即电偶极子在自由空间辐射的电磁波是横波。

（2）波动因子 $\mathrm{e}^{\mathrm{i}(\boldsymbol{k}\cdot\boldsymbol{r}-\omega t)}=\mathrm{e}^{\mathrm{i}k(r-ct)}$ 表示辐射场以波速 c 沿 $\boldsymbol{e}_r$ 方向传播。

（3）$\boldsymbol{E}$ 和 $\boldsymbol{B}$ 同频率、同相位地变化着，其振幅关系为 $E=Bc$。若定义波速矢量 $\boldsymbol{c}=c\boldsymbol{e}_r$，则可以把 $\boldsymbol{E}$ 和 $\boldsymbol{E}$ 的振幅、相位以及方向关系合写为

$$\boldsymbol{E}=\boldsymbol{B}\times\boldsymbol{c} \tag{5.4.9}$$

（4）$E\propto 1/r$、$B\propto 1/r$、$\overline{S}\propto 1/r^2$ 和 $\mathrm{e}^{-\mathrm{i}k(r-ct)}$ 表明电偶极辐射的远场是球面波。

（5）能流密度的角分布。

如图 5.4.2 所示，$\overline{S}\propto\sin^2\theta$。当 $\theta=0,\pi$ 时，$\overline{S}=0$；当 $\theta=\pi/2$ 时，$\overline{S}=\overline{S}_{\max}$。注意，实际的角分布是图示平面图形绕 z 轴的旋转曲面。

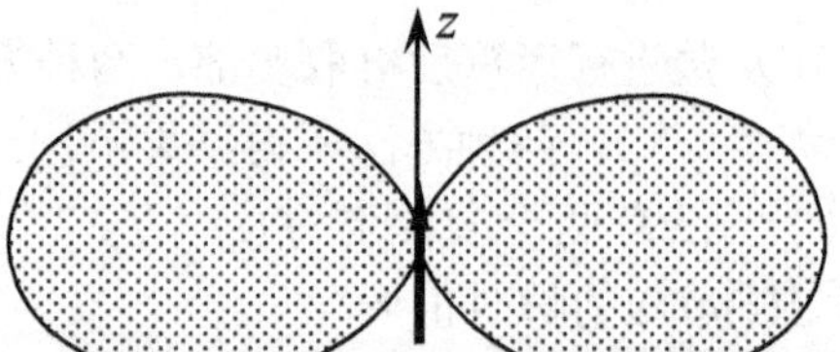

图 5.4.2

（6）$\overline{S}\propto\omega^4$、$\overline{P}\propto\omega^4$ 表明，提高辐射频率将大大提高辐射功率。

例 如图 5.4.3 所示，偶极矩大小为 p_{e0} 的电偶极子与 z 轴的夹角为 α，保持此角不变绕 z 轴匀角速转动，角速度为 ω。设此电偶极子的线度 $r'_{\max}\ll\lambda/2\pi=c/\omega$，求辐射远场的电磁场量和能流密度的时间平均值。

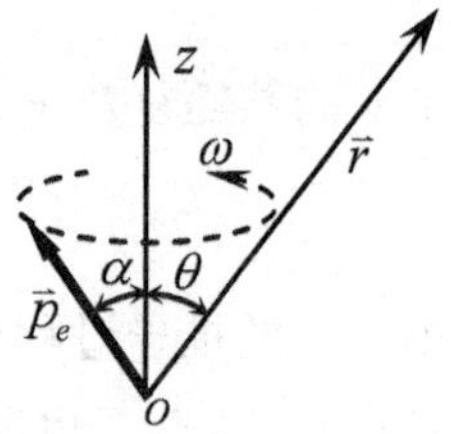

图 5.4.3

【解】 先写出此旋转电偶极子的矢量表达式：

$$\boldsymbol{p}_e=\boldsymbol{e}_x p_{e0}\sin\alpha\cos\omega t+\boldsymbol{e}_y p_{e0}\sin\alpha\sin\omega t+\boldsymbol{e}_z p_{e0}\cos\alpha$$
$$=\mathrm{Re}\{(\boldsymbol{e}_x+i\boldsymbol{e}_y)\mathrm{e}^{-\mathrm{i}\omega t}p_{e0}\sin\alpha+\boldsymbol{e}_z p_{e0}\cos\alpha\}$$

旋转电偶极子的复数形式为

$$\boldsymbol{p}_e=(\boldsymbol{e}_x+i\boldsymbol{e}_y)\mathrm{e}^{-\mathrm{i}\omega t}p_{e0}\sin\alpha+\boldsymbol{e}_z p_{e0}\cos\alpha$$

此电偶极子对时间的二阶导数为

$$\ddot{\boldsymbol{p}}_e=-\omega^2(\boldsymbol{e}_x+i\boldsymbol{e}_y)\mathrm{e}^{-\mathrm{i}\omega t}p_{e0}\sin\alpha$$

场点坐标在直角坐标系和球坐标系中的正交单位矢的关系为

$$\boldsymbol{e}_x=\boldsymbol{e}_r\sin\theta\cos\phi+\boldsymbol{e}_\theta\cos\theta\cos\phi-\boldsymbol{e}_\phi\sin\phi$$
$$\boldsymbol{e}_y=\boldsymbol{e}_r\sin\theta\sin\phi+\boldsymbol{e}_\theta\cos\theta\sin\phi+\boldsymbol{e}_\phi\cos\phi$$

由此写出

$$\boldsymbol{e}_x\times\boldsymbol{e}_r=-\boldsymbol{e}_\phi\cos\theta\cos\phi-\boldsymbol{e}_\theta\sin\phi$$
$$\boldsymbol{e}_y\times\boldsymbol{e}_r=-\boldsymbol{e}_\phi\cos\theta\sin\phi+\boldsymbol{e}_\theta\cos\phi$$
$$(\boldsymbol{e}_x+i\boldsymbol{e}_y)\times\boldsymbol{e}_r=(i\boldsymbol{e}_\theta-\boldsymbol{e}_\phi\cos\theta)\mathrm{e}^{i\phi}$$

辐射远场的磁感应强度为

$$\boldsymbol{B}=\frac{\mu_0}{4\pi c}\frac{\mathrm{e}^{i\boldsymbol{k}\cdot\boldsymbol{r}}}{r}\ddot{\boldsymbol{p}}_e\times\boldsymbol{e}_r=\frac{\mu_0}{4\pi c}\frac{\omega^2 p_{e0}\sin\alpha}{r}(\boldsymbol{e}_\phi\cos\theta-i\boldsymbol{e}_\theta)\mathrm{e}^{\mathrm{i}(\boldsymbol{k}\cdot\boldsymbol{r}-\omega t+\phi)}$$

辐射远场的电场强度为

$$\boldsymbol{E}=\frac{\mu_0}{4\pi}\frac{\mathrm{e}^{\mathrm{i}\boldsymbol{k}\cdot\boldsymbol{r}}}{r}(\ddot{\boldsymbol{p}}_e\times\boldsymbol{e}_r)\times\boldsymbol{e}_r=\frac{\mu_0}{4\pi}\frac{\omega^2 p_{e0}\sin\alpha}{r}(\boldsymbol{e}_\theta\cos\theta+i\boldsymbol{e}_\phi)\mathrm{e}^{\mathrm{i}(\boldsymbol{k}\cdot\boldsymbol{r}-\omega t+\phi)}$$

辐射远场能流密度的时间平均值为

$$\boldsymbol{S}=\frac{1}{2\mu_0}\mathrm{Re}\{\boldsymbol{E}\times\boldsymbol{B}^*\}=\frac{\omega^4 p_{e0}^2\sin^2\alpha}{32\pi^2\varepsilon_0 c^3 r^2}(\cos^2\theta+1)\boldsymbol{e}_r$$

5.5　磁偶极辐射和电四极辐射

谐变系统矢势展开式的一阶项为

$$\boldsymbol{A}^{(1)}(\boldsymbol{r})=-\frac{\mu_0}{4\pi}\{\int_{V'}\boldsymbol{j}(\boldsymbol{r}')\boldsymbol{r}'\mathrm{d}V'\}\cdot\nabla\frac{\mathrm{e}^{\mathrm{i}\boldsymbol{k}\cdot\boldsymbol{r}}}{r}$$

对于远场辐射，$r\gg\lambda$，梯度算符∇可以等效为$\boldsymbol{ik}=\boldsymbol{i}k\boldsymbol{e}_r$，有

$$\boldsymbol{A}^{(1)}(\boldsymbol{r})=-\frac{\mu_0}{4\pi}\frac{\mathrm{e}^{\mathrm{i}\boldsymbol{k}\cdot\boldsymbol{r}}}{r}\mathrm{i}k\int_{V'}\boldsymbol{j}(\boldsymbol{r}')\boldsymbol{r}'\cdot\boldsymbol{e}_r\mathrm{d}V' \tag{5.5.1}$$

把被积函数表达式改写

$$\begin{aligned}\boldsymbol{jr}'\cdot\boldsymbol{e}_r&=\boldsymbol{e}_r\cdot\boldsymbol{r}'\boldsymbol{j}=\boldsymbol{e}_r\cdot\{\frac{1}{2}[\boldsymbol{r}'\boldsymbol{j}-\boldsymbol{jr}']+\frac{1}{2}[\boldsymbol{r}'\boldsymbol{j}+\boldsymbol{jr}']\}\\&=\{\frac{1}{2}[\boldsymbol{e}_r\cdot\boldsymbol{r}'\boldsymbol{j}-\boldsymbol{e}_r\cdot\boldsymbol{jr}']+\frac{1}{2}\boldsymbol{e}_r\cdot[\boldsymbol{r}'\boldsymbol{j}+\boldsymbol{jr}']\}\\&=-\frac{1}{2}\boldsymbol{e}_r\times(\boldsymbol{r}'\times\boldsymbol{j})+\frac{1}{2}\boldsymbol{e}_r\cdot[\boldsymbol{r}'(\boldsymbol{j}\cdot\nabla'\boldsymbol{r}')+(\boldsymbol{j}\cdot\nabla'\boldsymbol{r}')\boldsymbol{r}']\\&=-\frac{1}{2}\boldsymbol{e}_r\times(\boldsymbol{r}'\times\boldsymbol{j})+\frac{1}{2}\boldsymbol{e}_r\cdot[\nabla'\cdot(\boldsymbol{jr}'\boldsymbol{r}')-(\nabla'\cdot\boldsymbol{j})\boldsymbol{r}'\boldsymbol{r}']\end{aligned} \tag{5.5.2}$$

把式（5.5.2）代入式（5.5.1），得到三项积分。第一项积分为

$$\boldsymbol{A}^{(11)}(\boldsymbol{r})=\frac{\mu_0}{4\pi}\frac{\mathrm{e}^{\mathrm{i}\boldsymbol{k}\cdot\boldsymbol{r}}}{r}\mathrm{i}k\boldsymbol{e}_r\times\{\frac{1}{2}\int_{V'}[\boldsymbol{r}'\times\boldsymbol{j}(\boldsymbol{r}')]\mathrm{d}V'\}$$

上式右边大括号{ }内的积分是系统的磁偶极矩

$$\boldsymbol{p}_m=\frac{1}{2}\int_{V'}[\boldsymbol{r}'\times\boldsymbol{j}(\boldsymbol{r}')]\mathrm{d}V' \tag{5.5.3}$$

由此可得系统的磁偶极辐射的矢势为

$$\boldsymbol{A}^{(11)}(\boldsymbol{r})=\frac{\mu_0}{4\pi}\frac{\mathrm{e}^{\mathrm{i}\boldsymbol{k}\cdot\boldsymbol{r}}}{r}\mathrm{i}k\mathrm{e}_r\times\boldsymbol{p}_m=\frac{\mu_0}{4\pi c}\frac{\mathrm{e}^{\mathrm{i}\boldsymbol{k}\cdot\boldsymbol{r}}}{r}\dot{\boldsymbol{p}}_m\times\boldsymbol{e}_r \tag{5.5.4}$$

把式（5.5.2）代入式（5.5.1）得到的第二项积分为

$$-\frac{\mu_0}{4\pi}\frac{\mathrm{e}^{\mathrm{i}\boldsymbol{k}\cdot\boldsymbol{r}}}{r}\mathrm{i}k\frac{1}{2}\boldsymbol{e}_r\cdot\int_{V'}\nabla'\cdot(\boldsymbol{jr}'\boldsymbol{r}')\mathrm{d}V'=-\frac{\mu_0}{4\pi}\frac{\mathrm{e}^{\mathrm{i}\boldsymbol{k}\cdot\boldsymbol{r}}}{r}\mathrm{i}k\frac{1}{2}\boldsymbol{e}_r\cdot\oint_{S'}\mathrm{d}\boldsymbol{s}\cdot\boldsymbol{jr}'\boldsymbol{r}'=0$$

把式（5.5.2）代入式（5.5.1）得到的第三项积分为

$$\boldsymbol{A}^{(12)}(\boldsymbol{r})=\frac{\mu_0}{4\pi}\frac{\mathrm{e}^{\mathrm{i}\boldsymbol{k}\cdot\boldsymbol{r}}}{r}\mathrm{i}k\frac{1}{2}\boldsymbol{e}_r\cdot\int_{V'}(\nabla'\cdot\boldsymbol{j})\boldsymbol{r}'\boldsymbol{r}'\mathrm{d}V'$$

把电荷守恒定律表达式代入上式得出

$$\boldsymbol{A}^{(12)}(\boldsymbol{r})=-\frac{\mu_0}{4\pi}\frac{\mathrm{e}^{\mathrm{i}\boldsymbol{k}\cdot\boldsymbol{r}}}{r}\mathrm{i}k\frac{1}{2}\boldsymbol{e}_r\cdot\int_{V'}\frac{\partial\rho}{\partial t}\boldsymbol{r}'\boldsymbol{r}'\mathrm{d}V'=-\frac{\mu_0}{4\pi}\frac{\mathrm{e}^{\mathrm{i}\boldsymbol{k}\cdot\boldsymbol{r}}}{r}\mathrm{i}k\frac{1}{6}\boldsymbol{e}_r\cdot\frac{\mathrm{d}}{\mathrm{d}t}\int_{V'}3\rho\boldsymbol{r}'\boldsymbol{r}'\mathrm{d}V'$$

上式右边的体积分是系统的电四极矩

$$\overleftrightarrow{D}=\int_{V'}3\rho\boldsymbol{r}'\boldsymbol{r}'\mathrm{d}V' \tag{5.5.5}$$

定义电四极矢量为

$$\boldsymbol{D}=\boldsymbol{e}_r\cdot\overleftrightarrow{D} \tag{5.5.6}$$

写出系统的电四极辐射的矢势为

$$\boldsymbol{A}^{(12)}(\boldsymbol{r})=\frac{-\mu_0}{4\pi}\frac{\mathrm{e}^{i\boldsymbol{k}\cdot\boldsymbol{r}}}{r}ik\frac{1}{6}\dot{\boldsymbol{D}}=\frac{\mu_0}{24\pi c}\frac{\mathrm{e}^{i\boldsymbol{k}\cdot\boldsymbol{r}}}{r}\ddot{\boldsymbol{D}} \tag{5.5.7}$$

下面分别计算出磁偶极辐射和电四极辐射的辐射场。

一、磁偶极辐射

磁偶极辐射场的矢势为

$$\boldsymbol{A}^{(11)}(\boldsymbol{r})=\frac{\mu_0}{4\pi c}\frac{\mathrm{e}^{\mathrm{i}\boldsymbol{k}\cdot\boldsymbol{r}}}{r}\dot{\boldsymbol{p}}_m\times\boldsymbol{e}_r$$

把此式与电偶极辐射的矢势公式比较可知，只要作下述变量代换：

$$\dot{\boldsymbol{p}}_e\to\frac{1}{c}\dot{\boldsymbol{p}}_m\times\boldsymbol{e}_r \tag{5.5.8}$$

就可以由电偶极辐射的矢势得到磁偶极辐射的矢势。由此可知，只要在电偶极辐射的场量公式中作相同的变量代换，就可以直接写出磁偶极辐射的场量公式。

电偶极辐射　　　　磁偶极辐射

$$\boldsymbol{B}_e=\frac{\mu_0}{4\pi c}\frac{\mathrm{e}^{\mathrm{i}\boldsymbol{k}\cdot\boldsymbol{r}}}{r}\ddot{\boldsymbol{p}}_e\times\boldsymbol{e}_r\quad\to\quad\boldsymbol{B}_m=\frac{\mu_0}{4\pi c^2}\frac{\mathrm{e}^{\mathrm{i}\boldsymbol{k}\cdot\boldsymbol{r}}}{r}(\ddot{\boldsymbol{p}}_e\times\boldsymbol{e}_r)\times\boldsymbol{e}_r \tag{5.5.9}$$

$$\boldsymbol{E}_e=\frac{\mu_0}{4\pi}\frac{\mathrm{e}^{\mathrm{i}\boldsymbol{k}\cdot\boldsymbol{r}}}{r}(\ddot{\boldsymbol{p}}_e\times\boldsymbol{e}_r)\times\boldsymbol{e}_r\quad\to\quad\boldsymbol{E}_m=-\frac{\mu_0}{4\pi c}\frac{\mathrm{e}^{\mathrm{i}\boldsymbol{k}\cdot\boldsymbol{r}}}{r}\ddot{\boldsymbol{p}}_m\times\boldsymbol{e}_r \tag{5.5.10}$$

为了形象地讨论磁偶极辐射的特征，下面举一简例。如图 5.5.1 所示，半径为 R 的圆环形电流圈置于 xoy 平面内，线圈中的电流强度为 $I=I_0\mathrm{e}^{-i\omega t}$，其中 I_0 为常数，ω 是振荡圆频率并且 $\omega=2\pi c/\lambda\ll c/R$。此振荡电流圈的磁偶极矩为

$$\boldsymbol{p}_m=p_{m0}\mathrm{e}^{-\mathrm{i}\omega t}\boldsymbol{e}_z=I_0\pi R^2\mathrm{e}^{-\mathrm{i}\omega t}\boldsymbol{e}_z$$

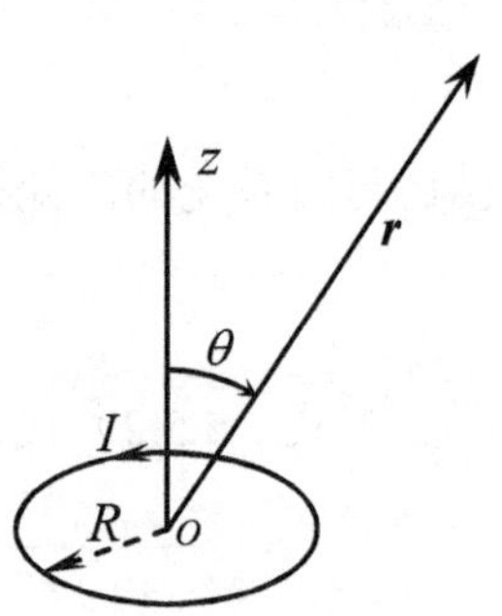

图 5.5.1

把上面的 $\boldsymbol{p}_m$ 代入式（5.5.9），得出辐射远场的磁感应强度

$$\boldsymbol{B}_m=\frac{-\mu_0}{4\pi c^2}\frac{\omega^2p_{m0}\sin\theta\mathrm{e}^{\mathrm{i}(\boldsymbol{k}\cdot\boldsymbol{r}-\omega t)}}{r}\boldsymbol{e}_\theta$$

把上面的 $\boldsymbol{p}_m$ 代入式（5.5.10），得出辐射远场的电场强度

$$\boldsymbol{E}_m=\frac{\mu_0}{4\pi c}\frac{\omega^2p_{m0}\sin\theta\mathrm{e}^{\mathrm{i}(\boldsymbol{k}\cdot\boldsymbol{r}-\omega t)}}{r}\boldsymbol{e}_\phi$$

此振荡电流圈辐射远场能流密度的时间平均值为

$$\overline{\boldsymbol{S}}_m=\frac{1}{2\mu_0}\mathrm{Re}\{\boldsymbol{E}\times\boldsymbol{B}^*\}=\frac{\mu_0\omega^4p_{m0}^2}{32\pi^2c^3}\frac{\sin^2\theta}{r^2}\boldsymbol{e}_r \tag{5.5.11}$$

此振荡电流圈辐射的平均功率为

$$\overline{P}_m = \oint_S \overline{\boldsymbol{S}}_m \cdot \mathrm{d}\boldsymbol{s} = \frac{\mu_0 \omega^4}{12\pi c^3} p_{m0}^2 = \frac{\pi}{12}\sqrt{\frac{\mu_0}{\varepsilon_0}}(\frac{2\pi R}{\lambda})^4 I_0^2 \tag{5.5.12}$$

由此可知，磁偶极辐射的平均能流密度和平均辐射功率也与频率的四次方成正比。其它特征也与电偶极辐射的特征相似，所不同的是 $\boldsymbol{E}$ 和 $\boldsymbol{B}$ 的方向绕 $\boldsymbol{e}_r$ 依次转过了 $\pi/2$。但是，在场源线度相同的情况下，磁偶极辐射功率远远小于电偶极辐射功率。下面作一比较。

设有一个振荡电偶极子，长度为 πR，电量为 $q = q_0 \mathrm{e}^{-\mathrm{i}\omega t}$，$p_{e0} = \pi R q_0$，$I_0 = \omega q_0$，有 $p_{e0}\omega = \pi R I_0$，此电偶极子的平均辐射功率为

$$\overline{P}_e = \frac{\omega^4}{12\pi\varepsilon_0 c^3} p_{e0}^2 = \frac{\pi}{12}\sqrt{\frac{\mu_0}{\varepsilon_0}}(\frac{2\pi R}{\lambda})^2 I_0^2$$

由此可知，在电流强度和辐射波长相同的情况下，$\overline{P}_m / \overline{P}_e = (2\pi R/\lambda)^2 \ll 1$。

二、电四极辐射

电四极辐射的矢势为

$$\boldsymbol{A}^{(12)}(\boldsymbol{r}) = \frac{\mu_0}{4\pi c}\frac{\mathrm{e}^{\mathrm{i}\boldsymbol{k}\cdot\boldsymbol{r}}}{r}\frac{1}{6}\ddot{\boldsymbol{D}}$$

把此式与电偶极辐射的矢势公式比较可知，只要作下述变量代换：

$$\dot{\boldsymbol{p}}_e \to \frac{1}{6c}\ddot{\boldsymbol{D}} \tag{5.5.13}$$

就可以由电偶极辐射的矢势得到电四极辐射的矢势。由此可知，只要在电偶极辐射的场量公式中作相同的变量代换，就可以直接写出电四极辐射的场量公式。

电偶极辐射　　　　　　电四极辐射

$$\boldsymbol{B}_e = \frac{\mu_0}{4\pi c}\frac{\mathrm{e}^{\mathrm{i}\boldsymbol{k}\cdot\boldsymbol{r}}}{r}\ddot{\boldsymbol{p}}_e \times \boldsymbol{e}_r \quad\to\quad \boldsymbol{B}_D = \frac{\mu_0}{24\pi c^2}\frac{\mathrm{e}^{\mathrm{i}\boldsymbol{k}\cdot\boldsymbol{r}}}{r}\ddot{\boldsymbol{D}} \times \boldsymbol{e}_r \tag{5.5.14}$$

$$\boldsymbol{E}_e = \frac{\mu_0}{4\pi}\frac{\mathrm{e}^{\mathrm{i}\boldsymbol{k}\cdot\boldsymbol{r}}}{r}(\ddot{\boldsymbol{p}}_e \times \boldsymbol{e}_r) \times \boldsymbol{e}_r \quad\to\quad \boldsymbol{E}_D = \frac{\mu_0}{24\pi c}\frac{\mathrm{e}^{\mathrm{i}\boldsymbol{k}\cdot\boldsymbol{r}}}{r}(\ddot{\boldsymbol{D}} \times \boldsymbol{e}_r) \times \boldsymbol{e}_r \tag{5.5.15}$$

电四极辐射场能流密度的时间平均值为

$$\overline{\boldsymbol{S}}_D = \frac{1}{2\mu_0}\mathrm{Re}\{\boldsymbol{E} \times \boldsymbol{B}^*\} = \frac{1}{1152\pi^2\varepsilon_0 c^5 r^2}\left|\ddot{\boldsymbol{D}} \times \boldsymbol{e}_r\right|^2 \boldsymbol{e}_r \tag{5.5.16}$$

因为 $(\boldsymbol{e}_r \cdot \overleftrightarrow{\boldsymbol{I}}) \times \boldsymbol{e}_r = 0$，所以可给出电四极矩的另外一个等价的定义式

$$\overleftrightarrow{\boldsymbol{D}} = \int_{V'} \rho(3\boldsymbol{r}'\boldsymbol{r}' - r'^2 \overleftrightarrow{\boldsymbol{I}})\mathrm{d}V' \tag{5.5.17}$$

这一点与稳恒场的情形相同，如此定义的电四极矩只有 5 个独立分量。

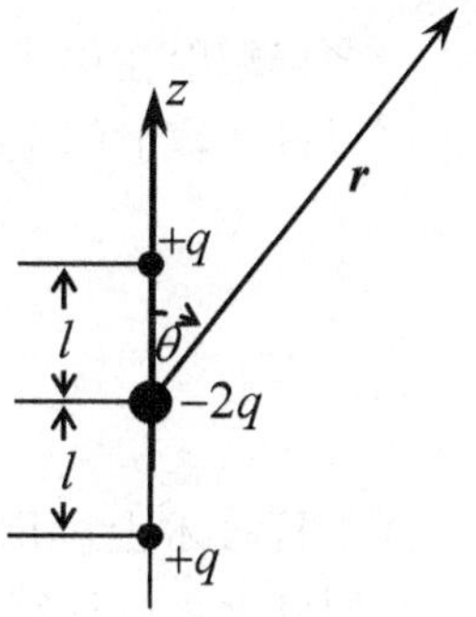

图 5.5.2

电四极辐射的角分布和平均功率的计算一般来说较为复杂，下面我们只举一个相对简单的例子。对于如图 5.5.2 所示的振荡电荷系统，振荡的圆频率为 ω，并且 $l \ll c/\omega = \lambda/2\pi$。系统的电偶极矩 $p_e = 0$，磁偶极矩 $p_m = 0$，电四极矩为

$$\overleftrightarrow{\boldsymbol{D}}=6ql^2\mathrm{e}^{-\mathrm{i}\omega t}\boldsymbol{e}_z\boldsymbol{e}_z$$

电四极矩与径向单位矢的点积为

$$\boldsymbol{D}=\boldsymbol{e}_r\cdot\overleftrightarrow{\boldsymbol{D}}=6ql^2\cos\theta\mathrm{e}^{-\mathrm{i}\omega t}\boldsymbol{e}_z$$

电四极辐射远场的磁感应强度为

$$\boldsymbol{B}_D=\frac{\mu_0}{24\pi c^2}\frac{\mathrm{e}^{\mathrm{i}k\cdot r}}{r}\ddot{\boldsymbol{D}}\times\boldsymbol{e}_r=\frac{\mathrm{i}\omega^3\mu_0 ql^2}{4\pi c^2}\frac{\sin\theta\cos\theta}{r}\mathrm{e}^{\mathrm{i}(\boldsymbol{k}\cdot\boldsymbol{r}-\omega t)}\boldsymbol{e}_\phi \tag{5.5.18}$$

电四极辐射远场的电场强度为

$$\boldsymbol{E}_D=\frac{\mu_0}{24\pi c}\frac{\mathrm{e}^{\mathrm{i}k\cdot r}}{r}(\ddot{\boldsymbol{D}}\times\boldsymbol{e}_r)\times\boldsymbol{e}_r=\frac{\mathrm{i}\omega^3\mu_0 ql^2}{4\pi c}\frac{\sin\theta\cos\theta}{r}\mathrm{e}^{\mathrm{i}(\boldsymbol{k}\cdot\boldsymbol{r}-\omega t)}\boldsymbol{e}_\theta \tag{5.5.19}$$

电四极辐射远场的平均能流密度为

$$\overline{\boldsymbol{S}}_D=\frac{1}{2\mu_0}\mathrm{Re}\{\boldsymbol{E}\times\boldsymbol{B}^*\}=\frac{q^2l^4\omega^6}{32\pi^2\varepsilon_0c^5}\frac{\sin^2\theta\cos^2\theta}{r^2}\boldsymbol{e}_r \tag{5.5.20}$$

可见电四极辐射的角分布不同于电偶极辐射和磁偶极辐射的角分布。当 $\theta=0, \pi/2, \pi$ 时，有 $\overline{S}_D=0$。当 $\theta=\pi/4, 3\pi/4$ 时，$\overline{S}_D$ 有最大值。其角分布图如图 5.5.3 所示。注意，实际的角分布是此平面图形绕 z 轴的旋转曲面。

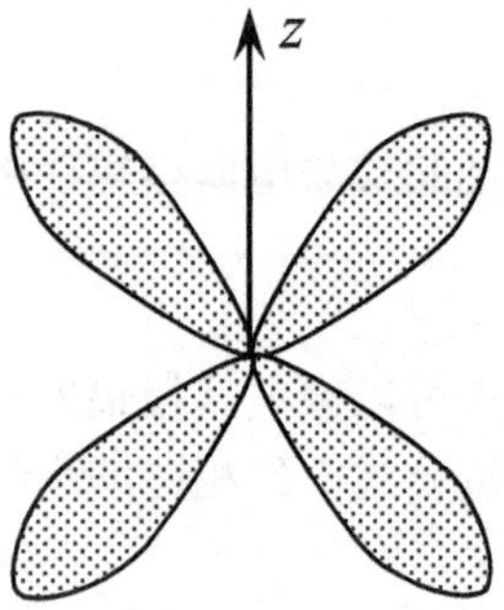

图 5.5.3

电四极辐射的平均功率为

$$\overline{P}_D=\oint_S\overline{\boldsymbol{S}}_D\cdot\mathrm{d}\boldsymbol{s}=\frac{q^2l^4\omega^6}{60\pi\varepsilon_0c^5} \tag{5.5.21}$$

可见电四极辐射的平均功率与辐射圆频率的六次方成正比。

为了比较电四极辐射与磁偶极辐射的功率，利用 $I_0=q\omega$，把式（5.5.21）写为

$$\overline{P}_D=\frac{1}{60\pi}\sqrt{\frac{\mu_0}{\varepsilon_0}}(\frac{2\pi l}{\lambda})^4I_0^2$$

把此式与磁偶极辐射功率

$$\overline{P}_m=\frac{\pi}{12}\sqrt{\frac{\mu_0}{\varepsilon_0}}(\frac{2\pi R}{\lambda})^4I_0^2$$

比较可得，在电流相同的情况下，若 $l=R$，则 $\overline{P}_D<\overline{P}_m$ 仍然属于同一数量级。

多极辐射在原子核物理中有重要意义。由辐射几率（正比于经典辐射功率）和角分布可以推知辐射的电磁多极性质，由此提供关于原子核内部运动的一些知识。

5.6 天线辐射

工程技术上利用各种形状的天线作为电磁波的辐射源。如果已知天线上的电流分布，原则上可以计算出空间矢势推迟势的分布，从而定出空间的电磁场的分布。但是，由于天线上的电流与天线外侧的电磁场是相互作用着的整体，在空间的电磁场未解出之前，不可能预先知道天线上的电流分布。天线电流与电磁场的相互作用体现在边值关系

中。所以，天线辐射问题本质上是边值问题，必须先根据边值关系，建立满足相互作用的方程，解出此方程，就确定了天线上的电流分布，从而给出空间的辐射场分布。

在各种形状的天线中，最简单的是细直线形天线。在此情况下，可以把细直天线看做圆柱体，其半径远远小于其长度。下面采用一种比较简单的方法分析细直天线上电流分布的一般形式，然后分别研究短天线和半波天线的辐射。

一、中心馈电细直天线上的电流分布

如图 5.6.1 所示，长度为 l 的细直天线沿 z 轴放置，中间用谐变源激励。

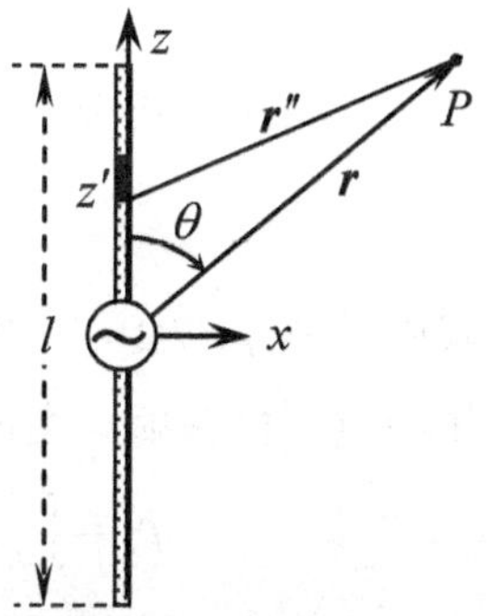

图 5.6.1　细直天线

1. 矢势分布

由于天线上的电流密度只有 z 分量，所以它所激发的矢势也只有 z 分量。即

$$A_z(\boldsymbol{r},t)=\frac{\mu_0}{4\pi}\int_{-l/2}^{+l/2}\frac{I(z')}{\left|\boldsymbol{r}-z'\boldsymbol{e}_z\right|}\mathrm{e}^{\mathrm{i}(k|\boldsymbol{r}-z'\boldsymbol{e}_z|-\omega t)}\mathrm{d}z' \qquad (5.6.1)$$

2. 电场强度分布

谐变系统的矢势和标势的关系为 $\varphi=(c^2/\mathrm{i}\omega)\nabla\cdot\boldsymbol{A}$，用势表示的电场强度为 $\boldsymbol{E}=-\nabla\varphi-\partial\boldsymbol{A}/\partial t$，有

$$\boldsymbol{E}=-\frac{c^2}{\mathrm{i}\omega}\nabla\left(\frac{\partial A_z}{\partial z}\right)+\mathrm{i}\omega A_z\boldsymbol{e}_z$$

当场点 P 点取在天线表面外侧时，A_z 只是坐标 z 的函数

$$A_z(z,t)=\frac{\mu_0}{4\pi}\int_{-l/2}^{+l/2}\frac{I(z')}{\left|z-z'\right|}\mathrm{e}^{\mathrm{i}(k|z-z'|-\omega t)}\mathrm{d}z' \qquad (5.6.2)$$

由此写出

$$E_z\big|_{\text{表面外}}=-\frac{c^2}{\mathrm{i}\omega}\frac{\partial^2 A_z}{\partial z^2}+\mathrm{i}\omega A_z=-\frac{c^2}{\mathrm{i}\omega}\left(\frac{\partial^2 A_z}{\partial z^2}+\frac{\omega^2}{c^2}A_z\right)$$

若天线是良导体，则 $\sigma_e\to\infty$，而 $j_z=\sigma_e E_z$ 有限，所以 $E_z\big|_{\text{表面内}}=0$。利用电场强度切向连续的边值关系可知 $E_z\big|_{\text{表面外}}=0$。所以在天线表面外侧有

$$\frac{\partial^2 A_z}{\partial z^2}+k^2A_z=0 \qquad (5.6.3)$$

3. 电流分布

因为在式（5.6.2）右边的积分中含有 $1/|z-z'|$ 因子，所以可认为对 A_z 的贡献主要来自于 $z'=z$ 点附近的电流，把式（5.6.2）近似写为

$$A_z(z,t)=\alpha I(z)\mathrm{e}^{-\mathrm{i}\omega t} \qquad (5.6.4)$$

上式中的 α 是某个常数。把式（5.6.4）代入式（5.6.3）得天线电流满足的近似方程

$$\frac{\mathrm{d}^2 I}{\mathrm{d}z^2}+k^2 I=0 \qquad (5.6.5)$$

对于中心激励天线，有 $I(z)=I(-z)$，且 $I\big|_{z=\pm l/2}=0$。由此写出上式的解为

$$I(z)=I_0\sin k(\frac{l}{2}-|z|)\quad (|z|\leqslant\frac{l}{2})\tag{5.6.6}$$

这就是中心激励细直天线上电流分布的一般形式。可以看出，由于两个端点的反射，在天线上形成驻波形电流，其两个端点是波节。

二、短天线的辐射

对于短天线，其长度l远远小于其辐射波长λ，则

$$k(\frac{l}{2}-|z|)=\frac{2\pi}{\lambda}(\frac{l}{2}-|z|)\ll 1$$

把式（5.6.6）写为

$$I(z)=I_0k(\frac{l}{2}-|z|)=I_0'(1-\frac{2}{l}|z|)\tag{5.6.7}$$

其中$I_0'=I_0kl/2$。考虑辐射远场，只取$\mathrm{e}^{\mathrm{i}k|\boldsymbol{r}-z'\boldsymbol{e}_z|}/|\boldsymbol{r}-z'\boldsymbol{e}_z|$展开式中的零阶项，即只考虑系统的电偶极辐射。由前面关于零阶项的讨论，写出电偶极矩对时间的变化率为

$$\dot{\boldsymbol{p}}_e=\int_{-l/2}^{+l/2}I(z')\mathrm{d}z'\mathrm{e}^{-\mathrm{i}\omega t}\boldsymbol{e}_z=I_0'\int_{-l/2}^{+l/2}(1-\frac{2}{l}|z'|)\mathrm{d}z'\mathrm{e}^{-\mathrm{i}\omega t}\boldsymbol{e}_z=\frac{1}{2}I_0'l\mathrm{e}^{-\mathrm{i}\omega t}\boldsymbol{e}_z$$

把上式代入电偶极辐射公式，可得短天线辐射远场的电磁场场量和平均能流密度的角分布。短天线辐射的平均功率为

$$\overline{P}=\frac{\omega^4p_{e0}^2}{12\pi\varepsilon_0c^3}=\frac{\omega^2\dot{p}_{e0}^2}{12\pi\varepsilon_0c^3}=\frac{\omega^2}{12\pi\varepsilon_0c^3}(\frac{1}{2}I_0'l)^2=\frac{\pi}{12}\sqrt{\frac{\mu_0}{\varepsilon_0}}(\frac{l}{\lambda})^2I_0'^2\tag{5.6.8}$$

可见在I_0'一定的情况下，平均辐射功率$\overline{P}$与l/λ的平方成正比。所以短天线的辐射功率一般都比较小。在长度l一定的情况下，提高辐射功率的有效途径是提高辐射频率。当然前提是$\lambda\gg l$仍然成立。若$\lambda\sim l$，则$\mathrm{e}^{\mathrm{i}k|\boldsymbol{r}-z'\boldsymbol{e}_z|}/|\boldsymbol{r}-z'\boldsymbol{e}_z|$的多极展开式不能快速收敛，此时应该利用式（5.6.1）进行积分计算给出矢势分布（例如：半波天线的辐射）。

由式（5.6.8）可知，比值$2\overline{P}/I_0'^2$具有电阻的量纲。若把短天线辐射的平均功率等效为电阻元件的平均热功率，则此比值就是等效电阻，称为短天线的辐射电阻

$$R_r=\frac{\pi}{6}\sqrt{\frac{\mu_0}{\varepsilon_0}}(\frac{l}{\lambda})^2=\frac{\pi}{6}376.7(\frac{l}{\lambda})^2(\Omega)=197(\frac{l}{\lambda})^2(\Omega)\quad(l\ll\lambda)\tag{5.6.9}$$

在一定的输入电流下，天线的辐射电阻越大，其辐射功率也越大。所以，天线的辐射电阻是表征其辐射能力的物理量。

三、半波天线的辐射

对于半波天线，其长度$l=\lambda/2$。由式（5.6.6）写出半波天线上的电流分布为

$$I(z)=I_0\sin k(\frac{\lambda}{4}-|z|)=I_0\sin(\frac{\pi}{2}-k|z|)=I_0\cos kz\quad(|z|\leqslant\frac{\lambda}{4})\tag{5.6.10}$$

把式（5.6.10）代入式（5.6.1）可得

$$A_z(\boldsymbol{r},t)=\frac{\mu_0I_0}{4\pi}\int_{-\lambda/4}^{+\lambda/4}\frac{\cos kz'}{|\boldsymbol{r}-z'\boldsymbol{e}_z|}\mathrm{e}^{\mathrm{i}(k|\boldsymbol{r}-z'\boldsymbol{e}_z|-\omega t)}\mathrm{d}z'\tag{5.6.11}$$

考虑辐射远场，则$z'\ll r$。参照图5.6.1，有

$$\left|\boldsymbol{r}-z'\boldsymbol{e}_z\right| \approx r - z'\cos\theta$$

对于式（5.6.11）被积函数中的分母，可以取

$$\left|\boldsymbol{r}-z'\boldsymbol{e}_z\right| \approx r \tag{5.6.12}$$

对于式（5.6.11）被积函数中e的虚指数，有

$$\mathrm{e}^{\mathrm{i}k\left|r-z'e_z\right|} \approx \mathrm{e}^{\mathrm{i}(kr-2\pi\frac{z'}{\lambda}\cos\theta)} \tag{5.6.13}$$

因为此处的$z'_{\max} \sim \lambda$，所以$2\pi z'\cos\theta/\lambda$不可忽略。把式（5.6.12）和式（5.6.13）代入式（5.6.11）可得

$$A_z(\boldsymbol{r},t) = \frac{\mu_0 I_0}{4\pi r} e^{i(kr-\omega t)} \int_{-\lambda/4}^{+\lambda/4} \cos kz' \mathrm{e}^{-\mathrm{i}kz'\cos\theta} \mathrm{d}z'$$

算出上式积分，写出

$$\boldsymbol{A}(\boldsymbol{r},t) = \frac{\mu_0 I_0}{4\pi r} \frac{2\cos(\frac{\pi}{2}\cos\theta)}{k\sin^2\theta} \mathrm{e}^{\mathrm{i}(kr-\omega t)} \boldsymbol{e}_z \tag{5.6.14}$$

1. 半波天线辐射远场的电磁场场量

利用$\boldsymbol{B} = \nabla\times\boldsymbol{A}$和$\nabla \sim ik\boldsymbol{e}_r$，得出磁感应强度分布为

$$\boldsymbol{B}(\boldsymbol{r},t) = -\frac{i\mu_0 I_0}{4\pi r} \frac{2\cos(\frac{\pi}{2}\cos\theta)}{\sin\theta} \mathrm{e}^{\mathrm{i}(kr-\omega t)} \boldsymbol{e}_\phi \tag{5.6.15}$$

利用$\boldsymbol{E} = \boldsymbol{B}\times c\boldsymbol{e}_r$，得出电场强度分布为

$$\boldsymbol{E}(\boldsymbol{r},t) = -\frac{iI_0}{4\pi\varepsilon_0 cr} \frac{2\cos(\frac{\pi}{2}\cos\theta)}{\sin\theta} \mathrm{e}^{\mathrm{i}(kr-\omega t)} \boldsymbol{e}_\theta \tag{5.6.16}$$

2. 半波天线辐射远场平均能流密度的角分布

利用$\overline{\boldsymbol{S}} = \frac{1}{2\mu_0}\mathrm{Re}\{\boldsymbol{E}\times\boldsymbol{B}^*\}$，得出平均能流密度为

$$\overline{\boldsymbol{S}} = \frac{I_0^2\cos^2(\frac{\pi}{2}\cos\theta)}{8\pi^2\varepsilon_0 cr^2\sin^2\theta} \boldsymbol{e}_r \tag{5.6.17}$$

由此可得：当$\theta = 0, \pi$时，$\overline{S} = 0$；当$\theta = \pi/2$时，$\overline{S} = \overline{S}_{\max}$。所以，半波天线辐射的角分布与电偶极辐射的角分布相似，所不同的是前者更集中于$\theta = \pi/2$的平面上。

3. 半波天线辐射的平均功率

把式（5.6.17）在半径为r的球面上积分，计算半波天线的平均功率

$$\overline{P} = \oint \overline{\boldsymbol{S}}\cdot\mathrm{d}\boldsymbol{s} = \frac{I_0^2}{8\pi^2\varepsilon_0 c}\oint \frac{\cos^2(\frac{\pi}{2}\cos\theta)}{\sin^2\theta}\mathrm{d}\Omega = \frac{I_0^2}{4\pi\varepsilon_0 c}\int_0^\pi \frac{\cos^2(\frac{\pi}{2}\cos\theta)}{\sin\theta}\mathrm{d}\theta$$

令$u = \cos\theta$，上式右边的积分化为

$$\frac{I_0^2}{16\pi\varepsilon_0 c}\int_{-1}^{+1}(1+\cos\pi u)(\frac{1}{1+u}+\frac{1}{1-u})\mathrm{d}u$$

上式第二个括号内的两项积分贡献相同（作变换$-u \to u$就可看出），上式写为

$$\frac{I_0^2}{8\pi\varepsilon_0 c}\int_{-1}^{+1}\frac{1+\cos\pi u}{1+u}\mathrm{d}u$$

再令 $v=\pi(1+u)$，上式又化为

$$\frac{I_0^2}{8\pi\varepsilon_0 c}\int_{0}^{2\pi}\frac{1-\cos v}{v}\mathrm{d}v$$

由余弦积分函数 $\mathrm{Ci}(x)$ 的定义和级数表达式写出（请查阅《数学手册》特殊函数一章余弦积分条目）：

$$\mathrm{Ci}(x)=-\int_x^{\infty}\frac{\cos v}{v}\mathrm{d}v=\gamma+\ln x-\int_0^x\frac{1-\cos v}{v}\mathrm{d}v$$

式中：$\gamma=\lim\limits_{n\to\infty}\{\sum\limits_{m=1}^{n}\frac{1}{m}-\ln n\}=0.57721566\cdots$ 为欧拉常数。由此可得

$$\overline{P}=\frac{I_0^2}{8\pi\varepsilon_0 c}\int_0^{2\pi}\frac{1-\cos v}{v}\mathrm{d}v=\frac{I_0^2}{8\pi\varepsilon_0 c}[\gamma+\ln(2\pi)-\mathrm{Ci}(2\pi)]$$

由余弦积分表查得 $\mathrm{Ci}(2\pi)\approx-0.02$ 。把数据代入上式计算出

$$\overline{P}\approx\frac{I_0^2}{8\pi\varepsilon_0 c}\cdot 2.44=\frac{2.44}{8\pi}\sqrt{\frac{\mu_0}{\varepsilon_0}}I_0^2 \tag{5.6.18}$$

半波天线的辐射电阻为

$$R_r=\frac{2\overline{P}}{I_0^2}=\frac{2.44}{4\pi}\sqrt{\frac{\mu_0}{\varepsilon_0}}\approx 73.2(\Omega) \tag{5.6.19}$$

把此结果与短天线的辐射电阻 $197(l/\lambda)^2\Omega$（$l\ll\lambda$）相比较可知，在电流相同的情况下，半波天线的辐射功率远远大于短天线的辐射功率。

半波天线辐射对极角 θ 有方向性，对方位角 ϕ 无方向性。为了获得高度定向辐射，可以用许多天线排列成天线阵，利用天线之间的干涉效应，从而获得较强的方向性。

内容提要

一、电磁场的矢量势和标量势

1. 用势描述电磁场

$$\boldsymbol{B}=\nabla\times\boldsymbol{A}\text{；}\quad \boldsymbol{E}=-(\nabla\varphi+\frac{\partial\boldsymbol{A}}{\partial t})$$

2. 规范变换和规范不变性

$$\begin{cases}\boldsymbol{A}\to\boldsymbol{A}'=\boldsymbol{A}+\nabla\psi\\ \varphi\to\varphi'=\varphi-\dfrac{\partial\psi}{\partial t}\end{cases}$$

则 $(\boldsymbol{A},\varphi)$ 和 $(\boldsymbol{A}',\varphi')$ 描述同一电磁场。

（1）**库仑规范：**辅助条件为 $\nabla\cdot\boldsymbol{A}=0$；对 ψ 的要求是 $\nabla^2\psi=0$ 。

（2）**洛伦兹规范：**辅助条件为 $\nabla\cdot\boldsymbol{A}+\frac{1}{c^2}\frac{\partial\varphi}{\partial t}=0$；

对 ψ 的要求是 $\nabla^2\psi-\dfrac{1}{c^2}\dfrac{\partial^2\psi}{\partial t^2}=0$。

3. 达朗贝尔方程

$$\begin{cases}\nabla^2\boldsymbol{A}-\dfrac{1}{c^2}\dfrac{\partial^2\boldsymbol{A}}{\partial t^2}=-\mu_0\boldsymbol{j}\\ \nabla^2\varphi-\dfrac{1}{c^2}\dfrac{\partial^2\varphi}{\partial t^2}=-\dfrac{\rho_f}{\varepsilon_0}\end{cases}\quad(\nabla\cdot\boldsymbol{A}+\frac{1}{c^2}\frac{\partial\varphi}{\partial t}=0)$$

4. 达朗贝尔方程的特解——推迟势

$$\varphi(\boldsymbol{r},t)=\frac{1}{4\pi\varepsilon_0}\int_{V'}\frac{\rho(\boldsymbol{r}',t-|\boldsymbol{r}-\boldsymbol{r}'|/c)}{|\boldsymbol{r}-\boldsymbol{r}'|}\mathrm{d}V'$$

$$\boldsymbol{A}(\boldsymbol{r},t)=\frac{\mu_0}{4\pi}\int_{V'}\frac{\boldsymbol{j}(\boldsymbol{r}',t-|\boldsymbol{r}-\boldsymbol{r}'|/c)}{|\boldsymbol{r}-\boldsymbol{r}'|}\mathrm{d}V'$$

其物理意义是：**位于 $\boldsymbol{r}'$ 处的源在 $t'=t-r''/c$ 时刻的信息以速度 c 向前传播，经 $\Delta t=r''/c$ 的时间后到达场点 $\boldsymbol{r}$ 处。**

二、谐变系统辐射的一般规律

1. 谐变系统的电荷、电流表达式

$$\rho(\boldsymbol{r}',t)=\rho(\boldsymbol{r}')\mathrm{e}^{-\mathrm{i}\omega t},\quad \boldsymbol{j}(\boldsymbol{r}',t)=\boldsymbol{j}(\boldsymbol{r}')\mathrm{e}^{-\mathrm{i}\omega t}$$

2. 谐变系统的算符

时间导数算符 $\partial/\partial t$ 等效为 $-i\omega$；

对于辐射远场，梯度算符 ∇ 等效为 $i\boldsymbol{k}$。

3. 谐变系统的电荷守恒定律

$$\nabla\cdot\boldsymbol{j}=i\omega\rho$$

此式表明，对于谐变系统，只要给出了电流密度，则电荷密度也唯一确定。

4. 谐变系统只用矢量势描述

$$\nabla\cdot\boldsymbol{A}=\frac{i\omega}{c^2}\varphi$$

此式表明，只要解出了 $\boldsymbol{A}$，也就给出了 φ。

在无源区，有：$\boldsymbol{B}=\nabla\times\boldsymbol{A}$，$\boldsymbol{E}=\dfrac{ic}{k}\nabla\times\boldsymbol{B}$。

对于辐射远场：$\boldsymbol{E}=\boldsymbol{B}\times\boldsymbol{c}$。

5. 谐变系统的平均能流密度

$$\overline{\boldsymbol{S}}=\frac{1}{2}\mathrm{Re}\{\boldsymbol{E}\times\boldsymbol{H}^*\}=\frac{1}{2\mu_0}\mathrm{Re}\{\boldsymbol{E}\times\boldsymbol{B}^*\}$$

6. 谐变系统的推迟势及其展开式：

$$\boldsymbol{A}(\boldsymbol{r},t)=\frac{\mu_0}{4\pi}\mathrm{e}^{-\mathrm{i}\omega t}\int_{V'}\frac{\boldsymbol{j}(\boldsymbol{r}')}{|\boldsymbol{r}-\boldsymbol{r}'|}\mathrm{e}^{\mathrm{i}\boldsymbol{k}\cdot(\boldsymbol{r}-\boldsymbol{r}')}\mathrm{d}V'=\boldsymbol{A}^{(0)}(\boldsymbol{r},t)+\boldsymbol{A}^{(11)}(\boldsymbol{r},t)+\boldsymbol{A}^{(12)}(\boldsymbol{r},t)+\cdots$$

其中

$$A^{(0)}(r)=\frac{\mu_0}{4\pi}\frac{\mathrm{e}^{\mathrm{i}k\cdot r}}{r}\int_{V'}\frac{\partial\rho}{\partial t}r'\mathrm{d}V'=\frac{\mu_0}{4\pi}\frac{\mathrm{e}^{\mathrm{i}k\cdot r}}{r}\frac{\mathrm{d}}{\mathrm{d}t}\int_{V'}\rho r'\mathrm{d}V'=\frac{\mu_0}{4\pi}\frac{\mathrm{e}^{\mathrm{i}k\cdot r}}{r}\dot{p}_e \quad \text{（电偶极辐射）；}$$

$$A^{(11)}(r)=\frac{\mu_0}{4\pi}\frac{\mathrm{e}^{\mathrm{i}k\cdot r}}{r}\mathrm{i}ke_r\times\{\frac{1}{2}\int_{V'}[r'\times j(r')]\mathrm{d}V'\}=\frac{\mu_0}{4\pi c}\frac{\mathrm{e}^{\mathrm{i}k\cdot r}}{r}\dot{p}_m\times e_r \quad \text{（磁偶极辐射）；}$$

$$A^{(12)}(r)=-\frac{\mu_0}{4\pi}\frac{\mathrm{e}^{\mathrm{i}k\cdot r}}{r}\mathrm{i}k\frac{1}{6}e_r\cdot\frac{\mathrm{d}}{\mathrm{d}t}\int_{V'}3\rho r'r'\mathrm{d}V'=\frac{\mu_0}{4\pi c}\frac{\mathrm{e}^{\mathrm{i}k\cdot r}}{r}\frac{1}{6}\ddot{D} \quad \text{（电四极辐射）}$$

矢量推迟势展开式快速收敛的条件：① $r'_{\max}\ll r$；② $r'_{\max}\ll\lambda/2\pi$。

三、几种谐变系统辐射远场的电磁场量、平均能流密度和平均功率

1. 电偶极辐射

$$B=\frac{\mu_0}{4\pi c}\frac{\mathrm{e}^{\mathrm{i}k\cdot r}}{r}\ddot{p}_e\times e_r=-\frac{\mu_0}{4\pi c}\frac{\omega^2 p_{e0}\sin\theta}{r}\mathrm{e}^{\mathrm{i}(k\cdot r-\omega t)}e_\phi$$

$$E=\frac{\mu_0}{4\pi}\frac{\mathrm{e}^{\mathrm{i}k\cdot r}}{r}(\ddot{p}_e\times e_r)\times e_r=-\frac{\mu_0}{4\pi}\frac{\omega^2 p_{e0}\sin\theta}{r}\mathrm{e}^{\mathrm{i}(k\cdot r-\omega t)}e_\theta$$

$$\bar{S}=\frac{\omega^4 p_{e0}^2}{32\pi^2\varepsilon_0 c^3}\frac{\sin^2\theta}{r^2}e_r\text{；}\quad \bar{P}=\frac{\omega^4 p_{e0}^2}{12\pi\varepsilon_0 c^3}\text{。}$$

2. 磁偶极辐射

$$B_m=\frac{\mu_0}{4\pi c^2}\frac{\mathrm{e}^{\mathrm{i}k\cdot r}}{r}(\ddot{p}_e\times e_r)\times e_r=\frac{-\mu_0}{4\pi c^2}\frac{\omega^2 p_{m0}\sin\theta\mathrm{e}^{\mathrm{i}(k\cdot r-\omega t)}}{r}e_\theta$$

$$E_m=-\frac{\mu_0}{4\pi c}\frac{\mathrm{e}^{\mathrm{i}k\cdot r}}{r}\ddot{p}_m\times e_r=\frac{\mu_0}{4\pi c}\frac{\omega^2 p_{m0}\sin\theta\mathrm{e}^{\mathrm{i}(k\cdot r-\omega t)}}{r}e_\phi$$

$$\bar{S}_m=\frac{\mu_0\omega^4 p_{m0}^2}{32\pi^2 c^3}\frac{\sin^2\theta}{r^2}e_r\text{，}\quad \bar{P}_m=\frac{\mu_0\omega^4}{12\pi c^3}p_{m0}^2$$

3. 电四极辐射

$$B_D=\frac{\mu_0}{24\pi c^2}\frac{\mathrm{e}^{\mathrm{i}k\cdot r}}{r}\dddot{D}\times e_r\text{，}\quad E_D=\frac{\mu_0}{24\pi c}\frac{\mathrm{e}^{\mathrm{i}k\cdot r}}{r}(\dddot{D}\times e_r)\times e_r$$

$$\bar{S}_D=\frac{1}{1152\pi^2\varepsilon_0 c^5 r^2}\left|\dddot{D}\times e_r\right|^2 e_r\text{，}\quad \bar{P}_D=\frac{1}{1152\pi^2\varepsilon_0 c^5}\oint\left|\dddot{D}\times e_r\right|^2\mathrm{d}\Omega$$

4. 中心馈电细直天线的辐射

天线电流的分布：$I(z)=I_0\sin k(\frac{l}{2}-|z|)\quad(|z|\leqslant\frac{l}{2})$。

（1）短天线辐射的远场：$l\ll\lambda$，$l\ll r$；$I(z)=I_0 k(\frac{l}{2}-|z|)=I'_0(1-\frac{2}{l}|z|)$

$$\dot{p}_e=\frac{1}{2}I'_0 l\mathrm{e}^{-\mathrm{i}\omega t}e_z$$

$$\bar{P}=\frac{\pi}{12}\sqrt{\frac{\mu_0}{\varepsilon_0}}(\frac{l}{\lambda})^2 I_0'^2$$

辐射电阻：$R_r=197(\frac{l}{\lambda})^2(\Omega)\quad(l\ll\lambda)$。

（2）**半波天线辐射的远场**：$l=\lambda/2$，$l \ll r$；$I(z)=I_0\cos kz \quad (|z|\leqslant\frac{\lambda}{4})$

$$\boldsymbol{A}(\boldsymbol{r},t)=\frac{\mu_0 I_0}{4\pi r}\frac{2\cos(\frac{\pi}{2}\cos\theta)}{k\sin^2\theta}\mathrm{e}^{\mathrm{i}(kr-\omega t)}\boldsymbol{e}_z$$

$$\boldsymbol{B}=-\frac{i\mu_0 I_0}{4\pi r}\frac{2\cos(\frac{\pi}{2}\cos\theta)}{\sin\theta}\mathrm{e}^{\mathrm{i}(kr-\omega t)}\boldsymbol{e}_\phi$$

$$\boldsymbol{E}=-\frac{iI_0}{4\pi\varepsilon_0 cr}\frac{2\cos(\frac{\pi}{2}\cos\theta)}{\sin\theta}\mathrm{e}^{\mathrm{i}(kr-\omega t)}\boldsymbol{e}_\theta$$

$$\overline{\boldsymbol{S}}=\frac{I_0^2\cos^2(\frac{\pi}{2}\cos\theta)}{8\pi^2\varepsilon_0 cr^2\sin^2\theta}\boldsymbol{e}_r$$

$$\overline{P}\approx\frac{2.44}{8\pi}\sqrt{\frac{\mu_0}{\varepsilon_0}}I_0^2$$

辐射电阻：$R_r=\frac{2.44}{4\pi}\sqrt{\frac{\mu_0}{\varepsilon_0}}\approx 73.2(\Omega)$。

习　　题

5.1　利用电荷守恒定律验证推迟势满足洛伦兹规范条件。

5.2　验证达朗贝尔方程有平面波解

$$\boldsymbol{A}=\boldsymbol{A}_0\exp[\mathrm{i}(\boldsymbol{k}\cdot\boldsymbol{r}-\omega t)],\quad \varphi=\varphi_0\exp[\mathrm{i}(\boldsymbol{k}\cdot\boldsymbol{r}-\omega t)]$$

并证明矢势 $\boldsymbol{A}$ 的纵场部分无论如何选择，都不影响电磁场场量的分布。

5.3　系统电荷分布具有球对称性，这些电荷沿径向振动。试证明：此系统不可能辐射电磁波。

5.4　设有一束平面电磁波，电场强度为 $\boldsymbol{E}=\boldsymbol{E}_0\exp[\mathrm{i}(\boldsymbol{k}\cdot\boldsymbol{r}-\omega t)]$，其中 $\boldsymbol{E}_0$ 沿 z 轴方向。把此电磁波入射到一个半径为 R 介电常数为 ε 的绝缘介质球上，其中 R 远远小于入射波波长。介质球被极化，其极化强度矢量 $\boldsymbol{P}$ 沿 z 轴方向随时间变化。求此介质球辐射远场的电磁场场量和平均能流密度。

提示：利用本篇 4.3 节例一的结果可知，介质球上由于极化而产生的总电偶极矩为

$$\boldsymbol{p}_e=\frac{\varepsilon-\varepsilon_0}{\varepsilon+2\varepsilon_0}4\pi\varepsilon_0 R^3 E_0\exp(-\mathrm{i}\omega t)\boldsymbol{e}_z$$

5.5　有两个振荡电偶极子，其电偶极矩振幅 p_{e0} 和振荡圆频率 ω 相等。其中一个电偶极矩方向沿 x 轴，另一个电偶极矩也位于 xoy 平面内，与 x 轴的夹角为 α，其相位比前者落后 $\pi/2$。设两振荡电偶极子的线度远远小于其辐射波长。求电偶极子辐射远场的电磁场场量、平均能流密度和辐射最强的方向。

5.6　在无限大理想导体平面的上方距离为 $a/2$ 处放置一个振荡电偶极子，其电偶极矩的方向平行于导体平面，振幅为 p_{e0}，圆频率为 ω。此电偶极子的线度和 a 都远远小于辐射波长。求电偶极子辐射远场的电磁场场量和平均能流密度。

提示：计算电偶极子和象电偶极子的辐射场。

5.7 半径为 R 的均匀铁磁球被均匀磁化，磁化强度为 $\boldsymbol{M}$ 。此球体绕着过球心且垂直于 $\boldsymbol{M}$ 的转轴以角速度 ω 匀角速转动。设 $R \ll c/\omega$ ，求旋转磁球辐射远场的电磁场场量和平均能流密度。

5.8 振荡电荷系统由三个电荷组成，其电量分别为 $-q$ 、 $+2q$ 和 $-q$ 。其中 $+2q$ 置于坐标源点，另外两个电荷置于 z 轴上，坐标分别为 $z_1 = a\exp(-\mathrm{i}\frac{1}{2}\omega t)$ 和 $z_2 = -a\exp(-\mathrm{i}\frac{1}{2}\omega t)$ ，其中 $a \ll c/\omega$ 。求此振荡电荷系统辐射远场的电磁场场量、平均能流密度和平均辐射功率。

5.9 把电量分别为 $-q$ 、$+2q$ 和 $-q$ 的三个电荷固定在 xoy 平面内一条直线上，其间距为 a 。$+2q$ 置于坐标源点，另外两个电荷分居其两侧。此电荷系统以 $+2q$ 为中心绕 z 轴以角速度 ω 作匀角速转动。设 $a \ll c/\omega$ ，求此电荷系统辐射远场的电磁场场量、平均能流密度和平均辐射功率。

5.10 天线都是由良导体制成的。假设天线是理想导体，试证明：对于任意形状的天线，其表面的矢势都满足齐次波动方程。

5.11 一根中心馈电的细直天线的长度为 $l = \lambda$ ，电流强度的振幅为 $\boldsymbol{I}_0$ 。求天线辐射远场的电磁场场量和平均能流密度。

第 6 章　电磁波的传播

上一章介绍了随时间变化的电荷、电流系统在远处激发的辐射场。在脱离场源区的区域，变化的电场和变化的磁场相互激发，形成由近及远传播的电磁波。本章介绍电磁波在不同情况下的传播运动规律。

6.1　电磁波的波动方程

传播问题的研究对象是脱离了场源区的电磁波。先研究真空无界空间电磁波。

一、真空中的电磁波波动方程

在无辐射源的真空中，电荷密度 $\rho=0$，电流密度 $\boldsymbol{j}=0$，麦克斯韦方程组写为

$$\begin{cases}\nabla\cdot\boldsymbol{D}=0 & (1)\\ \nabla\times\boldsymbol{E}=-\dfrac{\partial\boldsymbol{B}}{\partial t} & (2)\\ \nabla\cdot\boldsymbol{B}=0 & (3)\\ \nabla\times\boldsymbol{H}=\dfrac{\partial\boldsymbol{D}}{\partial t} & (4)\end{cases}\tag{6.1.1}$$

把 $\boldsymbol{B}=\mu_0\boldsymbol{H}$ 代入第(2)式，两边再取旋度，有

$$\nabla\times(\nabla\times\boldsymbol{E})=\nabla(\nabla\cdot\boldsymbol{E})-\nabla^2\boldsymbol{E}=-\mu_0\nabla\times\frac{\partial\boldsymbol{H}}{\partial t}=-\mu_0\frac{\partial}{\partial t}\nabla\times\boldsymbol{H}$$

把 $\boldsymbol{D}=\varepsilon_0\boldsymbol{E}$ 代入第(1)式和第(4)式，所得结果再代入上式，有

$$\nabla^2\boldsymbol{E}-\mu_0\varepsilon_0\frac{\partial^2\boldsymbol{E}}{\partial t^2}=0$$

令

$$c=1/\sqrt{\mu_0\varepsilon_0}\tag{6.1.2}$$

注意到 $\nabla\cdot\boldsymbol{E}=0$ 决定了 $\boldsymbol{E}$ 的横波性（后面将会看出），把关于 $\boldsymbol{E}$ 的微分方程合写为

$$\begin{cases}\nabla^2\boldsymbol{E}-\dfrac{1}{c^2}\dfrac{\partial^2\boldsymbol{E}}{\partial t^2}=0\\ \nabla\cdot\boldsymbol{E}=0\end{cases}\tag{6.1.3}$$

同理可得关于 $\boldsymbol{H}$ 的微分方程

$$\begin{cases}\nabla^2\boldsymbol{H}-\dfrac{1}{c^2}\dfrac{\partial^2\boldsymbol{H}}{\partial t^2}=0\\ \nabla\cdot\boldsymbol{H}=0\end{cases}\tag{6.1.4}$$

由以上两式可知，$\boldsymbol{E}$ 和 $\boldsymbol{H}$ 以行波的形式在真空中传播，c 就是真空中的电磁波波速。由这两个方程组可以解出各种不同频率的电磁波，包括无线电波、光波、X 射线和 γ 射线等。这些不同频率的电磁波都以相同的速度 c 在真空中传播，c 是最基本的物理常数之一。

现在考虑有介质的情形。研究介质中的电磁波传播问题时，必须给出 $\boldsymbol{D}$ 和 $\boldsymbol{E}$ 以及 $\boldsymbol{B}$ 和 $\boldsymbol{H}$ 的关系式。虽然一般来说总可以在形式上写出 $\boldsymbol{D}=\varepsilon\boldsymbol{E}$ 和 $\boldsymbol{B}=\mu\boldsymbol{H}$，但是对于不同类型的介质和不同频率的电磁波，$\varepsilon$ 和 μ 的取值类型也不同。对于各向同性均匀线性绝缘介质，ε 和 μ 是实数；对于各向异性介质，ε 和 μ 表示为二阶张量形式；对于非均匀介质，ε 和 μ 是场点坐标的函数；对于非线性介质，ε 和 μ 随着电磁场量的变化而变化；对于有损耗的导电介质，ε 和 μ 表示为复数。本书只研究各向同性均匀线性绝缘介质和导电介质中的电磁波。假设在这种介质中传播着圆频率为 ω 的单色电磁波，则介质分子中的电荷也以 ω 振动着，由介质的微观结构理论可以推论，介质的相对介电常数 ε_r 和相对磁导率 μ_r 也与 ω 有关，即

$$\begin{cases}\boldsymbol{D}=\varepsilon(\omega)\boldsymbol{E}\\ \boldsymbol{B}=\mu(\omega)\boldsymbol{H}\end{cases} \tag{6.1.5}$$

介质的 ε 和 μ 与 ω 有关的现象称为介质的色散。若介质中的电磁场作非简谐变化，则由于介质的色散效应，$\boldsymbol{D}(t)=\varepsilon\boldsymbol{E}(t)$ 和 $\boldsymbol{B}(t)=\varepsilon\boldsymbol{H}(t)$ 不成立。所以，对于介质中的非简谐电磁波，不能够像真空情形一样，推出形如式（6.1.3）和式（6.1.4）的波动微分方程。

若介质中只有圆频率为 ω 的单色电磁波传播，则式（6.1.5）成立。此时，可以给出电磁波的波动微分方程。

二、各向同性均匀线性介质中的单色波方程

为了简便起见，略去式（6.1.5）的 $\varepsilon(\omega)$ 和 $\mu(\omega)$ 中的 ω 不写，令单色波为

$$\begin{cases}\boldsymbol{D}(\boldsymbol{r},t)=\varepsilon\boldsymbol{E}(\boldsymbol{r},t)=\varepsilon\boldsymbol{E}(\boldsymbol{r})\mathrm{e}^{-\mathrm{i}\omega t}\\ \boldsymbol{B}(\boldsymbol{r},t)=\mu\boldsymbol{H}(\boldsymbol{r},t)=\mu\boldsymbol{H}(\boldsymbol{r})\mathrm{e}^{-\mathrm{i}\omega t}\end{cases} \tag{6.1.6}$$

在场源区以外的绝缘介质中，自由电荷密度 $\rho_f=0$，自由电流密度 $\boldsymbol{j}_f=0$。把这些条件和上式代入麦克斯韦方程组，可得

$$\begin{cases}\nabla\cdot\boldsymbol{E}=0 & (1)\\ \nabla\times\boldsymbol{E}=\mathrm{i}\omega\mu\boldsymbol{H} & (2)\\ \nabla\cdot\boldsymbol{H}=0 & (3)\\ \nabla\times\boldsymbol{H}=-\mathrm{i}\omega\varepsilon\boldsymbol{E} & (4)\end{cases} \tag{6.1.7}$$

因为旋度场的散度恒等于零，所以在上面第（2）式两边取散度立即得第（3）式，在第（4）式两边取散度立即得第（1）式。即只有第（2）式和第（4）式是独立的。

在第（2）式两边再取旋度，利用第（1）式和第（4）式，可得关于 $\boldsymbol{E}$ 的二阶微分方程，把此方程与横波条件 $\nabla\cdot\boldsymbol{E}=0$ 合写为

$$\begin{cases}\nabla^2\boldsymbol{E}+k^2\boldsymbol{E}=0\\ \nabla\cdot\boldsymbol{E}=0\end{cases} \tag{6.1.8}$$

同理可得

$$\begin{cases}\nabla^2 \boldsymbol{H} + k^2 \boldsymbol{H} = 0 \\ \nabla \cdot \boldsymbol{H} = 0\end{cases} \tag{6.1.9}$$

其中

$$k = \omega\sqrt{\varepsilon\mu} = \frac{\omega}{v} = \frac{2\pi}{\lambda} \tag{6.1.10}$$

$$v = \frac{1}{\sqrt{\varepsilon\mu}} = \frac{c}{\sqrt{\varepsilon_r \mu_r}} = \frac{c}{n} \tag{6.1.11}$$

在上面两式中，k 是介质中的波数，v 是介质中的电磁波波速，λ 是介质中的波长，$n = \sqrt{\varepsilon_r \mu_r}$ 是介质的折射率。对于非铁磁质，$n \approx \sqrt{\varepsilon_r}$。由于 ε_r 和 μ_r 与 ω 有关，所以波速 v 和折射率 n 也与 ω 有关，这就是色散现象。

上面的两个方程组式（6.1.8）和式（6.1.9），每一组共有两个方程，其中第一个方程称为**亥姆霍兹**（Helmholtz）**方程**，第二个方程称为横波条件。当然，为了方便起见，在方程组中可以消去时间因子 $\mathrm{e}^{-\mathrm{i}\omega t}$，只研究空间因子 $\boldsymbol{E}(\boldsymbol{r})$ 和 $\boldsymbol{H}(\boldsymbol{r})$。

应该指出，在求解电磁波时，方程组式（6.1.8）和式（6.1.9）是等价的。若采用前者先求出 $\boldsymbol{E}$，则利用 $\nabla \times \boldsymbol{E} = -\partial \boldsymbol{B} / \partial t$、$\boldsymbol{B} = \mu \boldsymbol{H}$ 和 $\boldsymbol{H}(\boldsymbol{r},t) = \boldsymbol{H}(\boldsymbol{r})\mathrm{e}^{-\mathrm{i}\omega t}$ 可得

$$\boldsymbol{H} = \frac{1}{\mathrm{i}\omega\mu}\nabla \times \boldsymbol{E} \tag{6.1.12}$$

若采用后者先求出 $\boldsymbol{H}$，则利用 $\nabla \times \boldsymbol{H} = \partial \boldsymbol{D} / \partial t$、$\boldsymbol{D} = \varepsilon \boldsymbol{E}$ 和 $\boldsymbol{E}(\boldsymbol{r},t) = \boldsymbol{E}(\boldsymbol{r})e^{-\mathrm{i}\omega t}$ 可得

$$\boldsymbol{E} = \frac{1}{-\mathrm{i}\omega\varepsilon}\nabla \times \boldsymbol{H} \tag{6.1.13}$$

单色电磁波是最简单最基本的电磁波模式，一般的电磁波都可以表示为不同频率的单色波的叠加。所以，研究单色波是分析、理解更复杂的电磁波的基础。

6.2　绝缘介质中的单色平面电磁波

一、单色波方程的平面波解

对于绝缘介质中的单色波，ε 和 μ 是实常数。根据激发和传播条件的不同，$\boldsymbol{E}$ 和 $\boldsymbol{H}$ 可以有各种不同的形式。例如：无线电天线辐射的远场是球面波，沿传输线或波导管定向传播的波，由激光器发出的狭窄光束等，其 $\boldsymbol{E}$ 和 $\boldsymbol{H}$ 都是亥姆霍兹方程的解。如果我们研究的区域只涉及无界空间中远离场源的相对小区域，则此时可以把电磁波看做是平面波。设单色平面电磁波沿 z 轴正向传播，垂直于 z 轴的平面是等相面。对于均匀平面波，等相面也是等辐面（后面研究全反射时将遇到非均匀平面波）。在此情况下，$\boldsymbol{E}$ 和 $\boldsymbol{H}$ 只是空间坐标 z 和时间 t 的函数，关于 $\boldsymbol{E}$ 的亥姆霍兹方程化为一维形式

$$\frac{\mathrm{d}^2 \boldsymbol{E}}{\mathrm{d}z^2} + k^2 \boldsymbol{E} = 0 \tag{6.2.1}$$

容易写出此方程的解为

$$\boldsymbol{E} = \boldsymbol{E}_0 \mathrm{e}^{\pm \mathrm{i}kz}$$

其中 $\boldsymbol{E}_0$ 是常矢量，稍后将看到它的方向垂直于传播方向，它的大小与辐射源的功率有关。计及时间因子 $e^{-i\omega t}$，写出单色平面电磁波的波函数为

$$\boldsymbol{E}=\boldsymbol{E}_0 e^{i(\pm kz-\omega t)}$$

若在虚指数中取“＋”号，则上式代表沿 z 轴正向传播的平面波，若取“－”号则代表沿 z 轴反向传播的平面波。由于 z 轴方向可任取，所以可只研究沿一个方向传播的情形。

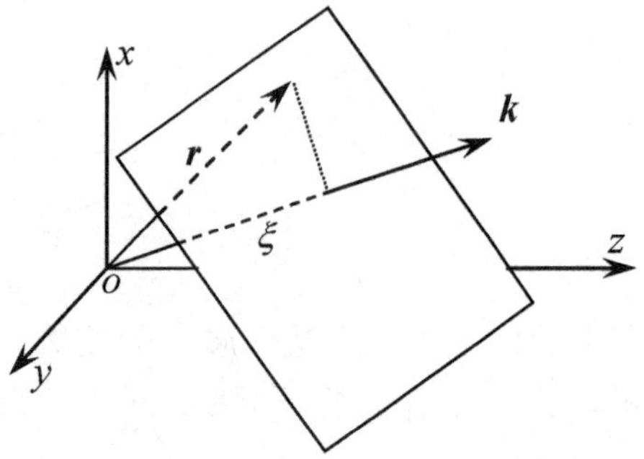

图 6.2.1 平面波的波矢示意图

为了不失一般性，设沿着平面波传播方向的坐标轴为 ξ 轴，沿传播方向的单位常矢为 $\boldsymbol{e}_\xi$，场点位矢为 $\boldsymbol{r}$。若定义波矢量为

$$\boldsymbol{k}=\omega\sqrt{\varepsilon\mu}\boldsymbol{e}_\xi=\frac{\omega}{v}\boldsymbol{e}_\xi=\frac{2\pi}{\lambda}\boldsymbol{e}_\xi \tag{6.2.2}$$

则相位因子中的空间部分写为 $k\xi=\boldsymbol{k}\cdot\boldsymbol{r}$。单色均匀平面波函数的一般形式为

$$\boldsymbol{E}=\boldsymbol{E}_0 e^{i(\boldsymbol{k}\cdot\boldsymbol{r}-\omega t)} \tag{6.2.3}$$

对上式应用横波条件 $\nabla\cdot\boldsymbol{E}=0$ 可得 $\boldsymbol{k}\cdot\boldsymbol{E}=0$，即 $\boldsymbol{E}\perp\boldsymbol{e}_\xi$。

对式（6.2.3）两边取旋度，有

$$\nabla\times\boldsymbol{E}=[\nabla e^{i(\boldsymbol{k}\cdot\boldsymbol{r}-\omega t)}]\times\boldsymbol{E}_0=i\boldsymbol{k}\times\boldsymbol{E}_0 e^{i(\boldsymbol{k}\cdot\boldsymbol{r}-\omega t)}$$

把上式代入式（6.1.12）可得

$$\boldsymbol{H}=\sqrt{\frac{\varepsilon}{\mu}}\boldsymbol{e}_\xi\times\boldsymbol{E}_0 e^{i(\boldsymbol{k}\cdot\boldsymbol{r}-\omega t)} \tag{6.2.4}$$

上式说明，对于磁场也有 $\boldsymbol{H}\perp\boldsymbol{k}$。上式也可以写为

$$\boldsymbol{B}=\boldsymbol{e}_\xi\times\boldsymbol{E}/v \quad 或 \quad \boldsymbol{E}=\boldsymbol{B}\times v\boldsymbol{e}_\xi=\boldsymbol{B}\times\boldsymbol{v}$$

单色电磁波的能量密度为

$$w=\frac{1}{2}(\varepsilon E^2+\mu H^2)=\varepsilon E_0^2\cos^2(\boldsymbol{k}\cdot\boldsymbol{r}-\omega t)$$

能量密度的时间平均值为

$$\overline{w}=\frac{1}{2}\varepsilon E_0^2 \tag{6.2.5}$$

单色平面电磁波的能流密度为

$$\boldsymbol{S}=\boldsymbol{E}\times\boldsymbol{H}=\sqrt{\frac{\varepsilon}{\mu}}E_0^2\cos^2(\boldsymbol{k}\cdot\boldsymbol{r}-\omega t)\boldsymbol{e}_\xi=\varepsilon vE_0^2\cos^2(\boldsymbol{k}\cdot\boldsymbol{r}-\omega t)\boldsymbol{e}_\xi=wv\boldsymbol{e}_\xi=w\boldsymbol{v}$$

能流密度的时间平均值为

$$\overline{\boldsymbol{S}}=\frac{1}{2}v\varepsilon E_0^2\boldsymbol{e}_\xi=\overline{w}\boldsymbol{v} \tag{6.2.6}$$

二、单色均匀平面电磁波的若干特征

1. 相位特征

由式（6.2.3）和式（6.2.4）可知，各点的 $\boldsymbol{E}$ 和 $\boldsymbol{H}$ 以相同的相位振动和传播着，

$$\phi = \boldsymbol{k}\cdot\boldsymbol{r} - \omega t = k\xi - \omega t$$

相位的传播速度为

$$v = \left.\frac{\mathrm{d}\xi}{\mathrm{d}t}\right|_{\phi=常量} = \frac{\omega}{k} = \frac{1}{\sqrt{\varepsilon\mu}} \tag{6.2.7}$$

2. 振幅特征

由式（6.2.3）和式（6.2.4）可知，各点的 $\boldsymbol{E}$ 和 $\boldsymbol{H}$ 的振幅关系为

$$\sqrt{\varepsilon}E = \sqrt{\mu}H \tag{6.2.8}$$

3. 方向特征

由 $\boldsymbol{E}\perp\boldsymbol{e}_\xi$ 和 $\sqrt{\mu}\boldsymbol{H} = \boldsymbol{e}_\xi\times\sqrt{\varepsilon}\boldsymbol{E}$ 可知，自由空间的电磁波是横波，$\boldsymbol{E}$、$\boldsymbol{H}$ 和 $\boldsymbol{e}_\xi$ 三者两两正交并且成右手螺旋关系。

由 $\boldsymbol{S} = wv\boldsymbol{e}_\xi$ 可知，电磁波的能量以波速 v 沿着波的传播方向 $\boldsymbol{e}_\xi$ “流动”。

三、平面电磁波的偏振

由电磁波的横波性可知，平面电磁波的电矢量 $\boldsymbol{E}\perp\boldsymbol{e}_\xi$。$\boldsymbol{E}$ 在垂直于 $\boldsymbol{e}_\xi$ 的平面内沿不同方向振动称为平面电磁波的偏振。

设平面电磁波沿 z 轴正向传播，把电矢量 $\boldsymbol{E}$ 分解为 x 分量 E_x 和 y 分量 E_y，其振幅分别为 E_{0x} 和 E_{0y}，两个分量的相位差为 $\Delta\phi$，则

$$\begin{cases} E_x = E_{0x}\mathrm{e}^{\mathrm{i}(kz-\omega t)} \\ E_x = E_{0y}\mathrm{e}^{\mathrm{i}(kz-\omega t+\Delta\phi)} \end{cases} \tag{6.2.9}$$

或者合写为

$$\boldsymbol{E} = (E_{0x}\boldsymbol{e}_x + E_{0y}\mathrm{e}^{\mathrm{i}\Delta\phi}\boldsymbol{e}_y)\mathrm{e}^{\mathrm{i}(kz-\omega t)} \tag{6.2.10}$$

根据相互垂直简谐振动合成的知识可知，相位差 ϕ 取值不同，合振动的情形也不同。

（1）若 $\Delta\phi = 0$ 或π，则空间各点的电矢量 $\boldsymbol{E}$ 始终沿垂直于传播方向的直线振动（图 6.2.2 和图 6.2.3），我们把这类电磁波称为线偏振波。

（2）若 $\Delta\phi = \pm\pi/2$ 且 $E_{0x} = E_{0y}$，则空间各点的电矢量 $\boldsymbol{E}$ 的末端在垂直于传播方向的平面内作圆轨道运动，我们把这类电磁波称为圆偏振波。当 $\Delta\phi = +\pi/2$ 时，若对着波的传播方向看，$\boldsymbol{E}$ 的末端在圆轨道上作逆时针转动，我们称此波为左旋圆偏振波（图 6.2.4）。当 $\Delta\phi = -\pi/2$ 时，$\boldsymbol{E}$ 的末端在圆轨道上作顺时针转动，称此波为右旋圆偏振波。

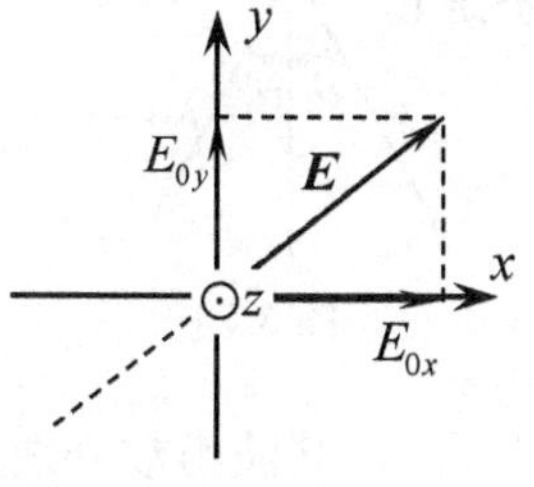

$\Delta\phi = 0$

图 6.2.2

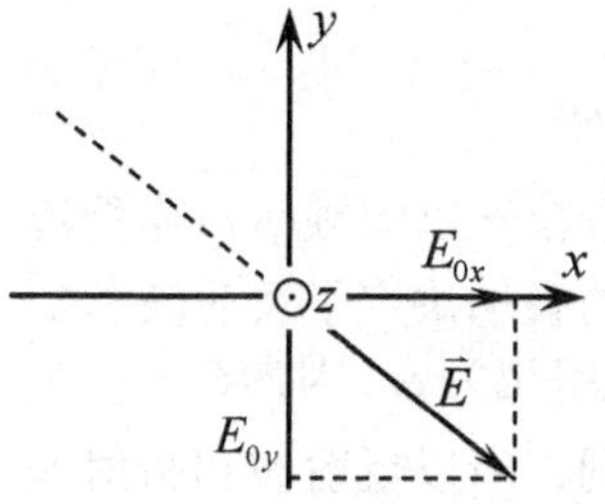

$\Delta\phi = \pi$

图 6.2.3

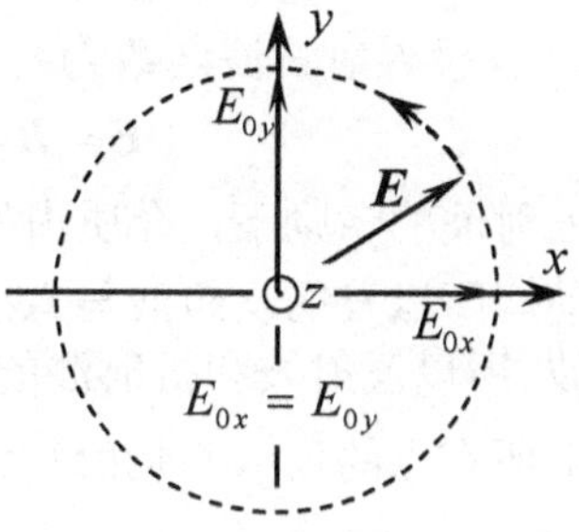

$\Delta\phi = \pi/2$

图 6.2.4

（3）除上述两种情形以外，可以证明，空间各点的电矢量 $\boldsymbol{E}$ 的末端在垂直于传播方向的平面内作椭圆轨道运动，我们把这类电磁波称为椭圆偏振波。并且也分为右旋和左旋两种情形。

电磁波在真空或理想的绝缘介质中传播时，介质内部没有能量损耗，电磁波无衰减地传播着。若传播介质是导电介质，则电磁波将由于能量损耗而衰减。

6.3 单色平面电磁波在绝缘介质表面的反射和折射

电磁波入射于两种介质界面时，发生反射和折射现象。反射和折射的规律包括两方面：①入射角、反射角和折射角的关系；②入射波、反射波和折射波的振幅比和相位差。

任何波动在两种介质界面上的反射和折射问题都属于边值问题，其规律是由波动的物理量在界面上的行为决定的。对于电磁波，则是由电磁场在界面上的边值关系决定的。如前所述，介质的相对介电常数 ε_r 和相对磁导率 μ_r 与圆频率 ω 有关，介质的折射率 $n=\sqrt{\varepsilon_r\mu_r}$ 也与 ω 有关。所以，入射电磁波的频率不同，其界面行为也不同。为此，我们研究单色波在界面上的反射和折射。

一、单色波在界面上的边值关系

在单色波情形下，麦克斯韦方程组中独立的方程是

$$\begin{cases}\nabla\times\boldsymbol{E}=-\partial\boldsymbol{B}/\partial t\\ \nabla\times\boldsymbol{H}=\partial\boldsymbol{D}/\partial t\end{cases}$$

把此方程组写成积分形式应用到边界上，可得两个独立的边值关系

$$\begin{cases}\boldsymbol{e}_n\times(\boldsymbol{E}_2-\boldsymbol{E}_1)=0\\ \boldsymbol{e}_n\times(\boldsymbol{H}_2-\boldsymbol{H}_1)=0\end{cases}\tag{6.3.1}$$

下面应用此边值关系研究电场波的反射和折射，其推导过程和所得结果可以移植到磁场波的反射和折射。

如图 6.3.1 所示，两种无限大介质的界面是 xoy 平面，波线位于 yoz 平面内的单色平面波入射到界面上，在界面上发生反射和折射，其入射波矢、反射波矢和折射波矢分别为 $\boldsymbol{k}$、$\boldsymbol{k}'$ 和 $\boldsymbol{k}''$，入射角、反射角和折射角分别为 θ、θ' 和 θ''。设入射波波函数为

$$\boldsymbol{E}=\boldsymbol{E}_0\mathrm{e}^{\mathrm{i}(\boldsymbol{k}\cdot\boldsymbol{r}-\omega t)}$$

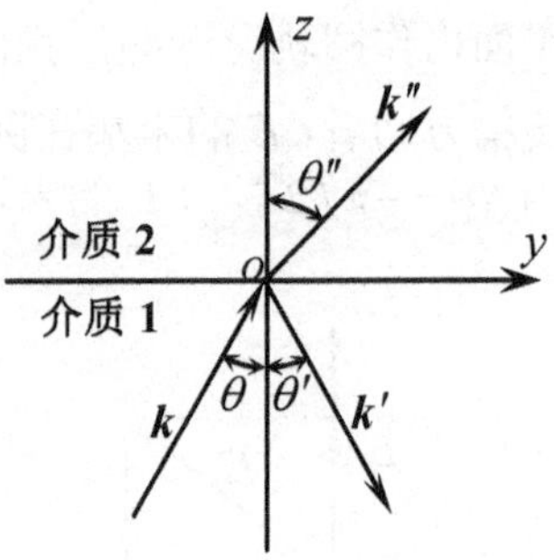

图 6.3.1

在入射波的激励下，介质内的带电粒子以圆频率 ω 作受迫振动，所激发的次级波与入射波的叠加决定了反射波和折射波。所以反射波和折射波的圆频率也为 ω。因为在 xoy 平面上所有点的反射和折射行为相同，所以反射波和折射波也是平面波，其波函数分别为

$$\boldsymbol{E}'=\boldsymbol{E}'_0\mathrm{e}^{\mathrm{i}(\boldsymbol{k}'\cdot\boldsymbol{r}-\omega t)}$$

$$\boldsymbol{E}''=\boldsymbol{E}''_0\mathrm{e}^{\mathrm{i}(\boldsymbol{k}''\cdot\boldsymbol{r}-\omega t)}$$

在上面的$\boldsymbol{E}$、$\boldsymbol{E}'$和$\boldsymbol{E}''$中令$z=0$，由边值关系可得

$$\boldsymbol{e}_z\times\boldsymbol{E}_0''\mathrm{e}^{\mathrm{i}(k_x''x+k_y''y)}=\boldsymbol{e}_z\times[\boldsymbol{E}_0\mathrm{e}^{\mathrm{i}(k_x x+k_y y)}+\boldsymbol{E}_0'\mathrm{e}^{\mathrm{i}(k_x'x+k_y'y)}] \tag{6.3.2}$$

下面利用上式讨论反射和折射的两个基本问题。

二、反射定律和折射定律

注意到式（6.3.2）中x和y的任意性，必有

$$\begin{cases}k_x=k_x'=k_x''\\k_y=k_y'=k_y''\end{cases} \tag{6.3.3}$$

由前面给定的条件，结合图6.3.1，考虑到入射波和反射波都在第1种介质中传播，可以写出：$k_x=0$，$k_y=\omega\sqrt{\varepsilon_1\mu_1}\sin\theta$，$k_y'=\omega\sqrt{\varepsilon_1\mu_1}\sin\theta'$。代入上式的第一个等号，可得

$$k_x'=0,\theta'=\theta \tag{6.3.4}$$

上式表明：**反射线、入射线和法线位于同一平面内，入射线和反射线分居于法线两侧且反射角等于入射角**。这就是熟知的波的**反射定律**。

考虑到折射波在第2种介质中传播，写出：$k_y''=\omega\sqrt{\varepsilon_2\mu_2}\sin\theta''$。由式（6.3.3）的第二个等号，可得

$$k_x''=0,\frac{\sin\theta''}{\sin\theta}=\frac{\sqrt{\varepsilon_1\mu_1}}{\sqrt{\varepsilon_2\mu_2}}=\frac{v_2}{v_1}=\frac{n_1}{n_2} \tag{6.3.5}$$

上式表明：**折射线、入射线和法线位于同一平面内，且折射介质的折射率乘以折射角的正弦等于入射介质的折射率乘以入射角的正弦**。这就是熟知的波的**折射定律**。

三、反射波、折射波和入射波的振幅关系—菲涅耳公式

在式（6.3.2）两边消去波动因子，可得振幅边值关系。为了书写简便，略去下标中的“0”不写，可得

$$\boldsymbol{e}_z\times\boldsymbol{E}''=\boldsymbol{e}_z\times(\boldsymbol{E}+\boldsymbol{E}') \tag{6.3.6}$$

同理可得

$$\boldsymbol{e}_z\times\boldsymbol{H}''=\boldsymbol{e}_z\times(\boldsymbol{H}+\boldsymbol{H}') \tag{6.3.7}$$

入射波的电矢量$\boldsymbol{E}$总可以分解为垂直于入射面的分量和平行于入射面的分量，下面就此两种情形分别加以研究。

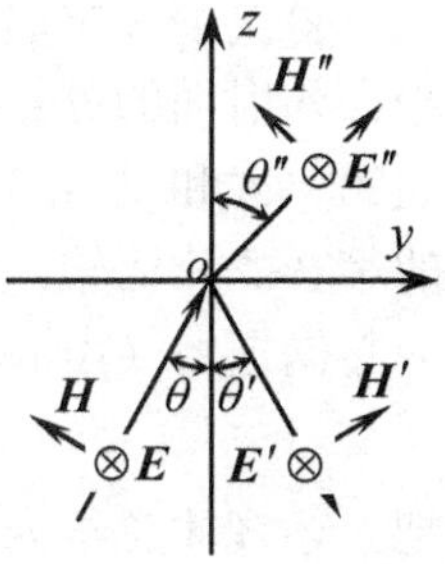

图6.3.2

先研究电矢量垂直于入射面的的情形。根据电磁波的$\boldsymbol{E}$、$\boldsymbol{H}$、$\boldsymbol{k}$的方向关系作出图6.3.2。磁场边值关系为

$$H''\cos\theta''=H\cos\theta-H'\cos\theta'$$

利用$\sqrt{\mu_1}H=\sqrt{\varepsilon_1}E$、$\sqrt{\mu_1}H'=\sqrt{\varepsilon_1}E'$、$\sqrt{\mu_2}H''=\sqrt{\varepsilon_2}E''$，对于非铁磁质$\mu_2\approx\mu_1\approx\mu_0$（铁磁质在光频段此式也成立），$n_1\approx\sqrt{\varepsilon_{r1}}$，$n_2\approx\sqrt{\varepsilon_{r2}}$，$\theta=\theta'$，磁场边值关系改写为

$$n_2E''\cos\theta''=n_1(E-E')\cos\theta$$

由电场的边值关系可得

$$E''=E+E'$$

把上述两式联立求解，并利用折射定律，可得

$$\begin{cases}(\dfrac{E'}{E})_{\perp}=\dfrac{n_1\cos\theta-n_2\cos\theta''}{n_1\cos\theta+n_2\cos\theta''}=-\dfrac{\sin(\theta-\theta'')}{\sin(\theta+\theta'')}\\(\dfrac{E''}{E})_{\perp}=\dfrac{2n_1\cos\theta}{n_1\cos\theta+n_2\cos\theta''}=\dfrac{2\cos\theta\sin\theta''}{\sin(\theta+\theta'')}\end{cases}\tag{6.3.8}$$

其中下标“⊥”号表示电矢量垂直于入射面。

对于电矢量平行于入射面的的情形。根据电磁波的 **E**、**H**、**k** 的方向关系作出图 6.3.3。磁场边值关系为

$$H''=H+H'$$

利用 $\sqrt{\mu_1}H=\sqrt{\varepsilon_1}E$、$\sqrt{\mu_1}H'=\sqrt{\varepsilon_1}E'$、$\sqrt{\mu_2}H''=\sqrt{\varepsilon_2}E''$，$\mu_1\approx\mu_0$，$\mu_2\approx\mu_0$，$n_1=\sqrt{\varepsilon_{r1}}$，$n_2\approx\sqrt{\varepsilon_{r2}}$，磁场边值关系改写为

$$n_2E''=n_1(E+E')$$

由电场的边值关系可得

$$E''\cos\theta''=(E-E')\cos\theta$$

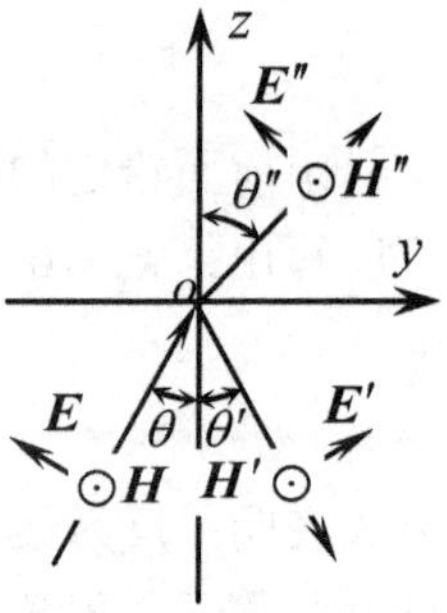

图 6.3.3

把上述两式联立求解，并利用折射定律，可得

$$\begin{cases}(\dfrac{E'}{E})_{//}=\dfrac{n_2\cos\theta-n_1\cos\theta''}{n_2\cos\theta+n_1\cos\theta''}=\dfrac{\tan(\theta-\theta'')}{\tan(\theta+\theta'')}\\(\dfrac{E''}{E})_{//}=\dfrac{2n_1\cos\theta}{n_2\cos\theta+n_1\cos\theta''}=\dfrac{2\cos\theta\sin\theta''}{\sin(\theta+\theta'')\cos(\theta-\theta'')}\end{cases}\tag{6.3.9}$$

其中下标“//”号表示电矢量平行于入射面。

上述的式（6.3.8）和式（6.3.9）合称为菲涅耳（Fresnel）公式，它给出了反射波、折射波和入射波的电场强度的振幅比。由这些公式看出，对于垂直入射面的偏振波和平行入射面的偏振波，其反射和折射行为是不同的。

由菲涅耳公式可以得出两个重要的推论，并且这两个推论与波动光学的实验事实是吻合的，这也证明了光的电磁波理论的正确性。

菲涅耳公式的两个推论

1. 布儒斯特定律

设入射的平面电磁波是非偏振波，则任意时刻在入射波中垂直入射面的电场分量与平行入射面的分量相等，即 $E_{\perp}=E_{//}$。因为 $\cos(\theta+\theta'')<\cos(\theta-\theta'')<1$，所以，把式(6.3.8)的第 1 式和式(6.3.9)的第 1 式相比较，可得 $E'_{//}<E'_{\perp}$；把式(6.3.8)的第 2 式和式(6.3.9)的第 2 式相比较，可得 $E''_{//}>E''_{\perp}$。特别是当 $\theta+\theta''=\pi/2$ 时，有 $E'_{//}=0$，此时的入射角称为布儒斯特（Brewster）角，记为 θ_b。由折射定律可得

$$\tan\theta_b=n_2/n_1\tag{6.3.10}$$

把上述规律总结为：**一束非偏振的电磁波入射到两种介质的界面，一般来说，反射波是部分偏振波，垂直于入射面的 $E'_{\perp}$ 振动较强；折射波也是部分偏振波，平行于入射面的 $E''_{//}$ 振动较强。特别是当入射角为布儒斯特角时（此时反射线与折射线正交），反射波变为完全偏振波，只有垂直于入射面的 $E'_{\perp}$ 振动，此时折射波仍然是部分偏振波**。这就是布

儒斯特定律。利用上一章的电偶极辐射的角分布，可以定性解释此定律。

2. 半波损失

电磁波在界面反射时，若界面两侧介质的折射率之差n_1-n_2的正负不同，则$\theta-\theta''$的正负不同，由菲涅耳公式看出，反射波与入射波振幅比的正负也不同，其中的正负号就表示了反射波$\boldsymbol{E}'$振动和入射波$\boldsymbol{E}$振动同向或反向。为了确定起见，设$n_1<n_2$，则由折射定律可得$\theta>\theta''$。下面分几种情况，利用菲涅耳公式和图示，讨论$\boldsymbol{E}'$和$\boldsymbol{E}$的方向关系。

（1）对于偏振波$\boldsymbol{E}_\perp$，由式（6.3.8）的第1式可得$(E'/E)_\perp<0$，结合图6.3.2，可知$\boldsymbol{E}'_\perp$与$\boldsymbol{E}_\perp$反方向。

（2）对于偏振波$\boldsymbol{E}_{//}$，由图6.3.3看出，$\boldsymbol{E}'$和$\boldsymbol{E}$的夹角与入射角θ有关。

①正入射时$\theta=0$，由式（6.3.9）的第1式可得$(E'/E)_{//}>0$，结合图6.3.3，看出$\boldsymbol{E}'_{//}$与$\boldsymbol{E}_{//}$反方向。

②掠射时$\theta\approx\pi/2$，由式（6.3.9）的第1式可得$(E'/E)_{//}<0$，结合图6.3.3，看出$\boldsymbol{E}'_{//}$与$\boldsymbol{E}_{//}$反方向。

③若$\theta\neq 0, \pi/2$，则$\boldsymbol{E}'_{//}$与$\boldsymbol{E}_{//}$不在一条直线上。此时我们约定：

$\theta<\theta_b$时，$(E'/E)_{//}>0$，此时接近于正入射，$\boldsymbol{E}'_{//}$与$\boldsymbol{E}_{//}$接近于反方向；

$\theta>\theta_b$时，$(E'/E)_{//}<0$，此时接近于掠射，$\boldsymbol{E}'_{//}$与$\boldsymbol{E}_{//}$也接近于反方向。

总之，**当电磁波由波疏介质(ε_r和n小)入射到波密介质(ε_r和n大)的界面时，在反射点处，$\boldsymbol{E}'$与$\boldsymbol{E}$反方向，即反射波的相位突变π，相当于波程损失了半个波长。**

四、全反射

设电磁波从波密介质入射到波疏介质的界面，有$\varepsilon_{r1}>\varepsilon_{r2}$和$n_1>n_2$，根据折射定律$n_1\sin\theta=n_2\sin\theta''$得$\theta''>\theta$。称$\theta''=\pi/2$时的入射角$\theta_0$为临界角，有$\sin\theta_0=n_2/n_1$。若$\theta>\theta_0$，则$\sin\theta''=(n_1/n_2)\sin\theta>1$，此时折射角不可能用实数表示，因而将出现不同于一般情况的反射和折射现象。下面研究此情况下的电磁波解。

假设在$\sin\theta>n_2/n_1$的情形下，边值关系$k''_y=k_y=k\sin\theta$仍然形式上成立，则

$$k''_z=\sqrt{k''^2-k''^2_y}=\sqrt{k''^2-k^2_y}=\sqrt{k''^2-k^2\sin^2\theta}=k\sqrt{(\frac{k''}{k})^2-\sin^2\theta}$$

把$k''/k=v_1/v_2=n_2/n_1$代入，写出

$$k''_z=k\sqrt{(\frac{n_2}{n_1})^2-\sin^2\theta}=ik\sqrt{\sin^2\theta-(\frac{n_2}{n_1})^2}\triangleq i\kappa \tag{6.3.11}$$

其中$\kappa=k\sqrt{\sin^2\theta-(n_2/n_1)^2}$是个实数。折射波电场的波函数写为

$$\boldsymbol{E}''=\boldsymbol{E}''_0\mathrm{e}^{-\kappa z}\mathrm{e}^{\mathrm{i}(k''_y y-\omega t)} \tag{6.3.12}$$

上式仍然是亥姆霍兹方程的解，所以也代表了在介质2中传播的一种可能波型。在4.2节中之所以不考虑这种波型，是因为当$z\to-\infty$时$E''\to\infty$，表示这种波不可能存在于全空间。现在研究的折射波只存在于$z>0$的半空间，所以这种波是一种可能波型。

式（6.3.12）代表的波是在z方向衰减而沿着y方向传播的波。此波的等相面是垂直于y轴的平面，在等相面上振幅随着z的增加而衰减，所以这种波是非均匀的平面波。此波只在$z=0$附近的表面薄层内沿y轴正向传播，薄层的特征厚度z_0为

$$z_0=\kappa^{-1}=\frac{1}{k\sqrt{\sin^2\theta-(n_2/n_1)^2}}=\frac{\lambda_1}{2\pi\sqrt{\sin^2\theta-(n_2/n_1)^2}} \tag{6.3.13}$$

式中：λ_1 为入射波在介质 1 中的波长。

为了讨论折射波的能流分布，需要写出折射波磁场的波函数。为了简单起见，只考虑电矢量垂直于入射面的偏振波，即 $\boldsymbol{E}''=\boldsymbol{E}_0''\boldsymbol{e}_x\mathrm{e}^{-\kappa z}\mathrm{e}^{\mathrm{i}(k_y''y-\omega t)}$，此时有

$$\begin{aligned}\boldsymbol{H}''&=\frac{1}{\mathrm{i}\omega\mu_2}\nabla\times\boldsymbol{E}''=\frac{1}{\mathrm{i}\omega\mu_2}(-\kappa\boldsymbol{e}_z+\mathrm{i}k_y''\boldsymbol{e}_y)\times\boldsymbol{e}_xE_0''\mathrm{e}^{-\kappa z}\mathrm{e}^{\mathrm{i}(k_y''y-\omega t)}\\&=\frac{1}{\omega\mu_2}(\mathrm{i}\kappa\boldsymbol{e}_y-k_y''\boldsymbol{e}_z)E_0''\mathrm{e}^{-\kappa z}\mathrm{e}^{\mathrm{i}(k_y''y-\omega t)}\end{aligned} \tag{6.3.14}$$

能流密度在 z 方向和 y 方向的分量分别为

$$\begin{cases}\boldsymbol{S}_z=\boldsymbol{e}_z\dfrac{-\kappa}{\omega\mu_2}E_0''^2\mathrm{e}^{-2\kappa z}\cos(k_y''y-\omega t)\sin(k_y''y-\omega t)\\ \boldsymbol{S}_y=\boldsymbol{e}_y\dfrac{k_y''}{\omega\mu_2}E_0''^2\mathrm{e}^{-2\kappa z}\cos^2(k_y''y-\omega t)\end{cases}$$

平均能流密度分布为

$$\begin{cases}\bar{\boldsymbol{S}}_z=0\\ \bar{\boldsymbol{S}}_y=\dfrac{1}{2\mu_2}\sqrt{\varepsilon_1\mu_1}E_0''^2\mathrm{e}^{-2\kappa z}\sin\theta\boldsymbol{e}_y\end{cases} \tag{6.3.15}$$

可见平均能流密度只在表面薄层内沿 y 方向流动。在 z 方向，能流有时向上有时向下，其平均值为零。

下面研究全反射时反射波的振幅和相位。此时菲涅耳公式在形式上仍然成立，只不过要作如下代换：

$$\sin\theta''\to\frac{n_1}{n_2}\sin\theta;\quad \cos\theta''\to\mathrm{i}\sqrt{(\frac{n_1}{n_2})^2\sin^2\theta-1}$$

代换以后，菲涅耳公式中反射波与入射波的振幅比变为

$$\begin{cases}(\dfrac{E'}{E})_\perp=\dfrac{\cos\theta-\mathrm{i}\sqrt{\sin^2\theta-(n_2/n_1)^2}}{\cos\theta+\mathrm{i}\sqrt{\sin^2\theta-(n_2/n_1)^2}}\\ (\dfrac{E'}{E})_{//}=\dfrac{\cos\theta-\mathrm{i}(n_1/n_2)^2\sqrt{\sin^2\theta-(n_2/n_1)^2}}{\cos\theta+\mathrm{i}(n_1/n_2)^2\sqrt{\sin^2\theta-(n_2/n_1)^2}}\end{cases}$$

令

$$\begin{cases}\tan\varPhi_\perp=\dfrac{\sqrt{\sin^2\theta-(n_2/n_1)^2}}{\cos\theta}\\ \tan\varPhi_{//}=\dfrac{n_1^2\sqrt{\sin^2\theta-(n_2/n_1)^2}}{n_2^2\cos\theta}\end{cases}$$

写出

$$\begin{cases}(\dfrac{E'}{E})_{\perp}=\mathrm{e}^{-\mathrm{i}2\Phi_{\perp}}\\(\dfrac{E'}{E})_{//}=\mathrm{e}^{-\mathrm{i}2\Phi_{//}}\end{cases}\tag{6.3.16}$$

上式表面，在全反射情形下，无论是那种偏振波，其反射波与入射波振幅相等，它们的平均能流密度也相等；但是反射波与入射波有相位差，说明它们的能流密度瞬时不相等。在光学中，通过控制不同的$\Phi_{\perp}$和$\Phi_{//}$，可以获得不同偏振态的反射光。

全反射现象在光纤通信技术和介质波导中有重要应用。

6.4　有导体存在时电磁波的传播

导体中存在自由电子，这些自由电子在交变电磁场的作用下运动，形成交变电流，从而在导体内产生焦耳热，使得电磁波的能量不断损耗。所以导体中的电磁波是衰减波，其能量不断地转化为热能。

导体中的电磁过程是交变电磁场与自由电子的相互作用过程，这种相互作用决定了导体中电磁波的存在形式。因此，我们先研究导体中自由电荷分布特点，然后给出导体内的电磁波方程，进而分析导体内部的电磁波以及电磁波在导体表面的反射和折射。

一、导体内的自由电荷分布

前面已知，静电平衡时导体内部的电荷密度等于零。可以证明，在交变电磁场情形下良导体内部的电荷密度仍然等于零。

先暂时不考虑外界入射的交变场，设t时刻导体内自由电荷密度分布为ρ，此分布电荷激发的场强为$\boldsymbol{E}$，由麦克斯韦方程组中电场的散度方程写出$\nabla\cdot\boldsymbol{E}=\rho/\varepsilon$。根据欧姆定律，由于电场的存在，导体内必定分布有传导电流，其电流密度$\boldsymbol{j}=\sigma_e\boldsymbol{E}$，(其中$\sigma_e$是导体的电导率)。把此式代入上式可得

$$\nabla\cdot\boldsymbol{j}=\sigma_e\rho/\varepsilon$$

由电荷守恒定律表示式$\nabla\cdot\boldsymbol{j}+\partial\rho/\partial t=0$可得

$$\frac{\partial\rho}{\partial t}=-\frac{1}{\varepsilon}\sigma_e\rho$$

解出上式可得

$$\rho(t)=\rho_0\mathrm{e}^{-\frac{\sigma_e}{\varepsilon}t}$$

式中：ρ_0为$t=0$时的电荷密度。若$\rho_0=0$，当然有任意t时刻$\rho(t)=0$。即使$\rho_0\neq0$，以后的ρ值也将随时间而快速衰减。衰减的特征时间（ρ值衰减到ρ_0/e的时间）为$\tau=\varepsilon/\sigma_e$。对于良导体，$\tau<<$电磁波周期$T$，这意味着即使由于电磁波的存在而在导体中造成电荷集聚，这些集聚电荷也会非常快速地弥散开来，从而总可以认为$\rho(t)=0$。**良导体的条件**也可以表示为

$$\omega\ll\sigma_e/\varepsilon\tag{6.4.1}$$

对于一般金属导体，$\sigma_e/\varepsilon \sim 10^{17} \sim 10^{19}/\mathrm{s}$。若电磁波的频率小于紫外光的频率（$\omega_{紫外} \sim 10^{15}/\mathrm{s}$），则一般金属导体都可以当作良导体。总之，**一般金属导体内没有未被中和的自由净电荷分布，净电荷只能分布在导体表面。**

二、导体内的单色电磁波方程

在交变电磁场的情形下，导体内虽然没有自由电荷，但是有传导电流。传导电流密度为$\boldsymbol{j}=\sigma_e\boldsymbol{E}$；位移电流密度为$\partial\boldsymbol{D}/\partial t=-\mathrm{i}\omega\varepsilon\boldsymbol{E}$；则全电流密度为

$$\boldsymbol{j}+\frac{\partial\boldsymbol{D}}{\partial t}=(\sigma_e-\mathrm{i}\omega\varepsilon)\boldsymbol{E}=-\mathrm{i}\omega(\varepsilon+\mathrm{i}\frac{\sigma_e}{\omega})\boldsymbol{E}$$

令上式右边括号内的两项之和为导体的**复数介电常数**

$$\varepsilon_F=\varepsilon+\mathrm{i}\frac{\sigma_e}{\omega} \tag{6.4.2}$$

可以看出，复数介电常数的虚部代表了导体中传导电流的贡献。在绝缘介质的单色电磁波方程中作变量代换$\varepsilon\to\varepsilon_F$，立即写出导体中的单色电磁波方程

$$\begin{cases}\nabla^2\boldsymbol{E}+k_F^2\boldsymbol{E}=0\\ \nabla\cdot\boldsymbol{E}=0\\ \mathrm{i}\omega\mu\boldsymbol{H}=\nabla\times\boldsymbol{E}\end{cases} \tag{6.4.3}$$

其中

$$k_F^2=\omega^2\mu\varepsilon_F=\omega^2\mu\varepsilon+\mathrm{i}\omega\mu\sigma_e \tag{6.4.4}$$

三、导体内的单色平面电磁波

设导体内存在沿z方向传播的单色平面电磁波，即$\boldsymbol{E}$和$\boldsymbol{H}$只是空间坐标z和时间t的函数，把式（6.4.3）中关于$\boldsymbol{E}$的亥姆霍兹方程化为一维形式，并解得$\boldsymbol{E}=\boldsymbol{E}_0\mathrm{e}^{\mathrm{i}(k_Fz-\omega t)}$。由横波条件$\nabla\cdot\boldsymbol{E}=0$可知$\boldsymbol{E}_0\perp\boldsymbol{e}_z$。令

$$k_F=\beta+\mathrm{i}\alpha \tag{6.4.5}$$

可得

$$\boldsymbol{E}=\boldsymbol{E}_0e^{-\alpha z}\mathrm{e}^{\mathrm{i}(\beta z-\omega t)} \tag{6.4.6}$$

因为当$z\to-\infty$时$E\to\infty$，表示这种波不可能存在于全空间。为此，假设这种波只存在于$z>0$的半空间，即假设导体只存在于$z>0$的空间，电磁波从$z<0$的空间入射，在$z=0$的界面处进入导体。由上式看出，电磁波进入导体后，沿z轴方向边衰减边传播，其透入的特征深度（E衰减为E_0/e的深度）为$\delta=1/\alpha$。

现在计算k_F的实部和虚部。把式（6.4.5）两边平方后代入式（6.4.4），比较两边的实部和虚部，有

$$\begin{cases}\beta^2-\alpha^2=\omega^2\mu\varepsilon\\ 2\beta\alpha=\omega\mu\sigma_e\end{cases} \tag{6.4.7}$$

以上两式联立解得

$$\begin{cases} \beta=\sqrt{\dfrac{\omega^2\mu\varepsilon}{2}}\left(\sqrt{1+\dfrac{\sigma_e^2}{\omega^2\varepsilon^2}}+1\right)^{1/2} \\ \alpha=\sqrt{\dfrac{\omega^2\mu\varepsilon}{2}}\left(\sqrt{1+\dfrac{\sigma_e^2}{\omega^2\varepsilon^2}}-1\right)^{1/2} \end{cases} \tag{6.4.8}$$

对于理想导体，$\sigma_e \gg \omega\varepsilon$（相当于传导电流密度≫位移电流密度），上式化为

$$\alpha \approx \beta \approx \sqrt{\frac{1}{2}\omega\mu\sigma_e} \tag{6.4.9}$$

良导体内电磁波的一般特点

1. 透入的特征深度

$$\delta=\frac{1}{\alpha}=\sqrt{\frac{2}{\omega\mu\sigma_e}} \tag{6.4.10}$$

电磁波进入导体衰减的原因是：自由电子在交变电磁场的作用下运动，在导体内形成传导电流，从而产生焦耳热。可以证明，透入的电磁波能量恰好等于焦耳热能量。

2. 相速度

导体中电磁波的相位为$\phi=\beta z-\omega t$，由此得出导体中的相速度为

$$v_d=\frac{\omega}{\beta}=\sqrt{\frac{2\omega}{\mu\sigma_e}}$$

绝缘介质中的相速度为

$$v=\frac{\omega}{k}=\frac{1}{\sqrt{\mu\varepsilon}}$$

两者比较可知，导体中的相速度与ω直接有关，称为导体中的色散，它与绝缘介质中的色散（ε与ω有关）有所不同。另外，$(v_d/v)=\sqrt{2\omega\varepsilon/\sigma_e}\ll 1$说明导体中的电磁波速远远小于绝缘介质中的电磁波速。

3. ***E*** 和 ***H*** 有相位差

导体内电磁波的磁场强度为

$$\begin{aligned} \boldsymbol{H} &= \frac{1}{\mathrm{i}\omega\mu}\nabla\times\boldsymbol{E}=\frac{1}{\omega\mu}(\beta+\mathrm{i}\alpha)\boldsymbol{e}_z\times\boldsymbol{E}_0\mathrm{e}^{-\alpha z}\mathrm{e}^{\mathrm{i}(\beta z-\omega t)} \\ &= \sqrt{\frac{\sigma_e}{2\omega\mu}}(1+\mathrm{i})\boldsymbol{e}_z\times\boldsymbol{E}_0\mathrm{e}^{-\alpha z}\mathrm{e}^{\mathrm{i}(\beta z-\omega t)} \\ &= \sqrt{\frac{\sigma_e}{\omega\mu}}\boldsymbol{e}_z\times\boldsymbol{E}_0\mathrm{e}^{-\alpha z}\mathrm{e}^{\mathrm{i}(\beta z-\omega t+\frac{\pi}{4})} \end{aligned} \tag{6.4.11}$$

此式说明 $\boldsymbol{H}$ 的相位比 $\boldsymbol{E}$ 的相位超前$\pi/4$。

4. 能流密度

瞬时能流密度为

$$\boldsymbol{S}=\boldsymbol{E}\times\boldsymbol{H}=\boldsymbol{e}_z\sqrt{\frac{\sigma_e}{\omega\mu}}E_0^2\mathrm{e}^{-2\alpha z}\cos(\beta z-\omega t)\cos(\beta z-\omega t+\frac{\pi}{4}) \tag{6.4.12}$$

平均能流密度为

$$\overline{\boldsymbol{S}}=\boldsymbol{e}_z\sqrt{\frac{\sigma_e}{8\omega\mu}}E_0^2\mathrm{e}^{-2\alpha z} \tag{6.4.13}$$

上式表明，瞬时能流有时沿 z 轴正向，有时沿 z 轴反向，但平均能流总沿 z 轴正向。

5. 电场能量密度与磁场能量密度之比

$$\frac{\overline{w}_e}{\overline{w}_m}=\frac{\varepsilon\overline{E^2}}{\mu\overline{H^2}}=\frac{\varepsilon\omega}{\sigma_e}\ll 1$$

上式表明，磁场的能量密度远远大于电场的能量密度。

四、电磁波在良导体表面的反射和折射

上面所讨论的情形实际上是电磁波垂直于导体表面入射时的透射波，下面讨论电磁波在良导体表面反射和折射的一般规律。

引入导体的复数介电常数 ε_F（或复数波数 k_F、复数折射率 n_F）后，只需把绝缘情形下的 ε（k、n）换为导体情形下的 ε_F（k_F、n_F），就可以使得绝缘情形下的电磁场方程在导体情形下形式上成立，与方程对应的边值关系也在形式上成立。

1. 电磁波在良导体表面的折射波矢

如图 6.4.1 所示，设 $z>0$ 半空间是良导体，其界面是 xoy 平面，波线位于 yoz 平面内的单色平面波从真空入射到良导体表面，其入射波矢、反射波矢和折射波矢分别为 $\boldsymbol{k}$、$\boldsymbol{k}'$ 和 $\boldsymbol{k}_F''$。由电场的切向边值关系写出

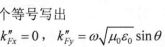

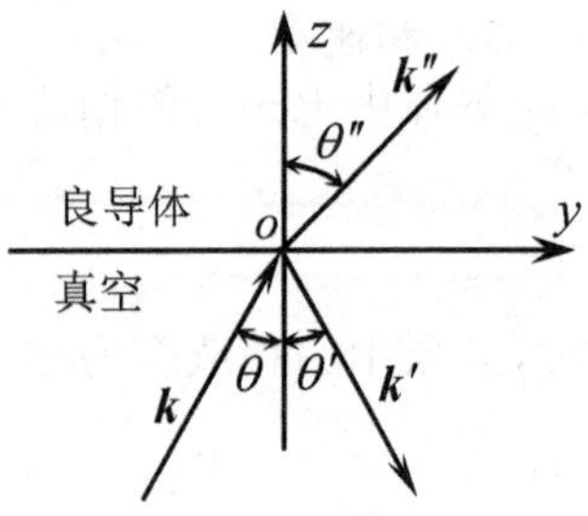

图 6.4.1

$$\begin{cases}k_x=k_x'=k_{Fx}''\\k_y=k_y'=k_{Fy}''\end{cases}$$

对于入射波，$k_x=0$，$k_y=\omega\sqrt{\mu_0\varepsilon_0}\sin\theta$。由上式第一个等号可得反射定律。由上式第二个等号写出

$$k_{Fx}''=0,\quad k_{Fy}''=\omega\sqrt{\mu_0\varepsilon_0}\sin\theta$$

令

$$\boldsymbol{k}_F''=\omega\sqrt{\mu_0\varepsilon_0}\sin\theta\boldsymbol{e}_y+(\beta_z+\mathrm{i}\alpha_z)\boldsymbol{e}_z \tag{6.4.14}$$

把上式两边平方后代入 $k_F''^2$ 的定义式（6.4.4）（令导体的 $\mu\approx\mu_0$，$\varepsilon=\varepsilon_0\varepsilon_r$）可得

$$\omega^2\mu_0\varepsilon_0\sin^2\theta+\beta_z^2-\alpha_z^2+i2\beta_z\alpha_z=\omega^2\mu_0\varepsilon_0(\varepsilon_r+\mathrm{i}\frac{\sigma_e}{\omega\varepsilon_0})$$

比较上式两边的实部和虚部，写出

$$\begin{cases}\omega^2\mu_0\varepsilon_0\sin^2\theta+\beta_z^2-\alpha_z^2=\omega^2\mu_0\varepsilon_0\varepsilon_r\\2\beta_z\alpha_z=\omega\mu_0\sigma_e\end{cases}$$

上面两式联立解得

$$\begin{cases}\alpha_z=\sqrt{\dfrac{\omega^2\mu_0\varepsilon_0}{2}}[\sqrt{(\varepsilon_r-\sin^2\theta)^2+\dfrac{\sigma_e^2}{\omega^2\varepsilon_0^2}}-(\varepsilon_r-\sin^2\theta)]^{1/2}\\\beta_z=\sqrt{\dfrac{\omega^2\mu_0\varepsilon_0}{2}}[\sqrt{(\varepsilon_r-\sin^2\theta)^2+\dfrac{\sigma_e^2}{\omega^2\varepsilon_0^2}}+(\varepsilon_r-\sin^2\theta)]^{1/2}\end{cases} \tag{6.4.15}$$

利用良导体条件 $\sigma_e\gg\omega\varepsilon_0$，写出

$$\alpha_z \approx \beta_z \approx \sqrt{\frac{\omega\mu_0\sigma_e}{2}} \tag{6.4.16}$$

$$\boldsymbol{k}_F'' = \sqrt{\frac{\omega\mu_0\sigma_e}{2}}[\sqrt{\frac{2\omega\varepsilon_0}{\sigma_e}}\sin\theta\boldsymbol{e}_y + (1+\mathrm{i})\boldsymbol{e}_z] \tag{6.4.17}$$

再次利用良导体条件可得

$$\boldsymbol{k}_F'' = \sqrt{\frac{\omega\mu_0\sigma_e}{2}}(1+\mathrm{i})\boldsymbol{e}_z \tag{6.4.18}$$

上式表明，电磁波入射到良导体的表面，无论是正入射还是斜入射，其折射波都以近似垂直于表面的方式透入导体，透入薄层的特征厚度为

$$\delta = \sqrt{\frac{2}{\omega\mu_0\sigma_e}} \tag{6.4.19}$$

式（6.4.17）中的 $\boldsymbol{e}_y$ 方向的分量描述了电磁波在导体表面薄层内沿切向向前传播。这就是有线电波和交流电传输线的传播模式。根据欧姆定律 $\boldsymbol{j} = \sigma_e\boldsymbol{E}$ 可知，电流也分布在表面薄层内，并且频率越高薄层的厚度越小，这种现象称为高频电流的**趋肤效应**。由于趋肤效应减小了导线的有限横截面积，增大了有效电阻，从而增大了焦耳热功率。其有害之处是浪费了能量和材料，并且有可能烧坏线路。减小趋肤效应的一种有效方法是把许多根细金属丝用绝缘胶胶合成一根导线。当然趋肤效应也有可以利用之处，例如：高频淬火等。

2. 电磁波在良导体表面反射和折射时的菲涅耳公式

由式（6.4.17）可以形式上写出折射角与入射角的关系，虽然此时折射角 θ'' 不再具有几何角度的意义。根据良导体的条件 $\sigma_e \gg \omega\varepsilon_0$ 可知 $\left|k_{Fy}''\right| \ll \left|k_{Fz}''\right|$，所以

$$\sin\theta'' \approx \tan\theta'' = \frac{k_{Fy}''}{k_{Fz}''} = \frac{1}{1+i}\sqrt{\frac{2\omega\varepsilon_0}{\sigma_e}}\sin\theta = \sqrt{\frac{\omega\varepsilon_0}{\sigma_e}}\mathrm{e}^{-\mathrm{i}\pi/4}\sin\theta \tag{6.4.20}$$

从而形式上也可以写出

$$\frac{n_1}{n_2} = \sqrt{\frac{\omega\varepsilon_0}{\sigma_e}}\mathrm{e}^{-\mathrm{i}\pi/4} \tag{6.4.21}$$

$$\cos\theta'' = \sqrt{1+\mathrm{i}\frac{\omega\varepsilon_0}{\sigma_e}\sin^2\theta} \approx 1 \tag{6.4.22}$$

把上述两式代入菲涅耳公式可得

$$\begin{cases} (\dfrac{E'}{E})_\perp = \dfrac{\mathrm{e}^{-\mathrm{i}\pi/4}\sqrt{\omega\varepsilon_0/\sigma_e}\cos\theta - 1}{\mathrm{e}^{-\mathrm{i}\pi/4}\sqrt{\omega\varepsilon_0/\sigma_e}\cos\theta + 1} \\ (\dfrac{E''}{E})_\perp = \dfrac{2\mathrm{e}^{-\mathrm{i}\pi/4}\sqrt{\omega\varepsilon_0/\sigma_e}\cos\theta}{\mathrm{e}^{-\mathrm{i}\pi/4}\sqrt{\omega\varepsilon_0/\sigma_e}\cos\theta + 1} \end{cases} \tag{6.4.23}$$

$$\begin{cases} (\dfrac{E'}{E})_{//} = \dfrac{\cos\theta - \mathrm{e}^{-\mathrm{i}\pi/4}\sqrt{\omega\varepsilon_0/\sigma_e}}{\cos\theta + \mathrm{e}^{-\mathrm{i}\pi/4}\sqrt{\omega\varepsilon_0/\sigma_e}} \\ (\dfrac{E''}{E})_{//} = \dfrac{2\mathrm{e}^{-\mathrm{i}\pi/4}\sqrt{\omega\varepsilon_0/\sigma_e}\cos\theta}{\cos\theta + \mathrm{e}^{-\mathrm{i}\pi/4}\sqrt{\omega\varepsilon_0/\sigma_e}} \end{cases} \tag{6.4.24}$$

由上述两式写出电磁波在良导体表面的反射系数和透射系数为

$$R_{\perp}=\left|\frac{E'}{E}\right|_{\perp}^{2}=\frac{1+(\omega\varepsilon_0/\sigma_e)\cos^2\theta-\sqrt{2\omega\varepsilon_0/\sigma_e}\cos\theta}{1+(\omega\varepsilon_0/\sigma_e)\cos^2\theta+\sqrt{2\omega\varepsilon_0/\sigma_e}\cos\theta},T_{\perp}=1-R_{\perp} \tag{6.4.25}$$

$$R_{//}=\left|\frac{E'}{E}\right|_{//}^{2}=\frac{\cos^2\theta+\omega\varepsilon_0/\sigma_e-\sqrt{2\omega\varepsilon_0/\sigma_e}\cos\theta}{\cos^2\theta+\omega\varepsilon_0/\sigma_e+\sqrt{2\omega\varepsilon_0/\sigma_e}\cos\theta},T_{//}=1-R_{//} \tag{6.4.26}$$

容易证明，在良导体的条件下，上述的 $R_{\perp}$ 和 $R_{//}$ 约等于 1，即电磁波在良导体表面的反射接近于全反射。测量结果证实了上面两式的正确性。例如：波长为 $1.2\times10^{-5}\,\mathrm{m}$ 的红外线垂直入射到铜的表面时，反射系数为 $R=1-0.016$，实验值与理论值相符。对于波长较长的微波或无线电波，反射系数更接近于 1，只有很小一部分能量透入导体内部而被吸收掉，其它决大部分能量被反射出去。因此，在微波或无限电波的情形下，往往可以把金属导体当作理想导体来处理，其反射系数非常接近于 1。

例一 电导率为 σ_e 的良导体充满 $z>0$ 的半空间，$z=0$ 是其表面。圆频率为 ω、振幅为 E_0 的单色平面电磁波从真空垂直入射到导体表面。（1）求透射系数；（2）证明透入良导体内的电磁能全部转化为焦耳热。（3）求出高频情形下良导体的表面电阻。

【解】（1）由式（6.4.6）和导体中的菲涅耳公式（令 $\theta=0$），利用良导体条件，写出透射波的电场为

$$\boldsymbol{E}''=2\sqrt{\frac{\omega\varepsilon_0}{\sigma_e}}\boldsymbol{E}_0\mathrm{e}^{-\mathrm{i}\pi/4}e^{-\alpha z}\mathrm{e}^{\mathrm{i}(\beta z-\omega t)}$$

由式（6.4.11）写出透射波的磁场为

$$\boldsymbol{H}''=2\sqrt{\frac{\varepsilon_0}{\mu_0}}\boldsymbol{e}_z\times\boldsymbol{E}_0\mathrm{e}^{-\alpha z}\mathrm{e}^{\mathrm{i}(\beta z-\omega t)}$$

表面处透射波的平均能流密度为

$$\overline{\boldsymbol{S}}''=\frac{1}{2}\mathrm{Re}\{\boldsymbol{E}\times\boldsymbol{H}^*\}\Big|_{z=0}=\sqrt{\frac{2\omega\varepsilon_0^2}{\sigma_e\mu_0}}E_0^2\boldsymbol{e}_z$$

入射波的平均能流密度为

$$\overline{\boldsymbol{S}}=\frac{1}{2}\sqrt{\frac{\varepsilon_0}{\mu_0}}E_0^2\boldsymbol{e}_z$$

透射系数为

$$T=\frac{\overline{S}''}{\overline{S}}=2\sqrt{2}\sqrt{\frac{\omega\varepsilon_0}{\sigma_e}}$$

也可以用反射和透射系数公式得出上述结果。在式（6.4.25）和式（6.4.26）中令 $\theta=0$，得出

$$T_{\perp}=T_{//}=1-\frac{1+\omega\varepsilon_0/\sigma_e-\sqrt{2\omega\varepsilon_0/\sigma_e}}{1+\omega\varepsilon_0/\sigma_e+\sqrt{2\omega\varepsilon_0/\sigma_e}}$$

$$\approx1-\frac{1-\sqrt{2\omega\varepsilon_0/\sigma_e}}{1+\sqrt{2\omega\varepsilon_0/\sigma_e}}\approx2\sqrt{2}\sqrt{\frac{\omega\varepsilon_0}{\sigma_e}}$$

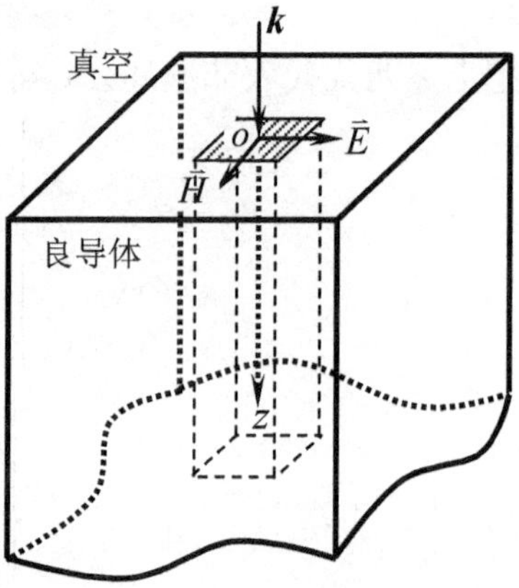

图 6.4.2

（2）如图 6.4.2 所示，在导体中取横截面是正方形

的半无限长导体柱，其横截面的边长为单位长度。此半无限长导体柱上的焦耳热功率为

$$\overline{P}=\int_0^\infty\frac{1}{2}\mathrm{Re}\{\sigma_e\boldsymbol{E}\cdot\boldsymbol{E}^*\}\mathrm{d}z=2\omega\varepsilon_0E_0^2\int_0^\infty\mathrm{e}^{-2\alpha z}\mathrm{d}z=\frac{\omega\varepsilon_0E_0^2}{\alpha}=\sqrt{\frac{2\omega\varepsilon_0^2}{\sigma_e\mu_0}}E_0^2=\overline{S}''$$

所以单位时间从柱体单位横截面流入的电磁能等于此柱体在单位时间产生的焦耳热。

（3）根据欧姆定律 $\boldsymbol{j}=\sigma_e\boldsymbol{E}$ 和图中电场的方向可知，导体中的电流平行于表面向右流动。先计算流过半无限长导体柱右侧面的电流强度（实际是表面电流的线密度）。

$$I=\int_0^\infty\sigma_eE\mathrm{d}z=2\sqrt{\omega\varepsilon_0\sigma_e}E_0\int_0^\infty\mathrm{e}^{\mathrm{i}[(\beta+\mathrm{i}\alpha)z-\omega t-\pi/4]}\mathrm{d}z=2\sqrt{\frac{\varepsilon_0}{\mu_0}}E_0\mathrm{e}^{-\mathrm{i}\omega t}$$

此导体柱的等效电阻为

$$R_S=\frac{2\overline{P}}{I\cdot I^*}=\sqrt{\frac{\omega\mu_0}{2\sigma_e}}=\frac{1}{\sigma_e}\sqrt{\frac{\omega\mu_0\sigma_e}{2}}=\frac{1}{\sigma_e\delta}$$

在高频情形下，由于趋肤效应，使得电流集中在表面薄层内，薄层的特征厚度为 δ。上述电阻相当于单位长、单位宽、厚度为 δ 的一小块薄层导体的电阻，称为表面电阻。上式表明，电磁波的频率越高，则特征厚度越小，表面电阻越大。

6.5　波导管内的导行电磁波

在近现代技术中广泛地利用到高频电磁波，因此，需要研究高频电磁能的定向传输问题。我们已经知道，所有频率（包括稳恒电流）的电磁能都是在场中传播的。在低频情形下，因为辐射损耗和趋肤效应很小，所以用双线传输完成电磁能的定向传输。此时，由于场与电路中的电荷和电流的相互关系比较简单，因而场在电路中的作用往往通过电路参数（电流、电压、电阻、电容、电感等）表示出来，然后列出电路方程解决问题。当频率较高时，为了避免电磁能向外辐射损耗和周围环境的干扰，改用同轴电缆完成电磁能的定向传输。当频率更高时，由于趋肤效应，使得导线内的焦耳热损耗变得严重，并且高频时介质内的热损耗也严重，所以改用金属导体制成的空心波导管代替同轴电缆。波导传输适用于微波范围。在高频情形下，集中的电容、电感等概念已不能适用，并且电路中的电流不再是一个与位置 $\boldsymbol{r}$ 无关的量。此外，电压的概念也失去其确切的意义。因此，高频情形下电路方程失效。此时，必须研究电磁场与导体中电荷电流的相互作用，解出电磁场，才能解决高频电磁能定向传输问题。

沿设定路径传播的电磁波称为导行波，引导电磁波传播路径的机构称为波导，它又分为开波导（如双线传输线）和闭波导（如同轴电缆和波导管）。若波导所有横截面的几何形状和介质性质都相同，则称这种波导为规则波导。本节以空心规则波导管为例介绍导行电磁波的分析方法。

一、行电磁波的分析方法

从上一节的研究得知，由于电磁波与导体的相互作用，使得透入导体的电磁能很少，绝大部分的电磁能只能在导体之外的真空或绝缘介质中传播。对于理想导体（$\sigma_e\to\infty$），

电磁波透入导体的深度趋于零。所以理想导体波导管的内表面自然构成了导行波的边界。

设单色导行电磁波沿管状区域的轴线 z 轴传播（图 6.5.1）。对于单色电磁波，两个独立的方程是

$$\begin{cases}\nabla\times\boldsymbol{E}=-\mu\dfrac{\partial\boldsymbol{H}}{\partial t} & (1)\\ \nabla\times\boldsymbol{H}=\varepsilon\dfrac{\partial\boldsymbol{E}}{\partial t} & (2)\end{cases}\qquad(6.5.1)$$

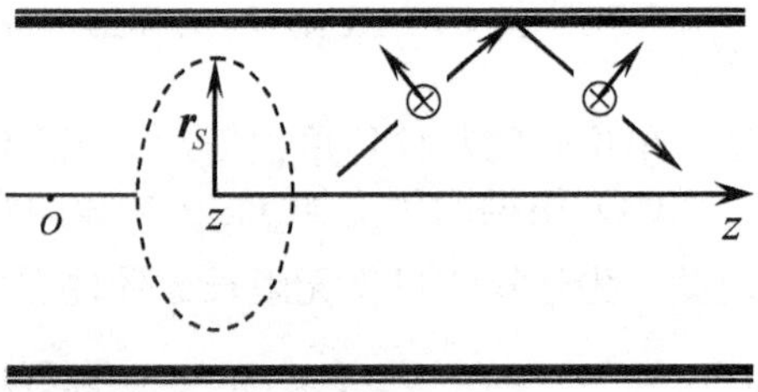

图 6.5.1

前面几节研究的都是无界或半无界空间的电磁波。此种情形下电场和磁场都作横向振动，这种波称为横电磁（TEM）波。

与无界空间电磁波不同的是，导行电磁波可能有沿传播方向的轴向分量。我们可以这样理解：导行波是由平面横波经管子内壁多次反射后相互叠加形成的，所以导致了导行波有轴向分量。把导行波的电场和磁场矢量写成轴向分量和横向分量的矢量和

$$\begin{cases}\boldsymbol{E}=\boldsymbol{E}_S+\boldsymbol{E}_z\\ \boldsymbol{H}=\boldsymbol{H}_S+\boldsymbol{H}_z\end{cases}\qquad(6.5.2)$$

其中下标“S”表示横向分量，下标“z”表示轴向分量。

考虑到导行波沿 z 轴传播，所以传播因子为 $\mathrm{e}^{\mathrm{i}(k_z z-\omega t)}$。对于规则波导，波的振幅与 z 坐标无关，只与横向坐标有关。把场点位置用坐标 z 和横向位矢 $\boldsymbol{r}_S$ 表示，微分算符也可以写成轴向分量和横向分量叠加的形式

$$\begin{cases}\nabla=\boldsymbol{e}_x\dfrac{\partial}{\partial x}+\boldsymbol{e}_y\dfrac{\partial}{\partial y}+\boldsymbol{e}_z\dfrac{\partial}{\partial z}\triangleq\nabla_S+\boldsymbol{e}_z\dfrac{\partial}{\partial z}\\ \nabla^2=\dfrac{\partial^2}{\partial x^2}+\dfrac{\partial^2}{\partial y^2}+\dfrac{\partial^2}{\partial z^2}\triangleq\nabla_S^2+\dfrac{\partial^2}{\partial z^2}\end{cases}\qquad(6.5.3)$$

因为对坐标 z 和时间 t 的微分运算只作用于传播因子，所以可作如下等效：

$$\begin{cases}\dfrac{\partial}{\partial z}\to\mathrm{i}k_z\\ \dfrac{\partial}{\partial t}\to-\mathrm{i}\omega\end{cases}\qquad(6.5.4)$$

把式（6.5.2）～式（6.5.4）代入式（6.5.1），比较等式两边的轴向和横向分量可得

$$\begin{cases}\nabla_S\times\boldsymbol{E}_S=\mathrm{i}\omega\mu H_z\boldsymbol{e}_z & (1)\\ \nabla_S E_z\times\boldsymbol{e}_z+\mathrm{i}k_z\boldsymbol{e}_z\times\boldsymbol{E}_S=\mathrm{i}\omega\mu\boldsymbol{H}_S & (2)\end{cases}\qquad(6.5.5)$$

$$\begin{cases}\nabla_S\times\boldsymbol{H}_S=\mathrm{i}\omega\mu E_z\boldsymbol{e}_z & (1)\\ \nabla_S H_z\times\boldsymbol{e}_z+\mathrm{i}k_z\boldsymbol{e}_z\times\boldsymbol{H}_S=\mathrm{i}\omega\mu\boldsymbol{E}_S & (2)\end{cases}\qquad(6.5.6)$$

把上面两组方程的两个第（2）式联立解得

$$\begin{cases}\boldsymbol{E}_S=\dfrac{\mathrm{i}}{k_S^2}(k_z\nabla_S E_z+\omega\mu\nabla_S H_z\times\boldsymbol{e}_z) & (1)\\ \boldsymbol{H}_S=\dfrac{\mathrm{i}}{k_S^2}(k_z\nabla_S H_z-\omega\varepsilon\nabla_S E_z\times\boldsymbol{e}_z) & (2)\end{cases}\qquad(6.5.7)$$

其中 $k_S^2=\omega^2\varepsilon\mu-k_z^2=k^2-k_z^2=k_x^2+k_y^2$ 是横向分量的模的平方。上式表明，只要给出了轴

向分量 E_z 和 H_z，就可以立即写出横向分量 $\boldsymbol{E}_S$ 和 $\boldsymbol{H}_S$。E_z 和 H_z 可以为零也可以不为零，以此为依据可以把导行波的基本波型分为三类。

二、导行电磁波的基本波型

1. 横电（TE）波型

$E_z=0$，$H_z\neq 0$，式（6.5.7）化为

$$\begin{cases}\boldsymbol{E}_S=\dfrac{\mathrm{i}\omega\mu}{k_S^2}\boldsymbol{\nabla}_S H_z\times\boldsymbol{e}_z\\ \boldsymbol{H}_S=\dfrac{\mathrm{i}k_z}{k_S^2}\boldsymbol{\nabla}_S H_z\end{cases}\tag{6.5.8}$$

上面第二式两边叉积 $\boldsymbol{e}_z$ 后代入第一式可得

$$\boldsymbol{E}_S=\frac{\omega\mu}{k_z}\boldsymbol{H}_S\times\boldsymbol{e}_z\tag{6.5.9}$$

这表明横电波的电场与磁场相互垂直。

2. 横磁（TM）波型

$H_z=0$，$E_z\neq 0$，式（6.5.7）化为

$$\begin{cases}\boldsymbol{E}_S=\dfrac{\mathrm{i}k_z}{k_S^2}\boldsymbol{\nabla}_S E_z\\ \boldsymbol{H}_S=-\dfrac{\mathrm{i}\omega\varepsilon}{k_S^2}\boldsymbol{\nabla}_S E_z\times\boldsymbol{e}_z\end{cases}\tag{6.5.10}$$

上面第 1 式两边叉积 $\boldsymbol{e}_z$ 后代入第 2 式可得

$$\boldsymbol{H}_S=\frac{\omega\varepsilon}{k_z}\boldsymbol{e}_z\times\boldsymbol{E}_S\tag{6.5.11}$$

这表明横磁波的电场与磁场也相互垂直。

3. 横电磁（TEM）波型

$E_z=0$，$H_z=0$。由式（6.5.7）可知，若 $k_S\neq 0$，必有 $\boldsymbol{E}_S=0$ 和 $\boldsymbol{H}_S=0$，这是没有实际意义的。所以此时必有 $k_S=0$，即 $k_z=k=\omega\sqrt{\varepsilon\mu}$。在此情形下，直接利用式（6.5.5）和式（6.5.6）写出

$$\begin{cases}\boldsymbol{\nabla}_S\times\boldsymbol{E}_S=0\\ \boldsymbol{e}_z\times\sqrt{\varepsilon}\boldsymbol{E}_S=\sqrt{\mu}\boldsymbol{H}_S\end{cases}\tag{6.5.12}$$

$$\begin{cases}\boldsymbol{\nabla}_S\times\boldsymbol{H}_S=0\\ \sqrt{\mu}\boldsymbol{H}_S\times\boldsymbol{e}_z=\sqrt{\varepsilon}\boldsymbol{E}_S\end{cases}\tag{6.5.13}$$

用 $\boldsymbol{\nabla}_S$ 点积式（6.5.12）第 2 式两边并利用其第 1 式可得

$$\boldsymbol{\nabla}_S\cdot\boldsymbol{H}_S=0\tag{6.5.14}$$

同样，用 $\boldsymbol{\nabla}_S$ 点积式（6.5.13）第 2 式两边并利用其第 1 式可得

$$\boldsymbol{\nabla}_S\cdot\boldsymbol{E}_S=0\tag{6.5.15}$$

综合式（6.5.12）~（6.5.15）可知，此情形下电磁场方程与无电荷区域的二维静电

场方程和无电流区域的二维稳恒磁场方程形式上完全相同。对于理想导体波导管，由于导体内 $\boldsymbol{E}=0$ 和 $\boldsymbol{H}=0$，由边值关系可得波导管内部 $\boldsymbol{E}_S=0$ 和 $\boldsymbol{H}_S=0$，即**理想导体波导管不能传播 TEM 波**。可以证明，沿双线传输线传播的导行波可以是 TEM 波。

若同时有 $E_z\neq0$ 和 $H_z\neq0$，则波导管内的导行波可看做是 TE 波和 TM 波的叠加。

如前所述，只要求出导行波的轴向分量，其横向分量也可立即写出。下面先研究轴向分量 E_z 和 H_z 的求解问题。

三、导行电磁波的轴向分量方程及其边值关系

把导行波的轴向分量代入无源区域单色电磁波的亥姆霍兹方程，写出

$$\begin{cases}\nabla^2E_z+k^2E_z=0\\ \nabla^2H_z+k^2H_z=0\end{cases}$$

利用 $\nabla^2=\nabla_S^2-k_z^2$ 和 $k_S^2=k^2-k_z^2$ 可得

$$\begin{cases}\nabla_S^2E_z+k_S^2E_z=0\\ \nabla_S^2H_z+k_S^2H_z=0\end{cases}\tag{6.5.16}$$

因为导行波透入良导体的深度为零，所以可以认为良导体内部的电场和磁场为零，由此写出导行波在波导管内壁的切向边值关系为

$$\begin{cases}\boldsymbol{e}_n\times\boldsymbol{E}=0\\ \boldsymbol{e}_n\times\boldsymbol{H}=\boldsymbol{\alpha}_f\end{cases}\tag{6.5.17}$$

此关系满足后，自然满足的法向边值关系为

$$\begin{cases}\boldsymbol{e}_n\cdot\boldsymbol{D}=\sigma_f\\ \boldsymbol{e}_n\cdot\boldsymbol{B}=0\end{cases}\tag{6.5.18}$$

上面两式中的电磁场量是波导管内壁上的场量。式中的 $\boldsymbol{\alpha}_f$ 和 σ_f 分别是内壁上的传导面电流的线密度和自由电荷面密度，在电磁场未解出之前，这两个量是未知的。

导行波在内壁上的轴向分量平行于内壁表面，由式（6.5.17）第 1 式可得

$$E_z\big|_{\text{管壁}}=0\tag{6.5.19}$$

要给出 H_z 的边值关系，式（6.5.17）第 2 式不可用（因为 $\boldsymbol{\alpha}_f$ 未知）。为此，根据单色电磁波的方程写出电场与磁场的关系式

$$\nabla\times\boldsymbol{H}=\frac{\partial\boldsymbol{D}}{\partial t}=-\mathrm{i}\omega\varepsilon\boldsymbol{E}\tag{6.5.20}$$

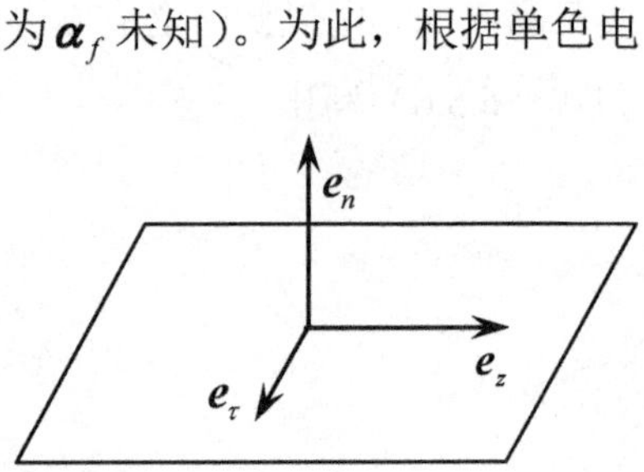

图 6.5.2

把矢量算符 ∇ 和电磁场量写成三个正交分量：轴向分量(单位矢 $\boldsymbol{e}_z$)、法向分量(单位矢 $\boldsymbol{e}_n$)和切向分量(单位矢 $\boldsymbol{e}_\tau$)。由 $\boldsymbol{e}_n\times\boldsymbol{E}=0$ 可得

$$E_\tau\big|_{\text{管壁}}=0\tag{6.5.21}$$

再利用式（6.5.20）得出

$$\left.\frac{\partial H_z}{\partial n}\right|_{\text{管壁}}=0\tag{6.5.22}$$

利用本节所给出的结果，可以讨论各种形状的理想导体波导管的传输特性。

6.6 金属矩形波导管

一、矩形波导管内的电磁波

如图 6.6.1 所示，边长分别为 a 和 b 的金属矩形波导管内沿 z 轴方向有单色导行波传播，设电场的轴向分量为

$$E_z = E_z^0(x,y)\mathrm{e}^{\mathrm{i}(k_z z-\omega t)}$$

式中：E_z^0 为 $t=0$ 时 $z=0$ 处的振幅。令

$$E_z^0(x,y)=\mathrm{X}(x)\,\mathrm{Y}(y) \qquad (6.6.1)$$

把上式代入式（6.5.16）的第一式，分离变量后可得

$$\begin{cases}\dfrac{\mathrm{d}^2\mathrm{X}}{\mathrm{d}x^2}+k_x^2\mathrm{X}=0\\[2ex]\dfrac{\mathrm{d}^2\mathrm{Y}}{\mathrm{d}y^2}+k_y^2\mathrm{Y}=0\end{cases} \qquad (6.6.2)$$

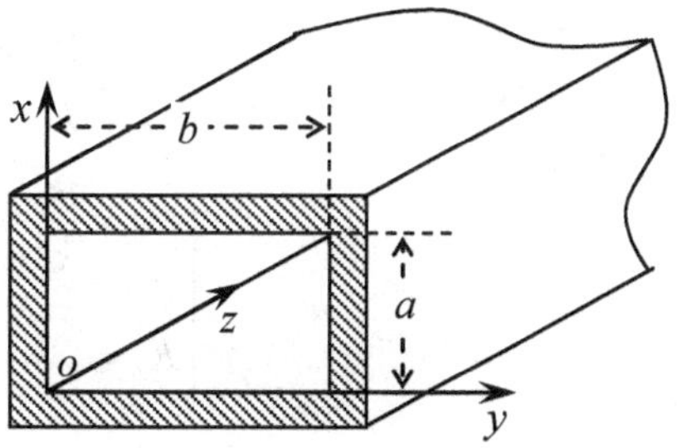

图 6.6.1

式中：k_x 和 k_y 为待定常数，且 $k_x^2+k_y^2+k_z^2=k^2$。解出式（6.6.2）的两式，写出

$$E_z^0=(C_1\sin k_x x+D_1\cos k_x x)(C_2\sin k_y y+D_2\cos k_y y)$$

其中 C_1、D_1、C_2、D_2 也是待定常数。利用边值关系 $E_z^0\big|_{管壁}=0$ 有：$E_z^0\big|_{x=0}=0$、$E_z^0\big|_{x=a}=0$、$E_z^0\big|_{y=0}=0$、$E_z^0\big|_{y=b}=0$，给出上式中的常数为：$D_1=0$，$D_2=0$，以及

$$\begin{cases}k_x=m\dfrac{\pi}{a}\\[2ex]k_y=n\dfrac{\pi}{b}\end{cases}\qquad (m,n=0,1,2,3,\cdots) \qquad (6.6.3)$$

并且记 $C_1C_2\triangleq E_{z\max}^0$，写出

$$E_z=E_{z\max}^0\sin\frac{m\pi x}{a}\sin\frac{n\pi y}{b}\mathrm{e}^{\mathrm{i}(k_z z-\omega t)} \qquad (6.6.4)$$

同样，利用式（6.5.16）的第二式、分离变量法和边值关系 $\partial H_z/\partial n\big|_{管壁}=0$，可得

$$H_z=H_{z\max}^0\cos\frac{m\pi x}{a}\cos\frac{n\pi y}{b}\mathrm{e}^{\mathrm{i}(k_z z-\omega t)} \qquad (6.6.5)$$

给出轴向分量后，就可利用前面的公式写出横向分量，从而给出波导管内的电磁波。

1. 矩形波导管内的 TE 波

对于 TE 波，$E_z=0$，$H_z\neq 0$，由式（6.6.5）和式（6.5.8）的第 2 式可得

$$\begin{cases}H_x=-\dfrac{\mathrm{i}k_z}{k_S^2}\dfrac{m\pi}{a}H_{z\max}^0\sin\dfrac{m\pi x}{a}\cos\dfrac{n\pi y}{b}\mathrm{e}^{\mathrm{i}(k_z z-\omega t)}\\[2ex]H_y=-\dfrac{\mathrm{i}k_z}{k_S^2}\dfrac{n\pi}{b}H_{z\max}^0\cos\dfrac{m\pi x}{a}\sin\dfrac{n\pi y}{b}\mathrm{e}^{\mathrm{i}(k_z z-\omega t)}\\[2ex]H_z=H_{z\max}^0\cos\dfrac{m\pi x}{a}\cos\dfrac{n\pi y}{b}\mathrm{e}^{\mathrm{i}(k_z z-\omega t)}\end{cases} \qquad (6.6.6)$$

再利用式（6.5.9）写出

$$\begin{cases} E_x = -\dfrac{\mathrm{i}\omega\mu}{k_S^2}\dfrac{n\pi}{b}H_{z\max}^0\cos\dfrac{m\pi x}{a}\sin\dfrac{n\pi y}{b}\mathrm{e}^{\mathrm{i}(k_z z-\omega t)} \\ E_y = \dfrac{\mathrm{i}\omega\mu}{k_S^2}\dfrac{m\pi}{a}H_{z\max}^0\sin\dfrac{m\pi x}{a}\cos\dfrac{n\pi y}{b}\mathrm{e}^{\mathrm{i}(k_z z-\omega t)} \end{cases} \tag{6.6.7}$$

2. 矩形波导管中的 TM 波

对于 TM 波，$H_z=0$，$E_z\neq 0$，由式（6.6.4）和式（6.5.10）的第 1 式可得

$$\begin{cases} E_x = \dfrac{\mathrm{i}k_z}{k_S^2}\dfrac{m\pi}{a}E_{z\max}^0\cos\dfrac{m\pi x}{a}\sin\dfrac{n\pi y}{b}\mathrm{e}^{\mathrm{i}(k_z z-\omega t)} \\ E_y = \dfrac{\mathrm{i}k_z}{k_S^2}\dfrac{n\pi}{b}E_{z\max}^0\sin\dfrac{m\pi x}{a}\cos\dfrac{n\pi y}{b}\mathrm{e}^{\mathrm{i}(k_z z-\omega t)} \\ E_z = E_{z\max}^0\sin\dfrac{m\pi x}{a}\sin\dfrac{n\pi y}{b}\mathrm{e}^{\mathrm{i}(k_z z-\omega t)} \end{cases} \tag{6.6.8}$$

再利用式（6.5.11）写出

$$\begin{cases} H_x = -\dfrac{\mathrm{i}\omega\varepsilon}{k_S^2}\dfrac{n\pi}{b}E_{z\max}^0\sin\dfrac{m\pi x}{a}\cos\dfrac{n\pi y}{b}\mathrm{e}^{\mathrm{i}(k_z z-\omega t)} \\ H_y = \dfrac{\mathrm{i}\omega\varepsilon}{k_S^2}\dfrac{m\pi}{a}E_{z\max}^0\cos\dfrac{m\pi x}{a}\sin\dfrac{n\pi y}{b}\mathrm{e}^{\mathrm{i}(k_z z-\omega t)} \end{cases} \tag{6.6.9}$$

以上讨论表明，对于 TE 波和 TM 波，m 和 n 可以取不同值。我们把不同的 m 和 n 对应的电磁波称为波的模式，简称**波模**，例如：TE_{mn} 模、TM_{mn} 模。对于 TE 波，可以存在 TE_{10} 模和 TE_{01} 模等。对于 TM 波，由式(6.6.9)可知，若 m 和 n 有一个为零，必有 $E_z=0$。因为理想导体波导管不传播 TEM 波，所以**不存在** TM_{10} 和 TM_{01} **等波模**。

二、金属波导管的传输特性

1. 截止频率和截止波长

由上面的讨论结果可以写出

$$k_z^2 = k^2-(k_x^2+k_y^2) = \omega^2\varepsilon\mu-[(\frac{m}{a})^2+(\frac{n}{b})^2]\pi^2 \tag{6.6.10}$$

对于给定的波导管和波模，若电磁波的圆频率 ω 太低，使得 $k_z^2<0$，则 k_z 是虚数，表示相应的电磁波由于振幅衰减而不能在波导管内持续传播。对于某一波模，使得 $k_z=0$ 的圆频率称为截止圆频率，相应的波长称为截止波长。由式（6.6.11）可得截止圆频率为

$$\omega_{c,mn} = \frac{\pi}{\sqrt{\varepsilon\mu}}\sqrt{(\frac{m}{a})^2+(\frac{n}{b})^2} = \pi v\sqrt{(\frac{m}{a})^2+(\frac{n}{b})^2} \tag{6.6.11}$$

相应的截止波长为

$$\lambda_{c,mn} = \frac{2\pi v}{\omega_{c,mn}} = \frac{2}{\sqrt{(m/a)^2+(n/b)^2}} \tag{6.6.12}$$

设矩形波导管横截面的边长 $b>a$，由上式可知，对于 TE_{01} 模，截止波长有最大值

$$\lambda_{c,01} = 2b \tag{6.6.13}$$

因此，波导管内能够传播的导行波的最大波长为$2b$。由于波导管横截面的尺寸不可能做得太大，所以用波导管传播无线电波不现实。在厘米波段，波导管的应用最广。

对于给定的波导管和波模，$\omega<\omega_{c,mn}$（或$\lambda>\lambda_{c,mn}$）的波不能传播。另一方面，对于给定ω（或λ）的电磁波，只有几个波模可持续传播，其余波模都将被衰减掉。例如：设矩形波导管边长分别为$a=3\text{cm}$和$b=7\text{cm}$，写出低阶波模的截止波长为

波模(m,n)	$(0,1)$	$(0,2)$	$(0,3)$	$(1,0)$	$(2,0)$	$(1,1)$	$(1,2)$
截止波长$\lambda_{c,mn}$ / cm	14.0	7.0	4.7	6.0	3.0	6.5	4.6

由上表可以看出，若在波导管内激发$\lambda=5\text{cm}$的电磁波，能够传播的波模是：TE_{01}、TE_{02}、TE_{10}、TE_{11}和TM_{11}，其余波模都不能传播。由上表还可以看出，TE_{01}模与邻近高阶模的截止波长差值最大，说明TE_{01}模的工作波段最宽。

2. 相速度与波导波长

在波导管中沿z轴传播的导行波的相位为$\phi=k_z z-\omega t$，在前面已经定义，等相面沿z轴的传播速度称为**相速度**，其数学表达式为

$$v_P=\left.\frac{\mathrm{d}z}{\mathrm{d}t}\right|_{\phi=常数}=\frac{\omega}{k_z} \tag{6.6.14}$$

把式（6.6.10）两边开平方写出k_z的表达式，并假设波导管内是真空，代入上式可得

$$v_P=\frac{1/\sqrt{\varepsilon_0\mu_0}}{\sqrt{1-[(\frac{m}{a})^2+(\frac{n}{b})^2]\frac{\pi^2}{\omega^2\varepsilon_0\mu_0}}}=\frac{c}{\sqrt{1-[(\frac{m}{a})^2+(\frac{n}{b})^2]\frac{\pi^2c^2}{\omega^2}}}>c \tag{6.6.15}$$

其中$c=1/\sqrt{\varepsilon_0\mu_0}$是真空光速。等相面一个周期内传播的距离称为**波导波长**，记为λ_g：

$$\lambda_g=v_PT>cT=\lambda_0$$

应该指出，虽然式（6.6.15）表明波导管中单色波的相速度大于真空光速（波导波长大于真空波长），但是这一结论与狭义相对论并不矛盾。理由是：从数学上来说，纯粹的单色波是指空间z和时间t都趋向于正负无穷大的单色波，这样的波在自然界是不存在的。在自然界，信号和能量以群速度向前传播，而群速度不会超过真空光速。

3. 群速度

利用电磁波传输信号和能量时，称此电磁波为载波。必须用信号波对载波进行调制。设调制后的波记为$E(z,t)$，应用傅里叶积分把$E(z,t)$分解为不同圆频率的波的叠加，即

$$E(z,t)=\int E_0(\omega)\mathrm{e}^{\mathrm{i}[k_z(\omega)z-\omega t]}\mathrm{d}\omega \tag{6.6.16}$$

设$E(z,t)$的频谱范围为$[\omega_0-\varepsilon,\omega_0+\varepsilon]$，其中$\omega_0$称为中心圆频率，$\varepsilon$是个小量。对频谱范围内圆频率为$\omega$的波，把上式中的传播因子作如下处理：

$$\begin{cases}\omega=\omega_0+\Delta\omega\\ k_z(\omega_0+\Delta\omega)=k_z(\omega_0)+\Delta k_z\end{cases} \tag{6.6.17}$$

从而把式（6.6.16）写为$E(z,t)=\int E_0(\omega)\mathrm{e}^{\mathrm{i}[\Delta k_z z-\Delta\omega t]}\mathrm{d}\omega\mathrm{e}^{\mathrm{i}[k_z(\omega_0)z-\omega_0 t]}$

令

$$A(z,t)=\int E_0(\omega)e^{i[\Delta k_z z-\Delta\omega t]}d\omega \tag{6.6.18}$$

有

$$E(z,t)=A(z,t)e^{i[k_z(\omega_0)z-\omega_0 t]} \tag{6.6.19}$$

因此调制波可以看成是振幅为$A(z,t)$、中心圆频率为ω_0的波。$A(z,t)$就是波包，波包的传播速度称为**群速度**，其定义为

$$v_g=dz/dt\Big|_{A=常数} \tag{6.6.20}$$

$A=$常数要求$dA/dt=0$，由式（6.6.18）写出

$$\frac{dA}{dt}=\frac{\partial A}{\partial t}+\frac{\partial A}{\partial z}\frac{dz}{dt}=\int i(\Delta k_z\frac{dz}{dt}-\Delta\omega)E_0(\omega)e^{i[\Delta k_z z-\Delta\omega t]}d\omega=0$$

综合以上两式，并且取$\Delta\omega\to 0$的极限情形，有

$$v_g=d\omega/dk_z \tag{6.6.21}$$

相速度与群速度的关系

把$v_P k_z=\omega$两边对ω求导，有$\frac{dv_P}{d\omega}k_z+v_P\frac{dk_z}{d\omega}=\frac{dv_P}{d\omega}\frac{\omega}{v_P}+\frac{v_P}{v_g}=1$

所以

$$v_g=v_P/[1-\frac{dv_P}{d\omega}\frac{\omega}{v_P}] \tag{6.6.22}$$

对于无界空间的电磁波，若介质无色散或者是真空，$dv_P/d\omega=0$，$v_g=v_P$。

对于真空波导管中的导行波，$v_P=\omega/\sqrt{\omega^2/c^2-k_S^2}$，由此写出

$$\frac{dv_P}{d\omega}=\frac{-k_S^2}{[(\omega/c)^2-k_S^2]^{3/2}}=-\frac{k_S^2v_P^3}{\omega^3}$$

把上式代入式（6.6.22）可得

$$v_g=\frac{v_P}{1+k_S^2(\frac{v_P}{\omega})^2}=\frac{\omega^2}{v_P[(\frac{\omega}{v_P})^2+k_S^2]}=\frac{c^2}{v_P}$$

即

$$v_g v_P=c^2 \tag{6.6.23}$$

因为波导管内导行波的$v_P>c$，所以$v_g<c$。

三、波导管的传输功率和功率损耗

1. 波导管的传输功率

波导管中平均单位时间内通过任一横截面的电磁能称为波导管的传输功率。根据此定义，传输功率也等于平均能流密度矢量在任一横截面上的面积分，即

$$P_{功}=\frac{1}{2}\int_{横截面}\mathrm{Re}\{\boldsymbol{E}\times\boldsymbol{H}^*\}\cdot d\boldsymbol{s} \tag{6.6.24}$$

2. 波导管中的功率损耗

波导管中的功率损耗包括两部分，其中一部分是管壁导体中的焦耳热损耗，另一部

分是介质中的损耗。若波导管内是真空，则只存在管壁导体的热损耗。如前所述，可以认为管壁导体中的电流集中在厚度为δ（穿透深度）的薄层内。单位长单位宽厚度为δ的表面导体的电阻为

$$R_S=\frac{1}{\sigma_e}\sqrt{\frac{\omega\mu_0\sigma_e}{2}}=\frac{1}{\sigma_e\delta}$$

由磁场的切向边值关系可得管壁表面电流的线密度为$\boldsymbol{\alpha}=\boldsymbol{e}_n\times\boldsymbol{H}$，结合$\boldsymbol{e}_n\cdot\boldsymbol{H}=0$可得

$$\boldsymbol{\alpha}^*\cdot\boldsymbol{\alpha}=\boldsymbol{H}^*\cdot\boldsymbol{H}$$

真空波导管单位长度的焦耳热损耗为

$$P_{耗}=\frac{1}{2}\sqrt{\frac{\omega\mu_0}{2\sigma_e}}\int_{单位长侧面}\mathrm{Re}\{\boldsymbol{H}^*\cdot\boldsymbol{H}\}\mathrm{d}s \qquad (6.6.25)$$

3. 波导管的衰减系数

设波导管中导行波沿z轴传播，在坐标为z和$z+\mathrm{d}z$处电场振幅分别为E和$E+\mathrm{d}E$。容易写出$\mathrm{d}E=-\alpha_z E\mathrm{d}z$，其中$\alpha_z$是大于零的实数，称为衰减系数。由此容易解出$E=E_0\mathrm{e}^{-\alpha_z z}$。同样可得磁场也含有衰减因子$\mathrm{e}^{-\alpha_z z}$，所以传输功率表示为$P_{功}=P_0\mathrm{e}^{-2\alpha_z z}$，其中$P_0$是$z=0$处的传输功率。根据能量关系，单位长度功率衰减为

$$P_{耗}=-\frac{\mathrm{d}P_{功}}{\mathrm{d}z}=2\alpha_z P_0\mathrm{e}^{-2\alpha_z z}=2\alpha_z P_{功} \qquad (6.6.26)$$

即

$$\alpha_z=\frac{P_{耗}}{2P_{功}} \qquad (6.6.27)$$

由此可见，衰减系数α_z的意义是：**单位长度上振幅的相对衰减量**，也是**单位长度上功率的相对衰减量的 1/2**。

四、矩形波导管内的 TE_{01} 波

若要求在波导管中可以同时传播几个模式的导行波，则对波导管的设计和制造工艺就要提出更高的要求。所以，为了简化设计和制造工序，实际中的波导管通常用单模工作。若波导管横截面的边长$b>a$，则截止波长有最大值$\lambda_{c,01}=2b$，此时取 TE_{01} 模为工作模式，主要目的是使得截止波长最大的同时波导管横截面的几何尺寸最小。其次，TE_{01} 模与邻近高阶模的截止波长差值最大，即 TE_{01} 模的工作波段最宽。

1. TE_{01} 模的电磁场

在式（6.6.6）和式（6.6.7）中令$m=0$、$n=1$和$k_S^2=(\pi/b)^2$可得

$$\boldsymbol{H}=H_{z\max}^0(-ik_{z01}\frac{b}{\pi}\sin\frac{\pi y}{b}\boldsymbol{e}_y+\cos\frac{\pi y}{b}\boldsymbol{e}_z)\mathrm{e}^{\mathrm{i}(k_{z01}z-\omega t)} \qquad (6.6.28)$$

$$\boldsymbol{E}=-i\omega\mu\frac{b}{\pi}H_{z\max}^0\sin\frac{\pi y}{b}\boldsymbol{e}_x\mathrm{e}^{\mathrm{i}(k_{z01}z-\omega t)} \qquad (6.6.29)$$

2. TE_{01} 模的平均能流密度

$$\overline{\boldsymbol{S}}=\frac{1}{2}\mathrm{Re}\{\boldsymbol{E}^*\times\boldsymbol{H}\}=\frac{1}{2}k_{z01}\omega\mu(\frac{b}{\pi}H_{z\max}^0\sin\frac{\pi y}{b})^2\boldsymbol{e}_z \qquad (6.6.30)$$

3. TE_{01} 模的传输功率

$$P_{功}=\int_{横截面}\overline{\boldsymbol{S}}\cdot\mathrm{d}\boldsymbol{s}=\frac{1}{2}k_{z01}\omega\mu(\frac{b}{\pi}H_{z\max}^{0})^{2}\int_{0}^{a}\mathrm{d}x\int_{0}^{b}\sin^{2}\frac{\pi y}{b}\mathrm{d}y$$
$$=\frac{1}{4}k_{z01}\omega\mu\frac{ab^{3}}{\pi^{2}}(H_{z\max}^{0})^{2} \tag{6.6.31}$$

4. TE_{01} 模的表面电流

利用式（6.6.28）和边值关系 $\boldsymbol{\alpha}=\boldsymbol{e}_n\times\boldsymbol{H}$ 可得

在 $y=0,b$ 平面上

$$\boldsymbol{\alpha}\Big|_{\substack{y=0\\y=b}}=H_{z\max}^{0}\boldsymbol{e}_x\mathrm{e}^{\mathrm{i}(k_{z01}z-\omega t)} \tag{6.6.32}$$

在 $x=0,a$ 平面上

$$\boldsymbol{\alpha}\Big|_{\substack{x=0\\x=a}}=\mp H_{z\max}^{0}(\mathrm{i}k_{z01}\frac{b}{\pi}\sin\frac{\pi y}{b}\boldsymbol{e}_z+\cos\frac{\pi y}{b}\boldsymbol{e}_y)\mathrm{e}^{\mathrm{i}(k_{z01}z-\omega t)} \tag{6.6.33}$$

式（6.6.32）和式（6.6.33）给出了波导管内表面的电流分布。图 6.6.2 定性地绘出了横截面处表面电流的环绕方向。综合公式和图形可知，在波导管的两个窄边上，只有横向电流，并且两个面上的电流大小相等，方向相同。由此可见，若窄边上有横向细缝，不会对管内的场产生大的扰动。在波导管的两个宽边上，既有横向电流，也有轴向电流。在 $y=0$ 和 $y=b$ 处，轴向电流为零，横向电流最大；在 $y=b/2$ 处，横向电流为零，轴向电流最大。由此可见，若宽边中线上有轴向细缝，也不会对管内的场产生大的扰动。这个结论在波导技术中有重要应用。

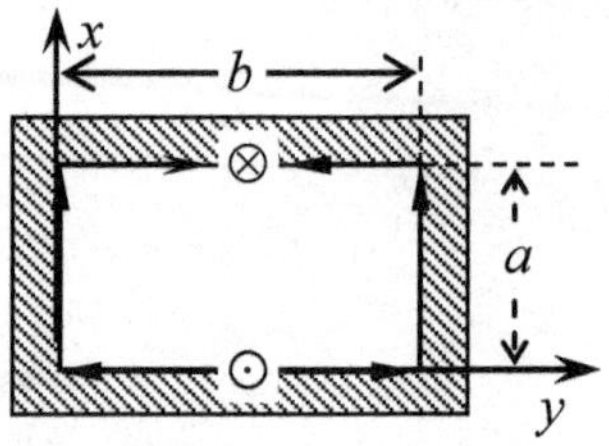

图 6..6.2

5. TE_{01} 模单位长度的导体损耗

由式（6.6.25）和式（6.6.28）可得

$$P_{耗(窄)}=a\sqrt{\frac{\omega\mu_0}{2\sigma_e}}\,(H_{z\max}^{0})^{2}，\quad P_{耗(宽)}=\frac{b}{2}[(k_{z01}\frac{b}{\pi})^{2}+1]\sqrt{\frac{\omega\mu_0}{2\sigma_e}}\,(H_{z\max}^{0})^{2}$$

单位长度的导体损耗为

$$P_{耗}=[(k_{z01}\frac{b}{\pi})^{2}\frac{b}{2}+\frac{b}{2}+a]\sqrt{\frac{\omega\mu_0}{2\sigma_e}}\,(H_{z\max}^{0})^{2} \tag{6.6.34}$$

6. TE_{01} 模的相速度和群速度

由式（6.6.15）写出 TE_{01} 模的相速度为

$$v_{P01}=\frac{\omega bc}{\sqrt{\omega^{2}b^{2}-\pi^{2}c^{2}}} \tag{6.6.35}$$

再由式（6.6.23）写出 TE_{01} 模的群速度为

$$v_{g01}=\frac{c^{2}}{v_{P01}}=c\sqrt{1-\frac{\pi^{2}c^{2}}{\omega^{2}b^{2}}} \tag{6.6.36}$$

TE_{01} 模的相速度和群速度的关系可以用平面波在管内的连续反射和叠加来解释。对于 TE_{01} 模，有 $k_{x01}=0$，$k_{y01}=\pi/b$，$k=2\pi/\lambda$（$\lambda<2b$）。令

$$\frac{k_{y01}}{k}=\frac{\lambda}{2b}=\cos\theta$$

则

$$\frac{k_{z01}}{k}=\sin\theta$$

对于上述两式，可以这样认为：波矢为$\boldsymbol{k}$的单色平面波以入射角θ入射到良导体的表面，其波矢可以分解为横向分量k_{y01}和轴向分量k_{z01}（图 6.6.3）。因为考察的是 TE 波，所以$\boldsymbol{E}$垂直于入射面，$\boldsymbol{H}$平行于入射面。TE_{01}模的电矢量为

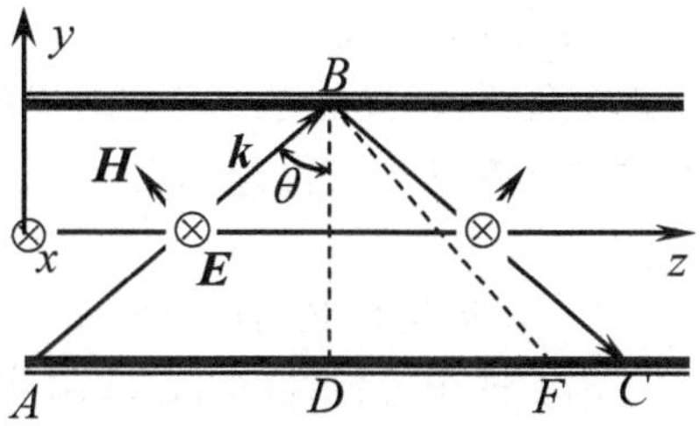

图 6.6.3

$$\begin{aligned}\boldsymbol{E}&=-\mathrm{i}\omega\mu_0\frac{b}{\pi}H_{z\max}^0\sin\frac{\pi y}{b}\mathrm{e}^{\mathrm{i}(k_{z01}z-\omega t)}\boldsymbol{e}_x\\&=-\mathrm{i}\frac{k}{k_{y01}}\sqrt{\frac{\mu_0}{\varepsilon_0}}H_{z\max}^0\sin k_{y01}y\mathrm{e}^{\mathrm{i}(k_{z01}z-\omega t)}\boldsymbol{e}_x\\&=-\frac{1}{2}\sqrt{\frac{\mu_0}{\varepsilon_0}}\frac{H_{z\max}^0}{\cos\theta}(\mathrm{e}^{\mathrm{i}k_{y01}y}-\mathrm{e}^{-\mathrm{i}k_{y01}y})\mathrm{e}^{\mathrm{i}(k_{z01}z-\omega t)}\boldsymbol{e}_x\\&=-\frac{1}{2}E_{\max}^0[\mathrm{e}^{\mathrm{i}(k_{y01}y+k_{z01}z-\omega t)}+\mathrm{e}^{\mathrm{i}(-k_{y01}y+k_{z01}z-\omega t+\pi)}]\boldsymbol{e}_x\end{aligned}$$

上式右边方括号内的第一项代表沿$\overline{AB}$方向以光速c传播的入射波，第二项代表沿$\overline{BC}$方向传播的相位突变了π的反射波。在图中作$\overline{AD}\perp\overline{AC}$，$\overline{BF}\perp\overline{AB}$。可以看出，从$A$点发出的波，经过$\Delta t$时间以后，其电磁振动以光速$c$传播到$B$点，其电磁能量沿$z$轴以群速度$v_g$传播到$D$点，其等相面沿$z$轴以相速度$v_p$传播到$F$点。由几何关系得：$\overline{AD}\cdot\overline{AF}=(\overline{AB})^2$，即$v_g\cdot v_p=c^2$。由此也可看出，相速度只是一种数学描述方法，并不代表信号的传播。

6.7　谐　振　腔

取一段长度为d的金属导体波导管，把两个端口用金属导体板封闭起来，从而构成一个金属谐振腔（图 6.7.1），用以产生高频电磁振荡。

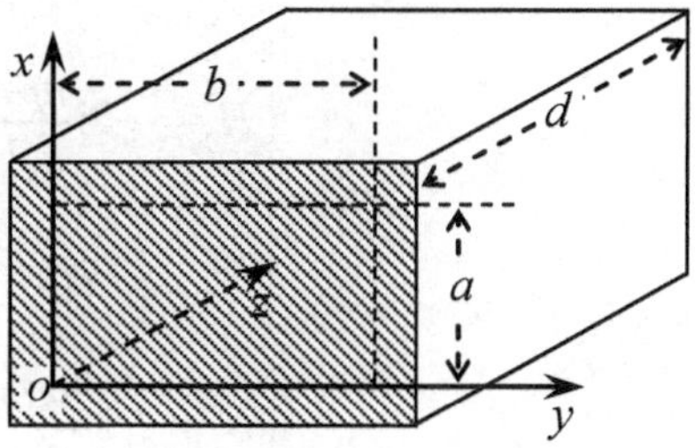

图 6.7.1

我们已经知道，用 LC 振荡电路也可以产生电磁振荡。把自感系数为L的电感和电容量为C的电容串联组成回路，则回路的振荡圆频率为$\omega=1/\sqrt{LC}$。如果要提高谐振频率，必须减小L和C。当频率提高到一定程度后，具有很小的L的电感和很小的C的电容不再能够把磁场和电场限制在其内部，而是产生对外空间开放的电磁场，所以有辐射损耗。随着振荡频率的提高，辐射损耗将大大增加。另一方面，随着振荡频率的

提高，趋肤效应也很显著，从而增大了焦耳热损耗。所以，LC 电路只适用于产生低频电磁振荡。如果要产生微波段的高频电磁振荡，通常用金属谐振腔。本节以矩形谐振腔为例，说明谐振腔产生电磁振荡的原理、振荡模式以及谐振腔的主要参量。

一、矩形谐振腔内的电磁场

利用矩形波导管中的电磁场可以导出矩形谐振腔中的电磁场模式。基本思想是：由于谐振腔两个端面的反射，所以腔内存在沿 z 轴正向传播的波，也存在沿 z 轴反方向传播的波。在两个端面边值关系的约束下，正、反向的波相互叠加形成了谐振腔中的电磁驻波。

1. 矩形谐振腔内的 TE 模

沿 z 轴正向传播的 TE 波由式（6.6.6）和式（6.6.7）两式描述。把两式中的 k_z 换为 $-k_z$ 就写出沿 z 轴反向传播的 TE 波。沿正、反向传播的波相互叠加可得

$$\begin{cases} H_x = -\dfrac{\mathrm{i}k_z}{k_S^2}\dfrac{m\pi}{a}\sin\dfrac{m\pi x}{a}\cos\dfrac{n\pi y}{b}[H_{z\max}^0\mathrm{e}^{\mathrm{i}k_z z} - H_{z\max}'^0\mathrm{e}^{-\mathrm{i}k_z z}]\mathrm{e}^{-\mathrm{i}\omega t} \\ H_y = -\dfrac{\mathrm{i}k_z}{k_S^2}\dfrac{n\pi}{b}\cos\dfrac{m\pi x}{a}\sin\dfrac{n\pi y}{b}[H_{z\max}^0\mathrm{e}^{\mathrm{i}k_z z} - H_{z\max}'^0\mathrm{e}^{-\mathrm{i}k_z z}]\mathrm{e}^{-\mathrm{i}\omega t} \\ H_z = \cos\dfrac{m\pi x}{a}\cos\dfrac{n\pi y}{b}[H_{z\max}^0\mathrm{e}^{\mathrm{i}k_z z} + H_{z\max}'^0\mathrm{e}^{-\mathrm{i}k_z z}]\mathrm{e}^{-\mathrm{i}\omega t} \end{cases} \tag{6.7.1}$$

$$\begin{cases} E_x = -\dfrac{\mathrm{i}\omega\mu}{k_S^2}\dfrac{n\pi}{b}\cos\dfrac{m\pi x}{a}\sin\dfrac{n\pi y}{b}[H_{z\max}^0\mathrm{e}^{\mathrm{i}k_z z} + H_{z\max}'^0\mathrm{e}^{-\mathrm{i}k_z z}]\mathrm{e}^{-\mathrm{i}\omega t} \\ E_y = \dfrac{\mathrm{i}\omega\mu}{k_S^2}\dfrac{m\pi}{a}\sin\dfrac{m\pi x}{a}\cos\dfrac{n\pi y}{b}[H_{z\max}^0\mathrm{e}^{\mathrm{i}k_z z} + H_{z\max}'^0\mathrm{e}^{-\mathrm{i}k_z z}]\mathrm{e}^{-\mathrm{i}\omega t} \end{cases} \tag{6.7.2}$$

由磁场边值关系 $\boldsymbol{e}_n \cdot \boldsymbol{H} = 0$ 写出

$$H_z\big|_{z=0,d} = 0 \tag{6.7.3}$$

由此可得

$$\begin{cases} H_{z\max}^0 = -H_{z\max}'^0 \\ k_z = p\pi/d \quad (p = 1,2,3,\cdots) \end{cases} \tag{6.7.4}$$

把式（6.7.4）代入式（6.7.1）和式（6.7.2）可得

$$\begin{cases} H_x = -2\mathrm{i}\dfrac{mp\pi^2}{k_S^2 ad}\sin\dfrac{m\pi x}{a}\cos\dfrac{n\pi y}{b}\cos\dfrac{p\pi z}{d}H_{z\max}^0\mathrm{e}^{-\mathrm{i}\omega t} \\ H_y = -2\mathrm{i}\dfrac{np\pi^2}{k_S^2 bd}\cos\dfrac{m\pi x}{a}\sin\dfrac{n\pi y}{b}\cos\dfrac{p\pi z}{d}H_{z\max}^0\mathrm{e}^{-\mathrm{i}\omega t} \\ H_z = 2\mathrm{i}\cos\dfrac{m\pi x}{a}\cos\dfrac{n\pi y}{b}\sin\dfrac{p\pi z}{d}H_{z\max}^0\mathrm{e}^{-\mathrm{i}\omega t} \end{cases} \tag{6.7.5}$$

$$\begin{cases} E_x = 2\dfrac{\omega\mu}{k_S^2}\dfrac{n\pi}{b}\cos\dfrac{m\pi x}{a}\sin\dfrac{n\pi y}{b}\cos\dfrac{p\pi z}{d}H_{z\max}^0\mathrm{e}^{-\mathrm{i}\omega t} \\ E_y = -2\dfrac{\omega\mu}{k_S^2}\dfrac{m\pi}{a}\sin\dfrac{m\pi x}{a}\cos\dfrac{n\pi y}{b}\cos\dfrac{p\pi z}{d}H_{z\max}^0\mathrm{e}^{-\mathrm{i}\omega t} \end{cases} \tag{6.7.6}$$

2. 矩形谐振腔内的 TM 模

根据式（6.6.8）和式（6.6.9）两式，分别写出矩形谐振腔中沿 z 轴正向和反向传播的 TM 波，写出正、反向 TM 波的叠加表达式，利用电场的边值关系 $\boldsymbol{e}_n \times \boldsymbol{E} = 0$ 写出 $E_x\big|_{z=0,d} = 0$ 和 $E_y\big|_{z=0,d} = 0$，可得谐振腔中的 TM 模为

$$\begin{cases} E_x = -2\dfrac{k_z}{k_S^2}\dfrac{m\pi}{a}\cos\dfrac{m\pi x}{a}\sin\dfrac{n\pi y}{b}\sin\dfrac{p\pi z}{d}E_{z\max}^0 e^{-i\omega t} \\ E_y = -2\dfrac{k_z}{k_S^2}\dfrac{n\pi}{b}\sin\dfrac{m\pi x}{a}\cos\dfrac{n\pi y}{b}\sin\dfrac{p\pi z}{d}E_{z\max}^0 e^{-i\omega t} \\ E_z = 2\sin\dfrac{m\pi x}{a}\sin\dfrac{n\pi y}{b}\cos\dfrac{p\pi z}{d}E_{z\max}^0 e^{-i\omega t} \end{cases} \tag{6.7.7}$$

$$\begin{cases} H_x = -2i\dfrac{\omega\varepsilon}{k_S^2}\dfrac{n\pi}{b}\sin\dfrac{m\pi x}{a}\cos\dfrac{n\pi y}{b}\cos\dfrac{p\pi z}{d}E_{z\max}^0 e^{-i\omega t} \\ H_y = 2i\dfrac{\omega\varepsilon}{k_S^2}\dfrac{m\pi}{a}\cos\dfrac{m\pi x}{a}\sin\dfrac{n\pi y}{b}\cos\dfrac{p\pi z}{d}E_{z\max}^0 e^{-i\omega t} \end{cases} \tag{6.7.8}$$

以上式（6.7.5）～式（6.7.8）四式说明，谐振腔中的电磁场不是行波，而是特殊的简正模式，即以腔壁为边界的三维电磁驻波。谐振腔中的简正模分别标记为 TE_{mnp} 和 TM_{mnp}。注意，对于 TE_{mnp} 模，p 不能取为零，对于 TM_{mnp} 模，p 可以取为零。

二、矩形谐振腔的本征频率

如前所述，由谐振腔的边值关系可得

$$k_x = \frac{m}{a}\pi，\quad k_y = \frac{n}{b}\pi，\quad k_z = \frac{p}{d}\pi$$

因为 $k_x^2 + k_y^2 + k_z^2 = k^2 = \omega^2\mu\varepsilon$，所以

$$\omega_{mnp} = \frac{\pi}{\sqrt{\varepsilon\mu}}\sqrt{\left(\frac{m}{a}\right)^2 + \left(\frac{n}{b}\right)^2 + \left(\frac{p}{d}\right)^2} \tag{6.7.9}$$

上式表明，谐振腔内电磁振荡的圆频率只能取一些特殊的离散值，这些离散的圆频率称为谐振腔的本征圆频率。本征圆频率是谐振腔的一个重要参量，**只有当激励源的圆频率等于本征圆频率时，谐振腔中的电磁振荡才能达到最强**。

三、谐振腔的品质因素

谐振腔中有电磁振荡时，腔的内壁和腔内介质中都会有能量损耗。能量损耗率越小，则称此谐振腔的品质越高。通常定义**固有品质因素**和**有载品质因素**来描述谐振腔的能量品质。下面只给出固有品质因素的定义。

设谐振腔内电磁场的平均能量密度为 $\overline{w}$，则腔内电磁能的时间平均值为

$$\overline{W} = \int_V \overline{w}\,\mathrm{d}V$$

腔内电磁场的损耗功率为

$$P_{\text{损}} = P_{\text{导损}} + P_{\text{介损}}$$

若腔内是真空，则

$$P_{损} = P_{导损} = \frac{1}{2} R_S \int_{腔内表面} \mathrm{Re}\{\boldsymbol{H}^* \cdot \boldsymbol{H}\} \mathrm{d}s$$

$$= \frac{1}{2} \frac{1}{\sigma_e \delta} \int_{腔内表面} \mathrm{Re}\{\boldsymbol{H}^* \cdot \boldsymbol{H}\} \mathrm{d}s = \frac{1}{2} \sqrt{\frac{\omega \mu_0}{2\sigma_e}} \int_{腔内表面} \mathrm{Re}\{\boldsymbol{H}^* \cdot \boldsymbol{H}\} \mathrm{d}s$$

一个周期内损耗的能量为$\bar{W}_{损} = P_{损} T$。定义谐振腔的固有品质因素为

$$Q_0 = 2\pi \frac{\bar{W}}{\bar{W}_{损}} = \omega \frac{\bar{W}}{P_{损}} \tag{6.7.10}$$

四、矩形谐振腔的 TE_{011} 模

在微波技术中，为了得到特定频率的电磁振荡的同时使得谐振腔的几何尺寸尽量小，通常选择最低模式。在更高频率的情况下也用到高阶模式。设谐振腔内部的边长 $b>a$，$d>a$，则 TE_{011} 模对应的本征频率最低。

1. TE_{011} 模的电磁场

在式（6.7.6）和式（6.7.5）中令 $m=0$，$n=1$，$p=1$，$k_S^2 = (\pi / b)^2$，可得电磁场的各分量为：$E_y = 0$，$E_z = 0$，$H_x = 0$，且

$$\begin{cases} H_y = -2\mathrm{i} \dfrac{b}{d} \sin\dfrac{\pi y}{b} \cos\dfrac{\pi z}{d} H_{z\max}^0 \mathrm{e}^{-\mathrm{i}\omega t} \\ H_z = 2\mathrm{i} \cos\dfrac{\pi y}{b} \sin\dfrac{\pi z}{d} H_{z\max}^0 \mathrm{e}^{-\mathrm{i}\omega t} \end{cases} \tag{6.7.11}$$

$$E_x = 2\omega\mu \frac{b}{\pi} \sin\frac{\pi y}{b} \cos\frac{\pi z}{d} H_{z\max}^0 \mathrm{e}^{-\mathrm{i}\omega t} \tag{6.7.12}$$

上两式表明，TE_{011} 模的电磁场与 x 无关；在 y 和 z 方向都成半驻波分布。

2. TE_{011} 模的本征频率

在式（6.7.9）中令 $m=0$，$n=1$，$p=1$，写出

$$\omega_{011} = \frac{\pi}{\sqrt{\varepsilon\mu}} \sqrt{(\frac{1}{b})^2 + (\frac{1}{d})^2} \tag{6.7.13}$$

3. TE_{011} 模的固有品质因素

由式（6.7.12）和式（6.7.13）写出

$$\bar{W}_e = \frac{1}{2} \varepsilon \int_V \mathrm{Re}\{\boldsymbol{E}^* \cdot \boldsymbol{E}\} \mathrm{d}V$$

$$= 2\mu(1 + \frac{b^2}{d^2})(H_{z\max}^0)^2 \int_0^a \mathrm{d}x \int_0^b \sin^2\frac{\pi y}{b} \mathrm{d}y \int_0^d \cos^2\frac{\pi z}{d} \mathrm{d}z$$

$$= \frac{\mu}{2}(1 + \frac{b^2}{d^2}) abd (H_{z\max}^0)^2$$

由式（6.7.11）写出

$$\bar{W}_m = \frac{1}{2} \mu \int_V \mathrm{Re}\{\boldsymbol{H}^* \cdot \boldsymbol{H}\} \mathrm{d}V$$

$$= 2\mu (H_{z\max}^0)^2 \int_0^a \int_0^b \int_0^d (\frac{b^2}{d^2} \sin^2\frac{\pi y}{b} \cos^2\frac{\pi z}{d} + \cos^2\frac{\pi y}{b} \sin^2\frac{\pi z}{d}) \mathrm{d}x\mathrm{d}y\mathrm{d}z$$

$$=\frac{\mu}{2}(1+\frac{b^2}{d^2})abd(H_{z\max}^0)^2$$

可见谐振腔中电场能和磁场能的时间平均值相等。

设腔内是真空，写出谐振腔的损耗功率为

$$P_{耗}=\frac{1}{2}R_S\int_{腔内表面}\mathrm{Re}\{\boldsymbol{H}^*\cdot\boldsymbol{H}\}\mathrm{d}s$$

$$=4R_S(H_{z\max}^0)^2\{\int_0^b\int_0^d(\frac{b^2}{d^2}\sin^2\frac{\pi y}{b}\cos^2\frac{\pi z}{d}+\cos^2\frac{\pi y}{b}\sin^2\frac{\pi z}{d})\mathrm{d}y\mathrm{d}z$$

$$+\int_0^a\int_0^d\sin^2\frac{\pi z}{d}\mathrm{d}x\mathrm{d}z+\int_0^a\int_0^b\frac{b^2}{d^2}\sin^2\frac{\pi y}{b}\mathrm{d}x\mathrm{d}y\}$$

$$=4R_S(H_{z\max}^0)^2\{\frac{b^2}{d^2}\frac{bd}{4}+\frac{bd}{4}+\frac{ad}{2}+\frac{b^2}{d^2}\frac{ab}{2}\}$$

$$=(H_{z\max}^0)^2\frac{R_S}{d^2}(b^3d+bd^3+2ad^3+2ab^3)$$

TE_{011} 模的固有品质因素为

$$Q_0=\omega_{011}\frac{\bar{W}_e+\bar{W}_m}{P_{损}}=\frac{\omega_{011}\mu_0}{R_S}\frac{(b^2+d^2)abd}{b^3d+bd^3+2ab^3+2ad^3}$$

$$=\sqrt{2\omega_{011}\mu_0\sigma_e}\frac{(b^2+d^2)abd}{b^3d+bd^3+2ab^3+2ad^3}$$

内容提要

一、电磁波的波动方程

1. 真空中的电磁波波动方程

令 $c=1/\sqrt{\mu_0\varepsilon_0}$，有

$$\nabla^2\boldsymbol{E}-\frac{1}{c^2}\frac{\partial^2\boldsymbol{E}}{\partial t^2}=0,\quad \nabla\cdot\boldsymbol{E}=0;\quad \nabla^2\boldsymbol{H}-\frac{1}{c^2}\frac{\partial^2\boldsymbol{H}}{\partial t^2}=0,\quad \nabla\cdot\boldsymbol{H}=0$$

对于介质中的非简谐电磁波，由于色散效应，不能推出形如上式的波动微分方程。

2. 各向同性均匀线性介质中的单色波方程

令 $k=\omega\sqrt{\varepsilon\mu}=\frac{\omega}{v}=\frac{2\pi}{\lambda}$，有

$$\nabla^2\boldsymbol{E}+k^2\boldsymbol{E}=0,\quad \nabla\cdot\boldsymbol{E}=0;\quad \boldsymbol{H}=\frac{1}{\mathrm{i}\omega\mu}\nabla\times\boldsymbol{E}$$

$$\nabla^2\boldsymbol{H}+k^2\boldsymbol{H}=0,\quad \nabla\cdot\boldsymbol{H}=0;\quad \boldsymbol{E}=\frac{1}{-\mathrm{i}\omega\varepsilon}\nabla\times\boldsymbol{H}$$

二、绝缘介质中的单色平面电磁波

波矢为 $\boldsymbol{k}=\omega\sqrt{\varepsilon\mu}\boldsymbol{e}_\xi=\frac{\omega}{v}\boldsymbol{e}_\xi=\frac{2\pi}{\lambda}\boldsymbol{e}_\xi$

1. 电磁场量

$$\boldsymbol{E}=\boldsymbol{E}_0\mathrm{e}^{\mathrm{i}(\boldsymbol{k}\cdot\boldsymbol{r}-\omega t)}, \quad \boldsymbol{E}\perp\boldsymbol{e}_\xi, \quad \sqrt{\mu}\boldsymbol{H}=\sqrt{\varepsilon}\boldsymbol{e}_\xi\times\boldsymbol{E}_0\mathrm{e}^{\mathrm{i}(\boldsymbol{k}\cdot\boldsymbol{r}-\omega t)} \quad (\boldsymbol{E}=\boldsymbol{B}\times\boldsymbol{v})$$

（1）**相位特征：**各点的 $\boldsymbol{E}$ 和 $\boldsymbol{H}$ 以相同的相位振动和传播着，相位的传播速度为

$$v=\left.\frac{\mathrm{d}\xi}{\mathrm{d}t}\right|_{\phi=\text{常量}}=\frac{\omega}{k}=\frac{1}{\sqrt{\varepsilon\mu}}$$

（2）**振幅特征：**$\sqrt{\varepsilon}E=\sqrt{\mu}H$

（3）**方向特征：**自由空间电磁波是横波，$\boldsymbol{E}$、$\boldsymbol{H}$ 和 $\boldsymbol{v}$ 两两正交且成右手螺旋关系。

2. 能量密度

$$w=\varepsilon E_0^2\cos^2(\boldsymbol{k}\cdot\boldsymbol{r}-\omega t), \quad \overline{w}=\frac{1}{2}\varepsilon E_0^2$$

3. 能流密度

$$\boldsymbol{S}=wv\boldsymbol{e}_\xi=w\boldsymbol{v}, \quad \overline{\boldsymbol{S}}=\overline{w}v\boldsymbol{e}_\xi=\overline{w}\boldsymbol{v}$$

电磁波的能量以波速 v 沿着波的传播方向 $\boldsymbol{e}_\xi$“流动”。

4. 平面电磁波的偏振

$$\boldsymbol{E}=(E_{0x}\boldsymbol{e}_x+E_{0y}e^{\mathrm{i}\phi}\boldsymbol{e}_y)\mathrm{e}^{\mathrm{i}(kz-\omega t)}$$

（1）**线偏振波：**$\phi=0$ 或 π。

（2）**圆偏振波：**$\phi=\pm\pi/2$ 且 $E_{0x}=E_{0y}$。当 $\phi=+\pi/2$ 时为左旋圆偏振，当 $\phi=-\pi/2$ 时为右旋圆偏振波。

（3）**椭圆偏振波：**除上述两种情形外，$\phi=$ 其它值。也分为右旋和左旋两种情形。

三、单色平面电磁波在绝缘介质表面的反射和折射

1. 单色波在界面上的边值关系

$$\boldsymbol{e}_n\times(\boldsymbol{E}_2-\boldsymbol{E}_1)=0, \quad \boldsymbol{e}_n\times(\boldsymbol{H}_2-\boldsymbol{H}_1)=0$$

2. 反射定律

反射线、入射线和法线位于同一平面内，入射线和反射线分居于法线两侧且反射角等于入射角。

3. 折射定律

折射线、入射线和法线位于同一平面，且折射角和入射角满足下式：

$$\frac{\sin\theta''}{\sin\theta}=\frac{\sqrt{\varepsilon_1\mu_1}}{\sqrt{\varepsilon_2\mu_2}}=\frac{v_2}{v_1}=\frac{n_1}{n_2}$$

4. 菲涅耳公式

$$\left(\frac{E'}{E}\right)_\perp=-\frac{\sin(\theta-\theta'')}{\sin(\theta+\theta'')}, \quad \left(\frac{E''}{E}\right)_\perp=\frac{2\cos\theta\sin\theta''}{\sin(\theta+\theta'')};$$

$$\left(\frac{E'}{E}\right)_{//}=\frac{\tan(\theta-\theta'')}{\tan(\theta+\theta'')}, \quad \left(\frac{E''}{E}\right)_{//}=\frac{2\cos\theta\sin\theta''}{\sin(\theta+\theta'')\cos(\theta-\theta'')}$$

菲涅耳公式的两个推论：

（1）**布儒斯特定律：**非偏振波入射到两种介质的界面，一般来说，反射波部分偏振，垂直于入射面的 $\boldsymbol{E}'_\perp$ 振动较强；折射波也部分偏振，平行于入射面的 $\boldsymbol{E}''_{//}$ 振动较强。特别

是当入射角为布儒斯特角时（此时反射线与折射线正交），反射波完全偏振，只有垂直于入射面的 $\boldsymbol{E}'_\perp$ 振动，此时折射波仍然是部分偏振波。布儒斯特角为

$$\theta_b = \arctan\frac{n_2}{n_1}$$

（2）**半波损失：**若电磁波由波疏介质(ε_r 和 n 小)入射到波密介质(ε_r 和 n 大)的界面，在反射点处，$\boldsymbol{E}'$ 与 $\boldsymbol{E}$ 反方向，即反射波的相位突变 π，相当于损失了半个波长的波程。

5. 全反射

设电磁波从波密介质入射到波疏介质的界面，有 $n_1 > n_2$，根据折射定律 $n_1\sin\theta = n_2\sin\theta''$ 得 $\theta'' > \theta$。称 $\theta'' = \pi/2$ 时的入射角 θ_0 为临界角，有 $\sin\theta_0 = n_2/n_1$。若入射角 $\theta > \theta_0$，则 $\sin\theta'' = (n_1/n_2)\sin\theta > 1$，此时折射角不可能用实数表示出来。

（1）全反射时的折射波：

$$k''_z = k\sqrt{(\frac{k''}{k})^2 - \sin^2\theta} = k\sqrt{(\frac{n_2}{n_1})^2 - \sin^2\theta} = \mathrm{i}k\sqrt{\sin^2\theta - (\frac{n_2}{n_1})^2} \triangleq \mathrm{i}\kappa$$

$$\boldsymbol{E}'' = \boldsymbol{E}''_0 \mathrm{e}^{-\kappa z}\mathrm{e}^{\mathrm{i}(k''_y y - \omega t)}$$

全反射时折射波透入折射介质的表层，沿表面传播。透入的特征厚度 z_0 为

$$z_0 = \kappa^{-1} = \frac{1}{k\sqrt{\sin^2\theta - (n_2/n_1)^2}} = \frac{\lambda_1}{2\pi\sqrt{\sin^2\theta - (n_2/n_1)^2}}$$

折射波能流：设 $\boldsymbol{E}'' = E''_0\boldsymbol{e}_x\mathrm{e}^{-\kappa z}\mathrm{e}^{\mathrm{i}(k''_y y - \omega t)}$，有 $\boldsymbol{H}'' = \dfrac{1}{\omega\mu_2}(\mathrm{i}\kappa\boldsymbol{e}_y - k''_y\boldsymbol{e}_z)E''_0\mathrm{e}^{-\kappa z}\mathrm{e}^{\mathrm{i}(k''_y y - \omega t)}$，则

$$\boldsymbol{S}_z = \boldsymbol{e}_z\frac{-\kappa E''^2_0}{\omega\mu_2}\mathrm{e}^{-2\kappa z}\cos(k''_y y - \omega t)\sin(k''_y y - \omega t)，\quad \bar{\boldsymbol{S}}_z = 0；$$

$$\boldsymbol{S}_y = \boldsymbol{e}_y\frac{k''_y E''^2_0}{\omega\mu_2}\mathrm{e}^{-2\kappa z}\cos^2(k''_y y - \omega t)，\quad \bar{\boldsymbol{S}}_y = \boldsymbol{e}_y\frac{\sqrt{\varepsilon_1\mu_1}}{2\mu_2}E''^2_0\mathrm{e}^{-2\kappa z}\sin\theta。$$

折射波的平均能流密度只在表面薄层内沿 y 方向流动。

（2）**全反射时的反射波：**

令

$$\tan\varPhi_\perp = \frac{\sqrt{\sin^2\theta - (n_2/n_1)^2}}{\cos\theta}，\quad \tan\varPhi_{//} = \frac{n_1^2\sqrt{\sin^2\theta - (n_2/n_1)^2}}{n_2^2\cos\theta}$$

有

$$(\frac{E'}{E})_\perp = \mathrm{e}^{-\mathrm{i}2\varPhi_\perp}，\quad (\frac{E'}{E})_{//} = \mathrm{e}^{-\mathrm{i}2\varPhi_{//}}$$

即：在全反射情形下，无论是那种偏振波，其反射波与入射波振幅相等，它们的平均能流密度也相等；但是反射波与入射波有相位差，说明它们的能流密度瞬时不相等。在光学中，通过控制不同的 $\varPhi_\perp$ 和 $\varPhi_{//}$，可以获得不同偏振态的反射光。

四、有导体存在时电磁波的传播

1. 交变电磁场中导体的描述

良导体的条件： $\omega\varepsilon \ll \sigma_e$（相当于位移电流密度 $\ll$ 传导电流密度）。对于一般金属

导体，$\sigma_e/\varepsilon \sim 10^{17} \sim 10^{19}/\mathrm{s}$。若电磁波的频率小于紫外光的频率（$\omega_{紫外} \sim 10^{15}/\mathrm{s}$），则一般金属导体都可以当作良导体。

良导体内的电荷：无论是静电平衡还是交变电磁场情形，良导体内电荷密度等于零。即**一般金属导体内没有未被中和的自由净电荷，净电荷只能分布在导体表面。**

导体的复数介电常数： $\varepsilon_F = \varepsilon + \mathrm{i}\dfrac{\sigma_e}{\omega}$

导体中电磁波的复数波数： $k_F^2 = \omega^2\mu\varepsilon_F = \omega^2\mu\varepsilon + \mathrm{i}\omega\mu\sigma_e$，$k_F = \beta + \mathrm{i}\alpha$

对于理想导体，$\alpha \approx \beta \approx \sqrt{\omega\mu\sigma_e/2}$

2. 导体内的电磁波

（1）**导体内的电磁波方程。**

$$\nabla^2 \boldsymbol{E} + k_F^2 \boldsymbol{E} = 0$$

$$\nabla \cdot \boldsymbol{E} = 0$$

$$\boldsymbol{H} = \frac{1}{\mathrm{i}\omega\mu}\nabla \times \boldsymbol{E}$$

（2）**导体内的单色平面电磁波：**假设导体只存在于 $z>0$ 的空间，电磁波从 $z<0$ 的空间入射，在 $z=0$ 的界面处进入导体，则

$$\boldsymbol{E} = \boldsymbol{E}_0 \mathrm{e}^{-\alpha z}\mathrm{e}^{\mathrm{i}(\beta z - \omega t)},$$

$$\boldsymbol{H} = \sqrt{\frac{\sigma_e}{\omega\mu}}\boldsymbol{e}_z \times \boldsymbol{E}_0 \mathrm{e}^{-\alpha z}\mathrm{e}^{\mathrm{i}(\beta z - \omega t + \frac{\pi}{4})} \quad (z \geqslant 0)$$

（3）**良导体内电磁波的一般特点。**

①**透入的特征深度：** $\delta = \dfrac{1}{\alpha} = \sqrt{\dfrac{2}{\omega\mu\sigma_e}}$。

②**相速度：** $v_d = \dfrac{\omega}{\beta} = \sqrt{\dfrac{2\omega}{\mu\sigma_e}} = v\sqrt{\dfrac{2\omega\varepsilon}{\sigma_e}} \ll v$（绝缘介质中的相速度）。

③***E* 和 *H* 有相位差：** $\boldsymbol{H}$ 的相位比 $\boldsymbol{E}$ 的相位超前 $\pi/4$。

④**能流密度：**

瞬时能流密度为

$$\boldsymbol{S} = \boldsymbol{E} \times \boldsymbol{H} = \sqrt{\frac{\sigma_e}{\omega\mu}} E_0^2 \mathrm{e}^{-2\alpha z}\cos(\beta z - \omega t)\cos(\beta z - \omega t + \frac{\pi}{4})\boldsymbol{e}_z$$

平均能流密度为

$$\overline{\boldsymbol{S}} = \boldsymbol{e}_z \sqrt{\frac{\sigma_e}{8\omega\mu}} E_0^2 \mathrm{e}^{-2\alpha z}$$

⑤**电场能量密度与磁场能量密度之比：**

$$\frac{\overline{w}_e}{\overline{w}_m} = \frac{\varepsilon \overline{E^2}}{\mu \overline{H^2}} = \frac{\varepsilon\omega}{\sigma_e} \ll 1$$

3. 电磁波在良导体表面的反射和折射

（1）**良导体表面的折射波。**

①**折射波矢：**

$$\boldsymbol{k}_F'' = \sqrt{\frac{\omega\mu_0\sigma_e}{2}}\left[\sqrt{\frac{2\omega\varepsilon_0}{\sigma_e}}\sin\theta\boldsymbol{e}_y + (1+\mathrm{i})\boldsymbol{e}_z\right] = \sqrt{\frac{\omega\mu_0\sigma_e}{2}}(1+\mathrm{i})\boldsymbol{e}_z$$

意义：电磁波入射到良导体的表面，无论是正入射还是斜入射，其折射波都以近似垂直于表面的方式透入导体，沿表面向前传播。

②**趋肤效应：**电磁波透入导体的薄层特征厚度为$\delta = \sqrt{\dfrac{2}{\omega\mu_0\sigma_e}}$，电流也分布在表面薄层内，并且频率越高薄层的厚度越小。

③**表面电阻：**单位长、单位宽、厚度为δ的一小块薄层导体电阻$R_S = 1/(\sigma_e\delta)$。

（2）**良导体表面的反射波。**

①**反射定律成立；**

②**反射系数：**令$\sin\theta'' \approx \sqrt{\dfrac{\omega\varepsilon_0}{\sigma_e}}\mathrm{e}^{-\mathrm{i}\pi/4}\sin\theta$，$\dfrac{n_1}{n_2} = \sqrt{\dfrac{\omega\varepsilon_0}{\sigma_e}}\mathrm{e}^{-\mathrm{i}\pi/4}$，$\cos\theta'' \approx 1$，代入菲涅耳公式写出反射波、折射波与入射波的振幅关系，利用良导体条件可得：**电磁波在良导体表面的反射系数接近于1。**

五、波导管内的导行电磁波

导行电磁波可能有沿传播方向的轴向分量。

1. 导行电磁波的分析方法

（1）设导行波沿z轴传播，把电场、磁场、场点位矢、微分算符写成**轴向和横向分量的矢量和**。考虑传播因子$\mathrm{e}^{\mathrm{i}(k_z z-\omega t)}$。对于规则波导，波振幅只与横向坐标有关。有

$$\boldsymbol{E}_S = \frac{\mathrm{i}}{k_S^2}(k_z\nabla_S E_z + \omega\mu\nabla_S H_z \times \boldsymbol{e}_z)$$

$$\boldsymbol{H}_S = \frac{\mathrm{i}}{k_S^2}(k_z\nabla_S H_z - \omega\varepsilon\nabla_S E_z \times \boldsymbol{e}_z)$$

只要给出了轴向分量E_z和H_z，就可以立即写出横向分量$\boldsymbol{E}_S$和$\boldsymbol{H}_S$。

（2）**导行电磁波的基本波型。**

① **横电（TE）波型：**$E_z = 0$，$H_z \neq 0$，$\boldsymbol{H}_S = \dfrac{\mathrm{i}k_z}{k_S^2}\nabla_S H_z$，$\boldsymbol{E}_S = \dfrac{\omega\mu}{k_z}\boldsymbol{H}_S \times \boldsymbol{e}_z$；

② **横磁（TM）波型：**$H_z = 0$，$E_z \neq 0$，$\boldsymbol{E}_S = \dfrac{\mathrm{i}k_z}{k_S^2}\nabla_S E_z$，$\boldsymbol{H}_S = \dfrac{\omega\varepsilon}{k_z}\boldsymbol{e}_z \times \boldsymbol{E}_S$；

③ **横电磁（TEM）波型：**$E_z = 0$，$H_z = 0$。必有$k_S = 0$，即$k_z = k = \omega\sqrt{\varepsilon\mu}$。

$$\nabla_S \times \boldsymbol{E}_S = 0,\quad \nabla_S \cdot \boldsymbol{E}_S = 0;\quad \nabla_S \times \boldsymbol{H}_S = 0,\quad \nabla_S \cdot \boldsymbol{H}_S = 0$$

理想导体波导管不能传播TEM波。只有双线传输线才能够传播TEM波。

（3）**导行电磁波的轴向分量方程及其边值关系。**

① **方程：**$\nabla_S^2 E_z + k_S^2 E_z = 0, \nabla_S^2 H_z + k_S^2 H_z = 0$。

② **边值关系：**$E_z\big|_{管壁} = 0$，$E_\tau\big|_{管壁} = 0$，$\left.\dfrac{\partial H_z}{\partial n}\right|_{管壁} = 0$。

2. 金属矩形波导管

（1）**矩形波导管内的电磁波模。**

$$E_z = E_{z\max}^0 \sin\frac{m\pi x}{a}\sin\frac{n\pi y}{b}e^{i(k_z z-\omega t)}, \quad H_z = H_{z\max}^0 \cos\frac{m\pi x}{a}\cos\frac{n\pi y}{b}e^{i(k_z z-\omega t)}$$

由此可写出 TE_{mn} 模和 TM_{mn} 模。

（2）**截止频率和截止波长。**

波模的最低频率 $\omega_{c,mn} = \dfrac{\pi}{\sqrt{\varepsilon\mu}}\sqrt{(\dfrac{m}{a})^2 + (\dfrac{n}{b})^2} = \pi v\sqrt{(\dfrac{m}{a})^2 + (\dfrac{n}{b})^2}$ 。

波模的最长波长 $\lambda_{c,mn} = \dfrac{2\pi v}{\omega_{c,mn}} = \dfrac{2}{\sqrt{(m/a)^2 + (n/b)^2}}$ 。

（3）**相速度和群速度。**

$$v_P = \left.\frac{dz}{dt}\right|_{\phi=常数} = \frac{\omega}{k_z} = c\Big/\sqrt{1-[(\frac{m}{a})^2+(\frac{n}{b})^2]\frac{\pi^2c^2}{\omega^2}} > c$$

$$v_g = \left.\frac{dz}{dt}\right|_{A=常数} = \frac{d\omega}{dk_z} \quad v_g = v_P\Big/[1-\frac{dv_P}{d\omega}\frac{\omega}{v_P}]$$

对于无界空间的电磁波，若介质无色散或者是真空，$v_g = v_P$。

对于真空波导管中的导行波，$v_g v_P = c^2$ 。

（4）**波导管的传输功率：** $P_{功} = \dfrac{1}{2}\int\limits_{横截面} \mathrm{Re}\{\boldsymbol{E}^* \times \boldsymbol{H}\}\cdot d\boldsymbol{s}$ 。

（5）**波导管中的功率损耗。**

单位长管壁导体的焦耳热：$P_{耗} = \dfrac{1}{2}\sqrt{\dfrac{\omega\mu_0}{2\sigma_e}}\int\limits_{单位长侧面} \mathrm{Re}\{\boldsymbol{H}^* \cdot \boldsymbol{H}\}ds$

波导管的衰减系数：$\alpha_z = -\dfrac{dE}{Edz} = \dfrac{P_{耗}}{2P_{功}}$

若 $a<b$，则矩形波导管的工作模式通常取 TE_{01} 模。

六、谐振腔

取一段长度为 d 的金属导体波导管，把两个端口用金属导体板封闭起来，从而构成一个金属谐振腔，用以产生微波以上的高频电磁振荡。

由于谐振腔两个端面的反射，所以腔内存在沿 z 轴正向传播的波，也存在沿 z 轴反方向传播的波。在两个端面边值关系的约束下，正、反向的波相互叠加形成了谐振腔中的电磁驻波。

1. 矩形谐振腔的本征频率

$$\omega_{mnl} = \frac{\pi}{\sqrt{\varepsilon\mu}}\sqrt{(\frac{m}{a})^2 + (\frac{n}{b})^2 + (\frac{p}{d})^2}$$

2. 谐振腔的固有品质因素

$$Q_0 = 2\pi\frac{\overline{W}}{\overline{W}_{损}} = \omega\frac{\overline{W}}{P_{损}}$$

设谐振腔内部的边长 $b>a$，$d>a$，则 TE_{011} 模对应的本征频率最低。在微波段，通常选择 TE_{011} 模作为谐振腔的工作模式。

习 题

6.1 （1）证明：在自由空间无源区域，$\boldsymbol{E}=\boldsymbol{E}_0\exp[\mathrm{i}(kz-\omega t)]\boldsymbol{e}_x$ 满足波动方程 $(\nabla^2+k^2)\boldsymbol{E}=0$；

（2）$\boldsymbol{E}=\boldsymbol{E}_0\exp[\mathrm{i}(kz-\omega t)]\boldsymbol{e}_x$ 能否代表真实存在的电磁波？为什么？

6.2 圆频率为 ω、电场振幅为 E_0、沿 x 轴振动的线偏振波，在介电常数为 ε、磁导率为 μ 的各向同性均匀线性无耗介质中沿 z 轴传播。（1）求 $\boldsymbol{E}$ 和 $\boldsymbol{H}$ 的瞬时表达式；（2）求电磁场能量密度和能流密度的瞬时值和时间平均值。

6.3 证明：任意一个椭圆偏振波都可以分解为一个左旋圆偏振波和一个右旋圆偏振波的叠加。

6.4 一个沿 z 轴正向传播的右旋圆偏振波是两个线偏振波的合成。设波的圆频率为 ω，其中一个线偏振波沿 x 轴振动，在 $z=0$ 处电场的振幅为 E_0。

（1）写出此圆偏振波的电场 $\boldsymbol{E}$ 和磁场 $\boldsymbol{H}$ 的表达式；

（2）证明：此圆偏振波的时间平均能流密度等于这两个线偏振波的时间平均能流密度之和。

6.5 电磁场普遍边值关系为：

$\boldsymbol{e}_n\cdot(\boldsymbol{D}_2-\boldsymbol{D}_1)=\sigma_f$ ①；　$\boldsymbol{e}_n\times(\boldsymbol{E}_2-\boldsymbol{E}_1)=0$ ②；

$\boldsymbol{e}_n\cdot(\boldsymbol{B}_2-\boldsymbol{B}_1)=0$ ③；　$\boldsymbol{e}_n\times(\boldsymbol{H}_2-\boldsymbol{H}_1)=\boldsymbol{\alpha}_f$ ④。

证明：对于单色电磁波，上面的各式中只有第②式和第④式是独立的。

6.6 平面电磁波在绝缘介质的表面反射和折射，试推导出用磁场矢量 $\boldsymbol{H}$ 表示的菲涅耳公式。

6.7 平面电磁波在两种绝缘介质的界面上反射和折射，试就电矢量 $\boldsymbol{E}$ 垂直于入射面和平行于入射面的两种情形，分别求出功率反射系数 R 和功率透射系数 T，并证明 $R+T=1$。

6.8 圆偏振波斜入射到两种绝缘介质的界面上，试讨论反射波和折射波的偏振形式。

6.9 证明：无论是垂直入射面还是平行入射面的偏振波，在全反射情形下反射系数等于 1。

6.10 一块厚度为 d 的薄平板形绝缘介质板，介电常数为 ε，磁导率为 $\mu\approx\mu_0$。圆频率为 ω 的单色平面电磁波从真空垂直入射到介质板的表面。

（1）求功率反射系数；

（2）若要使得功率反射系数等于零，d 应该满足什么条件？

6.11 海水的电导率 $\sigma_e=4(\Omega\cdot\mathrm{m})^{-1}$，相对介电常数 $\varepsilon_r=80$，相对磁导率 $\mu_r\approx1$。频率为 $10^6\,\mathrm{Hz}$ 的单色平面波从空气垂直入射到海水中。求电磁波在海水中的波长、相速度和透入深度。

6.12 潮湿土壤的电导率 $\sigma_e=10^{-3}(\Omega\cdot\mathrm{m})^{-1}$，相对介电常数 $\varepsilon_r=10$，相对磁导率 $\mu_r\approx1$。频率分别为 $10^6\,\mathrm{Hz}$ 和 $10^9\,\mathrm{Hz}$ 的单色平面电磁波从空气垂直入射到土壤中传播。试分别求出这两个频率的电磁波在土壤中的波长、相速度和透入深度。

6.13 铜的电导率 $\sigma_e=5\times10^7(\Omega\cdot\mathrm{m})^{-1}$，相对介电常数 ε_r 和相对磁导率 μ_r 都约等于 1。求频率为 $2\times10^4\,\mathrm{Hz}$ 的单色平面电磁波在铜中的电场强度 $\boldsymbol{E}$ 和磁场强度 $\boldsymbol{H}$ 的振幅之比和相位差。

6.14 单色电磁波在波导管中沿轴线 z 轴正向传播，试用

$$\nabla\times\boldsymbol{E}=\mathrm{i}\omega\mu_0\boldsymbol{H}$$

$$m_i \frac{\mathrm{d}^2 \boldsymbol{r}_i}{\mathrm{d}t^2} = -\sum_j \nabla_i \varphi(|\boldsymbol{r}_i - \boldsymbol{r}_j|)$$

由伽利略变换可得，在 S' 系中

$$\begin{cases} \boldsymbol{r}_i' = \boldsymbol{r}_i - \boldsymbol{v}t \\ t' = t \end{cases}$$

其中 $\boldsymbol{v}$ 是常矢量。容易写出

$$\frac{\mathrm{d}^2 \boldsymbol{r}_i'}{\mathrm{d}t'^2} = \frac{\mathrm{d}^2 \boldsymbol{r}_i}{\mathrm{d}t^2}，\quad \boldsymbol{r}_i' - \boldsymbol{r}_j' = \boldsymbol{r}_i - \boldsymbol{r}_j，\quad \nabla_i' = \nabla_i$$

另外，在经典物理中，质量与参考系无关，即 $m_i' = m_i$，由此写出

$$m_i' \frac{\mathrm{d}^2 \boldsymbol{r}_i'}{\mathrm{d}t'^2} = -\sum_j \nabla_i' \varphi(|\boldsymbol{r}_i' - \boldsymbol{r}_j'|)$$

所以在 S 系和 S' 系中牛顿方程具有完全相同的形式，即**牛顿方程是伽利略变换协变式**。

二、电磁规律与经典力学原理的矛盾

随着对电磁规律的实验探索和理论研究的不断深入，人们早就注意到电磁规律与经典力学原理之间的矛盾。下面简单说明这些矛盾。

1. 麦克斯韦方程组在伽利略变换下不协变

例如，对于电场的旋度方程，假设在 S 系中有

$$\nabla \times \boldsymbol{E} = -\frac{\partial \boldsymbol{B}}{\partial t}$$

若应用伽利略变换，写出 S' 系中电场的旋度方程为

$$\nabla' \times \boldsymbol{E} = -(\frac{\partial \boldsymbol{B}}{\partial t'}\frac{\partial t'}{\partial t} + \frac{\partial \boldsymbol{B}}{\partial x'}\frac{\partial x'}{\partial t}) = -(\frac{\partial \boldsymbol{B}}{\partial t'} - \frac{\partial \boldsymbol{B}}{\partial x'}v) \neq -\frac{\partial \boldsymbol{B}}{\partial t'}$$

2. 真空中的电磁波波速与经典的速度相加定理不协调

设在 S 系中测得的电磁波的速度为 $\boldsymbol{c}$，在 S' 系中测得的电磁波的速度为 $\boldsymbol{c}'$，若这两个波速遵守经典的速度相加定理，有 $\boldsymbol{c}' = \boldsymbol{c} - \boldsymbol{v}$，即

$$c' = \sqrt{c^2 - 2\boldsymbol{c} \cdot \boldsymbol{v} + v^2}$$

这就意味着真空中的电磁波速不但与观察者的运动有关，而且与电磁波的传播方向有关，这是与电磁场理论和实验完全不协调的。

还可以列出一些其它例子说明麦克斯韦电磁场理论与经典力学原理的矛盾。

对于麦克斯韦电磁场理论与经典力学原理的矛盾，由于当时经典力学所取得的巨大成就，也由于经典力学理论和伽利略变换与人们的日常经验相吻合，使得人们认为经典力学原理是完全正确的。麦克斯韦电磁场理论不满足经典力学原理的要求，所以此理论不是普遍性理论，它只在某一个特殊的惯性系中成立。然而，寻找这个特殊惯性系的许多实验总是屡屡失败，最终导致了狭义相对论的诞生。

三、狭义相对论产生的实验基础：迈克尔孙—莫雷实验

1. 实验的目的

在 19 世纪，物理学家对电磁波的认识没有脱离机械波的模式。他们认为，电磁波与

机械波一样，只能在某种媒介中传播，并且把传播真空电磁波的特殊媒介称为“以太”（Ether）。“以太”一词是古希腊语词汇，意思是指青天，或者地球上层的空气，或者神呼吸的空气；在宇宙学中表示充满太空的物质。在历史上，笛卡儿第一次提出以太是传递力的媒介的观点，他认为真空不可能虚无一物，物质间的相互作用力也不可能是超距作用，正是宇宙中的以太传递着电磁力以及月亮对海水的潮汐力。静止于以太的参考系称为以太参考系，并且把它当作绝对惯性系。电磁波在以太中的传播速度为 $c = 1/\sqrt{\varepsilon_0\mu_0} \approx 3.0\times10^8\,\mathrm{ms^{-1}}$。由于电磁波可以在整个宇宙中传播，所以以太充满了整个宇宙。因此，可以认为地球也在“以太空气”中运动，位于地球上的万物都要受到“以太风”的吹袭。设电磁波相对于以太的速度为 $\boldsymbol{c}$，相对于地面的速度为 $\boldsymbol{c}'$，地面相对于以太的速度为 $\boldsymbol{v}$，由速度相加定理写出 $\boldsymbol{c}' = \boldsymbol{c} - \boldsymbol{v}$。若此式成立，总可以设计出恰当的实验，在地面上进行不同方向的测量光速的实验，从而确定地球是否具有相对于以太的绝对运动。完成于 1887 年的迈克尔孙—莫雷（Michelson Morley）干涉实验的目的就是测量地球相对于以太的绝对运动。只要测出这种绝对运动，就证实了以太的存在。

2. 实验装置和实验原理

如图 7.1.2 所示，迈克尔孙干涉仪固定于地面，假设地面相对于以太的运动速度为 $\boldsymbol{v}$。从狭缝 S 射出一束光线，经过半透半反膜 B 以后分为两束相互垂直的相干光，再分别经过反射镜 M_1 和 M_2 反射后重新相遇，能够产生干涉现象。如果使得 M_2 的像平面 M_2' 和 M_1 平面形成一个劈角很小的空气劈尖，则显微镜 E 中能够观察到等厚条纹。下面计算这两束光线的光程差，计算中用到速度相加定理。

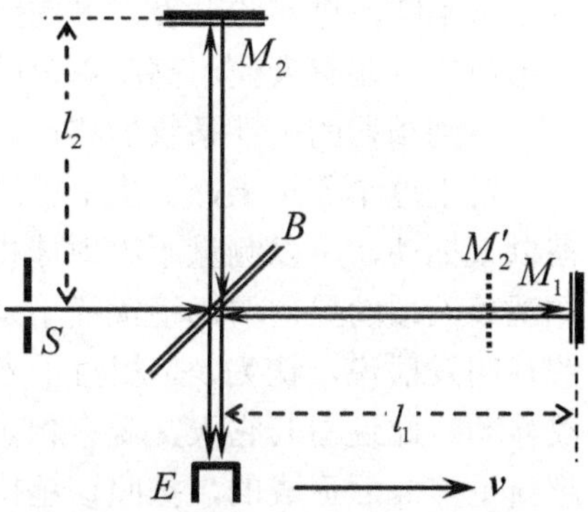

图 7.1.2　迈克尔孙—莫雷干涉实验

对于从 B 到 M_1 的光线，光相对于地面的速度大小为 $c - v$；对于从 M_1 到 B 的光线，光相对于地面的速度大小为 $c + v$。重新相遇时第一束光线经历的光程为

$$L_1 = \left(\frac{1}{c-v} + \frac{1}{c+v}\right) l_1 c$$

对于从 B 到 M_2 以及从 M_2 到 B 的光线，根据速度相加定理表达式画出矢量合成三角形，得出光相对于地面的速度大小均为 $\sqrt{c^2 - v^2}$。重新相遇时第二束光线经历的光程为

$$L_2 = \frac{2 l_2 c}{\sqrt{c^2 - v^2}}$$

所以，重新相遇时两束光线的光程差为

$$\delta = \frac{2 l_2 c}{\sqrt{c^2 - v^2}} - \left(\frac{1}{c-v} + \frac{1}{c+v}\right) l_1 c = \frac{2 l_2}{\sqrt{1 - v^2/c^2}} - \frac{2 l_1}{1 - v^2/c^2}$$

现在，把整个实验装置以铅直线为轴转动 90°，则两束光线的地位互换，转动后两束光线的光程差为

$$\delta' = \frac{2l_2}{1-v^2/c^2} - \frac{2l_1}{\sqrt{1-v^2/c^2}}$$

所以，转动前后光程差的变化量为

$$\Delta\delta = \delta' - \delta = 2(l_1 + l_2)[\frac{1}{1-v^2/c^2} - \frac{1}{\sqrt{1-v^2/c^2}}]$$

$$\approx 2(l_1 + l_2)[(1+\frac{v^2}{c^2}) - (1+\frac{1}{2}\frac{v^2}{c^2})] = (l_1 + l_2)\frac{v^2}{c^2}$$

预期的干涉条纹移动数为

$$\Delta N = \frac{\Delta\delta}{\lambda} = (l_1 + l_2)\frac{v^2}{\lambda c^2}$$

当年，迈克尔孙—莫雷实验中所用的数据是：臂长之和 $l_1 + l_2 = 22\text{m}$；所用光源是钠黄光，其波长为 $\lambda = 5.9\times10^{-7}\text{m}$；取地球绕太阳公转的轨道速度作为地面相对于以太的速度，即 $v = 3.0\times10^4\text{m/s}$，代入上式求出预期的条纹移动数目为 $\Delta N \approx 0.37$。

3. 迈克尔孙—莫雷实验的零结果及其意义

当年，迈克尔孙—莫雷实验所观测到的条纹移动上限为 0.01 个，仅仅是预期值的 1/40 。当然，此次实验可能存在误差。在此之后，迈克尔孙本人以及其他人，采取各种方法，不断改进实验精度，考虑到可能的其它因素的影响，还采用来自恒星的光线；激光出现后，还有人使用高度单色的激光；并在不同季节、不同地点多次重复实验，都没有观察到预期的干涉条纹的移动。我们称：迈克尔孙—莫雷实验总是得到“零结果”。

对于这个零结果，历史上曾经提出过几种解释。其中一种解释叫拖曳说，认为地球被以太拖动，所以测量不出地球相对以太的运动。此说与天文观察的光行差现象（由地球观察天顶的星，望远镜镜筒不是直指天顶，而是向运行前方倾斜）相矛盾。另外一种解释叫发射说，认为 c 是相对于光的发射体的，所以迈克尔孙—莫雷实验不可能发现条纹移动。此说与其它天文观察相矛盾：现在天空中的蟹状星云，是由九百多年前的一次超新星爆炸后形成的，按照该星位置、爆炸抛出碎片的速率，根据发射说及伽里略变换可算出，向不同方向抛出的碎片发出的光到达地球的最大时差（即观察超新星爆炸的持续时间）可达数十年。而根据我国明代史记载，观察那次爆炸“昼见如太白，芒角四射，色赤白，凡见 23 日”。即使该星从被发现到消失也不过两年。把计算结果与天文观测记录相比较，二者显然不符。

对零结果的合理解释是：引进臆想的以太作为传播电磁波的媒介确无必要，光速的测量也不满足伽里略变换。对光学（电磁学）规律亦不存在特殊的惯性参考系，由光学（电磁学）实验不能确定所在惯性系的运动。这些都是下一节的狭义相对论原理要反映的内容。

尽管历史上爱因斯坦创立狭义相对论时并没有直接依赖迈克尔孙—莫雷实验的零结果，但这一实验事实仍然被看做是狭义相对论最主要的实验基础之一。

以太假说虽然已经被抛弃，但还是留下了一点历史的痕迹，比如“以太网”这个网络名词继承了以太假说的合理成分：否定“超距作用”，表达“真空不空”。

7.2　狭义相对论的基本原理及其时空效应

为了彻底解决经典电磁场理论与经典力学原理之间的矛盾，爱因斯坦经过深入思索，于 1905 年发表了“论运动物体的电动力学”一文，提出了后来被称为狭义相对论的理论。这个理论的基础是两条基本原理。

如前所述，在麦克斯韦的电磁波理论中，给出了真空波速 $c = 3.0\times10^{8}\,\mathrm{ms^{-1}}$ 的结论，并没有考察参考系的问题，也就意味着在所有惯性系中，真空光速保持不变。但这又是与经典的速度相加定理矛盾的。两者之间究竟哪一个是正确的呢？爱因斯坦认为，在牵涉到光速的情形下，前者是正确的，后者是不正确的。因为没有任何实验证明光速也遵守经典速度相加定理。既然光速与参考系无关，就意味着在不同的惯性系中测量光速不能确定该惯性系的运动，即相对性原理应该扩充到电磁规律，这就是狭义相对论的相对性原理。

一、狭义相对论的两条基本原理

1. *光速不变原理*

在所有惯性系中测量真空光速都应该得到相同的结论：$c \approx 3.0\times10^{8}\,\mathrm{ms^{-1}}$ 。即**真空光速与光源和观测者的运动无关**。

2. *狭义相对论的相对性原理*

在惯性系中做任何物理实验（包括力学、热学和电磁学等实验）都不能确定该惯性系是静止的还是作匀速直线运动。即**在所有惯性系中任何物理学方程都具有相同的形式**。或者：**对于描述任何物理规律来说，所有惯性系都是等价的**。

如前所述，这两条基本原理是相互联系的。若要相对性原理成立，就必有光速不变原理成立。也可以说，正是提出了光速不变原理，再考虑到力学相对性原理，才提出了狭义相对论的相对性原理。

由于在不同的惯性系中真空光速都相同，这就为我们在不同的惯性系中测量时间和测量长度提供了相同的客观标准，并且可以自然地得出时间的相对性和长度的相对性。

二、时间的相对性

如图 7.2.1 所示，把固定于地面的惯性系记为 S 系。车厢以速度 $\boldsymbol{v}$ 沿 x 轴作匀速直线运动，把车厢惯性系记为 S' 系。要在车厢里测量 A 点发生的物理事件的时间，必须用固定于此点的钟。不能用其它点的钟，因为信号传递需要时间。也不能用固定于地面的钟，因为两个参考系测得的时间是不同的（下面将要得出此结论）。因此，要在车厢里测量物体的运动，必须想象在不同的地点放置一系列的钟，并且这些钟是已经校准的同步钟。如何校准呢？当然用光信号来校准。比如，t_A 时刻从 A 点发出一个光信号，则 B 点接收到光信号的时刻是 $t_B = t_A + l_{AB}/c$，其中 l_{AB} 是静止于车厢的观测者测得的车厢长度。这样一些已经校准的同

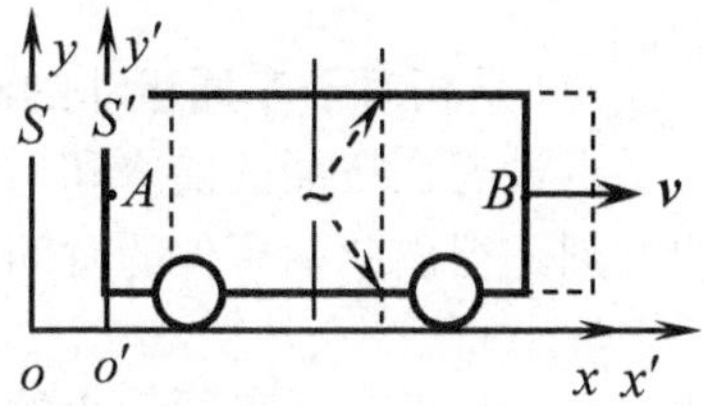

图 7.2.1

步钟称为爱因斯坦光子钟。在车厢里放置一系列光子钟。在地面上也放置一系列光子钟。

1. 同时的相对性

设想在车厢正中间发出一个光信号。此光信号向前和向后传播。在车厢里测量，光信号同时到达 A 点和 B 点。如果在地面测量，因为光信号向前和向后的速率都是 c，而车厢向前运动，所以光信号先到达 A 点后到达 B 点。所以，**在 S' 系中 x' 不同的地点同时发生的两个物理事件在 S 系中测量是不同时的**。

设光信号垂直向上和向下传播。在车厢里测量，光信号走垂线同时到达车厢顶部和底部。如果在地面测量，因为车厢向前运动，光信号走倾向前方的斜线，速率仍然是 c，但是也同时到达车厢的顶部和底部。所以，**在 S' 系中 x' 相同的地点同时发生的两个物理事件在 S 系中测量也是同时的**。

2. 时钟延缓效应

如图 7.2.2 所示，设想在车厢地板上一个固定点竖直向上发出一个光信号，经天花板上的反射镜反射后又回到该点。分别在车厢和地面测量光信号从发射到接收这两个事件的时间间隔。在车厢里测量，两事件发生于同一地点，时间间隔为

$$\Delta\tau = 2h / c$$

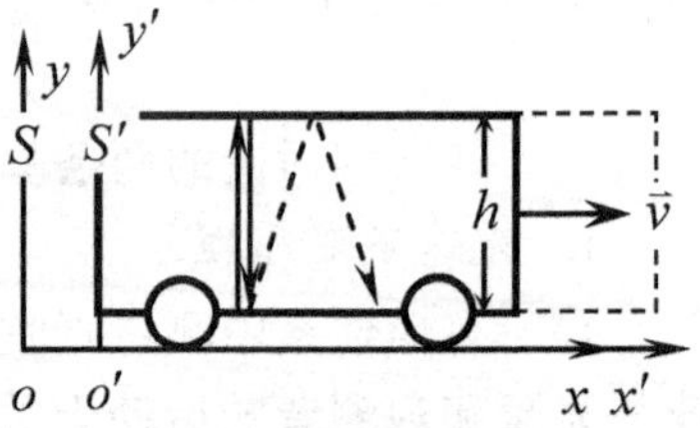

图 7.2.2

在地面测量，由于车厢向前运动，光信号走如图示折线，速率仍为 c，两事件发生于不同地点。假设测得两事件的时间间隔为 Δt，由光速不变原理写出

$$(c\Delta t / 2)^2 = h^2 + (v\Delta t / 2)^2$$

由以上两式解得

$$\Delta t = \frac{\Delta\tau}{\sqrt{1 - v^2 / c^2}} \tag{7.2.1}$$

$\Delta\tau$ 是**同一地点不同时刻发生的**两事件的时间间隔，称为**固有时**。Δt 相当于在地面测得的以速度 v 运动的时钟所经历的时间间隔，称为**运动时**，它是**不同地点不同时刻发生的**两事件的时间间隔，所以运动时是两地时。式（7.2.1）表明，**运动时总是大于固有时**。

三、长度收缩效应

设想在地面上固定点 o 点固定一个钟，分别记录下车厢前缘和后缘掠过 o 点的时刻，得出此两事件的时间间隔（固有时）为 $\Delta\tau$，则车厢的长度为

$$l = v\Delta\tau$$

此处的 l 是**相对于车厢运动的**测量者测得的车厢长度，称为**运动长**。

也设想在车厢的前缘和后缘也分别固定已经调好的同步钟，记录下上述两事件发生的时刻，得出此两事件的时间间隔（运动时）为 Δt，则车厢的长度为

$$l_0 = v\Delta t$$

此处的 l_0 是**相对于车厢静止的**测量者测得的车厢长度，称为**固有长**。

由以上两式并利用式（7.2.1），立即得出

$$l = l_0\sqrt{1 - v^2 / c^2} \tag{7.2.2}$$

上式表明，**运动长总是小于固有长**。

可以证明，在与相对运动垂直的方向上无长度收缩效应。在图 7.2.2 中，固定于车厢地板的一点从发出光信号到接收光信号经历的固有时为$\Delta\tau$，测得的车厢高度为$h_0 = c\Delta\tau/2$。在地面测量，此两事件的时间间隔是运动时Δt，测得的车厢高度为

$$h = \sqrt{(\frac{c\Delta t}{2})^2 - (\frac{v\Delta t}{2})^2} = \frac{c\Delta t}{2}\sqrt{1-\frac{v^2}{c^2}} = \frac{c\Delta\tau}{2} = h_0$$

所以，在两个惯性系中测得的车厢高度相同。这个结论也可以用以下的例子说明。设想高度为h的车厢正好要通过一个相同高度的山洞。如果运动引起高度变小，那么在车厢参考系看，山洞相对车厢在运动，车厢将不能通过山洞。而在地面参考系看，运动车厢高度变小，车厢应能通过山洞。车厢能否通过山洞是一个物理事实，不应当和参考系选择有关。所以车厢运动不会引起高度变小。同样的论证可以说明运动也不会引起高度变大。所以垂直于运动方向的长度不会因观测参考系而变化。

关于时钟延缓效应和长度收缩效应，还要强调以下几点。

（1）以上用真空光速作为测量时间和长度的标准。当然，作为度量时间和长度基准的钟和尺也可以是实际存在的其它物理过程。例如：可以用某一原子的振动周期来量度时间，也可以用原子所发射的特定谱线的波长来量度长度，等等。为了比较不同惯性系中时空性质的差别，在各惯性系中通常选择相同的物理过程作为钟，相同的物体用作尺。

（2）每个参考系中所使用的钟和尺必须静止于该参考系。

（3）时钟延缓和长度收缩是相对论效应，是光速不变原理的反映，并不意味着“钟”和“尺”的构件发生了变化。

（4）对于惯性系来说，时钟延缓和长度收缩是相对的，即：在S系中观测，静止于S'系的“钟”变慢而“尺”变短；同样，在S'系中观测，静止于S系的“钟”也变慢而“尺”也变短。

狭义相对论的基本原理及其时空效应已经得到了许多实验的检验。例如：超新星爆发的天文观测、X 射线脉冲双星的蚀、高能 π 介子的 γ 衰变等实验检验了光速不变原理；地面的 μ 子流、横向多普勒效应、π 介子寿命的测定等实验检验了时钟延缓效应；携带原子钟的环球飞行实验检验了狭义相对论和广义相对论的时钟延缓总效应……。因为长度收缩效应与时钟延缓效应紧密联系在一起，所以，检验了后者也就检验了前者。

时间的相对性和长度的相对性表明，时间不是独立存在的，而是与空间以及物质运动紧密联系在一起的。相对论时空观否定了经典力学的绝对时空观，也就否定了体现绝对时空观的伽利略坐标变换。必须建立能够体现相对论时空观的新的坐标变换关系，这就是洛伦兹坐标变换。

7.3　洛伦兹变换

一、洛伦兹变换的推导

建立如图 7.3.1 所示的两个特殊相关惯性系。用P代表一个物理事件。在S系中测得此事件的时空坐标为(x, y, z, t)，在S'系中测得此事件的时空坐标为(x', y', z', t')。可以

认为此事件发生在S'系中的固定点，所以，如果在S'系中测得固有长x'，则在S系中测得的运动长为$x-vt$，由长度测量的相对性可得

$$x-vt=x'\sqrt{1-v^2/c^2} \tag{7.3.1}$$

也可以认为此事件发生在S系中的固定点，所以，如果在S系中测得固有长x，则在S'系中测得的运动长为$x'+vt'$，由长度测量的相对性可得

$$x'+vt'=x\sqrt{1-v^2/c^2} \tag{7.3.2}$$

由式（7.3.1）解得$x'(x,t)$，代入式（7.3.2）解得$t'(x,t)$，并且考虑到在与相对运动垂直的方向上无长度收缩效应，写出

$$\begin{cases} x'=\dfrac{x-vt}{\sqrt{1-v^2/c^2}} \\ y'=y \\ z'=z \\ t'=\dfrac{t-xv/c^2}{\sqrt{1-v^2/c^2}} \end{cases} \tag{7.3.3}$$

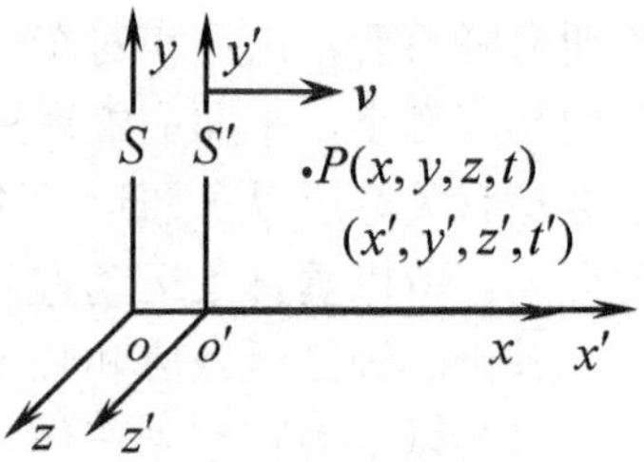

图 7.3.1

令$\beta=v/c$，$\gamma=1/\sqrt{1-v^2/c^2}=1/\sqrt{1-\beta^2}$，把上式简写为

$$\begin{cases} x'=\gamma(x-vt) \\ y'=y \\ z'=z \\ t'=\gamma(t-x\beta/c) \end{cases} \tag{7.3.4}$$

这就是由S系到S'系的洛伦兹坐标变换公式，简称为**洛伦兹正变换**。之所以称为洛伦兹变换，是因为在爱因斯坦之前洛伦兹为了解释迈克尔孙—莫雷实验首先导出了这个公式。洛伦兹假设：在地面与以太的相对运动方向上，由于某种力的作用，使得沿此方向干涉仪的臂长缩短了。当然，今天看来，这种观点是不正确的。

因为两个特殊相关惯性系的运动是相对的，即可以认为S系相对于S'系以速度$-v$作匀速直线运动，所以在上式中把v换成$-v$，把带撇的量和不带撇的量互换，可得

$$\begin{cases} x=\gamma(x'+vt') \\ y=y' \\ z=z' \\ t=\gamma(t'+x'\beta/c) \end{cases} \tag{7.3.5}$$

上式就是由S'系到S系的**洛伦兹逆变换**公式。

洛伦兹变换是狭义相对论基本原理的直接结果，它与伽利略变换的最大不同点就是时间、空间和物质运动紧密联系在一起，集中地体现了狭义相对论的时空观。从洛伦兹变换式出发，也可以直接写出狭义相对论的时空效应公式。例如：令$\Delta t'=0$而$\Delta x'\neq 0$，则由式（7.3.5）得出$\Delta t=\gamma\Delta x'\beta/c\neq 0$；若$\Delta t'=0$且$\Delta x'=0$，则$\Delta t=0$。这就是同时的相对性。令$\Delta x'=0$而$\Delta t'=\Delta\tau$（固有时），则由式（7.3.5）得出$\Delta t=\gamma\Delta\tau$，这就是时钟延缓效应公式。令$\Delta t=0$，$\Delta x=l$（运动长）而$\Delta x'=l_0$（固有长），则由式（7.3.4）得出$l=l_0/\gamma$，这就是长度收缩效应公式。

二、关于洛伦兹变换的说明

（1）若$v<<c$，则$v/c\approx 0$，$\gamma\approx 1$，此时洛伦兹变换式自动地过渡到伽利略变换式。即：**伽利略变换是洛伦兹变换的低速极限情形**。

（2）根据狭义相对论原理，在所有惯性系中，物理规律都是相同的。相对论基本原理的数学表述就是洛伦兹变换。所以，描述物理规律的物理方程必须在洛伦兹变换下保持形式不变，或者说，**物理方程正确性的必要条件是：在洛伦兹变换下协变**。

（3）若$v>c$，将导致变换后的时空坐标变为虚数，这是没有实际意义的。因为v可以是任意物质的运动速度，所以，洛伦兹变换要求：**任何物质的运动速度或者信号的传递速度都不能超过真空光速**。这个说法又称为相对论的**速度极限原理**。当然，这也是因果律的要求。

三、狭义相对论的因果律

下面考察两个物理事件的先后次序。由洛伦兹坐标正变换公式写出

$$\Delta t'=\frac{\Delta t-\Delta xv/c^2}{\sqrt{1-v^2/c^2}}=\frac{\Delta t}{\sqrt{1-v^2/c^2}}\left(1-\frac{\Delta x}{c\Delta t}\frac{v}{c}\right) \tag{7.3.6}$$

如果所考察的这两个物理事件有因果关系，即它们是通过物质运动过程相联系的，则作为原因的第1事件总是先发生，导致了作为结果的第2事件总是后发生。例如：子弹射出后经过一段飞行时间后才击中靶子，击中靶子这一事件不可能发生在发射子弹之前。事物发展的这种因果性是绝对的，在任何观测参考系都应成立，也就是要求上式中的Δt和$\Delta t'$必须同号。因此$\Delta x/\Delta t\leqslant c$必须始终成立。总之：**如果两个事件有因果关系，则时序不可颠倒，要求速度极限原理必须成立**。

由此可知，狭义相对论不违背因果律是以速度极限原理为前提的；反过来，因果律的普遍性也解释了极限速度原理的正确性。

7.4 狭义相对论时空理论的四维形式

由前两节的讨论可知，在狭义相对论中，时间与空间不可分割的紧密联系在一起。我们把三维空间加上一维时间，构建出四维时空，称之为闵可夫斯基（Minkowski）空间。构建四维时空以后，就可以把时空坐标变换表示为四维矩阵运算，不但使得运算的形式简单、规则，相对性原理的数学表述十分明显，而且给出了物理量之间的内在联系。

一、闵可夫斯基空间

1. 闵可夫斯基空间的四维位矢

要构建四维时空，首先要把时间这一维表示成与空间坐标量纲相同的形式，同时考虑到构建四维不变量的要求（下面将会看出），令

$$w=\mathrm{i}ct \tag{7.4.1}$$

则物理事件的时空坐标可以表示为(x,y,z,w)，这四个坐标变量描述的空间称为闵可夫斯基空间，四个确定的坐标值确定了闵可夫斯基空间的一个点，称为**世界点**。时空坐标的四个分量构成闵可夫斯基空间的四维矢量，称为**世界点位矢**。物质的运动表现为世界点

在闵可夫斯基空间的移动，从而描绘出此空间的一条曲线，称为**世界线**。

2. 用世界点位矢表示的洛伦兹变换

引入 $w = \mathrm{i}ct$ 以后，把洛伦兹正变换式（7.3.4）改写为

$$\begin{cases} x' = \gamma(x + \mathrm{i}\beta w) \\ y' = y \\ z' = z \\ w' = \gamma(w - \mathrm{i}\beta x) \end{cases} \tag{7.4.2}$$

把洛伦兹逆变换式（7.3.5）改写为

$$\begin{cases} x = \gamma(x' - \mathrm{i}\beta w') \\ y = y' \\ z = z' \\ w = \gamma(w' + \mathrm{i}\beta x') \end{cases} \tag{7.4.3}$$

3. 闵可夫斯基空间的间隔

设事件 O 的时空坐标为 $O(0,0,0,0)$，事件 P 在 S 系中的时空坐标为 $P(x,y,z,w)$，在 S' 系中的时空坐标为 $P(x',y',z',w')$，由洛伦兹坐标变换关系可以得出

$$x^2 + y^2 + z^2 + w^2 = x'^2 + y'^2 + z'^2 + w'^2$$

上式表明，世界点位矢四个分量的平方和在洛伦兹变换下保持不变，为此，定义一个新的物理量

$$s^2 = x^2 + y^2 + z^2 + w^2 \tag{7.4.4}$$

可以把 s^2 看做是 O 和 P 两个物理事件在闵可夫斯基空间的四维间隔的平方，为了方便起见，直接把 s^2 称为间隔。间隔是洛伦兹不变量，又称为洛伦兹标量。根据 $s^2 > 0$、$s^2 < 0$ 和 $s^2 = 0$ 把间隔分为三类。

（1）类空间隔：$s^2 > 0$，表示此两事件不可能有因果关系。可以证明，存在一个使两事件同时发生的参考系 S''，在这个参考系中间隔 $s^2 = x''^2 + y''^2 + z''^2$。

（2）类时间隔：$s^2 < 0$，表示此两事件可能有因果关系。可以证明，存在一个使两事件同地发生的参考系 S'''，在这个参考系中间隔 $s^2 = -c^2 t'''^2$。

（3）类光间隔：$s^2 = 0$，表示此两事件在任何参考系中都可以通过光信号相联系。

上述内容表明，洛伦兹变换具有间隔不变性。把这种间隔不变性与三维空间的情形比较一下。在三维空间，坐标为 (x,y,z) 的点到原点的距离的平方为 $r^2 = x^2 + y^2 + z^2$。显然，在三维空间的坐标系转动变换下 r^2 保持不变。据此可以认为，四维间隔不变性表明了洛伦兹变换是四维时空的转动变换。

4. 闵可夫斯基空间在 x—w "平面" 内的转动

在洛伦兹变换式中，$y' = y$，$z' = z$，只有 x 和 w 发生变化。所以只需考察如图 7.4.1 所示的在 x—w 平面内的转动。S' 系相对于 S 系绕原点 o 逆时针转过一个角度 θ，P 点在 S 系和 S' 系中的坐标分别为 (x,w) 和 (x',w')。由图示几何关系写出

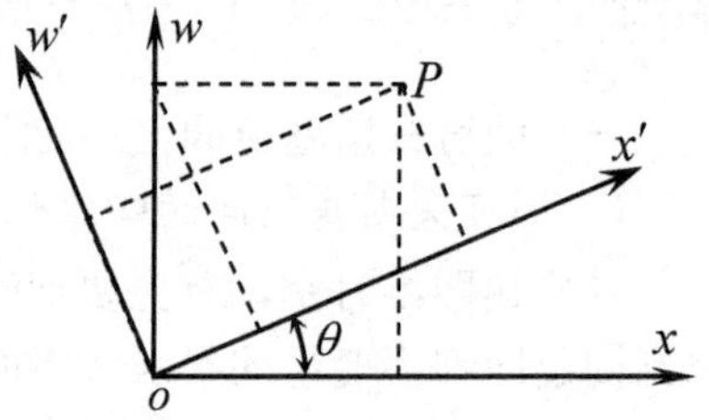

图 7.4.1　闵可夫斯基空间的转动

$$\begin{cases} x' = \ \ x\cos\theta + w\sin\theta \\ w' = -x\sin\theta + w\cos\theta \end{cases} \tag{7.4.5}$$

把式（7.4.5）与式（7.4.2）的第 1 式、第 4 两式比较可得：$\cos\theta = \gamma$，$\sin\theta = \mathrm{i}\gamma\beta$。即

$$\tan\theta = \mathrm{i}\beta = \mathrm{i}\frac{v}{c} \tag{7.4.6}$$

由此得出结论：**洛伦兹变换相当于闵可夫斯基空间在 x—w 平面内的转动变换，转过的角度为**$\theta = \arctan(\mathrm{i}v/c)$。

根据数学理论，坐标系的转动变换总可以表示为矩阵形式。所以，洛伦兹变换可以表示为四维矩阵形式。

二、洛伦兹变换的四维矩阵形式

令 $x \triangleq x_1$，$y \triangleq x_2$，$z \triangleq x_3$，$w \triangleq x_4$，把世界点位矢写成 4×1 矩阵（列矢量）

$$\boldsymbol{X}_{4\times1} = \begin{pmatrix} x_1 \\ x_2 \\ x_3 \\ x_4 \end{pmatrix} \tag{7.4.7}$$

上述列矢量的转置是 1×4 矩阵（行矢量）

$$\boldsymbol{X}^{\tau}_{4\times1} = \boldsymbol{X}_{1\times4} = (x_1, x_2, x_3, x_4) \tag{7.4.8}$$

引入洛伦兹系数矩阵

$$\boldsymbol{\alpha}_{4\times4} = \begin{pmatrix} \gamma & 0 & 0 & \mathrm{i}\gamma\beta \\ 0 & 1 & 0 & 0 \\ 0 & 0 & 1 & 0 \\ -\mathrm{i}\gamma\beta & 0 & 0 & \gamma \end{pmatrix} \tag{7.4.9}$$

把洛伦兹变换式（7.4.2）写成下述矩阵形式

$$\begin{pmatrix} x_1' \\ x_2' \\ x_3' \\ x_4' \end{pmatrix} = \begin{pmatrix} \gamma & 0 & 0 & \mathrm{i}\gamma\beta \\ 0 & 1 & 0 & 0 \\ 0 & 0 & 1 & 0 \\ -\mathrm{i}\gamma\beta & 0 & 0 & \gamma \end{pmatrix} \begin{pmatrix} x_1 \\ x_2 \\ x_3 \\ x_4 \end{pmatrix} \tag{7.4.10}$$

简写为

$$\boldsymbol{X}'_{4\times1} = \boldsymbol{\alpha}_{4\times4}\boldsymbol{X}_{4\times1} \tag{7.4.11}$$

由式（7.4.9）容易验证

$$\boldsymbol{\alpha}^{\tau}_{4\times4}\boldsymbol{\alpha}_{4\times4} = \boldsymbol{I}_{4\times4} \tag{7.4.12}$$

式中：$\boldsymbol{\alpha}^{\tau}_{4\times4}$ 为 $\boldsymbol{\alpha}_{4\times4}$ 的转置矩阵；$\boldsymbol{I}_{4\times4}$ 为四维单位矩阵。具有上述性质的矩阵称为正交归一矩阵。根据洛伦兹系数矩阵的正交归一性，利用式（7.4.11）和式（7.4.12）（略去下标），立即写出四维间隔不变性

$$s'^2 = \boldsymbol{X}'^{\tau}\boldsymbol{X}' = \boldsymbol{X}^{\tau}\boldsymbol{\alpha}^{\tau}\boldsymbol{\alpha}\boldsymbol{X} = \boldsymbol{X}^{\tau}\boldsymbol{I}\boldsymbol{X} = \boldsymbol{X}^{\tau}\boldsymbol{X} = s^2$$

三、物理量按四维时空变换性质的分类

因为洛伦兹变换是四维时空转动变换，所以物理量必须表示为四维形式。

1. 四维标量（也称为四维零阶张量，或洛伦兹不变量）

在洛伦兹变换下保持不变的量。例如：固有时τ_0、固有长l_0、间隔、静止质量m_0和电荷量q（参见第8章）……

2. 四维矢量（也称为四维一阶张量）

有四个分量，可以表示为四维行矩阵$\boldsymbol{A}_{1\times4}$，也可以表示为四维列矩阵$\boldsymbol{A}_{4\times1}$，其变换方式为

$$\boldsymbol{A}'_{4\times1}=\boldsymbol{\alpha}_{4\times4}\boldsymbol{A}_{4\times1} \tag{7.4.13}$$

例如：世界点位矢、四维速度（参见下面的例题）、四维动量、四维力（参见第2章）……

四维矢量的模（或者模的平方）必定是四维标量。例如：世界点位矢的模的平方是间隔，它是四维标量。

3. 四维张量（也称为四维二阶张量）

有$4\times4=16$个分量，用矩阵表示为$\boldsymbol{E}_{4\times4}$，其变换方式为

$$\boldsymbol{E}'_{4\times4}=\boldsymbol{\alpha}_{4\times4}\boldsymbol{E}_{4\times4}\boldsymbol{\alpha}^{\tau}_{4\times4} \tag{7.4.14}$$

例如：电磁场张量（参见第8章）……

必须注意，一个三维空间的标量、矢量或张量，在四维空间不一定是标量、矢量或张量。例如：时间、质量和电荷密度等都是三维标量，但在四维空间它们都变成四维矢量的分量；电场强度和磁场强度都是三维矢量，但在四维空间中变成电磁场张量的不同分量。一个物理量在四维空间是什么性质的量，需要按它在洛伦兹变换下的性质重新确定。

四、四维时空物理量的运算规则

（1）只有同维同阶的量才能相加减。

（2）四维矢量（四维张量）乘以或除以四维标量仍然等于四维矢量（四维张量）；

形如：$a\begin{pmatrix}b_1 & b_2 & b_3 & b_4\end{pmatrix}=\begin{pmatrix}ab_1 & ab_2 & ab_3 & ab_4\end{pmatrix}$，$a\left(B_{ij}\right)_{4\times4}=\left(aB_{ij}\right)_{4\times4}$。

（3）两个四维矢量的内积等于四维标量；

形如：$\boldsymbol{A}_{1\times4}\boldsymbol{B}_{4\times1}=\sum_{i=1}^{4}A_iB_i=c$。

（4）两个四维矢量的外积等于四维张量；

形如：$\boldsymbol{A}_{4\times1}\boldsymbol{B}_{1\times4}=\boldsymbol{C}_{4\times4}$，其中$A_iB_j=C_{ij}$。

（5）四维张量与四维矢量相乘等于四维矢量；

形如：$\boldsymbol{A}_{4\times4}\boldsymbol{B}_{4\times1}=\boldsymbol{C}_{4\times1}$，或者$\boldsymbol{B}_{1\times4}\boldsymbol{A}^{\tau}_{4\times4}=\boldsymbol{C}_{1\times4}$，其中$\sum_{j=1}^{4}A_{ij}B_j=C_i$。

（6）四维张量乘以四维张量等于四维张量。

形如：$\boldsymbol{A}_{4\times4}\boldsymbol{B}_{4\times4}=\boldsymbol{C}_{4\times4}$，其中$\sum_{k=1}^{4}A_{ik}B_{kj}=C_{ij}$。

例 试构建四维速度矢量，并由此导出相对论的速度变换公式。

【解】仍然定义速度等于位移对时间的变化率。考虑到在四维情形下位移是四维矢量，而四维矢量除以四维标量才能得到四维矢量。与时间有关的四维标量是固有时τ_0。

在S系中质点的世界点位矢为

$$\boldsymbol{X}_{1\times4}=\begin{pmatrix}x & y & z & w\end{pmatrix}\triangleq\begin{pmatrix}x_1 & x_2 & x_3 & x_4\end{pmatrix}$$

定义四维速度矢量的各个分量为

$$U_i = \mathrm{d}x_i / \mathrm{d}\tau_0 \quad (i=1,2,3,4)$$

把时钟延缓效应公式$dt=\gamma_u d\tau_0$代入上式可得

$$U_i = \gamma_u \frac{\mathrm{d}x_i}{\mathrm{d}t} \quad (i=1,2,3,4)$$

注意，上式中的t是S系中的时间标准，u是质点在S系中三维速度的大小，变换因子

$$\gamma_u = 1/\sqrt{1-u^2/c^2} \tag{7.4.15}$$

写出四维速度的各个分量为

$$U_1=\gamma_u\frac{\mathrm{d}x}{\mathrm{d}t}=\gamma_u u_x,\quad U_2=\gamma_u\frac{\mathrm{d}y}{\mathrm{d}t}=\gamma_u u_y,\quad U_3=\gamma_u\frac{\mathrm{d}z}{\mathrm{d}t}=\gamma_u u_z,\quad U_4=\gamma_u\frac{\mathrm{d}w}{\mathrm{d}t}=\mathrm{i}\gamma_u c$$

四维速度行矩阵为

$$\boldsymbol{U}_{1\times 4}=\gamma_u\begin{pmatrix}u_x & u_y & u_z & \mathrm{i}c\end{pmatrix}$$

四维矢量遵守洛伦兹变换，有

$$\gamma_{u'}\begin{pmatrix}u'_x\\ u'_y\\ u'_z\\ \mathrm{i}c\end{pmatrix}=\begin{pmatrix}\gamma & 0 & 0 & \mathrm{i}\gamma\beta\\ 0 & 1 & 0 & 0\\ 0 & 0 & 1 & 0\\ -\mathrm{i}\gamma\beta & 0 & 0 & \gamma\end{pmatrix}\begin{pmatrix}u_x\\ u_y\\ u_z\\ \mathrm{i}c\end{pmatrix}\gamma_u$$

由第四维可得

$$\frac{\gamma_u}{\gamma_{u'}}=\frac{1}{\gamma(1-\beta u_x/c)}=\frac{\sqrt{1-v^2/c^2}}{1-vu_x/c^2}$$

把上式代入四维变换式，直接写出

$$\begin{cases}u'_x=\dfrac{u_x-v}{1-vu_x/c^2}\\ u'_y=\dfrac{\sqrt{1-v^2/c^2}}{1-vu_x/c^2}u_y\\ u'_z=\dfrac{\sqrt{1-v^2/c^2}}{1-vu_x/c^2}u_z\end{cases} \tag{7.4.16}$$

可见，虽然$y'=y$，$z'=z$，但是$u'_y\neq u_y$，$u'_z\neq u_z$，这是因为计算速度时牵涉到时间，而在S系和S'系中时间标准是不相同的。

根据运动的相对性，把速度变换公式中的v换成$-v$，把带撇的量和不带撇的量互换，从而写出相对论速度的逆变换公式。

$$\begin{cases}u_x=\dfrac{u'_x+v}{1+vu'_x/c^2}\\ u_y=\dfrac{\sqrt{1-v^2/c^2}}{1+vu'_x/c^2}u'_y\\ u_z=\dfrac{\sqrt{1-v^2/c^2}}{1+vu'_x/c^2}u'_z\end{cases} \tag{7.4.17}$$

我们还注意到，当$v<<c$时，相对论的速度变换公式就自动地过渡到经典速度相加

公式，并且可以证明，利用相对论的速度变换，不可能得到超过真空光速 c 的相对速度。

五、四维时空中物理方程的协变性要求

根据相对性原理的要求，任何物理规律在所有惯性系中都相同，这就要求描述物理规律的物理方程在洛伦兹变换下保持形式不变。因为洛伦兹变换是四维时空的转动变换，所以，物理方程必须表示为四维协变形式才能满足相对性原理的要求。具体来说就是：

1. 四维标量（零阶张量）方程

在 S 系中，有

$$a+b+c+\cdots=0 \tag{7.4.18}$$

因为方程中每一项都是四维标量，所以变换后，在 S' 系中上式仍然成立。

2. 四维矢量（一阶张量）方程

在 S 系中，有

$$a\boldsymbol{A}_{4\times1}+b\boldsymbol{B}_{4\times1}+c\boldsymbol{C}_{4\times1}+\cdots=0 \tag{7.4.19}$$

其中 a、b、c 等是四维标量。用洛伦兹变换矩阵左乘上式各项，可得 S' 系中的方程为

$$a\boldsymbol{A}'_{4\times1}+b\boldsymbol{B}'_{4\times1}+c\boldsymbol{C}'_{4\times1}+\cdots=0$$

方程的形式保持不变。

3. 四维张量（二阶张量）方程

在 S 系中，有

$$a\boldsymbol{F}_{4\times4}+b\boldsymbol{T}_{4\times4}+c\boldsymbol{E}_{4\times4}+\cdots=0 \tag{7.4.20}$$

用洛伦兹变换矩阵左乘上式各项，用变换矩阵的转置右乘上式各项，可得 S' 系中方程为

$$a\boldsymbol{F}'_{4\times4}+b\boldsymbol{T}'_{4\times4}+c\boldsymbol{E}'_{4\times4}+\cdots=0$$

方程的形式也保持不变。

内容提要

一、狭义相对论产生的历史背景和实验基础

1. 电磁规律与经典力学原理的矛盾

经典力学基本原理由伽利略变换、绝对时空观、力学相对性原理、牛顿方程在伽利略变换下协变、经典速度相加定理五个要素组成。麦克斯韦电磁理论与经典力学原理的矛盾突出表现在电磁现象的基本方程不是伽利略变换下的协变式；光速不满足经典速度相加定理。

2. 狭义相对论的实验基础

寻找“以太”的迈克尔孙—莫雷实验总是得到“零结果”——抛弃“以太”假设，提出：真空光速与观测参考系的选择无关。

二、狭义相对论的两条基本原理

1. 光速不变原理狭义

真空光速与观测参考系的选择无关。

2. 狭义相对论的相对性原理

一切物理规律在所有惯性系中都取相同的形式。

三、洛伦兹变换

1. 坐标变换

（1）一般形式：$\begin{cases} x' = \gamma(x - vt); \\ y' = y; \\ z' = z; \\ t' = \gamma(t - \beta x / c); \end{cases}$　　$\beta = \dfrac{v}{c}$　　$\gamma = \dfrac{1}{\sqrt{1 - v^2 / c^2}}$

变换有意义的要求：物体运动速度或信号传递速度不超过真空光速—**速度极限原理**。

（2）四维矩阵形式：$\boldsymbol{X}'_{4\times1} = \boldsymbol{\alpha}_{4\times4}\boldsymbol{X}_{4\times1}$

其中：$\boldsymbol{X}'_{4\times1} = \begin{pmatrix} x' \\ y' \\ z' \\ \mathrm{i}ct' \end{pmatrix}$，$\boldsymbol{X}_{4\times1} = \begin{pmatrix} x \\ y \\ z \\ \mathrm{i}ct \end{pmatrix}$，$\boldsymbol{\alpha}_{4\times4} = \begin{pmatrix} \gamma & 0 & 0 & \mathrm{i}\gamma\beta \\ 0 & 1 & 0 & 0 \\ 0 & 0 & 1 & 0 \\ -\mathrm{i}\gamma\beta & 0 & 0 & \gamma \end{pmatrix}$，$\boldsymbol{\alpha}^{\tau}\boldsymbol{\alpha} = \boldsymbol{I}$

几何意义：洛伦兹变换是闵可夫斯基空间在 x—w“平面”内的坐标系转动变换。

2. 速度变换

（1）**一般形式：**$u'_x = \dfrac{u_x - v}{1 - vu_x / c^2}, u'_y = \dfrac{u_y / \gamma}{1 - vu_x / c^2}, u'_z = \dfrac{u_z / \gamma}{1 - vu_x / c^2}$。

（2）**四维矩阵形式：**$\boldsymbol{U}'_{4\times1} = \boldsymbol{\alpha}_{4\times4}\boldsymbol{U}_{4\times1}$。

其中：$\boldsymbol{U}_{1\times4} = \gamma_u \begin{pmatrix} u_x & u_y & u_z & \mathrm{i}c \end{pmatrix}$，$\gamma_u = 1/\sqrt{1 - u^2 / c^2}$。

把变换公式中的 v 换成 $-v$，把带撇的量和不带撇的量互换，可得逆变换公式。

当 $v << c$ 时，相对论的变换公式就自动地过渡到经典情形。

四、狭义相对论的时空性质

（1）“同时”是相对的。

（2）运动时钟延缓效应。

$\Delta t = \gamma \tau_0$。其中 Δt 是运动时，τ_0 是固有时。

（3）运动长度收缩效应。

$l = l_0 / \gamma$。其中 l 是运动长，l_0 是固有长。

（4）因果律。

在遵守速度极限原理的前提下，因果次序不会颠倒。

（5）间隔不变性。

物理事件 $O(0,0,0,0)$ 和 $P(x,y,z,t)$ 的间隔 $s^2 = x^2 + y^2 + z^2 - c^2t^2$ 是洛伦兹标量。

类空间隔：$s^2 > 0$；具有这样间隔的两个事件是不可能有因果关系的。

类时间隔：$s^2 < 0$，具有这种间隔的两个事件是可以有因果关系的。

类光间隔：$s^2 = 0$，具有这种间隔的两个事件在任何惯性系中都可用光信号相联系。

五、四维空间中的协变要求

为了满足狭义相对论原理和四维变换式的要求必须有：

1. 四维时空中的物理量必须定义为四维形式

（1）**四维标量（洛伦兹不变量）**：在洛伦兹变换下保持不变的量。

（2）**四维矢量**：有四个分量，其变换方式为：$\boldsymbol{A}'_{4\times1}=\boldsymbol{\alpha}_{4\times4}\boldsymbol{A}_{4\times1}$。

（3）**四维张量**：有 $4\times4=16$ 个分量，用矩阵表示为 $\boldsymbol{E}_{4\times4}$，其变换方式为

$$\boldsymbol{E}'_{4\times4}=\boldsymbol{\alpha}_{4\times4}\boldsymbol{E}_{4\times4}\boldsymbol{\alpha}^{\tau}_{4\times4}$$

2. 四维时空物理量的运算规则

（1）只有同维同阶的量才能相加减；

（2）四维矢量（四维张量）乘以或除以四维标量仍然等于四维矢量（四维张量）；

（3）两个四维矢量的内积等于四维标量；

（4）两个四维矢量的外积等于四维张量；

（5）四维张量与四维矢量相乘等于四维矢量；

（6）四维张量乘以四维张量等于四维张量。

3. 四维时空中的物理方程必须表示为四维协变形式

（1）四维标量方程：$a+b+c+\cdots=0$；

（2）四维矢量方程：$a\boldsymbol{A}_{4\times1}+b\boldsymbol{B}_{4\times1}+c\boldsymbol{C}_{4\times1}+\cdots=0$；

（3）四维张量方程：$a\boldsymbol{F}_{4\times4}+b\boldsymbol{T}_{4\times4}+c\boldsymbol{E}_{4\times4}+\cdots=0$

习　　题

7.1　证明：标量势 φ 的波动微分方程

$$\nabla^2\varphi-\frac{1}{c^2}\frac{\partial^2\varphi}{\partial t^2}=0$$

不是伽利略变换下的协变式。

7.2　设 S 系和 S' 系是特殊相关惯性系，其中 S' 系相对于 S 系沿 x 轴正向以速度 v 运动。在 S 系中测量，$t=0$ 时刻同时发生的两个物理事件的空间坐标分别为 $P_1(0,0,0)$ 和 $P_2(l,0,0)$；在 S' 系中测量，这两个物理事件发生的时间间隔为 T。试证明：（1）在 S' 系中测量，这两个物理事件发生的空间距离为 $l'=\sqrt{l^2+c^2T^2}$；（2）S' 系相对于 S 系的运动速度的大小为 $v=c^2T/\sqrt{l^2+c^2T^2}$。

7.3　设有两根静止长度都为 l_0 的相互平行的尺子，沿着 S 系的 x 轴放置，其中一根尺子以速率 v 沿 x 轴的正方向运动，另一根尺子以速率 v 沿 x 轴的反方向运动。试求：相对于一根尺子静止的观察者所测得的另一根尺子的长度。

7.4　静止长度为 l_0 的车厢相对于地面沿 x 轴正向以速度 v 运动。在车厢后壁以相对于车厢的速度 u_0 向前壁推出一个小球。试求：站在地面上的观测者所测得的小球从后壁到达前壁的时间。

7.5　有两列静止长度相同的火车沿 x 轴以相同的速率 v 相向运动。立在站台上的观测者测得每一列火车掠过他的时间都是 T。试求：静止于一列火车的观测者所测得的另一列火车掠过他的时间。

7.6　在铁路沿线有两座距离为 $2l_0$ 的铁塔，在两座塔的中点有一座建筑物。建筑物顶端发出的一个光脉冲分别照亮了两座铁塔。一列火车在铁路上以速度 v 作匀速直线运动。试求：站在火车上的观测

者测得的两铁塔被照亮的时间差。

7.7　光在静止的水中的速度是$u_0 = c/n$，其中c是真空中的光速，$n \approx 4/3$是水的折射率。1851年，菲索（A.H.Fizeau）用实验证实，若水相对于实验室以速度v流动，则在实验室参照系中测得的水中光速为$u = c/n + kv$，曾经把这个实验看做是流水可以拖动“以太”一起运动的证据，其中k称为“拖曳系数”，并且通过实验测量出$k \approx 0.44$。试用相对论速度变换公式解释这一实验结果，并且给出拖曳系数k的理论值。

7.8　有一光源A和接收器B相对静止，两者的静止距离为l_0。把A和B都浸在静止折射率为n的液体中。试就以下三种情况计算光信号从A到B所经历的时间。（1）液体静止；（2）液体沿A和B的连线方向以速度v流动；（3）液体垂直于A和B的连线方向以速度v流动。

7.9　处于真空中的光源A和接收器B都静止在地面上，两者的静止距离为L_0。在A和B之间放置一根介质棒，其轴线与A和B的连线重合，其静止折射率为n，静止长度为$l_0 < L_0$。试就以下两种情况计算光信号从A到B所经历的时间。

（1）介质棒沿着光信号的传播方向以速度v运动；

（2）介质棒逆着光信号的传播方向以速度v运动。

7.10　在海拔$h_0 = 50\text{km}$的高空，由高能宇宙射线产生的π^+介子以$u = 0.99c$的速度垂直射向地球表面。已知π^+介子的固有平均寿命为$\tau_0 = 2.6 \times 10^{-8}\text{s}$，问：

（1）在固定于地面的参考系中测量，π^+介子的平均寿命是多少？它衰变处平均海拔高度是多少？

（2）若不考虑相对论效应，π^+介子能够飞越多长距离？

7.11　试证明洛伦兹变换矩阵的正交归一性，即

$$\boldsymbol{\alpha}_{4\times4}\boldsymbol{\alpha}_{4\times4}^{\tau} = \boldsymbol{I}_{4\times4}$$

7.12　试写出下列四维矢量$[A]_{4\times1}$和四维张量$\boldsymbol{E}_{4\times4}$的变换关系的分量形式：

（1）$\boldsymbol{A}'_{4\times1} = \boldsymbol{\alpha}_{4\times4}\boldsymbol{A}_{4\times1}$；

（2）$\boldsymbol{E}'_{4\times4} = \boldsymbol{\alpha}_{4\times4}\boldsymbol{E}_{4\times4}\boldsymbol{\alpha}_{4\times4}^{\tau}$。

7.13　试导出狭义相对论条件下质点运动加速度在两个特殊相关惯性系间的变换关系。

7.14　一个质点相对于S系作变速运动，其速度为$\boldsymbol{v} = \boldsymbol{v}(t)$。设在时刻$t_0$质点的速度为$\boldsymbol{v}_0$，并且该时刻质点速度的大小将发生变化，但方向不会发生变化。建立一个在该时刻与质点相对静止的惯性系S'系，求在S'系中测得的该时刻质点的加速度。

第8章 狭义相对论的质点力学和电磁场理论

如前所述，要使得物理方程符合狭义相对论原理的要求，其必要条件就是此方程必须表示为四维的洛伦兹变换协变式。利用这一判据容易得知，牛顿力学在高速情形下是不满足狭义相对论基本原理的，所以它不可能是完全正确的物理方程。必须对牛顿方程进行改造，构建出满足狭义相对论原理要求的新的力学方程。对于麦克斯韦电磁场方程，因为它“自动”满足狭义相对论原理的要求，所以只需把它改写为四维形式，就得到了相对论电动力学。

8.1 狭义相对论质点力学

一、改造牛顿方程的基本思想

1. 牛顿方程的缺陷

（1）牛顿方程会导致超光速运动的结论。

设质量为m的质点所受到的合力为$\boldsymbol{f}$，质点的加速度为$\boldsymbol{a}$，则牛顿方程为

$$\boldsymbol{f}=m\boldsymbol{a}$$

若质点在恒力$\boldsymbol{f}$的作用下从静止开始作匀变速直线运动，则经过时间t以后其速度为

$$v=\frac{F}{m}t$$

因为在经典力学中m与运动无关，所以，总可以延长作用时间t，使得$v>c$。

（2）牛顿方程不是四维洛伦兹变换的协变式。

因为牛顿方程是三维空间伽利略变换协变式，所以此方程不可能是四维时空洛伦兹变换协变式。

2. 对新力学的要求

（1）必须符合狭义相对论原理的要求：①不会导致超光速运动；②方程必须是四维洛伦兹变换协变式。

（2）因为实践已经证明牛顿力学在宏观低速运动领域是正确的理论，所以，当质点的运动速度$v\ll c$时，新力学必须自动地过渡到牛顿力学。

3. 构建新力学的基本思想

在物理学理论的发展历史上，形成新理论的一种常用方法是：在原有理论的基础上进行内涵的扩充。我们也采用这种方法来构建相对论力学，即：保持牛顿方程的基本形式不变，在此形式下进行内涵的扩充。

二、相对论质点力学的基本量

牛顿方程的基本形式是

$$f = \frac{\mathrm{d}(m\boldsymbol{u})}{\mathrm{d}t} = \frac{\mathrm{d}\boldsymbol{p}}{\mathrm{d}t}$$

其中

$$\boldsymbol{p} = m\boldsymbol{u}$$

是三维空间的经典动量。保持上述两式的形式不变，把其中的各量改写为四维形式。

1. 四维动量矢量

设质点在三维空间的速度为 $\boldsymbol{u} = u_x\boldsymbol{e}_x + u_y\boldsymbol{e}_y + u_z\boldsymbol{e}_z$，在三维空间的速率为 $u = |\boldsymbol{u}|$，根据上一章的知识可知，令 $\gamma_u = 1/\sqrt{1-u^2/c^2}$，构建出该质点的四维速度矢量为

$$\boldsymbol{U}_{1\times4} = \gamma_u\begin{pmatrix}u_x & u_y & u_z & \mathrm{i}c\end{pmatrix}$$

显然，质点的**静止质量** m_0 是四维标量。因为四维标量与四维矢量的乘积是四维矢量，由此构建出质点的**四维动量**矢量为

$$\boldsymbol{P}_{1\times4} = \gamma_u m_0\begin{pmatrix}u_x & u_y & u_z & \mathrm{i}c\end{pmatrix} \tag{8.1.1}$$

传统上把质点的静止质量与变换因子的乘积称为**运动质量**

$$m = \gamma_u m_0 = \frac{m_0}{\sqrt{1-u^2/c^2}} \tag{8.1.2}$$

按照上述定义，质点的质量与质点的运动速度 u 有关，这也是一种相对论效应。当 $u=0$ 时，$m=m_0$。后面将会看到，在此定义下，质点力学的基本规律在相对论中仍然成立，并且不会导致超光速运动。迄今为止，许多实验已经证明了上述的质量关系。图 8.1.1 是电子质量随速度变化的实验曲线（其中圆点、圆圈和叉号分别表示几位研究者的实验数据）。在设计高能电子加速器时，就必须考虑到电子质量的这种相对论效应。

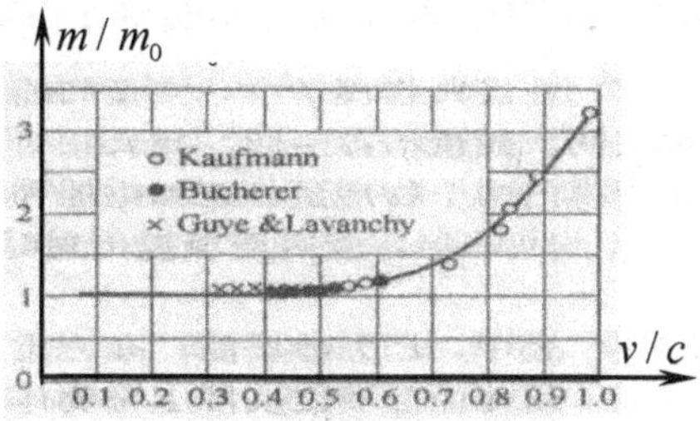

图 8.1.1　电子的 m-v 曲线

把四维动量的空间分量称为**相对论动量**

$$\boldsymbol{p}_{相} = \gamma_u m_0\begin{pmatrix}u_x & u_y & u_z\end{pmatrix} = m\boldsymbol{u} \tag{8.1.3}$$

应该注意，此定义虽然与经典的动量定义形式相同，但是其内涵已经进行了扩充。下面将要证明，在此定义下，动量守恒定律仍然成立。

四维动量的第四维为 $P_4 = imc$，可见，在相对论中，质量成为四维动量的一个分量。

定义了动质量和相对论动量以后，把四维动量写为

$$\boldsymbol{P}_{1\times4} = \begin{pmatrix}m\boldsymbol{u} & \mathrm{i}mc\end{pmatrix} \tag{8.1.4}$$

2. 四维力矢量

定义了四维动量以后，仍然沿用牛顿方程的形式定义力矢量，即动量对时间的变化率等于质点所受到的合力。但是，考虑到四维矢量除以四维标量才能得到四维矢量，而与时间相关的四维标量是固有时 τ_0，所以，定义：**质点的四维动量对固有时的变化率等于该质点所受到的四维力**，即

$$F_{1\times 4}=\frac{\mathrm{d}}{\mathrm{d}\tau_0}\begin{pmatrix} m\boldsymbol{u} & \mathrm{i}mc\end{pmatrix} \tag{8.1.5}$$

上式是四维空间的一阶张量方程，形式上已满足我们的要求。问题是这个方程的物理意义是什么，是否能为实验所证实，为此首先讨论四维力的可能形式。

利用固有时和运动时的关系 $\mathrm{d}t=\gamma_u\mathrm{d}\tau_0$，可把式（8.1.5）写为

$$F_{1\times 4}=\gamma_u\frac{\mathrm{d}}{\mathrm{d}t}\begin{pmatrix} m\boldsymbol{u} & \mathrm{i}mc\end{pmatrix} \tag{8.1.6}$$

由上式的空间分量可得相对论质点动力学方程，由上式的第四维可得相对论质能关系。

三、相对论质点动力学方程

四维力矢量的空间分量为

$$\gamma_u\frac{\mathrm{d}}{\mathrm{d}t}(m\boldsymbol{u})=\gamma_u\frac{\mathrm{d}\boldsymbol{p}_{相}}{\mathrm{d}t}$$

其中 $\mathrm{d}\boldsymbol{p}_{相}/\mathrm{d}t$ 是质点的相对论动量对时间的变化率。质点的相对论动量之所以改变，是因为质点受到了外力的作用。所以，$\mathrm{d}\boldsymbol{p}_{相}/\mathrm{d}t$ 等于质点所受到的合外力，即

$$\boldsymbol{f}=\frac{\mathrm{d}\boldsymbol{p}_{相}}{\mathrm{d}t}=\frac{\mathrm{d}}{\mathrm{d}t}(m\boldsymbol{u}) \tag{8.1.7}$$

这就是质点运动的**相对论动力学方程**。此方程在形式上与牛顿方程相同，但是其内涵已经得到了扩充，因为此处质点的质量 m 与质点的速率 u 有关。由式（8.1.7）可得，**在狭义相对论中，动量定理和动量守恒定律仍然成立。**

为了求出质点所受到的合力 $\boldsymbol{f}$ 与质点运动加速度 $\mathrm{d}\boldsymbol{u}/\mathrm{d}t$ 的关系，需要将式（8.1.7）改写。注意到 m 与 t 有关，写出

$$\boldsymbol{f}=\frac{\mathrm{d}m}{\mathrm{d}t}\boldsymbol{u}+m\frac{\mathrm{d}\boldsymbol{u}}{\mathrm{d}t} \tag{8.1.8}$$

上式两边点积 $\boldsymbol{u}$ 可得

$$\boldsymbol{f}\cdot\boldsymbol{u}=\frac{\mathrm{d}m}{\mathrm{d}t}u^2+m\boldsymbol{u}\cdot\frac{\mathrm{d}\boldsymbol{u}}{\mathrm{d}t} \tag{8.1.9}$$

由相对论质量关系式（8.1.2）写出

$$\frac{\mathrm{d}m}{\mathrm{d}t}=m_0\frac{-1}{2(1-u^2/c^2)^{3/2}}(-2\frac{u}{c^2})\frac{\mathrm{d}u}{\mathrm{d}t}=\frac{\gamma_u^2}{c^2}m\boldsymbol{u}\cdot\frac{\mathrm{d}\boldsymbol{u}}{\mathrm{d}t}$$

即

$$m\boldsymbol{u}\cdot\frac{\mathrm{d}\boldsymbol{u}}{\mathrm{d}t}=\frac{c^2}{\gamma_u^2}\frac{\mathrm{d}m}{\mathrm{d}t} \tag{8.1.10}$$

把上式代入式（8.1.9）写出

$$\boldsymbol{f}\cdot\boldsymbol{u}=(u^2+\frac{c^2}{\gamma_u^2})\frac{\mathrm{d}m}{\mathrm{d}t}=c^2\frac{\mathrm{d}m}{\mathrm{d}t} \tag{8.1.11}$$

利用上式可写出质点所受到的合外力 $\boldsymbol{f}$ 与质点加速度 $\mathrm{d}\boldsymbol{u}/\mathrm{d}t$ 的关系以及相对论中的能量关系，我们先讨论前者。把式（8.1.11）改写为

$$\frac{\mathrm{d}m}{\mathrm{d}t}=\frac{\boldsymbol{f}\cdot\boldsymbol{u}}{c^2} \tag{8.1.12}$$

再把式（8.1.12）代入式（8.1.8），得出

$$\boldsymbol{f}=m\frac{\mathrm{d}\boldsymbol{u}}{\mathrm{d}t}+\frac{\boldsymbol{f}\cdot\boldsymbol{u}}{c^2}\boldsymbol{u} \tag{8.1.13}$$

上式也称为相对论质点动力学方程，此方程比式（8.1.8）更适合于应用，也更适合于用实验加以验证。

由方程式（8.1.13）可知，在相对论情形下，质点运动的加速度不再与合外力成正比，加速度的方向也不一定在合外力的方向上。

若$u\ll c$，有$\boldsymbol{f}\approx m_0\mathrm{d}\boldsymbol{u}/\mathrm{d}t$，这就是牛顿方程。若$u\to c$，有$\mathrm{d}\boldsymbol{u}/\mathrm{d}t\to \boldsymbol{f}/m\to 0$，所以不会导致超光速的结论。所以，方程式（8.1.13）是个合理的方程。当然，只有用实验才能检验此方程是否正确。

例一　电量为q的带电粒子以速度$\boldsymbol{u}$进入磁感应强度为$\boldsymbol{B}$的均匀磁场中，并且$\boldsymbol{u}\perp\boldsymbol{B}$。试证明，此粒子作匀速圆周运动。若粒子轨道半径为$r$，则粒子质量可表示为

$$m=\frac{qBr}{u} \tag{8.1.14}$$

【证】此带电粒子所受的磁场力$\boldsymbol{f}=q\boldsymbol{u}\times\boldsymbol{B}$。因为$\boldsymbol{f}\perp\boldsymbol{u}$，所以由式（8.1.13）写出粒子运动的加速度为$\boldsymbol{a}=\mathrm{d}\boldsymbol{u}/\mathrm{d}t=\boldsymbol{f}/m$。由此可知，$\boldsymbol{a}$、$\boldsymbol{u}$和$\boldsymbol{B}$两两正交，粒子在垂直于$\boldsymbol{B}$的平面内作匀速圆周运动，$a=u^2/r$。另外，$F=quB$。由此写出

$$\frac{u^2}{r}=\frac{quB}{m}$$

即

$$m=\frac{qBr}{u}$$

证毕

1908年，德国人布歇勒用实验验证了此公式，从而证明了相对论动力学方程的正确性。

给出$\mathrm{d}m/\mathrm{d}t$以后，把式（8.1.7）和式（8.1.12）代入式（8.1.6），**四维力**写为

$$\boldsymbol{F}_{1\times4}=\gamma_u\begin{pmatrix}\boldsymbol{f} & \mathrm{i}\frac{1}{c}\boldsymbol{f}\cdot\boldsymbol{u}\end{pmatrix} \tag{8.1.15}$$

此式表明，四维力的空间分量就是γ_u与通常的三维力的乘积，四维力的第四分量是$\mathrm{i}\gamma_u/c$乘以三维力的功率。

例二　试导出两个特殊相关惯性系间力的变换关系。

【解】设S系和S'系是两个特殊相关惯性系，在这两个惯性系中，测得粒子的速度分别为$\boldsymbol{u}$和$\boldsymbol{u}'$，粒子所受到的作用力分别为$\boldsymbol{f}$和$\boldsymbol{f}'$，粒子的四维力列矢量分别为$\boldsymbol{F}_{4\times1}$和$\boldsymbol{F}'_{4\times1}$。由四维矢量的洛伦兹变换式写出

$$\boldsymbol{F}'_{1\times4}=\boldsymbol{\alpha}_{4\times4}\boldsymbol{F}_{4\times1}$$

把洛伦兹变换矩阵$\boldsymbol{\alpha}_{4\times4}$和四维力矢量的表达式（8.1.15）代入上式可得

$$\gamma_{u'}\begin{pmatrix}f'_x\\ f'_y\\ f'_z\\ \mathrm{i}\dfrac{\boldsymbol{f}'\cdot\boldsymbol{u}'}{c}\end{pmatrix}=\begin{pmatrix}\gamma & 0 & 0 & \mathrm{i}\gamma\beta\\ 0 & 1 & 0 & 0\\ 0 & 0 & 1 & 0\\ -\mathrm{i}\gamma\beta & 0 & 0 & \gamma\end{pmatrix}\begin{pmatrix}f_x\\ f_y\\ f_z\\ \mathrm{i}\dfrac{\boldsymbol{f}\cdot\boldsymbol{u}}{c}\end{pmatrix}\gamma_u$$

在推导四维速度变换关系时已经给出

$$\frac{\gamma_u}{\gamma_{u'}}=\frac{1}{\gamma(1-\beta u_x/c)}=\frac{\sqrt{1-v^2/c^2}}{1-vu_x/c^2}$$

由以上两式写出

$$\begin{cases} f_x'=\dfrac{f_x-v\boldsymbol{f}\cdot\boldsymbol{u}/c^2}{1-u_xv/c^2} \\ f_y'=\dfrac{\sqrt{1-v^2/c^2}}{1-u_xv/c^2}f_y \\ f_z'=\dfrac{\sqrt{1-v^2/c^2}}{1-u_xv/c^2}f_z \end{cases} \tag{8.1.16}$$

四、相对论的质量—能量关系

1. 质量—能量关系的导出

把式（8.1.11）写为

$$\boldsymbol{f}\cdot\boldsymbol{u}=\frac{\mathrm{d}}{\mathrm{d}t}(mc^2)$$

式中：m 为粒子相对论质量。从普遍的能量关系来看，上式左端是作用在质点上的合力的功率，右端应当是粒子动能的增加率。记质点动能为W_k，则

$$\frac{\mathrm{d}W_k}{\mathrm{d}t}=\frac{\mathrm{d}}{\mathrm{d}t}(mc^2)$$

把上式两边积分可得

$$W_k=mc^2+C$$

其中C是积分常数。因为$u=0$时$W_k=0$，所以由此定出$C=m_0c^2$。上式写为

$$W_k=mc^2-m_0c^2 \tag{8.1.17}$$

这就是质点的相对论动能公式。在低速情形下，$u<<c$，上式可展开为

$$W_k=m_0c^2(1+\frac{1}{2}\frac{u^2}{c^2}+\cdots)-m_0c^2\approx\frac{1}{2}m_0u^2$$

即：**低速情形下，相对论动能自动过渡到经典动能**。

式（8.1.17）表明，质点的速度由零增加到u时，由于外力做功引起的质点能量的增量为$mc^2-m_0c^2$，可见质点静止时仍有能量m_0c^2。m_0c^2称为质点的**静止能量**，所以当质点的运动速度为u时，其总能量为

$$W=mc^2 \tag{8.1.18}$$

这就是著名的**质量—能量关系**（Mass-Energy Relation）。

质量—能量关系是相对论最重要的结论之一。此关系式表明，描述物质惯性的质量和描述物质运动的能量存在着不可分割的联系，即：**没有不运动的物质，也不存在没有物质的运动**。由此关系式可知，在狭义相对论中，**质量守恒定律和能量守恒定律合二为一**。应该注意，此时的质量守恒是动质量守恒。

大量的实验已经证明了质量—能量关系的正确性，其中最典型、最重要的证据是原

子核的裂变和聚变反应。

2. 原子核的裂变

设一个重核相对于 S 系静止，其静止质量为 M_0。此重核分裂为几个静止质量分别为 m_{0i} 的中等质量的核，同时释放出裂变能 $\Delta W_{裂变}$，写出能量守恒表达式为

$$M_0c^2 = \Delta W_{裂变} + \sum_i m_{0i}c^2 = \sum_i m_i c^2$$

上式也可以看做是质量守恒表达式，即反应前系统的质量 M_0 等于反应后系统的质量 $\sum_i m_i$（动质量）。所以，一个重核裂变所释放的裂变能为

$$\Delta W_{裂变} = (M_0 - \sum_i m_{0i})c^2 \tag{8.1.19}$$

式中：$(M_0 - \sum_i m_{0i})$ 为裂变过程中的质量亏损（Mass Defect）。

3. 原子核的聚变

设多个轻核相对于 S 系静止，其静止质量分别为 m_{0i}。这几个轻核结合为一个静止质量为 M_0 的中等质量的原子核，同时释放出聚变能（也称为原子核的**结合能**）$\Delta W_{聚变}$，写出能量守恒表达式为

$$\sum_i m_{0i}c^2 = M_0c^2 + \Delta W_{聚变} = \sum_i m_i c^2$$

所以，合成一个中等核的过程中释放的聚变能为

$$\Delta W_{聚变} = (\sum_i m_{0i} - M_0)c^2 \tag{8.1.20}$$

式中：$(\sum_i m_{0i} - M_0)$ 称为聚变过程中的质量亏损。

应该注意，在解释式（8.1.19）和式（8.1.20）时，不能说质量消灭了而能量产生了，也不能说质量转化成了能量，只能说反应前的静质量转化为反应后的动质量，或者反应前的静能转化为反应后的动能。再比如，一个电子和一个正电子湮灭后产生光子，不能说作为物质的电子和正电子消灭了而作为能量的光子产生了，只能说电子和正电子的静质量转化为光子的动质量，或者说电子和正电子的静能转化为光子的电磁场能。

原子核的裂变反应和聚变反应已经在技术上得到了广泛应用，其最典型的例子就是核能产业的发展。1939 年人们发现，中子打击铀核可以引起铀核裂变，铀核裂变时还可以放出 2～3 个中子。这些中子在一定条件下又可引起新的铀核裂变，从而产生链式反应。1942 年就建成了控制链式反应的装置——核反应堆。从 1954 年苏联建成第一座核电站至今，世界上已有近千座核电站在运行，成为人类解决日趋紧张的能源问题的最重要的途径。铀核不加控制的裂变可以在极短时间内释放出大量的能量，这就是原子弹；在极高温条件下，超过一定量的氘核和氚核可以瞬时地发生聚变反应（也称为热核反应），释放出能量，这就是氢弹。关于人工可控热核反应的研究正在进行之中。

例三 已知质子、中子和氘核的静止质量分别为

$$m_{0p} = 1.6726231 \times 10^{-27}\,\text{kg}$$

$$m_{0n} = 1.6749286 \times 10^{-27}\,\text{kg}$$

$$m_{0d} = 3.3435860 \times 10^{-27}\,\text{kg}$$

试计算一个质子和一个中子结合成氘核时释放出多少能量？并据此计算出聚合 1kg 氘核能获得多少核能。

【解】 $\Delta W_{聚变}=(m_{0p}+m_{0n}-m_{0d})c^2=3.5642\times10^{-13}\,\mathrm{J}$
聚合1kg氘核释放的能量为

$$\frac{\Delta W_{聚变}}{m_{0d}}=1.07\times10^{14}\,\mathrm{J/kg}$$

此能量值相当燃烧230万kg汽油所放出的热量。

例四 如图8.1.2所示的S系和S'系是两个特殊相关惯性系，S'系相对于S系沿x轴以速度$\boldsymbol{v}$作匀速直线运动。在S系中测量，两个静止质量都是m_0的粒子沿x轴以速率v作对心正碰，碰撞后结合为一个粒子静止在S系中。试利用相对论速度变换、相对论质量和质量守恒证明：在两个惯性系中动量守恒定律都成立。

【证】 对于两粒子系统，在S系中，碰撞前的总动量为

$$p_{前}=\frac{m_0v}{\sqrt{1-v^2/c^2}}+\frac{m_0(-v)}{\sqrt{1-v^2/c^2}}=0$$

碰撞后的总动量为

$$p_{后}=M_0\times0=0$$

式中：M_0为复合粒子的静止质量。注意，$M_0\neq2m_0$。由上述两式可知，$p_{前}=p_{后}$，所以，在S系中动量守恒定律成立。

在S'系中，碰撞前各粒子的质量和速度为：第一个粒子的速度为0，质量为m_0；第二个粒子的速度为

$$v_2'=\frac{-v-v}{1-v(-v)/c^2}=\frac{-2v}{1+v^2/c^2}$$

由此计算出

$$\frac{1}{\sqrt{1-v_2'^2/c^2}}=\frac{1+v^2/c^2}{1-v^2/c^2}$$

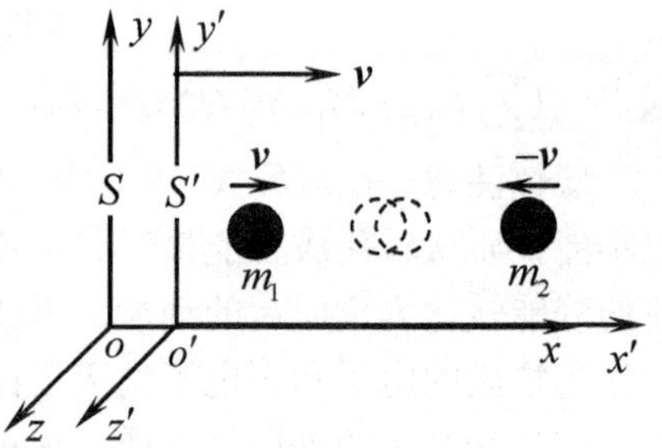

图8.1.2

第二个粒子的质量为

$$m_2'=\frac{1+v^2/c^2}{1-v^2/c^2}m_0$$

碰撞前的总动量为

$$p'_{前}=m_2'v_2'=\frac{-2m_0v}{1-v^2/c^2}$$

碰撞后，复合粒子的速度为$-v$，其质量为

$$M'=\frac{M_0}{\sqrt{1-v^2/c^2}}$$

由质量守恒写出

$$m_0+\frac{1+v^2/c^2}{1-v^2/c^2}m_0=M'$$

即

$$M_0=\frac{2m_0}{\sqrt{1-v^2/c^2}}$$

所以，碰撞后的总动量为

$$p'_{后}=M'(-v)=\frac{-2m_0v}{1-v^2/c^2}$$

由此可知，$p'_{前}=p'_{后}$，即：在S'系中动量守恒定律仍然成立。 **证毕**

五、相对论的动量—能量关系

给出了相对论的质量—能量关系以后，可以把四维动量的第四维用能量表示出来，从而写出

$$\boldsymbol{P}_{1\times4}=\begin{pmatrix}m\boldsymbol{u} & \mathrm{i}mc\end{pmatrix}=\begin{pmatrix}\boldsymbol{p} & \mathrm{i}\dfrac{W}{c}\end{pmatrix} \tag{8.1.21}$$

因为四维矢量的内积是四维标量，所以有

$$\boldsymbol{P}_{1\times4}\boldsymbol{P}_{4\times1}=\boldsymbol{P}'_{1\times4}\boldsymbol{P}'_{4\times1} \tag{8.1.22}$$

即

$$p^2-\frac{W^2}{c^2}=p'^2-\frac{W'^2}{c^2} \tag{8.1.23}$$

取相对于质点静止的惯性系为S'系，有$p'=0$，$W'=m_0c^2$，由此写出

$$p^2-\frac{W^2}{c^2}=-m_0^2c^2 \tag{8.1.24}$$

或者

$$(pc)^2+(m_0c^2)^2=W^2 \tag{8.1.25}$$

上式就是相对论**动量—能量关系**(Momentum-Energy Relation)，它是高能物理中的一个重要公式。由于粒子相对于S'系静止，所以它相对于S系的速度$\boldsymbol{u}=\boldsymbol{v}$，动量$\boldsymbol{p}_{相}=m\boldsymbol{v}$。

有些微观粒子的静止质量为零，如光子、中微子等，它们没有静止状态，只能以光速c运动。对于静止质量为零的光子，由四维动量引入四维波矢，对四维波矢进行洛伦兹变换，可以很自然地得出光或电磁波的多普勒效应和光行差公式。

8.2　电磁波的多普勒效应和光行差公式

一、电磁场的量子化——光子

量子物理假设：电磁波是由光子流组成的，每个光子以真空光速c运动着。对于频率为ν的电磁波，对应的光子为

1. 每个光子的能量

$$\varepsilon=h\nu=\hbar\omega \tag{8.2.1}$$

其中$h=6.62606876\times10^{-34}\,\mathrm{J\cdot s}$称为**普朗克常数**，$\hbar=h/(2\pi)$称为约化普朗克常数。

2. 每个光子的动质量

由相对论的质量—能量关系可得光子的动质量为

$$m=\hbar\omega/c^2 \tag{8.2.2}$$

3. 每个光子的动量

按照相对论动量的定义，写出

$$\boldsymbol{p}=mc\boldsymbol{e}_{\xi}=\frac{h\nu}{c}\boldsymbol{e}_{\xi}=\frac{\hbar\omega}{c}\boldsymbol{e}_{\xi}=\hbar\boldsymbol{k} \tag{8.2.3}$$

式中：$\boldsymbol{e}_{\xi}$为沿电磁波传播方向的单位矢，

$$\boldsymbol{k}=\frac{\omega}{c}\boldsymbol{e}_{\xi}=\frac{2\pi}{\lambda}\boldsymbol{e}_{\xi}$$

为三维空间的波矢量。

光子的四维动量为

$$\boldsymbol{P}_{1\times4}=\begin{pmatrix}\boldsymbol{p} & \mathrm{i}\dfrac{E}{c}\end{pmatrix}=\hbar\begin{pmatrix}\boldsymbol{k} & \mathrm{i}\dfrac{\omega}{c}\end{pmatrix} \tag{8.2.4}$$

4. 每个光子的静质量

把式（8.2.1）和式（8.2.3）代入相对论的动量—能量公式可得

$$m_0=0 \tag{8.2.5}$$

二、电磁波的四维波矢及其变换

在式（8.2.4）中，四维动量是四维矢量，约化普朗克常数$\hbar$是四维标量，所以此式右边的( )内的内容构成了四维矢量。

1. 四维波矢的定义

$$\boldsymbol{K}_{1\times4}=\begin{pmatrix}\boldsymbol{k} & \mathrm{i}\dfrac{\omega}{c}\end{pmatrix} \tag{8.2.6}$$

可见，四维波矢的前三维是三维空间的波矢，第四维与波的频率有关。当然，在真空情形下，三维波矢的模等于第四维的大小。四维波矢与世界点位矢的内积为

$$\boldsymbol{K}_{1\times4}\boldsymbol{X}_{4\times1}=\boldsymbol{k}\cdot\boldsymbol{r}-\omega t=\phi$$

这就是电磁波的相位，它是个洛伦兹不变量。

2. 四维波矢的变换

设S系和S'系是两个特殊相关惯性系。静止于S系中的观测者测得电磁波的波矢为$\boldsymbol{k}$，圆频率为ω。静止于S'系的观测者测得的同一电磁波的波矢为$\boldsymbol{k}'$，圆频率为ω'。四维波矢的洛伦兹变换为

$$\begin{pmatrix}k'_x\\ k'_y\\ k'_z\\ \mathrm{i}\dfrac{\omega'}{c}\end{pmatrix}=\begin{pmatrix}\gamma & 0 & 0 & \mathrm{i}\beta\gamma\\ 0 & 1 & 0 & 0\\ 0 & 0 & 1 & 0\\ -\mathrm{i}\beta\gamma & 0 & 0 & \gamma\end{pmatrix}\begin{pmatrix}k_x\\ k_y\\ k_z\\ \mathrm{i}\dfrac{\omega}{c}\end{pmatrix} \tag{8.2.7}$$

即

$$\begin{cases}k'_x=\gamma k_x-\gamma\beta\omega/c\\ k'_y=k_y\\ k'_z=k_z\\ \omega'=\gamma(\omega-vk_x)\end{cases} \tag{8.2.8}$$

如图 8.2.1 所示，设在S系中观测到$\boldsymbol{k}$与x轴正向的夹角为θ，在S'系中观测到$\boldsymbol{k}'$与

x' 轴正向的夹角为 θ'，则

$$k_x = \frac{\omega}{c}\cos\theta\text{，}\quad k'_x = \frac{\omega'}{c}\cos\theta' \tag{8.2.9}$$

将上式代入式（8.2.8）的第 1 式、第 4 式两式中，得

$$\begin{cases}\omega'\cos\theta' = \gamma\omega(\cos\theta - \beta)\\ \omega' = \gamma\omega(1-\beta\cos\theta)\end{cases} \tag{8.2.10}$$

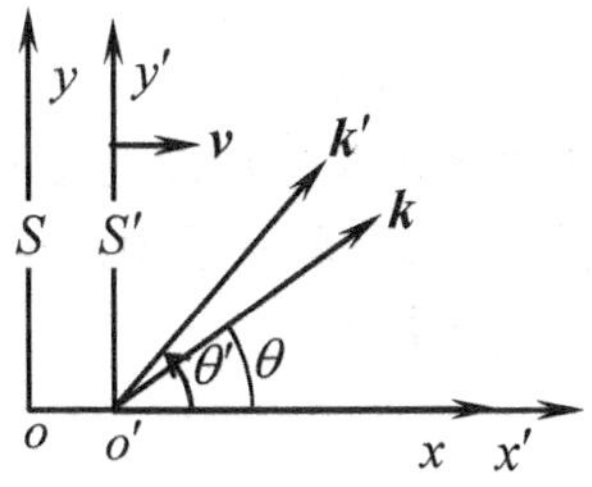

图 8.2.1

由上式就可以给出电磁波的多普勒（Doppler）效应公式和光行差公式。

（1）**电磁波的多普勒效应。**

设电磁波波源固定在 S' 系中，则 ω' 称为固有圆频率，相应的**固有频率**为 $\nu_0 = \omega'/2\pi$。ω 是相对于波源运动的观测者测得的圆频率，相应的频率为 $\nu = \omega/2\pi$。显然，观测者所测得的频率与波源相对于观测者的运动有关，这种现象称为多普勒效应。由式（8.2.10）的第 2 式写出

$$\nu = \nu_0\frac{\sqrt{1-v^2/c^2}}{1-v\cos\theta/c} \tag{8.2.11}$$

① **纵向多普勒效应。**

若波源的运动方向沿着波源与观测者的连线，即 $\theta = 0$ 或 π，则此情形下的多普勒效应称为纵向多普勒效应。

若波源与观测者相对接近，则 $\theta = 0$ 且 $v > 0$，或者 $\theta = \pi$ 且 $v < 0$，由上式可得

$$\nu = \nu_0\sqrt{\frac{c+|v|}{c-|v|}} > \nu_0 \tag{8.2.12}$$

所以，当波源与观测者**相对接近**时，观测者所测得的频率高于固有频率，称为频率**紫移**。

若波源与观测者相对远离，则 $\theta = \pi$ 且 $v > 0$，或者 $\theta = 0$ 且 $v < 0$，由式（8.2.11）可得

$$\nu = \nu_0\sqrt{\frac{c-|v|}{c+|v|}} < \nu_0 \tag{8.2.13}$$

所以，当波源与观测者**相对远离**时，观测者所测得的频率低于固有频率，称为频率**红移**。

② **横向多普勒效应。**

若波源的运动方向垂直于波源与观测者的连线，即 $\theta = \pi/2$，则此情形下的多普勒效应称为横向多普勒效应。在式（8.2.11）中令 $\theta = \pi/2$，有

$$\nu = \nu_0\sqrt{1-v^2/c^2} < \nu_0 \tag{8.2.14}$$

所以，当波源的运动方向垂直于波源与观测者的连线时，观测者所测得的频率低于固有频率，称为**横向红移**。横向多普勒效应在经典物理中是不存在的，它起源于运动时钟延缓效应，由于运动的物体中发生的物理过程变慢，所以 S 系中的观测者测得的周期变长，频率变小。由于横向效应是 v/c 的二级效应，很容易被纵向的一级效应掩盖，观测比较困难，近年已有实验事实证实了这种效应的存在。横向多普勒效应的发现是时钟延缓效应的直接证明。

光的多普勒效应在天文学中可用来确定天体的退行速度。由于所观测到的星球光谱几乎都发生了红移，这就成为了关于宇宙起源的“大爆炸”理论的重要依据。在技术上，多普勒效应还被用来监测汽车的行驶速度，跟踪人造地球卫星等。

（2）**光行差公式。**

如图 8.2.2 所示，设 S 系是太阳惯性系，S' 系是地面惯性系，某恒星向地面发来一束光信号。在 S 系中测得其波矢为 $\boldsymbol{k}$，在 S' 系中测得其波矢为 $\boldsymbol{k}'$，$\boldsymbol{k}$ 与 $\boldsymbol{k}'$ 的方向不同，称为**光行差**。

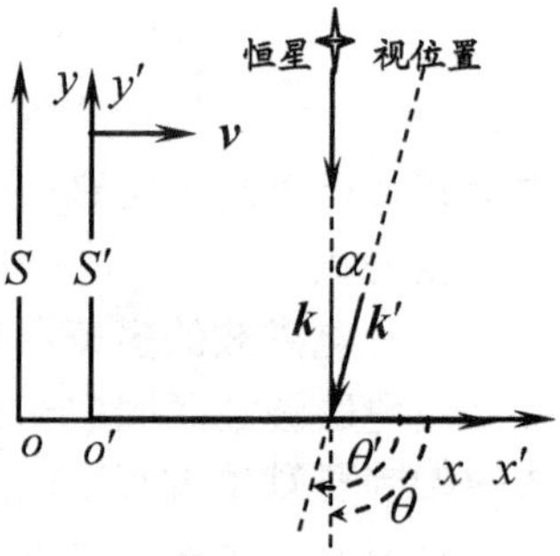

图 8.2.2

把式（8.2.10）中的两式相除可得

$$\cos\theta' = \frac{\cos\theta - \beta}{1 - \beta\cos\theta} \tag{8.2.15}$$

或者

$$\cot\theta' = \frac{\gamma(\cos\theta - \beta)}{\sin\theta} \tag{8.2.16}$$

这就是相对论的光行差公式，它描述了两个惯性系中光传播方向的关系。

早在 1728 年，Bradley 就在天文观测中发现了光行差现象。假设恒星发出的光线在 S 系中垂直于地面射来，即 $\theta = \pi/2$，在 S' 系中测得的光的传播方向将与竖直方向有一个夹角 α，$\boldsymbol{k}'$ 与 x' 轴正向的夹角为 $\theta' = \pi/2 + \alpha$，所以有 $\cot\theta' = -\tan\alpha$。利用式（8.2.16）写出

$$\tan\alpha = \gamma v / c \tag{8.2.17}$$

取 v 等于地球绕太阳的公转速度，并考虑到 $v \ll c$，求出 $\alpha \approx \arctan(v/c) \approx 20.6''$，此结果与天文观测的结果完全一致。

电磁波的多普勒效应和光行差公式是狭义相对论应用于电磁波矢的直接结果。下面讨论一般的电磁规律在狭义相对论情形下的协变形式。

8.3 真空中电磁场方程的四维协变形式

狭义相对论是在肯定电磁规律是正确的前提下，修改旧时空理论得到的，可以预计狭义相对论不会引起电磁基本规律的根本性改变，但是，需要把电磁规律的基本方程写成四维协变式，从而更深刻地揭示电场和磁场的相对性以及电磁现象的统一性。

一、电荷守恒定律的协变式

1. 狭义相对论中的电荷量和电荷密度

大量的实验事实都表明，带电物体的电荷总量不会随带电体的运动状态而改变，即在 S 系中和 S' 系中测得的电荷量相等，**电荷量是洛伦兹标量**。所以，虽然电荷量和质量都是描述物质性质的物理量，但是两者有重大差别。

由于电荷量是四维标量，考虑到相对论的长度收缩效应，所以**电荷密度不是四维标量**。设带电体静止时的电荷密度为 ρ_0，当它以速率 u 运动时，其横向线度不变，而沿运

动方向的线度收缩，因此体积减小，此时的电荷密度增大为

$$\rho=\frac{\mathrm{d}q}{\mathrm{d}V}=\gamma_u\frac{\mathrm{d}q}{\mathrm{d}V_0}=\gamma_u\rho_0 \tag{8.3.1}$$

2. 四维电流密度矢量

设电量为q的带电体静止在S系中，在S系中观测到空间有一静止的电荷密度分布；在相对于S系运动的S'系中，除观测到有电荷密度分布以外，还会观测到空间有一电流密度分布。这反映了**电荷密度和电流密度是一个统一体**的不同“侧面”，当我们所选择的参考系不同时，所观测到的侧面也不同。这个统一体就是四维电流密度矢量。

在经典的电磁场理论中，我们曾经给出：电荷密度乘以电荷运动速度等于三维空间的电流密度。我们把这一定义形式上扩充到四维时空情形。考虑到四维时空中的速度是四维矢量，四维标量乘以四维矢量才能得到四维矢量，而与电荷密度有关的四维标量是静止电荷密度。定义：**静止电荷密度与四维速度矢量的乘积等于四维电流密度矢量**，即

$$\boldsymbol{J}_{1\times4}=\rho_0\boldsymbol{U}_{1\times4}=\gamma_u\rho_0\begin{pmatrix}u_x & u_y & u_z & \mathrm{i}c\end{pmatrix}=\rho\begin{pmatrix}\boldsymbol{u} & \mathrm{i}c\end{pmatrix}=\begin{pmatrix}\boldsymbol{j} & \mathrm{i}c\rho\end{pmatrix} \tag{8.3.2}$$

四维电流密度的空间分量为$\boldsymbol{j}=\rho\boldsymbol{u}$（注意：此式虽然形式上与经典定义式相同，但是其内涵已经进行了扩充）。四维电流密度的第四分量为$J_4=ic\rho$。

3. 四维电流密度的变换

利用四维矢量的洛伦兹变换法则，写出

$$\begin{pmatrix}j'_x\\ j'_y\\ j'_z\\ \mathrm{i}c\rho'\end{pmatrix}=\begin{pmatrix}\gamma & 0 & 0 & \mathrm{i}\beta\gamma\\ 0 & 1 & 0 & 0\\ 0 & 0 & 1 & 0\\ -\mathrm{i}\beta\gamma & 0 & 0 & \gamma\end{pmatrix}\begin{pmatrix}j_x\\ j_y\\ j_z\\ \mathrm{i}c\rho\end{pmatrix} \tag{8.3.3}$$

各个分量的变换关系为

$j'_x=\gamma(j_x-v\rho)$； $j'_y=j_y$； $j'_z=j_z$； $\rho'=\gamma(\rho-j_xv/c^2)$

4. 电荷守恒定律的协变式

电荷守恒定律的表达式为$\nabla\cdot\boldsymbol{j}+\partial\rho/\partial t=0$，为了把此式写成四维形式，我们定义一个四维矢量形式的微分算符—**四维梯度算符**

$$\Box_{1\times4}=\begin{pmatrix}\dfrac{\partial}{\partial x} & \dfrac{\partial}{\partial y} & \dfrac{\partial}{\partial z} & \dfrac{\partial}{\mathrm{i}c\partial t}\end{pmatrix}_{1\times4} \tag{8.3.4}$$

可以证明，在两个特殊相关惯性系之间，四维梯度算符的洛伦兹变换遵守通常的四维矢量的变换法则（参见下面的例二），即

$$\Box'_{4\times1}=\boldsymbol{\alpha}_{4\times4}\Box_{4\times1}\text{ 或者 }\Box'_{1\times4}=\Box_{1\times4}\boldsymbol{\alpha}^{\tau}_{4\times4} \tag{8.3.5}$$

利用式（8.3.2）和式（8.3.4），把电荷守恒定律写为

$$\Box_{1\times4}\boldsymbol{J}_{4\times1}=0 \tag{8.3.6}$$

也可以证明，上式是洛伦兹变换协变式（参见下面的例三）。

例一 设S系和S'系是特殊相关惯性系。一根无限长均匀带电直线静止在S系中并沿x轴放置。在S系中测量，其电荷线密度为λ。求：在S'系中测得的电荷线密度和电流密度。

【解】设在S系和S'系中测得的电荷体密度分别为ρ和ρ'，则在S系中的四维电流密度为$\begin{pmatrix}0 & 0 & 0 & \mathrm{i}c\rho\end{pmatrix}$，在$S'$系中的四维电流密度为$\begin{pmatrix}j'_x & j'_y & j'_z & \mathrm{i}c\rho'\end{pmatrix}$。代入式（8.3.3）可得

$$j'_x = -\gamma v\rho\text{；}\quad j'_y = 0\text{；}\quad j'_z = 0\text{；}\quad \rho' = \gamma\rho$$

由于运动物体横向线度无收缩效应，所以在S系和S'系中带电直线的横截面积相等，记为Δs，有$\rho = \lambda/\Delta s$和$\rho' = \lambda'/\Delta s$。由此可得

$$j'_x = -\gamma v\lambda/\Delta s\text{；}\quad j'_y = 0\text{；}\quad j'_z = 0\text{；}\quad \lambda' = \gamma\lambda$$

这一结果的意义很明显：带电直线相对于S'系沿x'轴的反方向运动，根据运动长度收缩效应的公式，在S系中的单位长度，在S'系中观测将小于一个长度单位，故电荷线密度变大，同时观测到沿x'轴的反方向的电流（设直线带正电荷）。

例二 试证明四维梯度算符遵守四维矢量的变换法则式（8.3.5）。

【证】写出洛伦兹时空坐标逆变换式

$$x = \gamma(x' + vt')\text{，}\quad y = y'\text{，}\quad z = z'\text{，}\quad t = \gamma(t' + x'\beta/c)$$

由此可得

$$\frac{\partial}{\partial x'} = \frac{\partial}{\partial x}\frac{\partial x}{\partial x'} + \frac{\partial}{\partial t}\frac{\partial t}{\partial x'} = \gamma\frac{\partial}{\partial x} + \gamma\frac{\beta}{c}\frac{\partial}{\partial t} \qquad ①$$

$$\frac{\partial}{\partial y'} = \frac{\partial}{\partial y} \qquad ②$$

$$\frac{\partial}{\partial z'} = \frac{\partial}{\partial z} \qquad ③$$

$$\frac{\partial}{\partial t'} = \frac{\partial}{\partial x}\frac{\partial x}{\partial t'} + \frac{\partial}{\partial t}\frac{\partial t}{\partial t'} = \gamma v\frac{\partial}{\partial x} + \gamma\frac{\partial}{\partial t}$$

即

$$\frac{\partial}{\mathrm{i}c\partial t'} = -\mathrm{i}\gamma\beta\frac{\partial}{\partial x} + \gamma\frac{\partial}{\mathrm{i}c\partial t} \qquad ④$$

把式①、式②、式③、式④合写为矩阵形式，有

$$\begin{pmatrix}\dfrac{\partial}{\partial x'}\\ \dfrac{\partial}{\partial y'}\\ \dfrac{\partial}{\partial z'}\\ \dfrac{\partial}{\mathrm{i}c\partial t'}\end{pmatrix} = \begin{pmatrix}\gamma & 0 & 0 & \mathrm{i}\gamma\beta\\ 0 & 1 & 0 & 0\\ 0 & 0 & 1 & 0\\ -\mathrm{i}\gamma\beta & 0 & 0 & \gamma\end{pmatrix}\begin{pmatrix}\dfrac{\partial}{\partial x}\\ \dfrac{\partial}{\partial y}\\ \dfrac{\partial}{\partial z}\\ \dfrac{\partial}{\mathrm{i}c\partial t}\end{pmatrix}$$

把上式简写为

$$\boldsymbol{\square}'_{4\times1} = \boldsymbol{\alpha}_{4\times4}\boldsymbol{\square}_{4\times1}\text{ 或者 }\boldsymbol{\square}'_{1\times4} = \boldsymbol{\square}_{1\times4}\boldsymbol{\alpha}^{\tau}_{4\times4}$$ **证毕**

例三 试证明电荷守恒定律的四维形式式（8.3.6）在洛伦兹变换下保持形式不变。

【证】在S系中，有

$$\boldsymbol{\square}_{1\times4}\boldsymbol{J}_{4\times1} = 0$$

由四维矢量的变换法则和洛伦兹变换矩阵的正交归一性，写出

$$\square_{1\times4}\boldsymbol{J}_{4\times1}=\square_{1\times4}\boldsymbol{\alpha}^{\tau}\boldsymbol{\alpha}\boldsymbol{J}_{4\times1}=\{\boldsymbol{\alpha}\square_{4\times1}\}^{\tau}\{\boldsymbol{\alpha}\boldsymbol{J}_{4\times1}\}=\{\square'_{4\times1}\}^{\tau}\boldsymbol{J}'_{4\times1}=\square'_{1\times4}\boldsymbol{J}'_{4\times1}$$

所以，在S'系中，必有

$$\square'_{1\times4}\boldsymbol{J}'_{4\times1}=0$$

证毕

二、达朗贝尔方程的协变式

达朗贝尔方程的表达式为

$$\begin{cases}\nabla^2\boldsymbol{A}-\dfrac{1}{c^2}\dfrac{\partial^2\boldsymbol{A}}{\partial t^2}=-\mu_0\boldsymbol{j}\\ \nabla^2\varphi-\dfrac{1}{c^2}\dfrac{\partial^2\varphi}{\partial t^2}=-\dfrac{1}{\varepsilon_0}\rho\end{cases}$$

因为电流密度和电荷密度统一为四维形式，空间坐标和时间坐标统一为四维形式，所以，电磁场的矢量势和标量势也应该统一为四维形式。为此，把达朗贝尔方程改写为

$$\begin{cases}\{\nabla^2-\dfrac{1}{c^2}\dfrac{\partial^2}{\partial t^2}\}\boldsymbol{A}=-\mu_0\boldsymbol{j}\\ \{\nabla^2-\dfrac{1}{c^2}\dfrac{\partial^2}{\partial t^2}\}\dfrac{\mathrm{i}\varphi}{c}=-\mu_0\mathrm{i}c\rho\end{cases}$$

再把上式的两个方程合写为一个四维方程

$$\{\nabla^2-\frac{1}{c^2}\frac{\partial^2}{\partial t^2}\}\begin{pmatrix}\boldsymbol{A} & \dfrac{\mathrm{i}\varphi}{c}\end{pmatrix}=-\mu_0\begin{pmatrix}\boldsymbol{j} & \mathrm{i}c\rho\end{pmatrix} \tag{8.3.7}$$

1. 四维势矢量

定义上式左边( )内的量构成四维势矢量，即

$$\boldsymbol{A}_{1\times4}=\begin{pmatrix}A_x & A_y & A_z & \mathrm{i}\dfrac{\varphi}{c}\end{pmatrix}=\begin{pmatrix}\boldsymbol{A} & \mathrm{i}\dfrac{\varphi}{c}\end{pmatrix} \tag{8.3.8}$$

可见，四维势的前三维代表三维空间的矢量势，第四维由标量势决定。

例四 试导出四维势的变换关系。

【解】由四维矢量的变换法则写出

$$\begin{pmatrix}A'_x\\A'_y\\A'_z\\ \mathrm{i}\dfrac{\varphi'}{c}\end{pmatrix}=\begin{pmatrix}\gamma & 0 & 0 & \mathrm{i}\gamma\beta\\ 0 & 1 & 0 & 0\\ 0 & 0 & 1 & 0\\ -\mathrm{i}\gamma\beta & 0 & 0 & \gamma\end{pmatrix}\begin{pmatrix}A_x\\A_y\\A_z\\ \mathrm{i}\dfrac{\varphi}{c}\end{pmatrix}$$

各个分量的关系为

$$\begin{cases}A'_x=\gamma(A_x-\beta\varphi/c)\\ A'_y=A_y\\ A'_z=A_z\\ \varphi'=\gamma(\varphi-vA_x)\end{cases}$$

2. 四维拉普拉斯算符

在（8.3.7）式左边的二阶微分算符可以看做是四维梯度算符的内积，记为

$$\Box^2 = \Box_{1\times4}\Box_{4\times1} = \nabla^2 - \frac{1}{c^2}\frac{\partial^2}{\partial t^2}$$

称$\Box^2$为四维拉普拉斯算符，此算符是四维标量算符，在洛伦兹变换下保持不变。

3. 达朗贝尔方程的协变式

定义了四维标量算符和四维势矢量以后，把式（8.3.7）写为

$$\Box^2 \boldsymbol{A}_{4\times1} = -\mu_0 \boldsymbol{J}_{4\times1} \tag{8.3.9}$$

容易证明，上式是洛伦兹变换协变式。

4. 洛伦兹规范条件的协变式

洛伦兹规范条件的表达式为

$$\nabla\cdot\boldsymbol{A} + \frac{1}{c^2}\frac{\partial\varphi}{\partial t} = 0$$

把上式改写为

$$\frac{\partial A_x}{\partial x} + \frac{\partial A_y}{\partial y} + \frac{\partial A_z}{\partial z} + \frac{\partial}{\partial(\mathrm{i}ct)}\frac{\mathrm{i}\varphi}{c} = 0$$

上式的四维矩阵形式为

$$\Box_{1\times4}\boldsymbol{A}_{4\times1} = 0 \tag{8.3.10}$$

显然，上式也是洛伦兹变换协变式。

根据电磁场量和电磁场势的关系，利用四维势的定义，可以构建出电磁场张量矩阵。

三、电磁场张量

1. 电磁场张量的构建

磁感应强度与矢量势的关系为

$$\boldsymbol{B} = \nabla\times\boldsymbol{A} = \begin{vmatrix} \boldsymbol{e}_x & \boldsymbol{e}_y & \boldsymbol{e}_z \\ \frac{\partial}{\partial x} & \frac{\partial}{\partial y} & \frac{\partial}{\partial z} \\ A_x & A_y & A_z \end{vmatrix} \triangleq \begin{vmatrix} \boldsymbol{e}_x & \boldsymbol{e}_y & \boldsymbol{e}_z \\ \frac{\partial}{\partial x_1} & \frac{\partial}{\partial x_2} & \frac{\partial}{\partial x_3} \\ A_1 & A_2 & A_3 \end{vmatrix}$$

写出其分量式如下：

$$B_x = \frac{\partial A_3}{\partial x_2} - \frac{\partial A_2}{\partial x_3};\quad B_y = \frac{\partial A_1}{\partial x_3} - \frac{\partial A_3}{\partial x_1};\quad B_z = \frac{\partial A_2}{\partial x_1} - \frac{\partial A_1}{\partial x_2} \tag{8.3.11}$$

电场强度与矢量势和标量势的关系为

$$\boldsymbol{E} = -\frac{\partial\boldsymbol{A}}{\partial t} - \nabla\varphi$$

考虑到四维势的定义，把上式改写为

$$\frac{\mathrm{i}}{c}\boldsymbol{E} = \frac{\partial\boldsymbol{A}}{\partial(ict)} - \nabla\frac{\mathrm{i}\varphi}{c} \triangleq \frac{\partial\boldsymbol{A}}{\partial x_4} - \nabla A_4$$

写出其分量式如下：

$$\frac{\mathrm{i}}{c}E_x=\frac{\partial A_1}{\partial x_4}-\frac{\partial A_4}{\partial x_1};\quad \frac{\mathrm{i}}{c}E_y=\frac{\partial A_2}{\partial x_4}-\frac{\partial A_4}{\partial x_2};\quad \frac{\mathrm{i}}{c}E_z=\frac{\partial A_3}{\partial x_4}-\frac{\partial A_4}{\partial x_3} \tag{8.3.12}$$

根据式（8.3.11）和式（8.3.12）的下标规律，构建4×4电磁场张量矩阵。电磁场各分量的行列位置为：各分量式第一项分母的下标为行数，分子的下标为列数，并且由分量式可知，行列对调则各分量差一负号。由此，构建出的**电磁场张量矩阵**为

$$\boldsymbol{E}_{4\times4}=\begin{pmatrix}0 & B_z & -B_y & -\mathrm{i}E_x/c\\ -B_z & 0 & B_x & -\mathrm{i}E_y/c\\ B_y & -B_x & 0 & -\mathrm{i}E_z/c\\ \mathrm{i}E_x/c & \mathrm{i}E_y/c & \mathrm{i}E_z/c & 0\end{pmatrix} \tag{8.3.13}$$

显然，$\boldsymbol{E}^{\tau}=-\boldsymbol{E}$，即电磁场张量是四维二阶反对称张量。

四维势与电磁场张量的关系写为

$$E_{ij}=\frac{\partial A_j}{\partial x_i}-\frac{\partial A_i}{\partial x_j} \tag{8.3.14}$$

或者

$$\boldsymbol{E}_{4\times4}=\square_{4\times1}\boldsymbol{A}_{1\times4}-\{\square_{4\times1}\boldsymbol{A}_{1\times4}\}^{\tau} \tag{8.3.15}$$

2\. 电磁场张量的变换

设两个特殊相关惯性系S系和S'系中的电磁场张量分别为$\boldsymbol{E}_{4\times4}$和$\boldsymbol{E}'_{4\times4}$，利用二阶张量的变换关系式写出

$$\boldsymbol{E}'_{4\times4}=\boldsymbol{\alpha}_{4\times4}\boldsymbol{E}_{4\times4}\boldsymbol{\alpha}^{\tau}_{4\times4}$$

把电磁场张量表示式和洛伦兹变换矩阵代入上式，经过一系列矩阵运算，可得在S系和S'系中测得的电磁场量的关系为

$$\begin{cases}E'_x=E_x\\ E'_y=\gamma(E_y-vB_z)\\ E'_z=\gamma(E_z+vB_y)\\ B'_x=B_x\\ B'_y=\gamma(B_y+\beta E_z/c)\\ B'_z=\gamma(B_z-\beta E_y/c)\end{cases} \tag{8.3.16}$$

电磁场张量矩阵及其变换关系表明，**电场和磁场是统一的整体，电场和磁场也是相对的。**

例五 设S系和S'系是特殊相关惯性系。一根无限长均匀带电直线静止在S系中并沿x轴放置。在S系中测量，其电荷线密度为λ。试用电磁场张量变换的方法求出在S'系中测得的电磁场的场量。

【解】在S系中，应用静电场的高斯定理得出电场强度的各分量为

$$E_x=0,\quad E_y=\frac{\lambda}{2\pi\varepsilon_0}\frac{y}{y^2+z^2},\quad E_z=\frac{\lambda}{2\pi\varepsilon_0}\frac{z}{y^2+z^2}$$

因为带电直线静止于S系，所以

$$B_x=0,\quad B_y=0,\quad B_z=0$$

把上述结果代入电磁场张量变换式（8.3.16），并且注意到$y'=y$和$z'=z$，得出S'系中的电磁场量为

$$E'_x = 0 \text{，} \quad E'_y = \frac{\gamma\lambda}{2\pi\varepsilon_0}\frac{y}{y^2+z^2} = \frac{\lambda'}{2\pi\varepsilon_0}\frac{y'}{y'^2+z'^2} \text{，} \quad E'_z = \frac{\lambda'}{2\pi\varepsilon_0}\frac{z'}{y'^2+z'^2}$$

$$B'_x = 0 \text{，} \quad B'_y = \frac{\gamma\beta\lambda/c}{2\pi\varepsilon_0}\frac{z}{y^2+z^2} = \frac{\mu_0 v\lambda'}{2\pi}\frac{z'}{y'^2+z'^2} \text{，} \quad B'_z = -\frac{\mu_0 v\lambda'}{2\pi}\frac{y'}{y'^2+z'^2}$$

在 S' 系中直接应用高斯定理和安培环路定理也可得到上述结果。

四、洛伦兹力公式的协变式

洛伦兹力公式为

$$\boldsymbol{F} = q(\boldsymbol{E} + \boldsymbol{u}\times\boldsymbol{B})$$

为了把上式写成四维形式，先写出 $\boldsymbol{F}$ 的各个分量以及 $\boldsymbol{F}\cdot\boldsymbol{u}$，有

$$\begin{cases} F_x = q(E_x + u_yB_z - u_zB_y) \\ F_y = q(E_y + u_zB_x - u_xB_z) \\ F_z = q(E_z + u_xB_y - u_yB_x) \\ \boldsymbol{F}\cdot\boldsymbol{u} = q(E_xu_x + E_yu_y + E_zu_z) \end{cases}$$

考虑到四维力、四维速度以及电磁场张量的形式，把上式改写为

$$\begin{cases} F_x = q(\ +0 \quad +B_zu_y \quad -B_yu_z \quad -\frac{\mathrm{i}}{c}E_x\mathrm{i}c\ ) \\ F_y = q(\ -B_zu_x \quad +0 \quad +B_xu_z \quad -\frac{\mathrm{i}}{c}E_y\mathrm{i}c\ ) \\ F_z = q(\ +B_yu_x \quad -B_xu_y \quad +0 \quad -\frac{\mathrm{i}}{c}E_z\mathrm{i}c\ ) \\ \frac{\mathrm{i}}{c}\boldsymbol{F}\cdot\boldsymbol{u} = q(\ +\frac{\mathrm{i}}{c}E_xu_x \quad +\frac{\mathrm{i}}{c}E_yu_y \quad +\frac{\mathrm{i}}{c}E_zu_z \quad +0\ ) \end{cases}$$

把上式写成矩阵形式为

$$\gamma_u\begin{pmatrix} F_x \\ F_y \\ F_z \\ \mathrm{i}\dfrac{\boldsymbol{F}\cdot\boldsymbol{u}}{c} \end{pmatrix} = q\begin{pmatrix} 0 & B_z & -B_y & -\mathrm{i}E_x/c \\ -B_z & 0 & B_x & -\mathrm{i}E_y/c \\ B_y & -B_x & 0 & -\mathrm{i}E_z/c \\ \mathrm{i}E_x/c & \mathrm{i}E_y/c & \mathrm{i}E_z/c & 0 \end{pmatrix}\begin{pmatrix} u_x \\ u_y \\ u_z \\ ic \end{pmatrix}\gamma_u$$

即

$$\boldsymbol{F}_{4\times1} = q\boldsymbol{E}_{4\times4}\boldsymbol{U}_{4\times1} \tag{8.3.17}$$

显然

$$\boldsymbol{F}'_{4\times1} = \boldsymbol{\alpha}\boldsymbol{F}_{4\times1} = q\boldsymbol{\alpha}\boldsymbol{E}_{4\times4}\boldsymbol{\alpha}^{\tau}\boldsymbol{\alpha}\boldsymbol{U}_{4\times1} = q\boldsymbol{E}'_{4\times4}\boldsymbol{U}'_{4\times1}$$

所以，洛伦兹力公式是洛伦兹变换协变式。

五、麦克斯韦方程组的协变形式

真空中的麦克斯韦方程组为

$$\begin{cases}\nabla\cdot\boldsymbol{E}=\dfrac{\rho}{\varepsilon_0} & (1)\\ \nabla\times\boldsymbol{E}=-\dfrac{\partial\boldsymbol{B}}{\partial t} & (2)\\ \nabla\cdot\boldsymbol{B}=0 & (3)\\ \nabla\times\boldsymbol{B}=\mu_0(\boldsymbol{j}+\varepsilon_0\dfrac{\partial\boldsymbol{E}}{\partial t}) & (4)\end{cases}$$

下面将要证明，方程中的第（1）式和第（4）式可以合写为一个四维协变式，第（2）式和第（3）式也可以合写为另一个四维协变式。

1. 四维协变式一

把麦克斯韦方程组中的第（4）式改写为

$$-\nabla\times\boldsymbol{B}+\frac{\partial}{\partial(\mathrm{i}ct)}(\frac{\mathrm{i}}{c}\boldsymbol{E})=-\mu_0\boldsymbol{j}$$

把第（1）式改写为

$$\nabla\cdot(-\frac{\mathrm{i}}{c}\boldsymbol{E})=-\mu_0(\mathrm{i}c\rho)$$

注意到电磁场张量、四维时空坐标以及四维电流密度的各个元素，把以上两式合写为

$$\begin{cases}\dfrac{\partial E_{11}}{\partial x_1}+\dfrac{\partial E_{21}}{\partial x_2}+\dfrac{\partial E_{31}}{\partial x_3}+\dfrac{\partial E_{41}}{\partial x_4}=-\mu_0 J_1\\ \dfrac{\partial E_{12}}{\partial x_1}+\dfrac{\partial E_{22}}{\partial x_2}+\dfrac{\partial E_{32}}{\partial x_3}+\dfrac{\partial E_{42}}{\partial x_4}=-\mu_0 J_2\\ \dfrac{\partial E_{13}}{\partial x_1}+\dfrac{\partial E_{23}}{\partial x_2}+\dfrac{\partial E_{33}}{\partial x_3}+\dfrac{\partial E_{43}}{\partial x_4}=-\mu_0 J_3\\ \dfrac{\partial E_{14}}{\partial x_1}+\dfrac{\partial E_{24}}{\partial x_2}+\dfrac{\partial E_{34}}{\partial x_3}+\dfrac{\partial E_{44}}{\partial x_4}=-\mu_0 J_4\end{cases}$$

把上式写成四维矩阵形式为

$$\begin{pmatrix}\dfrac{\partial}{\partial x} & \dfrac{\partial}{\partial y} & \dfrac{\partial}{\partial z} & \dfrac{\partial}{\mathrm{i}c\partial t}\end{pmatrix}\begin{pmatrix}0 & B_z & -B_y & -\dfrac{\mathrm{i}E_x}{c}\\ -B_z & 0 & B_x & -\dfrac{\mathrm{i}E_y}{c}\\ B_y & -B_x & 0 & -\dfrac{\mathrm{i}E_z}{c}\\ \dfrac{\mathrm{i}E_x}{c} & \dfrac{\mathrm{i}E_y}{c} & \dfrac{\mathrm{i}E_z}{c} & 0\end{pmatrix}=-\mu_0\begin{pmatrix}j_x & j_y & j_z & \mathrm{i}c\rho\end{pmatrix} \qquad (8.3.18)$$

上式简写为

$$\square_{1\times4}\boldsymbol{E}_{4\times4}=-\mu_0\boldsymbol{J}_{1\times4} \qquad (8.3.19)$$

或者

$$\square_{1\times4}\boldsymbol{E}^{\tau}_{4\times4}=\mu_0\boldsymbol{J}_{1\times4}$$

显然

$$\square_{1\times4}\boldsymbol{\alpha}^{\tau}\boldsymbol{\alpha}\boldsymbol{E}_{4\times4}\boldsymbol{\alpha}^{\tau}=-\mu_0\boldsymbol{J}_{1\times4}\boldsymbol{\alpha}^{\tau}$$

即

$$\square'_{1\times4}\boldsymbol{E}'_{4\times4}=-\mu_0\boldsymbol{J}'_{1\times4}$$

所以，式（8.3.19）是洛伦兹变换协变式。

2. 四维协变式二

对于麦克斯韦方程组中的第（2）式和第（3）式，可以采用两种方法构建两种形式的四维协变式。

（1）**方法一：**

由第（3）式$\nabla\cdot\boldsymbol{B}=0$写出$\dfrac{\partial B_x}{\partial x}+\dfrac{\partial B_y}{\partial y}+\dfrac{\partial B_z}{\partial z}=0$，注意到电磁场张量矩阵式（8.3.13）的各个分量，有

$$\frac{\partial E_{12}}{\partial x_3}+\frac{\partial E_{23}}{\partial x_1}+\frac{\partial E_{31}}{\partial x_2}=0 \tag{8.3.20}$$

把第（2）式$\nabla\times\boldsymbol{E}=-\dfrac{\partial\boldsymbol{B}}{\partial t}$改写为$\nabla\times(-\dfrac{\mathrm{i}}{c}\boldsymbol{E})+\dfrac{\partial\boldsymbol{B}}{\partial(\mathrm{i}ct)}=0$，分别写出其三个分量式，并注意到电磁场张量矩阵的各个分量，有

$$\begin{cases}\dfrac{\partial E_{23}}{\partial x_4}+\dfrac{\partial E_{34}}{\partial x_2}+\dfrac{\partial E_{42}}{\partial x_3}=0\\[2mm]\dfrac{\partial E_{31}}{\partial x_4}+\dfrac{\partial E_{14}}{\partial x_3}+\dfrac{\partial E_{43}}{\partial x_1}=0\\[2mm]\dfrac{\partial E_{12}}{\partial x_4}+\dfrac{\partial E_{24}}{\partial x_1}+\dfrac{\partial E_{41}}{\partial x_2}=0\end{cases} \tag{8.3.21}$$

把式（8.3.20）和式（8.3.21）合起来简写为

$$\frac{\partial E_{\mu\nu}}{\partial x_\lambda}+\frac{\partial E_{\nu\lambda}}{\partial x_\mu}+\frac{\partial E_{\lambda\mu}}{\partial x_\nu}=0 \tag{8.3.22}$$

以上三式称为四维三阶张量方程，可以证明这些方程是洛伦兹协变式。

（2）**方法二：**

观察麦克斯韦方程组可知，在第(4)式中作变量代换：$\boldsymbol{j}\to0$，$\boldsymbol{B}\to\boldsymbol{E}/c$，$\boldsymbol{E}\to-c\boldsymbol{B}$，就得出了第（2）式；在第（1）式中作变量代换：$\rho\to0$，$\boldsymbol{E}\to-c\boldsymbol{B}$，就得出了第（3）式。因此，在式（8.3.18）中也作上述的变量代换，所得出的关系式就应该是代表第（2）式、第（3）式的四维协变式。即

$$\begin{pmatrix}\dfrac{\partial}{\partial x} & \dfrac{\partial}{\partial y} & \dfrac{\partial}{\partial z} & \dfrac{\partial}{\mathrm{i}c\partial t}\end{pmatrix}\begin{pmatrix}0 & E_z/c & -E_y/c & \mathrm{i}B_x\\ -E_z/c & 0 & E_x/c & \mathrm{i}B_y\\ E_y/c & -E_x/c & 0 & \mathrm{i}B_z\\ -\mathrm{i}B_x & -\mathrm{i}B_y & -\mathrm{i}B_z & 0\end{pmatrix}=\begin{pmatrix}0 & 0 & 0 & 0\end{pmatrix} \tag{8.3.23}$$

把上式中电磁场张量的第二种形式记为

$$
\boldsymbol{B}_{4\times4}=\begin{pmatrix} 0 & E_z/c & -E_y/c & \mathrm{i}B_x \\ -E_z/c & 0 & E_x/c & \mathrm{i}B_y \\ E_y/c & -E_x/c & 0 & \mathrm{i}B_z \\ -\mathrm{i}B_x & -\mathrm{i}B_y & -\mathrm{i}B_z & 0 \end{pmatrix} \tag{8.3.24}
$$

则式（8.3.23）简写为

$$
\Box_{1\times4}\boldsymbol{B}_{4\times4}=\boldsymbol{0}_{1\times4} \tag{8.3.25}
$$

显然，上式也是洛伦兹变换协变式。

8.4　运动电荷的辐射

作为相对论电动力学理论的一个应用，本节讨论带电粒子作任意运动时的辐射场。

以上各章节阐述了宏观电磁场的基本理论。宏观电动力学是宏观电磁规律的总结。但是，要进一步认识电磁相互作用的本质，必须深入研究微观带电粒子与电磁场的相互作用。研究这种相互作用有两方面的意义，一方面是直接用来解决基本粒子间的电磁相互作用问题，推进人们对物质间基本相互作用的认识；另一方面是要用它来研究宏观物体的电磁性能，例如：导电性、磁性等。电磁相互作用的微观理论内容比较广泛，本节只介绍带电粒子的辐射场。

严格说来，研究微观带电粒子的辐射场时，宏观电动力学已经不能适用，必须用量子理论。但是，在一定条件下，宏观电动力学的一些结果在微观领域也近似成立，并且，利用宏观电动力学的一些概念，也比较容易建立微观领域的物理概念。所以，本节应用狭义相对论理论，研究带电粒子激发的宏观电磁场的推迟势，然后进一步给出运动带电粒子的辐射场。

如图 8.4.1 所示，o 点是惯性系 S 的坐标原点，电量为 q 的带电粒子在 S 系中作任意轨道运动。带电粒子发出信号记为事件 1，P 点接收到信号记为事件 2。虽然带电粒子相对于 S 系不一定作匀速直线运动，但是，可以认为，在发出信号时刻附近的无限小时间间隔内，带电粒子相对于 S 系作匀速直线运动。建立一个坐标系 S' 系固结于带电粒子，则在上述无限小时间间隔内 S 系和 S' 系是两个相对作匀速直线运动的惯性系。下面分别考察两个物理事件在 S 系和 S' 系中时空坐标的变换关系。注意到带电粒子的速度方向不一定沿着 x 轴，所以要把洛伦兹时空坐标的变换关系改写为一般形式。

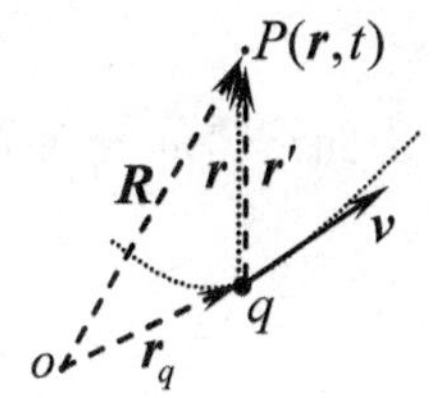

图 8.4.1

一、惯性系相对速度任意取向时的洛伦兹变换

设在 S' 系中，事件 1 的时刻为 t'_q，事件 2 的时刻为 t'_P，记 $t'_P-t'_q\triangleq\Delta t'$。事件 2 相对于 q 的空间位矢为 $\boldsymbol{r}'$。在 S 系中，事件 1 的时刻为 t_q，事件 2 的时刻为 t_P，记 $t_P-t_q\triangleq\Delta t$。事件 2 相对于 q 的空间位矢为 $\boldsymbol{r}$。把 P 点相对于 q 的位矢分解为垂直于 $\boldsymbol{v}$ 的分量和平行于 $\boldsymbol{v}$ 的分量，即

$$\boldsymbol{r}=\boldsymbol{r}_\perp+\boldsymbol{r}_{//}\,,\quad \boldsymbol{r}'=\boldsymbol{r}'_\perp+\boldsymbol{r}'_{//}$$

其中下标“⊥”和“//”分别表示垂直分量和平行分量。因为在与相对运动垂直的方向无长度收缩效应，所以有 $\boldsymbol{r}'_\perp=\boldsymbol{r}_\perp$。在沿着相对运动的方向上，根据洛伦兹变换式，有

$$\Delta t'=\frac{\Delta t-r_{//}v/c^2}{\sqrt{1-v^2/c^2}}=\frac{\Delta t-\boldsymbol{r}\cdot\boldsymbol{v}/c^2}{\sqrt{1-v^2/c^2}}=\gamma(\Delta t-\frac{\boldsymbol{r}\cdot\boldsymbol{v}}{c^2})$$

$$\boldsymbol{r}'_{//}=\frac{\boldsymbol{r}_{//}-\boldsymbol{v}\Delta t}{\sqrt{1-v^2/c^2}}=\gamma(\boldsymbol{r}_{//}-\boldsymbol{v}\Delta t)$$

把垂直分量和平行分量合写为

$$\boldsymbol{r}'=\boldsymbol{r}'_\perp+\boldsymbol{r}'_{//}=\boldsymbol{r}_\perp+\gamma(\boldsymbol{r}_{//}-\boldsymbol{v}\Delta t)=\boldsymbol{r}-\boldsymbol{v}\Delta t+(\gamma-1)(\frac{\boldsymbol{r}\cdot\boldsymbol{v}}{v^2}-\Delta t)\boldsymbol{v}$$

把上述结果总结为

$$\begin{cases}\Delta t'=\gamma(\Delta t-\dfrac{\boldsymbol{r}\cdot\boldsymbol{v}}{c^2})\\ \boldsymbol{r}'=\boldsymbol{r}-\boldsymbol{v}\Delta t+(\gamma-1)(\dfrac{\boldsymbol{r}\cdot\boldsymbol{v}}{v^2}-\Delta t)\boldsymbol{v}\end{cases}\tag{8.4.1}$$

这是洛伦兹正变换关系。在上式中，把 $\boldsymbol{v}$ 换为 $-\boldsymbol{v}$，把带撇“′”的量和不带撇“′”的量互换，写出洛伦兹逆变换关系为

$$\begin{cases}\Delta t=\gamma(\Delta t'+\dfrac{\boldsymbol{r}'\cdot\boldsymbol{v}}{c^2})\\ \boldsymbol{r}=\boldsymbol{r}'+\boldsymbol{v}\Delta t'+(\gamma-1)(\dfrac{\boldsymbol{r}'\cdot\boldsymbol{v}}{v^2}+\Delta t')\boldsymbol{v}\end{cases}\tag{8.4.2}$$

注意，上述各式中的 $\boldsymbol{v}$ 以及 γ 中的 v 都是 $t_q(t'_q)$ 的函数。

二、带电粒子作任意运动时的推迟势

在 S' 系中，电荷在场点激发的四维势为

$$A'_{1\times4}=\begin{pmatrix}0 & 0 & 0 & \dfrac{\mathrm{i}}{c}\dfrac{q}{4\pi\varepsilon_0 r'}\end{pmatrix}$$

由四维势的变换关系写出

$$\begin{pmatrix}A_x\\A_y\\A_z\\ \mathrm{i}\dfrac{\varphi}{c}\end{pmatrix}=\begin{pmatrix}\gamma & 0 & 0 & -\mathrm{i}\gamma\beta\\ 0 & 1 & 0 & 0\\ 0 & 0 & 1 & 0\\ \mathrm{i}\gamma\beta & 0 & 0 & \gamma\end{pmatrix}\begin{pmatrix}0\\0\\0\\ \mathrm{i}\dfrac{\varphi'}{c}\end{pmatrix}$$

其中 x 轴沿 $\boldsymbol{v}$ 方向，y 轴和 z 轴垂直于 $\boldsymbol{v}$。写出上式的分量关系并考虑到方向关系，有

$$\begin{cases}\boldsymbol{A}=\varphi\dfrac{\boldsymbol{v}}{c^2}\\ \varphi=\dfrac{\gamma q}{4\pi\varepsilon_0 r'}\end{cases}$$

注意到在研究推迟势时，事件 1 和事件 2 以电磁信号相联系，所以显然有 $r'=c\Delta t'$ 和

$r = c\Delta t$，由式（8.4.1）中 $\Delta t'$ 的变换关系写出 $r' = \gamma(r - \boldsymbol{r}\cdot\boldsymbol{v}/c)$，代入上式可得

$$\begin{cases} \boldsymbol{A} = \varphi \dfrac{\boldsymbol{v}}{c^2} \\ \varphi = \dfrac{q}{4\pi\varepsilon_0(r - \boldsymbol{r}\cdot\boldsymbol{v}/c)} \end{cases} \tag{8.4.3}$$

考虑到推迟因子，在上式中有 $\boldsymbol{v} = \boldsymbol{v}(t - r/c)$ 和 $\boldsymbol{r} = \boldsymbol{R} - \boldsymbol{r}_q(t - r/c)$，这就是带电粒子作任意运动时激发的推迟势，又称为李纳—维谢尔（Lienard—Wiechert）势。

三、带电粒子作任意运动时的电磁场场量

把李纳—维谢尔势式（8.4.3）对场点 P 的时空坐标求导，可得场点 P 处的电磁场场量。注意到式（8.4.3）右边各量是 t_q 的函数，而求电磁场场量时要对 $(\boldsymbol{R}, t)$ 求导，所以要先求出几个相关的导数。

1. 几个相关的时间导数和空间导数

令 $S = r - \dfrac{\boldsymbol{r}\cdot\boldsymbol{v}}{c}$，其中 $\boldsymbol{r} = \boldsymbol{R} - \boldsymbol{r}_q$，$r = \sqrt{R^2 + r_q^2 - 2\boldsymbol{R}\cdot\boldsymbol{r}_q}$，$t_q = t - \dfrac{r}{c}$，由此写出

$$\frac{\partial r}{\partial t_q} = \frac{1}{r}(\boldsymbol{r}_q - \boldsymbol{R})\cdot\frac{\mathrm{d}\boldsymbol{r}_q}{\mathrm{d}t_q} = -\frac{\boldsymbol{r}\cdot\boldsymbol{v}}{r} \tag{8.4.4}$$

$$\frac{\partial t_q}{\partial t} = 1 - \frac{1}{c}\frac{\partial r}{\partial t_q}\frac{\partial t_q}{\partial t} = 1 + \frac{1}{c}\frac{\boldsymbol{r}\cdot\boldsymbol{v}}{r}\frac{\partial t_q}{\partial t}$$

由上式解得

$$\frac{\partial t_q}{\partial t} = \frac{1}{1 - \boldsymbol{r}\cdot\boldsymbol{v}/(cr)} = \frac{r}{S} \tag{8.4.5}$$

$$\nabla t_q = -\frac{1}{c}\nabla r = -\frac{1}{c}\left(\nabla r\big|_{t_q=\text{常数}} + \frac{\partial r}{\partial t_q}\nabla t_q\right) = -\frac{1}{c}\left(\frac{\boldsymbol{r}}{r} - \frac{\boldsymbol{r}\cdot\boldsymbol{v}}{r}\nabla t_q\right)$$

由上式解得

$$\nabla t_q = -\frac{\boldsymbol{r}}{c(r - \boldsymbol{r}\cdot\boldsymbol{v}/c)} = -\frac{\boldsymbol{r}}{cS} \tag{8.4.6}$$

$$\frac{\partial S}{\partial t_q} = \frac{\partial r}{\partial t_q} - \frac{\partial \boldsymbol{r}}{\partial t_q}\cdot\frac{\boldsymbol{v}}{c} - \frac{\boldsymbol{r}}{c}\cdot\frac{\partial \boldsymbol{v}}{\partial t_q} = -\frac{\boldsymbol{r}\cdot\boldsymbol{v}}{r} + \frac{v^2}{c} - \frac{\boldsymbol{r}\cdot\dot{\boldsymbol{v}}}{c} \tag{8.4.7}$$

$$\begin{aligned}\nabla S &= \nabla S\big|_{t_q=\text{常数}} + \frac{\partial S}{\partial t_q}\nabla t_q = \left(\frac{\boldsymbol{r}}{r} - \frac{\boldsymbol{v}}{c}\right) + \left(-\frac{\boldsymbol{r}\cdot\boldsymbol{v}}{r} + \frac{v^2}{c} - \frac{\boldsymbol{r}\cdot\dot{\boldsymbol{v}}}{c}\right)\left(-\frac{\boldsymbol{r}}{cS}\right) \\ &= \frac{\boldsymbol{r}}{r}\left(1 + \frac{\boldsymbol{r}\cdot\boldsymbol{v}}{cS}\right) - \frac{\boldsymbol{v}}{c} + \left(\frac{\boldsymbol{r}\cdot\dot{\boldsymbol{v}}}{c} - \frac{v^2}{c}\right)\frac{\boldsymbol{r}}{cS}\end{aligned}$$

因为 $\dfrac{\boldsymbol{r}}{r}\left(1 + \dfrac{\boldsymbol{r}\cdot\boldsymbol{v}}{cS}\right) = \dfrac{\boldsymbol{r}}{r}\left(\dfrac{cS + \boldsymbol{r}\cdot\boldsymbol{v}}{cS}\right) = \dfrac{\boldsymbol{r}}{r}\left(\dfrac{cr - \boldsymbol{r}\cdot\boldsymbol{v} + \boldsymbol{r}\cdot\boldsymbol{v}}{cS}\right) = \dfrac{\boldsymbol{r}}{S}$，所以有

$$\nabla S = \frac{\boldsymbol{r}}{S} - \frac{\boldsymbol{v}}{c} + \left(\frac{\boldsymbol{r}\cdot\dot{\boldsymbol{v}}}{c} - \frac{v^2}{c}\right)\frac{\boldsymbol{r}}{cS} \tag{8.4.8}$$

由式（8.4.3）中的标量势可得

$$\nabla\varphi=\frac{q}{4\pi\varepsilon_0}\nabla\frac{1}{S}=\frac{q}{4\pi\varepsilon_0}\frac{-1}{S^2}\nabla S=\frac{q}{4\pi\varepsilon_0}\frac{-1}{S^2}\left[\frac{\boldsymbol{r}}{S}-\frac{\boldsymbol{v}}{c}+\left(\frac{\boldsymbol{r}\cdot\dot{\boldsymbol{v}}}{c}-\frac{v^2}{c}\right)\frac{\boldsymbol{r}}{cS}\right] \tag{8.4.9}$$

由式（8.4.3）中的矢量势可得

$$\begin{aligned}\frac{\partial\boldsymbol{A}}{\partial t}&=\frac{q}{4\pi\varepsilon_0c^2}\frac{\partial}{\partial t_q}\left(\frac{\boldsymbol{v}}{S}\right)\frac{\partial t_q}{\partial t}=\frac{q}{4\pi\varepsilon_0c^2}\left(\frac{\dot{\boldsymbol{v}}}{S}-\frac{\boldsymbol{v}}{S^2}\frac{\partial S}{\partial t_q}\right)\frac{r}{S}\\&=\frac{q}{4\pi\varepsilon_0c^2}\left[\frac{\dot{\boldsymbol{v}}}{S}-\frac{\boldsymbol{v}}{S^2}\left(-\frac{\boldsymbol{r}\cdot\boldsymbol{v}}{r}+\frac{v^2}{c}-\frac{\boldsymbol{r}\cdot\dot{\boldsymbol{v}}}{c}\right)\right]\frac{r}{S}\\&=\frac{q}{4\pi\varepsilon_0S^2}\left[\frac{\dot{\boldsymbol{v}}}{c^2}+\frac{\boldsymbol{v}}{c^2S}\left(\frac{\boldsymbol{r}\cdot\boldsymbol{v}}{r}+\frac{\boldsymbol{r}\cdot\dot{\boldsymbol{v}}}{c}-\frac{v^2}{c}\right)\right]r\end{aligned} \tag{8.4.10}$$

2. 带电粒子电磁场的场量

把式（8.4.9）和式（8.4.10）代入 $\boldsymbol{E}=-\nabla\varphi-\partial\boldsymbol{A}/\partial t$ 写出电场强度为

$$\boldsymbol{E}=\frac{q}{4\pi\varepsilon_0S^2}\left\{\left[\frac{\boldsymbol{r}}{S}-\frac{\boldsymbol{v}}{c}+\left(\frac{\boldsymbol{r}\cdot\dot{\boldsymbol{v}}}{c}-\frac{v^2}{c}\right)\frac{\boldsymbol{r}}{cS}\right]-\left[\frac{\dot{\boldsymbol{v}}}{c^2}+\frac{\boldsymbol{v}}{c^2S}\left(\frac{\boldsymbol{r}\cdot\boldsymbol{v}}{r}+\frac{\boldsymbol{r}\cdot\dot{\boldsymbol{v}}}{c}-\frac{v^2}{c}\right)\right]r\right\}$$

把上式整理可得

$$\boldsymbol{E}=\frac{qr}{4\pi\varepsilon_0S^3}\left(1-\frac{v^2}{c^2}\right)\left(\boldsymbol{e}_r-\frac{\boldsymbol{v}}{c}\right)+\frac{qr}{4\pi\varepsilon_0c^2S^3}\boldsymbol{r}\times\left[\left(\boldsymbol{e}_r-\frac{\boldsymbol{v}}{c}\right)\times\dot{\boldsymbol{v}}\right] \tag{8.4.11}$$

其中 $\boldsymbol{e}_r=\boldsymbol{r}/r$ 是径向单位矢。带电粒子激发的磁感应强度为

$$\begin{aligned}\boldsymbol{B}&=\nabla\times\boldsymbol{A}=\nabla\times\left(\varphi\frac{\boldsymbol{v}}{c^2}\right)=(\nabla\varphi)\times\frac{\boldsymbol{v}}{c^2}+\varphi\nabla\times\left(\frac{\boldsymbol{v}}{c^2}\right)\\&=(\nabla\varphi)\times\frac{\boldsymbol{v}}{c^2}+\varphi\nabla t_q\times\frac{\partial}{\partial t_q}\left(\frac{\boldsymbol{v}}{c^2}\right)=(\nabla\varphi)\times\frac{\boldsymbol{v}}{c^2}+\varphi\frac{-\boldsymbol{r}}{cS}\times\frac{\dot{\boldsymbol{v}}}{c^2}\\&=\frac{q}{4\pi\varepsilon_0}\frac{-1}{S^2}\left[\frac{\boldsymbol{r}}{S}-\frac{\boldsymbol{v}}{c}+\left(\frac{\boldsymbol{r}\cdot\dot{\boldsymbol{v}}}{c}-\frac{v^2}{c}\right)\frac{\boldsymbol{r}}{cS}\right]\times\frac{\boldsymbol{v}}{c^2}+\frac{q}{4\pi\varepsilon_0S}\frac{-\boldsymbol{r}}{cS}\times\frac{\dot{\boldsymbol{v}}}{c^2}\\&=\frac{qr}{4\pi\varepsilon_0cS^3}\boldsymbol{e}_r\times\left[-\left(1-\frac{v^2}{c^2}\right)\frac{\boldsymbol{v}}{c}-\frac{1}{c^2}(\boldsymbol{r}\cdot\dot{\boldsymbol{v}})\frac{\boldsymbol{v}}{c}-\frac{1}{c^2}\left(r-\frac{\boldsymbol{r}\cdot\boldsymbol{v}}{c}\right)\dot{\boldsymbol{v}}\right]\\&=\frac{qr}{4\pi\varepsilon_0cS^3}\boldsymbol{e}_r\times\left\{-\left(1-\frac{v^2}{c^2}\right)\frac{\boldsymbol{v}}{c}-\frac{1}{c^2}\left[\boldsymbol{r}\times\left(\frac{\boldsymbol{v}}{c}\times\dot{\boldsymbol{v}}\right)-r\dot{\boldsymbol{v}}\right]\right\}\end{aligned}$$

因为 $\boldsymbol{e}_r\times\boldsymbol{e}_r=0$，$\boldsymbol{e}_r\times[\boldsymbol{r}\times(\boldsymbol{e}_r\times\dot{\boldsymbol{v}})]=r\boldsymbol{e}_r\times\dot{\boldsymbol{v}}$，所以

$$\boldsymbol{B}=\frac{qr}{4\pi\varepsilon_0cS^3}\boldsymbol{e}_r\times\left\{\left(1-\frac{v^2}{c^2}\right)\left(\boldsymbol{e}_r-\frac{\boldsymbol{v}}{c}\right)+\frac{qr}{4\pi\varepsilon_0c^3S^3}\boldsymbol{e}_r\times\left\{\boldsymbol{r}\times\left[\left(\boldsymbol{e}_r-\frac{\boldsymbol{v}}{c}\right)\times\dot{\boldsymbol{v}}\right]\right\}\right. \tag{8.4.12}$$

由上式和式（8.4.11）可得

$$\boldsymbol{B}=\frac{1}{c}\boldsymbol{e}_r\times\boldsymbol{E} \tag{8.4.13}$$

在式（8.4.11）和式（8.4.12）中，第一项只与带电粒子的速度有关，称为自有场；第二项与带电粒子的速度和加速度都有关，此项才是辐射场。如果带电粒子作匀速直线运动，则只有自有场，没有辐射场。

（1）**带电粒子的自有场。**

把式（8.4.11）和式（8.4.12）中的第一项记为

$$\begin{cases} \boldsymbol{E}_1 = \dfrac{qr}{4\pi\varepsilon_0 S^3}(1-\dfrac{v^2}{c^2})(\boldsymbol{e}_r - \dfrac{\boldsymbol{v}}{c}) \\ \boldsymbol{B}_1 = \dfrac{qr}{4\pi\varepsilon_0 c S^3}(1-\dfrac{v^2}{c^2})\dfrac{\boldsymbol{v}}{c}\times\boldsymbol{e}_r \end{cases} \tag{8.4.14}$$

显然，若$v \ll c$，则

$$\begin{cases} \boldsymbol{E}_1 = \dfrac{q}{4\pi\varepsilon_0 r^2}\boldsymbol{e}_r \\ \boldsymbol{B}_1 = \dfrac{\mu_0 q\boldsymbol{v}\times\boldsymbol{e}_r}{4\pi r^2} \end{cases}$$

这就是经典情形下点电荷的库仑场和匀速直线运动电荷的磁场。因为$E_1 \propto 1/r^2$，$B_1 \propto 1/r^2$，所以自有场不可能不断地向外辐射能量，这部分场存在于粒子附近，属于带电粒子，故称之为自有场。当r较大时，自有场可以略去。

（2）**带电粒子的辐射场。**

把式（8.4.11）和式（8.4.12）中的第二项记为

$$\begin{cases} \boldsymbol{E}_2 = \dfrac{qr}{4\pi\varepsilon_0 c^2 S^3}\boldsymbol{r}\times[(\boldsymbol{e}_r - \dfrac{\boldsymbol{v}}{c})\times\dot{\boldsymbol{v}}] \\ \boldsymbol{B}_2 = \dfrac{qr}{4\pi\varepsilon_0 c^3 S^3}\boldsymbol{e}_r\times\{\boldsymbol{r}\times[(\boldsymbol{e}_r - \dfrac{\boldsymbol{v}}{c})\times\dot{\boldsymbol{v}}]\} \end{cases} \tag{8.4.15}$$

这部分场与带电粒子的速度和加速度都有关。

场量方向关系为：$\boldsymbol{E}_2$、$\boldsymbol{B}_2$和$\boldsymbol{r}$三者两两垂直，并且$(\boldsymbol{E}_2\times\boldsymbol{B}_2)$的方向沿着$\boldsymbol{r}$的方向。

场量的振幅特征为：$E_2 \propto 1/r$，$B_1 \propto 1/r$，所以能流密度$\propto 1/r^2$。

以上这些特征都是辐射场所具有的特征。下面重点讨论这个辐射场。

四、带电粒子辐射场的能流密度和辐射功率

为书写简便，略去式（8.4.15）中的下标，有

$$\begin{cases} \boldsymbol{E} = \dfrac{q\boldsymbol{e}_r\times[(\boldsymbol{e}_r - \boldsymbol{v}/c)\times\dot{\boldsymbol{v}}]}{4\pi\varepsilon_0 c^2 r(1-\boldsymbol{e}_r\cdot\boldsymbol{v}/c)^3} \\ \boldsymbol{B} = \dfrac{1}{c}\boldsymbol{e}_r\times\boldsymbol{E} \end{cases} \tag{8.4.16}$$

1. 能流密度

把式（8.4.16）中的$\boldsymbol{E}$和$\boldsymbol{B}$代入能流密度公式$\boldsymbol{S}=\boldsymbol{E}\times\boldsymbol{B}/\mu_0$可得

$$\boldsymbol{S} = \frac{E^2}{c\mu_0}\boldsymbol{e}_r = \frac{q^2\left|\boldsymbol{e}_r\times[(\boldsymbol{e}_r - \boldsymbol{v}/c)\times\dot{\boldsymbol{v}}]\right|^2}{16\pi^2\varepsilon_0 c^3 r^2(1-\boldsymbol{e}_r\cdot\boldsymbol{v}/c)^6}\boldsymbol{e}_r \tag{8.4.17}$$

2. 辐射功率

在第二篇第5章中研究电磁波的辐射时已经给出，如果辐射源是定域的，则以此辐射源为球心作一个大球面，能流密度在此大球面上的积分就是此辐射源的辐射功率。但

是，此节研究的辐射源是运动电荷，所以情形有所不同。

如图 8.4.2 所示，设电量为q的带电粒子在t_q时刻位于a点并以速度$\boldsymbol{v}$运动，经过无限小的时间间隔$\mathrm{d}t_q$到达b点，则$\overline{ab}=v\mathrm{d}t_q$。设带电粒子$t_q$时刻激发的场经过无限小的时间间隔$\mathrm{d}t_a$到达大球面处，则$r_a=c\mathrm{d}t_a$。而$t_q+\mathrm{d}t_q$时刻激发的场经过无限小的时间间隔$\mathrm{d}t_b=\mathrm{d}t_a-\mathrm{d}t_q$到达小球面处，有$r_b=c(\mathrm{d}t_a-\mathrm{d}t_q)=r_a-c\mathrm{d}t_q<r_a-v\mathrm{d}t_q=r_a-\overline{ab}$，表明大小球面不会相交。由以上分析可知，带电粒子在$t_q\to t_q+\mathrm{d}t_q$时间内辐射的能量全部位于两个球面的中间区域。由于两个球面不同心，所以这些能量从大球面上不同处流出去所用的时间也不同。由于考察的时间间隔无限小，可以认为能量沿着大球面的法向$\boldsymbol{e}_r$流出去。设在如图示的角位置$\boldsymbol{e}_r$处，能量流出大球面的时间为$\mathrm{d}t_{\bar{e}_r}$，由图示的几何关系可得

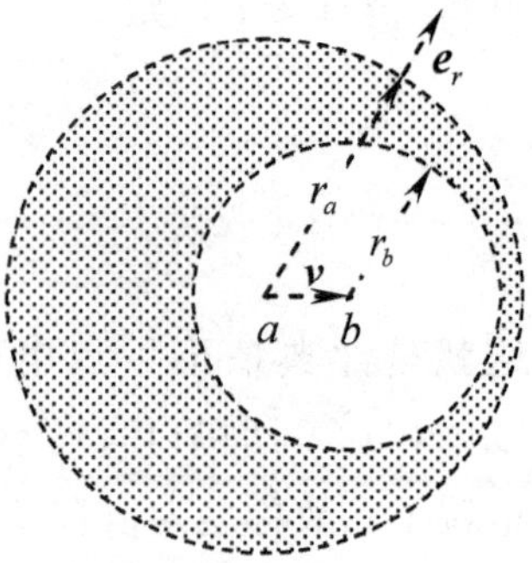

图 8.4.2

$$\boldsymbol{e}_r\cdot\boldsymbol{v}\mathrm{d}t_q+c(\mathrm{d}t_a-\mathrm{d}t_q)+c\mathrm{d}t_{\bar{e}_r}=c\mathrm{d}t_a$$

由此写出

$$\mathrm{d}t_{e_r}=(1-\boldsymbol{e}_r\cdot\boldsymbol{v}/c)\mathrm{d}t_q \tag{8.4.18}$$

于是

$$P(t_q)\mathrm{d}t_q=\oint_{\text{大球面}}\boldsymbol{S}\cdot\boldsymbol{e}_r\mathrm{d}s\mathrm{d}t_{e_r}=\oint_{\text{大球面}}\boldsymbol{S}\cdot\boldsymbol{e}_r\mathrm{d}s(1-\boldsymbol{e}_r\cdot\boldsymbol{v}/c)\mathrm{d}t_q$$

即

$$P(t_q)=\oint_{\text{大球面}}\boldsymbol{S}\cdot\boldsymbol{e}_r\mathrm{d}s(1-\boldsymbol{e}_r\cdot\boldsymbol{v}/c) \tag{8.4.19}$$

其中$\mathrm{d}s$是大球面上的面积微元。把式（8.4.17）代入式（8.4.19）得出

$$P(t_q)=\frac{q^2}{16\pi^2\varepsilon_0c^3}\oint_{\text{大球面}}\frac{\left|\boldsymbol{e}_r\times[(\boldsymbol{e}_r-\boldsymbol{v}/c)\times\dot{\boldsymbol{v}}]\right|^2}{r_a^2(1-\boldsymbol{e}_r\cdot\boldsymbol{v}/c)^5}\mathrm{d}s$$

令立体角微元$\mathrm{d}\Omega=\mathrm{d}s/r_a^2$，写出

$$P(t_q)=\frac{q^2}{16\pi^2\varepsilon_0c^3}\oint_{\Omega}\frac{\left|\boldsymbol{e}_r\times[(\boldsymbol{e}_r-\boldsymbol{v}/c)\times\dot{\boldsymbol{v}}]\right|^2}{(1-\boldsymbol{e}_r\cdot\boldsymbol{v}/c)^5}\mathrm{d}\Omega \tag{8.4.20}$$

单位立体角的辐射功率为

$$\frac{\mathrm{d}P(t_q)}{\mathrm{d}\Omega}=\frac{q^2}{16\pi^2\varepsilon_0c^3}\frac{\left|\boldsymbol{e}_r\times[(\boldsymbol{e}_r-\boldsymbol{v}/c)\times\dot{\boldsymbol{v}}]\right|^2}{(1-\boldsymbol{e}_r\cdot\boldsymbol{v}/c)^5} \tag{8.4.21}$$

下面根据以上结果分别讨论带电粒子作不同运动时辐射场的特征。

五、带电粒子辐射场的分类

1. 带电粒子作低速运动时的辐射场

在式（8.4.16）中令$v\ll c$，得出低速辐射场的电磁场量为

$$\begin{cases}\boldsymbol{E}=\dfrac{q}{4\pi\varepsilon_0c^2}\dfrac{\boldsymbol{e}_r\times(\boldsymbol{e}_r\times\dot{\boldsymbol{v}})}{r}\\[2ex]\boldsymbol{B}=\dfrac{\boldsymbol{e}_r}{c}\times\boldsymbol{E}\end{cases} \tag{8.4.22}$$

若令带电粒子形成的电偶极矩为 $\boldsymbol{p}_e = q\boldsymbol{r}_q$，有 $\ddot{\boldsymbol{p}}_e = q\dot{\boldsymbol{v}}$，代入上式，则上式变为电偶极辐射公式（推迟因子由 $t_q = t - r/c$ 体现），这表明**低速运动的带电粒子速度发生变化时，辐射场是电偶极辐射场**。

在式（8.4.21）中令 $v \ll c$，得出低速辐射场单位立体角的辐射功率为

$$\frac{\mathrm{d}P(t_q)}{\mathrm{d}\Omega} = \frac{q^2\left|\boldsymbol{e}_r \times (\boldsymbol{e}_r \times \dot{\boldsymbol{v}})\right|^2}{16\pi^2\varepsilon_0 c^3} = \frac{q^2}{16\pi^2\varepsilon_0 c^3}\left|\dot{\boldsymbol{v}}\right|^2 \sin^2\psi \tag{8.4.23}$$

式中：ψ 是 $\boldsymbol{e}_r$ 与 $\dot{\boldsymbol{v}}$ 的夹角。由此可知在 $\psi = \pi/2$ 处辐射最强，在 $\psi = 0$ 或 π 处辐射为零。

低速辐射的总功率为

$$P(t_q) = \frac{q^2}{16\pi^2\varepsilon_0 c^3}\left|\dot{\boldsymbol{v}}\right|^2 \int_0^{2\pi} d\phi \int_0^{\pi} \sin^3\psi \mathrm{d}\psi = \frac{q^2}{6\pi\varepsilon_0 c^3}\left|\dot{\boldsymbol{v}}\right|^2 \tag{8.4.24}$$

低速辐射场理论在实际中有许多应用。比如原子中的电子和原子核中的质子，其运动速度 $v \ll c$，所以它们作能级跃迁时产生的辐射是电偶极辐射，可以用经典谐振子模型来描述；再比如，X 射线的连续谱是由低速电子碰撞到靶上被减速而产生的；另外，一些等离子体中的带电粒子的辐射场也是低速辐射场。

2. 带电粒子作高速运动时的辐射场

先分析一下带电粒子作高速运动时辐射角分布的特点。在式（8.4.21）中含有一个因子 $(1-\boldsymbol{e}_r \cdot \boldsymbol{v}/c)^{-5}$，这个因子对角分布影响很大。令辐射方向 $\boldsymbol{e}_r$ 与速度 $\boldsymbol{v}$ 方向的夹角为 θ，则 $(1-\boldsymbol{e}_r \cdot \boldsymbol{v}/c)^{-5} = (1-\cos\theta \cdot v/c)^{-5}$，当 $v \sim c$ 时，此因子在 $\theta \sim 0$ 处变得很大，即辐射能量强烈地集中于向前的方向。下面作一简单的定量分析。在高速情形下，在 $\theta = 0$ 附近作如下展开：

$$\begin{aligned}1-\frac{v}{c}\cos\theta &\approx 1-\frac{v}{c}(1-\frac{1}{2}\theta^2) \approx 1-\frac{v}{c}+\frac{1}{2}\theta^2 = \frac{1}{2}[2(1-\frac{v}{c})+\theta^2] \\ &\approx \frac{1}{2}[2(1-\frac{v}{c})-(1-\frac{v}{c})^2+\theta^2] \\ &= \frac{1}{2}[(1-\frac{v^2}{c^2})+\theta^2] = \frac{1}{2}[\frac{1}{\gamma^2}+\theta^2]\end{aligned}$$

角分布因子 $(1-\boldsymbol{e}_r \cdot \boldsymbol{v}/c)^{-5}$ 写为

$$(1-\frac{v}{c}\cos\theta)^{-5} \approx \frac{32}{(\theta^2+1/\gamma^2)^5}$$

上式表明，无论加速度方向如何，辐射能量都集中在 $\boldsymbol{v}$ 方向附近锥角为 $\Delta\theta \sim 1/\gamma$ 的射束内，并且 v 越接近于 c 这种效应就越显著。例如：能量为 500MeV 的电子，$\gamma \sim 10^3$，当它有加速度时，辐射能集中在 $\boldsymbol{v}$ 方向附近 10^{-3} 弧度内。

下面讨论两种特殊情形的高速辐射场。

（1）**带电粒子加速度与速度共线时的辐射场。**

作高速直线运动的带电粒子碰撞到靶上被减速而产生的辐射就属于这种辐射，通常又称之为**轫致辐射**（Collision Radiation，直译为碰撞辐射）。“轫”是车轮上的刹车装置，故此辐射也可以通俗地称为刹车辐射。在式（8.4.16）和式（8.4.21）式中令 $\boldsymbol{v} \times \dot{\boldsymbol{v}} = 0$ 写出

$$\begin{cases} \boldsymbol{E} = \dfrac{q\boldsymbol{e}_r \times (\boldsymbol{e}_r \times \dot{\boldsymbol{v}})}{4\pi\varepsilon_0 c^2 r(1-\boldsymbol{e}_r \cdot \boldsymbol{v}/c)^3} \\ \boldsymbol{B} = \dfrac{1}{c}\boldsymbol{e}_r \times \boldsymbol{E} \end{cases} \tag{8.4.25}$$

$$\frac{\mathrm{d}P(t_q)}{\mathrm{d}\Omega} = \frac{q^2|\dot{\boldsymbol{v}}|^2}{16\pi^2\varepsilon_0 c^3}\frac{\sin^2\theta}{(1-\cos\theta\cdot v/c)^5} \tag{8.4.26}$$

韧致辐射角分布和低速辐射角分布的比较也可以用图 8.4.3 定性地表示。

韧致辐射的总功率为

$$P(t_q) = \frac{q^2|\dot{\boldsymbol{v}}|^2}{16\pi^2\varepsilon_0 c^3}\int_0^{2\pi}\mathrm{d}\phi\int_0^{\pi}\frac{\sin^3\theta\mathrm{d}\theta}{(1-\cos\theta\cdot v/c)^5} = \frac{q^2|\dot{\boldsymbol{v}}|^2}{6\pi\varepsilon_0 c^3}\gamma^6 \tag{8.4.27}$$

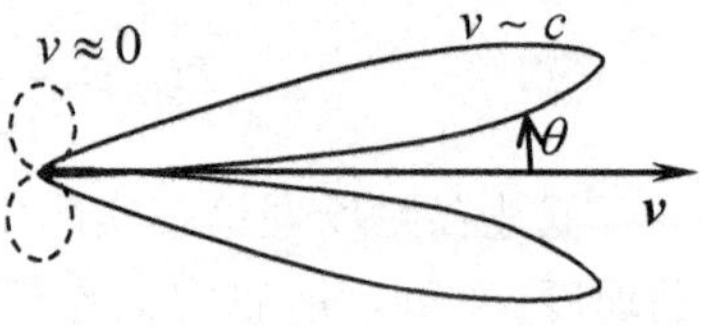

图 8.4.3

此式表明，要提高辐射功率 $P(t_q)$，就要增大粒子加速度 $\dot{\boldsymbol{v}}$。但是，由于粒子速度 $\boldsymbol{v}$ 不可能超过光速，所以，在一定的外力 $\boldsymbol{F}$ 作用下，当 $v\to c$ 时，加速度 $\dot{\boldsymbol{v}}$ 变得很小。因此，为了应用上的方便，通常又把 $P(t_q)$ 用外力 $\boldsymbol{F}$ 表示出来。根据相对论动力学方程写出

$$\boldsymbol{F} = \frac{\mathrm{d}}{\mathrm{d}t}\left(\frac{m_0\boldsymbol{v}}{\sqrt{1-v^2/c^2}}\right) = \frac{m_0}{(1-v^2/c^2)^{3/2}}\left(\dot{\boldsymbol{v}} - \frac{v^2}{c^2}\dot{\boldsymbol{v}} - \frac{\boldsymbol{v}\cdot\dot{\boldsymbol{v}}}{c^2}\boldsymbol{v}\right)$$

高速粒子受到碰撞而作减速直线运动时，$\dot{\boldsymbol{v}}$ 与 $\boldsymbol{v}$ 反向，有

$$\boldsymbol{F} = \frac{m_0\dot{\boldsymbol{v}}}{(1-v^2/c^2)^{3/2}} = \gamma^3 m_0\dot{\boldsymbol{v}} \tag{8.4.28}$$

把式（8.4.28）代入式（8.4.27）得出

$$P(t_q) = \frac{q^2F^2}{6\pi\varepsilon_0 m_0^2 c^3} \tag{8.4.29}$$

此式表明，韧致辐射的总功率与粒子的静止质量的平方成反比，与粒子所受到的外力的平方成正比，与粒子的能量无关。

（2）带电粒子加速度与速度正交时的辐射场。

高速带电粒子作匀速圆周运动时，其加速度 $\dot{\boldsymbol{v}}$ 的方向始终与速度 $\boldsymbol{v}$ 的方向垂直，此种情形下产生的辐射与韧致辐射有所不同。由于这种辐射最初是在同步加速器中发现的，所以又称为同步辐射（Synchronnous Radiation）。如图 8.4.4 所示，带电量为 q 的高速运动粒子在 t_q 时刻的瞬时速度 $\boldsymbol{v}$ 的方向沿 z 轴，此时刻加速度 $\dot{\boldsymbol{v}}$ 的方向沿 y 轴。设辐射方向 $\boldsymbol{e}_r$ 与 $\boldsymbol{v}$ 方向的夹角为 θ，有 $\boldsymbol{e}_r\cdot\boldsymbol{v} = v\cos\theta$，$\boldsymbol{v}\cdot\dot{\boldsymbol{v}} = 0$。由图示的几何关系写出 $\boldsymbol{e}_r\cdot\dot{\boldsymbol{v}} = |\dot{\boldsymbol{v}}|\cos\phi\sin\theta$，因此

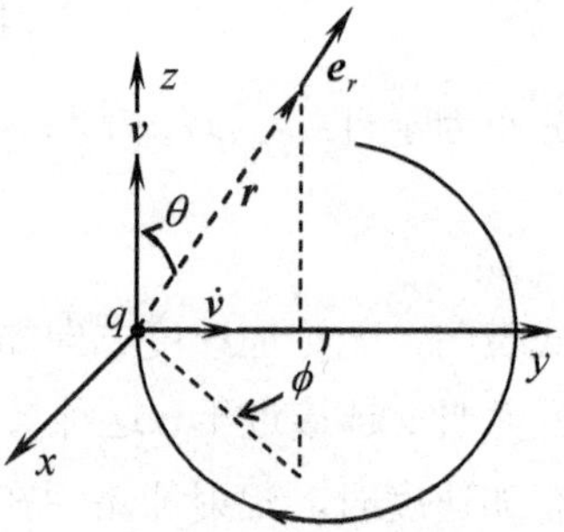

图 8.4.4

$$\begin{aligned} &\boldsymbol{e}_r \times [(\boldsymbol{e}_r - \boldsymbol{v}/c)\times\dot{\boldsymbol{v}}] \\ &= \boldsymbol{e}_r\cdot\dot{\boldsymbol{v}}(\boldsymbol{e}_r - \boldsymbol{v}/c) - \boldsymbol{e}_r\cdot(\boldsymbol{e}_r - \boldsymbol{v}/c)\dot{\boldsymbol{v}} = |\dot{\boldsymbol{v}}|\cos\phi\sin\theta(\boldsymbol{e}_r - \boldsymbol{v}/c) - (1-\cos\theta\cdot v/c)\dot{\boldsymbol{v}} \end{aligned}$$

计算上式的模的平方并整理可得

$$\left|\boldsymbol{e}_r\times[(\boldsymbol{e}_r-\boldsymbol{v}/c)\times\dot{\boldsymbol{v}}]\right|^2=\left|\dot{\boldsymbol{v}}\right|^2[(1-\cos\theta\cdot v/c)^2-(1-v^2/c^2)\cos^2\phi\sin^2\theta]$$

把上式代入单位立体角的辐射功率表达式（8.4.21），写出

$$\frac{\mathrm{d}P(t_q)}{\mathrm{d}\Omega}=\frac{q^2\left|\dot{\boldsymbol{v}}\right|^2}{16\pi^2\varepsilon_0c^3}\frac{(1-\beta\cos\theta)^2-(1-\beta^2)\cos^2\phi\sin^2\theta}{(1-\beta\cos\theta)^5}\qquad(8.4.30)$$

式中：$\beta=v/c$。分析可知，在任意时刻辐射最强的方向指向 $\boldsymbol{v}$ 的正前方（图 8.4.5）。把式（8.4.30）对立体角积分，得出同步辐射总功率为

$$P(t_q)=\frac{q^2\left|\dot{\boldsymbol{v}}\right|^2}{6\pi\varepsilon_0c^3}\gamma^4\qquad(8.4.31)$$

也可以把 $P(t_q)$ 用外力 $\boldsymbol{F}$ 表示出来。根据相对论动力学方程写出

$$\boldsymbol{F}=\frac{m_0}{(1-v^2/c^2)^{3/2}}(\dot{\boldsymbol{v}}-\frac{v^2}{c^2}\dot{\boldsymbol{v}}-\frac{\boldsymbol{v}\cdot\dot{\boldsymbol{v}}}{c^2}\boldsymbol{v})$$

因为 $\dot{\boldsymbol{v}}\perp\boldsymbol{v}$，所以有

$$\boldsymbol{F}=\frac{m_0\dot{\boldsymbol{v}}}{(1-v^2/c^2)^{1/2}}=\gamma m_0\dot{\boldsymbol{v}}=m\dot{\boldsymbol{v}}\qquad(8.4.32)$$

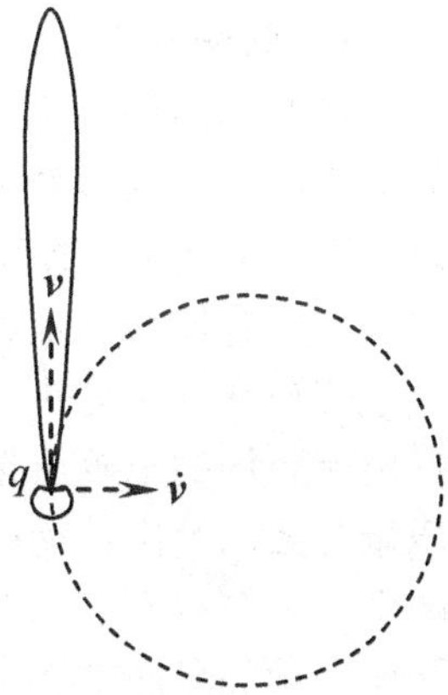

图 8.4.5

把式（8.4.32）代入式（8.4.31）得出

$$P(t_q)=\frac{q^2F^2\gamma^2}{6\pi\varepsilon_0c^3m_0^2}=\frac{q^2F^2W^2}{6\pi\varepsilon_0c^7m_0^4}\qquad(8.4.33)$$

其中粒子能量 $W=\gamma m_0c^2$。由此可知，在一定的外力作用下，若带电粒子的加速度 $\dot{\boldsymbol{v}}\perp\boldsymbol{v}$，则其辐射功率与粒子能量的平方成正比。

以上关于高速带电粒子辐射的理论分析对于高能加速器的研究具有实际意义。目前有两种类型的高能加速器，一类是直线型的（$\dot{\boldsymbol{v}}//\pm\boldsymbol{v}$），另一类是圆周型的（$\dot{\boldsymbol{v}}\perp\boldsymbol{v}$）。在圆周型加速器中，粒子经加速器加速后，以一定的高能量作匀速圆周运动，同时产生辐射损耗。并且辐射损耗的功率正比于粒子能量的平方。所以，粒子不断地从加速器获得能量，同时向外辐射能量。经分析容易得知，当加速器提供的功率等于辐射损耗功率时，粒子将不再受到加速。对于直线型加速器，由于辐射损耗与粒子能量无关，因而加速能量不受此限制。因此，目前能量较高的加速器一般采用直线型的。但是，圆周型加速器的缺点也可转化为优点。典型例子就是：利用圆周型加速器能量越高辐射越强的特点，从而制造出一种新光源——同步辐射光源。由于同步辐射光源具有频谱宽、强度大、准直性好等优点，已经成为凝聚态物理、医学、生物学和材料科学等研究领域的重要工具。

六、带电粒子激发的场对粒子的反作用

在以上的讨论中，我们假定已知电荷的运动方程，由此给出电荷的速度和加速度，由此计算出了运动电荷激发的电磁场。显然，这种方法只是一种近似方法。严格说来，运动电荷与它所激发的电磁场是相互作用的。运动电荷激发电磁场，而电磁场又反过来作用在电荷上，影响着电荷的运动。要完全解决电荷与电磁场组成的系统的动力学问题，必须把两者之间的相互作用同时考虑在内，才能同时解出电荷的运动规律和电磁场的分

布。但是，在经典电动力学的范围内，是不可能完全解决这个问题的。比如，后面将会看到，如果把电子看做没有大小的几何点，必将导致电子的质量为无穷大，从而导致电子无法运动的结论；如果把电子看做是有大小的电荷，必然牵涉到电子内部更深层次的结构问题，而这个问题是经典电动力学所不能解决的，并且这个问题至今也没有解决。虽然如此，在某些特殊情况下，仍然可以用现有的经典理论进行一些不很完备的讨论。

如前所述，运动电荷激发的电磁场分为自有场和辐射场两个部分。自有场对电荷的反作用表现为电荷有电磁质量，辐射场对电荷的反作用表现为电荷受到辐射阻尼力。

1. *电磁质量*

自有场的特点是：场量与r^2成反比，表示场的能量不能传播出去，只能存在于电荷周围附近。当电荷静止时，自有场就是库仑场。当电荷运动时，自有场与速度有关，可以由库仑场作洛伦兹变换得出。自有场与电荷组成密不可分的整体。根据相对论的质能关系，自有场的能量表现为一定的惯性质量，称为电磁质量。

假设有一个静止电荷，先计算出库仑场的总能量，把总能量除以真空光速的平方c^2，得出库仑场的电磁质量，再加上电荷的非电磁质量，得出电荷的静质量。应用相对论的质量关系，给出运动电荷的动质量。库仑场的总能量与粒子内部的电荷分布有关，不同的电荷分布有不同的总能量。但是，对于体积和电量一定、电荷分布不同的带电粒子，其库仑场的总能量在数量级上是相同的。为了简单起见，假设电量q均匀分布在半径为r_q的球面上，则此带电粒子的库仑场总能量为

$$W=\frac{1}{2}\varepsilon_0\int_{r_q}^{\infty}\left(\frac{q}{4\pi\varepsilon_0 r^2}\right)^2 4\pi r^2\mathrm{d}r=\frac{q^2}{8\pi\varepsilon_0 r_q} \tag{8.4.34}$$

与库仑场对应的电磁质量为

$$m_q=\frac{W}{c^2}=\frac{q^2}{8\pi\varepsilon_0 r_q c^2}=\frac{\mu_0 q^2}{8\pi r_q} \tag{8.4.35}$$

令此带电粒子非电磁起源的质量为m_0，则粒子的总质量为

$$m=m_0+m_q \tag{8.4.36}$$

2. 电子的“经典半径”

因为带电粒子和自有场密不可分，剥离了场的“裸粒子”不存在，所以m_0和m_q密不可分。例如：实验测量出的电子质量已经包含了电磁质量在内。作为数量级估计，可以假定在总质量中电磁质量占有显著部分，比如占有一半，即$m_q=m_0$，所以

$$m=2m_q=\frac{\mu_0 q^2}{4\pi r_q} \tag{8.4.37}$$

对于电子，把实验测得的电子质量$m_e=9.11\times10^{-31}\,\mathrm{kg}$，电子电量$\mathrm{e}=1.60\times10^{-19}\,\mathrm{C}$，真空磁导率$\mu_0=1.26\times10^{-6}\,\mathrm{H/m}$代入上式，算出电子的“经典半径”为

$$r_e=\frac{\mu_0\mathrm{e}^2}{4\pi m_e}\approx2.82\times10^{-15}\,\mathrm{m} \tag{8.4.38}$$

必须指出，在上述线度内，经典电动力学已经不能适用，所以上面的经典半径公式不可能是正确的。实验表明，在直到$\sim10^{-17}\,\mathrm{m}$的范围内，电子仍然像是一个点粒子。虽

然如此，电子的"经典半径"作为一个具有长度量纲的常数，在原子物理学中常被引用。

3. 辐射阻尼

辐射场的特点是：场量与 r 成反比，表示场的能量可以传播到任意远处。由于向外辐射能量，必然造成带电粒子的能量损耗，这种能量损耗可以等效为一种阻尼力对粒子做负功。这种阻尼力称为辐射阻尼，记为 $\boldsymbol{F}_s$。设 t_q 时刻粒子的速度为 $\boldsymbol{v}$，加速度为 $\dot{\boldsymbol{v}}$，且 $v \ll c$，则由式（8.4.24）的低速辐射功率可得

$$\boldsymbol{F}_s \cdot \boldsymbol{v} = -\frac{q^2}{6\pi\varepsilon_0 c^3}|\dot{\boldsymbol{v}}|^2$$

因为带电粒子在任一瞬时的速度 $\boldsymbol{v}$ 和加速度 $\dot{\boldsymbol{v}}$ 一般是不相关的量，上式右边不能写成一个矢量与速度 $\boldsymbol{v}$ 点积的形式，所以，一般情形下上式不可能在任意瞬时都成立。但是，在一些重要的特殊情形下，利用上式可以得出平均效应下辐射阻尼力的表达式。

设带电粒子受到外加电磁场的作用力为 $\boldsymbol{F}_e$，若不考虑辐射阻尼，粒子作周期运动，其周期为 T；若考虑**小阻尼**，则粒子作**准周期运动**，此时下式成立

$$\int_{t_0}^{t_0+T} \boldsymbol{F}_s \cdot \boldsymbol{v}\mathrm{d}t = -\int_{t_0}^{t_0+T} \frac{q^2}{6\pi\varepsilon_0 c^3}|\dot{\boldsymbol{v}}|^2\,\mathrm{d}t = -\int_{t_0}^{t_0+T} \frac{q^2}{6\pi\varepsilon_0 c^3}[\mathrm{d}(\dot{\boldsymbol{v}} \cdot \boldsymbol{v}) - \ddot{\boldsymbol{v}} \cdot \boldsymbol{v}\mathrm{d}t]$$

$$= -\frac{q^2 \dot{\boldsymbol{v}} \cdot \boldsymbol{v}}{6\pi\varepsilon_0 c^3}\Bigg|_{t_0}^{t_0+T} + \int_{t_0}^{t_0+T} \frac{q^2}{6\pi\varepsilon_0 c^3}\ddot{\boldsymbol{v}} \cdot \boldsymbol{v}\mathrm{d}t \approx \int_{t_0}^{t_0+T} \frac{q^2}{6\pi\varepsilon_0 c^3}\ddot{\boldsymbol{v}} \cdot \boldsymbol{v}\mathrm{d}t$$

所以，对**一个周期内的平均效应**而言，辐射阻尼力为

$$\boldsymbol{F}_s = \frac{q^2}{6\pi\varepsilon_0 c^3}\ddot{\boldsymbol{v}} \tag{8.4.39}$$

带电粒子的动力学方程写为

$$\boldsymbol{F}_e + \frac{q^2}{6\pi\varepsilon_0 c^3}\ddot{\boldsymbol{v}} = m\dot{\boldsymbol{v}} \tag{8.4.40}$$

例　按照卢瑟福的原子结构有核模型，电子绕原子核作匀速圆周运动。但是，根据经典电磁理论，电子将由于辐射而不断地损失能量，最终落到核上。试以氢原子为例，应用经典电磁理论作以下数量级估计：电子开始在半径为 $r_1 = 0.529 \times 10^{-10}$ m 的第一波尔圆轨道上运动，最终落到半径为 $r_2 = 1.2 \times 10^{-15}$ m 的核上，这个过程经历了多长时间?

【解】 暂时不考虑辐射阻尼，电子在库仑力作用下作半径为 r 的匀速圆周运动，则

$$m_\mathrm{e} r\dot{\theta}^2 = \frac{\mathrm{e}^2}{4\pi\varepsilon_0 r^2} \tag{1}$$

利用式(1)写出电子在圆轨道上的速度

$$\boldsymbol{v} = r\dot{\theta}\boldsymbol{e}_\theta = \sqrt{r}\sqrt{r\dot{\theta}^2}\,\boldsymbol{e}_\theta = \frac{\mathrm{e}}{\sqrt{4\pi\varepsilon_0 m_\mathrm{e} r}}\boldsymbol{e}_\theta \tag{2}$$

电子在圆轨道上的总能量等于动能与势能之和

$$W = \frac{1}{2}m_\mathrm{e}v^2 - \frac{\mathrm{e}^2}{4\pi\varepsilon_0 r} = \frac{\mathrm{e}^2}{8\pi\varepsilon_0 r} - \frac{\mathrm{e}^2}{4\pi\varepsilon_0 r} = -\frac{\mathrm{e}^2}{8\pi\varepsilon_0 r} \tag{3}$$

直接利用式(1)写出电子在圆轨道上的加速度

$$\dot{\boldsymbol{v}} = -r\dot{\theta}^2\boldsymbol{e}_r = -\frac{\mathrm{e}^2}{4\pi\varepsilon_0 m_\mathrm{e} r^2}\boldsymbol{e}_r \tag{4}$$

把式(4)对时间求导并利用式(1)，得出电子在圆轨道上加速度的变化率

$$\ddot{\boldsymbol{v}} = -r\dot{\theta}^3\boldsymbol{e}_\theta = -\sqrt{\frac{(r\dot{\theta}^2)^3}{r}}\boldsymbol{e}_\theta = -\frac{\mathrm{e}^3}{(4\pi\varepsilon_0 m_\mathrm{e})^{3/2} r^{7/2}}\boldsymbol{e}_\theta \tag{5}$$

下面考虑辐射阻尼。取辐射阻尼力为

$$\boldsymbol{F}_s = \frac{\mathrm{e}^2}{6\pi\varepsilon_0 c^3}\ddot{\boldsymbol{v}} \tag{6}$$

由式(6)、式(5)和式(2)写出一个周期内的辐射损耗

$$W_{辐} = \frac{\mathrm{e}^2}{6\pi\varepsilon_0 c^3}\ddot{\boldsymbol{v}}\cdot\boldsymbol{v}\frac{2\pi r}{v} = -\frac{\mathrm{e}^5}{3\varepsilon_0 c^3(4\pi\varepsilon_0 m_\mathrm{e})^{3/2} r^{5/2}} \tag{7}$$

由式(7)/式(3)写出一周期内的损耗率

$$\alpha = \left|\frac{W_{辐}}{W}\right| = \frac{\mu_0^{3/2}\mathrm{e}^3}{3\pi^{1/2} m_\mathrm{e}^{3/2} r^{3/2}} \tag{8}$$

取 $r_1 = 0.529\times10^{-10}\,\mathrm{m}$，算出 $\alpha\approx 3.26\times10^{-6}\ll 1$。由此看出，电子在微小阻尼力的作用下作准周期运动，要经过许多许多圈以后才能过渡到半径为 r_2 的轨道。所以，上述辐射阻尼力的取法是合理的。把辐射阻尼作为对圆轨道的微扰，根据 $\boldsymbol{F}_s\cdot\boldsymbol{v} = \mathrm{d}W/\mathrm{d}t$，利用式(6)、式（5）、式（2）和式（3）写出

$$-\frac{\mathrm{e}^6}{6\pi\varepsilon_0 c^3(4\pi\varepsilon_0 m_\mathrm{e})^2 r^4} = \frac{\mathrm{e}^2}{8\pi\varepsilon_0 r^2}\frac{\mathrm{d}r}{\mathrm{d}t}$$

即

$$\mathrm{d}t = -\frac{12c^3\pi^2\varepsilon_0^2 m_\mathrm{e}^2}{\mathrm{e}^4} r^2\mathrm{d}r \tag{9}$$

对式(9)两边积分，得出电子从半径为 r_1 的圆轨道过渡到半径为 r_2 的圆轨道的弛豫时间为

$$\tau = \frac{4c^3\pi^2\varepsilon_0^2 m_\mathrm{e}^2}{\mathrm{e}^4}(r_1^3 - r_2^3)\approx 1.6\times10^{-11}\mathrm{s}$$

所以，按照经典理论的预言，所有的原子都不可能是稳定的。当然，这是与事实不相符合的。所以，在研究原子结构时，经典电动力学不适用，必须用量子力学进行研究。

内容提要

一、相对论质点力学

1. 相对论质点力学的基本量

（1）**相对论质量：** $m = \gamma_\mu m_0 = \dfrac{m_0}{\sqrt{1-u^2/c^2}}$。

（2）**相对论动量：** 四维 $\boldsymbol{P}_{1\times4} = (m\boldsymbol{u}\quad \mathrm{i}mc)$；三维 $\boldsymbol{p}_{相} = m\boldsymbol{u}$。

（3）**四维力矢量：** $\boldsymbol{F}_{1\times4}=\gamma_u\left(\boldsymbol{f}\quad \mathrm{i}\dfrac{\boldsymbol{f}\cdot\boldsymbol{u}}{c}\right)$。

2. 相对论质点动力学方程

$$\boldsymbol{f}=\frac{\mathrm{d}\boldsymbol{p}_{相}}{\mathrm{d}t}=\frac{\mathrm{d}}{\mathrm{d}t}(m\boldsymbol{u})=m\frac{\mathrm{d}\boldsymbol{u}}{\mathrm{d}t}+\frac{\boldsymbol{f}\cdot\boldsymbol{u}}{c^2}\boldsymbol{u}$$

在狭义相对论中，动量定理和动量守恒定律仍然成立。

3. 相对论的质量—能量关系

总能量$W=mc^2$；动能$W_k=mc^2-m_0c^2$。

在狭义相对论中，质量守恒定律和能量守恒定律合二为一。

质量亏损和核能的应用：$\Delta W=\Delta mc^2$，其中Δm是反应前后的静止质量亏损。

4. 相对论的动量—能量关系

$$(pc)^2+(m_0c^2)^2=W^2$$

二、电磁波的多普勒效应和光行差公式（由四维波矢的洛伦兹变换导出）

1. 四维波矢

由光子的四维动量$\boldsymbol{P}_{1\times4}=\hbar\left(\boldsymbol{k}\quad \mathrm{i}\dfrac{\omega}{c}\right)$定义$\boldsymbol{K}_{1\times4}=\left(\boldsymbol{k}\quad \mathrm{i}\dfrac{\omega}{c}\right)$

2. 电磁波的多普勒效应

（1）**纵向多普勒效应。**

当波源与观测者**相对接近**时，观测者所测得的频率有**紫移**：$\nu=\nu_0\sqrt{\dfrac{c+|v|}{c-|v|}}>\nu_0$。

当波源与观测者**相对远离**时，观测者所测得的频率有**红移**：$\nu=\nu_0\sqrt{\dfrac{c-|v|}{c+|v|}}<\nu_0$。

（2）**横向多普勒效应。**

当波源运动方向垂直于波源与观测者的连线时，观测者所测得的频率有**横向红移：**

$\nu=\nu_0\sqrt{1-\dfrac{v^2}{c^2}}<\nu_0$。横向红移来源于时钟延缓效应。

3. 光行差公式

相对于光源运动的观测者测得的波矢与前进方向的夹角为

$$\theta'=\arctan\frac{\sin\theta}{\gamma(\cos\theta-\beta)}$$

在地面上测得的恒星光线与铅直线的夹角为：$\alpha=\arctan(\gamma\dfrac{v}{c})\approx20.6''$。

三、真空中电磁场方程的四维协变形式

1. 电荷守恒定律的协变式

（1）**电荷量是洛伦兹标量。电荷密度**$\rho=\gamma_u\rho_0$。

（2）**四维电流密度矢量**：$\boldsymbol{J}_{1\times4}=(\boldsymbol{j} \quad \mathrm{i}c\rho)$。

（3）**四维梯度算符**：$\Box_{1\times4}=\left(\frac{\partial}{\partial x} \quad \frac{\partial}{\partial y} \quad \frac{\partial}{\partial z} \quad \frac{\partial}{\mathrm{i}c\partial t}\right)$。

（4）**电荷守恒定律的协变式**：$\Box_{1\times4}\boldsymbol{J}_{4\times1}=0$。

2. 达朗贝尔方程的协变式

（1）**四维势矢量**：$\boldsymbol{A}_{1\times4}=\left(\boldsymbol{A} \quad \mathrm{i}\frac{\varphi}{c}\right)$。

（2）**四维拉普拉斯算符**：$\Box^2=\Box_{1\times4}\Box_{4\times1}=\nabla^2-\frac{1}{c^2}\frac{\partial^2}{\partial t^2}$。

（3）**达朗贝尔方程的协变式**：$\Box^2\boldsymbol{A}_{4\times1}=-\mu_0\boldsymbol{J}_{4\times1}$。

（4）**洛伦兹规范条件的协变式**：$\Box_{1\times4}\boldsymbol{A}_{4\times1}=0$。

3. 由四维势构建电磁场张量

若定义电磁场张量 $\boldsymbol{E}_{4\times4}=\begin{pmatrix} 0 & B_z & -B_y & -\mathrm{i}E_x/c \\ -B_z & 0 & B_x & -\mathrm{i}E_y/c \\ B_y & -B_x & 0 & -\mathrm{i}E_z/c \\ \mathrm{i}E_x/c & \mathrm{i}E_y/c & \mathrm{i}E_z/c & 0 \end{pmatrix}$

则 $E_{ij}=\frac{\partial A_j}{\partial x_i}-\frac{\partial A_i}{\partial x_j}$ 或者 $\boldsymbol{E}_{4\times4}=\Box_{4\times1}\boldsymbol{A}_{1\times4}-\{\Box_{4\times1}\boldsymbol{A}_{1\times4}\}^{\tau}$。

4. 洛伦兹力公式的协变式

$$\boldsymbol{F}_{4\times1}=q\boldsymbol{E}_{4\times4}\boldsymbol{U}_{4\times1}$$

5. 麦克斯韦方程组的协变式

（1）**四维协变式一**：$\nabla\times\boldsymbol{B}=\mu_0(\boldsymbol{j}+\varepsilon_0\partial\boldsymbol{E}/\partial t)$ 和 $\nabla\cdot\boldsymbol{E}=\rho/\varepsilon_0$ 合写为

$$\Box_{1\times4}\boldsymbol{E}_{4\times4}=-\mu_0\boldsymbol{J}_{1\times4}$$

（2）**四维协变式二**：$\nabla\times\boldsymbol{E}=-\partial\boldsymbol{B}/\partial t$ 和 $\nabla\cdot\boldsymbol{B}=0$ 合写为

$$\frac{\partial E_{\mu\nu}}{\partial x_\lambda}+\frac{\partial E_{\nu\lambda}}{\partial x_\mu}+\frac{\partial E_{\lambda\mu}}{\partial x_\nu}=0 \text{ 或 } \Box_{1\times4}\boldsymbol{B}_{4\times4}=\boldsymbol{0}_{1\times4}$$

其中
$$\boldsymbol{B}_{4\times4}=\begin{pmatrix} 0 & E_z/c & -E_y/c & \mathrm{i}B_x \\ -E_z/c & 0 & E_x/c & \mathrm{i}B_y \\ E_y/c & -E_x/c & 0 & \mathrm{i}B_z \\ -\mathrm{i}B_x & -\mathrm{i}B_y & -\mathrm{i}B_z & 0 \end{pmatrix}$$

四、运动电荷的辐射

1. 惯性系相对速度任意取向时的洛伦兹变换

洛伦兹正变换：$\Delta t'=\gamma(\Delta t-\frac{\boldsymbol{r}\cdot\boldsymbol{v}}{c^2})$，$\boldsymbol{r}'=\boldsymbol{r}-\boldsymbol{v}\Delta t+(\gamma-1)(\frac{\boldsymbol{r}\cdot\boldsymbol{v}}{v^2}-\Delta t)\boldsymbol{v}$

洛伦兹逆变换：$\Delta t=\gamma(\Delta t'+\frac{\boldsymbol{r}'\cdot\boldsymbol{v}}{c^2})$，$\boldsymbol{r}=\boldsymbol{r}'+\boldsymbol{v}\Delta t'+(\gamma-1)(\frac{\boldsymbol{r}'\cdot\boldsymbol{v}}{v^2}+\Delta t')\boldsymbol{v}$

上述各式中的 $\boldsymbol{v}$ 以及 γ 中的 v 都是电荷激发电磁波的时刻 $t_q(t_q')$ 的速度，$\boldsymbol{r}(\boldsymbol{r}')$ 是

$t_q(t_q')$ 时刻由电荷指向场点的相对位矢，$t(t')$ 是场点接收到信号的时刻。

2. 李纳—维谢尔势

$$\varphi = \frac{q}{4\pi\varepsilon_0(r - \boldsymbol{r}\cdot\boldsymbol{v}/c)}, \quad \boldsymbol{A} = \varphi\frac{\boldsymbol{v}}{c^2}$$

其中：$\boldsymbol{v} = \boldsymbol{v}(t_q)$ 和 $\boldsymbol{r} = \boldsymbol{R} - \boldsymbol{r}_q(t_q)$，$t_q = t - r/c$ 是推迟因子，$\boldsymbol{R}$ 和 $\boldsymbol{r}_q$ 分别是场点和运动电荷在实验室参考系中的位矢。

3. 带电粒子作任意运动时的电磁场场量

$$\boldsymbol{E} = \frac{qr}{4\pi\varepsilon_0 S^3}(1 - \frac{v^2}{c^2})(\boldsymbol{e}_r - \frac{\boldsymbol{v}}{c}) + \frac{qr}{4\pi\varepsilon_0 c^2 S^3}\boldsymbol{r}\times[(\boldsymbol{e}_r - \frac{\boldsymbol{v}}{c})\times\dot{\boldsymbol{v}}], \quad \boldsymbol{B} = \frac{1}{c}\boldsymbol{e}_r\times\boldsymbol{E}$$

其中 $S = r - \boldsymbol{r}\cdot\boldsymbol{v}/c$。

（1）**带电粒子的自有场**：$\boldsymbol{E}_1 = \frac{qr}{4\pi\varepsilon_0 S^3}(1 - \frac{v^2}{c^2})(\boldsymbol{e}_r - \frac{\boldsymbol{v}}{c})$，$\boldsymbol{B}_1 = \frac{1}{c}\boldsymbol{e}_r\times\boldsymbol{E}_1$。

（2）**带电粒子的辐射场**：$\boldsymbol{E}_2 = \frac{qr}{4\pi\varepsilon_0 c^2 S^3}\boldsymbol{r}\times[(\boldsymbol{e}_r - \frac{\boldsymbol{v}}{c})\times\dot{\boldsymbol{v}}]$，$\boldsymbol{B}_2 = \frac{1}{c}\boldsymbol{e}_r\times\boldsymbol{E}_2$。

4. 带电粒子辐射场的能流密度和辐射功率

（1）**能流密度**：$\boldsymbol{S} = \frac{E^2}{c\mu_0}\boldsymbol{e}_r = \frac{q^2\left|\boldsymbol{e}_r\times[(\boldsymbol{e}_r - \boldsymbol{v}/c)\times\dot{\boldsymbol{v}}]\right|^2}{16\pi^2\varepsilon_0 c^3 r^2(1 - \boldsymbol{e}_r\cdot\boldsymbol{v}/c)^6}\boldsymbol{e}_r$。

（2）**单位立体角的辐射功率**：$\frac{\mathrm{d}P(t_q)}{\mathrm{d}\Omega} = \frac{q^2}{16\pi^2\varepsilon_0 c^3}\frac{\left|\boldsymbol{e}_r\times[(\boldsymbol{e}_r - \boldsymbol{v}/c)\times\dot{\boldsymbol{v}}]\right|^2}{(1 - \boldsymbol{e}_r\cdot\boldsymbol{v}/c)^5}$。

5. 带电粒子辐射场的分类

（1）**电偶极辐射**（$v \ll c$）：$\frac{\mathrm{d}P(t_q)}{\mathrm{d}\Omega} = \frac{q^2|\dot{\boldsymbol{v}}|^2\sin^2\psi}{16\pi^2\varepsilon_0 c^3}$，其中 ψ 是 $\boldsymbol{e}_r$ 与 $\dot{\boldsymbol{v}}$ 的夹角。

辐射的总功率：$P(t_q) = \frac{q^2}{6\pi\varepsilon_0 c^3}|\dot{\boldsymbol{v}}|^2$。

（2）**带电粒子作高速运动时的辐射**（$v \sim c$）：$(1 - \frac{v}{c}\cos\theta)^{-5} \approx \frac{32}{(\theta^2 + 1/\gamma^2)^5}$，其中 θ 是 $\boldsymbol{e}_r$ 与速度 $\boldsymbol{v}$ 的夹角。此式表明：无论加速度 $\dot{\boldsymbol{v}}$ 的方向如何，辐射能量都集中在 $\boldsymbol{v}$ 方向附近锥角为 $\Delta\theta \sim 1/\gamma$ 的射束内，并且 v 与 c 靠得愈近这种效应愈显著。

① **轫致辐射**（$\boldsymbol{v} // -\boldsymbol{v}$）：$\frac{\mathrm{d}P(t_q)}{\mathrm{d}\Omega} = \frac{q^2|\dot{\boldsymbol{v}}|^2}{16\pi^2\varepsilon_0 c^3}\frac{\sin^2\theta}{(1 - \cos\theta\cdot v/c)^5}$。

辐射总功率：$P(t_q) = \frac{q^2|\dot{\boldsymbol{v}}|^2}{6\pi\varepsilon_0 c^3}\gamma^6 = \frac{q^2 F^2}{6\pi\varepsilon_0 m_0^2 c^3}$（与粒子能量 $W = \gamma m_0 c^2$ 无关）。

② **同步辐射**（$\dot{\boldsymbol{v}} \perp \boldsymbol{v}$）：$\frac{\mathrm{d}P(t_q)}{\mathrm{d}\Omega} = \frac{q^2|\dot{\boldsymbol{v}}|^2}{16\pi^2\varepsilon_0 c^3}\frac{(1 - \beta\cos\theta)^2 - (1 - \beta^2)\cos^2\phi\sin^2\theta}{(1 - \beta\cos\theta)^5}$。

辐射总功率：$P(t_q) = \frac{q^2|\dot{\boldsymbol{v}}|^2}{6\pi\varepsilon_0 c^3}\gamma^4 = \frac{q^2 F^2\gamma^2}{6\pi\varepsilon_0 c^3 m_0^2} = \frac{q^2 F^2 W^2}{6\pi\varepsilon_0 c^7 m_0^4}$（$\propto W^2$）。

应用此理论，可制造出一种新光源——同步辐射光源。

五、带电粒子激发的场对粒子的反作用

1. 电磁质量

$m_q=\dfrac{W}{c^2}=\dfrac{q^2}{8\pi\varepsilon_0 r_q c^2}=\dfrac{\mu_0 q^2}{8\pi r_q}$，粒子的**总质量：** $m=m_0+m_q$。

2. 电子的“经典半径”

$$r_e=\frac{\mu_0 \mathrm{e}^2}{4\pi m_\mathrm{e}}\approx 2.82\times10^{-15}\,\mathrm{m}$$

3. 辐射阻尼

对于**小阻尼准周期运动**和**一个周期的平均效应**而言，辐射阻尼力为

$$\boldsymbol{F}_s=\frac{q^2}{6\pi\varepsilon_0 c^3}\ddot{\boldsymbol{v}}$$

带电粒子的动力学方程写为：$\boldsymbol{F}_e+\dfrac{q^2}{6\pi\varepsilon_0 c^3}\ddot{\boldsymbol{v}}=m\dot{\boldsymbol{v}}$。

习　　题

8.1 两个电荷量为 q 的点电荷静止在实验室参考系的 y 轴上，两者间的距离为 y_0。观测者相对于实验室参考系沿着 x 轴正向以速率 v 作匀速直线运动。求观测者所测得的这两个点电荷之间的相互作用力。

8.2 一个波长为 $0.003\,\mathring{A}$ 的光子在一个重核附近产生一个电子——正电子对，如果正电子的动能等于电子动能的 2 倍，试计算电子和正电子的动能。

8.3 一个能量为 $5.0\times10^6\,\mathrm{eV}$ 的电子与一个静止的正电子发生湮灭，产生两个光子。如果这两个光子能量相等，试计算每个光子的能量。

8.4 一个电子以 $0.6c$ 的速度相对于实验室参考系运动，观测者以 $0.8c$ 的速度沿着电子运动的方向相对于实验室参考系运动。求观测者所测得的电子动能。

8.5 静止质量为 m_0 的粒子，其运动质量为 $2m_0$，求该粒子的运动速度和动能。

8.6 圆频率为 ω 波矢为 $\boldsymbol{k}$ 的光子，其能量为 $\hbar\omega$，动量为 $\hbar\boldsymbol{k}$。此光子与一个静止的电子发生碰撞。试证明：(1) 电子不可能吸收光子而只能将其散射出去；(2) 设散射光子的圆频率为 ω'，有

$$\omega-\omega'=\frac{2\hbar\omega\omega'}{m_0c^2}\sin^2\frac{\theta}{2}$$

其中 θ 是散射光波矢 $\boldsymbol{k}'$ 与入射光波矢 $\boldsymbol{k}$ 的夹角，m_0 是电子的静止质量。

8.7 一个静止于 S 系的总质量为 M_0 的原子处于能量为 $W_0+\Delta W$ 的激发态，其中 W_0 是此原子的基态能量。原子从激发态跃迁到基态的同时发射出一个光子。试证明所发射的光子的圆频率为

$$\omega=\frac{\Delta W}{\hbar}\left(1-\frac{\Delta W}{2M_0c^2}\right)$$

8.8 设某恒星以速率 $v = 300\text{km/s}$ 相对于地球作匀速直线运动。相对于恒星静止的观测者测得恒星发出波长为 $\lambda_0 = 6563\text{Å}$ 的光。在相对于地球静止的参考系中，三个观测者分布在不同地点，他们测得星光光线的前进方向与恒星运动方向的夹角分别为 0、π 和 $\pi/2$。求三个观测者所测得的星光波长。

8.9 电磁场张量的洛伦兹变换式为 $\boldsymbol{E}'_{4\times4} = \boldsymbol{\alpha}_{4\times4}\boldsymbol{E}_{4\times4}\boldsymbol{\alpha}^{\tau}_{4\times4}$，试完成此式中的矩阵运算，证明电磁场场量的分量变换关系为

$$\begin{cases} E'_x = E_x & E'_y = \gamma(E_y - vB_z) & E'_z = \gamma(E_z + vB_y) \\ B'_x = B_x & B'_y = \gamma(B_y + \beta E_z / c) & B'_z = \gamma(B_z - \beta E_y / c) \end{cases}$$

8.10 有两块相互平行的无限大均匀带电平面静止在 S 惯性系中，它们都平行于 xoz 平面。其中一块的电荷面密度为 $+\sigma_0$，位于 $y = 0$ 平面；另一块的电荷面密度为 $-\sigma_0$，位于 $y = y_0$ 平面处。观测者相对于 S 系以速度 v 沿 x 轴正向作匀速直线运动。求：

（1）观测者所测得的电荷面密度和面电流的线密度 $\boldsymbol{j}$；

（2）观测者所测得的电磁场的场量。

8.11 试证明下列各量是洛伦兹标量：

（1）$E^2 - c^2B^2$；

（2）$\boldsymbol{E}\cdot\boldsymbol{B}$；

（3）$H^2 - c^2D^2$；

（4）$\boldsymbol{H}\cdot\boldsymbol{D}$。

8.12 试证明四维拉普拉斯算符 $\Box^2 = \Box_{1\times4}\Box_{4\times1} = \nabla^2 - \dfrac{1}{c^2}\dfrac{\partial^2}{\partial t^2}$ 是四维标量算符，即在洛伦兹变换下此算符保持不变。

8.13 试证明标量势的波动微分方程 $\nabla^2\varphi - \dfrac{1}{c^2}\dfrac{\partial^2\varphi}{\partial t^2} = 0$ 是洛伦兹变换下的协变式。

8.14 试证明平面电磁波的下列特性不会因惯性系的选择而遭到破坏。

（1）$\boldsymbol{k}\cdot\boldsymbol{B} = 0$；

（2）$\boldsymbol{E} = \boldsymbol{B}\times c\boldsymbol{k}/k$。

8.15 试证明：若在惯性系 S 中有 $\boldsymbol{E}\perp\boldsymbol{B}$ 且 $E \neq cB$，则总存在另一个惯性系 S'，使得在 S' 系中只有电场而没有磁场，或者只有磁场而没有电场。

8.16 有一带电量为 q 的粒子沿 z 轴作简谐振动，其振动表达式为 $z = z_0\exp\{-\mathrm{i}\omega t\}$。设 $z_0\omega \ll$ 真空光速 c。

（1）求出带电粒子激发的辐射场和平均能流的角分布；

（2）求出带电粒子的自有场，并且比较其自有场和辐射场的异同。

8.17 有一带电量为 q 的粒子在 xoy 平面内绕 z 轴作匀速率圆周运动，其半径为 R_0，角速度为 ω。设 $R_0\omega \ll$ 真空光速 c。

（1）求出带电粒子激发的辐射场和能流密度；

（2）试讨论在 $\theta = 0$、$\pi/4$、$\pi/2$、$3\pi/4$、π 方向上辐射场的偏振状态。其中 θ 是 z 轴方向和辐

射方向之间的夹角。

8.18 电子在匀强外磁场中运动，取磁感应强度 $\boldsymbol{B}$ 的方向为 z 轴正向，初始时刻电子的位置和速度分别为：$x|_{t=0}=r_0$，$y|_{t=0}=0$，$z|_{t=0}=0$，$\dot{x}|_{t=0}=0$，$\dot{y}|_{t=0}=v_0(\ll c)$，$\dot{z}|_{t=0}=0$。

（1）若考虑辐射阻尼，试计算电子的运动轨道；

（2）试计算电子的辐射功率；

（3）证明电子的辐射功率等于单位时间内的动能损失。